U0313799

国家出版基金资助项目

"新闻出版改革发展项目库"入库项目

国家出版基金项目　"十三五"国家重点出版物出版规划项目

NATIONAL PUBLICATION FOUNDATION

特殊冶金过程技术丛书

电磁冶金原理及应用技术

刘　铁　王　强　等编著

北　京

冶金工业出版社

2024

内 容 提 要

电磁场在冶金和材料加工领域的应用催生了一系列电磁冶金技术。本书首先概述了电磁冶金技术的发展历程,并对电磁场及电磁冶金技术进行了分类,随后对电磁场及电磁流体力学理论进行了系统总结。在此基础上详细介绍了电磁搅拌技术、电磁振荡冶金技术、脉冲磁场铸造技术、电磁净化技术、钢的软接触电磁连铸技术、电磁铸造技术、电磁制动技术、电渣重熔技术、电磁感应加热技术、电化学冶金技术、电磁悬浮熔炼技术、电磁分选技术、强磁场冶金技术及其他电磁冶金技术。

本书可作为冶金和材料加工等专业的技术人员参考用书,也可以作为高等院校相关专业教师、本科生及研究生的教学参考用书。

图书在版编目(CIP)数据

电磁冶金原理及应用技术/刘铁等编著 . —北京:冶金工业出版社,2024. 3

(特殊冶金过程技术丛书)

ISBN 978-7-5024-9326-4

I. ①电… Ⅱ. ①刘… Ⅲ. ①电磁流体力学—应用—冶金 Ⅳ. ①TF19

中国版本图书馆 CIP 数据核字(2022)第 199726 号

电磁冶金原理及应用技术

出版发行	冶金工业出版社	电 话	(010)64027926
地 址	北京市东城区嵩祝院北巷 39 号	邮 编	100009
网 址	www.mip1953.com	电子信箱	service@mip1953.com

责任编辑 张熙莹 王 双 美术编辑 彭子赫 版式设计 郑小利
责任校对 郑 娟 责任印制 禹 蕊
北京捷迅佳彩印刷有限公司印刷
2024 年 3 月第 1 版,2024 年 3 月第 1 次印刷
787mm×1092mm 1/16;30 印张;727 千字;450 页
定价 169.00 元

投稿电话 (010)64027932 投稿信箱 tougao@cnmip.com.cn
营销中心电话 (010)64044283
冶金工业出版社天猫旗舰店 yjgycbs.tmall.com
(本书如有印装质量问题,本社营销中心负责退换)

特殊冶金过程技术丛书

序

　　科技创新是永无止境的，尤其是学科交叉与融合不断衍生出新的学科与技术。特殊冶金是将物理外场（如电磁场、微波场、超重力、温度场等）和新型化学介质（如富氧、氯、氟、氢、化合物、络合物等）用于常规冶金过程而形成的新的冶金学科分支。特殊冶金是将传统的火法、湿法和电化学冶金与非常规外场及新型介质体系相互融合交叉，实现对冶金过程物质转化与分离过程的强化和有效调控。对于许多成分复杂、低品位、难处理的冶金原料，传统的冶金方法效率低、消耗高。特殊冶金的兴起，是科研人员针对不同的原料特性，在非常规外场和新型介质体系及其对常规冶金的强化与融合做了大量研究的结果，创新的工艺和装备具有高效的元素分离和金属提取效果，在低品位、复杂、难处理的冶金矿产资源的开发过程中将显示出强大的生命力。

　　"特殊冶金过程技术丛书"系统反映了我国在特殊冶金领域多年的学术研究状况，展现了我国在特殊冶金领域最新的研究成果和学术思想。该丛书涵盖了东北大学、昆明理工大学、中南大学、北京科技大学、江西理工大学、北京矿冶研究总院、中科院过程所等单位多年来的科研结晶，是我国在特殊冶金领域研究成果的总结，许多成果已得到应用并取得了良好效果，对冶金学科的发展具有重要作用。

　　特殊冶金作为一个新兴冶金学科分支，涉及物理、化学、数学、冶金、材料和人工智能等学科，需要多学科的联合研究与创新才能得以发展。例如，特殊外场下的物理化学与界面现象，物质迁移的传输参数与传输规律及其测量方法，多场协同作用下的多相耦合及反应过程规律，新型介质中的各组分反应机理与外场强化的关系，多元多相复杂体系多尺度结构与效应，新型冶金反应器的结构优化及其放大规律等。其中的科学问题和大量的技术与工程化需要我们去解决。

特殊冶金的发展前景广阔，随着物理外场技术的进步和新型介质体系的出现，定会不断涌现新的特殊冶金方法与技术。

"特殊冶金过程技术丛书"的出版是我国冶金界值得称贺的一件喜事，此丛书的出版将会促进和推动我国冶金与材料事业的新发展，谨此祝愿。

2019 年 4 月

总　　序

　　冶金过程的本质是物质转化与分离过程，是"流"与"场"的相互作用过程。这里的"流"是指物质流、能量流和信息流，这里的"场"是指反应器所具有的物理场，例如温度场、压力场、速度场、浓度场等。因此，冶金过程"流"与"场"的相互作用及其耦合规律是特殊冶金（又称"外场冶金"）过程的最基本科学问题。随着物理技术的发展，如电磁场、微波场、超声波场、真空力场、超重力场、瞬变温度场等物理外场逐渐被应用于冶金过程，由此出现了电磁冶金、微波冶金、超声波冶金、真空冶金、超重力冶金、自蔓延冶金等新的冶金过程技术。随着化学理论与技术的发展，新的化学介质体系，如亚熔盐、富氧、氢气、氯气、氟气等在冶金过程中应用，形成了亚熔盐冶金、富氧冶金、氢冶金、氯冶金、氟冶金等新的冶金过程技术。因此，特殊冶金就是将物理外场（如电磁场、微波场、超重力或瞬变温度场）和新型化学介质（亚熔盐、富氧、氯、氟、氢等）应用于冶金过程形成的新的冶金学科分支。实际上，特殊冶金是传统的火法冶金、湿法冶金及电化学冶金与电磁场、微波场、超声波场、超高浓度场、瞬变超高温场（高达2000 ℃以上）等非常规外场相结合，以及新型介质体系相互融合交叉，实现对冶金过程物质转化与分离过程的强化与有效控制，是典型的交叉学科领域。根据外场和能量/介质不同，特殊冶金又可分为两大类，一类是非常规物理场，具体包括微波场、压力场、电磁场、等离子场、电子束能、超声波场与超高温场等；另一类是超高浓度新型化学介质场，具体包括亚熔盐、矿浆、电渣、氯气、氢气与氧气等。与传统的冶金过程相比，外场冶金具有效率高、能耗低、产品质量优等特点，其在低品位、复杂、难处理的矿产资源的开发利用及冶金"三废"的综合利用方面显示出强大的技术优势。

　　特殊冶金的发展历史可以追溯到 20 世纪 50 年代，如加压湿法冶金、真空冶金、富氧冶金等特殊冶金技术从 20 世纪就已经进入生产应用。2009 年在中国金属学会组织的第十三届中国冶金反应工程年会上，东北大学张廷安教授首次系统地介绍了特殊冶金的现状及发展趋势，引起同行的广泛关注。自此，"特殊冶金"作为特定术语逐渐被冶金和材料同行接受（下表总结了特殊冶金的各种形式、能量转化与外场方式以及应用领域）。2010 年，彭金辉教授依托昆明理工大学组建了国内首个特殊冶金领域的重点实验室——非常规冶金教育部重点实验室。2015 年，云南冶金集团股份有限公司组建了共伴生有色金属资源加压湿法冶金技术国家重点实验室。2011 年，东北大学受教育部委托承办了外场技术在冶金中的应用暑期学校，进一步详细研讨了特殊冶金的研究现状和发展趋势。2016 年，中国有色金属学会成立了特种冶金专业委员会，中国金属学会设有特殊钢分会特种冶金学术委员会。目前，特殊冶金是冶金学科最活跃的研究领域之一，也是我国在国际冶金领域的优势学科，研究水平处于世界领先地位。特殊冶金也是国家自然科学基金委近年来重点支持和积极鼓励的研究

特殊冶金及应用一览表

名　称	外场	能量形式	应用领域
电磁冶金	电磁场	电磁力、热效应	电磁熔炼、电磁搅拌、电磁雾化
等离子冶金、电子束冶金	等离子体、电子束	等离子体高温、辐射能	等离子体冶炼、废弃物处理、粉体制备、聚合反应、聚合干燥
激光冶金	激光波	高能束	激光表面冶金、激光化学冶金、激光材料合成等
微波冶金	微波场	微波能	微波焙烧、微波合成等
超声波冶金	超声波	机械、空化	超声冶炼、超声精炼、超声萃取
自蔓延冶金	瞬变温场	化学热	自蔓延冶金制粉、自蔓延冶炼
超重、微重力与失重冶金	非常规力场	离心力、微弱力	真空微重力熔炼铝锂合金、重力条件下熔炼难混溶合金等
气体（氧、氢、氯）冶金	浓度场	化学位能	富氧浸出、富氧熔炼、金属氢还原、钛氯化冶金等
亚熔盐冶金	浓度场	化学位能	铬、钒、钛和氧化铝等溶出
矿浆电解	电磁场	界面、电能	铋、铅、锑、锰结核等复杂资源矿浆电解
真空与相对真空冶金	压力场	压力能	高压合成、金属镁相对真空冶炼
加压湿法冶金	压力场	压力能	硫化矿物、氧化矿物的高压浸出

领域之一。国家自然科学基金"十三五"战略发展规划明确指出，特殊冶金是冶金学科又一新兴交叉学科分支。

加压湿法冶金是现代湿法冶金领域新兴发展的短流程强化冶金技术，是现代湿法冶金技术发展的主要方向之一，已广泛地应用于有色金属及稀贵金属提取冶金及材料制备方面。张廷安教授团队将加压湿法冶金新技术应用于氧化铝清洁生产和钒渣加压清洁提钒等领域取得了一系列创新性成果。例如，从改变铝土矿溶出过程平衡固相结构出发，重构了理论上不含碱、不含铝的新型结构平衡相，提出的"钙化—碳化法"不仅从理论上摆脱了拜耳法生产氧化铝对铝土矿铝硅比的限制，而且实现了大幅度降低赤泥中钠和铝的含量，解决了赤泥的大规模、低成本无害化和资源化，是氧化铝生产近百年来的颠覆性技术。该技术的研发成功可使我国铝土矿资源扩大 2~3 倍，延长铝土矿使用年限 30 年以上，解决了拜耳法赤泥综合利用的世界难题。相关成果获 2015 年度中国国际经济交流中心与保尔森基金会联合颁发的"可持续发展规划项目"国际奖、第 45 届日内瓦国际发明展特别嘉许金奖及 2017 年 TMS 学会轻金属主题奖等。

真空冶金是将真空用于金属的熔炼、精炼、浇铸和热处理等过程的特殊冶金技术。近年来真空冶金在稀有金属、钢和特种合金的冶炼方面得到日益广泛的应用。昆明理工大学的戴永年院士和杨斌教授团队在真空冶金提取新技术及产业化应用领域取得了一系列创新性成果。例如，主持完成的"从含铟粗锌中高效提炼金属铟技术"，项目成功地从含铟 0.1% 的粗锌中提炼出 99.993% 以上的金属铟，解决了从含铟粗锌中提炼铟这一冶金技术难题，该成果获 2009 年度国家技术发明奖二等奖。又如主持完成的"复杂锡合金真空蒸馏新技术及产业化应用"项目针对传统冶金技术处理复杂锡合金资源利用率低、环保影响大、生产成本高等问题，成功开发了真空蒸馏处理复杂锡合金的新技术，在云锡集团等企业建成 40 余条生产线，在美国、英国、西班牙建成 6 条生产线，项目成果获 2015 年度国家科技进步奖二等奖。2014 年，张廷安教授提出"以平衡分压为基准"的相对真空冶金概念，在国家自然科学基金委—辽宁联合基金的资助下开发了相对真空炼镁技术与装备，实现了镁的连续冶炼，达到国际领先水平。

微波冶金是将微波能应用于冶金过程，利用其选择性加热、内部加热和非接触加热等特点来强化反应过程的一种特殊冶金新技术。微波加热与常规加热不同，它不需要由表及里的热传导，可以实现整体和选择性加热，具有升温速率快、加热效率高、对化学反应有催化作用、降低反应温度、缩短反应时间、节能降耗等优点。昆明理工大学的彭金辉院士团队在研究微波与冶金物料相互作用机理的基础上，开展了微波在磨矿、干燥、煅烧、还原、熔炼、浸出等典型冶金单元中的应用研究。例如，主持完成的"新型微波冶金反应器及其应用的关键技术"项目以解决微波冶金反应器的关键技术为突破点，推动了微波冶金的产业化进程。发明了微波冶金物料专用承载体的制备新技术，突破了微波冶金高温反应器的瓶颈；提出了"分布耦合技术"，首次实现了微波冶金反应器的大型化、连续化和自动化。建成了世界上第一套针对强腐蚀性液体的兆瓦级微波加热钛带卷连续酸洗生产线。发明了干燥、浸出、煅烧、还原等四种类型的微波冶金新技术，显著推进了冶金工业的节能减排降耗。发明了吸附剂孔径的微波协同调控技术，获得了针对性强、吸附容量大和强度高的系列吸附剂产品；首次建立了高性能冶金专用吸附剂的生产线，显著提高了黄金回收率，同时有效降低了锌电积直流电单耗。该项目成果获 2010 年度国家技术发明奖二等奖。

电渣冶金是利用电流通过液态熔渣产生电阻热用以精炼金属的一种特殊冶金技术。传统电渣冶金技术存在耗能高、氟污染严重、生产效率低、产品质量差等问题，尤其是大单重厚板和百吨级电渣锭无法满足高端装备的材料需求。2003 年以前我国电渣重熔技术全面落后，高端特殊钢严重依赖进口。东北大学姜周华教授团队主持完成的"高品质特殊钢绿色高效电渣重熔关键技术的开发与应用"项目采用"基础研究—关键共性技术—应用示范—行业推广"的创新模式，系统地研究了电渣工艺理论，创新开发绿色高效的电渣重熔成套装备和工艺及系列高端产品，节能减排和提效降本效果显著，产品质量全面提升，形成两项国际标准，实现了我国电渣技术从跟跑、并跑到领跑的历史性跨越。项目成果在国内 60 多家企业应用，生产出的高端模具钢、轴承钢、叶片钢、特厚板、核电主管道等产品满足了我国大飞机工程、先进能源、石化和军工国防等领域对高端材料的急需。研制出系列关键战略性钢铁新材料，有力地支持了我国高端装备制造业发展并保证了国家安全。

自蔓延冶金是将自蔓延高温合成（体系化学能瞬时释放形成特高高温场）与冶金工艺相结合的特殊冶金技术。东北大学张延安教授团队将自蔓延高温反应与冶金熔炼/浸出集成创新，系统研究了自蔓延冶金的强放热快速反应体系的热力学与动力学，形成了自蔓延冶金学理论创新和基于冶金材料一体化的自蔓延冶金非平衡制备技术。自蔓延冶金是以强放热快速反应为基础，将金属还原与材料制备耦合在一起，实现了冶金材料短流程清洁制备的理论创新和技术突破。自蔓延冶金利用体系化学瞬间（通常以秒计）形成的超高温场（通常超过 2000 ℃），为反应体系创造出良好的热力学条件和环境，实现了极端高温的非平衡热力学条件下快速反应。例如，构建了以钛氧化物为原料的"多级深度还原"短流程低成本清洁制备钛合金的理论体系与方法，建成了世界首个直接金属热还原制备钛与钛合金的低成本清洁生产示范工程，使以 Kroll 法为基础的钛材生产成本降低 30%~40%，为世界钛材低成本清洁利用奠定了工业基础。发明了自蔓延冶金法制备高纯超细硼化物粉体规模化清洁生产关键技术，实现了国家安全战略用陶瓷粉体（无定型硼粉、REB_6、CaB_6、TiB_2、B_4C 等）规模化清洁生产的理论创新和关键技术突破，所生产的高活性无定型硼粉已成功用于我国数个型号的固体火箭推进剂中。发明了铝热自蔓延—电渣感应熔铸—水气复合冷制备均质高性能铜铬合金的关键技术，形成了均质高性能铜难混溶合金的制备的第四代技术原型，实现了高致密均质 CuCr 难混溶合金大尺寸非真空条件下高效低成本制备。所制备的 CuCr 触头材料电性能比现有粉末冶金法技术指标提升 1 倍以上，生产成本可降低 40% 以上。以上成果先后获得中国有色金属科技奖技术发明奖一等奖、中国发明专利奖优秀奖和辽宁省技术发明奖等省部级奖励 6 项。

富氧冶金（熔炼）是利用工业氧气部分或全部取代空气以强化冶金熔炼过程的一种特殊冶金技术。20 世纪 50 年代，由于高效价廉的制氧方法和设备的开发，工业氧气炼钢和高炉富氧炼铁获得广泛应用。与此同时，在有色金属熔炼中，也开始用提高鼓风中空气含氧量的办法开发新的熔炼方法和改造落后的传统工艺。

1952 年，加拿大国际镍公司（Inco）首先采用工业氧气（含氧 95%）闪速熔炼铜精矿，熔炼过程不需要任何燃料，烟气中 SO_2 浓度高达 80%，这是富氧熔炼最早案例。1971 年，奥托昆普（Outokumpu）型闪速炉开始用预热的富氧空气代替原来的预热空气鼓风熔炼铜（镍）精矿，使这种闪速炉的优点得到更好的发挥，硫的回收率可达 95%。工业氧气的应用也推动了熔池熔炼方法的开发和推广。20 世纪 70 年代以来先后出现的诺兰达法、三菱法、白银炼铜法、氧气底吹炼铅法、底吹氧气炼铜等，也都离不开富氧（或工业氧气）鼓风。中国的炼铜工业很早就开始采用富氧造锍熔炼，1977 年邵武铜厂密闭鼓风炉最早采用富氧熔炼，接着又被铜陵冶炼厂采用。1987 年白银炼铜法开始用含氧 31.6% 的富氧鼓风炼铜。1990 年贵溪冶炼厂铜闪速炉开始用预热富氧鼓风代替预热空气熔炼铜精矿。王华教授率领校内外产学研创新团队，针对冶金炉窑强化供热过程不均匀、不精准的关键共性科学问题及技术难题，基于混沌数学提出了旋流混沌强化方法和冶金炉窑动量—质量—热量传递过程非线性协同强化的学术思想，建立了冶金炉窑全时空最低燃耗强化供热理论模型，研发了冶金炉窑强化供热系列技术和装备，实现了用最小的气泡搅拌动能达到充分传递和整体强化、减小喷溅、提高富氧利用率和炉窑设备寿命，突破了加热温度不均匀、温度控制不精准导致金属材料性能不能满足高端需求、产品成材率低的技术瓶颈，打破了发达国家高端金属材料热加工领域精准均匀加热的技术垄断，实现了冶金炉窑节能增效的显著提高，有力促进了我国冶金行业的科技进步和高质量绿色发展。

超重力技术源于美国太空宇航实验与英国帝国化学公司新科学研究组等于1979 年提出的"Higee（High gravity）"概念，利用旋转填充床模拟超重力环境，诞生了超重力技术。通过转子产生离心加速度模拟超重力环境，可以使流经转子填料的液体受到强烈的剪切力作用而被撕裂成极细小的液滴、液膜和液丝，从而提高相界面和界面更新速率，使相间传质过程得到强化。陈建峰院士原创性提出了超重力强化分子混合与反应过程的新思想，开拓了超重力反应强化新方向，并带领团队开展了以"新理论—新装备—新技术"为主线的系统创新工作。刘有智教授等开发了大通量、低气阻错流超重力技术与装置，构建了强化吸收硫化氢同时抑制吸收二氧化碳的超重力环境，解决了高选择性脱硫难题，实现了低成本、高选择性脱硫。独创的超重力常压净化高浓度氮氧化物废气技术使净化后氮氧化物浓度小于 240 mg/m^3，远低于国家标准（GB 16297—1996）1400 mg/m^3 的排放限值。还成功开发了磁力驱动超重力装置和亲水、亲油高表面润湿率填料，攻克了强腐蚀条件下的动密封和填料润湿性等工程化难题。项目成果获 2011 年度国家科技进步奖二等奖。郭占成教授等开展了复杂共生矿冶炼熔渣超重力富集分离高价组分、直接还原铁低温超重力渣铁分离、熔融钢渣超重力分级富积、金属熔体超重力净化除杂、超重力渗流制备泡沫金属、电子废弃物多金属超重力分离、水溶液超重力电化学反应与强化等创新研究。

随着气体制备技术的发展和环保意识的提高，氢冶金必将取代碳冶金，氯冶金由于系统"无水、无碱、无酸"的参与和氯化物易于分离提纯的特点，必将在资源清洁利用和固废处理技术等领域显示其强大的生命力。随着对微重力和失重状态的研究以及太空资源的开发，微重力环境中的太空冶金也将受到越来越广泛的关注。

"特殊冶金过程技术丛书"系统地展现了我国在特殊冶金领域多年的学术

研究成果，反映了我国在特殊冶金/外场冶金领域最新的研究成果和学术思路。成果涵盖了东北大学、昆明理工大学、中南大学、北京科技大学、江西理工大学、北京矿冶科技集团有限公司（原北京矿冶研究总院）及中国科学院过程工程研究所等国内特殊冶金领域优势单位多年来的科研结晶，是我国在特殊冶金/外场冶金领域研究成果的集大成，更代表着世界特殊冶金的发展潮流，也引领着该领域未来的发展趋势。然而，特殊冶金作为一个新兴冶金学科分支，涉及物理、化学、数学、冶金和材料等学科，在理论与技术方面都存在亟待解决的科学问题。目前，还存在新型介质和物理外场作用下物理化学认知的缺乏、冶金化工产品开发与高效反应器的矛盾以及特殊冶金过程（反应器）放大的制约瓶颈。因此，有必要解决以下科学问题：（1）新型介质体系和物理外场下的物理化学和传输特性及测量方法；（2）基于反应特征和尺度变化的新型反应器过程原理；（3）基于大数据与特定时空域的反应器放大理论与方法。围绕科学问题要开展的研究包括：特殊外场下的物理化学与界面现象，在特殊外场下物质的热力学性质的研究显得十分必要（$\Delta G = \Delta G_{重} + \Delta G_{外}$）；外场作用下的物质迁移的传输参数与传输规律及其测量方法；多场（电磁场、高压、微波、超声波、热场、流场、浓度场等）协同作用下的多相耦合及反应过程规律；特殊外场作用下的新型冶金反应器理论，包括多元多相复杂体系多尺度结构与效应（微米级固相颗粒、气泡、颗粒团聚、设备尺度等），新型冶金反应器的结构特征及优化，新型冶金反应器的放大依据及其放大规律。

特殊冶金的发展前景广阔，随着物理外场技术的进步和新型介质体系的出现，定会不断涌现新的特殊冶金方法与技术，出现从"0"到"1"的颠覆性原创新方法，例如，邱定蕃院士领衔的团队发明的矿浆电解冶金，张懿院士领衔的团队发明的亚熔盐冶金等，都是颠覆性特殊冶金原创性技术的代表，给我们从事科学研究的工作者做出了典范。

在本丛书策划过程中，丛书主编特邀请了中国工程院邱定蕃院士、戴永年院士、张懿院士与东北大学赫冀成教授担任丛书的学术顾问，同时邀请了众多国内知名学者担任学术委员和编委。丛书组建了优秀的作者队伍，其中有中国工程院院士、国务院学科评议组成员、国家杰出青年科学基金获得者、长江学者特聘教授、国家优秀青年基金获得者以及学科学术带头人等。在此，衷心感谢丛书的学术委员、编委会成员、各位作者，以及所有关心、支持和帮助编辑出版的同志们。特别感谢中国有色金属学会冶金反应工程学专业委员会和中国有色金属学会特种冶金专业委员会对该丛书的出版策划，特别感谢国家自然科学基金委、中国有色金属学会、国家出版基金对特殊冶金学科发展及丛书出版的支持。

希望"特殊冶金过程技术丛书"的出版能够起到积极的交流作用，能为广大冶金与材料科技工作者提供帮助，尤其是为特殊冶金/外场冶金领域的科技工作者提供一个充分交流合作的途径。欢迎读者对丛书提出宝贵的意见和建议。

张廷安　彭金辉

2018 年 12 月

前　言

　　近年来，能源、航空航天、军事国防、海洋工程、交通运输和先进制造等领域快速发展，对金属材料的性能不断提出新要求。另外，世界冶金工业也正朝着短流程、高效率、低能耗和绿色化的方向发展。新的发展方向离不开新技术的支持。电磁场是相互依存、相互影响的电场和磁场的总称。电磁场对物质具有多种力、热、磁和能效应，同时具有能量密度高、可控性好及非接触性特点，对冶金和材料制备过程具有强大的调控能力，在冶金领域具有重要应用前景。随着工程技术的不断发展，电磁流体力学理论在冶金和材料制备领域的应用逐渐趋于成熟，发展出了多种电磁冶金技术，相关研究和应用几乎涵盖了冶金主要流程，已经成为高品质金属材料生产的重要技术手段。随着传统电磁冶金技术研究和应用不断深入，新型电磁冶金技术研发和实践日益成熟，以及人工智能等数字化、信息化和自动化新技术大量引入，电磁冶金技术将快速发展并获得更广阔的应用，进而有力推动冶金工业健康、稳定和可持续发展。

　　作者在总结中外电磁冶金领域的理论及相关应用的基础上，按照电磁场技术的基本原理和应用的最新研究成果系统化整理，著成本书，希望能为电磁冶金领域的高等教育知识普及与深入学习提供科学、系统、全面的参考，同时促进电磁场技术在相关领域的深入研究与应用。

　　本书共16章，第1章对电磁冶金技术的发展历史和现状、物理场分类和技术分类等进行了简明扼要的阐述。第2章针对本书所涉及的电磁场和电磁流体力学的基本理论、电磁力学理论解析、磁场对物质的主要作用方式等进行了总结和分析。第3章至第16章对电磁冶金相关的应用技术分别进行了详细阐述，包括电磁搅拌技术、电磁振荡冶金技术、脉冲磁场铸造技术、电磁净化技术、钢的软接触电磁连铸技术、电磁铸造技术、电磁制动技术、电渣重熔技术、电磁感应加热技术、电化学冶金技术、电磁悬浮熔炼技术、电磁分选技术、强磁场冶金技术及一些具有发展潜力的其他新型电磁冶金技术。本质上电场与磁场是相互依存的，但由于电磁场在各技术中的作用方式各有侧重，为保持本书对于电磁冶金技术的系统、全面介绍，因此将如电化学冶金技术、电场冶金技术等主要由某一种能量场作用的冶金技术同样作为电磁冶金技术的内容进行介绍。

本书由东北大学刘铁教授和王强教授担任主编，负责全书的统稿和整体修改工作。具体撰写分工为：第1章，东北大学王强；第2章，东北大学苏志坚；第3章，东北大学秦皇岛分校李德伟；第4章，东北大学苑轶；第5章，中国科学院金属研究所李应举；第6章，东北大学王芳；第7章，鞍钢股份鲅鱼圈钢铁分公司金百刚；第8章，大连理工大学接金川；第9章，东北大学陈进；第10章，东北大学董艳伍；第11章，东北大学王强、何明；第12章，东北大学石忠宁；第13章，东北大学董书琳；第14章，东北大学苑轶；第15章，东北大学刘铁；第16章，东北大学刘晓明、西南科技大学高鹏飞、东北大学许秀杰、东北大学陈进和鞍钢集团北京研究院有限公司肖玉宝。此外，东北大学冶金学院、材料科学与工程学院刘家岐、苗鹏、孙延文、张思远、刘泽熠、单志成、廉功豪、马帅、朱成美在本书的文字和图表整理方面做了大量工作。本书也得到大连理工大学李廷举教授和东北大学李宝宽教授审阅，并提出了许多宝贵意见和建议。本书也参考和引用了部分国内外同行的科研成果。在此，作者一并表示诚挚的感谢！

本书的出版得到了国家出版基金的资助，在此表示衷心的感谢。

由于作者的学识水平有限，加之电磁冶金技术涉及面较广，对部分新技术和方法的理解还不成熟和深入，书中难免有不足之处，恳请读者批评指正，不吝赐教。

作 者

2022年6月

目　　录

1 绪 论

1.1 概述

随着人类科学技术的不断发展和工业水平的持续进步，各个生产领域对材料的质量和性能都提出了新要求。在金属材料领域，传统冶金生产与材料制备技术需要不断发展来满足现代工业提出的高品质、高效率和环境友好的生产需求。在金属冶炼、铸造与加工成型过程中，常伴随着传热、传质、流体流动，以及液-固和固-固相变等复杂的物理和化学变化，对上述过程进行有效调控是提升材料性能、提高生产效率的根本途径。

电磁场是电场和磁场的总称，二者相互依存、互为因果。电荷的运动或电场的变化会产生磁场，而随时间变化的磁场也会产生电场。因此，将导电物质置于电磁场中，当电磁场发生变化或者物质自身产生运动时，会在物质内部感生出电流，该电流一方面会因为焦耳热或磁滞热而产生热效应，另一方面同外磁场相互作用产生洛伦兹力效果。另外，当外加磁场强度足够大时，也会对物质产生明显的磁化作用。依据物质的自身物理性质及其在磁场内部所处位置不同，磁化作用可以对物质表现出磁化力、磁力矩、磁偶极子相互作用等效应。由于电磁场对物质具有多种力效应、热效应和磁化效应，同时还具有能量密度高、可控性好、非接触等特点，其在多种工业生产领域都显示出巨大的应用前景。从 19世纪前叶开始，人们开展了一系列有关电场和磁场之间关系、电磁场在工程技术中的理论和应用的研究，最终形成了包括经典电动力学、磁动力学和流体力学在内的电磁流体力学学科。到了 20 世纪中叶，随着工程技术的不断发展，电磁流体力学理论在冶金和材料制备领域的实际应用成为可能，发展出了多种电磁冶金技术。

电磁冶金技术是将电场、磁场或其组合施加到冶金和材料加工过程中的技术。利用电磁场对物质施加的多种力、热、磁化等效应的协同作用调控热量和质量传输、流体运动和形状变化，以及液-固和固-固相变过程，进而优化冶金和材料加工的工艺流程、提高生产效率、改善产品性能。近几十年来，电磁冶金技术在钢铁、有色金属等材料的冶炼、铸造和热处理等过程得到了广泛应用，同时电磁冶金的范畴也不断拓展，衍生出强磁场材料科学等许多新兴交叉学科研究领域。随着科学技术进步、工业快速发展与能源环境消耗之间矛盾的日益增加，以绿色、高效、智能为主要目标的新型电磁冶金技术研发成为该领域研究的新热点[1-5]。

1.2 电磁冶金技术的发展历程

电磁冶金技术源自电动力学和磁流体力学的研究。电动力学主要研究电磁场的基本属性、分布规律，以及电磁场和带电物质之间的相互作用。1785 年，法国物理学家库仑（Coulomb）依据实验得出了反映静止点电荷相互作用力规律的库仑定律。1820 年，丹麦物理学家奥斯特（Oersted）发现了电流的磁效应。1825 年，法国物理学家安培（Ampere）

提出了可以定量描述电流周围磁场的安培环路定理。1831 年，英国物理学家法拉第（Faraday）发现了电磁感应现象，提出了变化磁场产生电场的理论。1845 年，英国物理学家纽曼（Neumann）和德国物理学家韦伯（Weber）给出了描述电磁感应现象的数学表达式，建立了电磁感应定律。在随后的时间里，英国物理学家麦克斯韦（Maxwell）系统总结了库仑、奥斯特、安培、法拉第等人关于宏观电磁现象和理论的研究成果，于 1864 年提出了一组偏微分方程，建立了全面概括电磁现象及其规律的电磁场理论。后来，德国物理学家赫兹（Hertz）、英国物理学家赫维赛德（Heaviside）、荷兰物理学家洛伦兹（Lorentz）等人对麦克斯韦提出的偏微分方程进行简化，最终发展出了可以描述电磁场性质、特征和运动规律的 4 组方程——麦克斯韦方程组。麦克斯韦方程组奠定了电动力学的基础，为电磁场的工程应用提供了理论基础。

随着电动力学研究的深入，磁流体力学现象也引起了研究者的关注并得到了系统研究。磁流体力学主要通过结合经典流体力学和电动力学研究导电流体和磁场之间的相互作用。1832 年，法拉第根据海水切割地球磁场产生电动势的想法进行了河水流速测量实验，提出了磁流体力学问题。1932 年，布鲁贝克（Braunbeck）发现旋转磁场可使流体旋转。1937 年，哈特曼（Hartmann）通过理论分析和实验证实了相互垂直的电磁场作用下，不可压缩黏性导电流体沿均匀矩形截面管道的定常层流运动，即哈特曼流动。1940—1948 年，阿尔文（Alfvén）陆续提出带电单粒子在磁场中运动轨道的"引导中心"理论、磁冻结定理、磁流体动力学波（即阿尔文波）和太阳黑子理论，推动了磁流体力学的发展。1950 年，伦德奎斯特（Lundquist）首次探讨了利用磁场来保存等离子体的所谓磁约束问题，即磁流体静力学问题。1965 年，苏联创办了磁流体力学方面的专门杂志（*Magnetohydrodynamics*），用于发表有关磁流体动力学的理论和应用研究成果。

随着理论研究的日趋成熟，研究者也开启了电动力学和磁流体力学在冶金和材料加工过程应用的技术开发工作。1890 年，瑞典研制出开槽式有芯感应熔炼炉，标志着电磁感应加热技术的问世。1922 年，麦克尼尔（McNeill）论述了电磁搅拌通过改变金属熔体流动对凝固组织、偏析和夹杂物分布的影响，申请了首个利用电磁搅拌技术调控金属凝固组织的专利。1933 年，Shtanko 实验证实了电磁搅拌对铸坯凝固组织的作用效果。

1960 年，苏联的盖茨耶列夫（Getselev）将电磁场引入铝合金的半连续铸造过程，提出了电磁铸造的概念，并于 1966 年利用电磁铸造法制备了铝合金铸锭。1978 年法国国立研究所（Centre National de la Recherche Scientifique，CNRS）设立 MADYLAM 研究室，专门从事磁流体力学在工程技术上的应用研究。1982 年 9 月在英国剑桥大学，国际理论力学和应用力学协会（International Union of Theoretical and Applied Mechanics，IUTAM）主持召开了磁流体力学在冶金中应用的国际会议（The Application of Magnetohydrodynamics to Metallurgy）。会议包括基于电磁场的流体速度测量、感应加热、电磁搅拌、电磁成型、电弧炉五个研究主题，被认为是世界范围内电磁冶金理论及应用技术研究的开端。受 IUTAM 研讨会的启发，日本钢铁协会（Iron and Steel Institute of Japan，ISIJ）研究委员会的下属组织——炼钢未来技术的调查、研讨委员会，明确提出了将磁流体力学在冶金领域的应用作为重要研究方向。1985 年，日本钢铁协会建立了"电磁冶金委员会"，电磁冶金明确成为冶金学的一个分支。1994 年，在日本名古屋召开了第一届材料电磁过程国际会议（The

First International Symposium on Electromagnetic Processing of Materials），这次会议展示了电磁冶金领域的最新研究进展并奠定了该研究领域的重要地位。同时，这次会议正式明确了涵盖"冶金"和"磁流体力学"的名词——材料电磁过程（Electromagnetic Processing of Materials，EPM），世界各国也纷纷以该名词命名有关电磁冶金的实验室、国际会议和研究方向。自第一届会议开始，EPM 国际会议交替在欧洲和日本每隔 3 年举办 1 次。20 世纪末，随着强磁体制造技术的进步，有关强磁场在冶金和材料过程应用的研究也逐渐开展，逐渐形成一门新的学科——强磁场材料科学。

我国的电磁冶金技术理论和应用研究起步较晚，与欧美和日本等发达国家相比，在一些电磁冶金技术和设备的研发上还存在一定差距。但是，在国家自然科学基金委员会、科技部 "863 计划" 与 "973 计划" 和相关企业等多方资助下，东北大学、大连理工大学、上海大学、华北理工大学、昆明理工大学、西安建筑科技大学、武汉科技大学、中国科学院等科研院所，以及宝钢、首钢和鞍钢等钢铁企业先后开展了电磁冶金理论与技术开发研究，使我国电磁冶金研究水平得到快速提升。1958 年，中国科学院长春光学精密机械与物理研究所研制出用于感应加热的火花式中频发射器。同年，我国在电渣焊的基础上攻克了电渣重熔技术。1982 年首钢与中科院共同研制出一套行波磁场搅拌器，并于 1984 年安装于大方坯半连铸机上进行实验。1988 年，国内开展了小断面电磁铸造技术的研究工作，利用电磁无模铸造法制备出了铝合金扁锭。1995 年，佛山特钢公司使用感应加热中间包生产不锈钢，功率为 1500 kW，容量为 2 t，铸坯质量大幅改善。2001 年，上海大学开展了关于行波磁场连续净化铝合金液实验，考察了有无电磁力作用时夹杂物面积分数、数量与粒径的变化，从而探讨了行波磁场对金属液净化效率的影响。2005 年，上海大学将脉冲磁场施加于金属凝固过程，提出了细化凝固组织的脉冲磁致振荡技术。2006 年，东北大学将感应加热应用于钢包出钢过程，提出了钢包电磁感应加热出钢技术。2010 年，中国金属学会成立了电磁冶金与强磁场材料科学分会，挂靠在东北大学材料电磁过程研究教育部重点实验室（Key Laboratory of Electromagnetic Processing of Materials，Ministry of Education）。学会主要围绕电磁冶金理论研究和技术开发，开展国内外科技和学术交流，开展各种科技研讨、战略研讨和科技咨询，举办国内外学术会议，进而大力推动我国电磁冶金技术的发展。电磁冶金与强磁场材料科学分会于 2011 年在大连召开 "第一届全国电磁冶金与强磁场材料科学学术会议"，针对各种电磁场在冶金工艺流程和材料制备与加工等领域的应用基础理论、应用技术与装备研发等开展交流与研讨，促进大专院校、科研院所和生产企业之间的技术交流，以推动我国电磁冶金技术的发展。2014 年，在内蒙古召开了 "第二届全国电磁冶金与强磁场材料科学学术会议"，并由此形成惯例每隔两年召开一次学术会议。随后于 2016 年在河南、2018 年在上海、2020 年在重庆、2022 年在昆明分别召开了第三、四、五、六届 "全国电磁冶金与强磁场材料科学学术会议"。目前，该系列会议的主题已经拓展至不同种类的电磁场在冶金流程（包括炼铁、炼钢、精炼、连铸、轧制、热处理等）、材料加工（有色金属的熔铸和成型、能源材料制备等）、电磁流体力学、强磁场材料科学、电磁测量、电磁装备、资源与废弃物的电磁处理等研究领域。参会人员也涵盖了大专院校的学者和学生、科研院所的研究人员、各大钢铁生产和有色金属加工等企业和电磁装备生产商的技术人员。该系列会议的召开，极大地推进了我国电磁冶金领域的研究水平。近年来，我国电磁冶金领域的研究快速发展，得到了国际同行的广泛关注，2012 年第七届材料电磁过程国际会议（EPM2012）在北京举行。会议内容涉及冶金与材料电磁制备过程中的电磁流体力学、电磁连铸技术、凝固和组织控制、电磁检测与仪器开发、等离子加热等基础理论研究和应用技术研究，充分反映了国际材料电磁过程领域的最新研究成果。

电磁冶金技术历经数十年不断积累和发展，其研究和应用几乎涵盖了冶金主要流程，已经成为高品质钢铁材料生产的重要技术手段。近年来，能源环境、航空航天、军事国防、海洋工程、交通运输和先进制造等领域的快速发展，对金属材料的性能不断提出新要求。另外，金属材料的生产也一直在向着短流程、高效率、低能耗和绿色化的方向发展。这为电磁冶金技术的进一步发展带来前所未有的机遇。目前，电磁冶金技术的发展主要呈现以下特点：（1）以单一功能为主的传统电磁冶金技术，如感应加热、电磁搅拌、电磁制动、电磁铸造等技术日趋成熟并将得到更广泛的应用，今后面向全冶金流程的多种电磁冶金技术高效整合和优化也将日益引起关注，进而研发多组合、多模式、多功能的电磁冶金技术。（2）为了实现对冶金流程的更精细调控，在传统电磁冶金技术的基础上，相继研发了钢包电磁感应加热出钢技术[6]、电磁旋流水口技术[7]、脉冲磁致振荡技术[8]、电磁测速技术[9]、电磁侧封技术[10]等一系列新型电磁冶金技术，目前上述技术正在进行技术验证或产业化推广。另外，随着超导强磁体制造技术和商业化水平的不断提高，基于强磁场的新型电磁冶金技术也将逐渐成熟并得到工业试验和应用推广。（3）针对电磁冶金技术中多物理场高度耦合、冶金流程强非线性和滞后性、冶金工艺参数复杂多变的特点，在电磁冶金技术中引入基于数据挖掘、智能控制、软件计算等方法的人工智能新技术，将进一步发挥电磁冶金技术的优势、有力推动电磁冶金技术的发展和应用。

1.3 电磁冶金技术中物理场的分类

电磁冶金技术在材料的冶金制备过程中施加物理场，外加物理场与物质之间相互耦合会产生多种力效应、热效应和磁化效应，通过各种效应之间的协同实现对冶金过程的有效调控。电磁冶金技术中施加的物理场主要包括时变磁场、稳态磁场、电场（流），以及上述磁场和电场之间配合形成的复合场。

（1）时变磁场。时变磁场是指强度和方向随时间按照一定规律发生变化的磁。按照随时间变化的方式不同，时变磁场又可以分为交变磁场和瞬变磁场。

1）交变磁场是磁场强度随时间呈正弦波形式周期变化的磁场。在电磁冶金技术中，交变磁场主要由冷却水实时冷却的铜及铜合金线圈内通以交流电产生，磁场强度通常小于0.5 T。

2）瞬变磁场是磁场强度随时间呈瞬时或脉冲形式变化的磁场，又称脉冲磁场。在电磁冶金技术中，脉冲磁场通常由感应线圈内通以脉冲电流产生。磁场强度可以从几十至近百特斯拉，脉冲磁场的脉宽较窄，为毫秒、微秒量级。

（2）稳态磁场。稳态磁场是指磁场强度和方向不随时间发生变化的磁场，又称静磁场或稳恒磁场。根据磁场是否随空间位置不同而发生变化，稳态磁场又可分为均恒磁场和梯度磁场。均恒磁场是指磁场强度和方向均不随空间位置发生变化的磁场，梯度磁场是指磁场强度随空间位置连续变化的磁场。

稳态磁场可以由水冷铜及铜合金线圈内通以直流电产生，但是磁场强度通常小于0.5 T。也可以由永磁体提供稳态磁场，磁场强度通常小于2 T。近些年来由低温超导技术发展起来的超导强磁体也可以提供稳态磁场，用于电磁冶金技术的磁场强度可以达到 10 T 以上。

（3）电场（流）。电场是电荷及变化磁场周围空间里存在的一种特殊物质。对导体施加电场，电子在电场作用下发生定向移动，在导体内部产生电流。电流根据其是否持续输出或方向是否呈周期性变化可分为直流电流、交流电流和脉冲电流。

1）直流电流是指大小和方向都不随时间而变化的电流，又称恒定电流。在电磁冶金技术中，直流电流通常用来产生稳恒磁场或同其他磁场配合使用。

2）交流电流是指电流大小和方向随时间作周期性变化的电流，在一个周期内的平均电流为零。交流电的频率是指单位时间内周期性变化的次数，单位是赫兹（Hz），与周期成倒数关系。电磁冶金技术中使用的交变电流频率范围较大，从几赫兹到几十万赫兹。

3）脉冲电流是一种呈周期变化的电流或电压脉冲，它既可以在同一方向重复出现，又可以正、负交替变换的方式出现。脉冲电流按照其波形可分为方波、正弦波、三角波和锯齿波等。

1.4 电磁冶金技术分类

电磁冶金技术主要是利用电磁场的力效应、热效应和磁化效应及其耦合来调控冶金和材料制备过程。因此，可以依据电磁场的效应对电磁冶金技术进行分类，即基于力效应的电磁冶金技术、基于热效应的电磁冶金技术、基于力和热耦合效应的电磁冶金技术，以及基于磁化效应的电磁冶金技术，如图 1-1 所示。

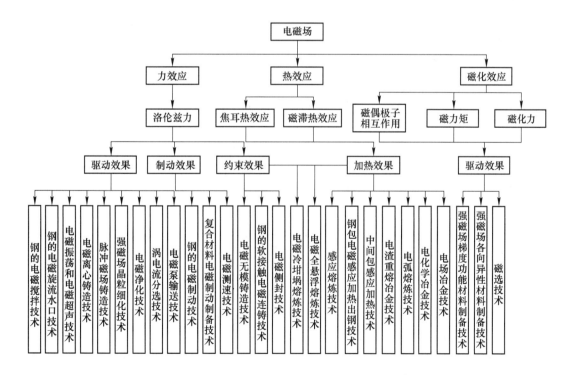

图 1-1 基于电磁场效应的电磁冶金技术分类

1.4.1 基于力效应的电磁冶金技术

基于力效应的电磁冶金技术主要利用洛伦兹力（习惯上也称电磁力）调控冶金和材料制备过程。周期变化的磁场会在液态金属内部生成感应电流，该感应电流同外加磁场相互作用产生洛伦兹力。另外，如果对导电物质同时施加磁场和电流，二者相互作用也会对物质产生洛伦兹力。根据施加磁场的方式、磁场的类型及同其他物理场耦合形式的不同，电磁场对物质施加的洛伦兹力可以表现出驱动效果、制动效果和约束效果。

1.4.1.1 基于洛伦兹力驱动效果的电磁冶金技术

基于洛伦兹力驱动效果的电磁冶金技术包括：

（1）钢的电磁搅拌技术。在连续铸钢的钢液凝固过程中施加交变电磁场，利用电磁场感应产生的洛伦兹力使钢液产生旋转流动，来强化钢液在凝固过程中的流动、传热和传质，进而改善铸坯质量。依据施加电磁场位置的不同，钢的电磁搅拌技术可以分为结晶器电磁搅拌、二冷区电磁搅拌和凝固末端电磁搅拌。

（2）钢的电磁旋流水口技术。在连接中间包和结晶器的浸入式水口外侧施加旋转电磁场，通过感应出的洛伦兹力驱动钢液在流经水口过程中产生旋转，进而优化结晶器内钢液的流场和温度场，改善冶金效果。

（3）电磁振荡和电磁超声技术。电磁振荡可通过同时对金属熔体施加稳恒磁场和交变电流或同时施加稳恒磁场和周期性交变磁场两种方法实现。电磁超声波的产生方法有交变磁场、静磁场与交变电流、静磁场与交变磁场三种。三种技术均具有提高流动性、减少熔体内气体、细化晶粒及减少缩松等效果。

（4）电磁离心铸造技术。在传统离心铸造的基础上施加电磁场，利用感生出来的洛伦兹力驱动液态金属和铸型在高速离心运动时发生相对位移，进而调控铸件组织和性能。施加的电磁场可以是交变磁场也可以是行波磁场。

（5）脉冲磁场铸造技术。在金属熔体中施加脉冲磁场，通过洛伦兹力影响熔体的流动、传热和传质等过程，从而控制金属熔体凝固过程的铸造技术。可用于钢、有色金属及合金、复合材料的铸造，改善材料的组织结构和力学性能。

（6）电磁净化技术。利用金属熔体同固相颗粒间的导电性差异，通过磁场或磁场同电流之间的耦合作用对不同物相间产生大小或方向不同的洛伦兹力，进而实现熔体和固相颗粒间的分离。施加的外场可以是交变磁场、交变电流、行波磁场、稳恒磁场同直流电流耦合4种形式。

（7）涡电流分选技术。非磁性金属物料通过磁辊旋转产生的交变磁场时会产生感应电流，从而产生与原磁场反向的感生磁场，产生具有排斥效果的洛伦兹力（又称涡流力）。由于各种物料的导电性不同，其在涡流力作用下的运动轨迹不同，最终实现不同非磁性金属物料之间或非磁性金属物料与非金属物料之间的分离。

（8）电磁泵输送技术。利用磁场和导电流体中电流的相互作用产生洛伦兹力，使流体在洛伦兹力诱发的压力梯度驱动下产生流动。电磁泵按电源形式不同可分为交流泵和直流泵，按液态金属中电流馈给的方式可分为传导式（电导式）和感应式电磁泵。传导式电磁泵由外部供给直流或交流电。感应式电磁泵的电流由交变磁场感应产生。

（9）强磁场晶粒细化技术。在金属的自由凝固过程中，利用强磁场同运动的导电流体相互作用产生的洛伦兹力抑制金属凝固过程中的液相流动增大过冷度,提高形核率可以细化晶粒。而在金属的定向凝固过程中,利用强磁场同固液界面处枝晶尖端生成的热电势相互作用产生热电磁力,诱发流动或者引起枝晶破碎,在液相中形成大量形核基底,提高形核率而细化晶粒。

1.4.1.2　基于洛伦兹力制动效果的电磁冶金技术

基于洛伦兹力制动效果的电磁冶金技术包括:

(1) 钢的电磁制动技术。在结晶器位置施加磁场,钢液运动感生出电流后同磁场相互作用产生与运动方向相反的洛伦兹力,抑制钢液流动使其减速进而实现电磁制动效果。该效果可改善流场分布提高连铸稳定性和铸坯质量。施加的磁场可以是稳恒磁场、交变磁场或多种磁场的组合。

(2) 复合材料电磁制动制备技术。在多金属复合铸造过程中施加稳恒磁场,利用金属液内部感生出的洛伦兹力抑制金属液体的流动,减弱凝固前不同金属液之间的混流,制备出复合材料。

(3) 电磁测速技术。导电流体或固-液混合物流经稳恒磁场时,液体内部的感应电流与磁场相互作用产生与流体运动方向相反的洛伦兹力。通过测量作用在磁体上的反作用力,即可确定流体的速率。电磁测速技术以非接触方式测量,适用于冶金工业中钢液、铝液等金属液体的流速测量。

1.4.1.3　基于洛伦兹力约束效果的电磁冶金技术

基于洛伦兹力约束效果的电磁冶金技术包括:

(1) 电磁无模铸造技术。利用感应线圈代替传统结晶器,通过交变电流产生交变磁场。交变磁场感生的电流在金属液表面产生横向洛伦兹力,同表面张力共同作用约束熔体,实现无模铸造。电磁无模铸造主要应用到铝合金等有色金属的半连续铸造和铜合金等有色金属的水平连续铸造。

(2) 钢的软接触电磁连铸技术。在结晶器上部布置感应线圈并通以交变电流,交变电流产生交变磁场在熔池外表面产生感应电流,电流与磁场相互作用产生垂直于铸坯表面指向液芯的洛伦兹力,约束钢液实现凝固坯壳同结晶器的软接触,进而改善铸坯质量。

(3) 电磁侧封技术。在双铸辊的侧端面施加交变电磁场,在被铸轧的金属熔体侧面感生出电流后同磁场作用生成指向金属熔体内部的洛伦兹力,约束金属熔体达到侧封的目的,进而实现金属的薄板坯连铸。

1.4.2　基于热效应的电磁冶金技术

基于热效应的电磁冶金技术主要利用电场或磁场产生的热能为冶金和材料制备过程提供热源。周期变化的磁场会在液态金属内部生成涡电流,基于涡电流产生的焦耳热效应与磁滞热效应可以对金属材料进行感应加热。对导电物质通入电流,利用物质的电阻产生的焦耳热可以对物质进行加热。另外,利用电弧燃烧放出的热量也可以加热物料。

(1) 感应熔炼技术。基于电磁感应的原理,通过向线圈施加交变电流产生交变磁场,从而在被加热物料中产生涡流,被加热物料受自身电阻作用使电能转变成热能,从而使物料温度升高而熔化。感应熔炼一般是通过感应熔炼炉实现的。依据电流频率的不同,可分为高频、中频及工频感应熔炼炉。

（2）钢包电磁感应加热出钢技术。在钢包出钢的滑动水口技术基础上，利用 Fe-C 合金颗粒代替引流砂，在座砖内部的水口外侧布置感应线圈，利用感应加热熔化水口内的 Fe-C 合金，在钢水静压力作用下实现钢包自动出钢，提高钢液洁净度。

（3）中间包感应加热技术。在中间包内部钢液注入通道外侧布置感应线圈，产生的交变磁场在钢液内部感生出电流，通过电流产生的焦耳热加热钢液，补偿中间包内钢液温降，实现低过热度浇注。

（4）电渣重熔冶金技术。利用炉渣作为电阻和提纯剂，电流通过熔渣时产生的焦耳热作为热源，促使自耗电极熔化并在水冷结晶器的强制冷却作用下顺序凝固成型的一种二次精炼冶金技术。其中熔渣和钢液的精炼及钢锭结晶都在同一个结晶器中进行，提高了钢锭纯度和组织均匀性。

（5）电弧熔炼技术。利用电能在电极与电极之间或电极与被熔炼物料之间产生电弧，通过电弧产生的热量来熔炼金属。电弧可以由直流电和交流电产生，真空电弧熔炼一般都采用直流电源。按照加热方式不同，电弧熔炼又分为直接和间接加热式电弧熔炼。

（6）电化学冶金技术。利用电化学原理从矿石或其他原料中提取和精炼金属的技术，即在电解质水溶液或熔盐等离子导体中通入电流，利用焦耳热维持电解温度，通过电极上的氧化还原反应冶炼金属的过程。使用不溶性电极作阳极，从电解质中电解或电沉积提取金属，称为电解提取；从粗金属或合金阳极中精炼提纯金属，称为电解精炼。

（7）电场冶金技术。在材料制备、处理等冶金过程中通入一定形式的电场（电流），利用电场或其诱发的磁场产生的物理和化学作用，可以优化冶金过程的传热、传质、流动过程，提高生产效率，提高材料纯度，改善材料组织结构及性能。依据冶金目的不同，电场冶金技术可分为电场凝固、电场除杂、电场分离及电场烧结等技术。

1.4.3 基于力和热耦合效应的电磁冶金技术

基于力和热耦合效应的电磁冶金技术主要利用焦耳热效应和磁滞热效应的加热效果及洛伦兹力的约束效果作用于冶金和材料制备过程，可同时实现对材料的加热及对金属熔体的控制。

（1）电磁冷坩埚熔炼技术。冷坩埚是将分块的水冷坩埚置于交变电磁场内，一方面利用交变磁场产生的焦耳热熔化金属。另一方面依靠洛伦兹力使熔融金属与坩埚壁保持软接触状态，完成金属的熔炼或者成型。冷坩埚熔炼技术主要用来熔炼高温难熔材料或者化学性质活泼的材料。

（2）电磁全悬浮熔炼技术。在特殊构型的线圈中施加高频交变电流产生特定空间分布的电磁场，处于磁场内的材料表面产生涡电流，一方面涡电流与磁场相互作用产生洛伦兹力平衡材料重力实现悬浮；另一方面涡电流产生焦耳热加热材料，最终实现材料的悬浮熔炼。

1.4.4 基于磁化效应的电磁冶金技术

基于磁化效应的电磁冶金技术主要利用磁场对物质磁化后诱发的多种力和能效应调控冶金和材料制备过程。当物质被置于磁场时会被磁化，晶体由于晶格结构或晶粒形状导致在不同方向上磁化率的差异会产生磁晶各向异性。当具有磁晶各向异性的非磁性物质（如顺磁性和抗磁性物质）被磁场磁化后，物质由于磁化强度矢量与磁场矢量不平行会受到磁力矩的作用。在磁力矩的作用下，处在液态基体内的晶体会发生旋转运动。被置于磁场的磁性颗粒会被磁化成为磁偶极子，颗粒间就会产生偶极相互作用。这种作用在平行于磁场的平面内颗粒间表现为相互吸引，在垂直于磁场的平面内颗粒间表现为相互排斥。磁化力和磁偶极子相互作用可以对材料产生驱动作用，进而影响冶金和材料制备过程。此外，当材料置于梯度磁场时，在磁化作用与磁场梯度的耦合作用下会使其受到磁化力。由于冶金和材料制备过程通常在高温条件下进行，大多数材料都表现出较弱的磁性，因此基于磁化效应的电磁冶金技术通常采用较强磁场（0.5 T 以上）。

（1）强磁场梯度功能材料制备技术。在金属凝固过程中施加梯度磁场，利用磁化力驱动颗粒或溶质的迁移，产生成分或形貌呈梯度分布的特殊组织，进而使材料的力学、磁学、电学等性能沿特定方向呈连续变化。

（2）强磁场各向异性材料制备技术。在具有磁晶各向异性的晶体生长过程中施加磁场，利用磁力矩诱导固态晶体在液态基体中旋转使其易磁化方向与磁场方向平行，进而生长成为力学、磁学、电学等性能呈各向异性变化的材料。

（3）磁选技术。对磁性差别较大的矿石或物料施加磁场会产生有差异的磁化力。在磁化力的作用下，不同磁性的物料具有不同的运动轨迹，从而实现物料的分离。被广泛应用于废钢、黑色金属矿石、有色金属矿石的分选和富集。

参 考 文 献

[1] 韩至成. 电磁冶金学 [M]. 北京：冶金工业出版社，2001.
[2] 贾光霖，庞维成. 电磁冶金原理与工艺 [M]. 沈阳：东北大学出版社，2003.
[3] 张伟强. 金属电磁凝固原理与技术 [M]. 北京：冶金工业出版社，2004.
[4] 韩至成. 电磁冶金技术及装备 [M]. 北京：冶金工业出版社，2008.
[5] 崔建忠，巴启先，班春燕，等. 轻合金电磁冶金 [M]. 沈阳：东北大学出版社，2005.
[6] 张志强，乐启炽，崔建忠，等. 外场下镁合金凝固及铸锭制备 [M]. 北京：科学出版社，2014.
[7] 王强，赫冀成，等. 强磁场材料科学 [M]. 北京：科学出版社，2014.
[8] GONG Y Y, LUO J, JING J X, et al. Structure refinement of pure aluminum by pulse magneto-oscillation [J]. Materials Science and Engineering：A, 2008, 497（1/2）：147-152.
[9] WHITTINGTON K R, DAVIDSON P A, HUNT J, et al. Electromagnetic edge dams for twin-roll casting [J]. La Rivista del Nuovo Cimento, 1998：1147-1550.
[10] JIAN D, KARCHER C. Electromagnetic flow measurements in liquid metals using time-of-flight Lorentz force velocimetry [J]. Measurement Science and Technology, 2012, 23（7）：074021/1-14.
[11] 赫冀成，雷洪，王强，等. 计算冶金学 [M]. 北京：科学出版社，2019.

2　电磁场理论基础

电磁场理论是揭示和研究各种电磁现象内在规律的基本理论。磁现象和电现象本质上是紧密联系在一起的，自然界一切电、磁及电磁现象都起源于物质具有的电荷属性，电现象起源于电荷，电流起源于电荷的宏观定向运动，而磁现象起源于电流。变化的磁通量能够激发电场，变化的电通量也能够激发磁场。在磁场内部运动的导电流体切割磁力线在流体内部产生感应电流，磁场与感应电流相互作用产生洛伦兹力，洛伦兹力可以影响导电流体流动。这一系列现象是电场、磁场与流场之间相互作用的基本方式。本章以电磁现象出发，主要介绍电磁场分析中常用的矢量分析、电磁场基本理论、电磁流体力学基本方程、磁流体力学相似准数、电磁力学理论解析、磁场对物质的主要作用方式。

2.1　矢量分析

矢量分析，也称场方法，是研究物理场的重要方法。物理量的相关性质通过散度、旋度、通量、环量等概念进行描述。空间区域上的每一个点都有与之对应场的物理量，这一概念称为场。设 r 是空间点的矢径，x、y、z 是直角坐标，t 是时间，则物理场 α 的函数为：

$$\alpha = \alpha(r,t) = \alpha(x,y,z,t) \tag{2-1}$$

当物理场函数随时间变化时称为时变场或非定常场，反之，物理场函数场与时间无关，则称为静态场或定常场。若物理量是标量，该场称为标量场，如温度场、密度场等。若物理量是矢量，该场称为矢量场，如速度场、重力场、电场、磁场等。静态标量场和矢量场的函数可分别表示为 $u(x,y,z)$、$f(x,y,z)$；时变标量场和矢量场的函数可分别表示为 $u(x,y,z,t)$、$f(x,y,z,t)$。

对于标量场 u，通常用等值面对其进行几何描述。等值面是指在场中具有相同物理量点所构成的面，如温度场中的等温面、电场中电势相同点组成的等势面等。等值面的方程可表示为：

$$u = u(x,y,z,t_0) = u_0 = 常数 \tag{2-2}$$

对于矢量场 f，通常用矢量线对其进行几何描述。矢量线是指在曲线上每一点处矢量场的方向都在该点的切线方向上，如静电场的电力线、磁场的磁力线、流场的流线等，矢量线的方程表示为：

$$\frac{\mathrm{d}x}{f_x} = \frac{\mathrm{d}y}{f_y} = \frac{\mathrm{d}z}{f_z} \tag{2-3}$$

式中，f_x、f_y、f_z 分别为矢量 f 在 x、y、z 轴上的坐标分量。

通过这些几何表示可以直观地得到物理量分布的疏密度。

2.1.1　标量场的梯度

在矢量分析中，标量场 u 的非均匀性可以用梯度来描述，一般记作 **grad** u，其计算表达式为：

$$\mathbf{grad}\, u = \nabla u = \frac{\partial u}{\partial x}i_x + \frac{\partial u}{\partial y}i_y + \frac{\partial u}{\partial z}i_z \tag{2-4}$$

式中，i_x、i_y、i_z 分别为 x、y、z 方向的单位矢量。

式（2-4）中，"∇" 称为哈密顿算子，其计算表达式为：

$$\nabla = \left(\frac{\partial}{\partial x},\ \frac{\partial}{\partial y},\ \frac{\partial}{\partial z}\right) = \frac{\partial}{\partial x}i_x + \frac{\partial}{\partial y}i_y + \frac{\partial}{\partial z}i_z \tag{2-5}$$

哈密顿算子具有矢量和微分双重作用，并符合矢量和微分两者运算法则。标量 u 的梯度方向是场的等值面法向方向，也是场的最陡方向，梯度值是沿该点方向导数的最大值。

2.1.2　矢量场的散度

2.1.2.1　通量

矢量场 f 在某个有向曲面 S 的积分称为通过该曲面的通量，记作 Φ

$$\Phi = \iint_S f\mathrm{d}S \tag{2-6}$$

式中，$\mathrm{d}S$ 为面元矢量。

当 S 为一个闭合曲面时，通过闭合曲面的通量反映了该闭合面内的"源"。若 $\Phi > 0$ 表示从内穿出的通量多于从外穿入的通量，表明闭合曲面内有净的正源，若 $\Phi < 0$ 表明闭合曲面内有净的负源。

2.1.2.2　散度

对于矢量 f，使用哈密顿算子 ∇ 与 f 进行点积"·"计算，称为场 f 的散度，即 $\mathrm{div}\,f$，它的哈密顿算子表达式和直角坐标系下的计算式为：

$$\mathrm{div}\,f = \nabla \cdot f = \frac{\partial f_x}{\partial x}i_x + \frac{\partial f_y}{\partial y}i_y + \frac{\partial f_z}{\partial z}i_z \tag{2-7}$$

散度的概念可以推广至任意物理矢量场上，散度可表示场 f 是否存在源。当 $\mathrm{div}\,f = 0$，表示不存在 f 的通量通过物质质点体积表面，f 为无源场；当 $\mathrm{div}\,f \neq 0$，必然有 f 的通量通过物质质点体积表面，f 为有源场。

2.1.2.3　高斯散度定理

设空间中有一个封闭曲面 S，它所包围的空间体积为 Ω，于是根据矢量场函数 f 的散度定义，矢量场在空间任意闭合曲面 S 的面积分等于该闭合曲面所包含体积 Ω 中矢量场的散度的体积分，这一定理称为高斯定理，其表达式为：

$$\oiint_S f\mathrm{d}S = \iiint_\Omega \nabla f\mathrm{d}\Omega \tag{2-8}$$

式中，$\mathrm{d}\Omega$ 为微元体积，m^3。

使用高斯散度定理可以实现闭合曲面积分与体积分之间的变换。建立了一个矢量场通过闭合曲面发出的净通量与矢量在曲面内的通量源之间的关系。

2.1.3　矢量场的旋度

2.1.3.1　环量

矢量场沿闭合曲线 L 的环量 $\mathit{\Gamma}$ 定义为该矢量对闭合曲线 L 的线积分，公式表示为：

$$\boldsymbol{\Gamma} = \oint_L \boldsymbol{f} \mathrm{d}\boldsymbol{l} \tag{2-9}$$

式中，$\mathrm{d}\boldsymbol{l}$ 为微元长度矢量。

2.1.3.2 旋度

对于矢量 $\boldsymbol{f}$，旋度是矢量场的另一重要概念，可用来判断矢量场是否有旋，使用哈密顿算子 ∇ 与 $\boldsymbol{f}$ 进行叉乘"×"计算，称为场 $\boldsymbol{f}$ 的旋度，即 $\mathrm{rot}\,\boldsymbol{f}$，它的哈密顿算子表达式及直角坐标系下的计算式为：

$$\mathrm{rot}\,\boldsymbol{f} = \nabla \times \boldsymbol{f} = \left(\frac{\partial f_z}{\partial y} - \frac{\partial f_y}{\partial z}\right)\boldsymbol{i}_x + \left(\frac{\partial f_x}{\partial z} - \frac{\partial f_z}{\partial x}\right)\boldsymbol{i}_y + \left(\frac{\partial f_y}{\partial x} - \frac{\partial f_x}{\partial z}\right)\boldsymbol{i}_z \tag{2-10}$$

当 $\mathrm{rot}\,\boldsymbol{f} = 0$，称矢量场 $\boldsymbol{f}$ 为无旋场，反之称为有旋场。如果矢量场 $\boldsymbol{f}$ 为无旋场，则：

$$\boldsymbol{f} = \mathbf{grad}\,u \tag{2-11}$$

此时，标量场 u 为矢量场 $\boldsymbol{f}$ 的位函数。

2.1.3.3 斯托克斯定理

矢量场沿任意闭合曲线的环量等于矢量场的旋度在该闭合曲线所围的曲面的通量。这一定理称为斯托克斯定理，公式表示为：

$$\oint_L \boldsymbol{f} \mathrm{d}\boldsymbol{l} = \iint_S \nabla \times \boldsymbol{f} \mathrm{d}\boldsymbol{S} \tag{2-12}$$

斯托克斯定理描述了矢量场旋度的面积分和曲线积分之间的关系。

综上，散度描述的是矢量物理场中各点的场量与通量源的关系，对矢量场求散度，是用场分量分别对 x、y、z 求偏导数，所以矢量场的散度表示的是场分量沿各自方向上的变化规律；旋度描述的是矢量物理场中各点的场量与漩涡源的关系。对矢量场求旋度，是用场分量分别只对与其垂直方向的坐标变量求偏导数。因此，矢量场的旋度描述的是场分量与其垂直的方向上的变化规律。散度判断的是有源无源，旋度判断的是有旋无旋。

2.2 电场和磁场的基本理论

2.2.1 电场的基本理论

2.2.1.1 电荷守恒定律

在任意物理过程中，各物体电荷数量可以改变，但参与这一物理过程所有物体中的电荷代数和守恒，即电荷既不能被创造，也不能被消灭，只能从一个物体转移到另一个物体，或者从物体的一部分转移到另一部分[1]。例如电中性物体由于互相摩擦而带电时，两物体带电量的代数和仍然是零。在一个与外界没有电荷交换的系统内所发生的任何物理过程中，系统内正负电荷的代数和保持不变，这个结论称为电荷守恒定律。近代科学实验证明，电荷守恒定律不仅在宏观过程中成立，在微观过程中也成立。电荷守恒定律表明，孤立系统中由于某种原因产生（或泯灭）某种符号的电荷，必有等量异号的电荷伴随产生（或泯灭）；若孤立系统总电荷量增加（或减小），必有等量电荷进入（或离开）该系统。

2.2.1.2 库仑定律

从 18 世纪开始，人们通过研究静止电荷之间的相互作用发现，真空中两个静止带电体之间的相互作用力与带电体的电荷量、距离、大小、形状和电荷分布有关。如果带电体的几何线度远小于它到另一带电体的距离，这种带电体称为点电荷。1785 年法国科学家库仑通过扭秤实验[2]总结出电荷之间的相互作用规律，称之为库仑定律，表述如下：自由空间（或真空）中两个静止的点电荷之间的作用力与这两个电荷所带电量的乘积成正比，与它们之间距离的平方成反比，作用力的方向沿着这两个电荷的连线，同性电荷表现为斥力，异性电荷表现为引力。公式表示为：

$$F_{12} = \frac{q_1 q_2}{4\pi\varepsilon_0 r_{12}^{2+\zeta}} r_{12} \tag{2-13}$$

式中，F_{12} 为库仑力，N；q_1、q_2 分别为静止点电荷带电量，C；r_{12} 为真空中两个电荷之间的距离矢量；r_{12} 为电荷之间的距离大小，m；π 为圆周率；ε_0 为真空介电常数，一般取其近似值 $\varepsilon_0 = 8.85 \times 10^{-12}$ F/m，为实验测试值；ζ 为偏离平方反比的修正值。

随着实验仪器精密度提高及实验技术不断改进，ξ 值可以达到 10^{-16}，库仑定律也得到实验精确验证，在本书中，ξ 值可以处理为零。库仑定律的适用范围在 $10^{-15} \sim 10^3$ m（原子核大小的数量级）之间[3]。

2.2.1.3 电场强度

静止电荷会在自身周围激发场，激发电场的电荷称为场源电荷。真空环境下电荷与电荷之间通过电场发生相互作用，为定量表达这种相互作用的大小和方向，引入电场强度矢量 $E(r)$。试探电荷（电量为 q_0）在电场中 r 处受电场力为 $F_{e0}(r)$，则电场强度 $E(r)$ 的公式表示为[4]：

$$E(r) = \frac{F_{e0}(r)}{q_0} \tag{2-14}$$

式中，$E(r)$ 为电场强度，V/m。

为了形象直观地表示电场分布，可以采用电场线进行描述。电场线起自正电荷（或来自无穷远），止于负电荷（或伸向无穷远），在没有电荷的地方不中断，且两条电场线在无电荷处不相交，因此电场线不形成闭合曲线。电场线的疏和密对应着电场强度的弱和强，其任意一点的切线方向即为该点电场强度的方向。

2.2.1.4 静电场的高斯定理

由于静电场的电场线起始于正电荷，终止于负电荷，不会相交也不会形成封闭曲线，闭合曲面 S 上正通量在数值上等于自内部穿出曲面的电场线数，负通量等于自外部穿入曲面的电场线数。闭合曲面 S 上的总通量在数值上等于穿出的电场线与穿入的电场线数量的差值。在真空中的静电场内，通过任意封闭曲面的电通量等于该封闭面所包围的电荷的电量的代数和的 $1/\varepsilon_0$，这就是电场的高斯定理，其积分形式表示为[5]：

$$\oiint_S E \cdot dS = \frac{1}{\varepsilon_0}\sum_S q \tag{2-15}$$

式中，q 为封闭面内电荷量，C。

根据式（2-8）的高斯散度定理，静电场的高斯定理又可以写成微分形式：

$$\nabla \cdot E = \frac{\rho_v}{\varepsilon_0} \tag{2-16}$$

式中，ρ_v 为电荷体积密度，C/cm^3。

该式表明对电场求散度，等于电场内电荷体积密度除以介电常数。

2.2.1.5 静电场的环路定理

由于电荷的电场线呈辐射状或汇聚状，不会出现具有涡旋形状的闭合曲线，即沿着静电场内的任意一条封闭曲线 L，对电场强度矢量 E 进行积分，结果为零。这就是静电场的环路定理[6]，积分形式表示为：

$$\oint_L E dl = 0 \tag{2-17}$$

静电场的环路定理又可以写成微分形式：

$$\nabla \times E = 0 \tag{2-18}$$

该式表明电场的旋度为零，即电场是个无旋场。

2.2.1.6 静电场与物质的相互作用

在外电场作用下，物体内部的电荷可能出现两种不同的运动方式，一种是形成电流的运动，称为迁移运动；另一种是形成电极化的运动，称为位移运动[7]。各种物质内原子对电子的束缚各不相同，外电场对宏观物体产生的电流传导效应不同，因此，可将物体分为导体、半导体和绝缘体。

当带电体系中的电荷静止不动并且电场分布不随时间变化时，该带电体系称为静电平衡。导体内部存在的大量自由电荷可以在电场作用下移动。因此，外电场会导致导体内部的电荷分布发生变化，在达到静电平衡时，导体内部电场强度处处为零，此现象可应用于电场的屏蔽。而对于绝缘体（即电介质），由于其内部的原子对电子的束缚较强，不存在自由移动的电子，但是在外加电场的作用下原子或分子的电结构会发生变化，产生电极化现象。电极化效应的大小可用相对电容率 ε_r（又称相对介电常数）来衡量。对于电介质来说，外电场作用时其内部场强需要电场强度和电极化强度共同描述，为简化计算引入电位移矢量 D，它表示电介质内部电场强度为外加电场强度的 ε 倍，其起始于正电荷，终止于负电荷，不受极化电荷影响。公式描述为：

$$D = \varepsilon E \tag{2-19}$$

$$\varepsilon = \varepsilon_r \varepsilon_0 \tag{2-20}$$

式中，ε_r 为相对介电常数。

2.2.1.7 电场的边界条件

在介电常数分别为 ε_1 和 ε_2 的两种物质的分界面上，由于极化电荷的出现，电场会发生突变，即电场线的方向和密度会在界面处发生改变。电场在两种物质的分界面发生突变的规律如下：

（1）介质分界面两侧的电场强度的切向分量连续，即：

$$n \times (E_2 - E_1) = 0 \tag{2-21}$$

式中，n 为界面的法向单位矢量。

（2）当介质分界面上的电荷密度为 ρ_v 时，分界面两侧的电位移矢量 D 的法向分量发生 ρ_v 的突变，即

$$n \cdot (D_2 - D_1) = \rho_v \tag{2-22}$$

（3）当介质分界面上无自由电荷时，其两侧的电位移矢量的法向分量连续，且

$\tan\theta_1 / \tan\theta_2 = \varepsilon_1 / \varepsilon_2$（其中，$\theta_1$、$\theta_2$ 分别为介质分界面两侧的电场强度方向与界面法线的夹角）。此时

$$n \cdot (D_2 - D_1) = 0 \tag{2-23}$$

2.2.1.8　稳恒电流的连续方程与欧姆定律

在一定的电场中，正、负电荷受到的电场力方向相反，因此正、负电荷定向移动的方向也相反。一般规定，正电荷定向移动的方向为电流方向。导体中任意一点的电流方向，沿该点的电场强度方向，从高电势处指向低电势处。单位时间内通过导体任意横截面的电荷量称为该截面处的电流，表示为：

$$I = \lim_{\Delta t \to 0} \frac{\Delta q}{\Delta t} = \frac{\mathrm{d}q}{\mathrm{d}t} \tag{2-24}$$

式中，q 为电荷量，C；t 为时间，s；I 为电流，A。

电流只表明单位时间通过导体截面的总电荷量，并不说明在导体截面上何处通过了多少电荷量，即不能反映电流在导体中的分布。为此，引入电流密度的概念。导体中某点的电流密度矢量 J，数值等于和该点电场强度 E 垂直的单位面积上的电流，方向沿该点场强 E 的方向。因此，通过任一面元 $\mathrm{d}S$ 上的电流等于电流密度在该面元上的通量，表示为：

$$\mathrm{d}I = J\mathrm{d}S \tag{2-25}$$

式中，J 为电流密度，A/m^2。

在导体中任取一个闭合曲面 S，并取其外法线方向为法线的正方向。则闭合曲面 S 上的 J 通量为：

$$I = \oiint_S J\mathrm{d}S = -\frac{\mathrm{d}q}{\mathrm{d}t} \tag{2-26}$$

当电流不随时间变化称为稳恒电流，由于稳恒电流不会在闭合曲面包围的空间内终止或产生，稳恒电流一定要形成一个闭合的回路，即电流面密度在任意封闭曲面上的积分为零，表示为：

$$\oiint_S J\mathrm{d}S = 0 \tag{2-27}$$

该式表明对于任何一个封闭曲面，穿入和穿出封闭曲面的电流强度总和必定为零，这就是稳恒电流的连续性定理。式（2-27）也可以写成微分形式：

$$\nabla \cdot J = 0 \tag{2-28}$$

根据电场理论，电荷的流动是依靠电场来推动的，电流的形成离不开电场，德国物理学家欧姆（Ohm）提出：在恒定条件下，导体内部某点的电流面密度矢量与电场强度矢量成正比，方向相同。这就是欧姆定律，表示为：

$$J = \sigma E \tag{2-29}$$

式中，σ 为导体的电导率，电阻率的倒数，S/m。

当回路中有其他形式的能量转化成电能时，欧姆定律也可以扩展到更普遍的形式：

$$J = \sigma (E + K) \tag{2-30}$$

式中，K 为电源产生的电动势或磁感应电动势，V。

2.2.2 磁场的基本理论

2.2.2.1 安培定律

静电荷之间的相互作用力是通过电场来传递的。相似地，磁极或电流（运动电荷）之间的相互作用是通过磁场来传递的。磁极或电流在其周围产生磁场，磁场对置于其中的磁极或电流产生力的作用，这个力称为磁力，磁场是传递磁力的媒介。

19世纪法国科学家安培提出：组成磁铁的每个分子都具有一个小的环形分子电流，且定向规则排列，从而在磁铁表面形成类似螺线管电流的环形电流，在宏观上显示出与螺线管一样的磁性，称为安培分子环流假说。它表明一切磁现象和磁相互作用，实际上是电流显示出的磁效应和电流之间的相互作用，这是电流或运动电荷的一种属性。

安培对电流的磁效应进行了大量实验研究，归纳总结得到了电流相互作用力关系式，即安培定律。如图2-1所示，安培定律的描述如下：两个线圈 L_1 和 L_2 中电流 I_1 和 I_2 之间的磁力大小与电流强度成正比，与相对距离的平方成反比。

$$d\boldsymbol{F}_{B12} = \frac{\mu_0}{4\pi} \frac{I_2 d\boldsymbol{l}_2 \times (I_1 d\boldsymbol{l}_1 \times \boldsymbol{i}_{r12})}{r_{12}^2} \tag{2-31}$$

式中，$\boldsymbol{F}_{B12}$ 为磁力，N；μ_0 为真空磁导率，其值为 4×10^{-7} N/A^2；$d\boldsymbol{l}_1$、$d\boldsymbol{l}_2$ 为微元长度，m；r_{12} 为两个微元长度 $d\boldsymbol{l}_1$ 和 $d\boldsymbol{l}_2$ 之间的距离，m；$\boldsymbol{i}_{r12}$ 为沿 r_{12} 方向的单位矢量。

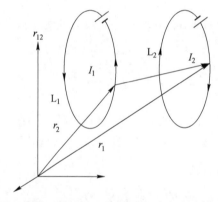

图2-1　线圈 L_1 中电流 I_1 与线圈 L_2 中电流 I_2 相互作用

2.2.2.2 毕奥-萨伐尔定律

与电场类似，定义了磁感应强度 $\boldsymbol{B}$ 用来描述磁场性质。法国物理学家毕奥（Biot）和萨伐尔（Savart）通过实验证明：长直导线周围任意一点处的磁感应强度 $\boldsymbol{B}$ 与导线中的电流 I 成正比，与该点到导线的距离成反比，这就是毕奥-萨伐尔定律[8]，表示为：

$$d\boldsymbol{B} = \frac{\mu_0}{4\pi} \frac{I d\boldsymbol{l} \times \boldsymbol{i}_r}{r^2} \tag{2-32}$$

式中，$\boldsymbol{B}$ 为磁感应强度，T；$\boldsymbol{i}_r$ 为从电流元指向空间指定点的单位矢量；r 为点到导线的距离，m。

$d\boldsymbol{B}$ 的方向垂直于电流元 $I d\boldsymbol{l}$ 和 $\boldsymbol{i}_r$ 所确定的平面，即 $d\boldsymbol{B}$、$I d\boldsymbol{l}$ 和 $\boldsymbol{i}_r$ 三个矢量的方向符合右手螺旋法则。毕奥-萨伐尔定律同时表明磁场遵从叠加原理，将各电流元所产生的磁场进行叠加，就能获得导线在该点所产生的磁场。因此，对式（2-32）进行积分就可得到空间中磁感应强度 **B** 的分布：

$$B = \frac{\mu_0}{4\pi} \oint \frac{Id\boldsymbol{l} \times \boldsymbol{i}_r}{r^2} \tag{2-33}$$

与电场相似，磁场也可以用相应的磁感线（也称磁力线）描述其分布。磁感线上任意一点的切线方向与该点的磁感应强度方向一致。此外，在某点处垂直于 **B** 的单位面积上磁感线的条数正比于该点处的磁感应强度大小。因此磁感线具有以下性质：

（1）磁感线不相交。

（2）磁感线是闭合曲线，或从无限远伸向无限远。

（3）磁感线环绕电流时，它们的方向之间服从右手螺旋定则。

（4）磁感线密集处，磁感应强度大；磁感线稀疏处，磁感应强度小。

2.2.2.3　磁场的高斯定理

为了定量描述穿过任意曲面的磁感线条数，定义通过该曲面的磁通量 Φ_B 为：

$$\Phi_B = \iint_S \boldsymbol{B} \cdot d\boldsymbol{S} \tag{2-34}$$

式中，Φ_B 为磁通量，Wb。

由于磁场的磁感线都是闭合曲线，或者是从无穷远来到无穷远去，因此对于磁场中闭合曲面 S，进入曲面的磁感线必定从另一处穿出，即通过任意闭合曲面 S 的磁通量恒等于零。这一定理称为磁场高斯定理[9]，表示为：

$$\oint_S \boldsymbol{B} \cdot d\boldsymbol{S} = 0 \tag{2-35}$$

根据矢量分析中的高斯定理，磁场的高斯定理又可以写成微分形式：

$$\nabla \cdot \boldsymbol{B} = 0 \tag{2-36}$$

该式表明对磁感应强度 **B** 求散度，结果为零，即磁场为无源场。

2.2.2.4　安培环路定理

安培环路定理表述如下：磁感应强度 **B** 沿任何闭合回路 L 的线积分等于穿过该闭合回路的电流总和的 $\mp\mu_0$ 倍。公式表示为：

$$\oint_L \boldsymbol{B}d\boldsymbol{l} = \mu_0 \sum I \tag{2-37}$$

式（2-37）表示，磁感线总是围绕着电流的闭合曲线。安培环路定理为求解对称分布电流的磁场提供了简便的方法，闭合回路 L 所包围电流的方向应服从右手螺旋定则。

根据矢量分析的斯托克斯定理，磁场的安培环路定理可以写成如下微分形式：

$$\nabla \times \boldsymbol{B} = \mu_0 \boldsymbol{J} \tag{2-38}$$

它表明稳恒磁场中任意一点的磁感应强度 **B** 的旋度为该点电流密度 **J** 的 $\mp\mu_0$ 倍，即磁场为有旋场。

2.2.2.5　磁场与物质的相互作用

磁场中的物质受到磁场的作用，会使其内部状态发生变化，这种变化反过来又会影响外磁场的分布，这种物质通常称为磁介质，磁介质在磁场作用下发生的变化称为磁化。在构成磁介质的原子或分子中，电子的自旋运动（自旋磁矩）和绕原子核的轨道运动（轨道磁矩）会形成微小的环形电流（统称为分子电流）。当无外磁场时，磁介质由于分子热运动使分子环形电流排列不规则而不显示磁性。当磁介质置于外磁场中，由于磁场的作用，分子环形电流发生一定的规则排列，从而介质表现出一定的磁性。磁介质中的磁感应强度为：

$$B = (\chi + 1)\mu_0 H = \mu_m H \tag{2-39}$$

式中，χ 为磁介质的磁化率；μ_m 为磁介质的磁导率；H 为磁场强度，A/m。

根据磁导率的大小，磁介质可分为强磁性介质（相对磁导率 μ_m / μ_0 远大于 1）和弱磁性介质（相对磁导率约为 1），而弱磁性物质又分为顺磁性介质（相对磁导率大于 1）与反磁性介质（相对磁导率小于 1，也称为抗磁性介质）。磁化率是反映磁介质被磁化能力的系数，常见物质的磁化率见表 2-1。

表 2-1　顺磁质和抗磁质的磁化率

顺磁质	χ (18 ℃)	抗磁质	χ (18 ℃)
锰	12.4×10^{-5}	铋	-1.70×10^{-5}
铬	4.5×10^{-5}	铜	-0.108×10^{-5}
铝	0.82×10^{-5}	银	-0.25×10^{-5}
钠	0.72×10^{-5}	汞	-2.0×10^{-5}
铂	26×10^{-5}	铅	-1.8×10^{-5}
空气（1 atm, 20 ℃）	30.36×10^{-5}	氢（1 atm, 20 ℃）	-2.47×10^{-5}

注：1 atm = 101325 Pa。

强磁性介质主要是铁磁性介质，其磁场强度和磁感应强度呈非线性关系。根据磁滞回线的不同，铁磁性物质可分为软磁性材料与硬磁性材料，如图 2-2 所示。图 2-2（a）为软磁性材料，磁滞回线比较狭窄，磁导率高，剩磁低，矫顽力 H_c 小，容易被磁化也容易退磁；而图 2-2（b）为硬磁性材料，磁滞回线肥大，磁导率低，剩磁高，矫顽力 H_c 大，不容易被磁化也不容易退磁。软磁性材料用于变压器、镇流器、电动机、发电机的铁芯，硬磁性材料用于各种电表、扬声器、电话机和录音机中。

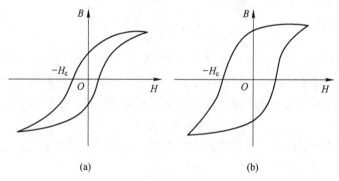

图 2-2　不同磁性材料的磁滞回线
(a) 软磁材料；(b) 硬磁材料

其中，磁场中也储存着能量，磁场能定义为：

$$W = \frac{1}{2} \iiint_{\infty} \boldsymbol{B} \cdot \boldsymbol{H} \mathrm{d}\Omega \tag{2-40}$$

式中，W 为磁场能，J。

磁场能与磁感应强度大小的平方成正比，与磁导率成反比。为方便说明，定义磁场中单位体积分布的磁场能为磁能密度，表示为：

$$w_{\mathrm{m}} = \frac{1}{2} \boldsymbol{B} \cdot \boldsymbol{H} = \frac{1}{2\mu_{\mathrm{m}}} \boldsymbol{B} \cdot \boldsymbol{B} \tag{2-41}$$

以铁块在磁场作用下运动的总体能量变化来简单说明磁场能。对于处于非均匀磁场中的铁块，会受到磁力的作用，从磁感应强度小的位置 a 移动到磁感应强度大的位置 b。在此过程中，铁块内部磁场强度增大、磁能增加，同时动能也增加。然而，由于铁块的磁导率远大于真空磁导率，因此铁块内部的磁场能远低于真空中的磁场能，对于磁场系统而言，随着铁块从 a 移动到 b（b 处原来是真空磁导率），系统的磁场能量是降低的。系统损失的磁场能等于其吸引铁块所做的功与铁块内部由于磁感应强度增加而引起的磁能增加值之和。所以在非均匀磁场中，各个方向、各个部位的磁场能不一样，该现象可应用于凝固中晶体的晶向选择。

2.2.2.6　磁场的边界条件

在磁导率分别为 μ_{m1} 和 μ_{m2} 的磁介质分界面上，由于磁导率的突变，磁场大小和方向在分界面上也会发生突变。磁场在两种介质的分界面发生突变的规律如下：

（1）介质分界面两侧的磁感应强度的法向分量连续，即：

$$\boldsymbol{n} \cdot (\boldsymbol{B}_2 - \boldsymbol{B}_1) = 0 \tag{2-42}$$

（2）当介质分界面上有传导电流 $\boldsymbol{J}_0$ 时，介质分界面两侧的磁场强度的切向分量发生 $\boldsymbol{J}_0$ 的突变，即：

$$\boldsymbol{n} \times (\boldsymbol{H}_2 - \boldsymbol{H}_1) = \boldsymbol{J}_0 \tag{2-43}$$

（3）当介质分界面上无传导电流时，介质分界面两侧的磁场强度的切向分量连续，且 $\tan\theta_1 / \tan\theta_2 = \mu_{\mathrm{m1}} / \mu_{\mathrm{m2}}$（其中，$\theta_1$、$\theta_2$ 分别为介质分界面两侧的磁场强度方向与界面法线的夹角）。此时，

$$\boldsymbol{n} \times (\boldsymbol{H}_2 - \boldsymbol{H}_1) = 0 \tag{2-44}$$

式（2-44）可以解释空气与铁磁性物质的分界面处，铁磁性介质内磁感应曲线几乎与界面相平行，磁通量很少漏到铁磁性介质外面，该磁现象可应用于磁场屏蔽。

2.2.2.7　法拉第电磁感应定律

1831 年，英国物理学家法拉第提出：导体回路中感应电动势的大小与穿过导体回路磁通量的变化率成正比，称为法拉第电磁感应定律[10]，表示为：

$$\varepsilon_{\mathrm{emf}} = \frac{\mathrm{d}\varPhi}{\mathrm{d}t} = S\cos\theta \frac{\mathrm{d}B}{\mathrm{d}t} + B\cos\theta \frac{\mathrm{d}S}{\mathrm{d}t} + BS\sin\theta \frac{\mathrm{d}\theta}{\mathrm{d}t} \tag{2-45}$$

式中，$\varepsilon_{\mathrm{emf}}$ 为感应电动势，V；θ 为磁场方向与导线所围面的法线的夹角。

法拉第电磁感应定律的归纳规律如下：

（1）当通过导体回路所围的面积内的磁通量随时间变化时，回路中会产生感应电动势，从而产生感应电流。磁通量的变化可以是：1）磁场的变化引起的；2）导体回路在磁场中运动引起的；3）导体回路中的一部分切割磁感线引起的。由 1）引起的感应电动势

称为感生电动势，由 2）和 3）引起的电动势称为动生电动势。

（2）感应电动势的大小与磁通量随时间的变化率成正比。

（3）感应电动势的方向总是要阻碍引起感生电动势的磁通量的变化。

法拉第认为，动生电动势是由洛伦兹力做功引起的（如水力发电机等）；感生电动势则是变化的磁场在其周围空间激发出新电场的结果，该电场被称为涡旋电场 E，产生感生电动势的非静电力就是涡旋电场力。因此，法拉第定理可以写成如下的积分形式：

$$\oint_L E \mathrm{d}l = -\iint_S \frac{\partial B}{\partial t} \mathrm{d}t \tag{2-46}$$

式（2-46）的左边可理解为电场强度沿闭合回路的积分，也就是闭合回路的电动势，而右边可理解为通过封闭曲面的磁通量随时间的变化率。因此，式（2-46）可以理解为通过封闭曲面的磁通量随时间的变化率等于回路的电动势大小。其微分形式为：

$$\nabla \times E = -\frac{\partial B}{\partial t} \tag{2-47}$$

式中，磁感应强度随时间的变化率等于电场强度的旋度，符号为负，说明变化磁场产生的涡旋电场与空间是否有导体无关。

2.2.2.8 涡电流

在很多电磁设备中有大块金属存在（如发电机和变压器中的铁芯），当这些金属块体处在变化的磁场中或相对于磁场运动时，在它们的内部会产生感应电流。在柱状导体外缠绕线圈，并通入交变电流，那么线圈中就产生交变磁场。线圈中间的导体可以等效成闭合电路，闭合电路中的磁通量会不断发生改变。因此，在导体的圆周方向会产生感生电动势和感应电流，电流的方向沿导体的内部旋转，这种因在导体内部发生电磁感应而产生感应电流的现象称为涡流现象。导体的直径越大，交变磁场的频率越高，涡电流就越大。

由于金属电阻小，因此涡电流常常很强，并释放大量的热量，使金属熔化。涡流热效应产生的热量遵守焦耳-楞次定律：

$$Q = I^2 R t \tag{2-48}$$

式中，Q 为焦耳热，J；I 为电流，A；R 为电阻，Ω；t 为通电时间，s。

涡电流除了存在可以用来加热的热效应外，还存在力效应。非磁性金属颗粒在经过变化磁场时，颗粒内部会产生交变涡电流，该交变涡电流在颗粒周围又可以感生出新的交变磁场。感生磁场与施加的磁场方向相反，相互排斥，这种排斥力称为涡流力。利用涡流力可以实现非导电物料和导电物料的分离，这种现象称为涡流分选。

2.2.3 电磁场的麦克斯韦方程组

麦克斯韦对电现象、磁现象及电磁现象进行了深入系统的思考，归纳总结了麦克斯韦方程组，该方程组也适用于动态场，是研究宏观电磁现象和现代工程电磁问题的理论基础。其微分形式与积分形式见表 2-2[11]。

表 2-2　麦克斯韦方程组

理　　论	微分形式	积分形式	备注
电场高斯定理	$\nabla \cdot \boldsymbol{D} = \rho_v$	$\oiint\limits_{S} \boldsymbol{D}\mathrm{d}\boldsymbol{S} = \iiint\limits_{V} \rho_v \mathrm{d}V$	
磁场高斯定理	$\nabla \cdot \boldsymbol{B} = 0$	$\oiint\limits_{S} \boldsymbol{B}\mathrm{d}\boldsymbol{S} = 0$	
法拉第电磁感应定律	$\nabla \times \boldsymbol{E} = -\dfrac{\partial \boldsymbol{B}}{\partial t}$	$\oint\limits_{L} \boldsymbol{E}\mathrm{d}\boldsymbol{l} = -\iint\limits_{S} \dfrac{\partial \boldsymbol{B}}{\partial t}\mathrm{d}\boldsymbol{S}$	(2-49)
安培-麦克斯韦定理	$\nabla \times \boldsymbol{H} = \boldsymbol{J} + \dfrac{\partial \boldsymbol{D}}{\partial t}$	$\oint\limits_{L} \boldsymbol{H}\mathrm{d}\boldsymbol{l} = \iint\limits_{S}\left(\boldsymbol{J} + \dfrac{\partial \boldsymbol{D}}{\partial t}\right)\mathrm{d}\boldsymbol{S}$	
欧姆定律	$\boldsymbol{J} = \sigma(\boldsymbol{E} + \boldsymbol{V} \times \boldsymbol{B})$		
磁场本构方程	$\boldsymbol{B} = \mu_m \boldsymbol{H}$		
电场本构方程	$\boldsymbol{D} = \varepsilon \boldsymbol{E}$		

　　麦克斯韦方程组的微分形式可以直接表示空间中某一点的电磁场量之间的关系。麦克斯韦方程组的积分形式只能表示封闭曲面或封闭曲线内整体电磁场量之间的关系。所以通常所说的麦克斯韦方程组大多是它的微分形式。物质中的电磁场可以通过将电磁场的初始条件和边界条件与方程相结合来求解。在有磁介质时，上述方程尚不完善，需要补充描述电磁场对磁性介质作用的方程，包括欧姆定律、磁场本构方程及电场本构方程。

　　麦克斯韦方程组、洛伦兹力公式和电荷守恒定律组成了电动力学的基本方程式，这组方程式和力学定律结合在一起构成了完整的可以描述带电粒子与电磁场相互作用的经典理论。

2.3　电磁流体力学基本假设与基本方程

2.3.1　基本假设

　　鉴于冶金流体流动及电磁场的复杂性，有必要在不影响问题物理本质前提下，对冶金过程流体流动及电磁场进行一些假设以简化处理[12]。

　　(1) 不可压缩流体。本书是以导电性金属流体为研究对象，虽然金属流体温度较高，但通常都是在常压下，可以将流体看成不可压缩流体。即：

$$\nabla \cdot \boldsymbol{V} = 0 \tag{2-50}$$

式中，$\boldsymbol{V}$ 为流体流动的速度矢量，m/s。

　　(2) 无内热源。流场中不存在除耗散以外的热源。对于运动的流体质点来说，它具有的能量包括机械能（动能与势能）和内能（大量微观粒子无规则运动的能量）等。它与周围交换能量的方式是多种多样的，包括热量的传递、周围流体压力所做的功、电场力的功，以及由于流体压缩或膨胀带来或带走的能量（内能与机械能）等。因此，能量方程的一般形式是相当复杂的。为了易于处理，当流体在运动的过程中流体质点间无热量交换时，可以用绝热方程代替能量方程：

$$p\rho^{-\gamma} = 常量 \tag{2-51}$$

式中，p 为流体压强，Pa；ρ 为流体密度，kg/m³；γ 为流体比定压热容与比定容热容之比。

（3）忽略位移电流。普通电磁流体导电性良好，可以看成良导体，位移电流可以忽略，即：

$$\partial \boldsymbol{D}/\partial t = 0 \tag{2-52}$$

所以磁场安培定理可以写成式（2-38）所示的形式。

（4）电中性假定。电磁场变化不剧烈，电子与中子的运动不产生参差不齐的现象。此时，电磁流体是电中性的，即电流仅由外加电场和动生电动势产生。

（5）物性参数为常数。流体的黏度、介电常数、磁导率、电导率等物性参数在流体运动中都假定为不变的常量。

2.3.2 电磁流体力学基本方程

流体的特点是具有连续性，即由连续分布的许多流体质点组成，其间没有任何空隙。这里的流体质点是一个宏观概念，其中包含大量的微观粒子。对于导电流体中选定的质点，它所受的作用力包括重力、电磁力及周围流体对它的作用力等。在无黏性的理想流体中，不需要考虑黏性力。黏性流体则要考虑黏性力。

在冶金过程中，导电流体一般都是不可压缩牛顿流体，根据上述假设，冶金过程的电磁流体力学的连续性方程为：

$$\frac{\partial \rho}{\partial t} = - \nabla \cdot (\rho \boldsymbol{V}) \tag{2-53}$$

动量方程为：

$$\rho \left(\frac{\partial \boldsymbol{V}}{\partial t} + (\boldsymbol{V} \cdot \nabla) \boldsymbol{V} \right) = - \nabla p + \mu_{\mathrm{v}} \nabla^2 \boldsymbol{V} + \boldsymbol{J} \times \boldsymbol{B} + \rho \boldsymbol{g} \tag{2-54}$$

式中，$\rho \left(\dfrac{\partial \boldsymbol{V}}{\partial t} + (\boldsymbol{V} \cdot \nabla) \boldsymbol{V} \right)$ 为惯性项，其中 $\rho \dfrac{\partial \boldsymbol{V}}{\partial t}$ 为局部惯性项，$\rho (\boldsymbol{V} \cdot \nabla) \boldsymbol{V}$ 为迁移惯性项；$- \nabla p$ 为压强梯度项，p 为流体所受的压强，压强梯度 ∇p 方向为压强增加的方向，负号表示流体质点受到的力与压强梯度反向；$\mu_{\mathrm{v}} \nabla^2 \boldsymbol{V}$ 为黏性项，μ_{v} 为黏度系数，Pa·s；$\boldsymbol{J} \times \boldsymbol{B}$ 为电磁力项，$\boldsymbol{J}$ 为导电流体中总的电流面密度；$\boldsymbol{J} \times \boldsymbol{B}$ 为因流体质点有电流所受磁场的作用力，即洛伦兹力，此处应该重点指出，导电流体中的总电流，既包括外加的电流，还包括因导电流体在磁场中运动由电磁感应产生的感应电流；$\boldsymbol{B}$ 为总的磁场，不仅包括外加的磁场，还包括由于导电流体中感应电流所产生的附加电磁场，而后者又与导电流体的运动有关，$\rho \boldsymbol{g}$ 为重力项，是作用在流体质点上的重力，ρ 为流体的质量密度，$\boldsymbol{g}$ 为重力加速度。

正如考林在其专著《磁流体力学》中所指出："磁流体力学研究导电流体在磁场中的运动，由于流体运动而在流体内部感生的电流改变着磁场；与此同时，电流在磁场中流动又产生机械力，后者又改变流体的运动。磁流体力学的独特魅力和困难，就由这种场和运动的相互作用而来。"求解电磁流体力学问题，首先要解决磁场分布的问题，以下讲述磁场在导电流体中的传输控制方程。

2.3.3 磁场传输的控制方程

磁场在导电流体中的传输其实是由两个完全不同机制控制的物理现象：磁场的对流与

磁场的扩散。本小节从扩展欧姆定理出发，导出磁场传输控制方程，并说明两种传输机制；还要导出一个磁流体力学相似准数：磁雷诺数 Re_m，并与雷诺数 Re 进行对比。

对扩展欧姆定律（式（2-30））两边旋度，得到下式：

$$\nabla \times \boldsymbol{J} = \sigma \, \nabla \times (\boldsymbol{E} + \boldsymbol{V} \times \boldsymbol{B}) \tag{2-55}$$

根据磁场安培定理（式（2-38））和法拉第电磁感应定理（式（2-47）），式（2-55）可以写成如下形式：

$$\nabla \times (\nabla \times \boldsymbol{H}) = \sigma \left(-\frac{\partial \boldsymbol{B}}{\partial t} \right) + \sigma \, \nabla \times (\boldsymbol{V} \times \boldsymbol{B}) \tag{2-56}$$

根据矢量运算法则，方程（2-56）中最右侧一项可以写成：

$$\nabla \times (\boldsymbol{V} \times \boldsymbol{B}) = (\boldsymbol{B} \cdot \nabla) \boldsymbol{V} - (\boldsymbol{V} \cdot \nabla) \boldsymbol{B} + \boldsymbol{V}(\nabla \cdot \boldsymbol{B}) - \boldsymbol{B}(\nabla \cdot \boldsymbol{V}) \tag{2-57}$$

根据磁场高斯定理和流体运动的连续性定理，上式可改写为：

$$\nabla \times \boldsymbol{V} \times \boldsymbol{B} = (\boldsymbol{B} \cdot \nabla) \boldsymbol{V} - (\boldsymbol{V} \cdot \nabla) \boldsymbol{B} \tag{2-58}$$

同样，根据矢量运算法则将左侧可以写成：

$$\nabla \times (\nabla \times \boldsymbol{H}) = \nabla(\nabla \cdot \boldsymbol{H}) - (\nabla \cdot \nabla) \boldsymbol{H} = \nabla(\nabla \cdot \boldsymbol{H}) - \nabla^2 \boldsymbol{H} \tag{2-59}$$

再根据磁场高斯定理，上式可改写为：

$$\nabla \times (\nabla \times \boldsymbol{H}) = -\nabla^2 \boldsymbol{H} \tag{2-60}$$

将式（2-60）代入式（2-45），可得：

$$\frac{\partial \boldsymbol{B}}{\partial t} = \nabla \times (\boldsymbol{V} \times \boldsymbol{B}) + \frac{1}{\sigma} \nabla^2 \boldsymbol{H} \tag{2-61}$$

将磁场与物质的相互作用方程 $\boldsymbol{B} = \mu \boldsymbol{H}$ 代入式（2-61），可得磁场传输的控制方程：

$$\frac{\partial \boldsymbol{B}}{\partial t} = \nabla \times (\boldsymbol{V} \times \boldsymbol{B}) + \nu_m \nabla^2 \boldsymbol{B} \tag{2-62}$$

式中，ν_m 为磁扩散系数，$\nu_m = 1/(\sigma \mu_m)$；$\nabla \times (\boldsymbol{V} \times \boldsymbol{B})$ 是磁场的对流传输项；$\nu_m \nabla^2 \boldsymbol{B}$ 为扩散传输项。

由式（2-62）可知，磁感应强度随时间的变化率由磁通密度对流项和磁通密度扩散传递项组成，此方程为磁感应强度在导电流体中的传输方程。将磁场传输控制方程改写为式（2-63），发现其形式上与不考虑压力项和外力项下（平面势流）的流体动量控制方程式（2-64）相像。

$$\frac{\partial \boldsymbol{B}}{\partial t} + (\boldsymbol{V} \cdot \nabla) \boldsymbol{B} = (\boldsymbol{B} \cdot \nabla) \boldsymbol{V} + \nu_m \nabla^2 \boldsymbol{B} \tag{2-63}$$

$$\frac{\partial \boldsymbol{V}}{\partial t} + (\boldsymbol{V} \cdot \nabla) \boldsymbol{V} = (\boldsymbol{V} \cdot \nabla) \boldsymbol{V} + \nu \nabla^2 \boldsymbol{V} \tag{2-64}$$

将式（2-63）无量纲化，得

$$\frac{\boldsymbol{B}}{t} = \frac{\boldsymbol{V} \cdot \boldsymbol{B}}{l} + \frac{1}{\nu_m} \frac{\boldsymbol{B}}{l^2} \tag{2-65}$$

式中，l 为流体特征长度，m。

将磁场的对流传输项和扩散传输项相比，可得磁雷诺数：

$$Re_m = \frac{\boldsymbol{V} \boldsymbol{B}}{l} \bigg/ \left(\frac{1}{\nu_m} \frac{\boldsymbol{B}}{l^2} \right) = \nu_m \boldsymbol{V} l \tag{2-66}$$

而雷诺数也可以表示为 $Re = $ 涡旋的对流传输项／涡旋的对流扩散项 。当 $Re \ll 1$ 时，例如黏性流体缓慢流过圆柱，圆柱周围的流线及流体速度势函数等势线如图 2-3 所示；当 $Re \gg 1$ 时，例如空中快速飞行的网球，网球周围的流线及流体速度势函数等势线如图 2-4 所示。

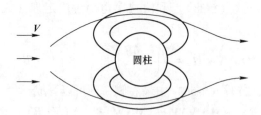

图 2-3　黏性流体缓慢流过圆柱

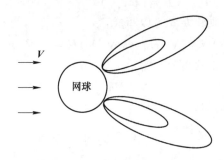

图 2-4　空中快速飞行的网球

根据式（2-63）和式（2-64）的相似性，同理也可以推出，在电磁流体力学中，在磁雷诺数和雷诺数的数值相似时，磁力线分布与速度势函数的等势线相似。

（1）当 $Re_\mathrm{m} \gg 1$ 时，磁场的对流传输项要远远高于扩散传输项，磁场在流体中的传输是主要通过磁力线与流体的共同运动完成的。磁场传输控制方程可写为：

$$\frac{\partial \boldsymbol{B}}{\partial t} = \nabla \times (\boldsymbol{V} \times \boldsymbol{B}) \tag{2-67}$$

此时出现磁冻结现象。所谓磁冻结现象，一般出现在宇宙流体力学中，或者导电流体极快切割磁场时，此时磁雷诺数很大。1972 年埃尔文对磁冻结现象描述与证明如下：当理想的导电流体切割磁感线运动时，会出现无限大的涡旋电流，这一现象不可能出现。实际上，磁感线与流体是一起运动的，流体不会切割磁感线。

对磁冻结现象进行进一步说明，如图 2-5 所示，当铜盘进入磁场时，由于铜盘切割磁感线，会在铜盘内部产生感应电流，进而产生感应磁场，其方向与原磁场方向相反。若这个圆盘材料为理想导体，其在无磁场区运动时，回路中的磁通量保持不变，始终为零，即磁感线无法进入回路。当发生磁冻结现象时，理想导体从磁场区向无磁场区运动过程中，回路的磁通量也应保持不变，始终为某个初始常量，即磁感线始终"黏附"或"冻结"在理想导电流体的质点上，随之一起运动。典型的例子就是在太阳风作用下，地球磁场的分布，如图 2-6 所示。当太阳风，即导电的等离子体，以第二宇宙速度高速切割磁感线的时候，速度大于 400 km/s，地球的特征长度为其直径 12756 km，此时磁雷诺数大于 1，发生了磁冻结现象。磁感线被冻结在太阳风中，带到地球的远太阳侧，磁感线被拉长，而地球近太阳侧的磁感线则会被压缩。如果没有太阳风的作用，地球磁场应该与磁铁的磁场类似。

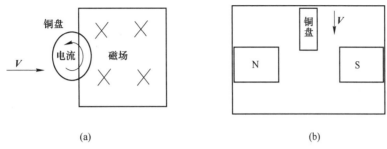

(a)   (b)

图 2-5 铜盘在磁场中快速运动时产生磁冻结

（a）主视图；（b）俯视图

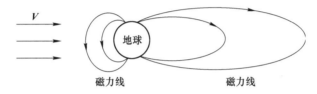

图 2-6 太阳风下的地磁场磁力线分布

磁场的冻结效应在导电性能良好的金属导体中也存在。例如，将薄壁金属管放入磁场，金属管周围装炸药，爆炸后金属管迅速向内压缩，管内的磁感线随之压缩而不渗出。于是，在极短的时间内可使磁场从几特斯拉急剧增加到几十特斯拉甚至几百特斯拉。这也是一种有效的获得强磁场的方法。

（2）当 $Re_m \ll 1$ 时，磁场在流体中的传输主要是通过磁场的扩散来完成的。当流体流速为零时，磁场在空间上衰减，磁场分布如图 2-7 所示，这种情况一般出现在实验室条件下，此时磁场传输的控制方程为：

$$\frac{\partial \boldsymbol{B}}{\partial t} = \frac{1}{\mu_m \sigma} \nabla^2 \boldsymbol{B} \tag{2-68}$$

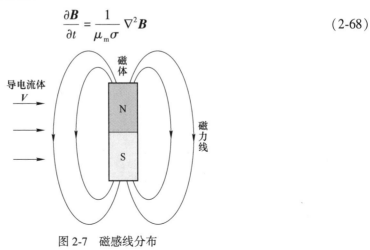

图 2-7 磁感线分布

（3）当 $Re_m \approx 1$ 时，磁场在流场中的传输是由磁场的对流传输和磁场的扩散共同完成的。此时，磁场传输的控制方程为

$$\frac{\partial \boldsymbol{B}}{\partial t} = \frac{1}{\mu_m \sigma} \nabla^2 \boldsymbol{B} + \nabla \times (\boldsymbol{V} \times \boldsymbol{B}) \tag{2-69}$$

磁场将从强度大的区域向强度小的区域扩散，使得磁场衰减。扩散或衰减的快慢与导电流体的磁扩散系数 ν_m 有关。对于一定大小的静止导电流体，外磁场穿透它所需的时间称为扩散时间；原来集中在导体的某个区域内的磁场向外扩散而衰减所需的时间称为衰减时间，两者的含义是相同的。从能量的角度来看，磁扩散的本质是由于导电流体中存在电阻，使磁能转换为导电流体的热能，从而使静止导电流中的磁能减少，磁场衰减。

2.4　磁流体力学相似准则与相似准数

2.4.1　磁流体力学相似准则

在关于流体运动的工程实际问题中，流体运动是十分复杂的。为了简化问题，便于求解，往往要加入一些假设[13]，这些假设可能是正确的、近似的，也可能是违反客观规律的。因此通过假设和理论计算所得到的结果，并不一定符合工程实际要求。一般需要结合实验，根据实验结果来改进设计。由于工程模拟的需要，在实验中无法按照实际尺寸来进行实验，需要将实际尺寸缩小。另外，实验所取得的规律性结果要想应用于实际，必须将参数放大。这就需要掌握相似理论，求出相应的相似准数。

如果两个流场具备以下条件：（1）相似的流场、磁场边界条件；（2）相似的初始条件，流动场；（3）对应点上作用相同性质的力；（4）相似的磁场分布，并且这些力组成的力多边形相似，称该两流场完全相似。以上 4 点就是磁流体运动流场的完全相似条件。第一条件要求流场、磁场内的固体边界几何相似；第二条件要求流场中各对应点速率比为常数，即运动相似；第三条件要求动力相似；第四条件要求磁场相似。实际上满足磁场相似的条件也同时满足几何相似；由重力相似获得的解也同时满足运动相似。因此，可以在满足几何相似、磁场相似的原则下，根据动力相似求得相似准数。

2.4.2　磁流体力学相似准则数

在冶金过程中，导电流体一般为不可压缩牛顿流体，将式（2-54）和式（2-69）两方程中的物理量无量纲化结果为：

$$\boldsymbol{B}^* = \frac{\boldsymbol{B}}{B_0}, \ \boldsymbol{E}^* = \frac{\boldsymbol{E}}{E_0}, \ g^* = \frac{g}{g_0}, \ \boldsymbol{J}^* = \frac{\boldsymbol{J}}{J_0}, \ \boldsymbol{V}^* = \frac{\boldsymbol{V}}{V_0}, \ p^* = \frac{p}{p_0}, \ t^* = \frac{t}{t_0}, \ \boldsymbol{r}^* = \frac{\boldsymbol{r}}{l} \tag{2-70}$$

式中，上标 * 代表无量纲量；下标 0 代表特征量。

（1）特征速度 V_0。在管流的情况下，一般采用平均流速；在波动或自然对流条件下，一般采用其他物理量组合而成的量。例如，在波动的情况下，微小振幅长波近似时，重力波传播速度为 $V_0 = \sqrt{gl}$。

（2）特征时间 t_0。定常条件下无特征时间；过渡流条件下，特征时间 t_0 用特征长度和特征速度之比来表示，$t_0 = l/V_0$；在呈周期性变化场的作用下，比如脉动流、交流磁场、

交流电场或行波磁场等，特征时间为振动角速度 ω 的倒数，即：$t_0 = 1/\omega$。

（3）特征压强 p_0。当磁压处于支配地位时，特征压强 $p_0 = B_0^2/\mu_m$；如果流动的影响较大，动压 $p_0 = \rho V_0^2$。

（4）特征磁感应强度 B_0。在施加磁场的条件下，特征磁感应强度 B_0 为磁场的大小；如果外加电流激发较强磁场，特征磁感应强度 B_0 可用外部电场的特征值 E_0 或特征电流密度 J_0 表示：$B_0 = \sigma\mu_m E_0 l$；$B_0 = J_0\mu_m l$。

（5）特征电场强度 E_0。在施加外加电场条件下，特征电场强度 E_0 为电场的大小；稳恒磁场作用下，根据扩展欧姆定律 $J = \sigma(E + V \times B)$，可得 $E_0 = B_0 V_0$；交流磁场或行波磁场条件下，根据法拉第电磁感应定理 $\nabla \times E = -\partial B/\partial t$，得 $E_0 = \omega Bl$。

（6）特征电流密度 J_0。在施加外加电场条件下，特征电流密度 J_0 表示为 $J_0 = \sigma E_0$；在施加稳恒磁场的条件下，$J_0 = \sigma E = \sigma V_0 B_0$；在施加交流磁场或行波磁场的条件下，根据法拉第电磁感应定理 $\nabla \times E = -\partial B/\partial t$ 和扩展欧姆定理 $J = \sigma(E + V \times B)$，得特征电流密度 $J_0 = B_0\sigma\omega l$；根据磁场安培定理 $J = \nabla \times H$ 和磁场与物质相互作用 $B = \mu_m H$，得 $J_0 = B_0/(\mu_m l)$。

因此，流体流动的动量控制方程（纳维-斯托克斯方程）可无量纲化为：

$$\frac{l}{t_0 V_0}\frac{\partial \boldsymbol{v}^*}{\partial t} + (\boldsymbol{V}^* \cdot \nabla^*)\boldsymbol{V}^* = -\frac{p_0}{\rho V_0^2}\nabla^* p^* + \frac{1}{\rho V_0 l}\mu_v \nabla^{*2}\boldsymbol{V}^* + \frac{J_0 B_0 l}{\rho V_0^2}\boldsymbol{J}^* \times \boldsymbol{B}^* + \frac{gl}{V_0^2}g^* \tag{2-71}$$

流体流动的磁场扩散控制方程可无量纲化为：

$$\frac{l^2}{t_0 \nu_m}\frac{\partial \boldsymbol{B}^*}{\partial t} = \nabla^{*2}\boldsymbol{B}^* + \frac{\nu_{m0} l}{\nu_m}\nabla^* \times (\boldsymbol{V}^* \boldsymbol{B}^*) \tag{2-72}$$

式（2-71）和式（2-72）中的各无量纲因子说明如下：

（1）$l/(t_0 V_0)$。在非定常流动中出现，当 $t_0 = 1/\omega$ 时，$l/(t_0 V_0) = \omega l/V_0 = Sr$（其中，$Sr$ 为斯特劳哈尔数），是非恒定惯性力相似准则。

（2）$p_0/(\rho V_0^2)$。当流动影响较大时，$p_0 = \rho V_0^2$，无量纲因子的数量级变为1。当磁压影响较大时，$p_0 = B_0^2/\mu$，$p_0/(\rho V_0^2) = B_0^2/(\rho\mu V_0^2) = R_p$（其中，$R_p$ 为磁压相似准数，表示磁压力和动压力的比值）。

（3）$J_0 B_0 l/(\rho V_0^2)$。在施加交流磁场或行波磁场时，如果取 $J_0 = B_0/(\mu l)$，此无量纲数为 $B_0^2/(\rho\mu V_0^2)$，与磁压准数 R_p 相一致；如果取 $J_0 = \sigma V_0 B_0$ 时，$J_0 B_0 l/(\rho V_0^2) = \sigma B_0^2 l/(\rho V_0) = N$（其中，$N$ 为磁相互作用系数，表示电磁力与惯性力的比值）。

（4）$\mu_v/(\rho V_0 l)$ 为雷诺数 Re 的倒数。

（5）gl/V_0^2 为弗劳德数 Fr 倒数的平方。$Fr = V/\sqrt{gl}$ 是重力相似准则，代表着惯性力和重力的比值。

（6）$l^2/(t_0 \nu_m)$。此无量纲数只在非定常流动情况下出现。当 $t_0 = 1/\omega$ 时，$l^2/(t_0 \nu_m) = l^2\omega/\nu_m = R_\omega^2$（其中，$R_\omega$ 为磁屏蔽系数，是磁场非定常项与扩散项的比值。R_ω 也代表无量纲的磁场穿透深度 $R_\omega \approx l/\delta$，即流体的特征长度 l 与磁场集肤层厚度 δ 的比值。对于振动流，R_ω 则是磁沃默斯利数，$Wo_m = R_\omega = l\sqrt{\omega/\nu_m}$）。

（7）$V_0 l/\nu_m$。此无量纲数为磁雷诺数 Re_m，代表磁场传输的对流项和扩散项之比。对熔融金属来说，$\nu_m \approx 1 \sim 10 \ m^2/s$，而对于大多数冶金过程来说，$V_0 l < 1 \ m^2/s$，所以通常 $Re_m < 1$。在钢连铸的电磁制动技术中，当 $Re_m < 1$ 时，钢水切割磁力线所产生的感生磁场远小于外加磁场，进行流场分析时可忽略感生磁场对流场的影响；当 $Re_m > 1$ 时，感生磁场远大于外加磁场，进行流场分析时应主要分析感生磁场的影响；当 $Re_m \approx 1$ 时，感生磁场和外加磁场的大小相近，进行流场分析时需同时考虑。

（8）其他无量纲数，包括以下：

1）对于脉动流或往复运动的振动流，运动方程式中的非定常项与黏性项的比值为 $St = Wo^2 = l^2 \omega/\nu$（其中，$St$ 为斯托克斯数，Wo 为沃默斯利数）。对于振动流，由于惯性力的存在，管道中央流体并不流动，只有管壁附近流体有振动，此层称为振动边界层，其无量纲厚度为 $\delta/l \sim 1/Wo$。

2）动量控制方程的电磁力与黏性力的比值取方根为哈特曼数，$Ha = \sqrt{\sigma B_0^2 V_0 \Big/ \left(\mu_m \dfrac{V_0}{l^2} \right)} = B_0 l \sqrt{\sigma/\mu_m}$。考虑到磁相互作用系数 N 和雷诺数 Re 的表达式，所以哈特曼数又可以写成 $Ha = \sqrt{NRe}$。

3）流体动量扩散率（即动力黏度）和磁扩散系数的比值为 $Pr_m = \nu/\nu_m = \dfrac{\nu}{Vl} \cdot \dfrac{Vl}{\nu_m} = \dfrac{Re_m}{Re}$，称为磁普朗特数。如方程所示，也可以写成磁雷诺数与雷诺数的比值。对于液态金属而言，$Pr_m \approx 10^{-7} \sim 10^{-5}$，磁边界层的厚度远大于速度边界层的厚度。

4）导电流体处于磁场中时，磁力线冻结在导电流体上与之一起运动，当导电流体在垂直于磁场的方向上受到局部扰动时，在磁力线上有沿着磁力线方向的磁张力，大小为 B^2/μ_m。根据有一定张力的层流运动（振动）来类推，在流体中有速度为 $V_A = B\Big/\sqrt{\rho\mu_m}$ 的流体波，此波称为阿尔文波，其特征速度和传播速度之比为阿尔文数（$M_m = V_0/V_A = V_0 \sqrt{\rho\mu_m}/B$）。

5）当界面上有表面张力时，评价表面张力影响大小的无量纲数为韦伯数，即动压与表面张力之比。由于表面张力在界面处的压力变化量具有 γ_0/l 数量级（其中，γ_0 为表面张力系数），因此，韦伯数可以表示为 $We = \rho V_0^2 l/\gamma_0$。

2.5 电磁力理论解析

2.5.1 螺旋线圈下交流磁场产生的电磁力

在电磁铸造、电磁搅拌、钢的软接触电磁连铸、悬浮熔炼等电磁冶金技术中，通常在被处理的金属熔体周围布置螺旋线圈。在线圈中通入交流电流后，会在螺旋线圈内部感生出交变磁场，该磁场又会在金属内部感生出电流。感应电流与磁场耦合作用后产生大小及方向随时间和位置变化的洛伦兹力，进而对金属熔体产生驱动、制动和约束效果，有效调控冶金过程。依据交流电流的大小和频率、流体电导率和密度等参数同洛伦兹力的大小及方向之间的关系，可以设计和优化上述电磁冶金技术的工艺。

上述电磁冶金工艺中，金属的磁导率与真空磁导率大致相等，电导率在 $10^6 \ S/m$ 的数量级，磁扩散系数 $\nu_m \approx 1 \sim 10\ \mathrm{m^2/s}$。因为流体流速乘以流体特征长度 $V_0 l < 1\ \mathrm{m^2/s}$，所以磁雷诺数 $Re_m < 1$，磁场的传输主要由扩散完成，可以忽略磁场的对流项。此时，磁场传输的控制方程见式（2-68）。

2.5.1.1 磁场扩散的一维半无限长模型

结合上述电磁冶金工艺的实际情况[14]，为理论解析磁场扩散控制方程式（2-71）进行如下假设，半无限（$z>0$）延伸的导体（电导率 σ、磁导率 μ_m）的表面施加角速度为 ω、振幅为 B_0 的交流磁场。导体内的电流、磁场为时间 t 和位置 z 的函数。

假设对图 2-8 所示的 x-z 平面上静止的导电体左边施加了一个 x 方向上的交流磁场。金属在 z 的正方向上无限长，磁场矢量方向沿着 x 方向上振动。对于一维体系，磁场扩散控制方程可以简化为：

$$\frac{\partial B_x}{\partial t} = \frac{1}{\mu\sigma}\frac{\partial^2 B_x}{\partial z^2} \tag{2-73}$$

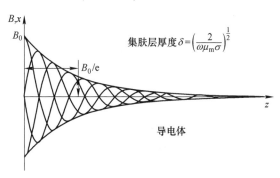

图 2-8　一维磁场的半无限大模型

假设磁场的时空分布为 $B_x = B_x(z)\cos(\omega t)$，为便于求解偏微分方程式（2-73），将该磁场时空分布写成复数形式为：

$$B_x = B_x(z)\,\mathrm{e}^{\mathrm{i}\omega t} \tag{2-74}$$

式中，ω 为磁场变化的角速度，$\omega = 2\pi f$；f 为磁场的频率；Hz；t 为时间，s。

将式（2-74）代入式（2-73），利用偏微分方程解析求解的分离变量法，可得磁场空间分布的一维二阶常微分方程：

$$\mathrm{i}\omega B_x = \frac{1}{\mu\sigma}\frac{\mathrm{d}^2 B_x}{\mathrm{d}z^2} \tag{2-75}$$

对于磁场边界条件而言，在导电体的左边界处磁场大小为外加磁场 B_0，在无穷远处磁场大小为零，即：

$$B_x(z=0) = B_0,\ B_x(z=\infty) = 0 \tag{2-76}$$

结合式（2-75）和式（2-76），可得磁场时空分布：

$$B_x = B_0\mathrm{e}^{-z\sqrt{\omega/(2\nu_m)}}\,\mathrm{e}^{\mathrm{i}\left[-z\sqrt{\omega/(2\nu_m)}+\omega t\right]} \tag{2-77}$$

将该磁场时空分布方程（2-77）代入磁场安培定理方程式（2-38），可得导电体内的感应电流面密度分布：

$$J_y = -\sqrt{\omega/(2\nu_m)}\,(1+i)B_0\mathrm{e}^{-z\sqrt{\omega/(2\nu_m)}}\,\mathrm{e}^{\mathrm{i}\left[-z\sqrt{\omega/(2\nu_m)}+\omega t\right]} \tag{2-78}$$

如图 2-8 中磁感应强度分布所示，上下两条渐近线即为磁场的包络线。从流体表面 ($z=0$) 开始，随着深度的增加，磁场大小以 $2\pi\sqrt{\omega/(2\nu_\text{m})}$ 方式呈指数规律衰减。在磁感应强度大小降为 B_0 的 $1/\text{e}$ 时，该位置定义为交流磁场在流体内部的穿透深度，也称为集肤层厚度，大小为：

$$\delta = \left(\frac{2}{\omega\mu_\text{m}\sigma}\right)^{\frac{1}{2}} \tag{2-79}$$

当导体中有交流电或者交变电磁场时，导体内部的电流分布不均，集中在导体的"皮肤"部分，这一现象称为集肤效应。由式 (2-79) 可知，集肤层厚度的平方与磁场的角速度、导体的磁导率和电导率成反比。所以磁场频率越高、导体磁导率和电导率越大，集肤层厚度越小，电磁场的作用主要集中于厚度很薄的集肤层内，即导体的表面。

基于本节所作假设，磁场分布在 x 方向上，电流分布在 y 方向上，洛伦兹力分布在 z 方向上，所以磁场向量为 $\boldsymbol{B} = (B_x,\ 0,\ 0)$，感应电流面密度向量为 $\boldsymbol{J} = (0,\ J_y,\ 0)$，$\boldsymbol{F}_\text{m} = (0,\ 0,\ F_z)$。根据洛伦兹力的公式 $\boldsymbol{F}_\text{m} = \boldsymbol{J} \times \boldsymbol{B}$ 可得：

$$\boldsymbol{F}_\text{m} = (0,\ 0,\ -J_y B_x) \tag{2-80}$$

由此可见，洛伦兹力只作用于 z 方向。将磁场分布方程式 (2-77) 和感应电流分布方程式 (2-78) 代入式 (2-80)，可得 z 方向上的时均电磁力为：

$$\boldsymbol{F}_\text{mz} = \frac{B_0^2}{2\delta\mu_\text{m}}\text{e}^{-2z/\delta} \tag{2-81}$$

由上式可知，电磁力大小与磁感应强度的平方成正比，且主要集中于集肤层 δ 内，以指数形式衰减。且磁场频率越大，集肤层厚度越薄，电磁力越集中于导体的表面。

此时，电磁力均以磁压力的形式作用于导体。磁压力可以通过对电磁力从导体的表面到无穷远处进行积分获得：

$$P_\text{m} = \int_0^\infty F_\text{mz}\text{d}z = \int_0^\infty \frac{B_0^2}{2\delta\text{e}^{-2z/\delta}}\text{d}z = B_0^2/(4\mu_\text{m}) = B_{0\text{e}}^2/(2\mu_\text{m}) \tag{2-82}$$

式中，P_m 为单位面积上的磁压力；$B_{0\text{e}}$ 为时变磁场的有效值，$B_{0\text{e}} = B_0/\sqrt{2}$。

磁压力大小与磁感应强度的平方成正比，与磁导率成反比，方向从导体表面指向内部。对于高频磁场，由于电磁力的集肤层厚度很小，导体的厚度远大于集肤层厚度，此时作用于导体的磁压力可近似表示为 $B_0^2/(4\mu_\text{m})$。

2.5.1.2 磁场扩散的一维有限长模型

在圆柱形导体周围布置轴向有限长的螺旋线圈，当向螺旋线圈内通入低频交流电时，感应磁场延 z 方向的穿透深度远大于圆柱形导体的半径，例如钢包的低频线性电磁搅拌或低频感应加热，此时磁场扩散一维半无限大模型就不再适用。可将螺旋线圈包围下的圆柱形导体简化为一维模型，利用磁场扩散的一维有限长模型[14]，对导体内的磁场进行解析，如图 2-9 所示。在此模型下，磁场的边界条件为：在圆柱体左右两侧表面 $z=\mp a$ 处磁感应强度为 B_0，即：

$$B_x(z=a) = B_0,\ B_x(z=-a) = B_0 \tag{2-83}$$

将磁场时空分布的复数形式方程式 (2-74) 代入磁场扩散控制方程式 (2-73)，利用偏微分方程解析求解的分离变量法，可得磁场空间分布的一维二阶常微分方程式 (2-75)，将边界条件方程式（2-83）代入该方程，并结合式（2-79），可得磁场时空分布方程：

$$B_x = B_0 \cosh(z\sqrt{i\omega/\nu_m})/\cosh(a\sqrt{i\omega/\nu_m})\, e^{i\omega t} \tag{2-84}$$

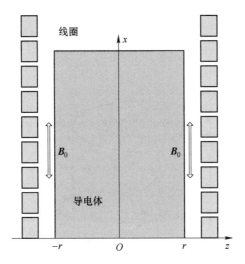

线圈

B_0　　　　B_0

导电体

$-r$　　O　　r　　z

图 2-9　磁场扩散的一维有限长模型

此处，函数 cosh( ) 为双曲余弦函数。将磁场分布方程式（2-84）代入磁场安培定理方程式（2-38），求解可得电流面密度分布：

$$J_y = B_0\sqrt{i\omega/\nu_m}\sinh(z\sqrt{i\omega/\nu_m})/[\mu_m\cosh(a\sqrt{i\omega/\nu_m})]\, e^{i\omega t} \tag{2-85}$$

此处，函数 sinh( ) 为双曲正弦函数。将式（2-84）和式（2-85）代入电磁力的定义式（2-80），可得电磁力：

$$F_m = B_0^2\sqrt{i\omega/\nu_m}\sinh(2z\sqrt{i\omega/\nu_m})/[\mu_m^2\cosh(2a\sqrt{i\omega/\nu_m})]\, e^{i2\omega t} \tag{2-86}$$

从上式可知，其幅值大小与磁感应强度的平方成正比，且主要集中于集肤层内，以指数形式衰减。

2.5.1.3　磁场扩散的无限长圆柱模型

对于电磁铸造等电磁冶金过程来说，当在螺旋线圈中通以正弦交流电时，感生出的磁场在线圈内部的圆柱导体中诱发感应电流[15]，感应电流同感应磁场耦合生成电磁力。当线圈内的电流频率大到一定程度时，磁屏蔽系数远大于 1，电磁力主要表现为指向圆柱导体轴心的电磁压力。在这种情况下，可以利用磁场扩散的无限长圆柱模型对导体受到的电磁力进行解析。

如图 2-10 所示，将无限长的圆柱导体放置于无限长的螺旋线圈中（导体左右两侧表面 $r=\mp a$）。此过程一般满足 $Re_m \ll 1$，磁场的扩散占主导地位，因此磁场扩散控制方程（2-69）写成一维圆柱坐标形式，z 方向上磁场方程可以表示为：

$$\frac{\partial B_z(r,\ t)}{\partial t} = \frac{1}{\mu_m\sigma r}\frac{\partial B_z(r,\ t)}{\partial r} + \frac{1}{\mu_m\sigma}\frac{\partial^2 B_z(r,\ t)}{\partial r^2} \tag{2-87}$$

边界条件为：

$$B_z(r=a,\ t) = B_0 e^{i\omega t} \tag{2-88}$$

$$\frac{\partial B_z(r=0,\ t)}{\partial r} = 0 \tag{2-89}$$

辛普森（Simpson）利用变量分离法对式（2-89）进行了求解[16]，结合边界条件方程式（2-88）和式（2-89），获得磁场分布如下：

$$B_z(r,\ t) = \frac{B_0}{J_0(\kappa a)} J(\kappa r)\, \mathrm{e}^{i\omega t} \tag{2-90}$$

其中

$$\kappa = \sqrt{-i\omega\sigma\mu_\mathrm{m}}\, \mathrm{e}^{i\omega t}$$

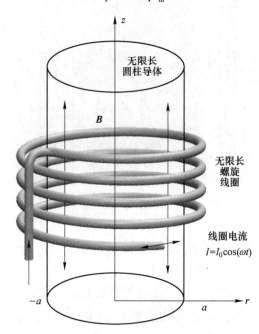

图 2-10　磁场扩散的无限长圆柱模型

利用磁场安培定理，即式（2-38），在感应电流只有圆周方向的分量时，周向电流可以写成：

$$J_\phi(r,\ t) = \frac{\partial B_z(r,\ t)}{\partial r} = \frac{B_0}{J_0(\kappa a)} J_1(\kappa r)\, \mathrm{e}^{i\omega t} \tag{2-91}$$

根据电磁力的定义式及式（2-90）和式（2-91），可得径向 r 的电磁力为：

$$F_\mathrm{mr} = \frac{1}{2} Re(J_\phi^* \cdot B_z) = \frac{1}{2\mu_\mathrm{m}} Re\left[\frac{B_0\, J_0^*(\kappa r)}{J_0^*(\kappa r)} \cdot \frac{B_0\kappa\, J_1(\kappa r)}{J_0(\kappa a)}\right] \tag{2-92}$$

对电磁力在径向进行积分，可得磁压力：

$$P_\mathrm{m} = \int_0^a F_\mathrm{mr}\mathrm{d}z = \frac{B_0^2}{4\mu_\mathrm{m}}\left[1 - \frac{\mathrm{ber}_0^2(R_\mathrm{w}r/a) + \mathrm{bei}_0^2(R_\mathrm{w}r/a)}{\mathrm{ber}_0^2(R_\mathrm{w}) + \mathrm{bei}_0^2(R_\mathrm{w})}\right] \tag{2-93}$$

式中，R_w 为磁屏蔽系数，是圆柱半径与集肤层厚度的比值；$\mathrm{ber}_i(r)$，$\mathrm{bei}_i(r)$ 为第 i 阶开尔文函数，i 为整数。

可见磁压力与磁感应强度的平方成正比，与磁导率成反比，而且是磁屏蔽系数的函数。本节对磁场扩散的一维半无限长模型、一维有限长模型和无限长圆柱模型下的磁感应强度、电流密度、电磁力和磁压力进行了理论解析。

2.5.2 电磁力的旋转项与非旋转项

电磁力由磁场和电流相互作用产生，由旋转项和非旋转项组成。理论解析如下。

在磁感应强度为 $\boldsymbol{B}$ 的磁场中，当电流面密度为 $\boldsymbol{J}$ 时，体积电磁力 $\boldsymbol{F}_{\mathrm{m}} = \boldsymbol{J} \times \boldsymbol{B}$。根据磁场安培定理 $\boldsymbol{J} = \nabla \times \boldsymbol{H}$，且 $\boldsymbol{B} = \mu_{\mathrm{m}} \boldsymbol{H}$，故电磁力可以改写为：

$$\boldsymbol{F}_{\mathrm{m}} = (\nabla \times \boldsymbol{H}) \times \mu_{\mathrm{m}} \boldsymbol{H} = \frac{1}{\mu_{\mathrm{m}}} (\nabla \times \boldsymbol{B}) \times \boldsymbol{B} \tag{2-94}$$

按照矢量的运算法则，任意两个向量 $\boldsymbol{A}$ 和 $\boldsymbol{B}$，有：$\nabla(\boldsymbol{A} \cdot \boldsymbol{B}) = (\boldsymbol{A} \cdot \nabla)\boldsymbol{B} + (\boldsymbol{B} \cdot \nabla)\boldsymbol{A} + \boldsymbol{A} \times (\nabla \times \boldsymbol{B}) + \boldsymbol{B} \times (\nabla \times \boldsymbol{A})$；把上式中的 $\boldsymbol{A}$ 用 $\boldsymbol{B}$ 代替，上式可以写成 $\nabla(\boldsymbol{B} \cdot \boldsymbol{B}) = (\boldsymbol{B} \cdot \nabla)\boldsymbol{B} + (\boldsymbol{B} \cdot \nabla)\boldsymbol{B} + 2\boldsymbol{B} \times (\nabla \times \boldsymbol{B})$；将上式整理可得：$-2\boldsymbol{B} \times (\nabla \times \boldsymbol{B}) = 2(\boldsymbol{B} \cdot \nabla)\boldsymbol{B} - \nabla(\boldsymbol{B} \cdot \boldsymbol{B})$；上式两边除以 2 得：$-\boldsymbol{B} \times (\nabla \times \boldsymbol{B}) = (\boldsymbol{B} \cdot \nabla)\boldsymbol{B} - 1/2 \nabla(\boldsymbol{B} \cdot \boldsymbol{B})$；由于 $(\nabla \times \boldsymbol{B}) \times \boldsymbol{B} = -\boldsymbol{B} \times (\nabla \times \boldsymbol{B})$，最终式（2-94）可以改写为：

$$\boldsymbol{F}_{\mathrm{m}} = \frac{1}{\mu_{\mathrm{m}}} (\boldsymbol{B} \cdot \nabla)\boldsymbol{B} - \frac{1}{2\mu_{\mathrm{m}}} \nabla(\boldsymbol{B} \cdot \boldsymbol{B}) \tag{2-95}$$

式中，$(1/\mu_{\mathrm{m}})(\boldsymbol{B} \cdot \nabla)\boldsymbol{B}$ 为力的旋转项；$(1/2\mu_{\mathrm{m}})\nabla(\boldsymbol{B} \cdot \boldsymbol{B})$ 为力的非旋转项。

对于旋转项和非旋转项：对式（2-95）两边取旋度：

$$\nabla \times \boldsymbol{F}_{\mathrm{m}} = \nabla \times \left[\frac{1}{\mu_{\mathrm{m}}} (\boldsymbol{B} \cdot \nabla)\boldsymbol{B} - \frac{1}{2\mu_{\mathrm{m}}} \nabla(\boldsymbol{B} \cdot \boldsymbol{B}) \right] \tag{2-96}$$

此处 $\boldsymbol{B} \cdot \boldsymbol{B}$ 为标量，式（2-96）中的 $(1/\mu_{\mathrm{m}})(\boldsymbol{B} \cdot \nabla)\boldsymbol{B}$ 项取旋度后等于零，该项为旋转项。由于对 $\boldsymbol{F}$ 取旋度，其值不等于零，因此式（2-96）中的另一项，$\nabla \times ((1/2\mu_{\mathrm{m}})\nabla(\boldsymbol{B} \cdot \boldsymbol{B})) \neq \boldsymbol{0}$，即此项为非旋转项。所以，电磁力由旋转项和非旋转项共同构成，电磁力的旋转项使流体发生旋转，而非旋转项使流体发生平移。电磁力的这个性质对于流体流动控制很重要。

将一维半无限大模型下磁场时空分布方程式（2-77）代入式（2-95）中，获得电磁力的旋转项和非旋转项的量级分别如下：

非旋转项：
$$\frac{1}{2\mu_{\mathrm{m}}} \nabla(\boldsymbol{B} \cdot \boldsymbol{B}) \approx \frac{1}{2\mu_{\mathrm{m}}} \frac{\mathrm{d}\boldsymbol{B}^2}{\mathrm{d}z} = \frac{\boldsymbol{B}^2}{\mu_{\mathrm{m}}\delta} \mathrm{e}^{-\frac{2z}{\delta}} \tag{2-97}$$

旋转项：
$$\frac{1}{\mu_{\mathrm{m}}} (\boldsymbol{B} \cdot \nabla)\boldsymbol{B} \approx \frac{\boldsymbol{B}^2}{\mu_{\mathrm{m}}l} \mathrm{e}^{-\frac{2z}{\delta}} \tag{2-98}$$

将旋转项与非旋转项取比值，得到：

$$\frac{\text{非旋转项}}{\text{旋转项}} \approx \frac{L}{\delta} = \sqrt{\frac{\sigma \mu_{\mathrm{m}} \omega}{2}} L = R_{\mathrm{w}} / \sqrt{2} \tag{2-99}$$

当磁屏蔽系数 $R_{\mathrm{w}} \gg 1$ 时，即在高频磁场作用下，非旋转力远大于旋转力，导电物体主要受到平行的电磁力作用，表现为电磁压力；$R_{\mathrm{w}} = 1$ 时，说明旋转力与非旋转力的大小是同数量级的，导电物体所受的平行电磁力与旋转电磁力作用大致同等；$R_{\mathrm{w}} \ll 1$ 时，即在低频磁场作用下，旋转力远大于非旋转力，导电物体主要受旋转电磁力作用。

2.5.3　交变磁场下的电磁力分析

因电源频率和材料物性差异，在交变磁场作用下，所形成的洛伦兹力的作用效果是不同的，有必要对工业生产中液态金属所受交变磁场产生的电磁力进行深入分析。图 2-11 所示的直角坐标系中，b 为曲线 c 的副法线方向，即垂直于纸面的方向。在液态金属中施加交流磁场 $\boldsymbol{B}$，使用矢量势 $\boldsymbol{A}$ 来表示，即 $\boldsymbol{B} = \nabla \times \boldsymbol{A}$，$\boldsymbol{A}$ 的表达式为：

$$A(s,\ n=0,\ t) = A_0(s)\ \mathrm{e}^{\mathrm{i}\omega t}\ \boldsymbol{i}_\mathrm{b} \tag{2-100}$$

式中，A_0 为矢量势的振幅；s 为曲线 c 切线方向的距离，m；n 为曲线 c 法线方向的距离，m；$\boldsymbol{i}_\mathrm{b}$ 为曲线 c 副法线方向的单位矢量。

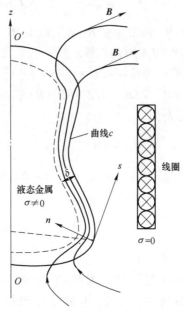

图 2-11 施加在液态金属中的交变磁场所产生的电磁力分析

因磁场和感应电流的相互作用使液态金属受到的电磁力 $\boldsymbol{F}_\mathrm{emf}$ 可以表示为：

$$\boldsymbol{F}_\mathrm{emf} = -\ \sigma\ \frac{\partial \boldsymbol{A}}{\partial t}\ \boldsymbol{i}_\mathrm{b} \times (\nabla A \times \boldsymbol{i}_\mathrm{b}) = \frac{\sigma \omega}{2\delta}\ A_0^2(s)\ \mathrm{e}^{-2n/\delta}\ \boldsymbol{i}_\mathrm{n} + \frac{\sigma w}{4}\ \nabla\left[A_0^2\ \mathrm{e}^{-2n/\delta} \sin\left(2\omega t - \frac{2n}{\delta} \right) \right]$$

$$\tag{2-101}$$

式（2-101）中右边第 1 项为时间平均力，第 2 项为振动力。式（2-101）还可以表示为：

$$\boldsymbol{F}_\mathrm{emf} = \frac{\sigma \omega}{2} A_0\ \frac{\mathrm{d}A_0}{\mathrm{d}s}\ \mathrm{e}^{-2n/\delta}\ \boldsymbol{i}_\mathrm{s} - \nabla\left\{ \frac{\sigma w}{4} A_0^2\ \mathrm{e}^{-2n/\delta} \left[1 - \sin\left(2\omega t - \frac{2n}{\delta} \right) \right] \right\} \tag{2-102}$$

式中，$\boldsymbol{i}_\mathrm{s}$ 为曲线 c 切线方向的单位矢量；$\boldsymbol{i}_\mathrm{n}$ 为曲线 c 主法线方向的单位矢量。

式（2-102）中右边第 1 项为旋转力，第 2 项为非旋转力。

使用交变磁场的效果，除了感应电流的加热效果外，还包括交变磁场与感应电流相互作用引起的电磁效果。电磁力对流体具有驱动、振动和形状控制作用，这些作用因频率差异，被应用于不同的加工过程中。由式（2-102）可知，时间平均力包括旋转力和非旋转力两部分，振动力是非旋转力。旋转力可使流体流动和旋转，如电磁泵、电磁搅拌等；非旋转力可以使流体保持一定的形状，如（软接触）电磁连铸、悬浮熔炼等。电磁力频率低时，旋转力起主导作用；电磁力频率高时，非旋转力起主导作用。对振动力来说，电磁力频率低时，表现为流体的波动，如自由液面波动；在电磁力频率高时，表现为流体内的振动，如电磁超声波等。

2.6 磁场对物质的主要作用方式

相对于传统电磁冶金技术中的普通电磁场，2 T 以上的强磁场对物质表现出增强的洛伦兹力、热电磁力（特殊洛伦兹力）、磁化力、磁力矩和磁偶极子相互作用等多种力效应。强磁场通过上述力效应的单独和耦合作用在宏观（熔体区）至微观（糊状区）再到纳观（原子团簇）全尺度范围内对高温非磁性金属熔体内的流动、溶质传输、固相迁移、晶体生长等行为产生显著影响，进而影响材料的凝固组织和性能。利用强磁场调控冶金和材料制备过程，有望发展革新性技术，突破传统材料制造和加工技术的瓶颈，实现高性能金属结构材料的性能优化和新型金属功能材料的功能开发。

根据 2.2.2 节的内容，弱磁性物质可分为顺磁性（$\mu_m \geqslant 1$）与反磁性（$\mu_m \leqslant 1$），在正磁场梯度下，分别受到吸引和排斥力，在负磁场梯度下，分别受到排斥力和吸引力。在磁场梯度为零时，所受的磁化力也为零。对于铁磁性物质而言，比如室温下的铁，其磁化率可以是非磁性物质的 1000 倍。因此对于铁磁性物质而言，即使是常规大小的磁感应强（如 0.1 T），对其产生的磁化力也非常大，可以达到甚至超过重力的量级，从而对其宏观运动产生重大影响。但对于非磁性物质，在常规大小的磁感应强度下，其所受的磁化力作用相比于重力可以忽略不计。在强磁场作用下，例如磁感应强度大于 10 T 的磁场，其强度要比常规磁场 0.1 T 大 100 倍，其磁场梯度大小也可以比常规磁场大 100 倍。因此，物质在强磁场下受到的磁化力可以达到常规磁场下的 10000 倍，即使非磁性物质受到的磁化力也可以超过重力的量级，对物质的宏观运动产生重大影响。1993 年时，法国的 Beaugnon 等人[17]将反磁性物质放置于超导强磁场中，在表 2-3 所示的磁场条件下，实现了多种反磁性物质的稳定悬浮，从实验上证明了强磁场在冶金过程（在高温冶金过程中，温度超过居里温度，即使铁磁性物质也会转变成顺磁性）应用的可行性。

表 2-3　强磁场下反磁性物质的悬浮实验

反磁性物质	中心磁感应强度/T	磁感应强度梯度/T·cm⁻¹	磁感应强度与梯度乘积/T²·cm⁻¹
纯水	27	1.1	30
无水酒精	21	0.8	16
丙酮	22	0.9	20
铋	15.9	0.5	7.3
锑	18.8	0.6	12
木头	21.5	0.8	17
塑料	22.3	0.9	20

2.6.1 洛伦兹力对熔体流动的抑制

当导电流体在磁场中做切割磁力线的运动时，其内部会产生方向与运动方向垂直的感生电流，而磁场作用于感生电流，又会产生与电流方向垂直的感生电磁力——洛伦兹力，表达式如下：

$$\boldsymbol{F}_m = i_e \times \boldsymbol{B} = \sigma(\boldsymbol{V} \times \boldsymbol{B}) \tag{2-103}$$

式中，$\boldsymbol{F}_m$ 为洛伦兹力，N；i_e 为等效电流，A；σ 为电导率，S/m。

洛伦兹力的方向总是与流体流动方向相反，因此趋向于使流体流动减弱，这种现象被称为电磁阻尼现象。在凝固过程中施加强磁场，通过洛伦兹力的电磁阻尼作用可以有效抑制金属熔体中由于重力或温度差等原因引起的溶质对流，控制熔体流动，显著影响金属的凝固组织，最终达到改善性能的目的。

2.6.2　热电磁力对熔体对流的诱发

在枝晶生长过程中，由于糊状区内温度梯度的存在，处于固-液界面处的枝晶尖端与周围导电熔体往往会在塞贝克效应的作用下产生热电势，而热电势在磁场中又会产生洛伦兹力。由于此洛伦兹力并非由熔体运动所产生，因此不存在阻尼作用，相反，它会诱发枝晶尖端附近的熔体流动。这是洛伦兹力的一种特殊形式，通常被称作热电磁力，它所引发的熔体对流通常被称作热电磁对流。另外，当该力足够大时也可以对生长中的晶体产生应力或驱动作用。热电磁力的大小可以表示为

$$F_{TE} = i_{TE} \times B = \frac{\sigma_S \sigma_L^2}{(\sigma_S - \sigma_L)^2} f_S (\xi_S - \xi_L) \nabla T \times B \qquad (2\text{-}104)$$

式中，i_{TE} 为等效热电流，A；σ_L 为液相电导率，S/m；σ_S 为固相电导率，S/m；ξ_L 为液相热电势，V/K；ξ_S 为固相热电势，V/K；f_S 为固相分数；T 为温度，K。

2.6.3　磁力矩对晶体取向的控制

对非磁性物质而言，晶格结构或晶粒形状会导致其在不同方向上的磁化率差异，从而产生磁各向异性。当具有磁各向异性的物质置于磁场中被磁化后，若易磁化轴与磁场呈 θ 角，则由于磁化矢量与磁场矢量不平行，将会产生磁晶各向异性能，促使晶体沿着某一晶向或晶面生长；或在磁力矩 L 的作用下发生转动，使晶体的某一晶向同磁场方向形成特殊的晶体学位向关系，即磁取向现象。L 沿 z 方向的大小可以表示为：

$$L = \Omega \frac{M \times B}{\mu_0} = \Omega \frac{(\chi_1 - \chi_2) B^2 \sin 2\theta}{2\mu_0} \qquad (2\text{-}105)$$

式中，M 为磁化强度，A/m；Ω 为物质体积，m^3；χ_1 为易磁化轴的磁化率；χ_2 为难磁化轴的磁化率。

2.6.4　磁化力对熔体对流的控制

当物质处在磁场中时，该物质将被磁化，而在梯度磁场中，磁化作用与磁场梯度相互耦合，将会使物质受到磁化力的作用。该力在 z 轴分量上表示为：

$$F_M = \Omega \frac{1}{\mu_0} \chi B \frac{dB}{dz} \qquad (2\text{-}106)$$

式中，$B dB/dz$ 为磁场在 z 轴方向的梯度，T^2/m。

磁化力的方向通常由 B、dB/dz 及物质磁化率的正负共同决定。如果流体内部不同区域受到的磁化力大小不同，将会引起流体对流，称为磁对流。

当一种物质 P 存在于由另一种具有不同磁化率的物质组成的基底 M 中时，在梯度磁场作用下，考虑到重力及浮力，作用于物质 P 上的合力 F_P 可以表示为

$$F_P = \Omega_P (\chi_P - \chi_M) \frac{1}{\mu_0} B \frac{dB}{dz} - (\rho_P - \rho_M) \Omega_P g \qquad (2\text{-}107)$$

式中,χ_P、χ_M 分别为物质 P 和物质 M 的磁化率。

可以看出,当两种物质具有不同的磁化率时,在足够强的梯度磁场下,物质 P 将在 M 基底中沿着磁场梯度方向或磁场梯度的反方向进行移动,此时磁化力的作用效果与物质在水中所受到的浮力作用效果相似,因此也被称为磁阿基米德力。

2.6.5 磁极间相互作用对相排列的控制

在外加磁场中,磁性颗粒会被磁化,形成磁偶极子,并且与周围的颗粒产生磁极间相互作用。假设两个置于磁场中的颗粒均为球形,它们的中心距离为 r',则两磁偶极子间的相互作用能为

$$U_M = \frac{\mu_0}{4\pi} \frac{l^2 q_1 q_2 - 3(q_{m_1} l)(q_{m_2} l)}{l^5} \qquad (2\text{-}108)$$

式中,q_{m_1}、q_{m_2} 分别为颗粒 m_1、m_2 的磁偶极矩,Wb·m。

当颗粒为顺磁性时,感应出的磁极强度 q_m 可表示为

$$q_m = \frac{\pi r_P^3}{6} \mu_0 \chi_e H_{ex} \qquad (2\text{-}109)$$

式中,r_P 为颗粒的半径;χ_e 为颗粒的有效磁化率。

在磁偶极子相互作用能的作用下,平行于磁场方向排列的颗粒将相互吸引,而垂直于磁场排列的颗粒相将相互排斥。在合金的凝固过程中,磁偶极子的吸引力和排斥力将在糊状区中共同作用于合金熔体,使内部的颗粒相沿着磁场方向相互吸引并接触,在保温时间足够长的情况下最终形成与磁场方向平行的链状结构。因此,在冶金过程中,可以针对不同的颗粒相,通过控制磁感应强度的大小和方向等凝固参数,来设计和调控凝固组织。

参 考 文 献

[1] 陈熙谋,陈秉乾,等. 电磁学定律和电磁场理论的建立和发展 [M]. 北京:高等教育出版社,1992.

[2] 宋德生,李国栋. 电磁学发展史 [M]. 南宁:广西人民出版社,1987.

[3] 陈秉乾,王稼军. 关于库仑定律 [J]. 物理教学,1984 (8):1-2.

[4] WHITTAKER E T. A History of the Theories of Aether and Electricity [M]. London:Thomas Nelson,1951.

[5] 广重彻. 物理学史 [M]. 祁关泉,等译. 上海:上海教育出版社,1996.

[6] MAXWELL J C. On Faraday's lines of force [J]. NIVEN W D. The Scientific Papers of James Clerk Maxwell. Cambridge,1890,1:55-229.

[7] 徐再新,宓子宏. 从法拉第到麦克斯韦 [M]. 北京:科学出版社,1986.

[8] 贾起民,郑永令,陈暨耀. 电磁学 [M]. 北京:高等教育出版社,2012.

[9] MAXWELL J C. On physical lines of force [J]. NIVEN W D. The Scientific Papers of James Clerk Maxwell. Cambridge,1861,1:451-513.

[10] FARADAY M. I. Experimental researches in electricity [J]. Philosophical Transactions of the Royal

Society of London，1839（129）：1-12.

[11] MAXWELL J C. A treatise theory of electromagnetic field ［J］. NIVEN W D. The Scientific Papers of James Clerk Maxwell. Cambridge，1890，1：526-597.

[12] COWLING T G. 电磁流体力学 ［M］. 唐戈，郭均，译. 北京：科学出版社，1960.

[13] 社团法人，日本鉄鋼協会. 材料電磁プロセッシング ［M］. 仙台：東北大学出版会，1999.

[14] 社团法人，日本鉄鋼協会. 第 129-130 回西山記念技術講座 ［R］. 電磁気力利用したマテリアルプロセシング，1993.

[15] 浅井滋生，西尾信幸，鞭巌. 連続鋳造における電磁誘導流れの理論解析と模型実験 ［J］. 鉄と鋼，1981，67（2）：333-342.

[16] SIMPSON P G. Induction heating ［J］. Coil and System Design，1960.

[17] BEAUGNON E，BOURGAULT D，BRAITHWAITE D，et al. Material processing in high static magnetic-field-a review of an experimental-study on levitation，phase-separation，convection and texturation ［J］. Journal de Physique I，1993，3（2）：399-421.

3 电磁搅拌技术

3.1 概述

电磁搅拌（electromagnetic stirring，EMS）技术是一种应用在连铸过程中，通过电磁搅拌器所产生的电磁力来控制金属液凝固过程中的流动、传热和传质，达到减少铸坯缺陷、改善铸坯表面及内部质量目的的技术。该技术依靠电磁力非接触地控制金属液，不会对金属液造成污染，并且电磁场的能量利用率高，电磁参数容易控制，因此该技术得到非常广泛的应用。

从电磁搅拌技术出现开始，通过大量半工业及工业试验，钢铁企业逐渐认识到了电磁搅拌技术的作用和优势，国际和国内电磁搅拌相关技术获得了重要发展[1-8]。1922 年，美国麦克尼尔（McNeill）获得了采用电磁搅拌技术控制凝固过程的专利。1948 年，瑞典通用电机公司（ASEA）的德雷福斯（Dreyfus）博士研制出第一台用于电弧炉炼钢的电磁搅拌器。1952 年，德国的荣汉斯（Junghans）和萨伯尔（Schaaber）设计完成了半工业连铸机并实现了二冷区电磁搅拌。1970 年，法国的东方优质钢公司（SAFE）在二冷区安装了电磁搅拌器，证明了铸坯凝固壳不影响磁感线的穿透，对二冷区连铸电磁搅拌技术起到重要推动作用。1973 年，该公司又将电磁搅拌技术应用于四流方坯连铸机，开启了连铸电磁搅拌技术的工业应用。同年，日本新日铁（NSC）开发的世界首台板坯连铸二冷段电磁搅拌器投入使用。1976 年，德国迪林根锻造厂（Forges & Acieries de Dillingen）第一次将板坯连铸机结晶器电磁搅拌应用于立式板坯连铸机。1977 年，法国罗德瑞克公司（Rotelec）为小、大方坯结晶器搅拌器注册商标。同年，瑞典阿西布朗勃法瑞公司（ABB）提出辊后箱式搅拌设想，即将搅拌器安装在铸流奥氏体钢（无磁性）支撑辊后面。1979 年，法国罗德瑞克公司将新型搅拌辊用于板坯连铸的二冷区电磁搅拌。同年，我国上海重型机械厂将具有电磁搅拌及全液压传动的 30t 和 40t 电炉投入使用。1981 年，日本新日铁提出了旋转式结晶器电磁搅拌技术，减少针孔、气孔、夹杂物等皮下缺陷。1982 年，日本川崎钢铁（Kawasaki Steel）和瑞典阿西布朗勃法瑞公司共同开发了结晶器电磁制动装置，并用于川崎公司的铸机上。1984 年，我国首都钢铁公司与中国科学院共同研制出一套行波磁场搅拌器，并安装于大方坯半连铸机上进行试验。1985 年，我国岳阳起重电磁铁厂研制出一套行波磁场搅拌器，并安装在首钢试验厂 8 号连铸机上进行了工业性试验。1986 年，我国武汉钢铁公司从联邦德国和日本引进 ORC-1600/800L 型和 DKS EMS 型两台电磁搅拌装置，分别安装在第二炼钢厂 3 号和 1 号铸机的二冷区。1987 年，中国有色金属工业总公司平板式电磁搅拌器通过专家鉴定。20 世纪 90 年代，日本川崎钢铁公司成功研发基于电磁搅拌技术的离心流动中间包。1990 年，我国鞍山钢铁公司第三炼钢厂从日本神户公司引进立弯式双流板坯连铸机，该铸机在二冷区安装了辊内电磁搅拌装置。1994 年，加拿大伊斯派特钢铁公司（ISPAT）首次采用位于弯月面和结晶器下部的双线圈电磁搅拌技术。1995 年，日本神户制钢所为解决长水口堵塞问题，开发了用于中间包与结晶器之间的电磁搅拌技术。1996 年，我国舞阳钢铁公司首次将国内自行设计研制的电磁搅拌成套装置应用于大型厚板坯连铸机。1997 年，我国宝山钢铁、岳磁公司、中科院力学所合作研制出了宝钢大板坯连铸电磁搅拌。2002 年，韩国浦项厂（POSCO）将多模式电磁搅拌技术应用于 3 号板坯连铸机。2004 年，我国武汉钢铁公司从法国罗德瑞克公司引进辊式电磁搅拌器装置。同年，宝山钢铁公司引进了结晶器电磁搅拌技术，开创了我国板坯连铸结晶器电磁搅拌技术的先例。2007 年，我国武汉钢铁公司研制了 1.7 m 宽厚板坯高密度磁场电磁搅拌装备。2008 年，我国宝山钢铁公司自主研制的高效辊式搅拌器投入运行。同年，瑞典阿西布朗勃法瑞公司发明了复合磁场末端电磁搅拌技术。2013 年，我国东北大学通过数值仿真研究了电磁旋流水口对圆坯和方坯结晶器内部流场温度场的影响。2015 年，瑞典皇家理工学院研究了半圆形的电磁旋流装置和圆形的电磁旋流装置产生磁场的区别。2018 年，我国湖南大学研制出 3.6 m 宽厚板坯电磁搅拌装备，为目前世界最宽板坯电磁搅拌装备的纪录。

自从 20 世纪 70 年代以来，国内多家高校和科研院所，如东北大学、北京科技大学、武汉科技大学、大连理工大学、上海大学、武汉钢铁研究院、北京钢铁研究总院等，在电磁搅拌的基础理论和应用等方面进行了大量的研究工作[9-13]，积累了许多宝贵的经验，目前仍需加大研究力度，以促进我国电磁搅拌技术的进一步发展。

本章主要介绍了炼钢连铸过程中的电磁搅拌技术，并且详细介绍了国内外电磁技术的简要发展历程、电磁搅拌的原理、安装位置及分类、结晶器电磁搅拌技术、二冷区电磁搅拌技术、凝固末端电磁搅拌技术、浸入式水口电磁搅拌技术，以及其他位置电磁搅拌技术的工艺、装备、应用和优点与不足。

3.2 电磁搅拌技术原理

电磁搅拌器多种多样，并且随着铸坯断面的不同，各种搅拌器所形成的钢液流动范围、方向和阻力也随之不同。但其工作原理多是利用运动的导电钢液与磁场相互作用产生感应电流，感应电流同磁场相互作用对载流钢液产生电磁力，以非接触的方式对钢液进行驱动。欲分析电磁场作用下的钢液流动及传热行为，须对麦克斯韦方程组、欧姆定律、纳维-斯托克斯方程，以及能量守恒方程联立求解。

麦克斯韦方程组是由安培环路定律、法拉第电磁感应定律、高斯电通定律（高斯定律）和高斯磁通定律（磁通连续性定律）组成，详见本书第 2 章内容。电磁搅拌下钢液所受的洛伦兹力可以通过式（3-1）进行计算：

$$F_m = J \times B = \frac{1}{\mu_m}(\nabla \times B) \times B \tag{3-1}$$

为确定电磁搅拌工艺参数，冶金学界对电磁搅拌技术的电磁场进行了大量研究。将搅拌器简化为无限长搅拌器，利用数学物理方程求解方法对一极旋转搅拌器二维磁感应方程进行求解，可以得到以下电磁力的时均解析解[14-15]：

$$F_r = -\frac{1}{8} B_0^2 \left(\omega - \frac{V_\theta}{r} \right)^2 \sigma^2 \mu_0 r^3 \tag{3-2}$$

$$F_\theta = \frac{1}{2} B_0^2 \left(\omega - \frac{v_\theta}{r} \right) \sigma r \tag{3-3}$$

式中，F_r、F_θ 分别为时均洛伦兹力在径向和切向的分量，N；V_θ 为金属液流速的切向分量，m/s。

电磁力可分解为电磁有旋力和电磁无旋力两部分，电磁有旋力作用方向与磁感应强度方向一致，其旋度方向与感生电流方向相一致；电磁有旋力在钢液中产生涡流，促使钢液在感生电流的法平面内流动，且流动方向与枝晶生长方向垂直，有利于打碎枝晶，增加钢液中的游离晶核并抑制凝固前沿柱状晶的生长，从而改善铸坯组织性能。增大感应电流能够有效增大磁场强度。所以，增大感应电流或频率均能够有效增大电磁力，从而增强电磁搅拌效果。

由于该解析解使用方便，至今仍有许多计算采用这一解析解。如利用直线电机中分析磁场的方法就可推导出无限长搅拌器和有限长搅拌器行波磁场的解析解[16-18]。

电磁搅拌的流场分析主要基于连续性方程和动量方程，在本书第 2.3.2 节中有较为详细介绍，本章关于这两个方程不再赘述。金属液的流动属于湍流运动，湍流是一种高度复杂的三维非稳态带旋转的不规则流动。在湍流流体中的各种物理参数，如速度、压力、温度等随时间与空间发生随机的变化。可以把湍流看作是有各种不同尺度的涡旋叠合而成的流动，这些涡旋的大小及旋转轴的方向分布是随机的。在湍流工程计算中，k-ε 方程（其中，k 为单位质量流体湍动能，ε 为单位质量流体的湍动能耗散率）应用最为广泛，本章给出标准 k-ε 湍流模型的方程作为参考。

湍动能（k）方程：

$$\frac{\partial(\rho u_j k)}{\partial x_j} = \frac{\partial}{\partial x_j}\left[\left(\mu_l + \frac{\mu_t}{\sigma_k}\right)\frac{\partial k}{\partial x_j}\right] + G - \rho\varepsilon \tag{3-4}$$

其中

$$G = \mu_t\frac{\partial u_i}{\partial x_j}\left(\frac{\partial u_i}{\partial x_j} + \frac{\partial u_j}{\partial x_i}\right) \tag{3-5}$$

式中，G 为动能能量耗散率，W/mm^2。

湍动能耗散率（ε）方程：

$$\frac{\partial(\rho u_j \varepsilon)}{\partial x_j} = \frac{\partial}{\partial x_j}\left[\left(\mu_l + \frac{\mu_t}{\sigma_\varepsilon}\right)\frac{\partial k}{\partial x_j}\right] + C_1\frac{\varepsilon}{k}G - C_2\frac{\varepsilon^2}{k}\rho \tag{3-6}$$

式中，C_1、C_2、σ_k、σ_ε 为经验常数，分别取 1.44、1.92、1.0、1.3。

温度场计算需要在原方程组中再添加能量守恒方程：

$$\rho c\left[\frac{\partial T}{\partial t} + \nabla\cdot(VT)\right] = \nabla\cdot(\lambda\nabla T) \tag{3-7}$$

式中，c 为钢液比热容，$J/(kg\cdot K)$；V 为钢液速度，m/s；λ 为钢液传热系数，$W/(m^2\cdot K)$。

以上公式就是电磁搅拌过程中会涉及的公式，目前工程中广泛采用的方法是对非稳态的纳维斯-托克斯方程（即动量守恒方程，参见式（2-71））做时间平均，将电磁力的时均力解析解（见式（3-2）和式（3-3））作为源项插入纳维-斯托克斯方程中。如果涉及温度场，那方程组还要包含能量守恒方程（见式（3-7））。同时还要补充反映湍流特性的其他方程，如对于不可压缩流体的湍动能方程（k 方程，见式（3-4））和湍动能耗散率方程（ε 方程，见式（3-6））。求解上述联立方程组就可以求出速度或温度物理量在各个方向上的分量。

　　电磁搅拌器多为感应型的，如按照磁场运动方式也可分为旋转磁场型、行波磁场型和螺旋磁场型。一般来说，圆坯、小方坯和一部分大方坯多采用旋转磁场型电磁搅拌器，板坯和多数大方坯采用行波磁场型。螺旋磁场型的磁场既做旋转运动，又做直线运动，最终合成为螺旋形运动。这种搅拌器用于方坯的二冷区电磁搅拌或凝固末端电磁搅拌，驱使液芯做螺旋运动[19]。

　　旋转磁场型电磁搅拌器的工作原理与异步电动机的工作原理类似，如图 3-1（a）所示。电机的定子包括由硅钢片制造的圆环形共轭铁芯及绕组，当定子通上交流电时，就能激发同步速度的旋转磁场，如图 3-1（b）所示。磁场渗入转子中，切割导条，产生感应电流，与磁场相互作用产生电磁力，从而驱使转子旋转。同理，当电磁搅拌器通上交流电时，在其内部也会产生同步速度的旋转磁场，当磁场渗入钢液中，产生感应电流，并与磁场相互作用产生电磁力，从而推动钢液旋转流动。将电动机定子铁芯切开并展开成直线，即产生按正弦规律变化的行波磁场，如图 3-1（c）所示。行波磁场型电磁搅拌装置产生电磁力的方向取决于磁场磁极变化的方向，可以通过改变任意两相电源的接线来改变电磁力的方向，从而可以根据搅拌工艺的要求，灵活地改变电磁搅拌的方向[20]。

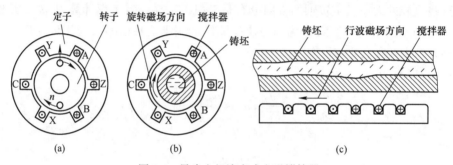

图 3-1　异步电机演变成电磁搅拌器
（a）异步电机；（b）旋转磁场型电磁搅拌器；（c）行波磁场型电磁搅拌器

　　除了感应型电磁搅拌器外，搅拌器还分为传导型搅拌器和永磁体型搅拌器。传导型电磁搅拌中铸坯内钢液中的电流是由外部导入的，而不是感应产生的。其静磁场由永磁体或直流电磁铁产生。平行于拉坯方向的直流电流与垂直于拉坯方向的静磁场相互作用，在铸坯内产生垂直于拉坯方向的电磁力，驱动钢液流动，达到搅拌目的。所以又被称为静磁场通电型电磁搅拌。

　　永磁体型搅拌器是利用特定组合的永磁体运动后产生的磁场对钢液进行非接触搅拌。永磁体型搅拌器相当于一个使用永磁体磁场的电机，感应器相当于定子，钢液相当于转子。在电机的带动下，永磁体型搅拌器产生行波磁场。磁场和钢液相互作用产生电磁力，从而推动钢液做定向运动，起到搅拌的作用。

　　根据使用位置不同，电磁搅拌的作用效果也不尽相同。在实际连铸生产过程中，搅拌器的安装主要集中在以下几个位置，包括连铸机结晶器、连铸机二冷段、铸坯凝固末端，如图 3-2 所示。从 20 世纪 90 年代起，原有电磁搅拌技术日趋成熟，研制和应用了多种新的电磁搅拌技术，主要有在结晶器处的双线圈电磁搅拌技术、多模式电磁搅拌技术、跨结晶器电磁搅拌技术、浸入式水口电磁旋流技术、中间包电磁搅拌技术和组合电磁搅拌技术等。本章之后内容主要是按照电磁搅拌作用的不同位置进行分类展开的。

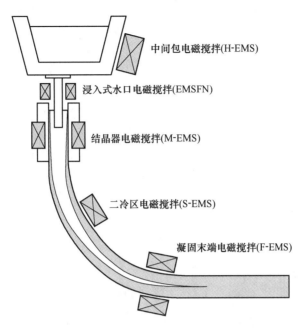

中间包电磁搅拌(H-EMS)

浸入式水口电磁搅拌(EMSFN)

结晶器电磁搅拌(M-EMS)

二冷区电磁搅拌(S-EMS)

凝固末端电磁搅拌(F-EMS)

图 3-2　连铸机安装电磁搅拌器示意图

3.3　结晶器电磁搅拌技术

结晶器电磁搅拌技术（mold electromagnetic stirring，M-EMS）是将电磁搅拌技术应用于连铸过程中结晶器区域，利用所产生的电磁力强化铸坯内钢液的流动，从而改善钢液凝固过程中的流动、传热和传质条件，以改善铸坯质量的一项电磁冶金技术。

在钢的连铸过程中，影响铸坯质量及工艺顺行的关键问题大部分与钢水在结晶器内的流动及传热行为有着直接或间接的关系。改善结晶器内钢液的流动及传热状态已经成为提高连铸效率、改善铸坯质量的重要手段之一。通过对结晶器内钢液流场、温度场施加电磁搅拌，可以创造出有利于抑制柱状晶发展、促进成分均匀、促进夹杂物上浮的流场和温度场条件，可以有效提高铸坯的质量。

3.3.1　结晶器电磁搅拌技术工艺

结晶器电磁搅拌器适用于目前各种连铸机，多安装在结晶器的中下部（见图3-2），通常采用几赫兹磁场频率的低频搅拌，一方面可以减少弯月面波动，以及避免对弯月面处液面测量及控制装置造成影响；另一方面可以减少结晶器铜质内壁的集肤效应所导致的磁通量衰减。也有少量搅拌器安装在结晶器上部，以结晶器中钢水弯月面附近为中心进行搅拌，此时可以采用稍高一些的磁场频率，以工频为主。

结合上述两种安装位置，可以在结晶器处安放两个搅拌线圈，形成双线圈电磁搅拌系统，其中一套线圈作为主搅拌器，安放在结晶器中下部，另一套作为辅助搅拌器，安装在弯月面区域。为了更好地控制连铸过程，两套线圈可以采用不同的电流强度和频率等参数。

　　日本新日铁还提出过一种使用 4 个搅拌器的电磁搅拌技术。线圈安装在结晶器中部的背板后面，并覆盖结晶器的整个宽度。该技术通过实时调整计算机模型根据板坯尺寸、拉速、浸入式水口几何形状及插入深度和氩气流量等条件设定磁场参数，产生优化的双循环流场，是一种多模式的结晶器电磁搅拌技术。该技术的核心问题是电磁力判据问题，即如何有效控制电磁力的大小及方向。

　　施加电磁搅拌后，大部分过热钢液滞留在上部区域，导致凝固速度减缓，热区位置提高。除凝固前沿很小区域外，钢液过热度很快消失，而凝固界面前沿温度提高，铸坯断面上温度分布趋于更加平坦，更有利于传热。凝固前沿温度梯度的提高和过热度的降低均有利于等轴晶的生长。施加电磁搅拌后由于旋转电磁力的作用，钢液在水平截面内旋转运动。钢液旋转切向速度的存在可有效阻断凝固过程中树枝晶的生长，有利于等轴晶的生长和均匀凝固坯壳的形成，如图 3-3 所示[21]。

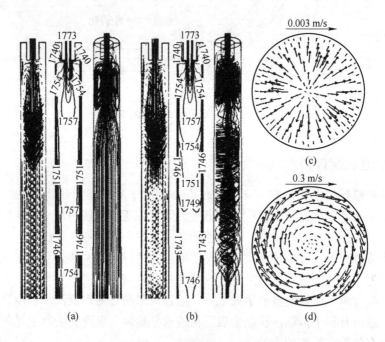

图 3-3　有无电磁搅拌时圆坯结晶器纵截面流场、
温度场、流线分布及水平截面流场[21]
（a）无电磁搅拌，纵截面；（b）有电磁搅拌，纵截面；
（c）无电磁搅拌，横截面；（d）有电磁搅拌，横截面

　　采用水银可以模拟板坯结晶器电磁搅拌时氩气的上浮情况。图 3-4 给出了结晶器纵截面流场模拟结果。有电磁搅拌时，金属液在水平截面上产生旋转，使结晶器内流场更加均匀，从而促进气泡快速上浮[22]。铸坯的初期凝固在结晶器内进行。采用电磁搅拌后，可避免钢液中的夹杂物和气泡被凝固界面上的柱状晶捕获，促使其上浮分离。此外，由于钢液被搅拌，与钢液接触的结晶器保护渣可以得到有效更换，这样可使上浮分离的夹杂物容易被结晶器保护渣吸收。而且电磁搅拌可使注入结晶器中的钢液冲击深度变浅，减少了铸坯表层和整个铸坯断面上的夹杂物含量。

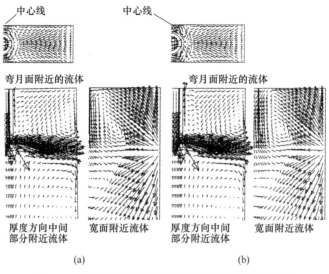

图 3-4　有无电磁搅拌时板坯结晶器纵截面流场[22]

（a）无电磁搅拌；（b）有电磁搅拌

3.3.2　结晶器电磁搅拌技术装备

如图 3-5 所示，典型电磁搅拌装备主要由供电部分、逆变部分、电磁搅拌器部分、冷却水装置及管理微机等 5 部分构成。其中供电部分将外部电力分配到相应的逆变电控柜中；逆变部分的作用是将工频电变频到电磁搅拌所需要频率并加载到电磁搅拌器上；电磁搅拌器是整个系统的核心，一般用扁铜线按不同的绕组形式缠绕在铁芯上制作完成；冷却水装置由水箱和循环泵及相应水路组成，为搅拌器降温；管理微机是一套控制系统，可以远程控制系统的各个部分。

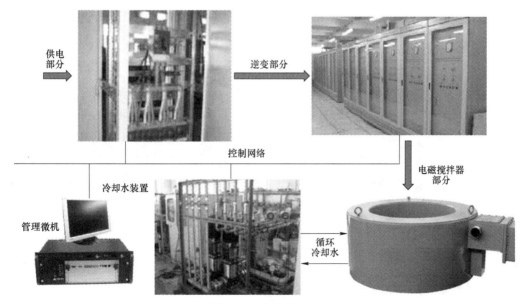

图 3-5　电磁搅拌系统

针对不同的钢坯种类，电磁搅拌系统中的供电部分、逆变部分、循环冷却水和管理微机基本没有大的变化，主要的变化在电磁搅拌器上。图 3-5 中所用的电磁搅拌器为方圆坯所用的旋转磁场电磁搅拌器，将其替换为行波磁场搅拌器就组成板坯电磁搅拌器。板坯结晶器电磁搅拌为了使钢液在结晶器水平面产生旋转，采用双面行波磁场组合成旋转磁场。装置分别安放于结晶器的内外弧侧，施加三相低频电流，分别激发一个行波磁场，两者方向相反，组合成旋转磁场，使结晶器内钢液产生旋转运动。图 3-6 所示为宝钢中央研究院、湛江钢铁炼钢厂等联合自主研发的湛钢"2150 板坯连铸结晶器电磁搅拌装置"，该装置在湛江钢铁 2 号连铸机上成功上线。上线检测结果表明，该装置各项功能指标均满足设计要求，达到了进口同类装置的技术水平。采用该电磁搅拌装置之后，铸坯质量得到明显改善。

图 3-6　2150 板坯连铸结晶器电磁搅拌装置

电磁搅拌器主要由铁芯和绕组构成，根据铁芯和绕组的不同，可组合出多种结构形式[23-24]。根据铁芯结构的不同可分为齿槽型铁芯和环形铁芯，如图 3-7 所示。齿槽型铁芯结构紧凑，齿的头部靠近铸坯，磁场气隙较小，利用率高；环形铁芯离铸坯较远，磁场气隙较大，但此结构线圈产生的磁场相对较为均匀。

   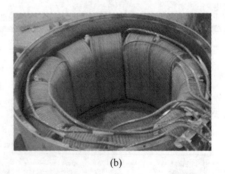

(a)   (b)

图 3-7　不同铁芯结构的搅拌器
(a) 齿槽型铁芯；(b) 环形铁芯

电磁搅拌器根据冷却方式不同，可分为扁线绕组外水冷与铜管绕组内水冷两种结构，如图 3-8 所示。其中采用扁线绕组外水冷的搅拌器线圈用外包杜邦膜的耐水扁铜电磁线绕制而成，直接浸泡在水中进行冷却，如图 3-8（a）所示。这种方式制作简单，体积较小，成本较低。但其缺点也较为明显：一是冷却不均匀，需要冷却水的流量较大；二是铁芯也一起浸泡在冷却水中，易引起二次污染；三是对地漏电的电流大，不安全；四是对地绝缘随时间变化而降低，使用寿命较短。

采用铜管绕组内水冷的线圈用外包绝缘层的空芯铜管绕制而成，冷却水从铜管内流过带走热量，如图 3-8（b）所示。相比于扁线绕组外水冷，其优点主要有：一是绝缘层不与水接触，对地绝缘保持不变，使用寿命长；二是可以增大工作电压而降低工作电流，减小电能损耗，为同等扁线绕组的 75% 左右；三是冷却均匀，效果好，所需冷却水量小，仅为同等扁线绕组的 1/5 左右；四是对地漏电的电流小，符合国家安全标准。缺点是制作较复杂，对接头的处理要求苛刻，成本较高。

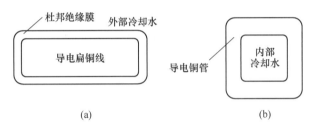

图 3-8　铜线的冷却方式
（a）扁线绕组外水冷；（b）铜管绕组内水冷

3.3.3　结晶器电磁搅拌技术的应用

结晶器电磁搅拌技术在国内外应用非常广泛，本小节首先介绍一下电磁搅拌的冶金效果，并给出一个具体的应用实例供大家参考。

3.3.3.1　应用效果

结晶器电磁搅拌技术的应用效果如下：

（1）提高铸坯等轴晶率。柱状晶特别发达是铸坯的结构特点和弱点。结晶器电磁搅拌技术可通过强力流动促进柱状晶的物理折断和熔蚀，形成大量的晶枝碎片供作晶核；同时，强力流动可大大加速钢液传热而使过热度迅速消失，使两相区迅速扩大；强力流动也可以加速传质，促进凝固前沿溶质扩散、边界层减薄而浓度梯度增大，使两相区内成分过冷增加。因此，结晶器电磁搅拌能够有效提高铸坯的等轴晶率。

（2）改善铸坯表面质量。电磁力可以增强结晶器中的上返流，有利于夹杂物和气泡的上浮；将高温钢液带到弯月面附近，使初始凝固弯月面壳缩短，从而使振痕变浅；有利于保护渣的熔化，防止表面裂纹。

（3）改善铸坯中的夹杂物分布。粒径大于 30 μm 的夹杂物在铸坯内弧侧聚集是弧型连铸机的固有缺陷。当内弧侧液芯受到电磁搅拌作用时，夹杂物会被带向液芯，并上浮，或上浮至顶端而被去除，或是随机地被凝固前沿所捕获而呈弥散态分布，从而消除或减轻夹杂物在铸坯内弧侧的聚集。

（4）消除铸坯缩孔改善中心疏松。电磁搅拌产生的大量碎枝晶核向液相穴底部沉淀充填和竞相长大，可形成较密的坯心结构，从而避免或减轻铸坯中心疏松。

（5）减轻铸坯中心偏析。铸坯中心偏析通常与中心缩孔疏松共生或是在纵剖面上以 V 形偏析形态存在。借电磁力使钢液旋转，可以使析出溶质再分配，从而有效地减轻中心偏析程度。

3.3.3.2 应用实例

以西宁特殊钢股份有限公司一条普钢生产线改造后的生产线为例介绍结晶器电磁搅拌技术的效果。主体设备有 80 万吨单吹颗粒镁脱硫站、65 t 转炉、70 t LF 精炼炉、150 mm×150 mm 尺寸 5 机 5 流小方坯连铸机及 18 架连轧机组，于 2005 年全线投产。由于受资金等条件的限制，连铸机按普通普钢机型设计，设备功能较简单。为充分发挥企业生产特殊钢的优势，决定对此生产线进行完善改造，委托湖南中科电气股份有限公司对连铸机增设结晶器电磁搅拌装置，生产部分高附加值钢种。采用铜管绕组水内冷结晶器内置式电磁搅拌器，其主要技术参数见表 3-1。

表 3-1 结晶器电磁搅拌器主要技术参数

型　号	DJMR-310CNFL
形式	铜管绕组水内冷，三相旋转磁场方式
结构特点	环形铁芯，克兰姆绕组形式
适应的铸坯截面/mm×mm	150×150
中心磁感应强度/Gs	≥1100
在结晶器中心磁感应强度（平均值）/Gs	≥700（6 Hz 时）
不通水时的对地绝缘电阻/MΩ	≥500
通水（50 μS/cm）时的对地绝缘电阻/kΩ	≥20
额定电流/A	250
最大电压/V	380
视在功率/kV·A	160
有功功率/kW	51
频率/Hz	3~9（6）
外形尺寸/mm	外径 ϕ610，内径 ϕ310，高 480
自重/kg	约 450

连铸机改造前的铸坯质量状况[23]（见图 3-9（a））：连铸坯表层普遍有角裂、皮下裂纹等缺陷，连铸坯低倍试样组织中角部裂纹最高 2 级，皮下裂纹最高 1 级，激冷层厚度 3~6 mm，部分试片存在皮下气泡缺陷。连铸坯内部存在缩孔、中心裂纹和中间裂纹等各种铸坯缺陷，柱状晶发达，部分试片存在穿晶现象。连铸坯外形存在纵向凹陷及局部渣疤缺陷。通过增加结晶器电磁搅拌装置后，获得了诸多冶金效果[23]（见图 3-9（b））：平均拉坯速度由 2.0 m/min 提高到 2.8 m/min，最高拉速达到 3.7 m/min。拉漏事故由 0.04%减少到 0.01%。连铸坯激冷层厚度由 3~6 mm 增加到 10~15 mm。连铸坯等轴晶率平均提高 46%。高碳钢中心碳偏析指数平均降低 0.08。

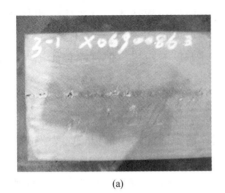
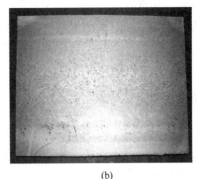

(a)　　　　　　　　　　　　　　(b)

图 3-9　有无电磁搅拌时铸坯冶金测试结果[23]

(a) 无电磁搅拌；(b) 有电磁搅拌

3.3.4　结晶器电磁搅拌技术的优点和不足

结晶器电磁搅拌技术较为成熟，目前在连铸中应用非常广泛，对铸坯质量的提升非常明显。主要优点为：

(1) 该技术作用在铸坯初始凝固阶段，对铸坯表面质量的提高有较好的冶金效果。

(2) 搅拌器安装在结晶器盖板之下，安装空间较大，安装和维护都较为方便。

结晶器电磁搅拌技术存在使用简单化、缺乏深入系统的研究等问题。搅拌器在结晶器区域安装位置固定，无法随着连铸工艺参数（如板坯宽度、拉速、氩气流量、浸入式水口深度/形状）的改变而灵活调整。主要不足为：

(1) 搅拌器如果安装在结晶器上部区域，虽然能改善铸坯质量，且搅拌强度越大，效果越明显，但搅拌强度过大，会引起保护渣的卷入，反而使夹杂物含量增加。

(2) 电磁搅拌还直接影响结晶器液面的检测效果，目前普遍采取降低搅拌线圈安装位置的方式来解决这一问题，这也使该技术的冶金效果受到了限制。

(3) 结晶器电磁搅拌难以有效改善高碳钢的中心碳偏析。虽然该技术可以使中心偏析的偏差值和峰值大大降低，但中心偏析的平均值变化不大。因此，仅采用结晶器电磁搅拌技术难以使碳的中心偏析得到根本改善。

3.4　二冷区电磁搅拌技术

二冷区电磁搅拌（strand electromagnetic stirring, S-EMS）是安装在连铸机二冷区的电磁搅拌器，产生水平旋转流动的多置于二冷区上部，产生垂直流动的多置于二冷区下部，用以打断柱状晶，增加等轴晶生成，并且有利于大型夹杂物的分离与去除，减少内弧的夹杂物聚集。

为了改善铸坯的表面和内部质量，单独依赖结晶器电磁搅拌技术还没有完全发挥电磁搅拌技术的调控能力，因此需要对拉出结晶器的铸坯继续施加电磁搅拌，即在二冷区加装电磁搅拌装置。钢水进入结晶器后，在结晶器处受冷很快形成一层致密的等轴晶坯壳。随着拉坯的进行，单级搅拌器会使铸坯内部形成的等轴晶聚集于铸坯下部，而上半部则有大量的柱状晶形成，往往会产生"搭桥"现象。导致铸坯内部产生缩孔、偏析和疏松，严重影响铸坯质量。为此有必要在二冷区再加装一组电磁搅拌装置，其主要作用是使从外向内生长的柱状晶顶端被未凝固的钢液流打碎从而生成大量的等轴晶核，扩大铸坯中心的等轴晶区，消除中心偏析。实际上在连铸电磁搅拌开始试验阶段，搅拌器首先主要是安装在二冷区。

3.4.1　二冷区电磁搅拌技术工艺

由于二冷区电磁搅拌技术最多应用于板坯连铸，因此本小节以板坯为例，介绍二冷区电磁搅拌技术工艺。由于板坯连铸机结晶器为长条形结构，目前应用较多的板坯连铸用二冷区电磁搅拌技术大都采用行波磁场搅拌器。二冷区电磁搅拌技术的工作原理如图 3-10 所示。在板坯二冷区布置一对行波磁场搅拌器，构成一个封闭磁回路。其中磁场两次穿过铸坯且方向相反。由于铸坯中感应电流与磁场是耦合的，磁场反向，感应电流方向也相反，但电磁力的方向始终一致，并且也始终和行波磁场的运动方向相一致。行波磁场反向，电磁力的方向也随之反向，交替搅拌就是基于这个机理[25]。

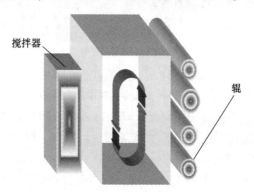

图 3-10　二冷区电磁搅拌技术工作原理

对于二冷区电磁搅拌而言，其冶金效果主要体现在获得高的等轴晶率。有了一定的等轴晶率，才能有利于改善内裂、中心缩孔和疏松及中心偏析等。其冶金机理是：由于凝固前沿钢水的流动，清洗了凝固面，折断枝状晶梢，形成等轴晶核；由于钢水流动，铸坯芯部温度降低而凝固前沿温度提高，加快向外传热，两者都有利于提高等轴晶率，等轴晶率的提高可以改善中心缩孔和中心偏析。二冷区电磁搅拌技术使坯壳内液芯温度分布和坯壳厚度趋于均匀，可以减缓由于热应力而产生的内部裂纹。

3.4.2　二冷区电磁搅拌技术装备

二冷区电磁搅拌系统所包含的部分与结晶器电磁搅拌系统相同。根据作用在二冷区的位置，二冷区电磁搅拌器又可分为二冷一段电磁搅拌器和二冷二段电磁搅拌器。二冷一段电磁搅拌器安装在结晶器一段的足辊处，其功能与结晶器电磁搅拌器类似，两者不重复使用，由于其更换、维修方便，因此其投资和运行成本比较经济。二冷二段电磁搅拌器是促进铸坯晶粒细化的有效手段，一般与结晶器电磁搅拌器或二冷一段电磁搅拌器一起使用。

由于板坯连铸宽厚比大，板坯连铸机又采用密排辊配置，为适应这种结构特点，目前实用的有辊式、插入式、辊后式三种类型的行波磁场搅拌器。

辊式行波磁场搅拌器（见图 3-11（a））是拆除扇形段上 1 对或 2 对支承辊，用 1 对或 2 对辊式行波磁场搅拌器替换该位置。插入式行波磁场搅拌器（见图 3-11（b））是拆除扇形段上 1 对支承辊，将 1 对搅拌器头部分别插入此位置，在 2 个支承辊之间，搅拌器头部两侧增加小径分节辊来支承铸坯。辊后式行波磁场搅拌器（见图 3-11（c））是直接放置在支承辊外侧。

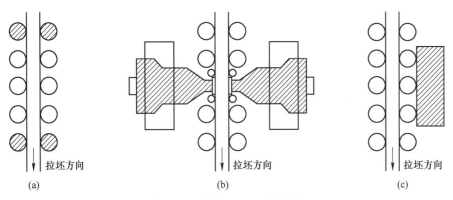

图 3-11　板坯 S-EMS 工作类型
（a）辊式；（b）插入式；（c）辊后式

板坯二冷区电磁搅拌器安装位置的选择需要考虑给定板坯断面、钢种、拉速和冷却制度下，搅拌位置决定了柱状晶区（坯壳）厚度和等轴晶区（液芯）厚度之比。另外，在弧形板坯连铸机中，大型夹杂物常在内弧侧板厚 1/4 处偏聚，恰当的搅拌位置和搅拌方式有利于夹杂物的上浮分离。考虑上述因素，板坯二冷区电磁搅拌器中心的最佳位置在液芯为坯厚的 35%～60% 范围内。安装位置不能太低，太低不利于产生大的等轴晶区，但若安装位置太靠近结晶器，搅拌扰动会引起结晶器内的钢水流动并诱发弯月面的脉动。

安装位置的确定主要有三种方法：铸坯凝固传热数学模型法、射钉法、白亮带法。前两个方法可直接确定二冷区电磁搅拌器的安装位置，而白亮带法只能在二冷区电磁搅拌器上线使用之后，借助在铸坯硫印上呈现的白亮带，测定其离表面距离，可确定搅拌位置的坯壳厚度，以此检验搅拌位置选择的合理性，也可作为进一步调整安装位置的实测依据。

图 3-12 所示为插入式二冷区电磁搅拌器的安装位置，其坯壳厚度为坯厚的 31%，即其液芯为坯厚的 38%。对不同的坯厚，搅拌器的安装位置离弯月面为 2.5～10 m。另外两种形式的二冷区电磁搅拌器需要不同安装位置。辊式二冷区电磁搅拌器在内外弧边对边或面对面地安装，因为感应器安装在机械旋转的辊套内，要求最小辊径，典型的是 ϕ240 mm。辊后式二冷区电磁搅拌器通常安装在铸机的高位（零段），接近于结晶器，离弯月面 3～4 m。此处辊径小，二冷区电磁搅拌器至板坯表面的距离也小，典型为 220 mm。目的是要尽可能缩小辊后式二冷区电磁搅拌器与铸坯表面的距离，减小辊后式二冷区电磁搅拌器所需功率和运行费用。

对不同钢种也需要设定不同安装位置：硅钢和不锈钢连铸，要求铸坯有较高的等轴晶率，因此需要选择较高的安装位置；而像船板钢、管线钢和容器钢等要求铸坯的中心偏析小、中心缩孔少，这样需要选择较低的安装位置。

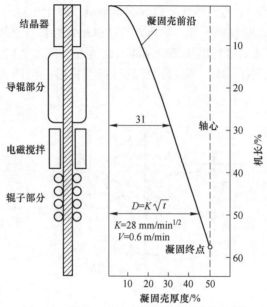

图 3-12 板坯二冷区电磁搅拌器安装位置[25]

D—坯厚，mm；K—凝固系数，mm/min$^{1/2}$

3.4.3 二冷区电磁搅拌技术的应用效果

二冷区电磁搅拌技术的应用效果如下：

（1）提高等轴晶率。对铁素体系不锈钢使用二冷区电磁搅拌后，即使 ΔT 在 30~50 ℃ 内，等轴晶率仍然可达 40%~50%。对奥氏体系的不锈钢使用二冷区电磁搅拌后，搅拌区内完全是等轴晶并且搅拌区外生长的柱状晶范围也变窄。即使在 $\Delta T > 20$ ℃ 的高温浇铸，搅拌区内等轴晶率仍然可达 30% 以上。

（2）改善铸坯缺陷。二冷区电磁搅拌器改善了铁素体不锈钢冷轧薄板表面的单向波纹缺陷；对高 Cr 不锈钢（如 SUS430），单向波纹高度减小。

（3）改善中心偏析。使用二冷区电磁搅拌后明显地改善了中心偏析指数，中心偏析的减少有效提高了焊接质量。中心偏析和 S-带的改善可缩短轧制过程之前的均热时间，提高生产率。

3.4.4 二冷区电磁搅拌技术的优点和不足

二冷区电磁搅拌技术的优点为：

（1）二冷区电磁搅拌技术和结晶器电磁搅拌技术有相似的冶金效果，作用区域不同，可以作为结晶器电磁搅拌技术的加强。

（2）二冷区电磁搅拌技术直接作用在二冷区铸坯上，没有结晶器铜板对磁场的屏蔽影响。

二冷区电磁搅拌技术的不足为：与结晶器电磁搅拌技术相比，二冷区电磁搅拌技术是在凝固前沿的两相区搅拌，有产生负偏析的趋势，特别是搅拌力处于垂直于铸坯的平面内时与钢水流动方向呈 90° 的 4 个角将出现严重的 "V" 形负偏析。

3.5 凝固末端电磁搅拌技术

凝固末端电磁搅拌（final electromagnetic stirring，F-EMS）是通过旋转磁场使电磁力作用在铸坯凝固末端的液芯部位，对树枝晶生长前沿产生影响，在流体的冲击作用下使树枝晶破碎形成结晶核心，促进晶粒细化，并抑制中心偏析的一种电磁搅拌技术。

对于中碳钢、中低合金钢的内部及皮下质量，结晶器电磁搅拌已经可以获得明显的冶金效果，但对于高碳钢和高合金钢来说，高含碳量、高合金含量有使凝固组织恶化的趋势。高碳钢、高合金钢的液相与固相间温度区间较大，凝固间隙长度增加，糊状区加宽。因此容易形成中心偏析、中心裂纹和中心缩孔，甚至在糊状区终点处形成"V"形槽即"V"形宏观偏析。这些缺陷对产品的力学性能和耐腐蚀性能会产生有害的影响，尤其对于像不锈钢这样的多合金元素的高合金钢，其枝晶发达、中心裂纹及缩孔非常明显。要解决这些问题必须在凝固末端位置施加电磁搅拌。

凝固末端电磁搅拌对钢液产生机械冲刷和碰撞作用可以使柱状晶向等轴晶转化，改善铸坯凝固组织和成分偏析。末端电磁搅拌尤其在改善高碳钢及合金钢的生产中有着重要意义。

3.5.1 凝固末端电磁搅拌技术工艺

高碳钢和合金钢的连铸工艺发展过程较为缓慢，其形成机理为：钢液由液相转变为固相时，凝固液面前沿主要以柱状晶生长，此时铸坯内的液-固两相区的流动性较好。随着凝固过程的进行，糊状区的流动性变差，在凝固收缩和重力的共同作用下，形成了多条滑移带。由此可知，在凝固结束时，高溶质浓度的熔融金属会在凝固终点附近收缩，形成特定的偏析区域，如"V"形偏析区域，致使中心偏析的出现。同时凝固界面发生的"搭桥"现象，使铸坯中心凝固区域液态金属凝固收缩得不到应有的补充而形成缩孔。末端电磁搅拌技术具有非接触、电磁搅拌力大等特点，通过搅拌促进液-固两相的糊状区熔体流动，使溶质分布更加均匀，从而减少甚至消除中心偏析等缺陷。但是单独只使用凝固末端电磁搅拌并不能很好地改善铸坯的中心偏析问题，其通常与结晶器电磁搅拌一起组成组合电磁搅拌，能增加电磁搅拌在铸坯上的作用范围，利于液相穴内浓化钢液的搅拌和混合，促进了铸坯内等轴晶率的提高，进而减轻铸坯中心偏析等级。对于结晶器和凝固末端组合电磁搅拌技术，结晶器电磁搅拌的主要作用是在结晶器内产生有效的水平旋流，改善固-液界面的换热效果，利于钢液过热耗散，并为凝固末端电磁搅拌进一步均匀凝固末端残余浓化钢液和减轻铸坯中心宏观偏析程度奠定良好的物理基础。对于结晶器电磁搅拌技术工艺参数的选择，可根据结晶器自由液面处卷渣情况，以及安全坯壳厚度等指标来获得。然而，对于凝固末端电磁搅拌技术的使用，虽然已取得了较好的冶金效果，但对其工艺参数的合理选择，特别是凝固末端电磁搅拌器的安装位置，多依靠工业试验经验并结合射钉实验来确定，还缺乏科学的理论指导。

在凝固末端电磁搅拌技术的应用过程中，很多用户反映，凝固末端电磁搅拌的效果并不显著，反而出现中心碳偏析增高的现象。究其原因主要是未能恰当选择凝固末端的搅拌位置、搅拌强度和电源频率等相关工艺。影响凝固末端电磁搅拌的冶金效果的主要因素在于：（1）是否有结晶器电磁搅拌作用；（2）电磁搅拌器能否提供足够大的电磁推力；（3）电磁搅拌作用区域内磁场是否均匀；（4）电磁搅拌的作用区域是否足够大；（5）搅拌的时机及电磁搅拌的安装位置是否得当。其中因素（2）～（4）取决于凝固末端电磁搅拌器的参数及结构设计，而因素（1）和（5）则取决于电磁搅拌器与连铸机性能参数及连铸工艺的匹配是否合理。因此，一套电磁搅拌装置要达到最佳的冶金效果，除了要求其本身性能优良外，还要求设计者有较丰富的理论与实践经验。

3.5.2　凝固末端电磁搅拌技术装备

凝固末端电磁搅拌系统与结晶器电磁搅拌系统所包含的设备及子系统基本相同。凝固末端电磁搅拌器的最佳铁芯形式为环形铁芯，其结构如图 3-13 所示。环形铁芯具有如下优点：环形铁芯为环状光滑无齿槽结构，内部磁场均匀，搅拌效率高；不存在齿槽漏磁，内部漏磁小；12 个线圈均匀分布，端伸短，铁芯高度高（比"E"字形铁芯高 30% 左右），有效工作范围长，搅拌时间长，非常适合需要大范围搅拌的凝固末端使用。

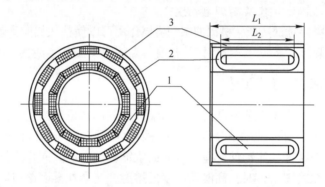

图 3-13　环形铁芯内部结构

1—环形铁芯；2—线圈；3—外壳

方、圆坯连铸机的尺寸虽然多种多样，但是在连铸末端，电磁搅拌器的样式基本一致，只是随着铸坯尺寸的变化，内径会有一定程度的变化。本节以天津天管管道科技有限公司二炼钢的四点矫直弧形方-圆坯连铸机为例，介绍凝固末端电磁搅拌器装备的安装[26]。连铸机的技术性能见表 3-2。

表 3-2　凝固末端电磁搅拌连铸机的技术性能

序号	项　目	性能与设备参数
1	形式	四点矫直弧形方-圆坯连铸机
2	流数/流	6
3	弧形半径/m	10.5
4	铸坯规格/mm	ϕ150、ϕ210、ϕ270、150（方）
5	冶金长度/m	约 33

凝固末端电磁搅拌器大多采用环形铁芯铜管绕组水内冷结构形式，其主要性能见表 3-3。图 3-14 所示为产品照片及现场安装图[26]。

表 3-3　凝固末端电磁搅拌器的主要技术性能

序号	项　目	参　数
1	型号	DJFR-400C
2	运行方式	连续、交替、间歇
3	冷却方式	铜管绕组水内冷
4	线圈进水压力/MPa	0.7~0.8
5	线圈冷却水流量/$m^3 \cdot h^{-1}$	2.4
6	壳体进水压力/MPa	0.3~0.4
7	壳体冷却水流量/$m^3 \cdot h^{-1}$	9
8	适用断面/mm	$\phi150$、$\phi210$、$\phi270$、150（方）
9	电压/V	最大 400
10	电流/A	400
11	频率/Hz	6~20（10）
12	有功功率/$kW \cdot 台^{-1}$	≤60
13	绝缘等级	H 级
14	防护等级	IP68

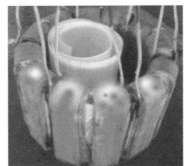

图 3-14　克莱姆绕组凝固末端电磁搅拌器及现场安装图[26]

3.5.3　凝固末端电磁搅拌技术的应用

本小节先介绍一下凝固末端电磁搅拌技术的冶金效果，并给出一个冶金实例供大家参考。

3.5.3.1　应用效果

凝固末端电磁搅拌技术的应用效果如下：

（1）提高连铸坯的等轴晶率。末端电磁搅拌在熔体糊状区所产生的电磁力，可以有效打碎树枝晶，消除"搭桥"，从而增加形核核心，扩大等轴晶在铸坯中的比率，使凝固组织更加致密。以上所讲的凝固末端电磁搅拌的优点是结晶器电磁搅拌和二冷区电磁搅拌所不具备的。因此，在凝固末端的熔体糊状区施加电磁搅拌非常必要。

（2）减轻连铸坯的中心偏析。在高碳钢和高合金钢的方坯或圆坯连铸中，靠近凝固末端的电磁搅拌可以有效减轻高碳钢和高合金钢铸坯的中心偏析。

3.5.3.2　应用实例

天津钢管制造有限公司二炼钢厂对连铸机进行设备功能改造，增加凝固末端电磁搅拌装置，进行了冶金工业试验，表3-4给出了试验钢种及电磁参数。对不锈钢连铸获得了良好的冶金效果：凝固中心小尺寸等轴晶区扩大，中心缩孔减小到0~0.5级，中心裂纹基本消除，中心疏松减小到0.5级。

表 3-4　凝固末端电磁搅拌试验钢种及参数设定值

钢　　种	电流/A	频率/Hz	正转/s	停/s	反转/s
13Cr	380	8	15	2	15
HP13Cr	400	8	15	2	15
SUP13Cr	400	8	15	2	15
9Cr1Mo	380	8	15	2	15

注：断面尺寸为 ϕ270 mm。

图 3-15 给出了天津钢管制造有限公司 SUP13Cr（圆坯尺寸为 ϕ270 mm）有无末端电磁搅拌铸坯低倍测试结果[26]。树枝晶破碎形成新的形核核心促使了柱状晶向等轴晶的转化，获得了更加致密的凝固组织；缩短了二次枝晶臂间距，使液-固两相区的流动性得到提高；阻碍了枝晶与枝晶间的偏析槽的形成；改善了糊状区的温度场分布和成分的均匀性，有效地改善了铸坯的中心偏析和缩孔等缺陷。

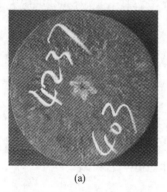
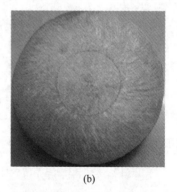

(a)　　　　　　　　　　　　(b)

图 3-15　天津钢管制造有限公司 SUP13Cr（ϕ270 mm）有无末端电磁搅拌铸坯冶金测试结果[26]

(a) 电磁搅拌；(b) 凝固末端电磁搅拌

3.5.4　凝固末端电磁搅拌技术的优点和不足

凝固末端电磁搅拌技术的优点如下：

（1）改善高碳钢和合金钢等特殊钢种中存在的中心碳偏析，降低偏析程度、峰值和平均值，有效消除"V"形偏析。

（2）改善铸坯的中心疏松缩孔。

（3）作用在铸坯凝固末端位置，避免了结晶器电磁搅拌和二冷区电磁搅拌技术无法作用至铸坯凝固后期的弊端。

凝固末端电磁搅拌技术的不足如下：

（1）仅使用凝固末端电磁搅拌技术对改善连铸坯中心部位组织缺陷的效果有限，需采用组合式电磁搅拌方式。

（2）由于凝固末端电磁搅拌器处于凝固末端，在铸坯的外表面已经形成了厚重的凝固坯壳，糊状区熔体的流动性较差，搅拌力必须足够大才能带动液-固两相区的流动，因此电能消耗增加。

3.6 浸入式水口电磁旋流技术

浸入式水口电磁旋流技术（electromagnetic swirling flow in nozzle，EMSFN）是在浸入式水口外侧安装可移动的电磁旋流装置，通过旋转电磁场对钢液作用的旋转洛伦兹力以非接触的方式使水口内钢液形成旋转流动。浸入式水口中钢液的旋转流动可以有效提高水口出流的均匀性和稳定性，降低结晶器内弯月面液面波动，改善结晶器内流动状态。通过控制水口出流来改善结晶器内钢液的流动状态已经成为提高连铸效率和改善铸坯质量的重要手段之一。

3.6.1 浸入式水口电磁旋流技术工艺

在浸入式水口处施加旋转磁场，由于水口一般为高铝材质，对磁场没有屏蔽效果，可以采用比结晶器电磁搅拌更高的频率，一般为50~100 Hz。搅拌效果可以使钢液在水口内产生更强的旋转，进而促进水口出流的均匀性和稳定性，并从中心处带动钢液在结晶器内旋转，达到改善结晶器内流场、温度场，提高铸坯质量的目的。其连铸工艺如图3-16所示。

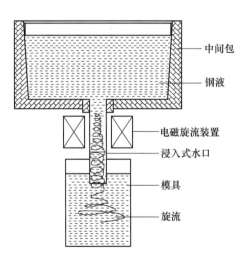

图 3-16　电磁旋流水口连铸工艺的示意图

针对方、圆坯连铸，浸入式水口电磁旋流技术可以和结晶器电磁搅拌技术配合使用，其磁场旋转方向与结晶器电磁搅拌技术的磁场旋转方向可相同也可以相反。方向相同时相当于对搅拌效果进行加强；方向相反时相当于与搅拌效果进行抵消，对于抑制弯月面波动和改善偏析有较好的效果。浸入式水口电磁旋流强度可调，与结晶器电磁搅拌相配合共同调控结晶器流场，可以起到相比于单独采用一种电磁搅拌技术更好的冶金效果，更好地调控结晶器内钢液的传热和传质行为。

电磁旋流装置可以在浸入式水口内引起钢液旋流，如图 3-17 所示，当钢液流入电磁旋流装置时，开始明显旋转，并且随着钢液向下流动，切向速度不断增大，在旋流装置中心处切向速度达到最大值。当钢液经过电磁旋流装置中心处以后，由于电磁力小于黏性耗散，随着钢液的下降，切向速度不断减小。在水口出口处，切向速度会带动结晶器内钢液的旋转。水口内钢液的轴向速度分布由于旋流的作用也会发生变化，壁面附近钢液的轴向速度增大，水口中间部分钢液的轴向速度减小。受此影响，钢液在水口出口处不是集中向下冲入结晶器，而是向四周分散，钢液出流的流股也会相应变粗，水口出流的冲击深度变小。钢液流场变化有利于夹杂物和气泡的上浮，均匀结晶器流场、温度场，并使结晶器内高温区域上移，有利于保护渣的熔化，显著提升铸坯表面及内部质量。

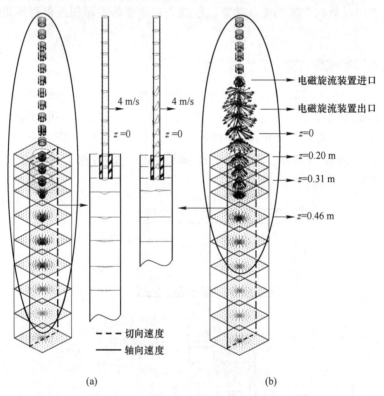

(a)　　　　　　　　　　　　　　(b)

图 3-17　有无浸入式水口电磁旋流时方坯连铸水口及结晶器流场[27]
(a) 无水口电磁旋流；(b) 采用水口电磁旋流

针对板坯结晶器流场，如图 3-18 所示，当无电磁旋流时，水口出流主流的方向平行于结晶器宽面，并在冲击结晶器窄面后形成上返流，在结晶器各个水平截面上没有旋涡形成。而当有电磁旋流时，水口出口处出流主流的方向发生偏转，并对结晶器宽面的冲击增大，在结晶器水平截面形成旋涡。水口电磁旋流可以均匀板坯水口两个吐出口的流量，能够抑制弯月面波动。并且水口出流进入结晶器带有一定水平角度，可以对结晶器起到电磁搅拌效果，进而改善铸坯表面质量，提高等轴晶率。

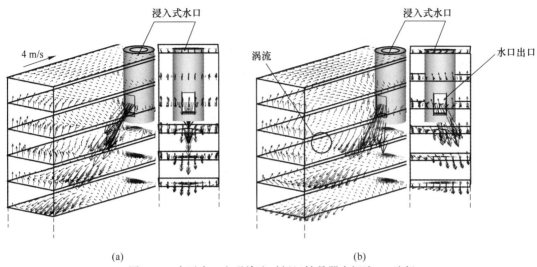

图 3-18 有无水口电磁旋流时板坯结晶器内钢液 3D 流场

（a）无旋流；（b）有电磁旋流

（各分图左侧为斜侧视图，右侧为平行于宽面的侧视图）

3.6.2 浸入式水口电磁旋流技术装备

浸入式水口电磁旋流系统与结晶器电磁搅拌系统的设备及子系统基本相同，但由于使用的频率更高，因此需要性能更强的逆变子系统和冷却水子系统。浸入式水口电磁旋流经过多年的研发已经开发出多代技术产品。下面以湖南科美达电气股份有限公司试制的双半圆水口电磁旋流装置为例，介绍相关的主要技术参数，见表 3-5。

表 3-5　电磁旋流装置技术参数

序号	项　　目	参　　数
1	型号	DJNR-150W
2	结构	双半圆可分合结构
3	磁场形态	旋转磁场
4	绕组形式	齿槽形铁芯，扁线绕组水外冷
5	中心磁感应强度/Gs	≥2700（频率 50 Hz、电流 800 A）
6	额定电压/V	380
7	额定电流/A	800
8	线圈冷却水流量/$m^3 \cdot h^{-1}$	15
9	频率/Hz	50
10	视在功率/kV·A	395
11	对地绝缘电阻/MΩ	线圈干燥时，对地绝缘电阻≥500
12	对地绝缘电阻/MΩ	通纯水时，对地绝缘电阻≥20
13	外形尺寸/mm	内径 $\phi160$，外径 $\phi650$，高 300
14	质量/kg	约 300

图 3-19 给出了不同结构的水口电磁旋流装置，图 3-19（a）所示为双半圆型水口电磁旋流装置，产生闭合磁场，在相同条件下可以获得最大的磁场强度。但设备尺寸较大，水路电路复杂，安装较为不便。图 3-19（b）所示为一字型水口电磁旋流装置，磁场不闭合，安装较半圆型装置方便很多，但是水路和电路与双半圆型一样都是左右各一套，较为复杂。图 3-19（c）所示为 C 字型水口电磁旋流装置，其水路和电路简化为一套，安装方便，但磁场强度较双半圆型减弱不少。因此需要根据不同的条件选择不同的水口电磁旋流装置。

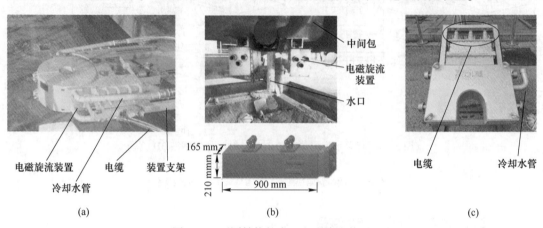

图 3-19 不同结构的水口电磁旋流装置
（a）双半圆型水口电磁旋流装置；（b）一字型水口电磁旋流装置；（c）C 字型水口电磁旋流装置

3.6.3 浸入式水口电磁旋流技术的应用

本小节首先介绍浸入式水口电磁旋流技术的应用效果，并给出一个冶金应用实例。

3.6.3.1 应用效果

浸入式水口电磁旋流技术的应用效果如下：

（1）提高等轴晶率。水口电磁旋流可以带动结晶器钢液一起旋转，可以提高铸坯等轴晶率。

（2）抑制水口内钢液偏流。应用电磁力在水口内驱动钢液产生旋转流动可以抑制水口内偏流，进而均匀水口出流，降低结晶器内液面波动。另外可以减少由于卷渣等因素而引入的非金属夹杂物，显著提高钢液的洁净度，大幅减少铸坯的表面及内部缺陷，提高产品的收得率。此外还可以有效提高拉坯速度，提高生产率及生产效益。

（3）抑制水口絮流。在水口内产生旋转流动、冲刷水口内壁，可以减少夹杂物沉积在水口内壁上而形成结瘤的情况，使连铸得以顺畅运行。

（4）实现低过热度浇铸。在水口内产生旋转流动可以减少水口出流的冲击深度，使结晶器内钢液高温区域上移，弯月面温度提高，从而实现低过热度浇铸，减少能源消耗。

3.6.3.2 应用实例

电磁旋流水口技术目前在国内多家钢铁企业进行了工业试验，并已经在莱芜钢铁集团有限公司获得了应用。下面给出一个在江苏沙钢集团淮钢特钢股份有限公司进行工业试验的实例来展示一下电磁旋流水口的冶金效果。试验钢种为 4130X，采用水口电磁旋流与结晶器电磁搅拌相配合的组合方式，工业试验参数和条件见表3-6。从试验结果可以看出，铸坯的碳偏析情况大为改善（见图3-20），铸坯等轴晶率大幅上升（见图3-21）。

表 3-6 电磁旋流工业实验参数

名称	参 数
钢种	4130X（含碳量0.33%，直径ϕ450 mm）
成分	C 0.33%，Si 0.25%，Mn 0.88%，P≤0.011%，S≤0.005%
试验参数	双直线型；磁场顺时针/逆时针旋转；500 A、650 A、800 A 电流；50 Hz、60 Hz、80 Hz 频率；有结晶器电磁搅拌
检测内容	等轴晶率；缺陷评级；碳偏析评级

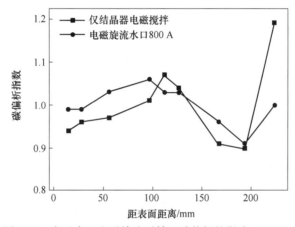

图 3-20 有无水口电磁旋流对铸坯碳偏析的影响（50 Hz）

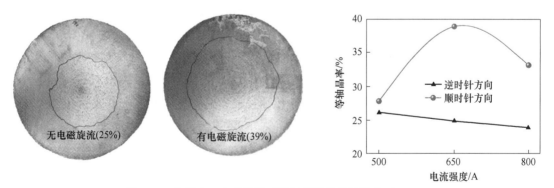

图 3-21 有无水口电磁旋流对铸坯等轴晶率的影响（50 Hz）

3.6.4 浸入式水口电磁旋流技术的优点和不足

施加电磁场在水口内驱动钢液产生旋转流动不仅可以显著提高连铸的生产率，实现电磁连铸的顺畅运行，还可以减少结晶器内流动设备的投入，简化电磁连铸工艺，减少能源和资源的消耗，并且可以提高钢材的品质及收得率，实现新一代高洁净钢和高品质钢的高效化生产。

浸入式水口电磁旋流技术的优点如下：

（1）旋流强度可控。浸入式电磁旋流水口技术可以通过调节电流强度或者频率等方式随时调节旋流的强度，可以随工艺条件的变化控制和调节旋流状态，并且可以在更大范围内对旋流水口进行优化设计，有望获得更好的连铸效果。

（2）提高磁场利用率。由于浸入式水口是由弱磁性耐火材料制成，对于磁场的屏蔽很小，相比于结晶器铜板对磁场的屏蔽效果，浸入式电磁旋流水口技术比结晶器电磁搅拌等技术的能源利用率更大，效果更显著。

（3）综合效果好。浸入式电磁旋流水口技术可以带动结晶器内钢液一起旋转，可以均匀结晶器内流场、温度场。随着电磁旋流水口的进一步优化设计，其获得的连铸效果有望替代结晶器电磁搅拌、电磁制动等结晶器内流动控制设备，在提高铸坯质量的同时，可以简化连铸工艺，减少结晶器流动控制设备的投入，获得更好的经济效果。

浸入式水口电磁旋流技术的不足如下：

（1）由于安装空间、工人现场操作等因素，设备尺寸要求非常小，产生的磁场强度受到限制。

（2）由于水口强度等因素，水口电磁旋流的强度也会受到一定限制。

3.7　其他位置的电磁搅拌技术

3.7.1　大包电磁搅拌技术

大包电磁搅拌技术主要应用在精炼领域，在电磁感应搅拌下，可以调整钢液成分、温度和去夹杂物等，并同时进行电弧加热、真空脱气、吹氧脱碳、脱硫等，提高钢的质量和产量，同时增加炼钢炉生产的品种。该技术最早由瑞典滚珠轴承公司（SKF）与瑞典通用电器公司（ASEA）合作开发，命名为 ASEA-SKF 钢包精炼炉。

ASEA-SKF 炉与其他精炼炉最显著的不同之处是其采用的搅拌方法。该技术采用电磁感应搅拌器，使钢包内钢液沿着移动磁场的方向流动而起到搅拌作用。由于钢包炉熔池较深，从冶金的角度要求钢包炉内要有强烈的钢液搅拌运动。为使磁场能穿透钢包壁而深入钢液之中，除钢包材料要用非导磁不锈钢外，还要求搅拌器电流频率足够低，搅拌频率一般控制在 0.5~1.5 Hz，使磁场在钢液中的透入深度加大，同时要求搅拌器的极距有足够长度，使磁场在空间的衰减变慢。钢包电磁搅拌技术在国外已经有 100 多个应用实例，并在提高产品质量和改善钢厂工艺顺利进行等方面取得了很大成功。图 3-22 所示为瑞典阿

图 3-22　瑞典阿西布朗勃法瑞公司钢包电磁搅拌示意图[28]

西布朗勃法瑞公司钢包电磁搅拌示意图[28]。

采用大包电磁搅拌技术后能获得以下冶金效果：

（1）减少喷溅，减少钢液暴露到空气的概率，减少钢渣向钢包壁喷溅。

（2）大包内钢液流动平稳，可逆流，减少"死区"。

（3）吸氮和吸氢量明显减少。

（4）清洁钢水，降低合金的损失和氧化。

（5）用电磁钢包车持续搅动钢液，最大限度地节省耐火砖的使用量。但电磁搅拌的设备投资成本较大，而且电磁搅拌不利于钢渣接触，比吹气脱硫、脱磷速度低。

3.7.2 中间包电磁搅拌技术

中间包电磁搅拌技术是运用电磁搅拌技术使中间包内产生离心流动，从而促进中间包内夹杂物上浮分离，使钢水得到净化的一种电磁技术。日本川崎钢铁公司成功研发基于电磁搅拌技术的离心流动中间包（centrifugal flow tundish），简称 CF 中间包。

在连铸过程中，中间包作为钢包和结晶器的中间容器，不仅具有调控钢水的功能，而且也是二次冶金过程特别是钢水净化的重要环节。目前常用的中间包吹氩、扩容和优化设计等措施可以对中间包内夹杂物上浮分离、钢水净化起到一定作用。然而，高效连铸对正常浇注期、钢包交换期等阶段的钢水净化要求越来越高，中间包电磁搅拌技术相比于其他技术在应用过程中可以更好地实现高拉速、高清洁度的冶金效果。图 3-23 所示为中间包电磁搅拌示意图[29]。

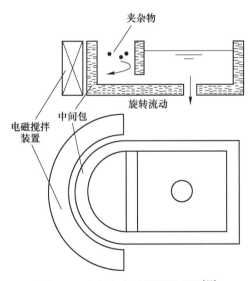

图 3-23　中间包电磁搅拌示意图[29]

中间包由分离室和分配室构成。两个室的底部相连通，分离室的外侧成圆弧形，其壳体由无磁不锈钢制成，以便由电磁搅拌器激发的磁场经由壳体渗透到钢水中；分配室与常规的中间包相类似。电磁搅拌器系弧形行波磁场型，配置在分离室的圆弧形一侧，由三相低频电源馈电，激发做圆弧运动的行波磁场。离心流动中间包工作时，当弧形行波磁场搅拌器馈上三相低频电源后，激发做水平圆弧运动的行波磁场，当它渗透到中间包分离室的钢水内，就在其中感应出电流，该感应电流与磁场相互作用，产生电磁力，其方向与行波磁场的运动方向一致。由于电磁力是体积力，作用在钢水体积元上，因而能推动钢水作水平圆弧运动，又由于流体流动的连续性，从而使钢水做水平旋转流动。夹杂物的密度比钢水小得多，根据离心分离原理，夹杂物向旋转中心区集中、上浮、分离。然后，净化的钢水经由底部通道流入分配室，再注入结晶器。

离心流动中间包分离室中的钢液流动形态受下述流动影响：钢包内钢水受重力作用注入分离室；钢水在电磁力作用下产生旋转流动，改变钢水的流动方向；净化的钢水由底部通道流入分配室。由此可见，由于重力和电磁力的双重作用，在分离室中的钢水在电磁力作用下做水平旋转流动，同时又在重力作用下向下流动。这种流动形态与常规中间包中的钢水流动相比较更为激烈和复杂。

采用中间包电磁搅拌技术后能获得以下冶金效果：

（1）钢液脱氧能力大幅增强；

（2）夹杂物分离和渣子去除效果大幅增强。

3.8 有色金属电磁搅拌技术

3.8.1 铝熔炉中的电磁搅拌

铝熔炉电磁搅拌装置是一种应用电磁感应原理产生磁场作用于铝熔液从而使熔液有规律运动的装置。在电磁搅拌主体装置——感应器中通以低频电流，以形成交变行波磁场，铝熔液在磁场的作用下产生感生电势和电流，此感生电流又与磁场相互作用产生电磁力，使铝熔液有规律的运动，以达到搅拌的目的。通过改变行波磁场的方向及强度，便能有效调节铝熔液的搅拌方向及搅拌强度。其示意图如图 3-24 所示。

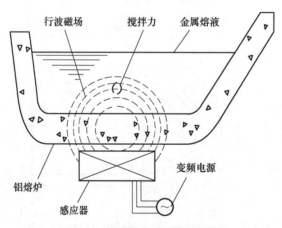

图 3-24 铝熔炉电磁搅拌示意图

铝加工生产中，铝及铝合金熔炼工序非常重要，因为熔炼过程要求将加入的铝和合金尽快熔化且合金在铝液中也尽快达到均匀，同时尽量减少有害气体如氢离子的生成，防止产生大量氧化炉渣，以免铝液烧损，影响铝板、带、箔等产品的质量。以往熔炼工利用搅拌铲人工搅拌熔炼炉中的铝液，既费时费力，又会产生大量氧化炉渣，不易达到合金成分的均匀性，同时又带入有机物和水分。电磁搅拌很好地解决了上面出现的问题。

电磁搅拌是靠电磁力对金属液体进行非接触搅拌，不存在搅拌过程中对熔体的污染，对熔炼高纯铝及铝合金具有重要意义。应用电磁搅拌效果如下[30]：

（1）使合金成分均匀。电磁搅拌充分、方便，只需 10~20 min 就可使整炉合金成分均匀，不存在人工搅拌因操作人员的技能、体力乃至劳动态度不同而产生的质量差异，质量控制容易。因而可使合金的质量得到大幅度的提高，使产品质量有可靠的保证。

（2）不污染铝熔液。电磁搅拌为非接触搅拌，搅拌过程不接触铝熔液，因此不存在搅拌对铝熔液的污染，这一点在生产高纯铝及须对熔体中的有害元素含量严格控制时有重要意义。

（3）大幅度缩短熔炼时间，减少能源消耗。在铝锭入炉熔化过程中，随着料堆逐渐没入液面，液面下的熔体呈固液混合状态，对流传热效果下降，炉膛内温度很快达到 1100 ℃以上，表面铝熔液温度上升很快，但由于铝金属黑度较小，传热效率不高，熔化过程变得缓慢，排出的烟气温度较高，消耗的热量多。在这个过程中实施电磁搅拌，可加速熔液流动，大大提高热传导效率，显著缩短铝锭熔化时间，节约能源消耗。一般情况下，电磁搅拌可缩短 20%左右的熔炼时间，可减少 15%左右的燃料消耗。

（4）减少熔体上下部的温差，减少熔渣的产生。熔渣是铝熔炼过程中不可避免的生成物，它的生成与很多因素有关，其中铝液暴露于空气中的时间及熔体的表面温度是影响熔渣形成的两个关键因素。当熔体的温度达到 750 ℃以上时，熔渣将急剧增加。应用电磁搅拌可使熔体加速流动，加快铝锭熔化过程，减小熔体上下部的温差，降低熔体的表面温度，从而可减少熔渣的产生，一般情况熔渣可减少 20%左右。

（5）便于扒渣，可减少清炉次数，延长炉子的使用寿命。由于应用电磁搅拌技术可减少熔渣的产生，还可使炉渣定向流动，便于扒渣，减少了熔渣附着在炉壁的现象，减少了清炉次数，延长了炉子的使用寿命。

3.8.2 铜合金连铸的电磁搅拌

在铜水平连铸中通过引入电磁场来改善铜铸坯的质量的技术称为铜合金连铸的电磁搅拌技术。

在采用传统的水平连铸、冷轧的工艺方法生产铜合金时，铜铸坯存在着严重的反偏析和显微缩松等铸造缺陷，不仅导致在冷轧前需将连铸坯进行长时间的均匀化退火处理，而且使铸坯在冷轧时容易产生裂纹，从而使铜合金的生产周期延长，产品的成品率较低。为此，可以在水平连铸中引入电磁搅拌，改善铸坯的质量。

图 3-25 给出了水平电磁连铸装置示意图。该装置主要由水冷套石墨结晶器、工频保温炉和磁场发生器组成。附属系统还包括中频熔化炉、浇注机构、牵引机构、控温系统及电源等。磁场发生器的感应线圈在输入三相交流电后会激发产生一个按一定相序向前行进的磁场，置于磁场内的液态金属将产生感生电流，液态金属作为载流导体，在外加磁场的作用下产生电磁力，在这个电磁力的驱动下，液态金属沿着行波磁场的方向做直线运动。磁场的强度由输入的励磁电流大小控制[31]。

在连铸过程中，由于结晶时间短，温度梯度大，因而铸坯截面形成粗大柱状晶对穿的凝固组织。施加电磁搅拌后，在电磁力的作用下铸坯内部的液态金属运动加剧，金属液的强力流动能够获得以下冶金效果：

（1）使已凝固的枝晶破碎并遍布在熔体中，形成更多的有效晶核，提高了形核率。

（2）加速结晶器内熔体的传热过程，使凝固界面前沿熔体的温度场均匀，增加熔体同时大量形核的倾向。

（3）加速结晶器内熔体的传质过程，使凝固界面前沿的成分过冷增加。这些条件都有利于等轴晶的形成和增加。

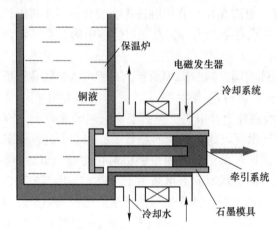

图 3-25　水平电磁连铸装置示意图

参 考 文 献

［1］ 徐国兴，张琪渔．电磁搅拌技术在连铸机的应用及其对铸坯质量的改善 ［J］．上海金属，1997，19（3）：28-33.

［2］ BIRAT J P，CHONE J．Electromagnetic stirring on billet，bloom and slab continuous casters：State of the art in 1982 ［J］．Ironmak. Steelmak.，1983，10（6）：268-281.

［3］ 姚留枋，倪满森，卢静轩，等．连铸用电磁搅拌概况 ［J］．钢铁，1981，16（8）：26-38.

［4］ 韩至成．电磁冶金技术及装备 ［M］．北京：冶金工业出版社，2008：254-285.

［5］ 周汉香，于学斌．电磁搅拌技术的发展及其在武钢的应用 ［J］．武钢技术，2004，42（2）：45-49.

［6］ 李开惺，朱兴元．3C 船板钢连铸电磁搅拌参数的选择 ［J］．钢铁，1990，25（1）：19-22.

［7］ 罗伯钢，王国瑞，周德光，等．第三炼钢厂 2 号连铸机电磁搅拌参数的优化 ［J］．首钢科技，2005（2）：19-22.

［8］ 王宝峰，李建超．电磁搅拌技术在连铸生产中的应用 ［J］．鞍钢技术，2009（1）：1-5.

［9］ 金百刚，王军，陈明，等．鞍钢鲅鱼圈电磁搅拌技术的研究与应用 ［C］//第三届中德（欧）双边冶金技术研讨会论文集，北京：中国金属学会，2011.

［10］ 王强，何明，朱晓伟，等．电磁场技术在冶金领域应用的数值模拟研究进展 ［J］．金属学报，2018，54（2）：228-245.

［11］ 于洋，李宝宽．电磁搅拌工艺中电磁场计算方法及评价 ［J］．上海金属，2006，28（2）：51-55.

［12］ 张志峰，李廷举，金俊泽，等．复合电磁场作用下连铸金属液弯月面运动规律的热模拟研究 ［J］．金属学报，2001，37（9）：975-980.

［13］ 李喜，任忠鸣．静磁场下热电磁效应及其对凝固组织的影响 ［J］．中国材料进展，2014，33（6）：

349-354.

[14] ASAIS, NISHIO N, MUCHI I. Theoretical analysis and model exeepriments on eelectromagnetically driven flow in continuous casting [J]. ISIJ Int. , 1982, 22 (2)：126-133.

[15] SPIZER K H, DUBKE M, SCHWERDTFEGER K. Rotational electromagnetic stirring in continuous casting of round strands [J]. Metall. Mater. Trans. B, 1986, 17B：119-131.

[16] DUBKE M, TACKE K, SPITZE K, et al. Flow fields in eelectromagnetic stirring of rectangular strands with linear inductors：Part Ⅱ. Computation of flow fields in billets, blooms, and slabs of steel [J]. Metall. Mater. Trans. B, 1988, 19 (4)：581-602.

[17] DUBKE M, SPIZER K H, SCHWERDTFEGER K . Spatial Distribution of magnetic field of linear inductors used for electromagnetic stirring in continuous casting of steel [J]. Ironmak. Steelmak. ,1991, 18 (5)：347-353.

[18] SALUJA N, ILEGBUSI O J, SZEKELY J, et al. Three-dimensional flow and free surface phenomena in electromagnetically stirred molds incontinuous casting [C]//The Sixth International Iron and Steel Congress, 1990：338-346.

[19] 邢文彬, 许诚信, 房彩刚, 等. 新型螺旋磁场电磁搅拌的冶金效果 [J]. 北京科技大学学报, 1991, 13 (2)：110-115.

[20] 许存良, 毛斌, 吕栋元. 行波磁场电磁搅拌 [J]. 首钢科技, 1998, 10 (5)：49-53.

[21] 于海岐, 朱苗勇. 圆坯结晶器电磁搅拌过程三维流场与温度场数值模拟 [J]. 金属学报, 2008, 44 (2)：1465-1473.

[22] TOH T, HASEGAWA H, HARADA H. Evaluation of multiphase phenomena in mold pool under in-mold electromagnetic stirring in steel continuous casting [J]. ISIJ Int. , 2001, 41 (10)：1245-1251.

[23] 李爱武, 蒋海波, 杨立军. 大圆坯连铸铜管绕组内水冷式电磁搅拌的应用 [J]. 圆坯大方坯连铸技术论文集, 2009：239-246.

[24] 侯亚雄. 特大圆坯连铸电磁搅拌器的设计与应用 [J]. 湖南理工学院学报 (自然科学版), 2009, 22 (4)：65-68.

[25] 毛斌, 陶金明. 板坯连铸二冷区电磁搅拌技术 (SEMS) [C]//第五期连铸电磁搅拌技术学习研讨班论文集, 2008：125-138.

[26] 李爱武, 蒋海波. 方圆坯特殊钢连铸凝固末端电磁搅拌应用 [C]//大方坯圆坯异型坯连铸技术研讨会论文集, 2007：67-74.

[27] LI D W, SU Z J, CHEN J, et al. Effects of electromagnetic swirling flow in submerged entry nozzle on square billet continuous casting of steel process [J]. ISIJ Int. , 2013, 53 (7)：1189-1196.

[28] LEHMAN A, SJODEN O, KUCHAEV A. Electromagnetic equipment for non-contraction treatment of liquid metal in metallurgical processes [R]. Joint 15th Riga and 6th PAMIR International Conference on Fundamental and Applied MHD. Rigas Jurmala, 2005：27-30.

[29] 毛斌. 连铸电磁冶金技术　第一讲：中间罐电磁搅拌和电磁制动技术 [J]. 连铸, 1999 (3)：38-42.

[30] 张殿彬, 安东, 张艳国. 电磁搅拌在铝熔铸行业中的应用 [J]. 世界有色技术, 2005 (1)：39-48.

[31] 回春华, 李廷举, 金文中. 锡磷青铜带坯的水平电磁连铸技术研究 [J]. 稀有金属材料与工程, 2008, 37 (4)：721-723.

4 电磁振荡冶金技术

4.1 概述

众所周知，金属液中的往复振荡作用具有去除熔体内的气体、提高流动性、细化晶粒、减少缩松等效果。传统振荡作用主要包括机械振荡和超声波振荡，但均存在一定的局限性：磁致伸缩或压电转换器产生的振荡作用要通过振荡棒传递到熔体中，振荡棒要与金属熔体接触才能将振荡压力传递出去，易对金属造成污染；振荡作用主要集中在转换器和振荡棒附近，导致振荡不均匀；高温的金属液环境对机械搅拌器的耐热性、力学性能等要求较高；超声波振荡强度衰减较快，作用范围有限。因此，电磁振荡冶金技术和电磁超声波冶金技术被引入金属液的处理过程中。

电磁振荡技术（electromagnetic vibration，EMV）是一种通过电场与磁场的相互作用抑制柱状晶或树枝晶生长，形成很多细小的等轴晶，从而改善铸坯宏观组织和微观组织的冶金技术。20 世纪 80 年代，在结合电磁连铸和电磁搅拌的基础上，铝合金"软接触"电磁连铸法被提出。其原理是在传统结晶器外布置感应线圈，施加 50 Hz 的工频交流电，该交变电流在金属熔体内部产生交变电磁场，产生感生电流，并与磁场交互作用，产生洛伦兹力。由于铸锭与结晶器在竖直方向上的几何不对称性，磁力线相对于铸锭的中心线发生了显著的偏转，导致熔体内部洛伦兹力的时间平均值同时存在垂直分量和水平分量。其中，垂直分量为有旋力场，具有搅拌作用；水平分量为有势力，其方向与金属静压力平衡，具有约束作用，即"软接触作用"。"软接触"电磁连铸法是电磁搅拌法（具有细化晶粒、减小内应力、改善铸锭微观组织）和电磁连铸法（改善表面质量）的结合，其可调性、通用性不强。1993 年，通过在结晶器外增加稳恒磁场（0.7 T），并利用稳恒磁场、交变磁场及其在熔体中诱发形成的感应电流三者之间交互作用产生电磁振荡力的电磁振荡技术被提出。施加稳恒磁场与仅施加交变磁场相比，半连铸铝合金凝固组织细化效果更加显著。日本研究者拉德贾伊（Radjai）等人在 10 T 超强磁场条件下，研究了振荡强度和振荡频率对 Al-7%Si 凝固组织的影响规律，发现初生相（树枝晶、等轴晶和颗粒状等）与施加的电流密度、振荡频率密切相关[1-2]。在此基础上，电磁振荡的研究对象扩展到了纯铝、纯镁、Al-Si 合金、Sn-Pb 合金灰口铸铁及紫铜等金属材料的凝固过程，发现电磁振荡除了具有凝固组织细化作用外，还会影响晶体取向[3-5]、促进非晶合金中非晶态组织形成[6]、对非金属夹杂物颗粒具有碰撞聚合作用等[7]。电磁振荡可以作用在整个容器内，也可以作用在容器一端或金属液表面，并以声波形式作用于熔体。

电磁超声波技术（electromagnetic acoustic transducer，EMAT）是一种通过施加磁场和电流或者诱导电流的相互作用在金属局部生成周期性振动的高频电磁力，改变金属流体疏密状态形成超声波，进而改善铸坯质量的电磁冶金技术。电磁超声波是广义磁流体波的纵波，也叫磁声波。在磁场和流体运动的交替作用下，使某一部分具有初速度的流体的运动状态向其周围传播出去，在流体中产生一种新的周期性运动形式称为磁流体波。广义的磁流体波包括阿尔文波（横波）和电磁超声波，而阿尔文波主要产生在等离子体中。20世纪80年代初，日本的川岛（Kawashima）和吉田（Yoshida）等人利用交变电磁场产生的电磁超声波对连铸坯的凝固壳厚度进行了在线无损测试[8-9]。90年代末期，岩井（Iwai）等人[10-11]运用交流磁场在液态金属内部成功生成了电磁超声波。交流磁场产生的电磁超声波强度较弱，要使电磁超声波在冶金生产领域充分发挥其增加固液反应速度、促进脱气、促进凝固组织细化的作用还需增加其强度。因此，王强等人[12-16]提出了施加高强度静磁场和交流电流、高强度静磁场和交流磁场两种方法，在金属液内生成高频电磁力，该电磁力的局部作用在整个金属区域内生成了高强度电磁超声波；并对电磁场声波的传播方程和压力分布等进行了理论解析，该解析结果通过压力测试实验得以验证。岩井和王强等人对Pb-Sn合金和铝合金凝固的影响研究发现，电磁超声波冶金技术和电磁振荡冶金技术均具有较好的组织细化效果。

　　当电磁场产生的电磁力频率较高时，可生成电磁超声波，电磁超声波产生方法与电磁振荡基本相同，本章将电磁超声波技术归为电磁振荡技术的一种特例。本章介绍了冶金过程中用于改善宏观组织和微观组织的电磁振荡冶金技术，并详细阐述了电磁振荡冶金技术的基本原理、工艺、装备、应用、优点和不足。

4.2　基本原理

　　电磁振荡技术可通过同时施加稳恒磁场和交流电流或同时施加稳恒磁场和周期性交变磁场两种方法实现。第一种方法如图4-1所示，将金属液内所插入的电极通入交流电，通过外加永磁体产生的稳恒磁场相互作用，产生与交变电流频率相同的交变电磁振荡力。第二种电磁振荡形式如图4-2所示，在金属熔体外增加一组电磁感应圈，利用直流电产生稳恒磁场 B_0。直流电产生的 B_0 和交流电产生的交变磁场 $B(t)$ 的方向均平行于感应线圈轴线方向，由于 $B(t)$ 的作用，熔体中产生感生交变电流 $J(t)$，$J(t)$ 与稳恒磁场 B_0 相互作用在金属液中产生电磁振荡力。由于交变磁场的集肤效应，此方式所产生的电磁振荡主要作用于金属液表面，然后以波的形式传递到金属液内部，这种形式更适合于金属连铸工业生产。

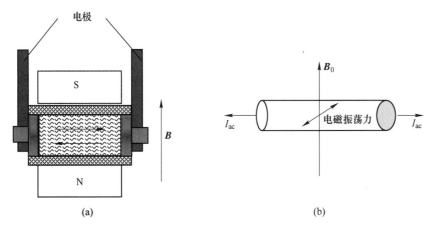

图4-1　交流电与稳恒磁场同时施加的电磁振荡设备

（a）结构示意图；（b）原理示意图

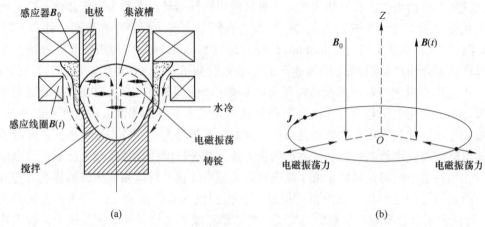

图 4-2 交流磁场与稳恒磁场同时施加的电磁振荡设备

(a) 结构示意图；(b) 原理示意图

4.2.1 电磁振荡电磁力

无论哪种形式的电磁振荡，其振荡作用的本质都是电磁振荡电磁力。下面以交变电流和稳恒磁场产生的电磁振荡为例，具体介绍电磁振荡电磁力。

在金属熔体的凝固过程中，施加一个稳恒磁场 B_0 和一个与磁场相垂直、频率为 f 的交变电场，如图 4-3 所示。熔体中的传导电流密度为

$$\boldsymbol{J} = J_0 \sin(2\pi f t) \tag{4-1}$$

式中，J_0 为电流密度振幅，A/m^2。

交变电场感生的交变磁场可表示如下

$$\boldsymbol{b} = b_0 \sin(2\pi f t + \varphi) \tag{4-2}$$

式中，$\boldsymbol{b}$ 为感生磁场强度，T；b_0 为感生磁场振幅，T；φ 为相位角，(°)。

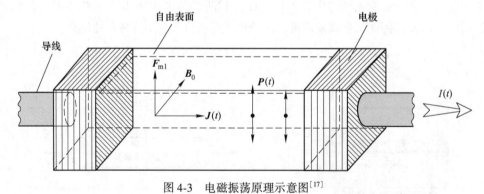

图 4-3 电磁振荡原理示意图[17]

(1) 外加稳恒磁场 B_0 与交变电流 $\boldsymbol{J}$ 相互作用，在熔体中产生一个垂直方向的、同频率的周期性电磁振荡力

$$\boldsymbol{F}_{m1} = \boldsymbol{J} \times \boldsymbol{B}_0 = B_0 J_0 \frac{V'}{S} \sin(2\pi f t) \tag{4-3}$$

式中，V' 为熔体体积，m^3；S 为垂直于力的方向的表面积，m^2。

由于存在集肤效应，该力作用在熔体的电流集肤层厚度范围内，通过介质传播至整个熔体中。不考虑容器壁的影响，假定电磁力均匀作用于整个容器内的所有熔体、半固态等物质，即熔体为刚体，所有合金粒子同相位振动的理想状态下，通过计算得到位移 e、速度 V 和加速度 a 的主要峰值参数分别为：$e = J_0B_0/f$，$V = J_0B_0/f$，$a = J_0B_0/\rho$（其中，ρ 为熔体密度）。然而，由于非滑移壁面的存在产生的黏滞摩擦力和强湍流将会引起能量损失，其实际值要比计算值小约 30%。该电磁力产生的电磁振荡压力为 $\boldsymbol{F}_{m1}$ 与平行于力方向的表面积之比。电磁振荡压力可表示为：

$$\boldsymbol{p} = B_0J_0\sin(2\pi ft)/w \tag{4-4}$$

式中，w 为容器的宽度（在磁场方向的尺寸），m。

一般用电磁振荡压力大小来描述电磁振荡的强度，其值主要取决于稳恒磁场强度和交变电流密度。

（2）对于施加交变电流或交变磁场产生电磁振荡的情况，交变电流（磁场）与其感生磁场（电流）相互作用生成电磁力。以交变电流为例，交变电流 $\boldsymbol{J}$ 在熔体内部产生垂直方向的交变电磁场 $\boldsymbol{b}$，两者交互作用产生电磁力可表示为：

$$\boldsymbol{F}_{m2} = \boldsymbol{J} \times \boldsymbol{b} = \frac{1}{\mu_m}(\nabla \times \boldsymbol{b}) \times \boldsymbol{b} = -\nabla\left(\frac{1}{2\mu_m}\boldsymbol{b}^2\right) + \frac{1}{\mu_m}(\boldsymbol{b} \cdot \nabla)\boldsymbol{b} \tag{4-5}$$

根据该式可知，$\boldsymbol{F}_{m2}$ 可分解为一个与时间无关的无旋分量和一个频率为 $2f$ 的有旋分量。前者垂直于熔体侧表面指向液体中心，与熔体静压力梯度相平衡，对熔体具有约束作用，使熔体表面形成弯月形；而后者可使熔体产生不稳定的循环流动，这种周期性的分量具有使熔体发生振荡的趋势。通过数量级运算发现，若稳恒磁场 $\boldsymbol{B}_0$ 大于 0.2 T，与 $\boldsymbol{F}_{m1}$ 相比，$\boldsymbol{F}_{m2}$ 的无旋力和有旋力都很小；当 $\boldsymbol{B}_0$ 为 0.7 T 时，$\boldsymbol{F}_{m1}$ 的振荡力（频率为 f）的数值约为 $\boldsymbol{F}_{m2}$ 的振荡力（频率为 $2f$）的 30 倍。

（3）对于图 4-2 的电磁振荡，熔体受力除 $\boldsymbol{F}_{m1}$ 和 $\boldsymbol{F}_{m2}$ 之外，熔体在磁场中运动（速度为 $\boldsymbol{V}$）必然要产生感应电流 $\boldsymbol{j}'$，该电流与稳恒磁场 $\boldsymbol{B}_0$ 和交变磁场 $\boldsymbol{B}(t)$ 交互作用，产生电磁力分别可表示如下：

$$\boldsymbol{F}_{m3} = \boldsymbol{j}' \times \boldsymbol{B} = \sigma\nu \times \boldsymbol{B} \times \boldsymbol{B} \tag{4-6}$$

$$\boldsymbol{F}_{m4} = \boldsymbol{j}' \times \boldsymbol{b} = \sigma\nu \times \boldsymbol{B} \times \boldsymbol{B}(t) \tag{4-7}$$

式中，$\boldsymbol{F}_{m3}$ 为稳恒磁场作用下产生的电磁力，N，沿直径方向向内，有使溶体流动速度减缓的趋势；$\boldsymbol{F}_{m4}$ 为交变磁场作用下产生的电磁力，N。

4.2.2　电磁振荡效应

电磁振荡对宏观组织的作用效果与振荡过程中存在的效应（感生电流效应、集肤效应、空化效应、焦耳热效应、帕尔贴效应等）息息相关。下面分别介绍一下对凝固影响较大的空化效应、焦耳热效应和帕尔贴效应。

由于空化效应可能是电磁振荡组织细化的机制，一直备受关注。在流体剧烈运动的半固态合金熔体中，存在某些局部的低压微区，而溶解于熔体中的气体可能在此低压微区聚集而形成气泡，这些气泡在运动过程中随着外界压力的大幅波动，会发生体积收缩或破裂的现象，形成微观射流，在局部微区产生很高的瞬间压力，从而对合金熔体的形核条件和最终凝固组织产生重要影响。图 4-4 所示为熔体中空穴爆裂过程示意图，当空穴在高压区受到足够大的外力作用时，气泡在高压外力作用下被压缩，体积变小，孔穴内部气体压力升高，而该过程是瞬时和非平衡态的，当气泡运动到低压区或电磁压力周期性降低时，气泡外部压力快速降低，此时，气泡内外压力发生较大的失衡，引起气泡爆裂，从而形成强力冲击波，使晶粒破碎，形核核心数量增加，细化晶粒。

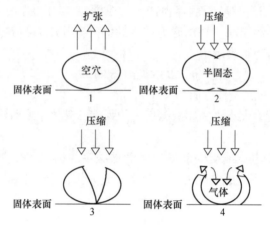

图 4-4   空穴爆裂过程示意图

焦耳热效应产生的热作为一种内热源，降低了凝固体系整体冷却速度，从而使过冷度减小。在固-液两相区，由于液相和固相电阻率相差较大，电流优先在固相中通过，这可能使固相重熔或固-液界面处温度梯度降低，使晶粒均匀长大，最终凝固组织细化和等轴晶细化。

根据帕尔贴效应，电阻率不同的两种材料相接触时，在其接触面上会产生接触电位差，从而产生附加的热量。因此，固-液两相存在明显电阻率差，则固-液界面存在热效应，这使界面上凸出的凝固微区重熔，抑制枝晶生长，使晶粒形状趋于球状或者准球状。

4.2.3   电磁振荡引起晶粒细化的机制

关于电磁振荡对凝固组织的细化机制，包括有基于空穴效应的"成穴效应"理论、形核核心增加和枝晶生长条件消除、固-液相之间相对运动引起晶粒细化等三种理论解释。

4.2.3.1   "成穴效应"理论

"成穴效应"是基于 4.2.2 小节中所介绍的空化效应理论。空化效应发生的前提是一定强度和频率的电磁振荡及预先存在于熔体中的气泡。学者们发现铝合金熔体中氢气的含量控制了空穴的形成、Al-Si 合金中也发现了爆裂后的硅颗粒，这些间接证实了该理论。然而，如图 4-5 所示"成穴"所需的临界电磁压力（约 0.7 bar）大于目前学者们检测到的实际电磁振荡对熔体产生的电磁压力（约 0.3 bar），并且振荡（声波）频率一般超过 20 kHz 才会发生空化效应，而大部分金属或合金的最佳细化频率在 250~1000 Hz 之间，远小于产生空化效应需要的频率，从该角度看，"成穴现象"难以发生。

4.2.3.2   形核核心增加和枝晶生长条件的消除

另一种细化机制是从电磁振荡对形核数量和枝晶生长条件影响的角度提出的。合金组织的细化和非枝晶化，与结晶核心的增加和枝晶生长条件的有无息息相关。

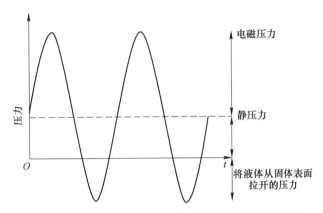

图 4-5　电磁压力大于静压力时在液体中形成的拉伸张力

一方面，电磁振荡的搅拌作用会增加从结晶器壁游离的晶粒数量。当圆柱形结晶器外部外加交变磁场 $B(t)$ 和静磁场 B_0 产生电磁振荡时，式（4-5）的电磁力可分解为有旋分量和无旋分量。其中，无旋分量对熔体具有约束作用，减小了熔体与结晶器壁的接触压力和接触面积，使一次冷却强度减小，结晶壁上的形核数下降；有旋分量的作用使形核核心增加，因磁感应强度矢量向铸锭对称轴方向倾斜而形成的径向旋转分力引发强制对流，产生剪切力，在晶体根部，当剪切力大于晶粒与结晶器间的黏着力时，晶粒发生游离使得形核核心增加。

另一方面，电磁振荡降低了临界形核自由能。电磁振荡力的反复拉伸与压缩作用，使熔体克服了表面张力和流体拉力的作用，增加了熔体对高温固相化合物及准固相原子团簇的润湿，减小了晶核与熔体之间的表面张力，降低了以它们为基底的异质形核临界自由能。根据瞬态形核理论，会有大量的晶核以准固相原子团簇为基底的异质瞬态形核而成。

此外，与电磁搅拌作用相似，电磁振荡对熔体产生相当大的扰动作用，促使合金元素弥散、温度场均匀化，加大熔体整体过冷度。在上述因素的综合作用下，电磁振荡使得晶粒尺寸减小，组织得到细化。

4.2.3.3　固相与液相之间的不耦合运动

在合金的凝固过程中，总是存在固-液共存的糊状区。在相同温度下液相的电阻率比固相的电阻率大得多，因此流过液相和固相的电流大小是不同的。如纯镁、纯铝和纯铜在其熔化温度下的电阻率分别为 274 $\Omega \cdot m$、242 $\Omega \cdot m$ 和 215 $\Omega \cdot m$，相应的固相电阻率分别为 154 $\Omega \cdot m$、110 $\Omega \cdot m$ 和 110 $\Omega \cdot m$。液相的电阻率大概为固相的 2 倍，因此糊状区域中的固相和液相更可能形成并联电路，而不是串联连接。根据欧姆定律，相同电势条件下，固体中的电流密度约为液体的两倍，如图 4-6 所示，半周期（$t = 1/(2f)$）内液相的加速度、速度和距离大约是固相的两倍。因此，固相和接触液相之间存在相互作用力，即缓慢移动的液相会阻碍固相的运动，与液相之间发生相对运动，或称"不耦合运动"。这种相对运动可能产生两种作用，一是"破坏"溶质边界层，从而减小枝晶的形成；二是迫使液体破坏部分薄弱的树枝状晶体枝晶臂根部（如二次枝晶臂或更多分枝的枝晶臂），使其脱离称为小枝晶，如不被重熔则可能成为晶核，最终使晶粒数目成倍增加，细化组织。然而，对于这种液相与固相之间相对运动能否达到细化晶粒的程度还存在争议，还需要更多的实验和理论研究验证。

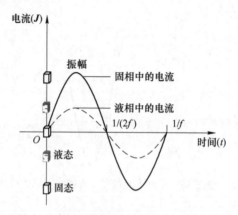

图 4-6   固体和液体的相对位移的示意图[18]

4.2.4 电磁超声波冶金技术

振荡作用有机械振荡和超声振荡，电磁方式的超声振荡被称为电磁超声波技术，通过所施加的磁场和电流或者诱导电流的相互作用在金属局部生成高频电磁力，这种电磁力的周期性振动对金属的挤压和拉伸引起的金属流体的疏密状态的传播就形成了超声波。电磁超声波产生方法有三种：交流磁场、静磁场与交流电流、静磁场和交流磁场。与电磁振荡不同之处在于其频率较高、强度较大，电磁超声波的电磁力作用在结晶器附近的集肤层内，该电磁力周期性振动对金属产生挤压和拉伸作用，引起金属流体的疏密状态传播而形成超声波。电磁超声波技术为无接触式机械技术，在应用过程中不与金属液发生接触，不会对金属液造成污染。并且，电磁超声技术具有多种超声波产生方式，也可产生多种波形，可根据不同需求和实际应用工况进行选择。电磁超声波的电磁振荡力与电磁振荡相同，但是其在金属熔体内存在传播、分布和耗散的过程要比电磁振荡要复杂。因此，本节以静磁场耦合交流磁场为例，阐述超声波的传播、分布和耗散。关于其他方法产生电磁超声波的内容请参考文献[19]。

如图 4-7 所示，当液态金属内存在沿 x 方向速度为 V_x 的流动，在 z 方向静磁场作用下感生出沿 y 方向的电场 E_m 和电流密度 J_m，z 方向还感生有磁场 b_z。根据欧姆定律和法拉第定律可得

$$J_m = \sigma\left[E_m - V_x \times (B_{DC} + b_z)\right] \approx \sigma(E_m - V_x \times B_{DC}) \tag{4-8}$$

$$-\frac{\partial b_z}{\partial t} = \frac{\partial E_m}{\partial x} \tag{4-9}$$

沿 x 方向作用在金属上的洛伦兹力 F_m 为感应电流密度 J_m 与磁场 $(B_{DC}+b_z)$ 的叉乘，即

$$F_m = J_m \times (B_{DC} + b_z) \approx -\frac{B_{DC}}{\mu_m}\frac{\partial b_z}{\partial x} \tag{4-10}$$

式中，μ_m 为金属的磁导率，A/m。

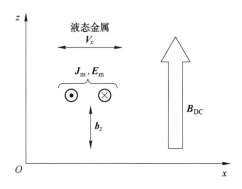

图 4-7　由液态金属运动浸没在直流磁场中引起的扰动[15]

假设金属完全导电，磁声波的传播速度 a 为

$$a = \sqrt{c^2 + \frac{B_{DC}^2}{\rho\mu_m}} \tag{4-11}$$

式中，c 为声音在空气中的传播速度，m/s；ρ 为介质的密度，kg/m^3。

在熔体一侧（$x = 0$ 平面）施加沿 z 方向的交变磁场 $\sqrt{2}B_{AC}\cos(\omega t)$，沿 x 方向产生的洛伦兹力 F_{AC} 为

$$F_{AC} = J_{AC} \times (B_{DC} + b_z + B_{AC}) \approx J_{AC} \times B_{DC} = -\frac{2B_{DC}B_{AC}}{\mu_m\sigma}\exp\left(-\frac{x}{\delta}\right)\sin\left(-\frac{x}{\delta} + \omega t - \frac{\pi}{4}\right)$$

$$\tag{4-12}$$

图 4-8 所示为熔体受到的电磁力随声波传播距离的变化示意图，电磁力包括 F_{AC} 和 F_m。磁声波在熔体中的速度和压力与静磁场和交变磁场的强度成正比，频率与施加的交变磁场一致。关于磁声波在熔体中的速度和压力的具体推导可参考文献[19]。

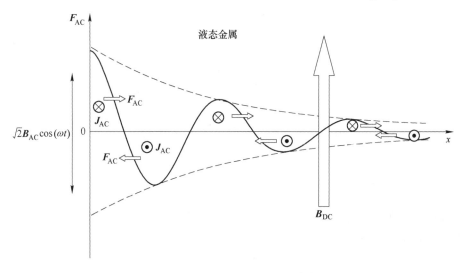

图 4-8　磁声波生成原理示意图[19]

4.3 电磁振荡冶金技术工艺

电磁振荡施加于熔体的凝固阶段，迫使熔体发生振动，可使晶粒细化，有效排出熔体内气体，提高充型能力。目前已有学者报道了实验室条件下电磁振荡在纯铝和铝合金、纯镁和镁合金、钢等合金的凝固过程中的组织演变。此外，将电磁振荡施加至非晶合金的制备过程中，还可促进非晶合金形成；也可以用于夹杂物去除，其原理是利用电磁振荡促使合金中的细小非金属夹杂物碰撞聚合成大尺寸颗粒。无论应用在哪种合金，利用电磁振荡的哪种效果，电磁振荡都是施加在处于高温熔融状态的合金中，可以调节的工艺参数主要有稳恒磁场强度、交流电电流强度和频率。电磁振荡力作用时间也是电磁振荡过程调节参数之一，该参数对于非晶合金的形成具有重要影响。

4.3.1 磁感应强度对晶粒尺寸的影响

晶粒尺寸随磁感应强度增加而降低。图 4-9 所示为 AZ91D 镁合金电磁振荡下晶粒尺寸随磁感应强度变化规律。磁感应强度从 1 T 增加到 10 T，AZ91D 镁合金平均晶粒尺寸减小可达 50%。1 T 磁场下，晶粒尺寸分布范围较宽，而高磁感应强度条件下的凝固组织晶粒尺寸分布范围较小，组织比较均匀。对于部分合金，当磁场强度在 8~10 T 时，磁感应强度对部分合金的晶粒细化作用趋于稳定。图中 $d_{\max(0.8)}$ 为将晶粒尺寸从大到小排列，取前 80% 求平均值，表示颗粒最大平均直径。$d_{\min(0.2)}$ 为从小到大前 20% 小尺寸晶粒的平均晶粒尺寸。

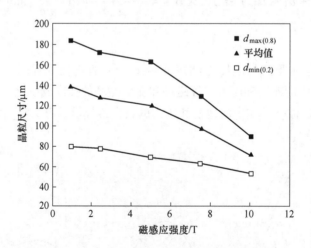

图 4-9 晶粒尺寸随磁感应强度的变化规律[20]

4.3.2 交变电流强度对晶粒尺寸的影响

随着电流强度的增加，晶粒尺寸降低，增加到某一值时晶粒尺寸达到最小，继续增加电流强度，晶粒尺寸增加，这与焦耳热效应有一定关联。图 4-10 所示为 AZ91D 镁合金电磁振荡下晶粒尺寸随电流变化情况，当 $B = 10$ T，$f = 900$ Hz，交变电流强度为 60 A 时晶粒尺寸最小。

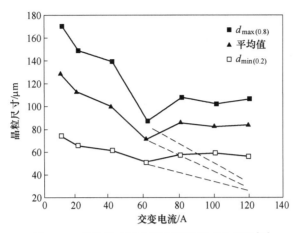

图 4-10　晶粒尺寸随交流电强度的变化规律[20]

4.3.3　交流电流和磁场对凝固冷却速度的影响

由于焦耳热效应施加电流会导致冷却速度减小，并且随电流密度增加，冷却速度减小得越多。无电流条件下，施加磁场对冷却速度没有影响。磁场可缓解电流对冷速的降低作用，同样电流条件下，施加磁场可提高冷却速度，缩短凝固时间，有助于凝固组织细化，如图 4-11 所示。图 4-12 所示为不同电流强度下热电偶测得的 AZ91D 镁合金温度曲线，该曲线显示电流由 60 A 增加至 120 A，电磁振荡时间（凝固时间）显著增加。

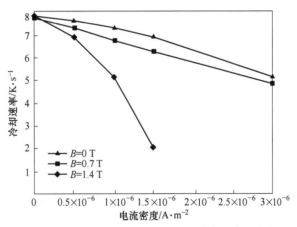

图 4-11　凝固冷却速度随交流电和磁感应强度的变化图

4.3.4　电磁振荡频率对电磁振荡组织的影响

增加电磁振荡频率，可细化枝晶，增加等轴晶数量，当频率过大，又会形成粗枝晶和等轴晶的混合组织。如图 4-13 所示，无电磁振荡时，AZ31 镁合金组织由粗大的枝晶组成，随着电磁振荡频率的增加，枝晶粗化减小，等轴晶数量增加；当振动频率为 250～2000 Hz 之间时，微观组织完全等轴晶化，并且频率在 2000～7500 Hz 之间时，平均晶粒值最小。进一步增加频率，形成粗枝晶和等轴晶的混合组织，平均晶粒尺寸再次增加。

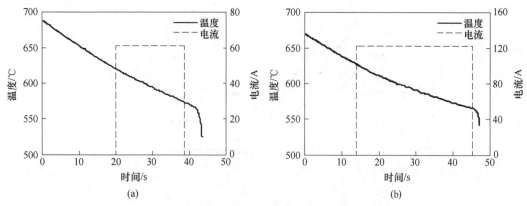

图 4-12　不同电流强度下热电偶测得的温度曲线[20]

(a) $J_e = 60$ A；(b) $J_e = 120$ A

200 μm

图 4-13　AZ31 镁合金微观组织照片随电磁振荡频率变化[18]

(a) 无电磁振荡；(b) 50 Hz；(c) 250 Hz；(d) 750 Hz；(e) 1000 Hz；(f) 5000 Hz

(对于非振荡试样磁场 0 T；振荡试样磁场 1.6 T，电流接近 60 A)

　　图 4-14 所示为采用定量金相方法测量了平均晶粒尺寸，无电磁振荡时平均晶粒尺寸几百微米，当施加电磁振荡频率为 50 Hz 时，平均晶粒尺寸减小至 100 μm 以下，频率继续增加至 2000 Hz，得到细化的晶粒组织。当频率增加至 5000 Hz，粗化结构再次出现，这表明电磁振荡频率高出了有效范围，不再具有组织细化作用。另外根据 $d_{max(0.8)}$ 和 $d_{min(0.2)}$ 的统计显示，当频率较低或较高时，如 50 Hz、5000 Hz，相比最佳细化频率(500~2000 Hz)，晶粒分布范围较大，即组织均匀性较差。

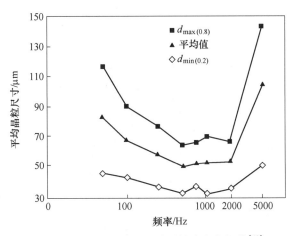

图 4-14 AZ31 晶粒尺寸随频率变化规律[18]

图 4-15 给出了 Al-17%Si 合金（质量分数）中初生硅颗粒的算术平均尺寸随电磁振荡频率的变化关系，变化规律与 AZ31 镁合金基本一致。根据目前的实验室研究报道，从微观组织、晶粒尺寸和晶粒数量统计上看，其他纯铝、纯镁、铝合金、灰口铸铁等频率的影响规律相似，电磁振荡都是有一个最佳的电磁振荡频率范围，过高和过低频率细化效果欠佳，只是不同金属或合金种类对应的最佳细化频率范围有所不同。

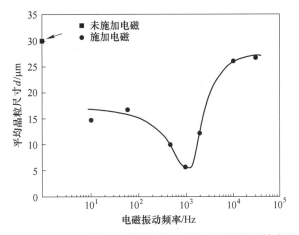

图 4-15 Al-17%Si 合金（质量分数）中初生硅颗粒的算术平均
尺寸随电磁振荡频率的变化关系[21]

对于大尺寸铸锭，受集肤效应影响，频率太高，电磁振荡作用难以到达样品的中心位置，而低频则可以达到细化晶粒的效果。铸锭在结晶和冷却过程中，表面会有冷纹和轻微的渗出，如图 4-16 (a) 所示，径向和轴向收缩受阻而产生的应力和应变往往会引起开裂现象发生（见图 4-17 (a)），这严重破坏了其组织的连续性。对低频半连续电磁振荡铸造研究发现，与传统的直接冷铸相比，一定强度的低频电磁振荡铸造可以显著改善表面质量（见图 4-16 (b)），降低热裂倾向（见图 4-17 (b)），生成更细、更均匀和等轴的微观组织，并随着交流和直流安匝数的增加而大大抑制宏观偏析和晶界偏析。需要注意的是，低频电磁振荡使用的磁场强度远小于 1 T，避免了强磁场对熔体的抑制对流作用，从而可以达到细化组织的效果。

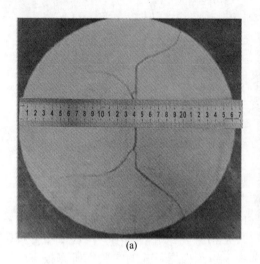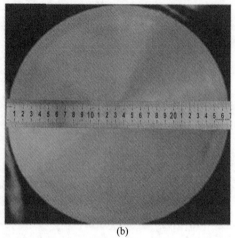

(a)　　　　　　　　　　　　(b)

图 4-16　铸锭表面形貌图[22]

（a）直接冷却铸锭表面；（b）低频电磁振荡铸锭表面

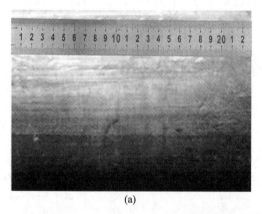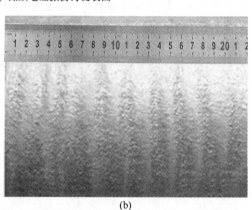

(a)　　　　　　　　　　　　(b)

图 4-17　铸锭表面形貌图[22]

（a）直接冷却铸锭；（b）低频电磁振荡铸锭

4.3.5　电磁振荡施加的时间对凝固组织的晶粒和取向的影响

从合金将至液相线温度附近施加振动时，可有效搅拌熔体以产生剧烈的流体流动，将促使生长的树枝状晶体被切碎，从而细化晶粒。当在糊状区施加电磁振荡时，此时已有固体初生相形成，而且电磁振荡的起始温度越低，固体分数越高，半固态熔体黏度越大，将导致流体流动越弱，这会导致直径破碎动力不足而产生粗大晶粒。

4.4　电磁振荡冶金技术装备

电磁振荡技术所需装备一般包括产生静磁场的永磁体或产生强磁场的超导磁体、产生交变磁场用的交流电源和交流线圈、连接交流电用的电极、加热炉及温控系统等。在结晶器的上部和外部各安装一个线圈,线圈可采用铜管,管外绝缘,管内通冷却水。其中结晶器上部铜管通入直流电流,并通过一个磁铁(软钢或硅钢)将直流磁场导入结晶器上部的熔体中;结晶器外部铜管通入交流电流,其产生的交流磁场与直流磁场相互作用,产生电磁振荡。该设备使用的交流磁场频率为 50 Hz,产生振荡的主频率是交流磁场的 2 倍,因此频率较低,贯穿能力有限,晶内固溶效果较差。东北大学崔建忠等人[23]提出了两种分别适用于较小铸锭尺寸和大尺寸铸锭的铝合金低频电磁振荡半连续铸造,如图 4-18 所示。对于小铸锭,交流线圈在水冷装置外部;而对于大铸锭,为了增强电磁振荡效果,减小磁场损失,提高磁场利用率,将交流线圈安装在结晶器冷却水箱内部,也可以采用涂覆有防水绝缘的实心线替代空心铜管作为交流线圈,这样可调整线间距,强化冷却,减小线圈体积,提高电流密度。

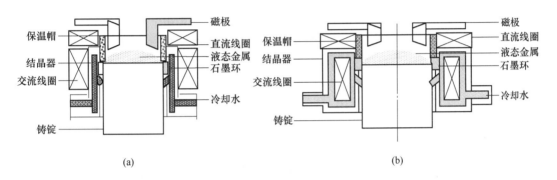

图 4-18 两种低频电磁振荡结构示意图
(a) 外置式;(b) 内置式

为了解更高的电磁振荡强度对不同合金的影响规律,很多研究者进行了实验室环境下强磁场中的电磁振荡研究。交流电一般通过铜棒导入合金熔体中,与合金相连的电极通常使用钼、钨或者石墨等。稳恒磁场由合金永磁材料或铁氧体永磁材料的永磁体产生,一般永磁铁(铝镍钴合金磁铁和铁氧体磁铁等)附近的磁感应强度为 $0.4 \sim 0.7$ T。稀土永磁铁(最常见的是钕磁铁、钐钴磁铁)可以产生超过 1.4 T 的磁场。当磁感应强度超过 2 T 时,即强磁场的产生须借由电磁铁磁体、超导磁体及兼有电磁铁磁体和超导磁体的混合磁体产生。大多电磁振荡实验用强磁场采用的是超导磁体。将加热系统放置于圆柱形超导磁体空腔内,其设备示意图如图 4-19(a)所示[20]。设备主要由超导强磁体、水冷套、试样架、外加电源、加热炉和温控系统组成。超导强磁体磁场中心的磁场强度在零至最大磁感应强度(一般 $10 \sim 14$ T)之间连续可调。为保证超导磁体的低温(约 4 K),在加热系统和磁场之间设置有水冷套。无论是永磁体还是超导磁体强磁场,磁场方向都是竖直方向,交变电流为水平方向。该套装置样品的冷却方式为随炉冷却。图 4-19(b)给出了一种通过水冷快速冷却的装置示意图。由图可知,样品的两侧设置了喷嘴可对样品进行喷水冷却。装置中的加热炉在施加电磁振荡及喷水冷却时撤出。电磁振荡装置中电极固定极为重要,电极固定不佳将会导致合金熔体的泄漏。对于强磁场下电磁振荡设备,还要注意固定好样品防止电磁振荡引起的机械振动波及到超导磁体。

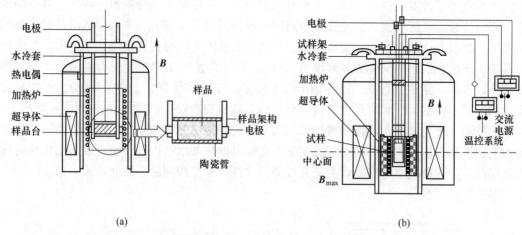

图4-19　两种不同交流电输入的强磁场电磁振荡设备示意图[20]
（a）电磁振荡实验用电磁场设备；（b）水冷快速冷却装置

4.5　电磁振荡冶金技术的应用

4.5.1　应用效果

通过调整电磁振荡参数，可以将电磁振荡技术应用于金属和合金的晶粒和组织细化、晶体取向及非晶态合金的制备中。

（1）组织细化。晶粒尺寸、形貌、成分分布等合金的组织结构决定了合金的性能。细晶、均质是提高金属材料性能的基本方向。晶粒细化可大幅提高材料的强度和塑性，同时改善断裂韧性和疲劳强度，因此细晶是改进材料性能的基本方法。理想的铸锭组织是铸锭整个截面上具有均匀、细小的等轴晶。

（2）调控晶体取向。对于具有磁晶各向异性的晶体，强磁场下的磁化力有使其易磁化轴沿磁场方向取向的作用，即晶粒的易磁化轴偏离磁场方向时产生转矩，使晶粒的易磁化轴转向磁场方向。而洛伦兹力引起流体流动使晶体发生运动、旋转，会破坏晶体取向，具有使晶体随机取向的作用。通过合理控制工艺流程和条件可以调控晶体取向从而改变材料的性能。

（3）有利于非晶态合金制备。根据学者对电磁振荡参数对组织细化的影响发现，电磁振荡频率由低变高，晶粒尺寸先减小后增加，因此，将电磁振荡用于细化组织时，所施加交变电流或交变磁场的频率不能太高也不能太低，较高频率的电磁振荡可使晶核数量减少，不利于组织细化。然而抑制团簇形成并减少晶体形核对非晶态合金的形成是有利的。另外，由于焦耳热效应，电磁振荡中交变电流的施加使凝固速率减小，磁场可以缓解焦耳热效应带来的凝固速率影响，理论上电磁振荡是有利于非晶态合金制备的，研究者们对Mg-Y-Cu和Fe-Co-Si-B-Nb等金属玻璃的制备研究也发现，通过电磁振荡可有效地增强Mg65-Cu25-Y10合金的玻璃形成能力，获得较大体积的金属玻璃。

（4）净化熔体。电磁振荡使铝合金中非金属夹杂物颗粒碰撞聚合，即通过施加电磁振荡铝合金中的细小非金属夹杂物可以聚合成较大尺寸且结合紧密的聚合团。调节电流、磁场和频率等电磁振荡参数可以控制非金属夹杂物颗粒聚合团的尺寸大小和聚合紧密度。因此利用电磁振荡使铝合金中的细小非金属夹杂物碰撞聚合成大尺寸颗粒，然后再进行去除的这种熔体净化方法具有相当大的可行性。

4.5.2　应用实例

4.5.2.1　应用实例一

在对施加了磁场或者电流的研究中发现，当没有电磁振荡或者电磁振荡强度较弱的情况下，合金或金属的微观组织会形成枝晶，如图 4-20（a）所示，这是因为熔体流动的速度和强度相对较弱，某些正在生长的晶体可能受流体切向力作用形成细小的碎片，成为新的晶核，但其数量有限，悬浮于熔体中的更是很少；当晶核开始生长时，溶质扩散边界逐步建立，在生长界面之前形成结构上过冷的区域。在所有液晶全部结晶之前，界面很容易失稳以形成枝晶。当电磁振荡强度增加，熔体与枝晶间相对运动增强，使更多的树枝状晶体分解成为更多的"晶核"。在此条件下，基本的树枝状骨架组织形成，如图 4-20（b）和（c）所示。然而，由于相邻晶体与增加的晶核直接接触，每个未完全生长的树枝状结构进一步发展变得困难，最终组织特点为较少的粗枝晶、较多的蔷薇树枝状晶，如图 4-20（d）所示。当电磁振荡强度进一步增加，熔体流动的速度和规模变得很大，因此从生长的晶体中可以产生出大量的晶核。在这种情况下，碎枝晶堆积得非常密集，以致相邻晶核的溶质扩散边界层可能会重叠，并阻碍其进一步发展为全枝晶，最终形成等轴晶组织，如图 4-20（f）所示。

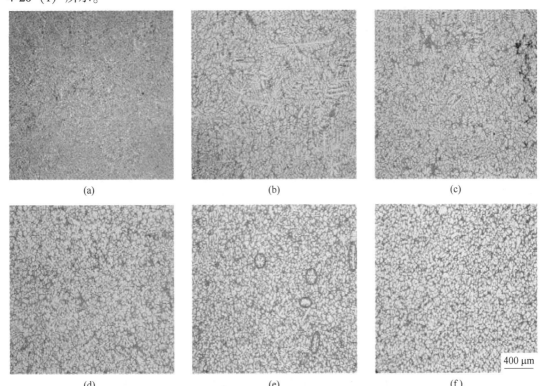

图 4-20　AZ91D 镁合金电磁振荡组织形貌随电磁振荡强度增加的演变[20]

（$J_e = 60$ A，$f = 900$ Hz）

（a）无电磁振荡铸锭；（b）$B_0 = 1$ T；（c）$B_0 = 2.5$ T；（d）$B_0 = 5$ T；（e）$B_0 = 7.5$ T；（f）$B_0 = 10$ T

4.5.2.2   应用实例二

1993 年，法国研究者维维斯（Vives）首先在半连铸结晶器外同时施加与重力矢量平行的稳恒磁场和交变磁场进行了 1085 铝合金与 2214 铝合金的电磁振荡实验，考察了电磁振荡与其他电磁场对铸锭宏观组织的影响，如图 4-21 所示。相于传统铸锭，只施加直流磁场，晶粒粗化明显；施加交变磁场，由于洛伦兹力的搅拌作用，1085 铝合金组织得到了明显细化，而电磁振荡的细化效果最显著。两种类型磁场同时存在时，洛伦兹力的振荡分量增加。这表明电磁振荡对于晶粒细化具有重要的作用，可用于结晶温度范围较小的金属（如纯铝），以及难以用其他物理方法进行晶粒细化的金属。

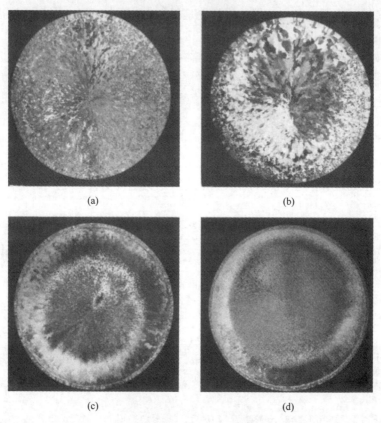

图 4-21   直径为 320 mm 的 1085 铝合金铸锭[24]
（a）传统铸造；（b）直流磁场 3 万安匝；（c）CREM，交变磁场 5600 安匝；
（d）电磁振荡，直流磁场 1 万安匝，交变磁场 5600 安匝

4.5.2.3   应用实例三

对于具有磁晶各向异性的晶体，强磁场下的磁化力有使其易磁化轴沿磁场方向取向的作用，即晶粒的易磁化轴偏离磁场方向时产生转矩，使晶粒的易磁化轴转向磁场方向。而洛伦兹力引起流体流动使晶体发生运动、旋转，会破坏晶体取向，具有使晶体随机取向的作用。图 4-22（a）显示了在 $J_e = 10$ A 时凝固的合金的 EBSD 图案，其中样品中心的织构高度取向于（0001）平面，而坩埚壁附近的织构是随机的。电流的进一步增加将相应地增加洛伦兹力，因此搅拌效果变得更加明显，这将导致随机取向，如图 4-22（b）所示。

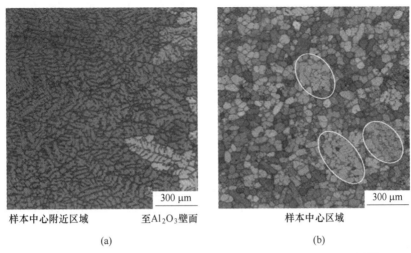

图 4-22 AZ91D 镁合金不同电流强度下的凝固组织的 EBSD 图案[20]

（a）J_e = 10 A；（b）增加电流，导致随机取向

晶体磁取向不仅取决于磁场强度，而且与晶粒大小有关，晶粒越大，其旋转阻力也越大，磁场中取向程度也越低，晶粒更易沿生长方向择优取向。晶体发生取向的一个必要条件是磁自由能大于热扰动能，见式（4-13）。

$$|\Delta U|V' > kT \tag{4-13}$$

式中，V' 为旋转晶粒或颗粒的体积，m^3；k 为玻耳兹曼常数，J/K；ΔU 为晶体取向前后磁自由能差，J，定义见式（4-14）和式（4-15）。

$$\Delta U = U_i - U_j \tag{4-14}$$

$$U_i = -\frac{\chi_i}{2\mu_0(1 + n\chi_i)} \boldsymbol{B}^2 \tag{4-15}$$

式中，i，j 为不同取向方向；n 为退磁因子。

当电磁振荡作用与强磁场的磁转矩作用同时存在时，这意味着无电磁振荡时可以发生取向的小晶粒由于电磁振荡扰动，而不发生取向。

有学者采用了半固态两步法电磁振荡制备 Nd-Cu 合金中取向的 $Nd_2Fe_{14}B$[25]。该方法是强磁场下的电磁振荡，首先施加低频（250 Hz）电磁振荡，将 $Nd_2Fe_{14}B$ 晶体细化，然后施加高频（1000 Hz）电磁振荡，$Nd_2Fe_{14}B$ 晶体的 c 轴平行于磁场方向取向，图 4-23 给出了取向过程。高频电磁振荡的关键是要使得 $Nd_2Fe_{14}B$ 固相与 $Nd_{70}Cu_{30}$ 共晶液相的相对运动位移在一个合适范围内，如果相对位移太小，$Nd_2Fe_{14}B$ 片状晶体只会发生纳米级的振动而无法旋转，反之，液体运动速度比固体大太多，相对位移过大，容易引起宏观流动形成旋涡。这种相对运动在某一合适值时，c 轴不平行于稳恒磁场的片状体会受到流动液体的拖曳力作用，从而使片状体旋转，使 c 面与洛伦兹力的方向平行，如图 4-23（b）所示。此时，$Nd_2Fe_{14}B$ 晶体受到来自周围液体的剪切力最小，在能量上是最稳定的。该方法有望代替常规的粉末冶金方法，成为更加简单的生产各向异性 $Nd_2Fe_{14}B$ 磁体及其他石墨烯增强金属基或聚合物基复合材料的新方法。

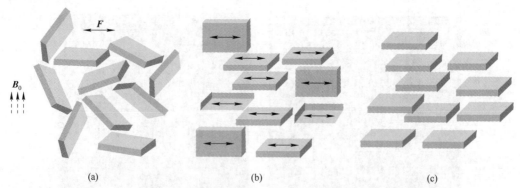

图 4-23 两步法电磁振荡制备取向 $Nd_2Fe_{14}B$ 晶体的原理示意图[25]

（a）低频电磁振荡细化后的 $Nd_2Fe_{14}B$ 片状晶体；（b）洛伦兹力使 $Nd_2Fe_{14}B$ 片状晶体旋转至其 c 平面与均恒磁场平行；
（c）对于 c 轴与 B_0 具有一定角度的 $Nd_2Fe_{14}B$ 片状晶体，磁化转矩使其与其 c 轴平行于 B_0，以使磁化能最小

4.5.2.4 应用实例四

研究者们将电磁振动应用到 Mg-Y-Cu 和 Fe-Co-Si-B-Nb 等金属玻璃的制备中，通过电磁振荡可有效地增强 Mg65-Cu25-Y10 合金的玻璃形成能力，获得较大体积的金属玻璃。采用电磁振荡技术制备非晶合金时主要调控的参数有电磁振荡强度（也称为电磁振荡力）、电流大小和频率、电磁振荡施加时间。

图 4-24 给出了电磁振荡强度对非晶形成的影响。在没有电磁振荡时，Mg65-Cu25-Y10 合金仅显示晶体结构；在 $B=0$ T 下的弱电磁振荡，合金既显示了晶体特征又显示出金属玻璃结构；在 B 为 5 T、10 T 下的强电磁振荡，合金全部为无晶体的金属玻璃结构。因此，随着电磁振荡力的增大，金属玻璃相更容易形成，可以说电磁振荡对提高 Mg65-Cu25-Y10 合金的表观玻璃化形成能力是有效的。在相同的冷却条件下，通过电磁振荡过程可以得到较大体积的金属玻璃。

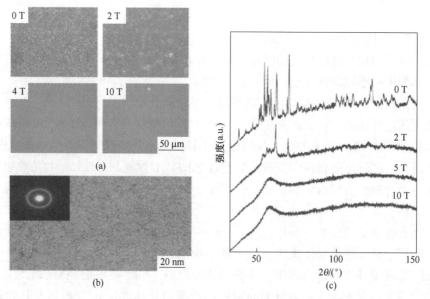

图 4-24 Mg65-Cu25-Y10 合金冷却过程中，不同电磁振荡强度下的光学显微形貌（a）、
10 T 磁场强度下 HRTEM 像（b）及 XRD 示意图（c）[26]

　　图 4-25 给出了不同电磁振荡力对非晶形成的影响规律。随着磁场的增大,即电磁振荡力的增大,晶体颗粒的体积减小,可计数的晶粒数迅速减少。尤其是在磁场为 10 T 的情况下,面积大于 0.50 μm² 的晶粒数量很少。因此,认为电磁振动力对晶体生长的作用不大,但是电磁振动力主要作用表现为晶核数的减少。

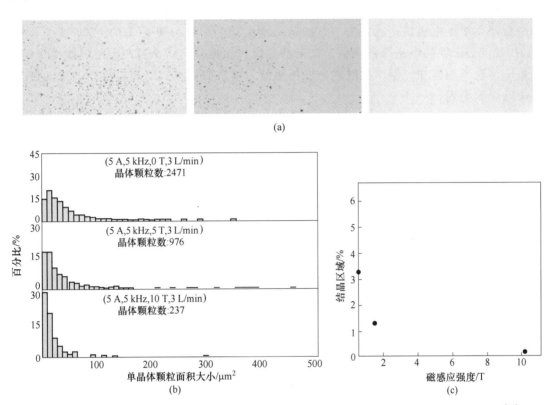

图 4-25　不同的电磁振荡力下 $(Fe_{0.6}Co_{0.4})_{72}$-Si_4-B_{20}-Nb_4 合金光学显微形貌及晶粒尺寸分布图[26]

(a) 金相组织图;(b) 尺寸分布;(c) 电磁振荡力对晶粒面积百分比的影响

(固定电流在 5 A,5 kHz)

　　图 4-26 给出了不同电磁振荡频率下的显微组织照片,当振荡频率为 5 kHz 时,Mg65-

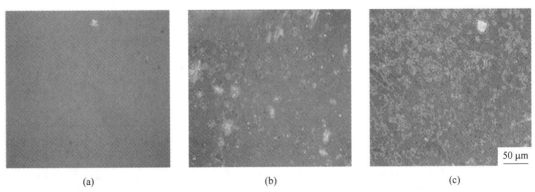

图 4-26　Mg65-Cu25-Y10 合金在不同电磁振荡频率下的显微组织照片[27]

(a) 5000 Hz;(b) 1000 Hz;(c) 500 Hz

Cu25-Y10 合金呈现出无晶体特征的金属玻璃结构，频率为 1 kHz 和 500 Hz 条件下的合金中存在大量的晶体颗粒，且 500 Hz 振荡下的合金晶粒比 1 kHz 下的合金晶粒更多。电磁振荡对合金的影响主要表现为晶体形核数的减少，合金的表面玻璃形成能力随着电磁振荡频率的增加而增加。但是受现有设备与技术限制，尚未研究 5 kHz 以上的频率对 Mg65-Cu25-Y10 晶体结构的影响。根据图 4-27 可知，频率为 10 kHz，凝固速率只稍高于无电磁振荡时的值。对振荡运动振幅的估算（见表 4-1）分析认为，在 1 kHz 和 5 kHz 处的电磁振荡幅值是微米的量级，该振幅会对金属产生宏观搅拌作用，导致冷却速率的增加。但高频时电磁振荡幅值为纳米的量级，宏观搅拌导致冷却速率增加的现象消失。

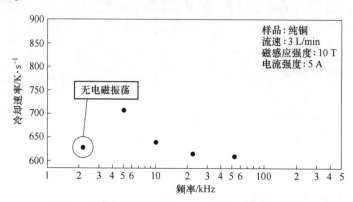

图 4-27　电磁振荡的频率对 Cu 冷却速率的影响[28]

表 4-1　电磁振荡频率对振荡运动振幅的影响[29]

频率/kHz	1	5	50	200
振幅/μm	140	5.6	0.056	0.0035

注：样品长度 7.8 mm、质量 0.20 g，有效正弦曲线电流为 5 A，稳恒磁感应强度为 10 T。

4.5.2.5　应用实例五

日本研究者川和悟（Kawai）等人[30]考察了无磁场无电流、无磁场+交流电、仅强磁场、强磁场+交流电的四种不同磁场与电流条件下的凝固冷却曲线（见图 4-28）。研究发现，对于 Sn-10%Pb 合金，仅施加交变电流并没有因焦耳热效应使 Sn-10%Pb 合金冷却速度变慢，而强磁场的施加可显著提高冷却速度。通过微观组织考察（见图 4-29），发现无电流施加的条件下，组织由粗大的树枝晶组成；只有交流电没有强磁场时，晶粒尺寸得到一定的细化；当强磁场和交流电同时施加，组织得到明显的细化。因为集肤层厚度 8.1 mm，远小于容器的长度（40 mm）和宽度（25 mm），而组织照片显示整个样品组织都得到了细化。

4.5.2.6　应用实例六

邵志文等人[31]研究了在铸造过程中施加低频电磁场和超声波作用于 AZ80 镁合金，单电磁场铸造（LFEC）、单超声波铸造（UC）、冷铸造（DC），电磁超声波铸造（LFEC+UC）获得的 AZ80 镁合金样品的微观结构如图 4-30 所示，镁合金样品的三个区域：边缘区域、1/2 半径区域（$R/2$）和中心区域都产生了晶粒细化的现象。这是由于电磁场和超

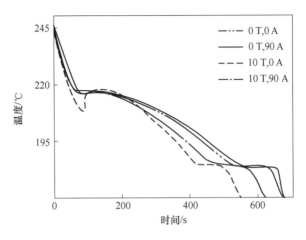

图 4-28　不同电磁场条件下 Sn-10%Pb 合金试样的冷却曲线[30]

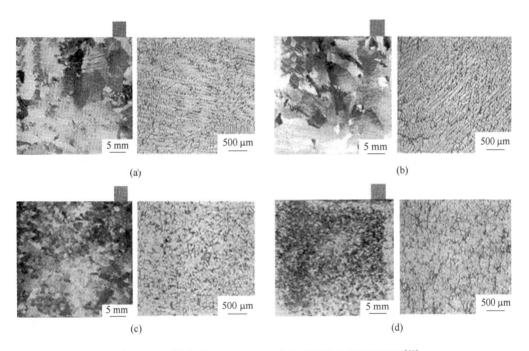

图 4-29　不同条件下 Sn-10%Pb 合金试样的宏观凝固组织[30]

（a）$B=0$ T，$I=0$ A；（b）$B=10$ T，$I=0$ A；（c）$B=0$ T，$I=90$ A；（d）$B=10$ T，$I=90$ A

声波的协同作用，液态金属凝固产生大量晶核，电磁力和超声波产生的冲击力使晶核均匀分布在液相表面，最终达到细化晶粒的目的。因此，可以看到中心区域的枝晶组织在单电磁场铸造后仍没有太大改变，而受单超声波铸造冲击力的作用，该区域的枝状组织变成了球状分布。另外，单场对样品边缘区域的晶粒细化作用不明显，而复合场的应用让这一现象得到很大改善。由于晶粒的细化，铸造后得到的样品从边缘区域到中心区域的抗拉强度和伸长率都有了不同程度的提升，具体结果如图 4-31 所示。

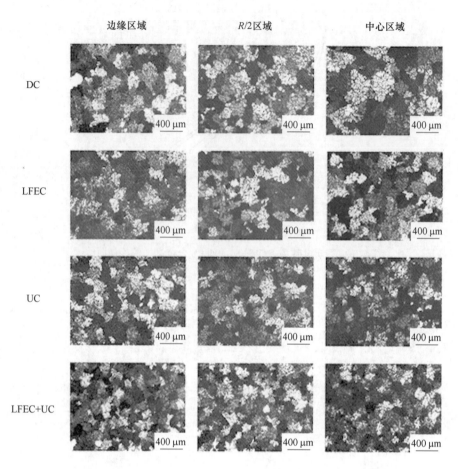

图 4-30 通过 DC、LFEC（30 Hz 80 A）、UC（1360 W）、
LFEC（30 Hz 80 A）+UC（1360 W）获得样品不同区域的微观结构[31]

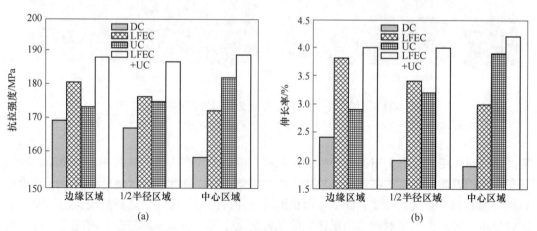

图 4-31 通过 DC、LFEC（30 Hz、80 A）、UC（1360 W）、
LFEC（30 Hz、80 A）+UC（1360 W）获得样品的力学性能[31]
（a）抗拉强度；（b）伸长率

4.6 电磁振荡冶金技术的优点和不足

相比于通过机械或超声等传统方式向熔体中引入振荡的方法，使用电磁振荡改善金属凝固组织具有以下优点：

（1）设备简单，操作方便，可实施性强。

（2）振荡强度在整个熔体范围内是均匀分布的，因而易于获得均匀一致的凝固组织。

（3）在合金的整个体积内不会发生衰减，因为电流流过导体时不会下降。

电磁振荡冶金技术存在的不足如下：

（1）非电磁超声波的电磁振荡技术易污染金属液。由于交流电流的施加需要在合金熔体内插入通电电极，易造成熔体污染。而电磁超声波技术则需要超导强磁体提供强磁场，超声波振荡强度衰减较快，作用范围有限；试样尺寸受到超导强磁体内部均匀区的限制。

（2）对通电电极的要求高。高温的金属液环境对电极的耐热性要求较高。

（3）实施难度大。实际生产过程中实施较为困难，主要用于实验室范围内的小尺寸铸锭凝固。

参 考 文 献

[1] RADJAI A, MIWA K. Effects of the intensity and frequency of electromagnetic vibrations on the microstructural refinement of hypoeutectic Al-Si alloys [J]. Metall. Mater. Trans. A Phys. Metall. Mater. Sci., 2000, 31 (3): 755-762.

[2] RADJAI A, MIWA K, NISHIO T. An investigation of the effects caused by electromagnetic vibrations in a hypereutectic Al-Si alloy melt [J]. Metall. Mater. Trans. A Phys. Metall. Mater. Sci., 1998, 29 (5): 1477-1484.

[3] LI M J, TAMURA T. Crystalline orientation control of the platelet $Nd_2Fe_{14}B$ phase to produce magnetic anisotropy via electromagnetic vibration processing [J]. Sci. Rep., 2019, 9: 5733.

[4] LI M J, TAKUYA T, NAOKI O, et al. Effect of vibration timing on the microstructure and microtexttture formation of $AZ_{91}D$ magnesium alloys during electromagnetic vibration [J]. Mater. Trans., 2009, 50 (8): 2015-2020.

[5] TAKUYA T, KENJI A, RUDI S R, et al. Electromagnetic vibration process for producing bulk metallic glasses [J]. Nat. Mater., 2005, 4 (4): 289-292.

[6] TAMURA T, KAMIKIHARA T, LI M. Production of Fe based bulk metallic glasses using electromagnetic vibrations [J]. Int. J. Cast. Metal. Res., 2008, 21 (1/2/3/4): 86-89.

[7] HAN Y C, LI Q L, LIU W, et al. Effect of electromagnetic vibration on the agglomeration behavior of primary silicon in hypereutectic Al-Si alloy [J]. Metall. Mater. Trans. A Phys. Metall. Mater. Sci., 2012, 43A (5): 1400-1404.

[8] KAWASHIMA K, NAKAMORI Y, MUROTA S, et al. On-line non-destructive measurement of solidification shell thickness of continuous casting steel slabs [J]. Tetsu to Hagane, 1981, 67 (7): 1515-1522.

[9] YOSHIDA T, ATSUMI T, OHASHI W, et al. On-line measurement of solidification shell thickness and estlmation of crater-end shape of CC-slabs by electromagnetic ultrasonic method [J]. Tetsu to Hagane, 1984, 70 (9): 1123-1130.

[10] IWAI K, ASAI S, WANG Q. Generation of compression waves in a liquid metal using an electromagnetic field [J]. CAMP-ISIJ, 1999, 12（1）：45-48.

[11] AMANO S, IWAI K, ASAI S. Non-contact generation of compression waves in a liquid metal by imposing a high frequency electromagnetic field [J]. ISIJ Int. , 1997, 37（10）：962-960.

[12] WANG Q, KAWAI S, IWAI K, et al. Generation of compression waves in a liquid metal by simultaneous imposition of static magnetic field and high frequency electric current [J]. CAMP-ISIJ, 2000, 13（1）：275-280.

[13] WANG Q, MOMIYAMA T, IWAI K, et al. Generation of compression waves in a molten metal by simultaneous imposition of static and alternating magnetic fields [J]. CAMP-ISIJ, 1999, 12（4）：850.

[14] WANG Q, HE J C, KAWAI S, et al. Direct generation of intense compression waves in molten metals by using a high static magnetic field and their application [J]. J. Mater. Sci. Technol. , 2003, 19（1）：5-9.

[15] WANG Q, MOMIYAMA T, IWAI K, et al. Non-contact generation of intense compression waves in a molten metal by using a high magnetic field [J]. Mater. Trans. , 2000, 41（8）：1034-1039.

[16] WANG Q, IWAI K, ASAI S. Control of intensity and distribution of compression waves excited by alternating electromagnetic force [J]. Tetsu-to-Hagane, 2001, 87（8）：521-528.

[17] VIVES C. Effects of forced electromagnetic vibrations during the solidification of aluminum alloys：Part I. Solidification in the Presence of Crossed Alternating Electric Fields and Stationary Magnetic Fields [J]. Metall. Mater. Trans. B Phys. Metall. Mater. Sci. , 1996, 27（3）：445-455.

[18] LI M, TAMURA T, MIWA K. Controlling microstructures of AZ31 magnesium alloys by an electromagnetic vibration technique during solidification：From experimental observation to theoretical understanding [J]. Acta Mater. , 2007, 55（14）：4635-4643.

[19] 王强, 赫冀成. 强磁场材料科学 [M]. 北京：科学出版社, 2014.

[20] LI M J, TAMURA T, OMURA N, et al. Effects of magnetic field and electric current on the solidification of AZ91D magnesium alloys using an electromagnetic vibration technique [J]. J. Alloys Compd. , 2009, 487（1/2）：187-193.

[21] MIZUTANI Y, KAWAI S, MIWA K, et al. Effect of the intensity and frequency of electromagnetic vibrations on refinement of primary silicon in Al-17% Si alloy [J]. Mater. Trans. , 2004, 45（6）：1939-1943.

[22] DONG J, CUI J Z, ZENG X Q, et al. Effect of low-frequency electromagnetic vibration on cast-ability, microstructure and segregation of large-scale DC ingots of a high-alloyed Al [J]. Mater. Trans. , 2005, 46（1）：94-99.

[23] 崔建忠, 张勤, 秦克. 铝合金低频电磁振荡半连续铸造晶粒细化方法及装置：中国, CN1425519A [P]. 2003-06-25.

[24] VIVES C. Effects of electromagnetic vibrations on the microstructure of continuously cast aluminium alloys [J]. Mater. Sci. Eng. A, 2003, 173（1/2）：169-172.

[25] LI M J, TAMURA T. Segmentation and alignment of $Nd_2Fe_{14}B$ platelets in Nd-Cu eutectic alloys using the electromagnetic vibration technique [J]. Metall. Mater. Trans. A Phys. Metall. Mater. Sci. , 2020, 51（6）：2939-2956.

[26] TAMURA T, AMIYA K, RACHMAT R S, et al. Electromagnetic vibration process for producing bulk metallic glasses [J]. Nat. Mater. , 2005, 4（4）：289-292.

[27] TAKUYA T, RUDI S R, YOSHIKI M, et al. Effects of the intensity and frequency of electromagnetic vibrations on glass-forming ability in Mg-Cu-Y bulk metallic glasses [J]. Mater. Trans. , 2005, 46（8）：1918-1922.

［28］ TAKUYA T, DAISUKE K, NAOKI O, et al. Effect of frequency of electromagnetic vibrations on glass-forming ability in Fe-Co-B-Si-Nb bulk metallic glasses ［J］. Rev. Adv. Mater. Sci. , 2008, 18（1）: 10-13.

［29］ TAMURA T, DAISUKE K, MIZUTANI Y, et al. Effects of electromagnetic vibrations on glass-forming ability in Fe-Co-B-Si-Nb bulk metallic glasses ［J］. Mater. Trans. , 2006, 47（5）: 1360-1364.

［30］ KAWAI S, WANG Q, IWAI K, et al. Generation of compression waves by simultaneously imposing a static magnetic field and a refinement of solidified structure ［J］. Mater. Trans. , 2001, 42（2）: 275-280.

［31］ SHAO Z W, LE Q C, ZHANG Z Q, et al. A new method of semi-continuous casting of AZ80 Mg alloy billets by a combination of electromagnetic and ultrasonic fields ［J］. Mater. Des. , 2011, 32（8/9） 4216-4224.

5 脉冲磁场铸造技术

5.1 概述

脉冲磁场铸造（pulsed magnetic field casting, PMFC）技术是借助于脉冲磁场在金属熔体中的热学效应和力学效应，对热传递、质量传递和对流等施加作用，以便有效地控制凝固过程的形核、晶体生长、元素偏析和第二相分布，改善材料组织结构和力学性能的新型铸造技术。该技术具有能耗较低、无接触等优越性，并且效果显著，被认为是 21 世纪电磁冶金技术发展的重要方向之一。

金属材料的组织细化和均质化是提高其力学性能和加工性能的重要手段，一直是金属材料制备过程追求的目标和研究的重要课题之一。由于金属材料制备过程中经历凝固，凝固组织和成分分布对于材料的性能具有重大的影响，不仅直接决定了铸态部件的性能，并且影响到后期变形加工性能。因此，凝固过程控制成为实现金属材料组织细化和均质化的一个关键。在众多控制凝固过程的方法中，脉冲磁场控制凝固受到人们的极大关注，逐步发展成为一种新型金属材料凝固组织细化和均质化的方法。

20 世纪 90 年代初，凝固界的著名学者弗莱明斯（Flemings）等人[1]发现脉冲电流可细化 Sn-15%Pb 合金的凝固组织。随后，美国北卡罗来纳州立大学康莱德（Conrad）等人在 Sn-40%Pb 和 Sn-37%Pb 合金中的凝固过程中施加脉冲电流，也发现同样的现象。在之后的 20 年，中国学者关于脉冲电流对金属凝固过程和组织影响的研究在该领域占据了主导地位。在凝固过程中施加脉冲电流可以细化锌合金、镁合金、纯铝及钢等不同种类金属的凝固组织。

为了克服脉冲电流施加困难等问题，人们开展了脉冲磁场控制凝固的研究。脉冲磁场对于金属熔体无直接物理接触，对金属熔体无污染，且其大小、施加次数、施加时刻等都易于控制。研究表明，脉冲磁场作用于金属凝固过程可有效地细化凝固组织，与脉冲电流相比细化效果更显著。目前，研究较多的是利用高压脉冲磁场。国内东北大学[2]研究了脉冲磁场对 LY12 铝合金凝固组织细化的影响，脉冲磁场作用使铝合金的凝固组织从粗大的树枝晶细化为等轴晶，且磁场越强，细化效果越显著，细化效果优于脉冲电流处理。上海大学[3-7]研究了脉冲磁场对纯铝、钢的模铸和连铸凝固过程的影响，凝固组织均得到了细化，提高了纯铝和钢的等轴晶率，并降低了钢的中心疏松和中心缩孔问题。如脉冲磁场施加在 AM2 锚链方坯连铸过程中，有效提高铸坯等轴晶率的同时，还显著减轻铸坯的中心偏析，铸坯中心平均碳偏析指数从未处理的 1.38 下降至 1.02。在国外，日本新日铁和乌克兰中型铸造公司研究了脉冲磁场对钢连铸的影响，发现脉冲磁场作用可改变弯月面的形状，减轻铸坯的中心偏析和改善表面质量。

为便于脉冲磁场在实际中应用，中国科学院金属研究所开展了低压脉冲磁场控制凝固的研究，低压脉冲磁场穿透熔体性强，可制备较大尺寸铸锭，由于电压较低，易于工业化应用。研究发现磁场电压在低于 300 V 范围内，即可产生显著的组织细化效果。如 100 ~ 200 V 的低压脉冲磁场作用使 AZ91D 和 AZ31 镁合金的凝固晶粒细化至 100 μm 左右，晶粒形貌也由树枝晶转变为蔷薇状或球状晶[8-9]。进一步的研究表明，低压脉冲磁场对镍基高温合金[10-11]和钢铁材料[12]的凝固组织也具有显著细化作用，如 K417 和 IN718 高温合金的凝固组织由粗大的柱状晶转化为细小的等轴晶，晶粒尺寸可细化至 40 μm。

近年来，人们对脉冲磁场在镁合金[13-14]和铝合金[15-16]的半连续铸造、铜及铜合金[17-18]、复合材料[19-20]制备过程的影响也开展了大量的研究，展示出很好的应用前景。

针对我国有色金属工业、钢铁工业、铸造行业的现状，在 20 余年对脉冲磁场凝固研究的基础上开发出多种脉冲细晶磁场铸造技术，包括低压脉冲磁场技术（low voltage pulsed magnetic field，LVPMF）、脉冲磁致振荡技术（pulse magneto oscillation，PMO）和脉冲磁场技术（pulsed magnetic fields，PMF）等。目前正在大力推广已经成熟技术的工业应用，进行实验室实验及小型工业化实验装置的开发与研制，主要集中在以下 3 个方面：（1）镁、铝、铜等有色金属材料细晶铸件及细晶半连续铸锭制备；（2）钢铁材料的均质细晶连铸坯制备；（3）高温合金或钢铁精密复杂细晶铸件制备。

本章首先介绍了脉冲磁场铸造技术的原理，其次介绍了镁合金脉冲磁场铸造技术、钢脉冲磁场铸造技术，高温合金脉冲磁场铸造技术，铝合金、铜合金及复合材料脉冲磁场铸造技术等的工艺、装备、应用及它们的优点和不足。

5.2 脉冲磁场铸造技术原理

5.2.1 脉冲磁场发生原理及其作用于铸造过程与熔体的交互作用

脉冲磁场发生系统是使间歇式脉冲电流通过感应线圈，将电能转换为磁能。脉冲磁场发生系统可分为三个部分，即充电回路部分、放电回路部分和控制部分，等效电路如图 5-1 所示。

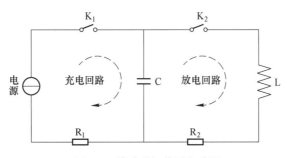

图 5-1 脉冲磁场装置电路图

充电回路主要完成电源对电容的充电过程，即 RC 充电回路，其中 C 为电容，R 为电路中的限流电阻 R_1。充电电源为升压整流后的恒流电源，充电时 K_1 开路，K_2 闭路。保证只充电不放电。RC 充电回路的时间常数为 R 与 C 的乘积，时间常数越大，充电时间越慢，时间常数越小，充电时间越快。

当充电结束，电容器存储的能量可用下式计算

$$E' = \frac{1}{2}CU^2 \tag{5-1}$$

式中，E' 为电容器存储的能量，J；C 为电容器的容量，F；U 为电容器的充电电压，V。

放电回路为充电完毕的电容对感应线圈放电过程，即 RLC 放电回路，其中 L 为线圈电感值，R 为放电回路中的等效电阻 R_2。放电时开关 K_1 闭路，K_2 开路。

控制电路中的充放电时序由开关 K_1 和 K_2 进行精确控制，确保充电完毕后立刻放电。放电后在回路 2 中有一段电流为零的间歇时间，在一个完整周期结束后，进入下一次的充放电。开关 K_1 和 K_2 均是由小电流控制大电流的触发开关组成。其控制信号均由可编程控制器给出，可实现脉冲励磁电压和励磁频率的精确调控。

在金属材料铸造过程中施加脉冲磁场后，脉冲磁场与金属熔体产生磁-电-力交互作用。在脉冲磁场作用下，熔体中会产生感生电流，感生电流和外加脉冲磁场相互作用就会产生周期变化的脉冲电磁力。在脉冲磁场励磁电流上升期，熔体内产生感生电流阻碍磁场强度的增加，此时电磁力方向由熔体边部沿径向指向心部。而在脉冲磁场励磁电流下降期，电磁力方向反之，其受力如图 5-2 所示。金属熔体受到的压-拉周期变化脉冲电磁力，以及熔体内感生电流与其自身产生磁场的箍缩效应，在凝固过程中会引起熔体电磁振荡和电磁强制对流，从而影响金属凝固过程中的热传递和质量传递，进而改变凝固组织和成分分布。深入了解脉冲磁场凝固过程中的熔体受力、流动和传热规律，不仅能够解释凝固组织和成分分布变化的原因，而且能够根据这些规律对铸件凝固过程的组织和成分偏析进行控制。

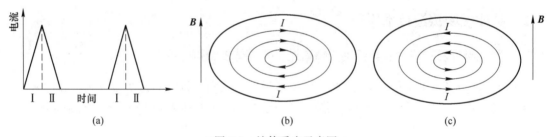

图 5-2　熔体受力示意图

Ⅰ—励磁电流上升期；Ⅱ—励磁电流下降期

(a) 线圈中的脉冲电流；(b) 第一阶段的感应涡流；(c) 第二阶段的感应涡流

脉冲磁场与熔体的交互作用十分复杂，难以直接观察。但可以利用数值模拟来对熔体的受力、电磁振荡、电磁流动及传热进行描述，下面以高温合金熔体为例进行阐述。

采用 ANSYS 商用有限元软件，在给定边界和初始条件下，对麦克斯韦方程组、欧姆定律、连续性方程和动量方程进行综合求解，模拟计算圆柱形熔体中的电磁力。计算结果表明，电磁力具有脉冲和间歇特性。由图 5-3 可知，在脉冲磁场励磁电流上升期，电磁力方向由熔体边部沿径向指向芯部且随电流上升而增大；在脉冲磁场励磁电流下降期，电磁力作用方向发生改变，由熔体芯部沿径向指向边部并逐渐减小；在脉冲间歇期，电磁力接近于零。随脉冲磁场的连续施加，电磁力大小和方向呈现周期性的变化。

脉冲磁场作用于熔体产生的感生电流与磁场交互作用形成周期性变化的电磁力，熔体在周期性脉冲变化的电磁力和感生电流的箍缩效应作用下产生电磁振荡，如图 5-4 (a) 和 (b) 所示。在实验中观察到了熔体上液面由于电磁振荡产生的液面振荡现象，如图 5-4 (c) 所示。

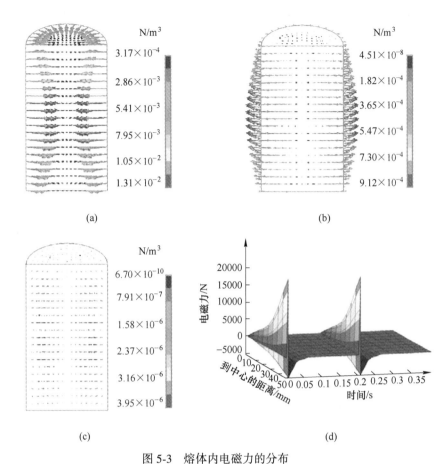

图 5-3 熔体内电磁力的分布

（a）峰值时刻；（b）下降期中点时刻；（c）间歇期中点时刻；（d）电磁力的时空分布（负号代表方向）

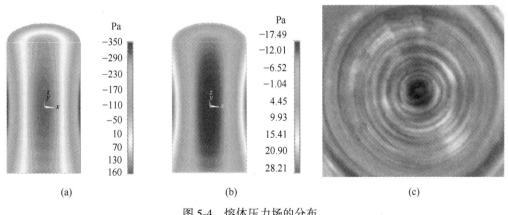

图 5-4 熔体压力场的分布

（a）上升期；（b）下降期；（c）脉冲磁场下水银液面波动

脉冲磁场铸造过程中，熔体由于受到电磁力作用，产生强制对流，如图 5-5 所示。熔体中沿轴线形成了上、下两个环流，同一个周期内，熔体平均速度先增大后减小。因此，脉冲磁场下熔体速度的周期波动是脉冲磁场对流的主要特征之一。脉冲磁场电压影响熔体流动速度，随脉冲磁场电压升高，熔体流速增大。

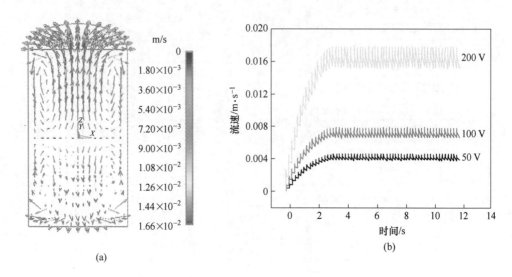

(a)　　　　　　　　　　　　　　(b)

图 5-5　熔体内的流场分布

（a）峰值时刻；（b）不同电压下熔体流速随时间变化

脉冲磁场作用于熔体因感生电流产生焦耳热，焦耳热由熔体边缘向芯部逐渐减少，呈梯度分布，呈现出集肤效应，如图 5-6 所示。

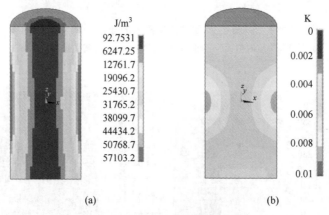

(a)　　　　　　　　　　(b)

图 5-6　脉冲磁场的焦耳热效应

（a）脉冲峰值时刻焦耳热分布；（b）焦耳热引起熔体温度升高

脉冲磁场引起的熔体流动会影响温度场的分布，使边部低温熔体向中心流动，中心高温熔体向上下部流动，促进了合金熔体凝固过程中温度均匀化，使熔体沿径向和纵向温度梯度减小。

5.2.2　脉冲磁场铸造机理

对于脉冲磁场铸造机理，现有的解释主要是由于脉冲磁场引起熔体对流和振荡影响形核，从而细化凝固组织。脉冲磁场的电磁振荡促进自由液面、铸型壁优先形核处晶核的脱落，晶核脱落后这些部位继续形核，成为"晶核源"。电磁对流促进熔体温度均匀，降低熔体温度梯度，增加游离晶核的存活概率，使熔体中有效形核数量增加，从而细化了凝固组织。

通过液态阶段、凝固初期、凝固后期，以及整个凝固阶段施加脉冲磁场的实验（见图 5-7）验证了脉冲细化主要发生在凝固形核阶段。实验结果表明，在凝固初期，施加脉冲磁场后合金的凝固组织得到了显著细化，与在整个凝固阶段施加脉冲磁场的细化效果一致（见图 5-8），表明脉冲磁场的细化主要在于凝固初期对形核的促进作用[21]。

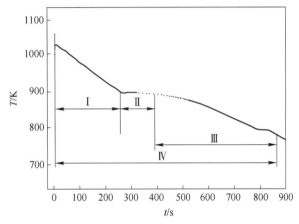

图 5-7　Al-5%Cu 合金（质量分数）不同凝固阶段施加脉冲磁场示意图
I—液态阶段施加；II—凝固初期施加；III—凝固后期施加；IV—整个凝固阶段施加

图 5-8　Al-5%Cu 合金（质量分数）脉冲磁场凝固组织
（a）未施加脉冲磁场；（b）液态阶段施加；（c）凝固初期施加；
（d）凝固后期施加；（e）整个凝固阶段施加

筛网实验验证了脉冲磁场晶核增殖主要为模壁晶核游离[8]，如图 5-9 所示。与未施加脉冲磁场筛网凝固实验相比，施加脉冲磁场后，筛网外部分布数量更多的细小等轴晶。这个结果一方面证实了筛网外部晶粒最细小，模壁晶核游离是脉冲磁场晶核增殖主要原因，另一方面也间接证明筛网阻碍作用，外部游离晶核无法进入筛网内部促进形核，流动是促进整体细化的主要原因。

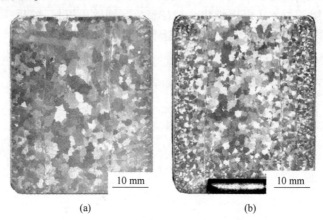

(a)   (b)

图 5-9   脉冲磁场作用下 AZ80 镁合金在筛网内外的凝固组织
(a) 未施加脉冲磁场；(b) 施加脉冲磁场

除了晶核增殖模型外，人们也提出了异质形核机制、枝晶断裂机制、结晶雨、枝晶球化机制等来解释脉冲磁场的作用机理。但由于脉冲磁场瞬时和高能的特点，加之金属熔体高温和不透明的特点，使其物理模型的建立、数值计算及实验测定都有很大的难度，脉冲磁场铸造技术的机理目前还没有统一的认识，仍需要物理、冶金、材料领域的学者，以及实验技术人员的协同工作，需要理论研究和实验研究的相互印证，需要数值模拟和实验模拟的相互支撑。

5.3   镁合金脉冲磁场铸造技术

5.3.1   镁合金脉冲磁场模铸铸造技术

镁合金脉冲磁场模铸铸造技术是利用脉冲磁场细化镁合金铸件或铸锭凝固组织的新技术，将应用于金属模、砂模、石墨模、熔模等有模铸造统称为镁合金脉冲磁场模铸铸造技术。镁合金作为最轻的金属结构材料，具有较高的比强度、比刚度和良好的导热、减震、电磁屏蔽等性能，对于节能减重具有独特的优势，在交通工具、电子通信、民用家电、航空航天和国防军工等领域具有极其重要的应用价值。但镁合金属于密排六方结构，在常规铸造条件下，镁合金凝固组织枝晶发达、晶粒粗大、强度低、塑性变形能力差，限制了镁合金的大规模应用。因此，提高镁合金的强度及塑性成为研究的重点。采用脉冲电磁场控制凝固过程，可有效细化镁及镁合金的凝固组织，对于提高镁合金强度和塑性具有重要意义[7]。

5.3.1.1   镁合金脉冲磁场模铸铸造技术工艺

镁合金脉冲磁场模铸铸造工艺流程与常规镁合金模铸铸造工艺流程相似，均经过合金熔炼、浇注、充型、凝固、后处理。两者的区别在于，前者在铸型外侧安装脉冲磁场作用器。通过在脉冲磁场作用器内施加一定电压和频率的脉冲电流，在铸型范围内会产生一定强度和频率的脉冲磁场，使熔体在脉冲磁场作用下凝固，从而对合金的组织和成分分布产生影响。

铸件或铸锭的铸型一般可采用金属模、砂模、石墨模、熔模等。铸件或铸锭与脉冲磁场作用器的距离越近，脉冲磁场磁能利用率越高。在采用金属模时，铸型材料选用不锈钢等无磁性材料最佳，可减少磁屏蔽效应带来的脉冲磁场强度消减。

影响镁合金脉冲磁场模铸铸造作用效果的主要因素有：

（1）脉冲磁场的强度。脉冲磁场发生器和脉冲磁场作用器决定了脉冲磁场的峰值强度，一般范围在 $0.05\sim0.4$ T。

（2）脉冲磁场的频率。根据控制程度可调，频率一般 $1\sim50$ Hz。

（3）电磁作用区域内磁场是否均匀。

（4）脉冲磁场参数与凝固热参数是否匹配。

其中因素（1）～（3）取决于脉冲磁场的参数及作用器结构设计，而因素（4）则取决于脉冲磁场与镁合金铸造工艺的匹配是否合理。

5.3.1.2 镁合金脉冲磁场模铸铸造技术装备

脉冲磁场铸造装备主要包括镁合金熔炼炉、气体保护装置、浇注系统、铸型和脉冲磁场凝固装置。镁合金熔炼炉的作用为冶炼合金或重熔合金铸锭，获得满足目标成分的合金熔体，一般采用电阻加热炉，坩埚采用钢铁材料。气体保护装置为镁合金冶炼或重熔时提供保护气氛，常用 SF_6+CO_2 混合气体、纯氩气或纯氮气。浇注系统包括导流系统和铸件浇道及冒口等。导流系统的作用是将镁熔体从熔炼炉内转运至铸型中，根据铸造装置不同可采用流量泵、溜槽等转运。浇道及冒口可根据具体铸件设计。铸型根据铸件需要可采用金属模、砂模、石墨模、熔模等，采用金属模时，一般要进行预热，预热温度根据实际铸型调整，一般为 $150\sim400$ ℃。脉冲磁场凝固装置为脉冲磁场铸造装备的核心装置，主要是在脉冲磁场作用器内产生随时间变化的脉冲电流，在作用器内部激发脉冲磁场，从而使放置于铸型中的熔体在脉冲磁场的作用下凝固。

脉冲磁场凝固装置如图 5-10 所示，主要由脉冲磁场发生器、脉冲磁场作用器、水冷

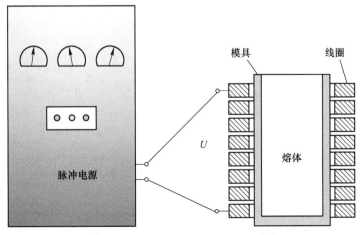

图 5-10 脉冲磁场凝固装置示意图[14]

系统组成。脉冲磁场发生器为脉冲电流发生装置，采用充放电模式，分为三个部分，即充电回路、放电回路和控制部分。充电回路、放电回路分别与控制部分相连，在电磁线圈内产生脉冲电流，通过可编程控制器实现脉冲励磁电压和励磁频率的精确调控。脉冲磁场作用器采用多匝的矩形沙包铜导线或镀膜紫铜管绕制而成，并采用水冷的方式降低线圈工作时的温度。为保证较高的脉冲磁场作用效率，一般要求脉冲磁场作用器与铸件之间的距离足够小。根据铸件形状和尺寸不同，脉冲磁场作用器可设计为环绕式和单侧式等，如图 5-11 所示。将两个或两个以上脉冲磁场作用器组合在一起，施加具有一定位向关系的脉冲磁场，可获得异相脉冲磁场作用器[14]，如图 5-12 所示。

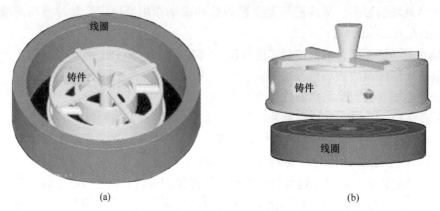

(a)   (b)

图 5-11   脉冲磁场作用器示意图
（a）环绕式；（b）单侧式

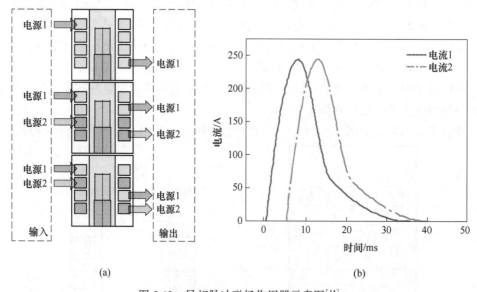

(a)   (b)

图 5-12   异相脉冲磁场作用器示意图[14]
（a）单脉冲场和异相脉冲磁场示意图；（b）不同初始相位脉冲磁场

5.3.1.3   镁合金脉冲磁场模铸铸造技术应用

目前，镁合金脉冲磁场模铸铸造技术已在 AZ、AM、AS、ZA 和稀土镁合金等多系镁合金中应用。实践证明，采用镁合金脉冲磁场模铸铸造，合金凝固组织均得到了显著细化，可获得晶粒细小均匀的镁合金凝固组织。在组织细化的同时，合金的枝晶形貌也发生显著变化，施加脉冲磁场后 α-Mg 枝晶转变为蔷薇状，枝晶明显退化。除此之外，合金元素的宏观偏析程度也有降低。

A 应用效果

应用效果如下：

（1）组织细化。常规铸造条件下，镁合金凝固组织枝晶发达，晶粒粗大。采用脉冲磁场模铸铸造技术，合金组织得到显著细化，晶粒尺寸可细化至 100 μm 以下。

（2）组织均匀化。常规铸造条件下，铸件或铸锭边部和芯部晶粒尺寸和形貌差别大。采用脉冲磁场模铸铸造技术，铸件或铸锭边部和芯部晶粒尺寸和形貌一致，均为细小等轴晶组织，组织均匀性显著提高。

（3）元素分布均匀。采用脉冲磁场模铸铸造技术可以促进合金元素分布均匀。

B 应用实例

a 应用实例一

镁合金脉冲磁场模铸铸造技术对 AZ91D、AZ31、AM60、AZ80、AS31 和 Mg-Gd-Y-Zr 等不同镁合金均有显著细化效果，组织及晶粒尺寸的影响结果见表 5-1[8]。在晶粒细化的同时，合金组织均匀性也得到大幅提高，如图 5-13 所示[8]。

表 5-1 合金晶粒细化统计结果[8]

合 金	晶粒尺寸/μm	
	未施加脉冲磁场	施加脉冲磁场
AZ91D	424	104
AZ31	1400	107
AM60	628	143
AZ80	2200	215
AS31	1116	217
Mg-Gd-Y-Zr	65	37

b 应用实例二

脉冲磁场的电压和频率等参数对镁合金的凝固组织有重要的影响。随脉冲电压和脉冲频率增加，AZ31 和 AZ91D 合金的晶粒尺寸均呈现先减小后增大趋势，存在最优值。在优化的参数下，晶粒尺寸达到最小值，组织均匀，如图 5-14 所示[9]。

c 应用实例三

脉冲磁场铸造对合金元素的宏观偏析有着重要的影响，施加 200 V、5 Hz 脉冲磁场后，AZ31 合金铝、锌、锰元素的宏观偏析均有所减轻，如图 5-15 所示。施加脉冲磁场后，脉冲磁场凝固促进了 CET 转变，提高等轴晶率和细化晶粒尺寸，减轻了宏观偏析。同时脉冲磁场电磁对流效应和电磁振荡，促进边部优先形核晶核或碎段的枝晶进入熔体内部，也有利于减轻宏观偏析。

图 5-13   施加脉冲磁场前后铸造态纯镁和 AZ31 镁合金的宏观组织[8]

（a）纯镁，未施加脉冲磁场；（b）纯镁，施加脉冲磁场；

（c）AZ31 镁合金，未施加脉冲磁场；（d）AZ31 镁合金，施加脉冲磁场

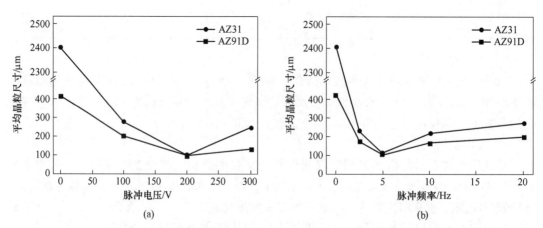

图 5-14   脉冲参数对 AZ31 和 AZ91D 镁合金晶粒尺寸的影响[9]

（a）脉冲电压；（b）脉冲频率

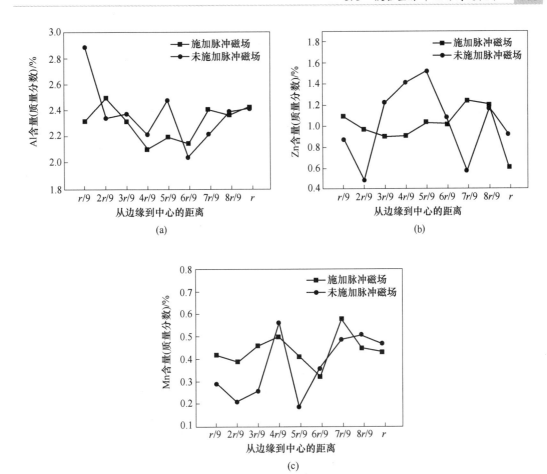

图 5-15　脉冲磁场对 AZ31 镁合金元素宏观偏析的影响（r 为半径）

（a）Al；（b）Zn；（c）Mn

5.3.1.4　镁合金脉冲磁场模铸铸造技术的优点和不足

镁合金脉冲磁场模铸铸造技术的优点如下：

（1）组织细化和均质化效果显著。通过电磁振荡和电磁对流实现细晶化和均质化。

（2）适用范围广。各种类镁合金凝固组织均可细化。

（3）可制备较大尺寸铸锭和铸件。脉冲磁场电磁振荡作用和电磁对流作用范围大，可制备较大尺寸铸锭和铸件。

（4）易于工业化应用。脉冲磁场凝固装置具有瞬时能量高且线路负荷小的特点，与金属熔体无直接物理接触，无污染，易于工业化应用。

镁合金脉冲磁场模铸铸造技术的不足为：在技术实施前，必须对工艺参数进行优化。比如磁场强度越大，细化效果越明显，但磁场强度过大，会引起卷气，造成显微疏松或气孔，降低铸件质量。

5.3.2　镁合金脉冲磁场半连续铸造技术

镁合金脉冲磁场半连续铸造技术是利用脉冲磁场细化镁合金半连续铸锭凝固组织的新

技术。变形镁合金与铸造镁合金相比具有更好的力学性能，因此变形镁合金的研究得到了人们广泛的关注。变形镁合金锭坯通常采用半连续铸造方法制备，存在组织粗大不均匀、微观偏析和宏观偏析严重等问题，不利于锭坯后续塑性加工，导致最终制品力学性能降低。因此，采用脉冲电磁场半连续铸造技术，可有效解决组织粗大不均匀和成分偏析问题，制备均质细晶铸锭，对于促进变形镁合金及其型材应用具有重要意义。

5.3.2.1 镁合金脉冲磁场半连续铸造技术工艺

镁合金脉冲磁场半连续铸造工艺流程包括熔炼、浇注、半连续凝固，如图 5-16 所示。将磁脉冲引入半连续铸造过程中，当合金熔体浇入结晶器后，同时开启引锭装置和脉冲磁场发生装置，由脉冲磁场发生装置产生脉冲电流，经过位于水冷结晶器外层的磁脉冲作用系统产生脉冲磁场，作用于结晶器内的合金熔体。结晶器内的合金熔体经脉冲磁场处理的同时，因一次冷却水作用在结晶器壁附近首先形成凝固坯壳，在引锭装置向下牵引的过程中由于二次冷却水作用继续凝固成铸坯，实现磁脉冲作用下的合金熔体半连续铸造。

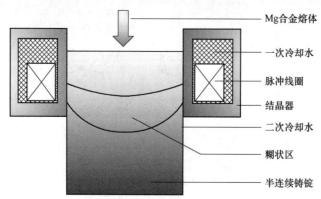

图 5-16 脉冲磁场半连续铸造示意图

促进形核和抑制晶粒长大是镁合金脉冲磁场半连续铸造组织细化的主要机理。镁合金熔体浇入半连续铸造装置结晶器的瞬间，在结晶器内壁上产生大量的激冷晶核。在脉冲电磁力和电磁振荡的作用下将结晶器内壁优先形成的晶核冲刷下来，并带入熔体中，使合金熔体的形核率大大增加。另外，由于脉冲磁场的电磁对流，合金熔体内外温度差减小，合金熔体温度更加均匀，加上在凝固界面前沿产生的焦耳热作用，使晶核的生长受到抑制，生长方式也由柱状晶生长变为等轴晶生长，从而使半连续铸锭的凝固组织细化、等轴化，获得均匀的细晶铸锭。

在半连续铸造工艺中，二次冷却水强度和铸锭质量密切相关。二次冷却水强度越大，铸锭断面的温度梯度大，镁合金的凝固速度变快，组织内部枝晶尺寸随之减小，组织也越均匀，不易产生偏析，但缩孔和热裂的倾向增大。由于脉冲磁场可促进晶粒细化和均匀化，因此镁合金脉冲磁场半连续铸造较常规半连续铸造可适当降低二次冷却强度，减少缩孔和热裂缺陷。

半连续铸造的铸造速度主要影响铸造过程的固液面位置。铸造速度越小，凝固壳厚度越厚，易形成冷隔缺陷；反之，若铸造速度太高，金属易产生缩孔等缺陷，甚至会出现漏液事故。由于脉冲磁场的电磁强制对流效应延迟了凝壳形成时间，因此镁合金脉冲磁场半连续铸造较常规半连续铸造可在更低铸造速度进行，提高冶金质量。

浇注温度的不同，使合金熔体的过热度不同，导致合金熔体形核率和长大速度不同。浇注温度越高，液穴越深，熔体中液相区增加，使初生的 α-Mg 相枝晶形态粗大，甚至形成二次、三次枝晶臂。但是过低的浇注温度会减低熔体流动性，造成冷隔缺陷。由于脉冲磁场的电磁强制对流效应可促进熔体流动，因此镁合金脉冲磁场半连续铸造较常规半连续铸造可适当降低浇注温度，细化凝固组织。

5.3.2.2　镁合金脉冲磁场半连续铸造技术装备

脉冲磁场半连续铸造装置包括半连续铸造系统、脉冲磁场发生装置、磁脉冲作用系统三部分，如图 5-17 所示。半连续铸造系统由合金熔炼炉、浇注系统、水冷结晶器、半连续铸机构成。

图 5-17　脉冲磁场半连续铸造设备

脉冲磁场发生装置采用充放电模式，分为三个部分，即充电回路、放电回路和控制部分。充电回路、放电回路分别与控制部分相连，实现脉冲励磁电压和励磁频率的精确调控。磁脉冲作用系统置于水冷结晶器内部，采用多匝的矩形镀膜防水紫铜线绕制而成，并安装在结晶器水套中。为保证较高的脉冲磁场作用效率，一般要求脉冲磁场作用器与结晶器内壁之间的距离足够小。磁脉冲作用系统与脉冲磁场发生装置相连，在结晶器内产生脉冲磁场。从合金熔炼炉中流出的合金熔体经过结晶器，在脉冲磁场作用下凝固成铸坯。脉冲磁场半连续铸造装置的工艺参数范围为：脉冲磁场强度 0.05~0.4 T、脉冲磁场频率 1~50 Hz、铸造速度 20~150 mm/min、铸锭尺寸 φ100~500 mm。

5.3.2.3　镁合金脉冲磁场半连续铸造技术应用

目前，镁合金脉冲磁场半连续铸造技术已在工业中获得应用，将镁合金铸锭（φ100~400 mm）的铸造晶粒细化至 100 μm，铸锭表面质量提高，避免了开裂，提高了合金变形能力。

A　应用效果

应用效果如下：

（1）组织细化。常规半连续铸造条件下，镁合金凝固组织枝晶发达，晶粒粗大。

采用脉冲磁场半连续铸造技术，合金组织得到显著细化，晶粒尺寸可细化至 100 μm。

（2）组织均匀化。常规铸造条件下，半连续铸锭边部冷却速度快，晶粒相对细小，越往芯部，晶粒尺寸越大，组织均匀性差。采用脉冲磁场半连续铸造技术，铸锭边部和芯部晶粒尺寸和形貌一致，均为细小等轴晶组织，组织均匀性显著提高。

（3）元素分布均匀。采用脉冲磁场半连续铸造技术可以促进合金元素分布均匀。

B 应用实例

中国科学院金属研究所对镁合金脉冲磁场半连续铸造技术进行中试，合金为 AZ80 镁合金，铸锭尺寸为 φ200 mm。结果表明，磁场半连续铸造显著细化 AZ80 镁合金铸锭的晶粒尺寸，促进晶粒尺寸均匀分布，如图 5-18 所示。常规半连续铸造时，铸锭横截面上产生不均匀的粗大凝固组织，晶粒尺寸从边缘到中心呈现增大趋势。施加脉冲磁场后铸锭横截面不同区域的凝固组织均得到显著细化，且晶粒尺寸在铸锭径向分布均匀程度显著增加，如图 5-19 所示。

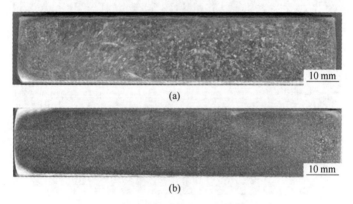

图 5-18 半连续铸造铸锭宏观组织的影响

（a）常规 DC 铸造；（b）脉冲磁场铸造

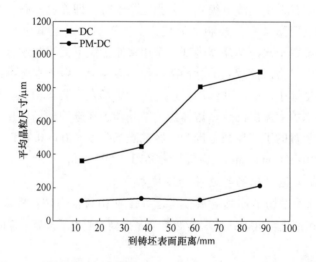

图 5-19 脉冲磁场半连续铸造 AZ80 镁合金铸锭的晶粒尺寸分布

脉冲磁场半连续铸造对合金元素的宏观偏析有着重要的影响，施加脉冲磁场后一定程度上减轻了 AZ80 合金半连续铸锭的宏观偏析，如图 5-20 所示[13]。在脉冲磁场半连续铸造时，因为结晶器内壁一次冷却水激冷作用，镁合金快速凝固形核，形成细小晶粒。在电磁力的强烈作用下，细小晶粒脱离结晶器内壁，形成较多的游离晶粒，并从结晶器附近向芯部移动和分布。根据凝固过程中溶质再分配原理，快速凝固下形成的晶粒溶质成分与固相平均成分基本相同，从而使铸锭的宏观偏析减轻。

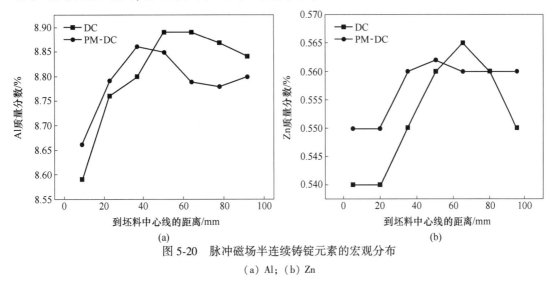

图 5-20　脉冲磁场半连续铸锭元素的宏观分布
（a）Al；（b）Zn

脉冲磁场半连续铸造形成的均匀细晶组织显著提高了 AZ80 镁合金的变形性能和变形后合金的力学性能[13]。经 380 ℃墩粗 70%变形后，常规半连续铸锭发生不完全动态再结晶，如图 5-21 所示，而脉冲磁场半连续铸锭发生完全再结晶，且再结晶晶粒更加细小。细小均匀的凝固组织不仅提高了铸锭的拉伸性能，铸锭中心的拉伸性能较常规半连续合金抗拉强度（ultimate tensile strength，UTS）、屈服强度（yield strength，YS）和伸长率（elongation，EL）分别提高了 7%、18%和 80%，见表 5-2。而且脉冲磁场半连续铸锭挤压后拉伸强度，屈服强度和伸长率较常规半连续 AZ80 挤压合金也分别提高了约 11%、27%和 13%，如图 5-22 所示。

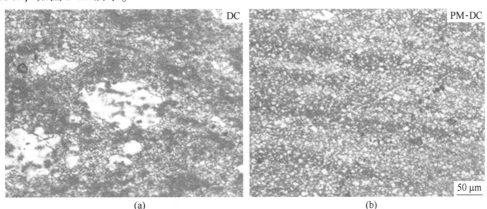

图 5-21　脉冲磁场半连续铸造 AZ80 镁合金的变形组织[13]
（a）常规半连续铸造；（b）脉冲磁场半连续铸造

表 5-2　脉冲磁场铸造 AZ80 镁合金的力学性能[13]

试　样		σ_{UTS}/MPa	σ_{YS}/MPa	σ_{EL}/%
DC 铸锭	中心	307	210	5
	1/2 半径	330	270	8
PM-DC 铸锭	中心	329	248	9
	1/2 半径	345	260	11

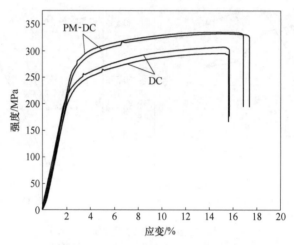

图 5-22　脉冲磁场半连续铸造 AZ80 合金挤压态试样的工程应力-应变曲线[13]

5.3.2.4　镁合金脉冲磁场半连续铸造技术的优点和不足

镁合金脉冲磁场半连续铸造技术具有广阔的应用前景，是镁行业发展的重要方向。与传统的镁合金半连续铸造相比，脉冲磁场半连续铸造技术的优点为：

（1）组织细化效果好。通过施加脉冲磁场，促进结晶器内熔体形核并抑制晶粒长大，显著细化了合金的凝固组织，为合金变形能力的改善和变形后力学性能的提高奠定了良好基础。

（2）组织均匀性高。与传统的半连续铸造相比，脉冲磁场半连续铸造技术能够通过电磁强制对流，促进晶核在熔体内均匀分布，从而达到了铸锭晶粒尺寸和形貌均匀化的效果。

（3）铸锭表面质量高，提高铸锭成材率。铸造内应力大幅降低，避免了热裂，提高了铸锭成材率，尤其对高合金化热裂倾向大镁合金，效果更明显。

（4）提高半连续铸造工艺窗口。脉冲磁场半连续铸造技术扩大了浇注温度、铸造速度等半连续铸造工艺窗口，减少二次冷却水量，节约成本。

镁合金脉冲磁场半连续铸造技术的不足为：装置具有专用性，在技术实施前，根据铸锭尺寸，必须对脉冲磁场发生装置、脉冲磁场作用系统进行针对性设计，以保证设备的细化效果。

5.4　钢脉冲磁场铸造技术

5.4.1　钢脉冲磁场模铸铸造技术

钢脉冲磁场模铸铸造技术是利用脉冲磁场细化钢铁铸件或铸锭凝固组织的新技术，将应用于金属模、砂模、石墨模、熔模等有模铸造统称为钢脉冲磁场模铸铸造技术。人类社会的发展对钢材的质量提出了更高的要求，均质化和细晶化成为钢铁制品质量的共同追求目标。电磁场冶金技术的发展为材料制备技术的进步提供了新的机遇。脉冲磁场由于瞬时能量高而细化效果显著，在钢铁制备中的应用近年来受到普遍关注。

5.4.1.1　钢脉冲磁场模铸铸造技术工艺

钢脉冲磁场模铸铸造工艺流程为熔炼、浇注、充型、脉冲磁场凝固、后处理。与镁合金脉冲磁场模铸铸造工艺不同之处在于镁合金一般采用电阻炉或燃气熔炼炉熔炼，而钢一般采用感应熔炼炉或电弧炉熔炼。另外，镁合金脉冲磁场模铸铸造主要是细化合金的等轴晶晶粒，而钢凝固后易产生粗大柱状晶，因此采用脉冲磁场促进柱状晶向等轴晶转变，细化晶粒是钢脉冲磁场模铸铸造的主要目的。钢脉冲磁场模铸铸造首先将经熔炼的钢熔体浇注入位于脉冲磁场线圈内的铸型内（石墨模、砂模等），在脉冲磁场作用下凝固，通过控制脉冲磁场电压、频率等脉冲磁场参数和浇注温度、模具温度等凝固参数，从而获得理想的组织和成分分布。

5.4.1.2　钢脉冲磁场模铸铸造技术装备

钢脉冲磁场铸造装备主要包括钢熔炼炉、浇注系统、铸型和脉冲磁场凝固装置。钢熔炼炉的作用为冶炼钢或重熔合金锭，获得满足目标成分的合金熔体，一般采用感应加热炉或电弧加热炉，坩埚采用氧化镁或氧化铝坩埚。浇注系统包括导流系统和铸件浇道及冒口等。导流系统的作用是将钢熔体从熔炼炉内转运至铸型中，根据铸造装置不同可采用溜槽、浇口杯等转运。浇道及冒口可根据具体铸件设计。铸型根据铸件需要可采用金属模、砂模、石墨模、熔模等。脉冲磁场凝固装置的作用是提供不同参数的脉冲磁场，从而使放置于坩埚中的熔体在脉冲磁场的作用下凝固。

钢脉冲磁场凝固装置与镁合金脉冲磁场凝固装置类似，也是由脉冲磁场发生器、脉冲磁场作用器、水冷系统组成。脉冲磁场作用器采用多匝的矩形沙包铜导线或镀膜紫铜管绕制而成，并在与铸型相邻内侧设置水冷套，隔绝高温熔体对线圈的传热。脉冲磁场作用系统除了环绕式、单侧式等形式外，还可作用在大型铸锭冒口部位，如图 5-23 所示。为保证较高的脉冲磁场作用效率，一般要求脉冲磁场作用器与铸件之间的距离足够小。

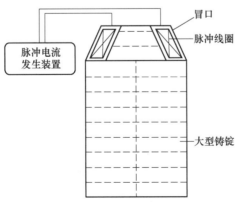

图 5-23　大型铸锭脉冲磁场冒口作用装置示意图

5.4.1.3 钢脉冲磁场模铸铸造技术应用

目前，钢脉冲磁场铸造技术已在硅钢、65Mn钢、低碳钢等钢种中获得应用。该技术促进柱状晶向等轴晶转变，提高等轴晶率，细化合金的凝固组织。

A 应用效果

应用效果如下：

（1）促进柱状晶向等轴晶转变，提高等轴晶率。常规铸造条件下，钢凝固过程易形成柱状晶，晶粒粗大。采用脉冲磁场模铸铸造技术，促进了柱状晶向等轴晶转变，提高了合金等轴晶率。

（2）组织细化。采用钢脉冲磁场模铸铸造技术，在提高铸锭或铸件等轴晶率的同时，显著细化柱状晶和等轴晶的晶粒尺寸。

B 应用实例

a 应用实例一

在3.5%Si无取向硅钢凝固过程中施加脉冲磁场可显著细化合金凝固组织，提高等轴晶率。未施加脉冲磁场时硅钢铸锭组织为粗大的柱状晶，施加脉冲磁场后，在较宽的脉冲电压范围内（50~200 V），铸锭组织均转变为细小等轴晶组织，等轴晶比例由未施加脉冲磁场的17%提高为100%[12]。但当脉冲磁场电压过高时，由于电磁强制对流过大，凝固过程易卷入气体，形成气孔缺陷，如图5-24（f）所示。

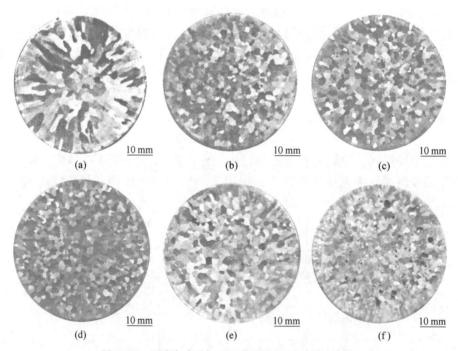

图5-24 不同脉冲磁场电压作用下硅钢的凝固组织

(a) 0 V；(b) 50 V；(c) 100 V；(d) 150 V；(e) 200 V；(f) 250 V

脉冲磁场频率对硅钢的柱状晶向等轴晶转变和晶粒细化有重要影响，如图5-25所示。随脉冲频率升高，3.5%Si无取向硅钢凝固组织柱状晶向等轴晶转变和晶粒细化效果呈现先增强后又减弱的趋势，存在一个最优作用频率，此频率下柱状晶向等轴晶转变使柱状晶完全消失，晶粒尺寸显著减小。

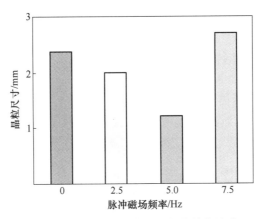

图 5-25　不同脉冲频率下硅钢的晶粒尺寸

b　应用实例二

近年来，基于氧化物冶金原理，利用脉冲磁场电磁力与熔体中夹杂物的交互作用，促进细小弥散的含钛氧化物、MnS 及其复合夹杂物等在固-固相变阶段诱发晶内铁素体，分割奥氏体晶粒，间接实现细化凝固组织的目的。通过脉冲磁场与氧化物冶金的有机结合，显著减小含 Ti 低碳钢中夹杂物尺寸，且使其均匀分布，为晶内铁素体的形核提供更多质点，细化了合金组织[22]。

5.4.1.4　钢脉冲磁场模铸铸造技术的优点和不足

钢脉冲磁场模铸铸造技术的优点如下：

（1）脉冲磁场作用效果显著，适用范围宽，可用于不同类型钢的细晶铸件和铸锭制备。

（2）所需能耗较低，可重复使用，无污染，易于工业化应用。

钢脉冲磁场模铸铸造技术的不足为：针对不同的产品，必须对铸造工艺及凝固装置进行深入的研究和设计，以保证技术可靠。

5.4.2　钢脉冲磁场连铸技术

钢脉冲磁场连铸技术是一种将脉冲磁场应用于钢连铸的二冷区，细化钢凝固组织的新技术。连铸是钢铁生产中的重要环节，在钢的连铸过程施加电磁场能有效地改善连铸坯的凝固组织、减少中心缩孔、增加等轴晶率，电磁搅拌已成为连铸，特别是品种钢连铸必不可少的工艺手段。研究发现脉冲磁场对于钢铁材料的凝固组织细化有显著作用，钢脉冲磁场连铸技术目前在进行工业应用推广工作。

5.4.2.1　钢脉冲磁场连铸技术工艺

钢脉冲磁场连铸工艺流程包括中间包浇注、引锭、凝固，如图 5-26 所示。在浇注前，对熔体中间包及连铸结晶器进行充分烘烤。烘烤结束后，开启结晶器的冷却水系统，同时脉冲磁场线圈冷却通道中通入冷却水。随后钢液从中间包浇入结晶器，开启连铸机引锭装置，设置连续铸造速度参数。当铸坯经过位于结晶器二冷区的电磁线圈时，打开脉冲磁场发生装置。脉冲磁场发生装置产生脉冲磁场作用于铸坯内的合金熔体，影响熔体内晶核形核和长大过程，从而达到细化晶粒的作用。待中间包熔体浇铸完毕，关闭脉冲磁场电源，直到铸造结束后，关闭连铸机。通过控制电压、频率等脉冲磁场参数和熔体温度、连铸速度等凝固参数，提高铸坯质量。

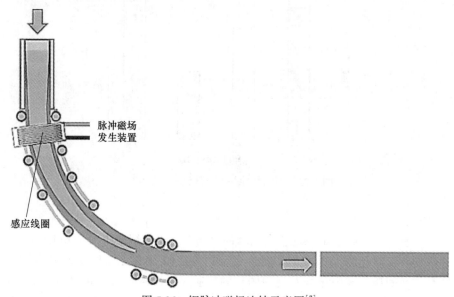

图 5-26   钢脉冲磁场连铸示意图[7]

5.4.2.2   钢脉冲磁场连铸技术装备

钢脉冲磁场半连续铸造装置包括连铸机、脉冲磁场发生装置、电磁线圈三部分。连铸机由中间包、水冷结晶器、铸坯、引锭装置、合金熔体构成，实现钢的连续铸造。

脉冲磁场发生装置为 RLC 充放电回路，380 V 的交流电通过隔离变压器、整流滤波装置整流成直流电，再经充放电开关和电容器进行充电和放电，充电回路、放电回路分别与控制系统相连，实现脉冲励磁电压和励磁频率的精确调控。脉冲磁场发生装置如图 5-27 所示。

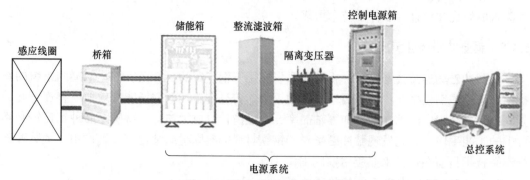

图 5-27   脉冲磁场试验示意图[7]

电磁线圈设计为中空螺线管状线圈，并提前固定在连铸机上，使形成的铸坯从线圈中间通过。电磁线圈的内壁根据铸坯的外观来设计，如方形、圆形等。电磁线圈由外层绝缘的紫铜管绕制而成，通过改变线圈的匝数和层数来改变脉冲磁场强度。由于电磁线圈在连铸坯高温辐射下工作，且自身存在电阻，产生焦耳热，因此必须对电磁线圈进行通水冷却保护。电磁线圈安装在结晶器下方至二冷区末端区域。

5.4.2.3 钢脉冲磁场连铸技术应用

目前，钢脉冲磁场连铸技术已在 GCr15 轴承钢、AM2 锚链、20CrMnTi 齿轮钢等钢种的连铸生产中获得应用，促进柱状晶向等轴晶转变，提高等轴晶率，细化合金的凝固组织，减轻铸坯的中心缩孔和中心偏析，越来越受到重视。

A 应用效果

应用效果如下：

（1）促进柱状晶向等轴晶转变，提高等轴晶率。常规连铸条件下，钢坯成柱状发达，等轴晶率低。采用脉冲磁场连铸技术，促进了柱状晶向等轴晶转变，提高等轴晶率，细化合金凝固组织，从而提高钢坯性能及其后续塑性加工性能。

（2）减小中心缩孔和中心偏析。采用钢脉冲磁场连铸技术，提高了等轴晶率，减少了柱状晶搭桥现象，提高熔体补缩能力，显著减小铸锭中心缩孔和中心偏析，提高钢坯质量和品质。

B 应用实例

a 应用实例一

上海大学将脉冲磁场（电流峰值 78 kA，频率 240 Hz）施加在 GCr15 轴承钢方坯（240 mm×240 mm）连铸过程中，促进了等轴晶的生成[5]。经脉冲磁场处理后柱状树枝晶长度显著变短，等轴晶区的面积显著增大，如图 5-28 所示。此外，GCr15 轴承钢碳偏析得到改善，控制在 0.93~1.06 之间，带状碳化物的尺寸和分布也得到了明显改善，碳化物带状的面积明显减小了 81.9%，根据国标 GB/T 18254—2016 进行评级，结果表明评级均由 2 级降到了 1 级。

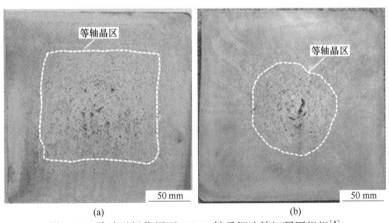

图 5-28 脉冲磁场作用下 GCr15 轴承钢连铸坯凝固组织[5]
(a) 施加脉冲磁场；(b) 未施加脉冲磁场

b 应用实例二

脉冲磁场在 20CrMnTi 齿轮钢的连铸过程中可以消除铸坯中心缩孔，将未施加脉冲磁场（对比坯）时最大直径约 3 mm，最大连续长度约 12 mm 的中心缩孔完全消除。同时脉冲磁场还促进了柱状晶向等轴晶转变，铸锭凝固组织中心等轴晶面积由 11.76% 增大到

24.09%。另外，脉冲磁场作用下 20CrMnTi 齿轮钢（处理坯）中锰、铬、硅元素在铸坯心部的富集程度大幅度减轻，中心碳偏析也得到减轻[7]。

5.4.2.4 钢脉冲磁场连铸技术的优点和不足

钢脉冲磁场连铸技术的优点为：

（1）适用范围宽。该技术对不同种类和规格的钢连铸坯均有良好的组织细化及中心疏松和偏析控制效果。

（2）设备简单，安装灵活，适用于各种钢连铸环境。脉冲磁场装置结构简单、体积小，且感应线圈可根据钢坯的尺寸和形状设计，并可灵活安装在结晶器下方至二冷区末端区域，适用于各种钢连铸环境。

（3）该技术所需成本低，可重复使用，无污染，易于工业化应用。

钢脉冲磁场连铸技术的不足为：对于大规格铸锭，需配更大尺寸的电磁线圈，导致线圈内磁场分布不均，且强度降低，影响细化效果，必须对脉冲磁场发生装置和电磁线圈进行进一步的研发和优化。

5.5 高温合金脉冲磁场铸造技术

高温合金脉冲磁场铸造技术是利用脉冲磁场的电磁效应制备细晶高温合金铸件或铸锭的新技术。铸造高温合金在航空航天领域有重要用途，为提高铸造镍基高温合金综合力学性能尤其是疲劳性能，要求铸造组织为细小的等轴晶，而通常铸造高温合金却倾向于产生粗大的凝固组织，因此，高温合金细晶铸造工艺一直为高温合金研究的重点方向之一。

目前高温合金的细晶铸造方法主要包括化学法、热控法和动力法。化学法通过添加细化剂促进异质形核来细化晶粒，但细化范围有限并易造成合金污染；热控法通过降低浇注温度提高过冷度提高形核率来细化凝固组织，但难以保证铸件成型和冶金质量；动力法通过电磁搅拌、离心搅拌、超声波、机械振动等方法促进枝晶碎化和晶核增殖，从而细化高温合金组织，成为一种新型高温合金细晶铸造技术。其中，脉冲磁场细晶铸造技术以其穿透熔体性强、细化效果显著和可制备较大尺寸铸锭等优点引起人们的重视。

5.5.1 高温合金脉冲磁场铸造技术工艺

高温合金脉冲磁场铸造工艺流程如图 5-29 所示，包括真空感应熔炼、浇注、充型、脉冲磁场凝固、后处理等工艺。与钢铁脉冲磁场模铸铸造工艺不同之处在于钢一般采用常压感应熔炼或电弧熔炼，而高温合金为了精确控制合金成分，降低气体元素和杂质元素含量，一般采用真空感应熔炼。

高温合金脉冲磁场铸造时，首先开启真空系统，先用滑阀泵将炉内真空抽至 600 Pa 以下，打开罗兹泵继续抽真空至 1 Pa 以下，开启感应加热电源，将坩埚内高温合金母合金加热熔化至一定温度并精炼 5 min，然后降温至预定过热温度，浇注到置于脉冲磁场线圈内的保温模壳内，开启磁脉冲发生装置，使熔体在脉冲磁场作用下凝固，待凝固完全结束后，关闭脉冲磁场发生装置电源。通过控制电压、频率等脉冲磁场参数和熔体温度、模壳温度等凝固参数，提高铸锭或铸件质量。

高温合金铸件一般采用熔模铸造。铸件与脉冲磁场作用器距离越近，脉冲磁场磁能利用率越高。

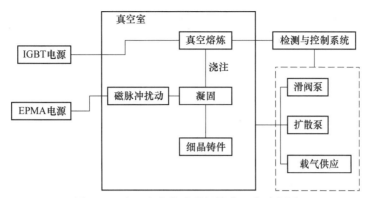

图 5-29　高温合金脉冲磁场铸造工艺示意图

5.5.2　高温合金脉冲磁场铸造技术装备

　　脉冲磁场高温合金铸造装置由感应电源系统、真空系统、控制系统、脉冲磁场凝固系统组成，如图 5-30 所示。感应电源系统的作用是将高温合金母合金加热重熔。真空系统作用是将熔炼室内空气抽出，保持真空状态，防止合金的氧化。控制系统作用是对真空度、循环水压力、熔体温度、磁场参数、热控参数，以及各种阀门和开关等进行检测与控制。脉冲磁场凝固系统作用是提供一定参数的脉冲磁场。

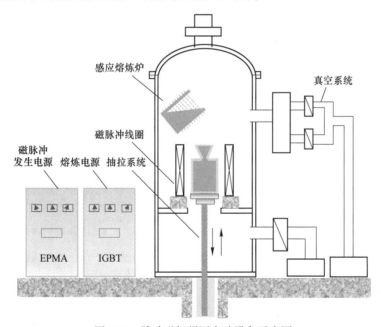

图 5-30　脉冲磁场凝固实验设备示意图

　　感应电源一般为 IGBT 中频感应加热电源，与真空室内感应线圈相接。感应加热启动前，必须确保电源和加热线圈内循环水压力正常。真空系统由滑阀泵、罗兹泵、扩散泵组成，滑阀泵完成粗抽真空后，启动罗兹泵，最后启动扩散泵。罗兹泵开启条件是前端真空度达到 600 Pa 以下，而扩散泵启动需要真空达到 1 Pa 以下。扩散泵开启前需先进行 1 h

以上的预热。控制系统除了对系列参数的检测与控制外，还包括载气供应和油增压泵，为阀门开启和坩埚旋转提供气动和油压动力。

脉冲磁场凝固系统是实现晶粒细化的核心装置，包括脉冲磁场发生电源和磁脉冲线圈。脉冲磁场发生电源包括恒流恒压整流系统、电容器储能系统和可编程控制系统。磁脉冲线圈外层为励磁线圈，连接脉冲磁场发生装置后可产生磁场强度 $0.05 \sim 0.4$ T，频率 $0 \sim 50$ Hz 的脉冲磁场，内层为水冷不锈钢套，以隔绝型壳的高温对磁脉冲导线的影响。

5.5.3 高温合金脉冲磁场铸造技术的应用

高温合金脉冲磁场铸造技术可以细化铸造组织，提高等轴晶率，展现出很好的应用前景。目前，该技术已在细晶铸锭、精密复杂细晶铸件、大型薄壁复杂细晶铸件等高温合金构件制备中获得应用。

A 应用效果

应用效果如下：

（1）显著细化凝固组织。K417 和 K4169 等镍基高温合金的凝固组织由粗大的柱状晶转化为细小的等轴晶，晶粒尺寸可细化至 40 μm。

（2）铸件整体细化。应用于整体细晶复杂精密铸件制备，解决了复杂铸件晶粒分布不均问题，实现了整体细晶复杂铸件铸造。

B 应用实例

a 应用实例一

应用于 K417 和 K4169 等镍基高温合金铸造。脉冲磁场电压在 $0 \sim 200$ V 的范围内，凝固组织逐渐发生柱状晶向等轴晶转变，且随电压增加柱状晶向等轴晶转变增强，凝固组织中等轴晶比例升高且晶粒显著细化，如图 5-31 所示。当电压达 100 V 以上时，晶粒细化效果基本稳定。

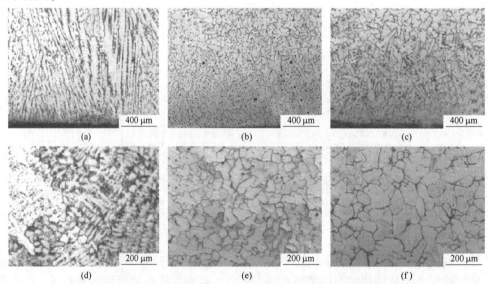

图 5-31 不同脉冲磁场电压作用下 K417 镍基高温合金的凝固组织[10]
（a）铸锭边部 0 V；（b）铸锭边部，100 V；（c）铸锭边部，200 V；
（d）铸锭芯部，0 V；（e）铸锭芯部，100 V；（f）铸锭芯部，200 V

随脉冲频率升高，柱状晶向等轴晶转变和晶粒细化效果呈现先增强后减弱的趋势，存在一个最优作用频率，此频率下柱状晶向等轴晶转变使柱状晶完全消失，晶粒尺寸显著减小。当磁场超过某一值时，甚至发生晶粒粗化现象，如图 5-32 所示。

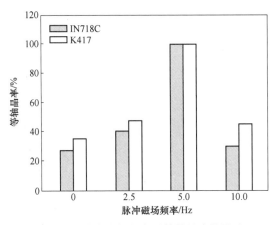

图 5-32　脉冲磁场频率对等轴晶率的影响

在脉冲磁场作用下，凝固组织细化效果受冷却速度和浇注温度影响。在给定的脉冲磁场作用下，随冷却速度降低，K417 高温合金试样等轴晶尺寸减小，细化效果显著，如图 5-33（a）所示。在一定的脉冲磁场作用下，柱状晶向等轴晶转变和凝固组织细化效果随过热度降低而增强，在过热度为 60 K 时 K417 高温合金均得到细化的等轴晶组织，如图 5-33（b）所示。

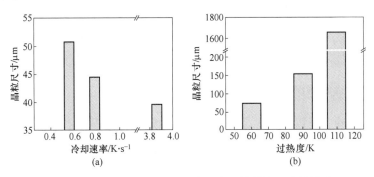

图 5-33　脉冲磁场下对 K417 高温合金等轴晶尺寸的影响
(a) 冷却速率；(b) 过热度

b　应用实例二

采用脉冲磁场铸造技术制备了整体细晶组织的复杂精密铸件，此铸件最大外径为 150 mm，最厚处 90 mm，最薄处 1 mm。通过优化脉冲磁场参数、热控参数、浇注工艺参数，解决了复杂铸件晶粒分布不均问题，实现了整体细晶复杂铸件铸造。其成型良好，无热裂等宏观缺陷，表面晶粒小于 0.5 mm，芯部晶粒小于 2 mm，如图 5-34 所示。

5.5.4　高温合金脉冲磁场铸造技术的优点和不足

高温合金脉冲磁场铸造技术的优点如下：

（1）适用范围宽。该技术对不同种类和规格的高温合金铸锭或铸件均有良好的组织细化。

（2）整体细化。铸锭或铸件厚大部位凝固时间长，脉冲磁场对此部位的细化效果尤为显著，促进组织均匀性，实现铸锭或铸件的整体细化。

（3）该技术设备简单，只需在现有真空铸造设备模壳外安装磁脉冲线圈即可，无污染，易于工业化应用。

高温合金脉冲磁场铸造技术的不足为：由于发展时间较短，高温合金脉冲磁场铸造技术尚处于工业化试验阶段，并未大规模应用。

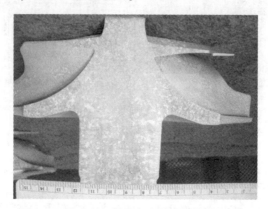

图 5-34　脉冲磁场铸造复杂精密铸件抛面组织

5.6　脉冲磁场铸造技术的其他应用

脉冲磁场铸造技术在冶金工业中的应用还包括铝及铝合金脉冲磁场铸造技术、铜及铜合金脉冲磁场铸造技术及复合材料脉冲磁场铸造技术等，在此进行简要介绍。

5.6.1　铝及铝合金脉冲磁场铸造技术

铝及铝合金脉冲磁场铸造技术是一种利用脉冲磁场细化铝及铝合金铸件或铸锭凝固组织的新技术。该技术不仅可以细化铝合金的凝固组织，对于高纯铝也有显著的细化效果，可用于铝及铝合金的模铸铸造和半连续铸造，为细晶铝及铝合金铸件或铸锭制备提供一种新技术。

同其他脉冲磁场铸造技术一样，将脉冲磁场作用于 Al-Cu、LY12、2024、A357、ZL114A 铝合金的凝固过程，均获得了显著的细化效果。以 A357 铝合金为例，施加脉冲磁场后，合金组织由粗大树枝状转变为蔷薇状，晶粒明显细化，且共晶硅也由长针状转变为细小的纤维状。凝固组织的细化使得合金的力学性能得到大幅提高，抗拉强度、屈服强度和伸长率较未施加脉冲磁场试样分别提高 18.5%、16.4% 和 142%。

对于难细化高纯铝，脉冲磁场铸造技术也表现出显著的细化效果。$\phi100$ mm 高纯铝在磁场强度 $B=0.2$ T 的脉冲磁场作用下芯部凝固组织由粗大的柱状晶转变为细等轴晶，等轴晶率显著增加，如图 5-35 所示。

脉冲磁场的作用形式影响纯铝的细化效果。液面线圈脉冲磁致振荡（SPMO）、冒口线

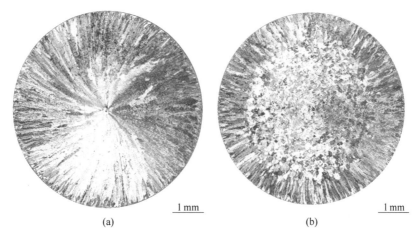

图 5-35　脉冲磁场作用下纯铝的凝固组织
（a）未施加脉冲磁场；（b）施加脉冲磁场

圈脉冲磁致振荡（HPMO），以及同时覆盖液面和冒口线圈脉冲磁致振荡（CPMO）作用下（见图 5-36），材料等轴晶比例依次增大[3]。此外，HPMO 和 CPMO 对材料底部柱状晶生长的抑制作用及细化效果都强于 SPMO，其中 CPMO 的作用效果尤其明显。

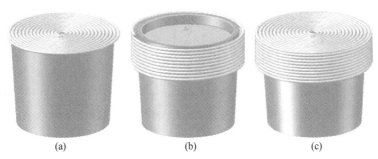

图 5-36　脉冲磁场作用下不同线圈结构示意图[3]
（a）SPMO；（b）HPMO；（c）CPMO

　　近年来人们开始把脉冲磁场应用于纯铝及铝合金的半连续铸造过程中。在 ϕ100 mm 纯铝半连续铸造过程中施加脉冲磁场，促进柱状晶向等轴晶转变，使纯铝的凝固组织由粗大的柱状晶转变为细等轴晶，如图 5-37 所示，等轴晶率由 12% 提高到 100%。对于铝合金的半连续铸造，脉冲磁场也有显著的细化效果。在 6063 铝合金半连续铸造过程中施加脉冲磁场，合金的凝固组织从粗大的等轴晶转变为细小的等轴晶，且随脉冲磁场电压的增加，晶粒尺寸分布更加均匀。当脉冲磁场输入电流达到 500A 时，浇口位置与非浇口位置晶粒尺寸不均匀现象基本消除，抗拉强度和伸长率分别提高 42.2% 和 30.6%[15]，如图 5-38 所示。
　　铝及铝合金脉冲铸造技术的优点如下：
　　（1）适用范围宽。各种铝合金及纯铝凝固组织均可细化，可用于铝及铝合金的模铸铸造和半连续铸造。
　　（2）可制备较大尺寸铸锭和铸件。脉冲磁场电磁振荡作用和电磁对流作用范围大，可制备较大尺寸铸锭和铸件。

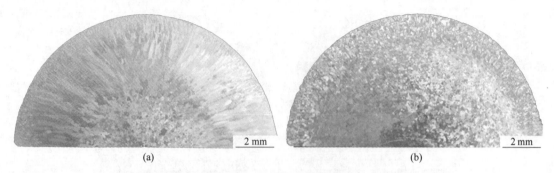

(a)   (b)

图 5-37   脉冲磁场对纯铝半连续铸锭凝固组织的影响

（a）未施加脉冲磁场；（b）施加脉冲磁场

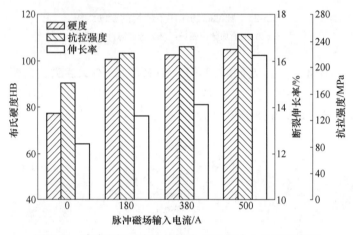

图 5-38   脉冲磁场对半连续铸造 6063 铝合金性能的影响

（3）易于工业化应用。脉冲磁场凝固装置成本低，与金属熔体无直接物理接触，无污染，易于工业化应用。

铝及铝合金脉冲铸造技术的不足为：对于不同合金牌号和产品，必须对脉冲磁场铸造工艺及装置进行深入的研究和设计，以保证技术可靠。

5.6.2   铜及铜合金脉冲磁场铸造技术

铜及铜合金脉冲磁场铸造技术是利用脉冲磁场的电磁效应细化铜及铜合金凝固组织的新技术。它通过脉冲磁场工艺参数与铸造工艺参数的优化搭配来控制熔体中的形核和长大过程，最终控制材料的晶粒尺寸和等轴晶率，提高铜及铜合金和力学性能。

与其他脉冲磁场铸造技术一样，将脉冲磁场作用于纯铜的凝固过程，促进了柱状晶向等轴晶转变[17]，细化纯铜凝固组织，但与其他合金相比，若要获得显著的细化效果，需要更高的脉冲磁场强度，如图 5-39 所示。未施加脉冲磁场时，纯铜的凝固组织为粗大的柱晶，在 2000 V 以下脉冲电压作用下，纯铜细化效果不明显，当脉冲电压达到 3000 V 以上后，才展现出良好的细化效果，铸锭芯部粗大的柱状晶转变为细等轴晶。这与纯铜导热系数大，形成粗大柱晶组织倾向大有关。

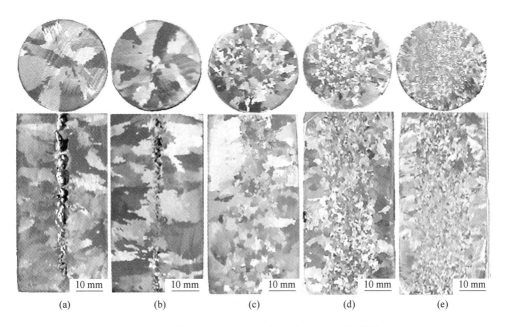

图 5-39　脉冲磁场电压对纯铜的凝固组织影响[17]
（a）0 V；（b）1000 V；（c）2000 V；（d）3000 V；（e）4800 V

脉冲磁场作用下纯铜细化效果受到热参数的影响，高的浇注温度和模具温度可以在较低的脉冲磁场电压作用下获得显著的细化效果，如图 5-40 所示。1350 ℃浇注温度和600 ℃模具温度条件下 200 V 的脉冲电压就可以使纯铜的凝固组织得到显著的细化。

图 5-40　脉冲磁场电压对纯铜的凝固组织影响
（a）0 V；（b）200 V

脉冲磁场作用于 H62 黄铜凝固过程中，可以明显改善 H62 黄铜的凝固组织，提高其力学性能[18]。随脉冲电压或脉冲频率的增加，H62 黄铜的凝固组织先细化后粗化，其硬度和抗拉强度先增加后减小；与脉冲电压相比，脉冲频率对 H62 黄铜凝固组织和力学性能的影响较小，如图 5-41 所示。

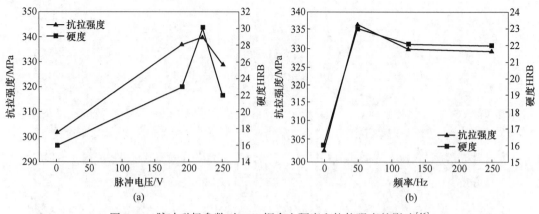

图 5-41   脉冲磁场参数对 H62 铜合金硬度和抗拉强度的影响[16]

(a) 电压；(b) 频率

铜及铜合金脉冲铸造技术的优点为：

（1）适当的工艺条件，可细化铜及铜合金的凝固组织。铜及铜合金的晶粒细化是行业难题，利用脉冲磁场的电磁对流和电磁振荡效应，在适当的工艺条件下，可显著细化铜及铜合金的凝固组织，为铜及铜合金的晶粒细化提供了新途径。

（2）易于工业化应用。脉冲磁场凝固装置成本低，与金属熔体无直接物理接触，无污染，易于工业化应用。

铜及铜合金脉冲铸造技术的不足为：细化铜及铜合金组织时需要大的磁场强度，工艺窗口也相对较窄，应用时需要开展系统的实验。

5.6.3　复合材料脉冲磁场铸造技术

复合材料脉冲磁场铸造技术是一种新型高品质复合材料铸造技术。它利用脉冲磁场在熔体内产生的电磁振荡效应和电磁强制对流效应影响原位生成颗粒相增强复合材料的凝固过程中增强相颗粒的粒度、颗粒相分布的均匀性和体积分数，改善复合材料的性能，成为控制复合材料凝固组织的一个新的热点。

与其他脉冲磁场铸造技术不同，复合材料脉冲磁场铸造技术主要通过影响凝固过程复合材料颗粒增强相的析出和分布，从而提高复合材料的品质。如在 Al-ZrSiO$_4$ 反应体系原位合成 Al$_3$Zr 和 Al$_2$O$_3$ 颗粒增强铝基复合材料制备过程中施加脉冲磁场，可显著提高颗粒增强相的体积分数，并且使颗粒增强相更加细小、分布更加均匀[19]，如图 5-42 所示。颗粒增强相的均匀弥散析出，使得复合材料抗拉强度显著提高，且随脉冲磁场强度的增大而升高，当磁场强度为 0.05 T 时，复合材料的抗拉强度比未施加脉冲磁场的复合材料提高28%，而伸长率则随磁场强度的增大略微下降。

在 SiCp/AZ91D 复合材料合成中施加脉冲磁场，也发现同样的现象[20]，但过高的脉冲电压（250V）会导致 SiC 颗粒有团聚。在一定脉冲电压作用下，SiC 颗粒分布随脉冲频率的增加也逐渐均匀。

脉冲磁场对于改善混合盐反应法制备原位生成颗粒增强铝基复合材料也有显著的效果。相对于常规的原位反应方法，脉冲磁场能有效促进化学反应的进程，阻止颗粒的团聚

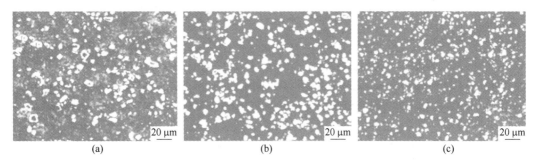

图 5-42　脉冲磁场电压对（Al$_2$O$_3$+Al$_3$Zr）p/Al 复合材料增强相的影响[19]

（a）0 T；（b）0.03 T；（c）0.05 T

长大，使颗粒分布更加均匀，制备出原位 TiB$_2$ 颗粒增强 ZL203 基复合材料和 ZrB$_2$ 颗粒增强 A356 基复合材料。

综上，复合材料脉冲磁场铸造技术通过脉冲磁场的电磁振荡效应和电磁强制对流效应，影响原位生成颗粒增强相复合材料的凝固过程中增强相颗粒的粒度、颗粒相分布的均匀性和体积分数，成为控制复合材料凝固组织的一个新的方向。但目前该技术还处于实验室研究阶段，距离工业应用还需开展进一步的研究工作。

参 考 文 献

[1] NAKADA M, SHIOHARA Y, FLEMINGS M C. Modification of solidification structures by pulse electric discharging [J]. ISIJ Int., 1990, 30: 27.

[2] ZI B T, BA Q X, CUI J Z, et al. Study on axial changes of as-cast structures of Al-alloy sample treated by the novel SPMF technique [J]. Scr. Mater., 2000, 43: 377.

[3] LIANG D, LIANG Z Y, ZHAI Q J, et al. Nucleation and grain formation of pure Al under pulsed magneto-oscillation treatment [J]. Mater. Lett., 2014, 130: 48-50.

[4] 曹同友，翟启杰，李仁兴，等. 磁致振荡对 65Mn 钢铸锭内部组织的影响 [J]. 钢铁研究，2014，42：35-37.

[5] 程勇，徐智帅，周湛，等. PMO 凝固均质化技术在连铸 GCr15 轴承钢生产中的应用 [J]. 上海金属，2016，38：54-57.

[6] 朱富强，任振海，陈占领，等. 采用脉冲磁致振荡技术提高矩形 AM2 锚链钢连铸坯的均匀性 [J]. 上海金属，2019，41：96-100.

[7] 刘海宁，王郢，李仁兴，等. PMO 凝固均质化技术在 20CrMnTi 齿轮钢上的应用 [J]. 钢铁，2019，54：69-78.

[8] 杨院生，付俊伟，罗天骄，等. 镁合金低压脉冲磁场晶粒细化 [J]. 中国有色金属学报，2011，21：2639-2649.

[9] WANG B, YANG Y S, SUN M L. Microstructure refinement of AZ31 alloy solidified with pulsed magnetic field [J]. Trans. Nonferrous Met. Soc. China, 2010, 20: 1685-1690.

[10] MA X P, LI Y J, YANG Y S. Grain refinement effect of pulsed magnetic field on as-cast superalloy K417 [J]. J. Mater. Res., 2009, 24: 2670-2676.

［11］ LI Y J, MA X P, YANG Y S. Grain refinement of as-cast superalloy IN718 under action of low voltage pulsed magnetic field ［J］. Trans. Nonferrous Met. Soc. China, 2011, 21：1277-1282.

［12］ LI Y J, TENG Y F, YANG Y S. Refinement mechanism of low voltage pulsed magnetic field on solidification structure of silicon steel ［J］. Met. Mater. Int. , 2014, 20：527-530.

［13］ LUO T J, JI H M, CUI J, et al. As-cast structure and tensile properties of AZ80 magnesium alloy DC cast with low-voltage pulsed magnetic field ［J］. Trans. Nonferrous Met. Soc. China, 2015：2165-2171.

［14］ DUAN W CH, YIN S Q, LIU W H, et al. Numerical and experimental studies on solidification of AZ80 magnesium alloy under out-of-phase pulsed magnetic field ［J］. J. Magnes. Alloy. , 2021, 9：166-182.

［15］ LI H, LIU S, JIE J, et al. Effect of pulsed magnetic field on the grain refinement and mechanical properties of 6063 aluminum alloy by direct chill casting ［J］. Int. J. Adv. Manuf. Technol. , 2017, 93：3033-3042.

［16］ 白庆伟, 麻永林, 邢淑清, 等. 铝合金表面脉冲电磁场对半连续铸造晶粒的细化 ［J］. 工程科学学报, 2017, 39：1828-1834.

［17］ LIAO X L, GONG Y Y, LI R X, et al. Effect of pulse magnetic field on solidification structure and properties of pure copper ［J］. China Foundry, 2007, 4：116-118.

［18］ 钱小兵, 陈乐平, 周全. 脉冲磁场对 H62 黄铜凝固组织和力学性能的影响 ［J］. 特种铸造及有色合金, 2013, 33：781-784.

［19］ 许可, 赵玉涛, 陈刚, 等. 脉冲磁场下原位合成（$Al_2O_3+Al_3Zr$）p/Al 复合材料的微观组织及力学性能 ［J］. 中国有色金属学报, 2007, 17：607-611.

［20］ 刘勇, 陈乐平, 周全. 脉冲磁场对 SiCp/AZ91D 复合材料凝固组织的影响 ［J］. 特种铸造及有色合金, 2014, 34：761-763.

［21］ LI Y J, TAO W Z, YANG Y S. Grain refinement of Al-Cu alloy in low voltage pulsed magnetic field ［J］. J. Mater. Process. Technol. , 2012, 212：903-909.

［22］ 张庆军, 梅国宏, 朱立光, 等. 脉冲磁场对钛处理低碳钢凝固组织的影响 ［J］. 钢铁钒钛, 2015, 4：71-76.

6 电磁净化技术

6.1 概述

电磁净化技术（electromagnetic purification，EMP）是指基于电流和磁场间耦合，在颗粒（第二相）同熔体之间的差异性电磁力诱发相对运动达到净化目的[1]。金属冶炼时，金属液中夹杂物在金属中存在的数量、尺寸、形态、类型和分布等因素对金属性能影响较大[2]。比如夹杂物破坏了金属基体连续性，从而影响金属材料强度、韧性及塑性等性能。人们越来越重视夹杂物净化工艺的研究与应用，已经发展了多种二次精炼技术净化金属液，如真空处理法、过滤净化法、气泡浮游法和溶剂法等[3]。然而，随着科技发展，人们对材料的洁净度要求越来越高，这些技术逐渐无法满足生产需求。因此，新的金属熔体净化技术出现。

近年来，一种高效、洁净、稳定的金属熔体净化技术，即电磁分离夹杂物技术被逐步发展起来。电磁净化技术的发展最早可以追溯到 1954 年，美国的 Kolin 第一次对在磁场作用下的导电流体中的球形颗粒进行理论分析，当其电导率与其周围流体不同时，颗粒在电磁力的作用下就会发生迁移运动，颗粒迁移速度随周围流体受到的电磁力增大而增大，因此可以利用这一现象对金属进行净化。1961 年，德国的 Alemany 首先将此原理与提纯金属熔体联系起来。但经历近 20 年后，这一现象在冶金学界仍未引起足够的重视。直到 20 世纪 80 年代初，在英国伦敦剑桥大学召开的理论和应用力学国际联合会议上提出了关于金属熔体夹杂物电磁分离理论与试验研究报道：熔体电磁净化是利用液态金属与非金属夹杂物所受不同电磁力大小对其进行分离，由于在分离液态金属与非金属夹杂物的时候，磁场并没有与它们直接接触，避免了金属液被污染的情况发生，在对环境几乎不会造成影响的情况下能够对金属熔体进行连续的净化。该技术能够较好地去除细微夹杂物，净化后的熔体具有较高的洁净度，同时净化设备具有结构简单、易操作、零部件易制作和替换等特性。因此，该技术具有极高的经济性和实用性，受到国内外学者的重视，并开启了一系列将该技术应用在工业生产中的探索。1983 年，法国的 Vives 在金属熔体中首次利用电磁场完成了分离非金属夹杂物的工作。随后我国对该技术的研究也逐渐开展，钢铁研究总院、上海交通大学、东北大学、大连理工大学、上海大学和北京科技大学等高校和科研院所也陆续开展了电磁净化技术的研究[4-5]。

本章首先介绍了电磁净化技术的原理，然后详细介绍了交流磁场净化技术、旋转磁场净化技术、高频磁场净化技术和复合磁场净化技术的工艺、装备、应用及优点和不足，最后简单地介绍了稳恒磁场净化技术、行波磁场净化技术和超强磁场净化技术。

6.2 电磁净化技术原理

由于金属熔体和非金属夹杂物的电导率不同，因此它们在磁场中受到的电磁力也不同。金属熔体受到电磁体积力，由于金属熔体受力运动而对夹杂物颗粒产生一种电磁挤压力，该电磁挤压力是电磁体积力的反作用力，使得夹杂物产生与熔体的相对运动从而实现熔体分离的方法称为电磁净化技术。这种方法可类比于利用非金属夹杂物与金属熔体间密度差进行重力分离，如图 6-1（a）所示。电磁分离法通过金属熔体和非金属夹杂物导电性差异，使夹杂物受力不平衡而运动，如图 6-1（b）所示。由于夹杂物的运动会反过来影响电流分布情况，从而出现扰动，因此电磁分离与重力分离并不完全相同。

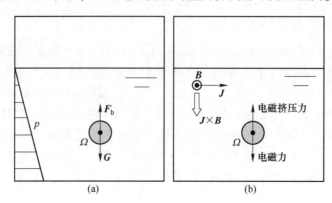

图 6-1　颗粒的受力对比

（a）重力分离；（b）电磁分离

对于电磁场中的颗粒，取微小体积元 $\mathrm{d}\Omega$，则它受到的电磁力为：

$$\mathrm{d}\boldsymbol{F}_\mathrm{m} = (\mu_\mathrm{m}\boldsymbol{H}\boldsymbol{J})\mathrm{d}\Omega \tag{6-1}$$

对一有限体积 Ω 的任意流体元，其所受电磁力为：

$$\boldsymbol{F}_\mathrm{m} = \mu_\mathrm{m}\boldsymbol{H}\boldsymbol{J}\Omega \tag{6-2}$$

式中，$\mu_\mathrm{m}\boldsymbol{H}\boldsymbol{J}$ 类比为重力场中的密度，因此 $\boldsymbol{F}_\mathrm{m}$ 也可以称作电磁重力。

从牛顿第三定律可知，当物体受力达到平衡时，必存在一对大小相等、方向相反的力作用于物体。对于重力场，这一反作用力可以称作电磁挤压力（$\boldsymbol{p}_\mathrm{m}$）。对于同一种流体，$\boldsymbol{F}_\mathrm{m} = \boldsymbol{p}_\mathrm{m}$。当微小体积元 $\mathrm{d}\Omega$ 的电导率不同时，此体积元不再符合牛顿第三定律而产生相对运动。假设当电导率 σ_S 的固体球状颗粒浸置于电导率 σ_L 的金属熔体内，由麦克斯韦方程组可得球体所受合力 $\boldsymbol{p}_\mathrm{m}$ 为：

$$\boldsymbol{p}_\mathrm{m} = -\frac{3}{2} \times \frac{\sigma_\mathrm{S} - \sigma_\mathrm{L}}{2\sigma_\mathrm{S} - \sigma_\mathrm{L}} \times \boldsymbol{F}_\mathrm{m} \tag{6-3}$$

其中　　　　　　　　　　　　$\boldsymbol{F}_\mathrm{m} = \boldsymbol{J} \times \boldsymbol{B}$

式中，负号表示固体粒子受到的合力 $\boldsymbol{p}_\mathrm{m}$ 与电磁力 $\boldsymbol{F}_\mathrm{m}$ 方向相反。

由于实际体系中非金属夹杂物的电导率与金属液体相比往往很小，通常将其看作是零，此时非金属颗粒所受的电磁挤压力如下：

$$\boldsymbol{p}_\mathrm{m} = -\frac{3}{4}\boldsymbol{F}_\mathrm{m} \tag{6-4}$$

这说明由于非金属颗粒与金属流体间电导率不同，在金属液电磁挤压力作用下，促使非金属颗粒定向迁移，即受到电磁力的反向作用，最终实现了从金属液中分离出来的目的。

相对于其他净化方法，电磁净化技术能够清除更小尺寸夹杂物，也可以避免夹杂物脱落的问题，使净化效率始终处于较高水平。由于电磁场输入熔体的能量使熔体经过一个超远的距离而得到净化，从而可以避免与金属液直接接触。按照磁场产生方式的不同，可以将电磁净化技术分为交流磁场净化技术、旋转磁场净化技术、高频磁场净化技术、复合磁场净化技术及其他磁场净化技术。

6.3 交流磁场净化技术

交流磁场净化（alternating magnetic field purification，AMFP）技术是指当通入交变电流时，使金属液受到源电流和自身感应磁场的共同作用而形成一个指向轴心方向的挤压力，非金属夹杂物会发生反向运动，最后附着在管壁上，达到净化的目的，如图 6-2 所示。

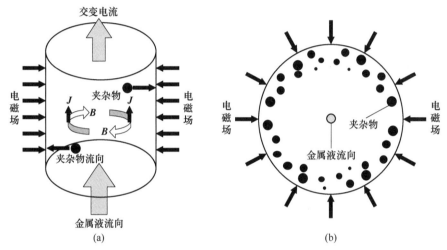

图 6-2 交流磁场净化示意图

(a) 主视图；(b) 俯视图

交流磁场净化技术主要用于感应加热中间包。作为冶金反应器的中间包，其冶金功能从传统意义看主要表现为：稳定钢液压头、分配注流，以及促进夹杂物在钢液中上浮去除等[6-7]。在连铸技术不断发展的情况下，针对浇铸过程中钢包及中间包本身难以回避的热损失和钢液温降问题，开发了中间包加热功能，实现钢液浇铸温度的窄范围控制，受到国内外同行的高度关注。采用外加热源的方法来补偿温降、控制最佳过热度、降低连铸过程中钢液温度的波动是非常关键的。同时由于非金属夹杂物和钢液的导电性和密度不同，也可达到钢液净化的目的。我国江阴兴澄特种钢铁有限公司、湖北新冶钢有限公司及其他特钢企业已经把感应加热中间包作为提高钢液洁净度、改善铸坯质量的重要辅助工具。

6.3.1 交流磁场净化技术工艺

中间包作为连接炼钢与连铸之间的重要中间设备，在炼钢生产中起着贮存钢液、分配钢液、确保连浇、减压稳流、促使非金属夹杂物上浮和清除，以及均匀钢液成分和温度等诸多冶金作用。中间包一般由中间包本体、包盖、塞棒和滑动水口组成，先从钢包中接收钢液，经中间包水口分配至各结晶器。感应中间包原理详见 8.3.3 节，闭环铁芯上的感应线圈构成一次回路，钢流在通道中构成二次回路，线圈通入交流电后形成交变磁场。该磁场切割通道内的钢液构成闭合回路，将在钢液中产生感应电流和焦耳热，从而实现自身发热与升温。通道中钢液电磁箍缩效应使密度大的导电钢液箍缩到中心位置，密度小的不导电夹杂物在与电磁力反向的泳动力（由电磁力梯度引起的作用力）作用下泳动到通道壁，吸附到通道壁上进行清除。另外，通道中钢液由于箍缩效应流出速率加快，加之受热后形成的密度差，通道出口钢液将产生上升流。受这种电磁和热效应的影响，浇注区钢液混合作用加强，从而不仅促进了钢液温度的均匀化，还使得悬浮在其内部的夹杂物颗粒更易被碰撞、生长、上浮而被除去。

6.3.2　交流磁场净化技术装备

交流磁场净化技术装备主要包括注流区、分配区、感应加热器、保护套、流钢通道和冷却系统，七流中间包通道结构如图 6-3 所示。流钢通道的主要作用是将中间包注流区钢液引入分配室并通过感应电流加热钢液后，流进分配室；感应加热器包括铁芯及多匝线圈，置于流钢通道的外侧。线圈的功能为使通道内的钢液内部形成交变磁场；保护套一般采用不锈钢材质，主要作用是支撑外部耐火材料、控制加热器位置和安装冷却系统；冷却系统有风冷式及水冷式两种，能带走铁芯及线圈本身所产生的热，对加热设备起到保护作用。

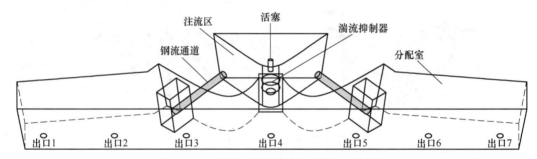

图 6-3　七流中间包感应加热通道装置示意图

通道式感应加热可适用的中间包形状基本满足现有各种连铸生产条件，包括 T 形、一字形、H 形、L 形等常用中间包。感应加热器分为单线圈感应加热器与双线圈感应加热器两种，单线圈感应加热器通常为风冷式，双线圈感应加热器为水冷式。基于中间包包形与加热器设计，通道的布置方式有所不同，在加热器及冷却方式的选择上需要考虑加热器功率、中间包结构改造的难易程度，以及安全性可靠性。

6.3.3　交流磁场净化技术的应用

目前，交流磁场净化技术已经在感应加热中间包中获得应用。采用感应加热中间包工艺制备钢液中的夹杂物数量明显减少，最终板坯表面质量显著提高。

6.3.3.1　应用效果

应用效果如下：

（1）明显加强混流效果。受到交变电磁和热效应的影响，钢液中电磁力引起的箍缩效应和温差造成的上升流动，感应加热中间包浇注区钢液混合作用加强。

（2）均匀温化。由于钢液混流效果加强，因此促进了钢液温度的均匀化。

（3）有利于夹杂物去除。可使得悬浮在其内部的夹杂物颗粒更易被碰撞、生长、上浮而被除去。

6.3.3.2 应用实例

A 应用实例一

国内某钢厂使用通道式感应加热中间包后的铸坯轧材中夹杂物改善效果，其直径 6 mm 盘条中总氧由常规连铸条件下约 5.8×10^{-6} 降低至 5×10^{-6} 以内，直径 7 mm 盘条由 6.5×10^{-6} 降低至 5.2×10^{-6}。采用通道感应加热后，轴承钢中大颗粒夹杂物（>15 μm）几乎全被除去，小颗粒夹杂物也明显减少。

B 应用实例二

学者在对比中间包在无感应加热、感应加热功率大于 1000 kW 和小于 1000 kW 工况下 Q235、Q345 连铸板坯在后续板带轧材中的表面缺陷指数时，发现加热功率在 1000 kW 以下时缺陷指数比未加热情况下的生产工况要低；但当中间包加热功率大于 1000 kW 时，产品表面缺陷指数又有增加。可见，感应加热功率对中间包去除夹杂物的冶金效果有重要影响。

6.3.4 交流磁场净化技术的优点和不足

交流磁场净化技术的优点如下：

（1）不需要外加磁场和电极，设备简单。

（2）宜用圆形管结构，使得夹杂物颗粒以辐射状迁移到周围，相较于那些夹杂物单一方向偏聚方案，夹杂物迁移距离缩短了一半左右，利于夹杂物脱除效率的提升。

交流磁场净化技术的不足为：虽然该技术可获得良好的去除效果，但是需要施加强大交变电流，这会导致熔体中形成较强的紊流，使得分离出的夹杂物再次被卷入熔体中，电磁净化效果下降。

6.4 旋转磁场净化技术

旋转磁场净化（rotating magnetic field purification，RMFP）技术是指施加旋转磁场时，通过源电流和自身感应磁场的交互作用，产生顺时针方向（或逆时针方向）的洛伦兹力，使金属液形成顺时针方向（或逆时针方向）旋转运动，从而利用金属液和夹杂物受到离心力的差异，实现净化的目的，如图 6-4 所示。

旋转磁场净化技术主要用于离心中间包净化。连铸时中间包既有钢液的贮存、调压、分流和分配作用，又是净化钢液的重要环节。钢液在中间包内流动十分剧烈，源于渣层中的夹杂物极易卷入其中，尤其是钢包交换期由于卷渣而产生的非金属夹杂。当前普遍采用中间包优化设计、吹气等工艺与措施促进中间包中夹杂物的上浮与分离，从而净化钢液，但其结果并不能令人满意。日本川崎公司成功研制了一种以电磁搅拌技术为基础的离心中间包。

6.4.1 旋转磁场净化技术工艺

半圆形的旋转磁场发生器放置在离心中间包的旋转室外围。由于钢液为电的良导体，

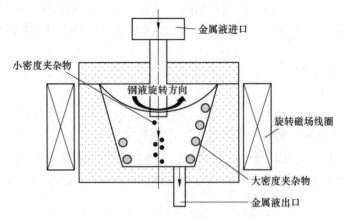

图 6-4 旋转磁场电磁净化示意图

通入交流电后，产生旋转电磁力，旋转室内的钢液产生旋转运动。密度小于金属液的夹杂物将聚集在熔池中心，随着不停的碰撞而长大上浮被去除；而密度大于金属液的夹杂物甩入熔池壁并黏附于炉衬脱离金属液。最后将净化后的钢液通过底部通道流入分配室然后注入结晶器内。此时的电磁力并没有直接作用在夹杂物上，而是通过使金属液旋转产生的离心力完成对夹杂物的去除。

6.4.2 旋转磁场净化技术装备

技术装备以中间包和电磁搅拌器为主。中间包可划分为圆形旋转室与长方形分配室，圆形旋转室的下端设置有底部通道，钢液通过底部通道从圆形旋转室流入至分配室。弧形电磁搅拌器设置于旋转室的外侧，作用是使旋转室内钢液水平转动。电磁搅拌器包括电源、半圆形铁芯、六组绕铁芯的线圈及冷却系统。离心中间包结构如图 6-5 所示。

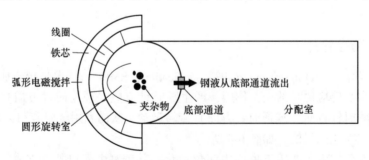

图 6-5 离心中间包结构示意图

6.4.3 旋转磁场净化技术的应用

目前，旋转磁场净化技术已经在离心中间包中获得应用[8]，采用离心中间包可以有效减少铸坯中夹杂物数量，提高板坯表面质量。

6.4.3.1 应用效果

应用效果如下：

（1）提高了脱氧能力。在电磁搅拌作用下，离心中间包钢液中溶解氧和脱氧剂发生反应，脱氧速度提高。并且随着电磁搅拌效果增强而提高，相比其他二次精炼过程脱氧速度加快。

（2）提高了夹杂物分离和渣去除效率。钢液旋转促使夹杂物与渣碰撞聚合并向大型化方向发展，利于夹杂物上浮与渣分离。

（3）提高了混合时间。在电磁搅拌作用下，钢液流动更加剧烈，从而极大抑制了流动短路现象，还能改善钢液滞留于分离室内的时间，有利于夹杂物的上浮分离。

6.4.3.2 应用实例

该技术在日本川崎公司千叶厂1号板坯连铸机上进行了30 t离心中间包工业试验，并成功应用于该厂4号板坯连铸超净不锈钢高速连铸中，获得良好效果，实现了高拉速和高洁净度。离心中间包内旋转室为7 t，分配室为23 t，以浇注铝沸腾不锈钢为主。对于含0.45%碳和0.03%铝的高碳钢，在正常浇注期的中间包内小型夹杂物几乎都是颗粒状Al_2O_3。当采用离心中间包时，$2\sim30\ \mu m$小尺寸夹杂物有所减少。由于旋转流动对流动短路有抑制作用，小于$300\ \mu m$的夹杂物由旋转室进入分配室所占比例随着粒径增大而降低。使用离心中间包时，钢包交换期夹杂物分离率远低于未使用离心中间包正常浇注期夹杂物分离率，充分反映了离心中间包夹杂物脱除效果较好。

6.4.4 旋转磁场净化技术的优点和不足

旋转磁场净化技术的优点如下：

（1）无接触污染。由于电磁搅拌作用与钢液无直接接触，因此不会产生污染。

（2）能连续净化处理、杂质易清除。电磁搅拌装置可以连续工作，显著提高净化效率，有利于杂质的去除。

旋转磁场净化技术的不足如下：

（1）虽然该技术在超净不锈钢铸坯制备中获得良好的去除效果，但是与金属密度差别不大的夹杂物，难以实现分离。

（2）激烈的搅拌会使熔体发生严重氧化和强烈侵蚀分离器壁。

6.5 高频磁场净化技术

高频磁场净化（high frequency magnetic field purification，HFMFP）技术是指基于高频磁场，在液态金属集肤层中产生感生涡流，并借助高频磁场和涡流之间的作用，形成指向轴心方向的挤压力，在颗粒（第二相）同熔体间产生差异性的电磁力诱发相对运动达到净化目的，如图6-6所示。

高频磁场起初用于软接触结晶的研究。由于其可以改善铸锭的表面质量和促进组织生成，人们逐渐考虑到将其应用在电磁净化方面。目前，高频磁场净化技术主要可用于热镀锌中锌渣的去除，以及铝溶液中夹杂物的去除。

热镀锌电磁净化技术，主要采用高频磁场对热镀锌液中的锌渣进行分离。热镀锌是目前预防钢材腐蚀最为常用和有效的工艺之一。由于镀锌钢板被用于汽车车身上，其应该具有高表面质量、高强度、良好的焊接性和高深冲性等特性。这些特性的影响因素包括薄板的表面粗糙度、清洁度、带钢化学成分、热镀工艺、锌液成分、热镀设备等，其

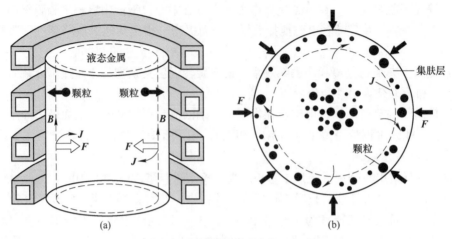

图 6-6　高频磁场电磁净化示意图

（a）主视图；（b）俯视图

中锌液所含锌渣对镀锌板的表面质量影响最大。镀锌过程中产生的锌渣如图 6-7 所示，其黏附于镀锌板上，可形成点状缺陷、流锌槽印。镀锌板上锌渣缺陷如图 6-8 所示，用过滤、静置及溶剂精炼等常规夹杂物清除方法不适用于锌渣。随着冶金与液态金属处理领域越来越多地关注电磁技术的应用，采用电磁净化方法处理锌渣，成为了目前新的研究方向。

图 6-7　镀锌过程中产生的锌渣

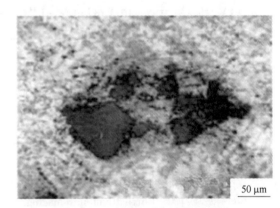

图 6-8　GI 镀锌板表面的锌渣缺陷

　　高频磁场净化技术也可以用于铝熔体中的夹杂物分离。铝铸锭的优劣由液态金属洁净度的高低决定，其中有三类污染铝合金的杂质：溶解氢、非金属夹杂物，以及不必要的碱金属、碱土金属等。在这些杂质中，非金属夹杂物是最不稳定和不易控制的，它对合金各方面性能都有着重大影响。由于非金属夹杂物的出现，使铝熔体黏度增大、流动性差，从而造成疏松和合金铸造性能下降，易形成多种铸造缺陷，因此夹杂物的高效去除与铝合金材料性能密切相关。传统工艺中夹杂物去除存在一些问题，如金属熔体易受二次污染、有害颗粒的除杂效率低、20 μm 内细小颗粒难去除、易造成环境污染和稳定性不够高等。因此，电磁净化方法处理铝熔体成为了一个新的研究方向。

6.5.1 高频磁场净化技术工艺

高频磁场净化技术的原理是利用非金属夹杂物与熔体电导率不同，向螺线管内通电流以产生电磁场，磁感线作用于陶瓷管内的液态金属中产生电磁力，陶瓷管在电磁作用下捕获液态金属锌渣或夹杂物。液态金属中非金属夹杂物所承受的挤压力方向和电磁力作用方向相反，电磁场作用下金属液和夹杂物电导率的不同决定了非金属夹杂物所受电磁力的大小和迁移方向。与前面所提的交变磁场相比，高频磁场更不均匀，金属液湍流流动更加剧烈，熔体的流动将其内部的夹杂物送运到表层集肤层内。电磁挤压力在集肤层内对夹杂物的去除有很好的效果，而在集肤层之外的区域，夹杂物所受电磁力较小，因此去除效率较低。

6.5.2 高频磁场净化技术装备

高频磁场净化技术装备由电磁净化系统等组成，其主要用于金属熔液中锌渣或夹杂物的去除和收集。电磁净化系统主要包括感应线圈、陶瓷管分离器和泡沫陶瓷过滤板。电磁净化系统先用陶瓷过滤板初级过滤后再用陶瓷管电磁分离；感应线圈内有循环水流过，冷却时可以产生轴向均匀交变磁场；陶瓷管置于感应线圈内部，金属熔液流经陶瓷管后，陶瓷管可以通过电磁作用俘获其锌渣或者夹杂物。接下来分别介绍热镀锌和铝溶液中夹杂物去除的实验装置。

6.5.2.1 热镀锌液连续电磁净化中试装置[9-10]

锌液电磁净化实验装置如图 6-9 所示，该设备主要包括锌液循环系统（锌液泵）、电磁净化系统（中频感应电源、电磁流槽、铜排）、升降系统（升降机、电机、联轴器）和移动平台等。其中锌锅电阻炉加热功率可调节，通过锌液泵完成锌液循环。电磁净化系统先用陶瓷过滤板初级过滤再电磁分离，所述锌液泵和电磁净化装置放置于同一移动平台且连接移动推车，随推车沿水平面运动，可以改变锌锅内进出口导管位置，同时可通过调整平台高度来改变进出口导管插入锌锅的深度。

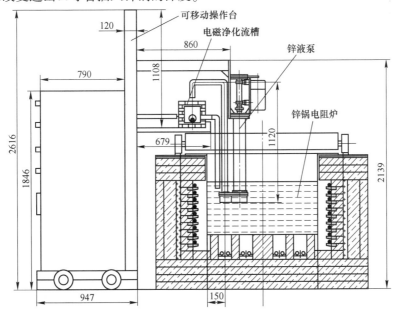

图 6-9 锌液电磁净化实验装置（单位：mm）

A　锌锅

图 6-10 所示为净化实验平台的锌锅，其尺寸大约为宝山钢铁 1550 线锌锅大小的 1/5，即为 824 mm×725 mm×750 mm，它包括炉壳、坩埚、炉盖、保温层、加热器和电控系统等。坩埚内胆由陶瓷材质制成，其特点是耐锌液和高铝锌液侵蚀。锌锅采用电阻加热，额定加热功率 120 kW，内胆外有耐火材料保温层，加热电阻安装在保温层内侧四壁上，保证了锌锅加热效率，此锌锅使用温度上限 800 ℃。

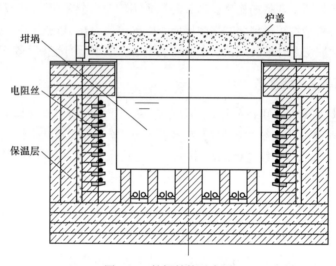

图 6-10　锌锅结构示意图

B　锌液循环系统

锌液循环系统可以带动镀锌液从锌锅中排出到净化系统中，其带动装置为锌液泵（见图 6-11）。锌液泵特点如下：（1）锌液泵流量可调。在锌液泵驱动电机上安装变频装置，可以调整电机转速，以有效调节锌液泵流量，锌液循环系统处理锌液的效率为 3~10 t/h。（2）锌液泵内、外表面经防腐蚀处理后，能连续运行 12 h。

图 6-11　锌液泵

C 电磁净化系统

图 6-12 所示为电磁净化系统图，电磁净化系统由专用感应电源、电磁除渣装置和流槽组成。该感应电源能够实现调节功率、调节频率及报警检测的功能。电磁除渣装置包括感应线圈、陶瓷管分离器、过滤板、隔热层和耐火材料壳体。感应线圈内有循环水流过，冷却时可以产生轴向均匀交变磁场。陶瓷管放置在感应线圈内，锌液流经陶瓷管后，陶瓷管可以通过电磁作用将其锌渣截留。采用隔热纤维材料作为感应线圈与陶瓷管之间的隔热层，感应线圈、隔热层、分离器都放置在耐火材料壳体中。陶瓷过滤板置于陶瓷管的前端用于初级过滤，流槽的内腔与锌液的接触部位除了线圈与陶瓷管以外全部采用不锈钢材料。

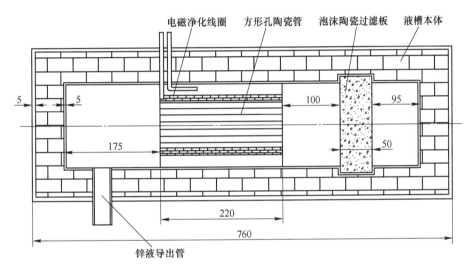

图 6-12 电磁净化系统（单位：mm）

为避免锌液循环净化系统在启动过程中，锌液泵泵入锌液与"冷"净化流槽相遇，造成陶瓷管大量失热而引起温度下降，从而造成流槽凝固和阻塞，此时可启用加热器，顶盖式加热器如图 6-13 所示。

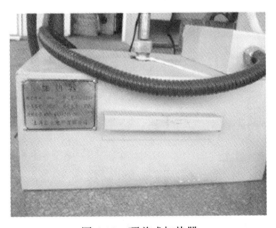

图 6-13 顶盖式加热器

6.5.2.2 铝溶液电磁连续净化装置[11-13]

利用 15 t 熔炼炉将铝熔化,并将铝液经保温炉静置处理后流入精炼箱,精炼箱中采用旋转喷吹除气装置除氢,并采用 20 ppi 泡沫陶瓷过滤板除去粗大夹杂,然后铝液继续经过电磁净化装置处理,电磁净化处理结束后流入铸嘴,再送入连铸机中铸造成坯料,最后用轧机连续轧制成 9.5 mm 直径铝杆。在铸造过程中铝液的流量为 5 t/h。带 C 型铁芯连续电磁净化装置如图 6-14 所示。

JGGCI-50-10/30型IGBT感应加热电源

图 6-14　带 C 型铁芯的电磁净化工业装置的现场应用

图 6-15 所示为带有 C 型铁芯电磁净化装置的构造示意图,C 型铁芯电磁提纯装置包括铁氧体铁芯、感应线圈、流槽及陶瓷管分离器等。JGGCI-50-10/30 型 IGBT 感应加热电源是高频磁场发生设备,对 380 V 的工频交流电经过整流、滤波和逆变,转换成高频交流电,输入感应线圈进而产生正弦波形的交变磁场,以产生额定频率为 10 kHz 的高频感应磁场。线圈是由中空紫铜管绕制而成,安装在感应电源非晶变压器的输出端,为防止过热烧毁,线圈内通循环水进行冷却。流槽内有陶瓷管,并一同放置在 C 型铁芯的气隙之中。陶瓷管由一系列相互独立的 8 mm×8 mm 方形孔组成(见图 6-16),无论铝液从哪一个方形孔中通过,夹杂物都将在轴向交变磁场的作用下向四周壁面处移动,直至被去除。

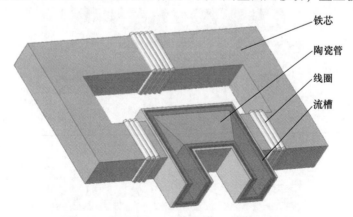

铁芯

陶瓷管

线圈

流槽

图 6-15　带铁芯的电磁净化装置的结构示意图

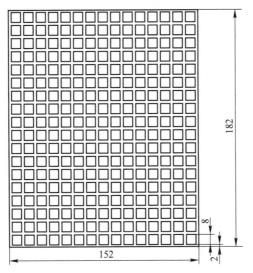

图 6-16　陶瓷管分离器的截面图（单位：mm）

此装置的感应线圈由三组线圈组成，其中铁芯两端的两个三匝线圈采用顺串联，同时与中部的六匝线圈（下命名为中间线圈）并联，使得线圈的总电感量降低。每个线圈均由紫铜管弯制而成，铁芯的材料为锰锌铁氧体。

双七匝线圈电磁连续净化装置流程同前面的带 C 型铁芯连续电磁净化装置基本相同，只是线圈缠绕和排列方式有所不同。其流程为：首先将铝锭在保温炉内熔化，静置 2 h 后倒入精炼箱铝液进行熔化成液静置，利用精炼箱内的旋转喷吹除气装置除氢，并用30 ppi/ 50 ppi 双层泡沫陶瓷过滤板对较粗大的夹杂进行去除，随后铝液连续地通过电磁净化装置，在完成电磁净化处理后流入模盘，通过热顶铸造机铸造出直径约 200 mm 的圆棒。每一炉约 45 min 的铸造时间，即铝液铸造过程中铝液的流量为 20 t/h。双七匝线圈连续电磁净化装置如图 6-17 所示。

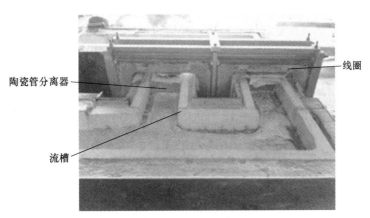

图 6-17　双七匝线圈电磁净化工业装置的现场应用

双七匝并联螺线管线圈结构的电磁净化工业装置结构如图 6-18 所示，由螺线管线圈、流槽、陶瓷管分离器构成，并配有磁轭。与带 C 型铁芯连续电磁净化装置不同的是，此装置中的流槽和陶瓷管分离器均通过螺线管线圈的内部气隙，在流槽外壳处利用云母板完成对线圈的隔离。这种方式的优点是线圈内部的磁场更加均匀，当净化流量大于 10 t/h 的情况下，有利于提高电磁净化效率（如圆棒或扁锭的半连续直冷铸造）。双七匝线圈电磁净化装置使用线圈的截面均为中空正方形，线圈使用紫铜作为材料，双七匝线圈的两个线圈外部加上磁轭，磁轭采用锰锌铁氧体作为材料。双七匝线圈电磁净化装置设计额定电流为 1000 A，额定频率为 10 kHz，最大功率可达 60 kW。

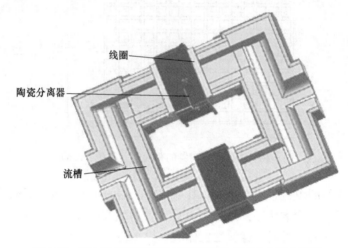

图 6-18　双七匝并联螺线管线圈结构的电磁净化工业装置

6.5.3　高频磁场净化技术的应用

目前，高频磁场净化技术已经在热镀锌和铝熔体制备工艺中获得应用，该项技术能有效除去金属溶液中的锌渣或者夹杂物等杂质。

6.5.3.1　应用效果

应用效果如下：

（1）减小锌液的锌渣含量和锌渣粒度。热镀锌液的连续电磁净化研究表明，锌渣分离时影响锌渣分离效率的因素主要有电磁力作用时间、磁感应强度、锌渣粒度等。

（2）降低夹杂物含量。对带有 C 型铁芯的铝熔体净化研究表明，夹杂物含量显著下降，其平均面积百分含量从 0.26% 下降至 0.12%。对双七匝线圈铁芯铝熔净化研究表明，夹杂物平均面积百分含量从 0.10% 下降到 0.07%，夹杂物去除效率达到 30%，整体电磁净化装置去除夹杂物总量达到 65%。

6.5.3.2　应用实例

A　应用实例一

热镀锌液连续电磁净化中试装置的净化效果：电磁分离前、后的锌液金相照片如图 6-19 所示，由图 6-19（a）可知，锌液净化前锌渣含量高，锌渣粒度大，经定量金相统计锌渣粒度的分布在 5~54.8 μm 之间。图 6-19（b）所示为经电磁分离后锌液的金相图片，从图片中可看到锌液已经比较干净，只有少量锌渣存在，锌渣粒度在 10 μm 以下。

由能谱分析得知，锌渣是 $FeZn_7$ 金属间化合物，铁、锌、铝的质量分数分别是 8.99%、

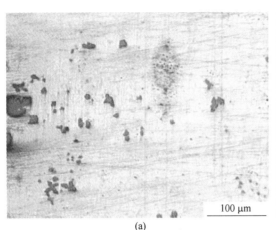 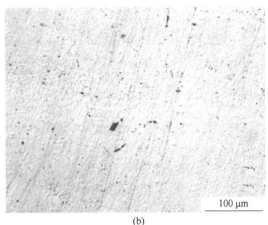

(a)　　　　　　　　　　　　　(b)

图 6-19　电磁分离前后的锌液金相照片

（a）分离前；（b）分离后

87.14%、3.87%，铁与锌的摩尔比在 1∶8 左右。热镀锌时，这类锌渣因密度比锌液大，因此沉入锌锅底。

锌渣分离时影响锌渣分离效率的因素有电磁力作用时间、磁感应强度和锌渣粒度。

表 6-1 所列为不同电磁力作用时间下的锌渣分离效率。根据 5 次实验结果比较分析，分离效率随电磁力作用时间的延长而提高，电磁力作用时间 t 为 1.8 s 时分离效率可超过 80%。

表 6-1　不同点磁力作用时间下的分离效率

实验序号	B_e/T	f/kHz	G/kg	$\bar{V}$/cm·s⁻¹	t/s	η/%	η_0/%
1	0.10	17.5	5.38	34.39	0.581	43.76	43.14
2	0.10	17.5	4.8	23.02	0.869	55.05	57.50
3	0.10	17.5	3.5	13.43	1.589	63.75	78.70
4	0.10	17.5	4.05	11.09	1.802	82.49	82.80
5	0.10	17.5	4.75	8.89	2.257	85.71	88.72

注：B_e 为感应线圈内有效磁感应强度；f 为磁场频率；η 和 η_0 分别为实验和数值计算所得锌渣分离效率；G 为锌渣质量；$\bar{V}$ 为锌渣分离速度。

当有效磁感应强度为 0.10 T 时，通过数值计算方法得到锌渣分离效率与电磁力施加时间的关系。结果表明，随锌渣在净化器中停留时间增加，锌渣的分离效率增大。分离效率在净化的初始阶段增长较快，而在净化效率超过 90% 后，分离效率增加速度明显变缓。

表 6-2 所列为三种不同镀锌液分离锌渣实验结果。比较三次实验结果得出以下结论：锌渣平均粒度显著影响分离效率，随着锌渣粒度增大分离效率提高，其原因是锌渣粒子运动速度正比于粒度的平方。

表 6-2　不同尺寸锌渣的分离实验结果

实验序号	B_e/T	f/kHz	平均颗粒尺寸/μm		η/%	η_0/%
			分离前	分离后		
6	0.10	17.5	18.1	11.4	98.63	92.40
7	0.10	17.5	9.84	8.71	65.57	64.95
8	0.10	17.5	11.7	8.40	89.71	77.65

实验 8 净化前后的锌渣粒度分布如图 6-20 所示，可以看出尺寸段为 5~10 μm、10~15 μm 和 15~20 μm 的锌渣分离效率依次是 76.20%、80% 和 90.48%，这一结果也证明锌渣分离效率会随着锌渣尺寸的增大而提高。

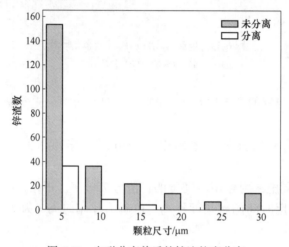

图 6-20　电磁分离前后的锌渣粒度分布

通过分析相同成分的锌液在不同磁感应强度下锌渣分离的结果可以发现，锌渣分离效率随磁感应强度的增大而增大。分析分离效率随磁感应强度变化的规律可知，磁感应强度在 0.02 T 时锌渣的分离效率很低，磁感应强度提高至 0.05 T 时锌渣的分离效率提高约 1 倍。所以要除去小粒度锌渣粒子磁感应强度应在 0.05 T 以上，并且在磁感应强度恒定情况下，分离效率随电磁分离时间延长而提高。

B　应用实例二

铝溶液电磁连续净化前后两组样品夹杂物大小分布累积统计结果表明：未经电磁净化处理的铝液含有泡沫陶瓷过滤板无法滤除的 10~30 μm 夹杂物。而经过带 C 型铁芯的电磁净化装置后，这些尺寸夹杂物大部分被去除，夹杂物的数量减少 74%。同时，10 μm 以下夹杂物明显减少，5~10 μm 夹杂物减少 61%。

电磁净化前后所取试样中夹杂物含量的多视场测量结果表明：电磁净化处理之后夹杂物的数量显著下降，平均面积百分数从 0.26% 下降至 0.12% 左右。所取试样经过电磁净化前后的光学金相照片如图 6-21 所示。图 6-21（a）所示为未经过电磁净化处理的试样，其中明显有尺寸大于 10 μm 的夹杂物存在；图 6-21（b）所示为经过电磁净化后的试样，只有少数尺寸较小的夹杂物在金相组织中。研究表明：铝液经电磁净化能显著降低夹杂物含量。

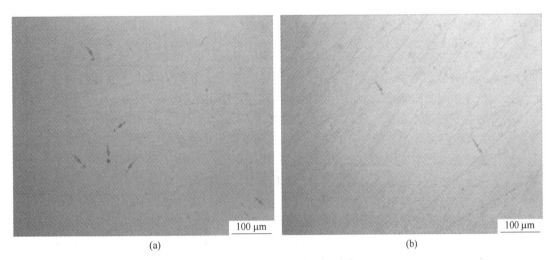

图 6-21 试样的光学金相照片

(a) 电磁净化前；(b) 电磁净化后

表 6-3 所列为电磁净化前后两组试样中夹杂物尺寸分布的累计统计结果，电磁净化前铝液内含有泡沫陶瓷过滤板无法滤除的大于 10 μm 夹杂物，而经过双七匝线圈电磁净化装置后这些夹杂物大部分被去除，夹杂物的数量减少了 29%；与此同时，小于 10 μm 的夹杂物数量也有显著的降低，小于 10 μm 的夹杂物去除率达到 37.5%。

表 6-3 检测出的夹杂物尺寸分布

尺　寸	夹杂物数量		
	过滤板前	过滤板后电磁前	铸造前
<10 μm	89	42	27
10~20 μm	48	19	17
>20 μm	13	8	5

过滤板前及经过双七匝线圈电磁净化前后所取试样中夹杂物含量的多视场测量结果表明，经过过滤板净化后夹杂物面积百分数平均由 0.20% 降低到 0.10%，过滤板的夹杂物去除效率为 50%，再经过双七匝线圈电磁净化处理后夹杂物面积百分数平均由 0.10% 降低至 0.07%，双七匝线圈电磁净化对夹杂物的去除效率为 30%，整个电磁净化装置对夹杂物的总去除效率为 65%。

6.5.4 高频磁场净化技术的优点和不足

高频磁场净化技术的优点如下：

(1) 电磁分离装置调解和控制简单便捷，且设备维护较为方便。

(2) 处理量较大、净化能力较高、适应范围广、无污染。

高频磁场净化技术的不足为：电磁力渗透深度较浅，靠极细的电磁力高效作用区进行金属内夹杂分离在效率方面将大打折扣。磁场中存在的有旋分量会引发金属熔体的搅拌流动，重新混入分离的夹杂物，将不利于去除金属液中的夹杂物。

6.6　复合磁场净化技术

复合磁场净化技术（combined magnetic field purification，CMFP）是指基于复合磁场，即行波磁场和旋转磁场叠加，形成复杂的洛伦兹力作用于金属熔体内，在颗粒（第二相）同熔体间产生差异性的电磁力诱发相对运动达到相对净化目的[14]。

从目前的发展趋势来看，只采用单独的磁场来解决实际问题，并不能满足人们的生产需要，现阶段人们已经开始采用复合的磁场。金属铀电磁净化技术采用复合磁场（即将行波磁场与旋转磁场叠加）来实现铀金属熔体夹杂分离。强度高、密度大的金属铀，是核工业的重要原料。将金属铀加工制造成为铀锭是一个不断富集、纯化的复杂过程，虽然在此过程中经过各种提纯处理，但仍有多种杂质元素和夹杂物存在其中，夹杂物与其他杂质元素的存在将显著影响金属铀的物理与化学性能。另外，作为锕系元素中的代表元素，近几十年人们一直在研究铀元素。随着对铀元素的研究不断深入与探索，对铀元素的研究已不再停留在初始阶段，目前的研究逐渐深入到对高纯度铀的探索，这给铀净化及生产带来新要求。

目前国内外通过利用电磁净化技术对常用金属液中夹杂物的去除已开展了很多研究，但关于利用电磁净化技术对铀材料中的夹杂与其他元素的去除才刚刚起步。采用电磁净化贫化铀金属熔体方法[15]，即贫化铀高温熔融状态时添加复合磁场，可有效去除贫化铀中的夹杂物。

6.6.1　复合磁场净化技术工艺

复合磁场净化技术工艺流程是将圆柱形高碳铀棒状样品放入直石墨坩埚中并升温熔化，然后将坩埚置于复合磁场中部（加热区的中部）。随后调节加热电机功率将熔体按一定速度冷却，直至充分凝固。在此过程中，复合磁场中的旋转磁场可以促使夹杂物向熔体中心位置迁移，复合磁场中的下行波磁场可以加快熔体芯部夹杂物的上浮速率。旋转磁场与行波磁场作用独立，可分别控制熔体切向速度与纵向速度，最终促进夹杂物的上浮，实现去除。

6.6.2　复合磁场净化技术装备

复合磁场净化技术装备主要是由磁场发生器、加热系统、凝固精密抽拉移动机构和坩埚组成。电磁净化装置由复合磁场发生器、真空系统、熔炼系统组成，电磁净化装置如图6-22（a）所示。加热方式为电阻加热，旋转磁场频率在范围为 $0\sim50$ Hz 内，行波磁场频率连续可调，范围为 $0\sim40$ Hz。电源采用三相交变电源，可提供 $0\sim400$ A 可变电流。磁场发生器可以产生行波磁场和旋转磁场，如图6-22（b）所示。行波磁场由水平环形线圈和水平环形铁芯交错叠加组成，三相交流电经3个线圈产生旋转磁场，线圈嵌在定子铁芯上。凝固精密抽拉移动机构主要功能是负责将坩埚移进和移出电磁净化装置。

6.6.3　复合磁场净化技术的应用

目前，复合磁场净化技术只处于实验室研究阶段。施加复合磁场可以实现高碳贫化铀中夹杂物的去除，可通过调节行波磁场与旋转磁场的比例，实现不同部位夹杂物去除效果。

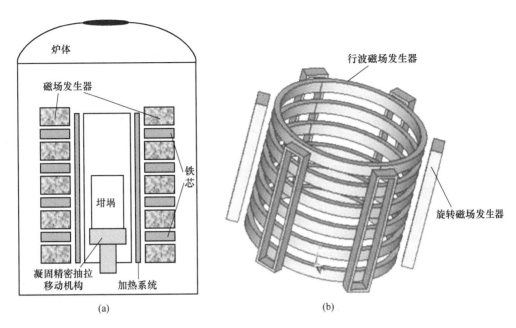

图 6-22　金属铀电磁净化装置示意图（a）和磁场发生器（b）

6.6.3.1　应用效果

复合磁场对高碳贫化铀中的夹杂物有很好的去除效果。在磁场作用下，夹杂物上浮并集中在铸锭上部的中心位置，而铸锭的中下部仅有少量的夹杂物存在，这也表明可以采用复合磁场来进行高碳贫化铀的纯化。

6.6.3.2　应用实例

下面介绍金属铀复合磁场净化应用效果。实验时，将圆柱形高碳铀棒状样品放入直石墨坩埚中，将坩埚置于复合磁场中部（加热区的中部），并启动电机，磁场参数选择为：旋转磁场为 100 A/35 Hz，行波磁场为 100 A/20 Hz。将试样打磨和抛光后，对铸锭上、中、下不同部位的中心和边部进行取样，并分析基体中不同部位碳化物夹杂的分布情况。

在铸锭上、中、下三个高度位置上的芯部和边部各取两个样品进行组织观察。可以发现夹杂物在复合磁场作用下上浮，并且分布于铸锭上表面并且以芯部为主，铸锭下表面夹杂很少。不同磁场在复合磁场下对夹杂物产生的影响不一样，在旋转磁场下夹杂物向熔体芯部运移，而下行波磁场可以加快熔体芯部夹杂物上浮速率。

6.6.4　复合磁场净化技术的优点和不足

复合磁场净化技术的优点如下：

（1）复合磁场净化技术的除杂效果优于单一磁场。

（2）应用范围较广，可以对细小夹杂物进行除杂。

复合磁场净化技术的不足为：由于复合磁场设备繁杂、造价昂贵、操作繁杂，因此限制了该技术的应用。

6.7 其他电磁净化技术

6.7.1 稳恒磁场净化技术

稳恒磁场净化技术（steady magnetic field purification，SMFP）就是通入直流电流后，能在金属液中产生稳恒磁场，并形成和重力方向不同的电磁力来诱导相对运动，从而实现相对净化。

直流电场电磁净化过程如图 6-23 所示，把陶瓷管横向置于恒定磁场下，向陶瓷管内注入金属液，向金属液通入直流电流，按左手定则液态金属受到向下的电磁力方向。由于液态金属内夹杂物颗粒电导率很低导致受力失衡，夹杂物会在电磁挤压力作用下逐渐向上管壁迁移，最后黏附于管壁，达到脱离金属液的目的。该净化技术已经成功应用于水银中的水滴分离、饱和 NaCl 溶液的聚苯乙烯分离。

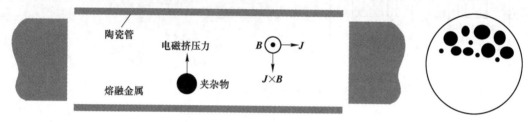

图 6-23   直流电场电磁净化示意图

6.7.2 行波磁场净化技术

行波磁场净化技术（traveling magnetic field purification，TMFP）就是以行波磁场为基础在金属液中产生和磁场运动方向相同的电磁力，迫使非金属夹杂物沿相反方向移动，诱发相对运动达到相对净化目的，如图 6-24 所示。

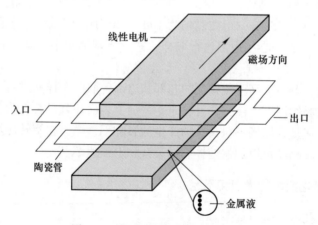

图 6-24   行波磁场电磁净化示意图

行波磁场净化金属熔体的方法是由田中佳子等人提出，为了验证该方案的可行性，他们采用 Al-Al$_2$O$_3$ 体系试验研究。由麦克斯韦方程得知，在线性电机内部由定子横向运动所引起的行波磁场中，板状导体或者线圈会形成感生涡旋电流反作用于行波磁场，从而使得导体或者线圈承受定向力，该力会同时带动线性电机内部转子运动。液态金属在行波磁场中会受到与磁场运动方向相同的电磁力，导致非金属夹杂物沿与磁场运动方向相反的方向运动。因此，行波磁场可除去液体金属中的非金属夹杂物。

这种技术虽能得到稳恒磁场技术引起的单向力，但与其他磁场相比，线性电机的分布更加不均，因此更容易产生对流，目前减少该现象的有效方法较少。如果只减小陶瓷管直径，由于截面积的减小，被净化的金属液量也随之减少。

6.7.3 超强磁场净化技术

超强磁场净化（ultrastrong magnetic field purification，UMFP）是指通入超强磁场电流后，在金属液中产生不均匀电磁力，并形成和重力方向不同的电磁力来诱导相对运动，从而实现相对净化。最近几年超强磁场（5~20 T）生产成本大幅度降低，使利用超强磁场提纯方能用于工业，如法国的 Beatrice 和 Pascale 等人用超强磁场净化金属液。超强磁场的磁感应强度是一般磁场的十几倍甚至几十倍，所以得到的电磁力场也极大。在超强磁场条件下，若金属液流动不平行于磁力线时，颗粒会受到来自金属液对磁力线切割产生的洛伦兹力和来自非金属颗粒对金属液磁化率不均产生的磁化力。在大磁场梯度下，夹杂物颗粒在挤压力作用下向一定方向迁移并脱离金属液。

参 考 文 献

[1] 贾光霖，庞维成. 电磁冶金原理与工艺 [M]. 沈阳：东北大学出版社，2003.

[2] 韩志成. 电磁冶金技术及装备 [M]. 北京：冶金工业出版社，2008.

[3] 任英，张立峰，杨文. 不锈钢中夹杂物控制综述 [J]. 炼钢，2014，30（1）：72-78.

[4] 胡邵洋，戴晓天，那贤昭. 电磁净化技术研究进展与展望 [J]. 铸造技术，2018，39（2）：474-477.

[5] 张成博，岳强，张龙，等. 金属电磁净化技术的研究进展 [J]. 铸造技术，2017，38（8）：1781-1784.

[6] 唐海燕，刘锦文，王凯民，等. 连铸中间包加热技术及其冶金功能研究进展 [J]. 金属学报，2021，57（10）：1229-1245.

[7] 毛斌，陶金明，孙丽娟，等. 中间包冶金新技术——离心流动中间包 [J]. 连铸，2008，2：8-11.

[8] 钟云波，孟宪俭，倪丹. 旋转磁场净化钢液的实验研究 [J]. 上海金属，2006，28（2）：9-14.

[9] 董安平，疏达，王俊，等. 交变磁场作用下热镀锌液中锌渣的分离 [J]. 上海交通大学学报，2007，10（41）：1613-1617.

[10] 江萍，宋晓冬. 宝钢带钢连续热镀锌机组及汽车用镀锌板生产 [J]. 轧钢，2000，17（6）：25-29.

[11] 郭庆涛，金俊泽，李廷举. 高频磁场电磁净化模拟 [J]. 中国有色金属学报，2005，7：132-137.

[12] 疏达，孙宝德. 铝熔体中夹杂物形状与取向对其电磁分离的影响 [J]. 金属学报，2000，36（9）：956-960.

[13] 管学峰，疏达，丁有才. 铝合金熔体电磁净化装置的净化效果及磁场分析 [J]. 热加工工艺，2013，42（21）：58-61.

[14] CRAMER A，PAL J，GERBETH G. Experimental investigation of a flow driven by a combination of a rotating and a traveling magnetic field [J]. Phys. Fluids，2007，19（11）：406-421.

[15] 熊伟. 复合电磁场对碳化物夹杂的净化研究 [J]. 冶金管理，2019，8：26-27.

7 钢的软接触电磁连铸技术

7.1 概述

钢的软接触电磁连铸技术（soft-contacting electromagnetic continuous casting, SCECC）是利用连铸结晶器外施加的交变磁场与钢液作用激发感应电磁压力，电磁压力消除或者部分抵消钢液因受重力引起的对结晶器壁的静压力，使钢液与结晶器壁面之间达到一种"软接触"状态的新技术。

连铸过程是钢铁生产中的关键环节，其工作原理是将钢液连续不断地从结晶器口部注入结晶器，经水冷后凝固为一定厚度的坯壳，然后从结晶器出口处被拉出，被拉出的坯壳经过二次喷水冷却凝固为铸坯，最后被切割成坯料的一种铸造工艺。连铸坯表面振痕是现代连铸生产中的一种典型质量缺陷，是产生铸坯横裂纹等诸多表面缺陷的根源，连铸坯表面振痕极大地制约了连铸坯表面质量和连铸坯热装热送技术的发展。通过传统技术手段解决这些难题还存在自身无法克服的困难，以法国、日本、中国为代表的电磁冶金工作者抛开传统手段利用电磁连铸技术进行了深入研究，开创了钢的软接触电磁连铸技术。

钢的软接触电磁连铸技术起初是受制铝工业中的电磁铸造、电磁细晶铸造和冷坩埚悬浮熔炼的启发而提出的[1]，但与铝合金相比，由于钢的电导率低（$\sigma_{Fe}/\sigma_{Al} \approx 1/6$）、热导率低（$\lambda_{Fe}/\lambda_{Al} \approx 0.25$）、密度大（$\rho_{Fe}/\rho_{Al} \approx 3$）、磁场的穿透深度大（$\delta_{Fe}/\delta_{Al} \approx 2.4$）、拉速高（$V_{Fe}/V_{Al} > 10$）等方面的因素，所需要的电磁力要远远高于铝，因此常规铝工业使用的电磁铸造工艺还不能适用于钢铁生产领域。直到 20 世纪 80 年代中期，法国的 Vives 发明了一种新型电磁铸造工艺[1]。这种工艺采用分瓣式结晶器，解决了交变电磁场因为集肤效应不易穿透铜质结晶器的难题。通过在分瓣结晶器外施加交变磁场，利用结晶器和电磁推力共同支撑液态金属，使液态金属与结晶器若即若离，减小液态金属与结晶器的摩擦作用，达到"软接触"的效果。研究表明，软接触结晶器电磁连铸技术铸造的铸坯质量明显优于常规铸坯，所需的电磁力远小于无模电磁连铸，使这一技术在钢铁领域的应用成为可能。

20 世纪 80 年代以来，钢的软接触电磁连铸技术得到了飞速发展，作为有效控制铸坯初始凝固过程和保证高效连铸正常进行的关键技术，国内外很多学者对其进行了大量的理论和实验研究[2-4]，主要集中在软接触电磁连铸结晶器的结构形式[5-8]、磁场施加方式[9-12]等方面。关于钢的软接触电磁连铸结晶器的结构形式的研究主要集中在切缝式结晶器和两段式结晶器两方面。关于软接触电磁连铸磁场施加方式的研究主要集中在间断高频磁场和调幅磁场方面。针对这些方面众多学者进行了系列改进和优化，研究内容主要包括结晶器内磁场分布规律、弯月面行为，以及铸坯表面质量等，研究手段主要有热模拟实验、数值模拟和工业试验。

对软接触电磁连铸铸坯表面质量的研究表明[13]，在具有一定磁感应强度的交变磁场作用下，结晶器保护渣的消耗量增加，拉坯阻力减小，铸坯表面振痕深度明显减轻。低熔点 Sn-Pb 合金及钢的连铸拉坯（100 mm×100 mm）实验研究结果表明[14]，在频率为 20 kHz 的高频磁场作用下，铸坯表面振痕得到明显减轻，铸坯在电磁连铸结晶器内的初凝壳厚度也变得更加均匀。不锈钢圆坯和方坯软接触电磁连铸工业试验也获得了较佳的振痕去除效果[15]，对获得的铸坯进行免修磨轧制成 φ8 mm 线材，成品的综合成材率提高 3% 以上。总之，大量研究已充分说明，软接触电磁连铸技术在改善铸坯质量上有显著的优势，未来在钢的连铸生产中应用潜力巨大。

本章介绍了钢的软接触电磁连铸技术的原理，并且详细介绍了目前切缝式结晶器的软接触电磁连铸技术、两段式结晶器的软接触电磁连铸技术和调幅磁场的软接触电磁连铸技术的工艺、装备、应用及优点和不足。

7.2　钢的软接触电磁连铸技术原理

钢的软接触电磁连铸技术原理如图 7-1 所示。其基本原理是在连铸结晶器外布置感应线圈，当线圈中通入交变电流后，线圈激发交变磁场 B，并且磁场透过结晶器作用于钢液，在其表面产生感应电流，交变磁场与感应电流相互作用产生电磁压力 F_m，电磁压力消除或者部分抵消钢液因受重力引起的对结晶器壁的静压力，使钢液与结晶器壁面之间达到一种若即若离的"软接触"状态。通过这种方式成型的铸坯有着表面光洁度高、振痕少等特点，能够大幅度提高铸坯的表面质量，提高连铸坯热装热送比率，使铸坯可不经过磨削、修整过程就能直接轧制。

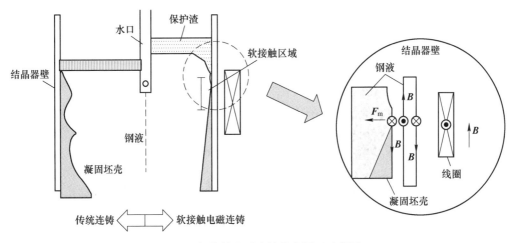

图 7-1　软接触电磁连铸技术原理示意图

图 7-2 所示为钢的传统连铸与软接触电磁连铸效果对比示意图[16]。由图可见，软接触连铸与传统连铸相比，弯月面不仅受到表面张力的作用，同时还受到电磁压力的作用，因此形成的弯月面高度较高，且与结晶器间的接触角较大，使保护渣更加容易流经保护渣通道，改善拉坯时的润滑条件，减小拉坯阻力，因而使铸坯表面振痕和裂纹缺陷减轻。同时，感生电流产生的焦耳热使初始凝固区的传热条件得到改善，铸坯凝固的开始点向下移动，同时交变磁场还可以对钢液产生搅拌作用，使得软接触生产的铸坯不仅表面质量光滑无缺陷，而且金属内部质量也大幅提高。

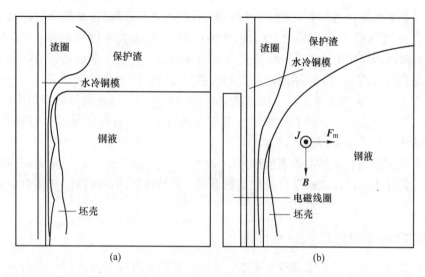

图 7-2 传统连铸与软接触电磁连铸效果示意图
(a) 传统连铸中的初始凝固; (b) 电磁软接触连铸中的初始凝固

软接触电磁连铸技术的基本理论符合麦克斯韦方程组, 磁场的具体公式见第 2 章, 在软接触电磁连铸结晶器内部, 单位熔融钢液所受到的电磁压力为

$$F_m = J \times B = \frac{(B \cdot \nabla)B}{\mu_m} - \frac{\nabla B^2}{2\mu_m} \tag{7-1}$$

由式 (7-1) 可见, 作用在金属熔体中的电磁压力可表示为有旋和无旋两部分。其中式 (7-1) 右端第一项的旋度不为零, 它对金属熔体起电磁搅拌作用, 记为 F_{rot}; 第二项的旋度为零, 表示电磁压力梯度, 其对金属熔体起约束成型作用, 记为 F_{irrot}, 两者之比为

$$\left| \frac{F_{irrot}}{F_{rot}} \right| \propto \frac{L}{\delta} \tag{7-2}$$

其中
$$\delta = (\pi\mu\sigma f)^{-\frac{1}{2}}$$

式中, δ 为集肤层厚度; L 为液态金属特征长度, m; σ 为电导率, S/m; f 为电源频率, Hz。

由此可见, f 越大, δ 越小, F_{irrot} 与 F_{rot} 的比值越大, 越有利于电磁成型, 因此软接触电磁连铸通常采用高频交流电源。

对结晶器内部的熔融金属进行受力分析, 可以知道在弯月面区域存在着钢渣界面张力 P_r、钢液静压力 P_j 和渣道内的静压力 P_b, 以及电磁压力 P_d 的共同作用。且有

$$P_j = P_d + P_b + P_r \tag{7-3}$$

由式 (7-3) 可以看出对结晶器内部的熔融金属进行受力分析有着十分重要的作用, 也可以看出, 保护渣的静压力会随着其材质的不同而变化, 熔融液体的表面张力会随着凝固过程的加深而逐渐消失, 只有很好地控制电磁压力, 才能获得表面质量较好的钢坯。

为了更深入地理解软接触电磁连铸的作用, 上海大学从磁场的 "热效应" 和 "力效应" 出发研究软接触电磁连铸技术对铸坯表面质量的影响机理, 并进行了量化分析[17]。"热效应" 研究表明, 电磁场对结晶器和初始凝固坯壳起到感应加热的作用, 使铸坯的初

始凝固点降低，弯月面处温度提升，减轻结晶器振动对弯月面处温度造成的扰动，有利于消除振痕等表面缺陷；"力效应"研究表明，通过建立数学模型，定量分析高频磁场作用下的渣道宽度和结晶器振动下的保护渣道动态压力发现，施加一定范围的高频磁场可以降低保护渣内的动态压力，减轻弯月面扰动，减轻振痕。

目前，国内外学者关于钢的软接触电磁连铸技术的研究已有较长时间，钢的软接触电磁连铸技术能否在工业生产上得以成功应用，关键取决于结晶器能否同时满足钢的软接触电磁连铸苛刻的工艺条件要求，即同时具有高透磁性与良好的冷却效果。结晶器是连铸设备中最为关键的部件，被称为连铸机的"心脏"，在相当大的程度上影响着铸坯的质量和连铸生产的稳定性。在钢的连铸过程中，结晶器首先接受中间包钢水，并使钢水在其中尽快形成不会破坏的铸坯凝壳，而且还要保持较长的使用寿命，连铸工艺要求结晶器必须具备以下性能：

（1）良好的导热性。为了使钢液在结晶器内形成一定厚度的凝固坯壳，结晶器铜板要求有好的导热性，这是对结晶器铜板最基本的性能要求，也是结晶器一般选用紫铜或铜合金材质的基本出发点。

（2）高的强度，尤其是高屈服强度。由于结晶器铜板要和 $1500 \sim 1600 \ ℃$ 的高温钢液接触，背面又受 $30 \ ℃$ 左右的冷却水冷却，在如此巨大的温度梯度下，反复产生的热应力也是极大的。铜板没有足够的强度就会在铜板表面或冷却水槽底部产生龟裂，甚至冷却水与熔钢接触，可能引发爆炸，为此要通过选择优良的铜板材质和冷却结构来解决。

（3）足够的硬度和耐磨性，尤其是要有较高的软化温度。由于铜板表面要直接与铸坯接触而产生磨损，在高温下要求铜板不软化。

（4）良好的抗变形能力。由于铜板除承受巨大的热负荷（热冲击）外，还同时承受结晶器振动和拉坯所产生的机械负荷，因而，防止（或减小）因蠕变产生的长边铜板的扇形变形和短边铜板的宽度收缩是结晶器铜板必须具备的性能之一。

（5）高的表面精度。在钢的软接触电磁连铸过程中，为了使高频磁场透过结晶器壁而作用于钢液表面，以保证在铸坯表面形成足够的电磁压力，结晶器铜板还应具有良好的透磁率，因此软接触电磁连铸结晶器在结构和材质上与普通结晶器都有很大不同。

由于传统连铸用的纯铜结晶器是电的优良导体，因此高频磁场对铜结晶器的穿透性很差。虽然降低磁场频率可以提高结晶器的透磁性，但产生的电磁力的径向分量减小，轴向分量急剧增大，导致弯月面波动加剧，形状不稳定，铸造过程中容易致使保护渣卷入，影响铸坯成型和铸坯表面质量。另外，金属的导热主要靠自由电子的移动，故导电性越好，金属的导热效果越好，但透磁效果越差，因此金属材料的透磁和导热是不可调和的矛盾体。为了解决这一矛盾，必须对结晶器的材质、结构及磁场施加方式进行深入研究，以开发出适合于钢的软接触电磁连铸工艺的结晶器。

目前钢的软接触电磁连铸的研究主要集中在采用切缝式结晶器的软接触电磁连铸技术、采用两段式结晶器的软接触电磁连铸技术和采用调幅磁场的软接触电磁连铸技术等方面，本章接下来将详细介绍上述三种技术。

7.3 切缝式结晶器软接触电磁连铸技术

切缝式结晶器软接触电磁连铸技术是通过在传统连铸结晶器壁上部按一定方向开出数

条缝隙，使电磁场能够穿透结晶器壁的缝隙直接作用到钢液上的技术。钢液受到电磁压力的影响，会在钢液与结晶器壁面之间形成一种若即若离的"软接触"状态，从而使保护渣更加容易流经保护渣通道，改善拉坯时的润滑条件。

切缝式结晶器的提出为软接触电磁连铸技术在钢铁领域应用提供了可能。切缝式结晶器电磁连铸技术可以解决传统连铸铜质结晶器磁屏蔽高、高频磁场无法穿透的问题，但同时带来切缝多、水冷复杂、结晶器内磁场分布不均匀等缺点。要想在生产中应用，必须深入研究这些问题，切缝式结晶器电磁连铸技术磁场均匀性的主要影响因素有切缝结构、切缝数量和切缝宽度。

7.3.1 切缝式结晶器软接触电磁连铸技术工艺

切缝式结晶器电磁连铸技术采用切缝式结构的结晶器来满足软接触电磁连铸技术的透磁要求，其工艺原理如图 7-3 所示。

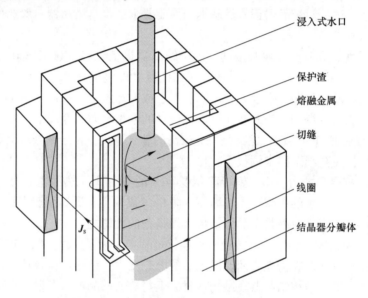

图 7-3 切缝式结晶器工艺原理示意图

切缝式结晶器工艺的影响因素如下：

（1）切缝条数对磁场的影响[5]。切缝的存在使电磁场可以更好地透过结晶器作用于钢液，并且降低结晶器壁表面感生的涡流，使磁能量利用率得到提高。研究表明，随着切缝数的增加，结晶器壁的缝隙增多使其对磁场屏蔽作用变小，从而使磁感应强度明显增强，且结晶器内的磁场分布变得更加均匀。但是，当切缝数量达到一定值后，结晶器内磁通密度趋向饱和，继续增加切缝数，其透磁效果也不会有明显提高，而且切缝越多对结晶器的整体强度越不利，因此切缝式软接触结晶器存在一个最佳切缝数。

（2）切缝宽度对磁场的影响[6]。与切缝条数类似，切缝越宽结晶器的屏蔽作用越弱，磁感应强度越强，且磁场分布趋向均匀。但是缝隙过宽不但导致冷却效果下降，造成漏钢事故，而且同样会降低结晶器的整体强度，切缝宽度也存在一个最佳数值。实际研究结果表明，随着切缝宽度的增加，钢液表面的磁感应强度提高使得电磁推力增大，但是增加并不明显，而且磁场的分布不均匀，多集中于切缝附近。当切缝宽度在 1 mm 以上时，切缝处的初始凝固区熔体会在电磁力的作用下向内形成凹陷，使得铸坯表面产生各种缺陷，从提高结晶器透磁均匀性和保证工艺质量两方面综合考虑，应尽量减小切缝的宽度。

（3）切缝结构对磁场的影响[4, 18]。相比于传统立式切缝，斜向切缝结晶器（即切缝与轴成一定的夹角）能够更好地提高磁场分布均匀性。同时，在切缝内增加屏蔽片也能对软接触结晶器中磁场分布造成影响。在不改变结晶器切缝数和宽度的条件下，通过加适当的屏蔽片，可使结晶器内磁场分布更均匀。

7.3.2 切缝式结晶器软接触电磁连铸技术装备

软接触电磁连铸技术用的切缝式结晶器装置由框架、冷却系统（水箱、铜管和喷淋）、电磁系统（线圈）、调整系统（调整装置、减速机等）及润滑系统（油管、油路）等设备组成，如图 7-4 所示。

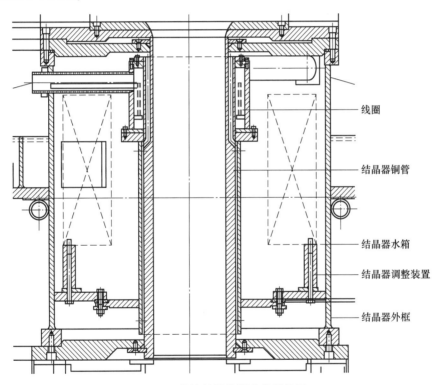

　　　　　　　　　　　　　　　　　　　　　　　线圈

　　　　　　　　　　　　　　　　　　　　　　　结晶器铜管

　　　　　　　　　　　　　　　　　　　　　　　结晶器水箱

　　　　　　　　　　　　　　　　　　　　　　　结晶器调整装置

　　　　　　　　　　　　　　　　　　　　　　　结晶器外框

图 7-4　软接触结晶器总体结构图

区别于传统结晶器装置，软接触电磁连铸技术用的切缝式结晶器装置由于结晶器铜管采用了切缝式结构，其冷却方式也要随之改变。切缝式结晶器装置按照冷却方式不同分为内水冷和外水冷两种形式。其中内水冷方式是在结晶器分瓣体内中心处开冷却水通道，该冷却方式对切缝的密封要求较低，但是为了保证结晶器的强度，必须增加结晶器壁厚。外水冷方式是在结晶器外布置水缝，冷却水流经水缝对结晶器进行冷却，该水冷方式的水冷系统简单，但冷却水的压力和流速都很高，对切缝的密封要求较高。

针对内水冷方式的结构特点，为了减少结晶器壁厚但不降低其强度，采用"闭合栅"

式结构优势更为明显。闭合栅式结构如图 7-5 所示[7]，该结构的结晶器在其顶部以下 5 mm 的范围内不开缝，并在此处采用法兰进行加固，在一定程度上有效地提高了结晶器的强度，同时并不影响结晶器的透磁效果。

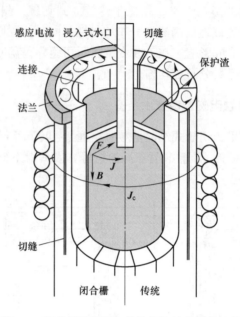

图 7-5　闭合栅结晶器与传统切缝结晶器的比较

针对外水冷方式的结构特点，采用将切缝内填充密封材料（高电阻率的铜合金粉末）的方式，并经热等静压烧结加工而成为一体的整体式外水冷结构来解决。整体式外水冷结构如图 7-6 所示，这种方式冷却水回路的布置简单，结晶器内磁场分布也比较均匀。

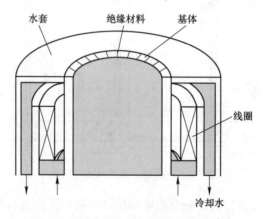

图 7-6　整体式外水冷软接触结晶器[18]

结合内水冷和外水冷系统的优点，组合式分瓣体内水冷型切缝式结晶器[8]被提出，如图 7-7 所示。组合式分瓣体内水冷型结晶器采用铜管中间切缝形式，以及凸台结构，铜管凸台结构和内水套窄水缝结构组合起来共同构成冷却水的通道，有效保证了结晶器的整体结构强度，又防止了高压水的泄漏。与内水冷结构的通体切缝结晶器和闭合栅式结晶器相比，简化了冷却水路，降低了对切缝的密封要求。

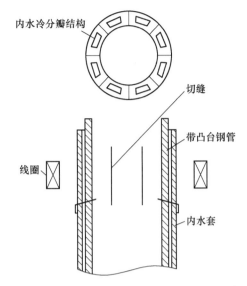

图 7-7　组合式分瓣体内水冷型结晶器结构示意图

7.3.3　切缝式结晶器软接触电磁连铸技术的应用

目前，切缝式结晶器软接触电磁连铸技术已在碳钢方坯、不锈钢圆坯、不锈钢方坯等钢种得到应用，显著提升了铸坯的表面质量，铸坯的表面振痕大幅改善。

7.3.3.1　应用效果

应用效果如下：

（1）铸坯表面质量大幅提升。控制连铸坯成型的振痕是冶金界关注的重要问题，切缝式结晶器软接触电磁连铸技术通过施加电磁力在弯月面建立新的力平衡状态，能够显著减轻振痕深度，改善铸坯表面质量。

（2）钢液传热效果得到改善。在电磁侧压力的作用下，凝固坯壳和结晶器之间的熔融保护渣流入的通道被推开，有利于熔融保护渣的流入和传热效果的改善，进一步提高连铸的拉速。

（3）铸坯内部质量得到提高。切缝式结晶器软接触电磁连铸技术在提供电磁侧压力的同时，还有旋转分力，促进钢液旋转，起到电磁搅拌的作用，可以提高铸坯的内部质量。

7.3.3.2　应用实例

A　应用实例一

东北大学将切缝式结晶器软接触电磁连铸技术应用在含碳量为0.8%的碳钢方坯（100 mm×100 mm）连铸过程[3]。在连铸拉速为400 mm/min，结晶器振动频率为30次/min，感应线圈数为5匝，电源功率为60 kW条件下，由于高频磁场的软接触效果，所得铸坯表面变得十分光滑，钢坯表面质量得到显著改善，表面振痕明显减轻、角部裂纹基本消失，铸坯表面质量照片如图7-8所示。

B　应用实例二

宝山钢铁股份有限公司将切缝式结晶器软接触电磁连铸技术应用在不锈钢圆坯连铸过

图 7-8 有无磁场作用下的铸坯表面质量对比
(a) 常规连铸坯；(b) 软接触电磁连铸坯

程[15]，选定 304 不锈钢钢种，在宝钢特钢有限公司的某一机三流圆方坯兼容连铸机上开展圆坯不锈钢软接触电磁连铸的工业生产试验。连铸坯断面为直径 180 mm 的圆坯，在软接触电磁连铸结晶器圆周开出 24 条切缝，切缝内填充绝缘介质，切缝外壁由铜片压紧密封，在 120~200 kW 范围可调，额定电流频率为 20 kHz 条件下，评价了不锈钢软接触电磁连铸的冶金效果。圆坯不锈钢软接触电磁连铸工业试验铸坯的表面振痕形貌如图 7-9 所示。图 7-9 中励磁电源功率为 0 kW 时，取对比流第一流的铸坯，其表面振痕清晰可见，振痕深度为 0.6~0.7 mm；当励磁电源功率为 120~150 kW 时，铸坯表观光滑，振痕消失。而当电源功率为 180~200 kW 时，铸坯表面出现了燕尾状振痕缺陷，这是软接触电磁连铸典型的负面特征。圆坯不锈钢软接触电磁连铸的工业试验表明，选择合理的功率范围，振痕能够得到有效控制。

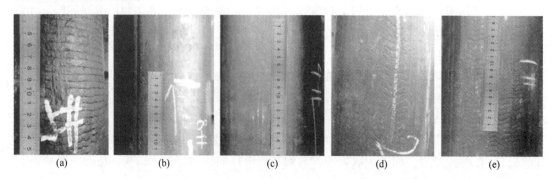

图 7-9 不同功率的圆坯不锈钢软接触连铸坯的表面振痕形貌
(a) 0 kW；(b) 120 kW；(c) 150 kW；(d) 180 kW；(e) 200 kW

C 应用实例三

在圆坯不锈钢电磁连铸工业试验成功的基础上，宝山钢铁股份有限公司继续开展了方坯（160 mm×160 mm）不锈钢软接触电磁连铸工业试验[15]。方坯 304 不锈钢软接触电磁连铸工业试验的铸坯表面振痕形貌如图 7-10 所示。从图中可以看出，常规连铸坯（0 kW）和电磁连铸试验连铸坯（150 kW）的表面振痕对比强烈，软接触连铸试验流的铸坯表观光滑，振痕完全消失，角部振痕也基本去除。

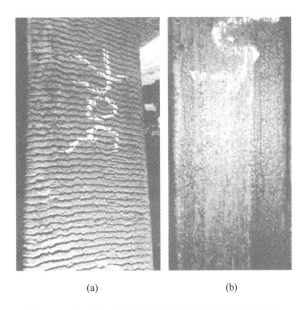

图 7-10 有无电磁场作用下方坯表面振痕形貌对比

(a) 常规连铸坯；(b) 软接触电磁连铸坯

7.3.4 切缝式结晶器软接触电磁连铸技术的优点和不足

切缝式结晶器软接触电磁连铸技术的优点如下：

(1) 透磁效果显著提高。切缝式结晶器软接触电磁连铸技术通过在传统结晶器铜壁上开出切缝，解决了传统结晶器铜制材料对磁场的屏蔽问题，因此透磁效果显著提高。

(2) 铸坯质量得到改善。切缝式结晶器结构能够使电磁场透过结晶器，在弯月面建立新的力平衡状态，能够显著减轻振痕深度，改善铸坯表面质量。

切缝式结晶器软接触电磁连铸技术的不足如下：

(1) 结晶器强度降低。由于切缝的存在，结晶器强度降低，连铸生产过程中易造成结晶器破坏，从而带来生产事故。

(2) 磁场分布不均匀。切缝式结晶器软接触电磁连铸技术在结晶器壁开出的切缝虽然保证了磁场的穿透，但切缝位置处的磁感应强度与铜壁位置处的磁感应强度分布差别较大，电磁压力分布不均匀，导致铸坯表面容易产生波纹形缺陷。

(3) 结晶器冷却水系统设计复杂困难。由于切缝的存在导致结晶器冷却能力下降，冷却水回路系统需要重新设计。

7.4 两段式结晶器软接触电磁连铸技术

两段式结晶器电磁连铸技术是将结晶器采用分段式结构[18]，其中以钢液面附近高度为界面，上部结晶器壁采用高透磁性材料制成，下部结晶器壁采用高导热性的传统铜质结晶器材料组成。采用这种结构的目的是在结晶器上半段保证磁场的穿透性，实现钢液的软接触效果，在结晶器下半段保证结晶器的冷却性能，实现钢液的凝固。

软接触电磁连铸结晶器的设计难点一直体现在两个方面的矛盾中：一方面，结晶器要有一定的冷却效果，以保证铸坯出结晶器时具备必要的厚度，避免鼓肚和拉漏，这样结晶器要选用导热性好的材料；另一方面，结晶器要求透磁率高，也就是电导率要小，通常情况下，一种材料的导电性能与其导热性能是密切同步的，即两种特性要么都良好要么都不佳，软接触电磁连铸结晶器要求导热性好，导电性差，这本身就是个矛盾。

两段式无缝软接触结晶器解决了常规单一材料透磁与冷却矛盾的问题。同普通铜质结晶器相比，结晶器内的磁通密度为传统结晶器的 7~10 倍，两段式结晶器电磁连铸技术的主要影响因素有上半段材质、长度、厚度、电源频率等。

7.4.1 两段式结晶器软接触电磁连铸技术工艺

两段式结晶器通过采用分段式结构解决了透磁和冷却的矛盾问题，结晶器上半部分用于透磁，结晶器下半部分用于冷却。如图 7-11 所示，电磁场能够穿透结晶器壁的上半段作用到钢液上，钢液受到电磁压力的影响，会在钢液与结晶器壁面之间形成"软接触"状态。

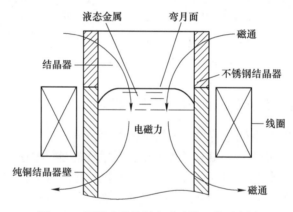

图 7-11　两段式软接触电磁连铸工艺示意图

7.4.1.1　结晶器上半段材质对透磁效果的影响[19]

两段式结晶器的材质决定了结晶器的透磁效果，选用不锈钢作为上半段能够使结晶器的透磁效果提高到原来的 1.8 倍，选用粉末冶金制备的锰铜合金（Cu-5Mn-3Si）能够使结晶器的透磁效果提高到原来的 3 倍，选用锰硅铜合金（Cu-10Mn-5Si）能够使结晶器的透磁效果提高到原来的 7 倍，选用高锰铜合金（Cu-40Mn-2Al）能够使结晶器的透磁效果提高到原来的 10 倍。未来随着材料技术的发展，或许会有性能更佳的材料出现。

7.4.1.2　两段式软接触电磁连铸结晶器磁场分布规律研究[20]

利用有限元数值模拟和正交试验法对两段式软接触电磁连铸圆坯结晶器内部的电磁场分布进行模拟研究，找到了结晶器壁厚、结晶器上半段电阻率、电源频率、线圈电流强度和位置、液面位置对两段式结晶器透磁效果的影响规律：磁感应强度的值随结晶器壁厚的增加而减小，随结晶器上半段材料电阻率的增加而增加，随电源频率的增加而减小，随线圈电流强度的增加而增加，随结晶器上半段长度的增大而增强，随线圈位置的提高而增强。初始液面位于线圈中心和顶部之间的位置时，内部磁感应强度最强，软接触效果最好。并且找出各参数对结晶器透磁效果影响的主次顺序、磁感应强度与各参数之间的定量关系，以及结晶器整体系统内部的磁场分布规律：磁场主要集中在结晶器上半段钢液弯月面区域，在钢液表面轴向磁场分布均匀，径向磁场由钢液表面向内部逐渐衰减。

7.4.2 两段式结晶器软接触电磁连铸技术装备

软接触电磁连铸技术用的两段式结晶器装置由框架、冷却系统（水箱、铜管和喷淋）、电磁系统（线圈）、调整系统（调整装置、减速机等）及润滑系统（油管、油路）等设备组成，结晶器的总成结构如图 7-12 所示。

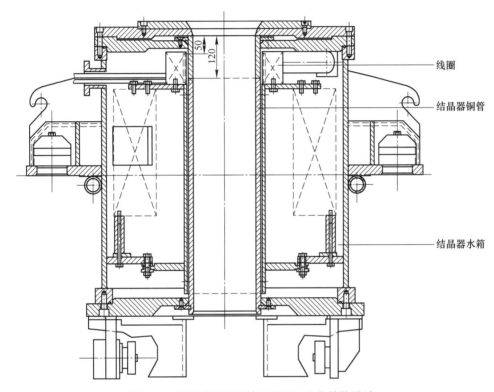

图 7-12　两段式软接触结晶器的工业化结构设计

两段式结晶器软接触电磁连铸技术装置的核心部位是结晶器铜管。区别于切缝式结晶器装置，软接触电磁连铸技术用的两段式结晶器装置由于结晶器铜管与传统结晶器铜管尺寸结构完全一致，因此冷却系统大幅简化，可以不改变原有结晶器的冷却结构系统，直接在传统连铸结晶器系统的基础上替换结晶器铜管即可。其核心结构结晶器铜管的装置如图 7-13（a）所示。

为保证软接触电磁连铸技术的透磁性能，两段式结晶器上半段材质和厚度的选择至关重要。根据电磁场集肤理论可知，结晶器的透磁效果与材料的电阻率密切相关，要想获得高的透磁率就必须要提高铜合金的电阻率。目前已开发的材料中，高锰铜合金（Cu-40Mn-2Al）能够使结晶器的透磁效果提高到传统结晶器的 10 倍，具有较大的潜在应用价值。

为保证结晶器的强度，两段式软接触电磁连铸结晶器的连接方式至关重要。连接部位通常是材料结构静强度和疲劳强度的薄弱环节，应力集中比较严重，要使材料用于结构连接后提高结构效率的潜力得以充分发挥，必须有效处理连接问题。两段式结晶器上下铜板的连接就显得十分重要，但是上下两种不同材质结晶器铜板的热膨胀系数不一致等因素又给连接带来很大困难，尤其是结晶器在高温下工作，这种缺陷表现得更加明显。由于结晶器工作条件的要求，连接处的密封不仅要保证结晶器内部的钢水不泄漏到结晶器外部，还要保证结晶器外部的高压冷却水不泄漏到结晶器内部。同时结晶器在工作时会上下振动，这些因素都可能造成接头的松动，引发生产事故。目前，适合两段式结晶器切实可行的连接方法是钨极氩弧焊接法，能够实现平滑连接，对其焊接接头进行了组织分析和力学性能测试结果表明，焊件焊后内部组织过渡平滑，焊缝强度高于纯铜母材，满足使用要求。

两段式结晶器铜管装置照片及显微组织如图 7-13 所示。

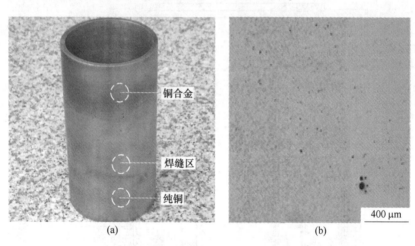

铜合金

焊缝区

纯铜

400 μm

(a)   (b)

图 7-13   两段式结晶器铜管装置照片 (a) 及接头金相显微组织 (b)

两段式结晶器实验测试系统装置如图 7-14 所示[20]。其中，电源采用 KGPS-100-1 型可控硅中频感应电源作为磁场的发生装置，该高频电源可施加高达 100 kW 的电源功率，可以输出 1000 Hz 的中频交变电流，电源采用串联谐振逆变器，通过调节电源前端的整流直流电压即可对输出功率进行连续调节。磁场的测试采用小线圈法，测试空载条件下两段式结晶器内部的磁感应强度，小线圈法是根据电磁感应原理对电磁连铸结晶器内高频磁场的 z 向分量进行检测[20]。在磁场检测过程中，利用定位装置将自行绕制的探测线圈置于电磁连铸结晶器内的不同位置，并使探测线圈的轴线与 z 轴平行；同时，利用电压频率显示器显示探测线圈两端的感生电压和此时的高频磁场频率。当已知探测线圈两端的感生电压及磁场频率时，即可换算出探测线圈中心点处磁感应强度值。

7.4.3 两段式结晶器软接触电磁连铸技术的应用

目前，两段式结晶器软接触电磁连铸技术尚处在实验测试阶段，实验测试的应用效果表明，两段式结晶器软接触电磁连铸技术透磁效果好、磁场分布均匀、传热效果改善，能够形成稳定的弯月面形态，从而改善铸坯质量。

7.4.3.1 应用效果

应用效果如下：

（1）结晶器透磁效果好。两段式结晶器的上半段选用透磁效果好的铜合金材料能够有效保证磁场的穿透，测试结果表明，两段式结晶器的透磁效果为传统铜结晶器的 7~10 倍。

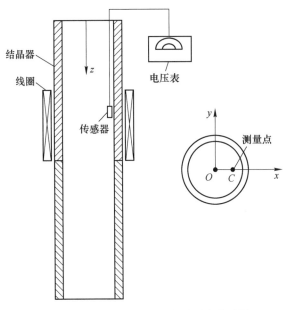

图 7-14　实验装置简图及实验测点的选择

（2）磁场分布均匀。两段式结晶器电磁连铸技术采用无缝式结构能够使磁场透过结晶器内均匀分布在内部钢液上。

（3）传热效果得到改善。两段式结晶器软接触电磁连铸技术相当于热顶结晶器，能够使钢液在初始凝固区域的传热效果大幅改善。

（4）铸坯表面质量明显提高。在电磁侧压力的作用下，凝固坯壳和结晶器之间的熔融保护渣流入的通道被推开，能够显著减轻振痕深度，进而改善铸坯表面质量。

（5）铸坯内部质量得到改善。两段式结晶器软接触电磁连铸技术在提供电磁侧压力的同时，还有旋转分力，促进钢液旋转，起到电磁搅拌的作用，可以提高铸坯的等轴晶率。

7.4.3.2　应用实例

以东北大学实验检测的两段式结晶器软接触电磁连铸技术为例，进一步说明该技术的应用效果。

A　应用实例一

测试不同厚度条件下两段式结晶器内的磁感应强度。对比两段式结晶器与传统连铸结晶器在不同厚度（10 mm、7 mm 和 5 mm）条件下的透磁效果发现，在电源功率 30 kW、线圈顶距结晶器口部 50 mm，电源频率 1000 Hz 条件下，壁厚越薄，结晶器的透磁效果越明显，内部的磁感应强度也逐渐增大，在距离结晶器口部 80 mm 时出现磁感应强度的最大值，如图 7-15 所示。两段式结晶器的透磁效果要明显好于传统结晶器的透磁效果。当结晶器的壁厚为 10 mm 时，两段式结晶器内部的磁感应强度比传统结晶器增大 22.9%；当结晶器的壁厚为 7 mm 时，两段式结晶器内部的磁感应强度比传统结晶器增大 58.8%；当结晶器的壁厚为 5 mm 时，两段式结晶器内部的磁感应强度比传统结晶器增大 71.3%。因此在实际生产中，在满足强度的条件下，应尽量减小结晶器厚度来提高磁场的穿透效果。

B　应用实例二

测试不同功率条件下两段式结晶器内的磁感应强度。对比不同功率（10 kW、20 kW

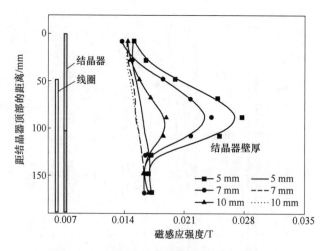

图 7-15　不同厚度结晶器内磁感应强度的比较

和 30 kW）条件下两段式结晶器内的磁感应强度，如图 7-16 所示，磁感应强度的峰值出现在线圈顶部与结晶器连接处之间的位置。功率较低时，磁感应强度较小，磁场分布比较均匀，且该均匀区范围比较大；随着电源功率的提高，结晶器内磁感应强度也随之增加。

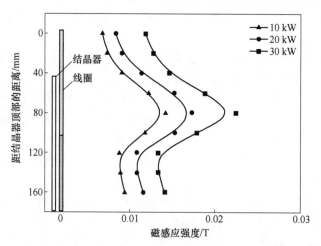

图 7-16　功率对两段式结晶器内部磁感应强度的影响

C　应用实例三

测试不同线圈位置条件下两段式结晶器内的磁感应强度。在软接触电磁连铸中，感应线圈所产生的高频磁场，其磁感应强度及在空间的分布特性与磁场作用范围内金属导体的位置、形状等因素密切相关。在电源功率为 30 kW，电源频率 1000 Hz 条件下，测量了不同线圈位置时的磁感应强度分布，线圈所取位置分别为线圈顶端距结晶器顶部 10 mm、30 mm 和 50 mm 三种不同情况，如图 7-17 所示。磁感应强度的峰值出现在线圈顶部与结晶器连接处之间的位置，随着线圈上移，磁感应强度的峰值逐渐增大，且其作用范围也随之增大。

D　应用实例四

测试两段式结晶器内金属熔体弯月面高度。采用可视化方法，以低熔点合金（Sn-Pb-

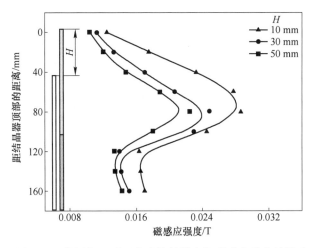

图 7-17 线圈位置对两段式结晶器内部磁感应强度的影响

Bi）为介质，测试了 φ100 mm 两段式软接触电磁连铸结晶器内的金属熔体弯月面变化，测试结果如图 7-18 所示。对于高电阻率的铜合金与纯铜组成的两段式结晶器，在低功率时液面没有变化，当功率增大到 30 kW 后开始有弯月面形成。实验测试了 10 kW、20 kW 和 30 kW 功率条件下两段式结晶器内部的弯月面高度，以考察不同功率条件下两段式结晶器的软接触效果。由图 7-18 可知，当电源功率为 10 kW 时，液态金属虽有弯月面形成，但此时的弯月面高度还很小，仅为 2.9 mm。随着电源功率的增大，弯月面的高度随之增高，当功率增大到 20 kW 时，弯月面高度达 4.7 mm。在电源功率为 30 kW 时，弯月面高度达 8.2 mm，其照片如图 7-19 所示。

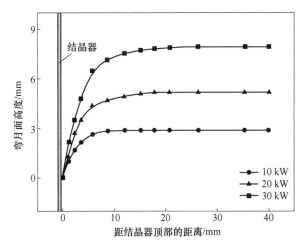

图 7-18 不同功率条件下两段式结晶器内的弯月面比较

实验结果表明，为提高两段式软接触电磁连铸结晶器内部金属液的弯月面高度，可采取的手段有：提高电源功率，降低电源频率，选择高电阻率的材料和减小结晶器的壁厚，在实际生产中可根据连铸生产的实际情况进行综合调节，选择合理的电磁参数和结构参数。

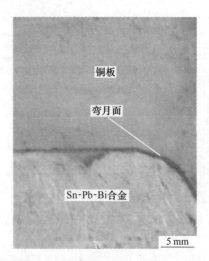

铜板

弯月面

Sn-Pb-Bi合金

5 mm

图 7-19   利用浸镀法测得的弯月面形状

7.4.4   两段式结晶器软接触电磁连铸技术的优点和不足

两段式结晶器电磁连铸技术应用创新方法中的矛盾原理解决了传统结晶器透磁和冷却相矛盾的问题，以及切缝式结晶器磁场分布不均匀的技术难题，两段式结晶器软接触电磁连铸技术具有如下优点：

（1）透磁效果好。两段式结晶器的上半段选用透磁效果好的铜合金材料，透磁效果为传统铜结晶器的 7~10 倍。

（2）磁场分布均匀。两段式结晶器电磁连铸技术采用无缝式结构能够使磁场透过结晶器均匀分布在内部钢液上。

（3）传热效果好。两段式结晶器软接触电磁连铸技术相当于热顶结晶器，能够使钢液在初始凝固区域的传热效果大幅改善。

（4）冷却水系统设计简单。两段式结晶器结构与传统连铸结晶器尺寸规格一样，能够不改变传统连铸结晶器的冷却系统，设计和使用简单。

两段式结晶器软接触电磁连铸技术的不足如下：

（1）结晶器上半段材质性能仍需持续改善。两段式结晶器的上半段材质既要有良好的透磁性能，又要有良好的耐热稳定性，这对现有材料有很大的挑战。

（2）结晶器连接方式仍需验证。由于结晶器使用条件恶劣，两段式结晶器结构采用两种不同材质，上下段的连接方式最为关键，在高温热应力的冲击下，由于上下材料热膨胀系数的差异，接头处容易带来断裂风险。

7.5   调幅磁场软接触电磁连铸技术

调幅磁场软接触电磁连铸技术是将传统软接触电磁连铸用的交变磁场替换为调幅磁场，即磁场的幅值按照某种函数关系随时间变化，目的是更好地匹配连铸结晶器在生产过程中的动态变化。

与连续磁场相比较，调幅磁场可以通过调整振幅、频率值来调节连铸过程中感应器输出的焦耳热量和电磁压力，更好地对连铸过程进行控制。实践证明，当选定的频率接近于系统的固有频率时，电磁场抑制液面波动的效果最好，铸坯的表面质量也最佳。

7.5.1 调幅磁场软接触电磁连铸技术工艺

在软接触电磁连铸技术发展的早期，结晶器外施加的磁场通常采用的都是振幅恒定的交变磁场（低频、中频和高频均有），因而作用在结晶器内金属液的电磁力也是稳定的。但连铸过程是一个动态的过程，特别是在结晶器振动的情况下，动态过程变得更为明显且呈周期性，因此不同形式的电磁场作用下的连铸过程[9-11]被提出，如矩形波磁场（包括间断高频磁场和脉冲磁场）、准正弦波磁场、半三角波磁场及复合磁场（高频磁场+旋转磁场、交变磁场+静磁场）等。研究结果表明，当参数选择适当时，不同波形的电磁场对改善连铸坯表面质量均能产生有益的作用。其中，以调幅磁场、间断高频交流磁场的研究较为系统和成熟[4]。调幅磁场是基于间断磁场概念的延伸和推广[12,17]，调幅磁场的特点是磁场的幅值按照某种函数关系随时间变化，这相当于在一高频磁场上（称为载波）附加一频率较低的周期性调幅波（称为调制波），其波形如图 7-20 所示。

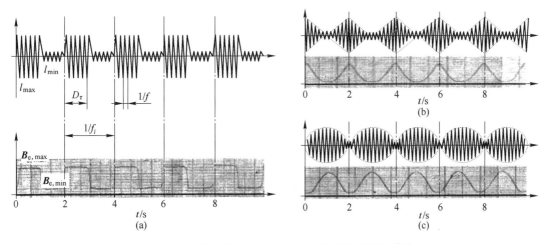

图 7-20 三种波形高频调幅磁场示意图及测量结果[12]

(a) 方波；(b) 三角波；(c) 正弦波

7.5.2 调幅磁场软接触电磁连铸技术装备

调幅磁场的实验装置如图 7-21 所示[17]，该装置主要由高频调幅磁场发生器、水冷线圈、软接触结晶器及结晶器托盘、一冷和二冷水喷头和小型连铸机组成。连铸过程拉坯阻力的测量由悬臂梁传感器、动态电阻应变仪、X-Y 函数记录仪系统来完成，测量前、后分别标定悬臂梁传感器，其误差小于 3%。

实验过程中，金属锡加热熔化后经过中间包和浸入式水口进入结晶器内，在液面升至一定高度时启动拉坯电机开始连铸，到达稳定状态后启动高频调幅磁场发生器，同时加入保护渣覆盖弯月面。安装在结晶器下面的 3 个悬臂梁（在圆周方向均匀分布）变形，贴于其上的 4 个电阻应变片组成的电桥失去平衡，经动态电阻应变仪计算后，输出的信号用 X-Y 函数记录仪记录。连铸结束后，根据稳定阶段记录的信号计算出加载在悬臂梁上的载荷，

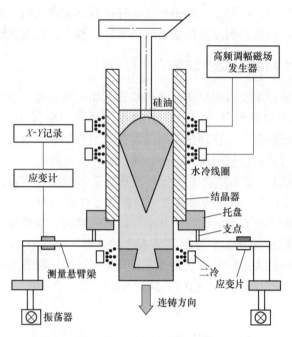

图 7-21　调幅磁场电磁连铸实验系统示意图

将Ⅰ、Ⅱ、Ⅲ号悬臂梁的加载载荷相加，减去事先称量的结晶器和托盘的重量，即得到连铸过程的拉坯阻力。不同实验条件下连铸而得的铸坯表面质量由表面粗糙度仪进行测定。

7.5.3　调幅磁场软接触电磁连铸技术的应用

目前，调幅磁场软接触电磁连铸技术尚在试验研究阶段，实验测试的应用效果表明，在结晶器振动正滑脱期间施加电磁场，能有效减小拉坯阻力，改善铸坯质量，通过调制波频率的优化，能够使弯月面间断接触距离增加，从而使保护渣润滑变好。

7.5.3.1　应用效果

应用效果如下：

（1）铸坯表面质量得到改善。方波调幅磁场耦合结晶器振动的电磁连铸技术的实验结果表明，在结晶器振动正滑脱期间施加电磁场，能有效减小拉坯阻力，改善铸坯质量。

（2）保护渣润滑变好。通过调制波频率的优化，能够使弯月面间断接触距离增加，从而使保护渣润滑变好。

7.5.3.2　应用实例

上海大学将调幅磁场引入到无结晶器振动电磁连铸中[12]，并分别在方波、正弦波和三角波调幅磁场作用下做了无结晶器振动试验。发现当调制波频率略低于系统固有频率时，保护渣润滑效果最好，连铸过程拉坯阻力最小，连铸坯表面质量相对较好，正弦波调幅磁场的连铸效果要优于方波和三角波调幅磁场。

图 7-22 所示为方波、三角波和正弦波调幅高频磁场作用下，在不同的调制波频率时测得的连铸过程拉坯阻力。图 7-23 所示为 3 种调幅磁场下连铸所得铸坯表面粗糙度与调制

波频率的关系。从图 7-22 和图 7-23 可以看出，在 3 种调幅磁场下，在调制波频率略低于系统固有频率时，拉坯阻力最小，铸坯表面粗糙度相对也较小；高于或低于这一频率，拉坯阻力变大，铸坯表面质量也变差。这是因为在这一频率下，间断接触距离最大，保护渣渣道变宽，更易流入、流出，润滑变好，因此拉坯阻力变小，表面质量得到改善。另外，在三种调幅磁场中，从减小拉坯阻力和改善铸坯表面质量的角度讲，正弦波在整体上要稍优于三角波和方波。

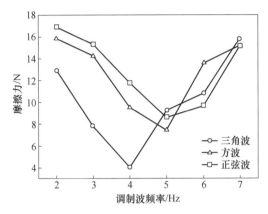

图 7-22　三种调幅磁场作用下连铸过程拉坯阻力

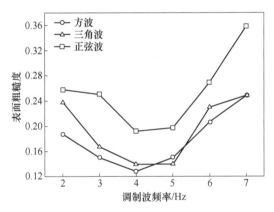

图 7-23　三种调幅磁场铸坯的表面粗糙度

图 7-24 所示为在正弦波调幅高频磁场作用下，不同调制波频率时无结晶器振动电磁连铸得到的铸坯表面照片。由照片可知，当调制波频率较低时（2 Hz 和 3 Hz），铸坯表面类"振痕"状缺陷非常明显，并且和调幅磁场的变化基本同步。随着调制波频率的增加，弯月面间断接触距离增加，保护渣润滑变好，同时电磁力变化频率过快，初始凝固壳来不及响应，规则"振痕"也就不能产生，铸坯质量变好。但当调制波频率过高时（6 Hz 和 7 Hz），间断接触距离变小，保护渣不能顺利地进入初凝壳和结晶器壁之间，导致润滑变差，初始凝壳有可能在结晶器内壁粘接，从而形成针孔或凹陷，表面粗糙度增加。

由以上的实验结果可知，在选择调制波的频率时应综合考虑两个方面因素的影响：一方面，调制波频率如果较低，保护渣能较好地流入、流出，但铸坯表面振痕状缺陷却很深。另一方面，如果调制波频率过高，振痕可以得到减轻，但由于初凝壳来不及响应电磁

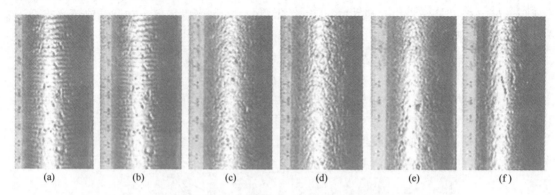

图 7-24   不同调制波频率时正弦波调幅磁场下铸坯表面照片[12]
(a) 2 Hz；(b) 3 Hz；(c) 4 Hz；(d) 5 Hz；(e) 6 Hz；(f) 7 Hz

力的变化，保护渣的流入、流出受阻，润滑变差，也会导致铸坯表面质量的下降。因此调制波频率的选择应兼顾减小振痕和增加润滑两个方面，故应选择略低于系统固有频率的一个频率值。

7.5.4   调幅磁场软接触电磁连铸技术的优点和不足

调幅磁场软接触电磁连铸技术的提出为软接触电磁连铸技术的发展提供了新的方向参考，通过调整振幅、频率值来调节连铸过程中感应器输出的焦耳热量和电磁压力，能够更好地对连铸过程进行控制。调幅磁场软接触电磁连铸技术的优点如下：

（1）磁场幅值可以动态调节。调幅磁场软接触电磁连铸技术是将传统软接触电磁连铸用的交变磁场替换为调幅磁场，即磁场的幅值按照某种函数关系随时间变化，能够更好地匹配连铸结晶器在生产过程中的动态变化。

（2）精确控制铸坯凝固初始行为。调幅磁场可以通过调整振幅、频率值来调节连铸过程中感应器输出的焦耳热量和电磁压力，更好地对连铸过程进行控制。

（3）更好地抑制液位波动。调幅磁场比连续磁场能够更有效地抑制液位波动，同等条件下，可以节约电力 50%~70%。

调幅磁场软接触电磁连铸技术的不足：

（1）磁场施加方式复杂，在实际生产应用过程中存在一定困难。

（2）调幅磁场对凝固过程的调控仍需要优化。目前所使用的调幅磁场并不一定是最佳的磁场形式，如何找到既能精确控制连铸坯初始凝固行为，又经济合理的磁场施加方式，仍然是一个尚待解决的问题，今后的任务是进一步地进行磁场的优化。

7.6   软接触电磁连铸技术展望

根据当前软接触电磁连铸工艺的应用效果，分析软接触电磁连铸技术应用于钢铁生产主要有以下几方面的优势：

（1）软接触电磁连铸技术生产的铸坯表面质量好，无振痕、裂纹等缺陷，可以减小某些因表面质量影响而造成的废品率，有利于节省钢材。

（2）应用软接触技术对钢水施加交变磁场加热，可使铸坯表面和结晶器间的润滑改善，从而有利于表面质量大幅度提高。可减少冷却后人工修磨和再加热工序，不仅缩短了生产周期，而且可节约能源。

（3）通过施加电磁场，可以使原本不能用于连铸生产的一些钢种适用于连铸工艺。有利于简化生产流程，缩短生产周期，从而减少设备和厂房面积及职工人数，大幅度节约建设投资和生产费用。

软接触电磁连铸技术从提出至今经历了几十年，虽然国内外都有在工业连铸机上生产试验的先例，但该技术至今仍没有商业化大规模生产运营的报道，主要原因是：

（1）软接触电磁连铸技术的研究绝大部分集中在碳钢或低合金钢连铸方面，而碳钢连铸坯表面振痕缺陷易于氧化烧损掉，从而减轻了对该技术的迫切需求，延迟了商业化推广应用的进度。

（2）缺乏高效可靠的软接触电磁连铸结晶器技术限制了软接触电磁连铸技术在生产中的应用。

（3）找到既能精确控制连铸坯初始凝固行为，又经济合理的磁场施加方式，仍然是一个尚待解决的问题。

工业试验结果清楚地表明了软接触电磁连铸技术的巨大应用前景，尤其在不锈钢连铸中的试验表明，采用该技术可生产出免磨削的连铸坯，并大幅提高轧制后的综合成材率，吨钢净增经济效益显著。相信在不远的将来，随着科学技术的发展和科技工作者的共同努力，软接触电磁连铸技术将能够在冶金工业中实现应用和推广。

参 考 文 献

[1] VIVES C. Electromagnetic refining of aluminum alloys by the CREM process：Part Ⅰ. Working principle and metallurgical results ［J］. Metall. Mater. Trans. B，1989，20 (5)：623-629.

[2] ASAI S. Birth and recent activities of electromagnetic processing of materials ［J］. ISIJ Int.，1989，29 (12)：981-992.

[3] 赫冀成，王恩刚，邓安元，等. 高频磁场作用下钢的电磁软接触连铸实验研究 ［C］//中国金属学会. 第一届中德（欧）冶金技术研讨会论文集. 北京：2004：135-138.

[4] 任忠鸣，雷作胜，李传军，等. 电磁冶金技术研究新进展 ［J］. 金属学报，2020，56 (4)：583-600.

[5] KUWABARA M，NAKATA H，SASSA K，et al. Theoretical analysis of electromagnetic field of induction cold crucible taking account of azimuthal distribution ［C］//Proceeding of the Sixth International Iron and Steel Congress，Nagoya，1990：246-253.

[6] 董华锋，任忠鸣，钟云波. 软接触电磁连铸中磁场的均匀化 ［J］. 钢铁研究学报，1998，10 (2)：5-8.

[7] YOSHIDA N，FURUHASHI S，YANAKA T. Newly designed stiff EMC mold with imposition of super-high frequency electromagnetic field ［C］//The 3rd International Symposium on Electromagnetic Processing of Materials，Tokyo，2000：388-391.

[8] 张永杰，侯晓光. 不等厚铜管分瓣式内水冷电磁软接触连铸结晶器：中国，CN200420110507.4 ［P］. 2004-11-30.

[9] LI T，SASSA K，ASAI S. Surface ouaiityimprovement of continuousiy cast metais by imposing intermittent high freguency magnetic fieid and synchronizing the fieid with moid osciiiation ［J］. ISIJ Int.，1996，36

(4)：410-416.

[10] 张志峰,李廷举,金俊泽.复合电磁场作用下连铸金属液弯月面运动规律的热模拟研究 [J].金属学报,2001,37(9)：975-979.

[11] 周月明,佐佐健介,淺井滋生.間欠型高周波磁場がもたらす連铸オシレ-ショソの替代機能 [J].鉄と鋼,1999,85(6)：460-465.

[12] 雷作胜,任忠鸣,闫永刚.高频调幅磁场下无结晶器振动电磁连铸技术的实验研究 [J].金属学报,2004,40(9)：995-999.

[13] PARK J, JEONG H, KIM H, et al. Laboratory sbale continuous casting of steel billet with high frequency magnetic field [J]. ISIJ Int. , 2002, 42(4)：385-391.

[14] MASAHIRO T, MASAFUMI Z, TAKEHIKO T, et al. Electromagnetic casting technique for slab casting [J]. Nippon Steel Technical Report, 2013：62-68.

[15] 侯晓光,王恩刚,张永杰,等.不锈钢软接触电磁连铸的工业试验 [J].钢铁,2015,50(11)：45-52.

[16] TAKEUCHI E, MIYAZAWA K. Electromagnetic Casting Technology of Steel [C] //The 3rd International Symposium on Electromagnetic Processing of Materials. Tokyo：ISIJ, 2000：20-27.

[17] LEI Z S, REN Z M, DENG K, et al. Amplitude-modulated magnetic field coupled with mold scillation in electromagnetic continuous casting [J]. ISIJ Int. , 2006, 46(11)：680-686.

[18] 任忠鸣,邓康,周月明,等.软接触电磁连铸结晶器：中国,96222452.9 [P]. 1996.

[19] 王强,赫冀成,刘铁,等.电磁冶金新技术 [M].北京：科学出版社,2015.

[20] 金百刚,王强,刘岩,等.两段式无缝软接触电磁连铸结晶器内的电磁场分布 [J].金属学报,2007,43(9)：999-1003.

8 电磁铸造技术

8.1 概述

电磁铸造技术（electromagnetic casting，EMC）是在合金半连续及连续凝固过程中采用电磁场改善凝固组织的技术。凝固组织的调控包括晶粒尺寸、第二相尺寸及形貌、溶质元素分布、铸坯表明裂纹、夹杂物分布等，电磁场的作用是对合金凝固过程中的温度场、流场，以及溶质分布的协同作用[1-2]。

由于熔融金属是良好的导电体，在磁场和电流的作用下，金属熔体内部产生电磁力，利用电磁力就可以对熔融金属进行非接触性强制对流、传输和形状控制。同时，电磁场还具有能量的高密度性和清洁性，优越的响应性和可控性，易于自动化及能量利用率高等特点，因此，在冶金工业中得到了广泛的应用。早在 1823 年法拉第就提出了测量流体在磁场中的流动情况的设想，尽管未能达到目的，但他却为当今的磁流体动力学打下了基础。后来慕克（Muck）和布鲁贝克（Braunbeck）分别在 1923 年和 1932 年提出了"悬浮熔融"法和旋转磁场铸造法，并最终由阿尔文在 1942 年将磁流体力学体系化。

目前，使用较多的电磁铸造技术根据原理和工艺分为无模电磁铸造技术、水平电磁连续铸造技术、低频电磁铸造技术和电磁离心铸造技术。20 世纪 70 年代，苏联科学家盖茨耶列夫（Getselev）等人根据电磁感应原理发明了电磁铸造技术。该技术是铸造工程和电磁流体力学相结合的一门技术，通过交变电磁场产生的洛伦兹力约束金属熔体，并维持一定的液柱高度，替代了结晶器的支撑作用，实现了无模铸造。水平电磁连续铸造技术始于 20 世纪 50 年代，最早应用于有色金属生产。但由于开发初期铸机技术性能的局限性和某些技术难点的存在，其产量与效益均不明显，因而未能受到重视。随着科技的进步，对原材料的要求越来越高，发展合理的连续铸造工艺以确保铸坯的技术性能已成为必然。低频电磁铸造工艺是近年来东北大学崔建忠等人在电磁铸造技术的基础上发展起来的，施加在感应器上的电流为低于工频 50 Hz 的低频电流。与普通的电磁铸造相比，低频电磁铸造技术的电磁场渗入深度比较大，并且可以更好地促使液-固界面前沿的第二相被运走并分散于过冷熔体中，促进了细等轴晶的出现。在 1809 年，英国人爱尔恰尔特（Erchardt）首次提出了离心铸造的设想，但是直到 1900 年左右这一设想才变为现实，并逐步应用于生产制造。虽然离心铸造具有设备简单、铸件组织致密等优点，然而凝固组织晶粒粗大、柱状晶发达，以及严重的比重偏析等缺陷制约了它的进一步发展和推广。电磁离心铸造是在离心机上配置稳恒或交流磁场，使液态金属在离心力场、重力场和磁场下凝固，从而改变了金属的凝固过程，改善了离心铸件的凝固组织和力学性能，可以在完全保持离心铸造的优点的同时又获得了电磁冶金的效果。

随着连铸技术的不断发展和连铸有色金属的不断增加，应用在连铸上的电磁冶金技术越来越受到重视，并在实际生产中取得了良好的技术和经济效益。可以说，连铸电磁冶金技术的应用促进了高效优质连铸技术的进步，是 20 世纪 60 年代以来连铸技术及电磁冶金技术最重要的发展之一。目前，在世界范围内有 200 多台连铸机上采用了电磁冶金技术。

我国自 20 世纪 70 年代后期开始研究电磁铸造技术，于 20 世纪 80 年代初开始工业性试验。近年来，大连理工大学在电磁场作用下对复合材料和紫铜、白铜及锡磷青铜合金组织和性能的改善方面做了大量研究。此外，东北大学、上海大学、北京科技大学、西北工业大学、哈尔滨工业大学、宝钢、中科院力学所、中科院金属所、武汉科技大学等单位也都对电磁冶金技术的应用进行了较深的研究并积累了不少宝贵经验。

本章首先介绍电磁铸造的基本原理及分类，然后分别介绍了无模电磁铸造技术、低频电磁铸造技术、水平连续电磁铸造技术和电磁离心铸造技术，包括工艺、装备、应用及优缺点等。

8.2   电磁铸造技术原理

8.2.1   电磁铸造的基本原理及分类

交变电磁场作用在合金熔体中会在其中产生感应电流，进而使合金熔体产生洛伦兹力。从第 2 章使用旋度表示的等式（2-95）可以理解，流体运动不是由作用在流体上的力引起的，而是由梯度（即力的旋转）引起的。为了理解物理图像中的这种数学推导，以坩埚中静止的合金熔体为例。熔体受到重力，但是其没有在坩埚中运动，这是因为重力均匀地作用在合金熔体上，也就是说合金熔体中力的旋度为零。旋度为零的场（例如重力场）称为势场。另外，坩埚中的合金熔体中存在温度分布，由于其中的密度不均匀，重力旋度不为零，因此，流体中发生了运动，即自然对流。在这种情况下，流体中的温度分布破坏了势场。同样，交变电磁力存在旋度不为零的分力，促使合金熔体发生运动。

通过取电磁力 F_m 的旋度，可以找出洛伦兹力的哪个分量有助于流体运动。

$$\nabla \times \boldsymbol{F}_m = \nabla \times (1/\mu_m)(\boldsymbol{B} \cdot \nabla)\boldsymbol{B} - \nabla \times \nabla[\boldsymbol{B}^2/(2\mu_m)] = (1/\mu_m)(\boldsymbol{B} \cdot \nabla)\boldsymbol{B} \qquad (8\text{-}1)$$

从式（8-1）中旋转和不旋转的分量可清晰地看出，施加在流体上的磁场会对流体施加应力，该应力称为麦克斯韦应力，拉应力沿外加磁场的方向起作用，而压应力方向沿垂直于拉应力及外加磁场的方向，熔体的振动均是由反复的交变压应力导致的。

电磁铸造技术按照铸坯拉出的方向主要分为立式电磁铸造技术和水平电磁铸造技术。其中立式电磁铸造技术分为无模电磁铸造、低频电磁铸造、软接触电磁铸造；水平电磁铸造技术包括水平连续电磁铸造技术及电磁离心铸造技术。

8.2.2   电磁铸造调控合金凝固组织的机制

电磁场作用下产生的强制对流可以使合金凝固组织发生显著细化。图 8-1 所示为单向凝固或者底部散热过程中 Sn-Pb 合金施加旋转磁场的凝固组织变化。当未施加磁场时，Sn-Pb 合金晶体生长方向反向于散热方向，并呈现发达柱状晶生长。当施加旋转磁场时，合金晶体生长顺着电磁力方向发生转动，并产生了明显的晶粒细化现象[3]。

关于电磁场细化组织机理，由于熔体流动不足以破碎枝晶臂[4]，因此一般认为是电磁场引起强制对流，强制对流破碎或熔断枝晶臂，从而促进晶粒的增殖。枝晶臂破碎或熔断对组织细化起到很重要的作用，特别是在施加电磁场的初始阶段，因为此时铸锭组织由枝

图 8-1　单向凝固过程中施加旋转磁场 Sn-Pb 合金组织变化[3]

晶组织转变为球形的等轴晶组织。当电磁场进入稳定状态后，铸锭组织为球形或近球形的等轴晶组织，此时枝晶臂不发达或者没有枝晶臂，导致枝晶臂的破碎或熔断难以发生。

目前电磁铸造合金晶粒组织细化机制主要有[5]：

（1）电磁强制对流促进糊状区内的热量传输及溶质传输。图 8-2 所示为同步辐射技术观察到的 In-2%Ga 合金（质量分数）凝固界面前沿溶质迁移情况。图中红色区域为富镓熔体，可以看到在电磁强制对流条件下合金熔体内部出现明显的溶质迁移行为，形成溶质对流以及热对流，导致枝晶根部处于过热状态，从而发生重熔，形成碎断枝晶。

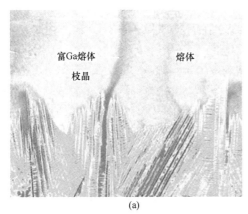
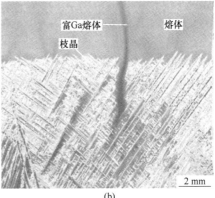

（a）　　　　　　　　　　　　　　　　（b）

图 8-2　电磁场作用下 In-2%Ga 合金（质量分数）溶质迁移
（a）$t=t_1$ 时刻；（b）$t=t_2$ 时刻

彩图

（2）合金熔体强制对流将碎断的枝晶从枝晶间区域带到凝固前沿。图 8-3 所示为 Al-Cu 合金中 α-Al 枝晶的碎断与上浮现象。枝晶碎断主要是由溶质对流、热对流，以及曲率过冷引起的。枝晶碎断后，在浮力作用下旋转、漂浮及迁移，这种碎断枝晶或者等轴晶的迁移会在过冷熔体中形成晶核[6]。

（3）电磁强制对流可以减少温度梯度，增加了碎断枝晶在熔体中的存在概率，在后期凝固过程中可生长成等轴晶，从而实现合金凝固组织的细化。

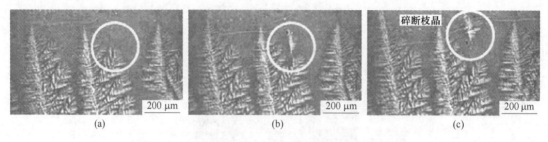

图 8-3 Al-Cu 合金中 α-Al 枝晶的碎断与上浮现象[6]

(a) $t=0$ s; (b) $t=2.25$ s; (c) $t=4.50$ s

8.2.3 柱状晶向等轴晶转变机制

工业上铸锭和铸件在凝固后所形成的宏观组织具有三个性质和晶体形态不同的区域：表层细晶区、柱状晶区和中心等轴晶区。通常，表层细晶区比较薄，对铸件的力学性能没有决定性的影响，铸件的力学性能主要由柱状晶区和中心等轴晶区的比例决定。柱状晶区中晶体的生长具有在特定方向择优生长的特点，即晶粒沿着垂直于模壁的散热方向朝熔体内部伸展，而晶粒在其他位向的长大会受到抑制，使树枝晶得不到充分发展，因而晶粒在其他方向上的分枝少，结晶后的显微缩孔少，枝晶间杂质少，组织致密。通常情况下，柱状晶较粗大，较脆，而且位向一致，在性能上表现出明显的各向异性。相比于柱状晶，等轴晶组织因各枝晶彼此嵌合，结合得比较牢固，不易产生弱化面，在力学性能上具有各向同性的特点。其缺点是树枝发达，分枝多，显微缩孔较多，凝固后的组织不致密，在后续的热加工过程中，容易产生中心开裂。

图 8-4 所示为 Sn-15%Pb 合金（质量分数）在电磁场作用下的柱状晶向等轴晶转变（columnar-to-equiaxed transition，CET）。可以看到在施加 10 mT 旋转磁场时合金发生了 CET 转变，具有明显的转变界线。关于中心等轴晶区的生成，研究者基于各自的实验条件提出了不同的学说，具有代表性的理论有成分过冷、枝晶熔断、结晶雨、固体质点和晶体游离等[7]。目前成分过冷理论被广泛认可，此判据的物理基础可以简述为：等轴晶在柱状晶前

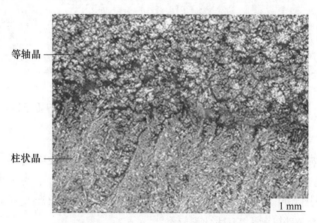

图 8-4 $B=10$ mT 时 Sn-15%Pb 合金（质量分数）在电磁场作用下的 CET 转变

沿的过冷区形核与生长，当柱状晶凝固前沿的等轴晶比例达到 49% 时，柱状晶停止生长，从而发生 CET 转变且整个合金铸锭组织细化[8]。在电磁场作用下柱状晶前沿的晶核来源也包括结晶雨及晶体游离等，因此 CET 转变过程十分复杂。

8.3　无模电磁铸造技术

无模电磁铸造技术（electromagnetic moldless casting）是用电磁感应器代替普通结晶器，通过交变电磁场产生电磁力支撑和约束液态金属，并维持一定的液柱高度，从而代替结晶器实现无模铸造。合金表面质量对后续加工非常重要，由于可以消除后续轧制中产生的各种缺陷，显著改善组织和力学性能，无模电磁铸造技术引起了研究者的很大关注。

8.3.1　无模电磁铸造技术工艺

在铸造过程中，通过感应线圈激发一个高频交变磁场，合金熔体在交变磁场的作用下产生感生电流。感生电流和高频磁场相互作用，使熔体受到一个径向约束的洛伦兹力作用，液态合金熔体在洛伦兹力支撑下无须和结晶器接触，直接在冷却水的作用下凝固成型。该技术常用在轻合金半连续铸造制备过程中。

为了获得支撑熔体所需的约束力，在熔体表面必须形成足够的磁感应强度梯度，电磁铸造所采用的电磁场频率通常在 2000~3000 Hz 范围内。当线圈中通过高频电流 J_0 时，就产生交流电磁场 H，与此同时，和线圈电流反相的涡流 J（其深度与频率 f、铸锭的电导率 σ 有关）流过铸锭表层。电磁力 F 依靠该涡流与磁场的互相作用，遵循左手定则（此时指向铸锭中心），从侧面保持熔体金属液柱。这时，向铸锭喷射冷却水，如果连铸凝固的铸锭与注入熔体金属量平衡，则能进行半连续铸造的操作。但是在这种情况下交流磁场内的熔体金属柱隆起形成人字形，形状不稳定。为了获得规定的稳定断面形状，必须把熔体金属柱侧面保持垂直，为此装设了磁场屏蔽体。这就形成了使磁场上部分减弱而与熔体金属静压大致平衡的电磁力分布。此外，它还具有稳定形状的作用，可以抑制熔体金属的过度流动。其原理如图 8-5 所示。

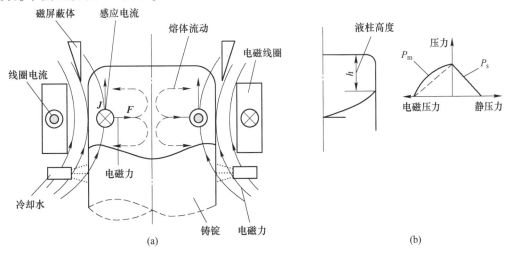

图 8-5　立式电磁铸造技术的基本原理

（a）立式电磁铸造示意图；（b）熔体受力示意图

电磁场作用下合金液弯月面受力平衡关系式可表达为[9]

$$P_m + P_s + P_g = 常数 \tag{8-2}$$

式中，P_m 为电磁压强，kg/m^2；P_g 为金属液静压强，kg/m^2；P_s 为表面张力压强，kg/m^2。

电磁压强表达式如下

$$P_m = \frac{B_e^2}{2\mu_m} \tag{8-3}$$

式中，B_e 为磁感应强度有效值，T。

在铸坯尺寸较大时，表面张力产生的压强表示成

$$P_s = \frac{\gamma_0}{R} \tag{8-4}$$

式中，γ_0 为表面张力系数，N/m；R 为弯月面的当量半径，m。

将式（8-3）和式（8-4）代入式（8-2），则电磁压力、金属静压力及表面张力的平衡方程式可写成

$$\frac{B_e^2}{2\mu_m} + \frac{\gamma_0}{R} = \rho g h \tag{8-5}$$

式中，h 为液柱高度，m。

由于熔体金属静压力随着熔体金属水平面及固-液界面位置的不同而发生变化，因此熔体金属不同部位的冷却速度的控制很重要。特别是铸锭的平面部位（长边部位、短边部位）和棱角部位的冷却速度不同，因此必须使冷却速度在铸锭周围的固液界面部位保持均匀一致。

8.3.2 无模电磁铸造技术装备

无模电磁铸造技术是立式半连续铸造技术，如图 8-6 所示。技术装备主要由电磁线圈、水套、中间包组成。在整个过程中合金熔体在洛伦兹力支撑下无需和结晶器接触，在冷却水的作用下凝固成型，表面质量良好。电磁线圈是无模电磁铸造的核心部件，电流频率通常在 2000~3000 Hz 范围内，所产生的洛伦兹力可以将金属熔体约束，形成固定的形状。水套的冷却水直接喷到铸锭上，带走凝固过程中的过热及结晶潜热，用于合金冷却成型。中间包用于盛放经过精炼后的合金熔体，下面带有控流装置，从而使合金熔体定量定速流入结晶器内。

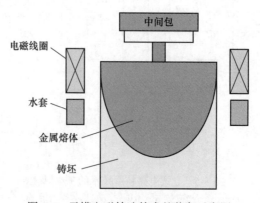

图 8-6 无模电磁铸造技术的装备示意图

8.3.3 无模电磁铸造技术的应用

目前，无模电磁铸造技术已在实验室进行了大量研究，但尚未在工业中获得应用。无模电磁铸造的特点是金属熔体在电磁压力下约束成型，并在运动状态下水冷强迫冷却。实验室条件下，由于铸锭不与铸模相接触，并且电磁力具有强制对流功能，所得到的铸锭表面质量良好，组织均匀细小。

8.3.3.1 应用效果

应用效果如下：

（1）铸锭表面光滑。无模电磁铸造技术通过电磁力使金属凝壳避免与结晶器的摩擦，因而获得光洁的铸锭表面，表面粗糙度可以达到 0.65 μm 左右，在压力加工前可以不铣面或少铣面。

（2）细化等轴晶。合金凝固组织由粗大的、不规则的等轴晶或者柱状晶，转变为细小的、均匀的等轴晶组织。显著改善铸坯的力学性能。

（3）铸造速度快。一般比连续铸造法提高 10%~30%，提高了生产效率，冷却水消耗量降低 40%~70%。

8.3.3.2 应用实例

在目前所有的铝合金铸造技术中，无模电磁铸造技术是一个非常具有前景的技术，它不仅可以改善铝合金铸锭的表面质量，还可以细化铸锭内部的晶粒，减小铸锭合金元素的宏观偏析。但是，电磁铸造技术控制较困难，设备操作复杂。特别是在铸造的开始阶段，难以建立稳定的铸造熔池，铸造的成功率较低，只有极少量有特殊质量要求的铝合金铸锭品种应用此项技术生产。

图 8-7 所示为不同功率条件下的无模电磁铸造技术制备的 2024 铝合金铸坯表面。所使用的电磁铸造功率分别为 0 kW、15 kW 及 20 kW。可以看到，没有施加电磁场时，合金表面凹凸不平（见图 8-7（a））；随着电磁场功率的增加，合金表面质量越来越好（见图 8-7

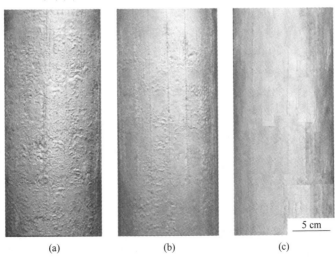

5 cm

(a)　　　　　　(b)　　　　　　(c)

图 8-7　不同功率条件下的无模电磁铸造技术制备的 2024 铝合金铸坯表面
(a) 0 kW；(b) 15 kW；(c) 20 kW

（b）和（c））。图 8-8 所示为 2024 铝合金的铸态横截面凝固组织。电磁铸造过程中伴随着的电磁搅拌作用易使枝晶折断，形成大量新晶核，细化了晶粒。采用直接喷水冷却，冷却速度快，液态金属的过冷度大，因此凝固组织由粗大的、不规则的等轴晶转变为细小的、均匀的等轴晶组织。

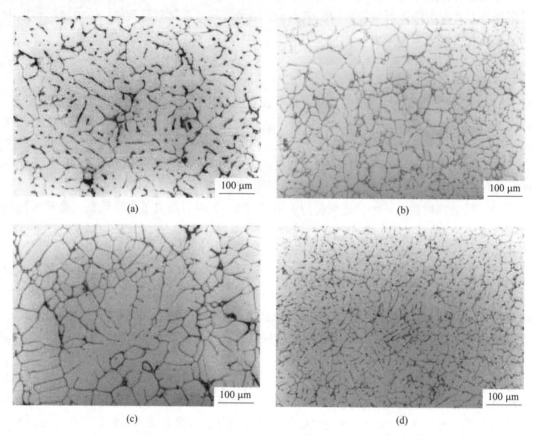

图 8-8   普通半连续铸造（0 kW）和无模电磁铸造（20 kW）2024 铝合金铸态的显微组织对比
（a）普通铸锭边部，0 kW；（b）电磁铸造铸锭边部，20 kW；（c）普通铸锭中心，0 kW；（d）电磁铸造铸锭中心，0 kW

8.3.4   无模电磁铸造技术的优点和不足

无模电磁铸造技术的优点如下：

（1）改善铸件表面质量。无模电磁铸造技术通过电磁力使金属凝壳避免与结晶器的摩擦，改善了铸件表面质量，减少了表面加工量，这是无模铸造技术最明显的优点。

（2）细化合金凝固组织。合金凝固组织由粗大的、不规则的等轴晶或者柱状晶，转变为细小均匀的等轴晶组织。

无模电磁铸造技术的不足为：该技术中金属熔体的直立和坯型控制完全依靠电磁压力与金属液静压力的动态平衡，当金属液位发生波动时，电磁压力若不能及时调整，会导致坯型变形。如金属液位升高，静压力增大，若电磁压力不变，则出现金属液柱向外"膨胀"的现象；反之，若金属液位降低，静压力下降，则将导致金属液柱在电磁压力下发生"内缩"，从而造成铸锭在长度方向的尺寸不一致。

8.4 低频电磁铸造技术

低频电磁铸造技术（low-frequency electromagnetic casting，LFEC）是在传统热顶铸造的基础上，在结晶器周围布置交流感应线圈，采用更低的频率（低于 50 Hz）调控合金凝固组织的立式半连续铸造技术。该技术的提出是以使电磁场在合金熔体内部有更大的穿透深度和作用效果更均匀为出发点，进而使固-液界面前沿的第二相或先析出相被运走并分散于低过冷度的熔体中，增加了形核位点，促进了细等轴晶的出现。该技术广泛应用于铝合金、铜合金及其他合金制备过程中。

8.4.1 低频电磁铸造技术工艺

低频电磁铸造是在半连铸结晶器的线圈中施加低频电流，使线圈产生的交变磁场渗透熔体能力更强，使铸造过程中电磁场的使用效率进一步提高。通常条件下，电磁场在合金熔体或者导体中的集肤深度用式（2-79）表示，穿透深度与频率的平方根成反比，频率越大，穿透深度越低，作用于合金熔体的能量越小。

低频电磁铸造工艺流程如图 8-9 所示。主要包括根据合金成分进行配料、加热熔化合金、精炼去除合金中的气体（主要是 H）和氧化夹杂物、合金熔体倒入中间包、对合金熔体进行二次精炼、静置合金熔体促使氧化夹杂物上浮且保证浇注温度、进行半连续铸造。在半连续铸造过程中通过改变线圈间距和磁场强度，获得最好的施加电磁场的效果。

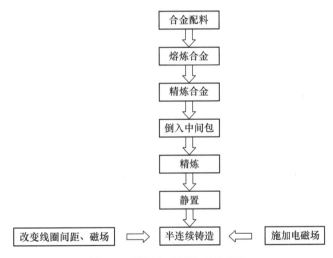

图 8-9 低频电磁铸造工艺流程

电磁力导致熔体产生的强制对流可以促进熔池内熔体过热的散失，使熔池内部的温度场分布均匀，并有可能低于合金的液相线，使结晶能在熔池内均匀地进行，从而降低铸造过程中的液穴深度。

电磁力导致熔体产生的强制对流还能使结晶器一冷区附近形成的晶核被带走，均匀分布在液穴中。因此，熔池内部的形核数量增加，晶粒的长大过程发生在强制对流和均匀温度场的情况下，成分过冷得到明显的抑制，熔体中有效晶核数目显著增加，晶核长大过程尚未发展到枝晶生长便彼此接触，最终形成均匀、细小的球形或多边形等轴晶组织。

8.4.2   低频电磁铸造技术装备

低频电磁铸造装置如图 8-10 所示。一般包括熔炼炉、结晶器、励磁线圈、磁场电源和铸造机等几部分。

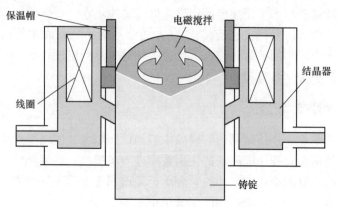

图 8-10   低频电磁铸造示意图

图 8-11 展示了典型的低频电磁铸造装备图。熔炼炉一般采用中频感应熔化金属，可将 380 V 三相交变电流进行一系列整流—滤波—逆变—振荡补偿，最终通过感应线圈作用于熔炼坩埚内部的合金。结晶器内部通有冷却水，用于冷却金属熔体，带走结晶潜热。结晶器内配有励磁线圈，产生低频交变感应磁场，作用于合金熔体。铸造机主要由牵引机、引锭杆、引锭头和控制柜等组成。牵引机是牵引系统中最关键的设备。半连铸过程中拉坯机必须要控制精确而且可以重复运动，并将这些运动精确地传递给铸锭，因此它的工作特性直接关系到连铸是否能正常进行，并影响着铸锭产品质量。

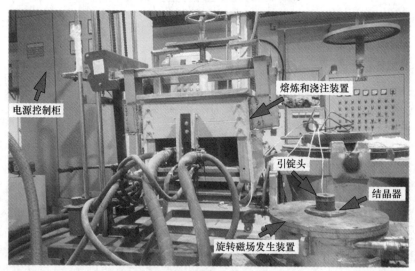

图 8-11   铝合金低频电磁铸造装备图

8.4.3   低频电磁铸造技术的应用

随着科技的发展，均质化和细晶化成为合金制品质量的共同追求目标，低频电磁场冶金技术的发展为其提供了新的调控手段。低频电磁铸造被广泛应用于铝合金、镁合金、铜合金等有色合金的铸造过程中，所制备的合金铸态组织均匀，晶粒细小[10-14]。

8.4.3.1 应用效果

应用效果如下：

（1）优化了结晶器内熔体的温度分布。施加低频磁场并调节电磁频率，获得理想的流场，铝合金熔体在洛伦兹力的驱动下发生强制对流，减小温度梯度和液穴深度。

（2）进一步细化了晶粒。低频电磁可以显著改善铸坯的微观组织，在整个铸锭横截面上获得了均匀细小的等轴晶组织。

（3）改善溶质元素分布。电磁场能够影响溶质元素的微观分布，提高了晶内溶质元素含量，减少在晶界上的析出量。

（4）消除了宏观偏析。施加低频电磁场可以使铸锭宏观尺度内的合金元素分布均匀。

8.4.3.2 应用实例

A 应用实例一

低频电磁铸造技术可以细化 Al-Zn-Mg-Cu-Zr 合金的凝固组织。Al-Zn-Mg-Cu-Zr 合金作为一种典型的高强铝合金，在航空航天工业中有着广泛应用，因此相关学者对低频铸造下的 Al-Zn-Mg-Cu-Zr 合金凝固组织及力学性能进行了深入研究[10]。合金在 500 kW 中频熔炼炉进行熔炼，当温度为 760 ℃时开始除气处理，铸坯直径为 200 mm，铸造温度为 730 ℃，铸造速度为 80 mm/min，所施加的低频电磁场频率为 25 Hz，电流强度为 150 A。图 8-12 所示为 Al-Zn-Mg-Cu-Zr 合金不同条件下的凝固组织。由图可知，低频电磁铸造制备的合金晶粒非常细小，在距离表面处 3 mm、1/2 半径处、中心处的晶粒尺寸分别为 38 μm、28 μm、42 μm。

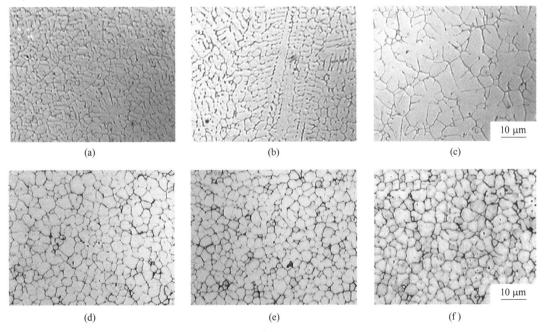

图 8-12 Al-Zn-Mg-Cu-Zr 合金不同条件下的凝固组织[10]

（a）距离表面 3 mm，无电磁场；（b）1/2 半径处，无电磁场；（c）中心处，无电磁场；
（d）距离表面 3 mm，低频电磁铸造；（e）1/2 半径处，低频电磁铸造；（f）中心处，低频电磁铸造

图 8-13 所示为 Al-Zn-Mg-Cu-Zr 合金的晶界组织。可以看到常规铸造过程中的合金晶界处的第二相粗大，并呈现连续不均匀分布状态（见图 8-13（a）和（b））。低频电磁铸造之后，合金晶界处的第二相更加均匀细小（见图 8-13（c）和（d）），这种组织有利于提高铸态合金的强度及塑性。

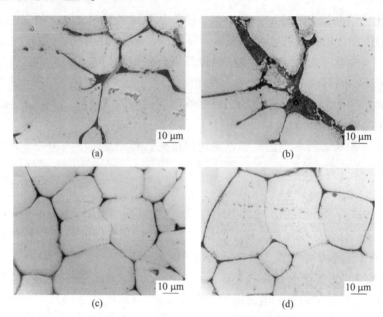

图 8-13   Al-Zn-Mg-Cu-Zr 合金不同条件下的晶界组织[10]
（a）无电磁场，表面；（b）无电磁场，中心；（c）有电磁场，表面；（d）有电磁场，中心

B   应用实例二

5A90Al-Mg-Li 合金比强度高，具有良好的力学性能、抗腐蚀性，可广泛应用于航天航空工业中，然而 Al-Mg-Li 合金铸造工艺复杂苛刻，获得高品质铸坯非常困难。鉴于此，有学者采用低频铸造对 5A90Al-Mg-Li 合金凝固组织进行了深入研究[14]。图 8-14 所示为常规及施加低频电磁场的 5A90 合金凝固组织。可以看到不施加电磁场时合金凝固组织呈现粗大的玫瑰状，如图 8-14（a）所示。当低频电磁场参数为 15 Hz 及 50 A 时，合金凝固组织变化不明显，如图 8-14（b）所示。当电磁场电流增加时，合金凝固组织晶粒逐渐细化，由均匀细小的等轴晶形成，如图 8-14（c）所示。当电流为 150 A 时，5A90 合金最小晶粒尺寸为 83 μm，如图 8-14（d）所示。

图 8-15 所示为经过挤压处理的 5A90 合金微观组织。所有的组织均由条状晶粒组织组成，晶粒取向沿轧制方向。随着电磁场电流增加，挤压组织晶粒尺寸减小。此外，挤压态组织与铸态组织晶粒大小规律一致，说明低频电磁铸造有利于获得良好的合金凝固组织及挤压态组织。

8.4.4 低频电磁铸造技术的优点和不足

低频电磁铸造技术的优点如下：

（1）改善了铸坯凝固组织。施加低频磁场可使铝合金熔体在洛伦兹力的作用下发生强

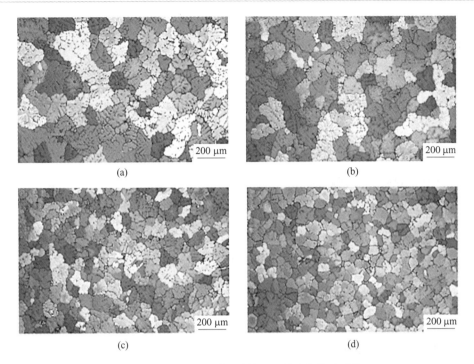

图 8-14 5A90Al-Li 合金低频电磁场凝固组织[14]

(a) 常规铸造; (b) 15 Hz, 50 A; (c) 15 Hz, 100 A; (d) 15 Hz, 150 A

制对流, 减小温度梯度和液穴深度, 进而显著改善了铸坯的微观组织, 在整个铸锭横截面上获得了均匀细小的等轴晶。

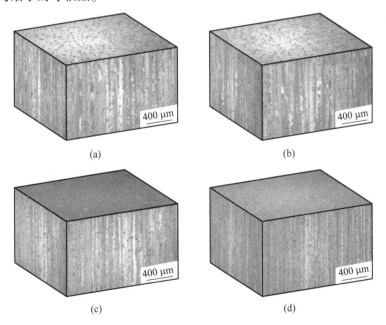

图 8-15 低频电磁场 5A90Al-Mg-Li 合金的轧制组织[14]

(a) 常规铸造; (b) 15 Hz, 50 A; (c) 15 Hz, 100 A; (d) 15 Hz, 150 A

（2）减少合金溶质元素的微观及宏观偏析。电磁场能够影响溶质元素的微观分布情况，使晶内溶质元素的含量提高，减少在晶界上的析出量。此外，施加低频电磁场可以使铸锭内的合金元素分布均匀。

低频电磁铸造技术的不足如下：

（1）低频电磁铸造技术在其他有色金属合金中的应用还比较少，对铸型条件要求较高。

（2）自由液面的流动可能增加熔体内氧化夹杂物的含量，产生中心铸造缺陷。

8.5 水平电磁连续铸造技术

水平电磁连续铸造技术（horizontal electromagnetic continuous casting，HEMCC）是在普通水平连续铸造结晶器的外侧施加电磁场调控合金凝固组织的新型铸造技术。垂直于铸造方向设置感应线圈，线圈内通过交变电流，可以在线圈周围产生交变磁场，交变磁场在合金熔体内引起感生电流，进而在垂直于散热方向上调控合金凝固组织，因此可以细化合金凝固组织、减少偏析。水平电磁连续铸造技术近年来已经广泛应用于铜合金管、棒、板坯等的连续制备过程中。

8.5.1 水平电磁连续铸造技术工艺

水平电磁连续铸造工艺如图 8-16 所示。水平电磁连续铸造技术的主要工艺流程包括：熔化金属液→熔体保温→电磁调控→强制冷却→凝固结晶→牵引等。合金水平连铸通常采用密闭供液方式，金属液直接由保温炉进入结晶器，铸锭沿水平方向引出。铸造过程受重力影响。在重力作用下，熔池中高温熔体上升，低温熔体下降，从而导致铸造过程中熔池中合金熔体温度分布不均匀，上部温度高于下部温度。同时，重力还使铸锭下表面与结晶器间的接触压力大于铸锭上表面与结晶器的接触压力。铸锭下表面的冷却强度大于上表面的冷却强度，因而导致铸锭凝固不均匀，液穴形状不对称，铸锭下表面凝壳厚，上表面凝壳薄。铸锭凝固中心相对于几何中心向上偏移，导致铸锭下部表面质量差。易形成冷隔划痕等缺陷，铸锭铸态组织不均匀。施加电磁场之后，感应线圈内的交变电流在熔体内激发交变磁场，产生感应电流。感生电流和变化的磁场交互作用使合金熔体受到洛伦兹力的作用，从而搅拌熔体，达到调控合金凝固组织的效果。在牵引机的作用下，逐渐凝固的铸锭被均匀地拉出，水平电磁连续铸造技术的拉坯速度通常为 50～600 mm/min。

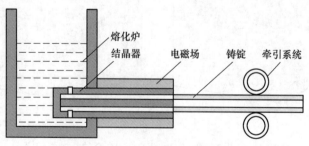

图 8-16 水平电磁连续铸造工艺示意图

8.5.2 水平电磁连续铸造技术装备

图 8-17 所示为典型的水平电磁连续铸造技术设备。熔融的铜合金金属液在牵引装置的作用下首先经过电磁调控装置改善合金的微观组织，随后经过冷却获得所需要的合金管坯。采用感应电炉熔炼电解铜，将炉料升温加热直至熔化。为防止金属液在熔炼过程中吸气氧化，液面上覆盖 150~200 mm 厚的木炭，当金属液温度达到出炉温度时，采用 Cu-13%P 中间合金进行脱氧，然后通过流槽将金属液导入保温炉内。保温炉是储存金属液的耐火材料容器，其主要作用是在连铸时精确地控制金属液温度和化学成分，并提供一定的压头高度以保证连铸顺利进行。此外，还具有去除夹杂物、净化金属液的功能。所采用保温炉为工频有芯感应炉，可容纳 1~3 t 金属熔体。与加热元件加热式保温炉相比，工频有芯感应炉具有使用寿命长、金属氧化损失少、炉内金属液温度均匀性高等优点。保温过程中也采用木炭覆盖金属液表面。电磁调控装置和结晶器是工艺设备的核心装置。根据合金的特点可以采用旋转磁场、脉冲磁场和行波磁场等。结晶器一般由石墨结晶器、铜套和冷却系统组成，同时冷却系统又分为一冷、二冷两个区，分别由冷却水独立控制并通过铜套与石墨结晶器连接。

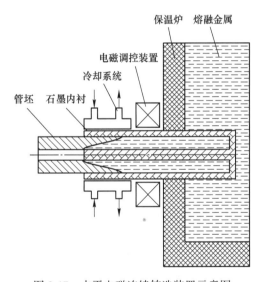

图 8-17 水平电磁连续铸造装置示意图

8.5.3 水平电磁连续铸造技术的应用

水平电磁连续铸造技术已在铜合金制备领域获得了广泛的应用，包括高强高导铜合金、耐磨复杂黄铜合金、高强高弹铜合金等，不仅能够细化铸造组织，提高等轴晶率，而且在后续变形加工时不会发生扭曲，有很好的应用效果。

8.5.3.1 应用效果

应用效果如下：

(1) 显著细化合金凝固组织。高强高导 Cu-Cr-Zr 合金和 Cu-Ni-Sn 合金等的凝固组织由粗大的柱状晶转化为细小的等轴晶，晶粒尺寸可细化至 0.2~2 mm。

（2）提高铸件加工性能。由于水平电磁连续铸造技术制备的铜合金均有均匀细小的等轴晶，因此在后续变形过程中不会发生扭曲、变形，甚至空心等异常情况。

（3）减少宏观偏析。施加电磁场可使合金熔体发生强制对流，减小温度梯度，均匀温度场，进而促进溶质分布均匀。

8.5.3.2 应用实例

A 应用实例一

大连理工大学李廷举等人对 Cu-Cr-Zr 合金水平连续电磁铸造进行了深入研究[15]。未施加磁场时，Cu-Cr-Zr 合金宏观组织如图 8-18（a）所示，底部和侧部的柱状晶发达，按逆流方向向铸棒的中心生长，组织不均匀，晶粒粗大。当电磁场的电流强度为 30 A、频率为 30 Hz 时，宏观组织如图 8-18（b）所示，晶粒有了较大程度的细化，组织趋于均匀。当保持频率 30 Hz 不变时，提高电流强度至 50 A，宏观组织如图 8-18（c）所示，凝固组织更加细化，完全消除了粗大的柱状晶，组织更加均匀。

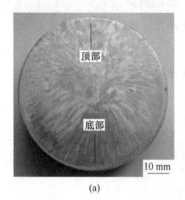

(a)   (b)   (c)

图 8-18   电流强度对 Cu-Cr-Zr 合金宏观组织的影响
（a）0 A；（b）30 A，30 Hz；（c）50 A，30 Hz

当施加旋转磁场时，金属液受到电磁力的作用，在电磁力和自身静压力作用下，产生圆周运动和轴向环流运动。由于一次冷却水的激冷作用，石墨结晶器内壁存在一个过冷度较大的温度边界层，稳定形核功小而优先形核，形成晶粒细小的激冷层。电磁力将内壁处温度低的金属液带入到温度较高的部位，使金属熔体固-液界面产生强烈的温度起伏和浓度起伏，受到温度和成分扰动作用的枝晶根部容易熔断。电磁力加速了金属液的流动，也使大量枝晶被折断。熔断和折断的枝晶，以及从结晶器壁游离的晶粒随着金属液的运动，分布更加均匀，为细化凝固组织提供了形核条件。随着电流强度的增加，磁感应强度显著增大，产生的洛伦兹力也相应增加，搅拌效果更好，组织不断被细化。

水平连续铸造过程中，电磁场还对 Cu-Cr-Zr 合金铸锭质量有显著影响。未施加电磁场时，棒坯表面质量如图 8-19（a）所示，存在较多深度为 3 mm、宽度为 2 mm 的大裂纹，平均每 5 mm 就有一个大裂纹出现。当施加旋转磁场后，棒坯表面质量如图 8-19（b）所示，裂纹完全消失。裂纹主要由铸造热应力产生。施加电磁场后，Cu-Cr-Zr 合金棒坯凝固过程的温度场变得均匀，降低了坯壳内、外层之间的温差，从而降低了坯壳的热应力，抑制了裂纹的形成。同时，棒坯的初始凝固位置外移，液穴深度变浅，凝固坯壳变厚、变均匀，变形抗力增加，也减少了棒坯表面裂纹的产生。

(a)   (b)

图 8-19 旋转磁场对 Cu-Cr-Zr 合金棒坯表面裂纹的影响

(a) 无电磁场；(b) 有电磁场

B 应用实例二

Cu-Ni-Sn 合金具有良好的弹性、导电性、耐磨性、耐腐蚀性、疲劳性能及断裂韧性，是一种非常重要的高强弹性导电铜合金及工程合金，其强度接近甚至超过铍青铜[15]。通过水平连续电磁铸造技术制备的 Cu-15Ni-8Sn 铸锭的横截面和纵截面的宏观结构如图 8-20 所示[16]。图 8-20（a）显示了无电磁搅拌时铸锭的宏观组织，并且观察到凝固组织由表面细化的等轴晶粒区和中心粗柱状晶粒区组成。这与铸锭的典型宏观组织相符，表明存在强制冷却时，水平连续铸造过程中凝固前沿的温度梯度较大，从而形成柱状晶。此外，径向柱状晶长度大于拉坯方向的柱状晶粒长度，表明热量主要沿径向而不是沿拉坯方向释放。当使用频率为 6 Hz 的电磁搅拌时，如图 8-20（b）所示，中心粗大柱状晶被细化等轴晶代替，表明原始径向温度梯度在电磁搅拌作用下消失，样品的凝固几乎是等温凝固。此外，随着频率的增加，等轴晶粒明显变得更加细化。

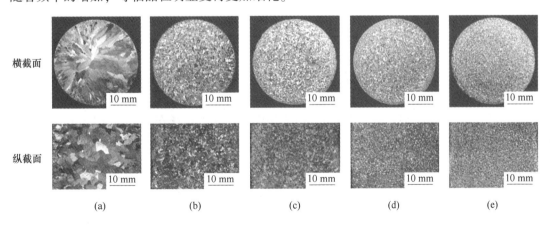

横截面

纵截面

(a)   (b)   (c)   (d)   (e)

图 8-20 有无电磁搅拌时 Cu-15Ni-8Sn 铸锭横截面和纵截面的宏观组织[16]

(a) 0 Hz, 0 A；(b) 6 Hz, 120 A；(c) 12 Hz, 120 A；(d) 30 Hz, 120 A；(e) 50 Hz, 120 A

图 8-21 显示了在固-液界面处施加电磁搅拌对柱状晶向等轴晶转变机制的影响。当不使用电磁搅拌时,如图 8-21(a)所示,在凝固前沿的温度梯度太大,以致形成了发达柱状晶。当施加电磁搅拌时,电磁搅拌会引起强制流动,熔体中温度场将变得均匀,温度梯度会逐渐降低,进而抑制了柱状晶粒生长并促使了等轴晶的形成,如图 8-21(b)所示。此外,凝固过程中形成的碎断枝晶在柱状晶向等轴晶转变中起着重要作用。施加电磁搅拌将在糊状区中引起熔体强制流动,然后促进溶质的局部富集,从而产生碎断枝晶。另外,碎断枝晶将通过电磁强制流动被传送到固-液界面前沿熔体中,成为异质形核质点,从而促进了柱状晶向等轴晶转变。

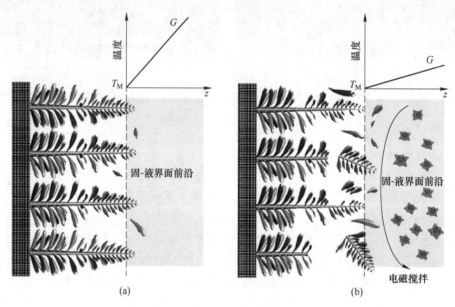

图 8-21 电磁铸造引起的柱状晶到等轴晶转变机制的示意图[16]
(a)不使用电磁铸造;(b)使用 EMS

8.5.4 水平电磁连续铸造技术的优点和不足

水平电磁连续铸造技术的优点为:水平电磁连续铸造技术与传统垂直连续铸造、垂直半连续铸造和上引法相比,具有投资少、产品质量优良和易实现自动化等特点。在整个铸锭横截面上得到均匀细小的凝固组织,可有效减少铸锭内的宏观偏析,抑制合金表面的裂纹等铸造缺陷。

水平电磁连续铸造技术的不足为:由于导电熔体在电磁场作用下运动规律的复杂性,限制了其在具有重力偏析特点的合金中的应用。

8.6 电磁离心铸造技术

电磁离心铸造技术(electromagnetic centrifugal casting,EMCC)是指在离心铸造过程中对旋转的金属液施加电磁场的新型铸造技术。常规离心铸造条件下,高性能管坯的铸造组织比较粗大,因此电磁场便被引入离心铸造过程以控制合金凝固组织。电磁力的作用使液态金属不但与铸型间存在相对运动,而且金属内部层与层之间也存在相对运动。这种对流的作用使晶粒组织得到细化，提高了铸锭的质量。因此，电磁离心铸造技术广泛应用于铝合金及其复合材料、铸铁、高速钢、耐磨钢的制备中。

8.6.1 电磁离心铸造技术工艺

在普通离心铸造情况下，金属熔体从浇注口注入铸型后，由于存在惯性，金属熔体由较小的角速度逐渐提速。在一段时间之内其角速度小于铸型的角速度，因此金属熔体与铸型之间发生相对运动。且与铸型接触的外层金属熔体由于受到铸型的直接带动，可以在较短时间内达到铸型的角速度。而内层的金属熔体则需在外层熔体的带动下，逐渐增加角速度，最终达到所有熔体与铸型保持相同角速度进行圆周运动，此时熔体与铸型间保持相对静止。

电磁离心铸造工艺如图 8-22 所示。电磁离心铸造时，金属液在旋转过程中同时还受到电磁力的作用，发生强制流动。随着凝固过程的持续进行，电磁离心铸件在凝固过程中固-液界面前沿会出现成分不同的液相和游离的先析出固相。由于其电导率、磁导率不同，因而受到的电磁力也不相同，因此电磁离心铸造过程中不同物相之间存在相对运动。这与传统的离心铸造不同，传统离心铸造随时间增长液相与先析出相之间的相对运动速度逐渐趋近于零，而电磁离心铸造两者间的相对运动速度差越来越大。在凝固过程中可以施加强制冷却使合金迅速凝固，最终制备出壁厚均匀的管坯。

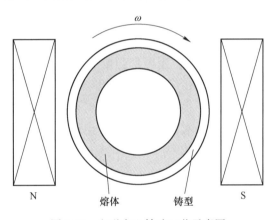

图 8-22　电磁离心铸造工艺示意图

电磁离心铸造熔体受力分析如图 8-23 所示。液态金属在铸造过程中同时受到电磁力 F_m（见式（8-6））、离心力 F_c（见式（8-7））和重力 G（见式（8-8））的作用。所受重力方向竖直向下，但重力与电磁力和离心力相比，对金属熔体的运动和凝固过程不会产生很大影响，因此可以忽略。离心力方向为沿径向向外。由于金属熔体在磁场中进行离心运动切割磁感线，因此产生感生电流方向为轴向，且与金属熔体线速度方向与磁感应线方向构成的平面相垂直。

$$F_m = \left(-\frac{1}{2}\sigma V_\theta B^2 \sin^2\theta \cdot r + \sigma V_\theta B^2 \cos^2\theta \cdot \theta \right) \tag{8-6}$$

$$F_c = \frac{\rho V_\theta^2}{r} \tag{8-7}$$

$$G = -(\rho g \cos\theta \cdot \boldsymbol{r} + \rho g \sin\theta \cdot \boldsymbol{\theta}) \tag{8-8}$$

式中，V_θ 为速度的切向矢量；$\boldsymbol{F}_c$ 为离心力；$\boldsymbol{r}$ 为径向矢量；$\boldsymbol{\theta}$ 为切向矢量。

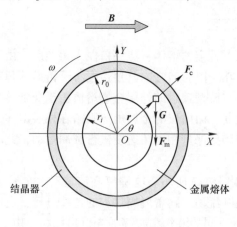

图 8-23　电磁离心铸造熔体受力分析

8.6.2　电磁离心铸造技术装备

电磁离心铸造技术设备结构示意图和现场图分别如图 8-24 和图 8-25 所示。离心铸造设备主要由电机、传动部件、铸型及电磁装置四部分组成。与离心铸造相似，在电机及传动装置的带动下铸型快速旋转。同时，配备的直流稳恒发生器在铸型内部产生稳恒磁场，可以通过自耦变压器调节电流强度来控制磁场强度的大小。为了提高电磁场的工作效率，在保证铸型能够正常运转的情况下，应尽量减少电磁装置与铸型之间的间距，电磁装置的尺寸设计应与铸型尺寸相匹配。出于安全考虑，电磁装置必须设置自动控制系统与冷却防护装置。为了尽量减小电磁场对铸型的影响，电磁离心铸造所选铸型材质除了需要满足常规离心铸造要求外，还要满足无磁性等要求，一般选用不锈钢、铜或者无磁铸铁等材料。

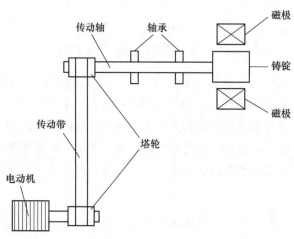

图 8-24　电磁离心铸造技术设备结构示意图

图 8-25 电磁离心铸造机外形图

8.6.3 电磁离心铸造技术的应用

电磁离心铸造技术广泛应用于铝合金、钢铁等的制备过程中，为管坯合金材料的质量提升提供了可能，促进合金制品的均质化和细晶化。

8.6.3.1 应用效果

应用效果如下：

（1）改善合金凝固组织。所制备的管坯合金铸态组织均匀，第二相（如碳化物）尺寸显著减小，铸造组织致密、气孔少。

（2）改善了合金力学性能。电磁离心铸造合金的硬度、冲击韧性和耐磨性能比普通铸造的合金明显提高。

8.6.3.2 应用实例

A 应用实例一

电磁离心铸造可以显著改善共晶 Al-Cu 合金的组织[17]。铸型预热至 250 ℃，铸型转速为 2000 r/min，管坯的外径为 80 mm，壁厚为 18 mm，长度为 100 mm。图 8-26 所示为 Al-33.4%Cu 合金（质量分数）在不同铸造条件下（电磁场强度分别为 0 T、0.10 T、0.23 T）的宏观凝固组织。没有电磁场时，管坯组织为发达的柱状晶（见图 8-26(a)），施加 0.1 T 及 0.23 T 的电磁场时，合金凝固组织明显细化且更加均匀（见图 8-26（b）和（c））。

图 8-27 所示为电磁离心铸造 Al-33.4%Cu 合金（质量分数）微观组织[17]。磁场强度为 0 T 时，共晶通常为层状结构，如图 8-27（a）所示。当在 0.1 T 磁场铸造下凝固时，大多数共晶组织仍保持层状，但棒状共晶开始形成，如图 8-27（b）所示。施加 0.17 T 电磁铸造时，合金中形成较多棒状共晶结构，棒状共晶和先析出相同时出现，如图 8-27（c）所示。当磁场强度进一步增大至 0.23 T 时，棒状共晶体积分数增加，如图 8-27（d）所示。此外，共晶组织在形态上是不规则的，表明电磁强制对流抑制了共晶组织的协同生长，其形态不再像层状或棒状共晶那样典型，这种异常的结构可以称为"离异共晶"[18]。

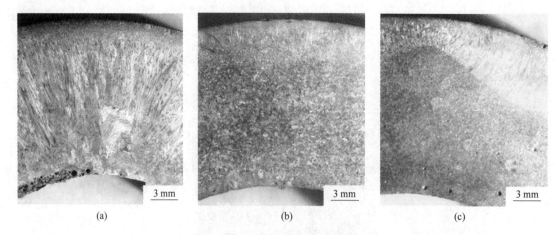

图 8-26   离心铸造 Al-33.4%Cu 合金在不同磁场下的宏观凝固组织[17]
(a) 0 T；(b) 0.10 T；(c) 0.23 T

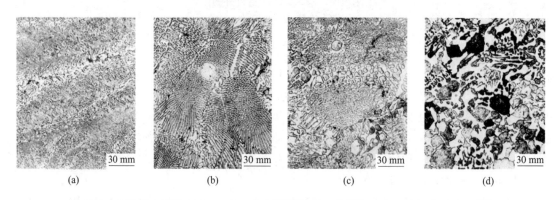

图 8-27   电磁离心铸造 Al-33.4%Cu 合金凝固组织（亮相为 α-Al，暗相为 CuAl₂）[17]
(a) 0 T；(b) 0.10 T；(c) 0.17 T；(d) 0.23 T

B   应用实例二

电磁离心铸造高碳高速钢可以显著改善其凝固组织和力学性能[18]。在不锈钢水玻璃石英砂铸型中使用自行设计的卧式电磁离心铸造设备，施加 0.1 T 磁场，分别在 600 r/min、960 r/min、1370 r/min 的离心旋转速度浇注成辊套。试样毛坯尺寸为外径 150 mm（内径 120 mm）×250 mm。图 8-28 所示为普通砂型和不同转速下电磁离心铸造的金相照片。可以看出，在普通砂型铸造中共晶组织板条粗大，沿晶界分布着粗大的块状或点状的碳化物，且分布不匀。在电磁离心铸造工艺中，共晶碳化物的板条明显变细，分布也变得均匀。随着转速的提高，共晶碳化物板条变得越来越细小，沿晶界分布的粗大的碳化物逐渐变成点状和尖角状。

具有弥散分布颗粒状碳化物和高强韧基体组织的试样的耐磨性较高。图 8-29 所示为所得试样两次回火后的磨损量和相对耐磨性曲线。在普通砂型铸造下磨损量较高（见图 8-29 (a)），采用电磁离心铸造后试样获得高的硬度，且具有弥散分布颗粒状碳化物，耐磨性相对较高。组织中存在大量的细小弥散分布的高硬度碳化物，这些高硬度碳化物可以抵御滑动过程的显微切削，减轻滑动造成的磨损，有效地保护基体。随着离心转速的提高，电

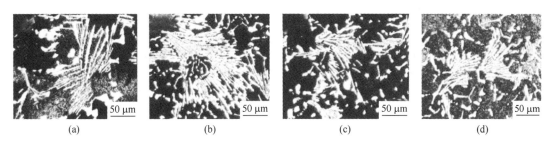

图 8-28　不同条件下的高碳高速钢铸态组织[18]
（a）普通砂型铸造；（b）0.1 T，600 r/min；（c）0.1 T，960 r/min；（d）0.1 T，1370 r/min

磁搅拌作用增强，热处理后析出的细小弥散的二次碳化物增多，从而可减少其磨损量，提高耐磨性（见图 8-29（b））。

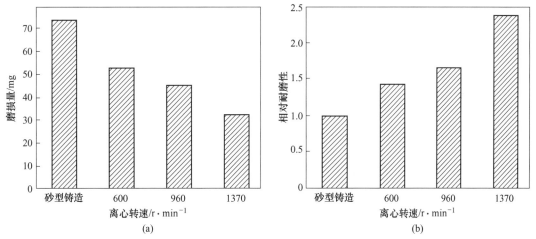

图 8-29　不同转速下电磁离心铸造高速钢摩擦磨损性能[18]
（a）磨损量；（b）相对耐磨性

8.6.4　电磁离心铸造技术的优点和不足

电磁离心铸造技术的优点为：

（1）电磁离心铸造可以提高合金致密度，减少气孔、夹杂物等铸造缺陷，细化合金凝固组织。

（2）电磁离心铸造合金力学性能明显高于普通离心铸造的合金。

电磁离心铸造技术的不足为：在铸造易产生密度偏析的合金（如铅青铜）时，同样容易发生偏析，同时铸件的内孔直径不准确，表面粗糙度较大，这些都限制了电磁离心铸造技术的发展。

参 考 文 献

[1] ASAI S. Electromagnetic Processing of Materials [M]. Berlin：Springer Netherlands，2012.

[2] STILLER J, KOAL K, NAGEL W E, et al. Liquid metal flows driven by rotating and traveling magnetic fields [J]. Eur. Phys. J. Spec. Top., 2013, 122: 111-122.

[3] WILLERS B, ECKERT S, MICHEL U, et al. The columnar-to-equiaxed transition in Pb-Sn alloys affected by electromagnetically driven convection [J]. Mater. Sci. Eng. A, 2005, 402: 55-65.

[4] PILLING J, HELLAWELL A. Mechanical deformation of dendrites by fluid flow [J]. Metall. Mater. Trans. A, 1996, 27: 229-232.

[5] ECKERT S, NIKRITYUK P A, WILLERS B, et al. Electromagnetic melt flow control during solidification of metallic alloys [J]. Eur. Phys. J. Spec. Top., 2013, 137: 123-137.

[6] RUVALCABA D, MATHIESEN R H, ESKIN D G, et al. In situ observations of dendritic fragmentation due to local solute-enrichment during directional solidification of an aluminum alloy [J]. Acta Mater., 2007, 55: 4287-4292.

[7] MATHIESEN R H, ARNBERG L, BLEUET P, et al. Crystal fragmentation and columnar-to-equiaxed transitions in Al-Cu studied by synchrotron X-ray video microscopy [J]. Metall. Mater. Trans. A, 2006, 37 (8): 2515-2524.

[8] DANTZIG J A, Rappaz M. Solidification [M]. Lausanne: EPFL Press, 2009.

[9] DAVIDSON P A. An Introduction to Magnetohy Drodynamics [M]. New York: Cambridge University Press, 2001.

[10] ZUO Y B, CUI H Z, DONG H, et al. Effect of low frequency electromagnetic field on the constituents of a new super high strength aluminum alloy [J]. J. Alloy. Compd., 2005, 402: 149-155.

[11] ZHAO Z H, CUI J Z, DONG J, et al. Effect of low-frequency magnetic field on microstructures of horizontal direct chill casting 2024 aluminum alloy [J]. J. Alloy. Compd., 2005, 396: 164-168.

[12] ZHAO Z H, CUI H Z, Nagaumi H. Effect of low-frequency magnetic fields on microstructures of horizontal direct chill cast 2024 aluminum alloys [J]. Mater. Trans., 2005, 46: 1903-1907.

[13] CHEN X, JIA Y, LIAO Q, et al. The simultaneous application of variable frequency ultrasonic and low frequency electromagnetic fields in semi continuous casting of AZ80 magnesium alloy [J]. J. Alloy. Compd., 2019, 774: 710-720.

[14] WANG F Y, WANG N, YU F, et al. Study on micro-structure, solid solubility and tensile properties of 5A90 Al-Li alloy cast by low-frequency electromagnetic casting processing [J]. J. Alloy. Compd., 2020, 820: 153318.

[15] 黄伯云, 李成功, 石力开, 等. 中国材料工程大典 (第四卷) ——有色金属材料工程 (上) [M]. 北京: 化学工业出版社, 2005.

[16] SHEN Z, ZHOU B, ZHONG J, et al. Evolutions of the micro-and macrostructure and tensile property of Cu-15Ni-8Sn alloy during electromagnetic stirring-assisted horizontal continuous casting [J]. Metall. Mater. Trans. B, 2019; 50 (5): 2111-2120.

[17] ZHANG W Q, YANG Y S, LIU Q M, et al. Structural transition and macrosegregation of Al-Cu eutectic alloy solidified in the electromagnetic centrifugal casting process [J]. Metall. Mater. Trans. A, 1998, 29: 404-408.

[18] 张天明, 安永太, 宋绪丁, 等. 转速对电磁离心铸造高碳高速钢组织和性能的影响 [J]. 材料热处理学报, 2012, 33: 79-84.

9 电磁制动技术

9.1 概述

电磁制动技术（electromagnetic brake，EMBR）是一种应用在连铸过程中的电磁冶金技术，通过电磁制动器产生的电磁力来控制金属液凝固过程中的流动、传热和传质，以减少铸坯缺陷，改善铸坯表面及内部质量。电磁制动技术依靠电磁力非接触地控制金属液，因此具有不污染钢液的优点，并且电磁场的能量利用率较高，电磁参数较容易调控，从而得到广泛的应用。

电磁技术在冶金行业的应用可以追溯到 20 世纪 20 年代，到了 50 年代进行了首次电磁制动的尝试[1-4]。经过几十年的探索，在 80 年代开启了电磁制动技术的新纪元。具体按时间和技术特点分类说明如下。

9.1.1 静磁场电磁制动技术

第一代电磁制动技术：由瑞典阿西布朗勃法瑞（ASEA）公司与日本川崎（今 JFE）公司于 1982 年第四届世界钢铁大会首次明确提出联合开发。第一代区域型电磁制动技术（local electromagnetic brake，Local EMBR），标志着电磁制动技术的诞生。并在川崎公司的水岛钢厂 5 号板坯连铸机上进行了实机应用试验，冶金效果良好。

第二代电磁制动技术：即单条形电磁制动，条尺形电磁制动（electromagnetic brake-ruler，EMBR-Ruler），又称全幅一段电磁制动技术，是从区域磁场发展成覆盖整个板坯宽度磁场的新型技术。1992 年，在法国北方钢铁联合公司（Sollac Hoogovens）、德国普鲁士钢公司（Preussag Stahl）等钢厂首次安装生产，取得了良好的冶金效果。均一型电磁制动技术（level direct current magnetic field，LMF）同样于 20 世纪 90 年代开发，但稍晚于条尺形电磁制动，由新日本钢铁公司（NSC）提出，其效果和工作原理与条尺形电磁制动十分相似。该技术在结晶器内浸入式水口出口下方的宽度方向施加水平静磁场，与条尺形电磁制动同属于第二代电磁制动技术。

第三代电磁制动技术：双条形电磁制动，又称流动控制结晶器（flow control mold，FC-Mold），它是由日本川崎公司于 1992 年开发的电磁制动装置，该设备由 2 个覆盖整个宽度方向的水平静磁场构成。流动控制结晶器根据其发展历程分为流动控制结晶器Ⅰ型和流动控制结晶器Ⅱ型。流动控制结晶器Ⅰ型上、下磁极的电流由同一电源供给，并且电流值相同。流动控制结晶器Ⅱ型是在Ⅰ型即改，又称全幅二段电磁制动技术，其上、下电场可单独调节，独立控制两段磁通量密度。在川崎公司水岛钢厂 4 号连铸机上已证明可改善板坯质量。在抑制表面缺陷方面流动控制结晶器Ⅱ型比Ⅰ型效果好，可根据钢种的要求选择磁场条件，同时提高表面质量和内部质量。两种形式的流动控制结晶器技术都是针对高拉速情况开发的技术。全幅三段变磁通量电磁制动技术，是中科院力学研究所针对流动控制结晶器Ⅰ型的问题提出的一种设想，在作用上和流动控制结晶器Ⅱ型类似，但实际上并未真正应用于工业生产，其概念有一定前瞻性，标志着我国电磁制动技术设计能力迈进了一个新阶段。该电磁制动技术理论设想上比前两者有更好的冶金效果。设计考虑应用在薄板坯高速连铸中，由于拉速很高，流动控制结晶器Ⅰ型不能有效制动高速流股，且过分抑制弯月面下的钢水流动，在连铸工艺上存在较大问题。为此，全幅三段变磁通量电磁制动技术，增加中段磁极的磁通量，加强对向下流股的制动；不增加上段磁极的磁通量，不过分抑制弯月面下的流动；增加第三段磁极，对向下流动实现第二次制动。

以上几种电磁制动技术在原理上没有本质区别，都采用静磁场，目的都是抑制流动，在应用范围上也基本一致，是目前较为成熟的技术，具体原理见本章9.2节。除了全幅三段变磁通量电磁制动技术，其他电磁制动技术都在相应的时期作为现场新工艺在钢铁企业进行了测试和应用。

9.1.2　交流磁场电磁制动技术

静磁场电磁制动技术开发的目的和效果都是抑制板坯结晶器内钢液流动。对于低拉速及弯月面呆滞的情况不能起到效果，需要从新的思路开发技术。其中一个技术路线充分借鉴了1978年由法国钢研院在迪林格钢铁公司（Dillinger）首先完成的板坯结晶器电磁搅拌技术（行波磁场，交流磁场），即萌发于控制低速生产时板坯结晶器内流动为目的的结晶器液面电磁加速及稳流技术（electromagnetic level accelerator-electromagnetic level stabilizer，EMLA-EMLS）。早期的电磁搅拌技术以新的模式在板坯结晶器上使用，该技术在结晶器冶金过程中起到了静磁场电磁制动类似的作用甚至拥有更广泛的适用范围。结晶器液面电磁加速及稳流技术钢流控制系统由日本长野工业株式会社（NKK）开发，同时具有制动和加速功能。在其线圈上通低频电流以产生行波磁场，并与钢水相互作用产生制动力或加速力。基于结晶器液面电磁加速及稳流技术和钢液流场形态控制理念，日本川崎公司联合法国达涅利·罗特莱克公司（Daniel Rotelec）在2003年法国里昂召开的电磁会议上提出了一种自动在线控制系统，称为多模式电磁搅拌器（multi-mode electromagnetic stirring，MM-EMS）。结晶器内流场态主要分单股流、双股流和不稳定瞬态流。该装置在结晶器中部设置了4个电磁发生器，采用交流电源生成4个变化的电磁场，多模式电磁搅拌器具有三种工作模式，相比于结晶器液面电磁加速及稳流技术多一个工作模式。本书将结晶器液面电磁加速及稳流技术也定义为第三代电磁制动技术，多模式电磁搅拌器定义为第三代半电磁制动技术。这个技术路线完全颠覆了传统静磁场电磁制动，采用了电磁搅拌技术实现了制动效果。

9.1.3　组合磁场及其他电磁制动技术

在上述技术路线基础上，组合磁场成为新的思路。瑞典阿西布朗勃法瑞公司于2013年公布了其新一代电磁制动设备流动控制结晶器Ⅲ型，它在流动控制结晶器Ⅱ型基础上附加了交流磁场，是典型的组合磁场技术代表，即同时将交变磁场和静磁场用于同一套设备。本书将该技术定义为第四代电磁制动技术。出于同一个思路和目的，宝山钢铁股份有限公司联合东北大学开发了一种板坯连铸结晶器流场控制方法，采用电磁搅拌装置和电磁制动装置共同控制板坯结晶器流场，在结晶器宽面两侧上部和下部区域分别配置电磁搅拌装置和电磁制动装置，二者相互独立，达到最佳的冶金效果[5]。另一种改进技术的思路是通过改变磁场布置来优化结晶器内流动控制，如法国达涅利·罗特莱克公司设计和制造了应用于薄板坯连铸的多磁极电磁制动原型，并在意大利丹尼尔研究与开发中心（Daniel's R&D）以低熔点合金（BiSn）为介质进行了 1∶1 比例物理模拟研究。另外，东北大学[7]根据电磁制动原理提出并设计了一种新型立式电磁制动装置并建立了以低熔点合金（Sn-Pb-Bi）为模拟介质的电磁流体流动平台，开展了新型立式电磁制动条件下结晶器内流体流动行为的数值模拟和实验研究。目前，还有几种通过磁场布置方式控制流动的电磁制动技术，具体见 9.6 节。本书将这些技术均定义为第四代电磁制动技术。

综上可知，电磁制动技术可以从原理上分为静磁场、交变磁场和复合磁场 3 种类型。从作用区域上分为区域型和全幅型。区域型电磁制动磁场布置的特点是将两对静磁场布置于结晶器宽面水口两侧孔出流附近区域，磁场方向与水口射流方向垂直。磁场并没有完全覆盖结晶器整个宽度，浸入式水口侧孔射出的高速流股垂直穿过静磁场。后期发展出新的磁场布置方式。目前的区域型电磁制动技术包括：第一代区域型电磁制动、电磁阀、新型电磁制动Ⅰ型、新型电磁制动Ⅱ型、射流型电磁制动装置和立式电磁制动装置。其余的包括以流动控制结晶器为代表的技术都是全幅技术，即覆盖全部宽面。

本章介绍了电磁制动技术的原理，并且详细介绍了目前静磁场电磁制动技术、交流磁场电磁制动技术、组合磁场电磁制动技术和其他电磁制动技术的工艺、装备、应用和优缺点。

9.2　电磁制动技术原理

以静磁场区域型电磁制动技术为例说明工作原理。如图 9-1（a）和（b）所示，其装置结构较小，只有两对磁极头作用在靠近浸入式水口的局部区域，水口两侧各布置一对带有 N-S 极的 U 形电磁装置。钢液在重力作用下从势能转化为动能，从浸入式水口侧孔以速度 V 流出，恰好通过 N-S 极形成的磁场区域。液态钢水切割磁感线产生感应电流，液态钢水成为载流导体，带电的钢水又与外加的 N-S 磁场作用，产生与钢液运动方向相反的洛伦兹力，减缓了钢水流股的速度[6]。

电磁制动过程含有两个基本效应，即制动效应和"搅拌"效应。电磁制动的原理如图 9-1（c）所示。由图可见，电磁力与流股的方向相反，从而制动了流股，这是制动效应。由于制动的影响，流股分裂形成分散的流动，这是"搅拌"效应，其本质上是钢液黏性的作用。流股中心和周围受到的短程切应力不同，根据流体力学可知流速由中心向周围递减，同时由于电磁力具有随着空间距离增大的特性，作用在流股不同位置的力大小不同，流股不同位置受到的抑制程度也不同，最终导致流股分裂；并且在实际浇铸过程中都是湍流，存在偏流等现象，实际流股的速度和方向更为复杂，导致流股不同位置流速方向和大小都有差别，最终形成流股分裂和分散流动的现象。通过这两个效应控制结晶器内钢水的流动，是板坯连铸结晶器电磁制动的工作原理。

多模式电磁搅拌技术即交流磁场电磁制动，本质就是电磁搅拌，利用了低频电磁场产生电磁力的回转作用。另外，一些新的电磁制动技术主要通过磁场空间的重新布局来获得更有利的冶金效果，与静磁场或交流磁场在原理上也没有区别。

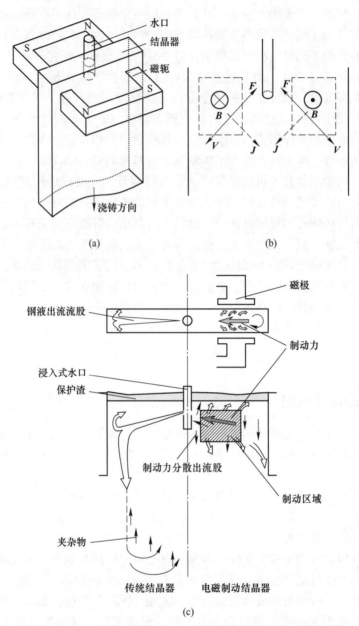

图 9-1　电磁制动基本原理及效应[8]

（a）电磁制动装置简图；（b）钢液受力分析；（c）电磁制动基本装置

9.3　静磁场电磁制动技术

　　静磁场电磁制动技术是一种利用静磁场产生的洛伦兹力抑制连铸过程结晶器内钢液流速和波动的技术。目前，使用较多的是全幅一段及全幅二段电磁制动技术。全幅二段电磁制动技术较好地解决了全幅一段电磁制动技术作用效果受磁场位置限制的问题。因此，在全幅二段电磁制动技术出现后，该技术逐渐被更多的工厂采用。

9.3.1 静磁场电磁制动技术工艺

在连铸过程中，结晶器是承前启后的分界点，特别是高拉速、结晶器液面波动剧烈的情况，通过在结晶器位置处安装产生静磁场的设备，即电磁制动器，达到制动效果。钢液通过水口进入结晶器，流经电磁制动器磁场覆盖的区域被电磁力抑制，形成稳定的液面和内部流动，提高铸坯质量。根据不同电磁制动技术特点，结晶器处具体的磁场安装位置不同，在下面章节详细阐述。

（1）区域型电磁制动技术。为了控制水口出流速度，开发了区域型电磁制动技术，其装置结构如图 9-2（a）所示。在结晶器宽面、浸入式水口两侧安装两对磁极头，静磁场作用在靠近浸入式水口的局部区域（水平 U 形电磁铁），控制了浸入式水口流出钢液的速度，出水口的射流深度可以减少到 50%，消除了钢液对窄面坯壳的冲刷，并抑制了液面波动，钢水紊流也得以降低；离开制动区后，钢液向下流动基本均匀，速度与浇铸速度相等。当制动器功率偏高时，钢液流速变慢，此外铸型中心零磁场区会形成单一的主流区，不利于夹杂物去除，尤其在薄板坯的情况下，反而会增加保护渣的卷入和非金属夹杂物的增多。区域型电磁制动的磁场范围有限，不能有效控制作用区域外的液面，如流股的飘浮，当液流飘浮在没有充足减速的磁场区域的上方，其对弯月面的控制效果不足，并且从浸入式水口流出的钢液避开磁场区域直接向下冲入钢液中时会产生沟道。为此，开发了全幅段电磁制动技术用于解决区域型电磁制动磁场作用范围有限的问题。

（2）单条型电磁制动。单条型电磁制动装置结构如图 9-2（b）所示。为了克服区域型电磁制动技术的不足，磁场的作用区域需要扩展。单条型电磁制动器是对于区域电磁制动器的一种改进，该电磁制动器激发的磁场能覆盖整个板坯宽度，制动区域更大，使钢液出流对四周冲击力更加均匀，起到了更稳定的制动效果。作用于结晶器整个宽度上的水平磁场可获得更稳定的电磁制动效果，且对不同浇铸条件的敏感性减小。一对条形磁铁安置在浸入式水口的出口处，施加水平磁场抑制了钢液对板坯窄面凝固壳的冲击，缩短了下返流的冲击深度，在水口下方形成活塞流。单条型电磁制动技术对整个板坯宽度内钢液的流动进行制动，钢液上返流对液面的冲击减弱，液面波动的幅度下降，弯月面处液面更加稳定，消除了卷渣，改善了板坯内部洁净度。对浸入式水口偏流也有一定的抑制作用。向下流动减速，钢水在磁场作用区上的滞留时间增加，提高弯月面附近的温度。但这种装置的制动效果受磁场布置的影响较大，如果磁场位置与水口的距离稍远或水口出流的角度不合适，就会影响制动效果，无法有效控制钢液面波动。在下部流动被抑制的同时，若磁场太强，流股在充分减速之前就被水平磁场推出，造成弯月面附近钢液流速增加，加剧弯月面湍流和脉动。而电磁制动装置的安装位置恰好是最难控制的，钢液在窄面附近流动形成旁路，即通道流动，磁场越强通道流动越剧烈，使流动均匀性总体变差。这也成为全幅二段电磁制动技术开发的原因。

（3）全幅二段电磁制动技术。其装置结构如图 9-2（c）所示。为了解决全幅一段电磁制动技术磁场位置难选择、效果受安装位置影响大的问题，开发了全幅二段电磁制动技术。其包含两个磁场区域，分别抑制弯月面附近和水口出流下方的流速。流动控制结晶器根据其发展历程分为流动控制结晶器 Ⅰ 型和流动控制结晶器 Ⅱ 型。与流动控制结晶器 Ⅰ 型相比，流动控制结晶器 Ⅱ 型的两个磁场可以独立调节磁场大小，做到更精准地控制。

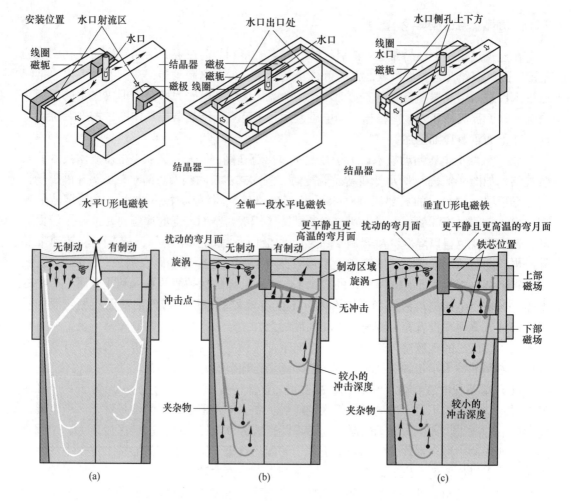

图 9-2   典型静磁场技术特点及流场温度场特点

(a) 区域型电磁制动技术；(b) 单条型电磁制动技术；(c) 全幅二段电磁制动技术

影响静磁场电磁制动效果的因素如下：

(1) 板坯宽度。相同功率或磁场强度下，电磁制动的效果受到板坯宽度影响。板坯宽度太窄（如板坯宽度不大于 970 mm），水口射流对结晶器窄面的冲击强度依然很大，电磁场没有足够的作用时间而不能防止对窄面冲击点的形成。对于宽板坯电磁制动，可减小弯月面的流速和液面波动，但当板坯宽度太宽（如板坯宽度不小于 1570 mm），水口射流到达结晶器窄面的距离增加，导致射流进入磁场后冲击方向向上偏转，流动产生飘浮并形成旁路，并且由于对上返流过度抑制容易造成弯月面呆滞的问题。总体上，传统静磁场电磁制动对于提高宽板坯质量效果更好。

(2) 拉坯速度。拉坯速度大小决定了水口射流流速的大小，拉坯速度增加，水口射流流速增加。在高拉速下容易通过增加磁通量密度减小弯月面处的流速。这意味着高拉速下使用电磁力进行制动很有效，而在低拉速下很难保证最佳的流速。

(3) 氩气流速。工业试验和数值计算结果表明氩气能够妨碍钢液制动，过大的氩气流速对其性能有不利的影响。这主要是大流量的氩气影响了钢液的导电性，同时大流量的吹氩对钢液流动也具有很大影响，是典型的两相流现象。应用宽板坯和低流量吹氩时，电磁制动的效果最好。

（4）浸入式水口形状和浸入深度。在水口浸入深度和出口角度较小时，磁场区域的上方流体流动有飘浮的趋势。随着浸入深度和出口角度的增加，钢液直接穿透进入磁场区域，产生有效的制动，浸入深度的增加加强了制动效果。其他研究也表明钢液流动取决于电磁场分布和浸入式水口结构，使用电磁制动结合向上倾斜的浸入式水口结构可促进气泡的上浮。本质是流股通过磁场区域产生力的综合作用。

（5）磁场强度。结晶器内流体的向下流速随磁通量密度的增加而减小，且表面流速降低，弯月面处波动减小，金属液冲击深度减小，制动效果增强。增加磁通量密度可减小窄面附近的下返流速度，并防止钢液携带夹杂进入板坯。连铸坯表面质量随磁场强度的增加而改善，但有最优值，当超过该值时，表面质量会恶化。磁场过强或过弱，均会在结晶器钢液面和凝固初期坯壳区域对铸坯的表面质量带来不利影响。

（6）磁场的位置。磁场与钢液面的相对位置首先影响磁场的强度；其次作用于坯壳上的综合压力和铸坯的质量也受磁场位置的影响。最大磁场区应位于在结晶器中能有效地改进流体流动的最佳位置。数值研究结果表明当磁芯位置较高时，从浸入式水口流出的钢液折回到弯月面处，这导致从窄面到浸入式水口之间的流速增加，并在浸入式水口下方形成管道流（沟流），下返流流速也被反射流增加。而较低的铁芯位置产生的磁场同时抑制了上、下返流的速度，可稳定弯月面并降低钢液穿透深度。数学模型研究和工业试验发现，带磁绝缘的低铁芯位置比不带磁绝缘的高铁芯位置对提高板坯质量更有效。水平磁场的作用受磁场的位置影响很大，浸入式水口流出的钢液直接穿过水平磁场时，电磁制动效果较高，而当从浸入式水口流出的钢液冲击窄面后穿过水平磁场时，电磁制动效果较低。

（7）产生磁场的方式。磁场的产生方式有连续和间歇两类，其中间歇磁场能有效抑制结晶器液面波动。施加同步间歇性磁场能获得更好的表面质量。

9.3.2 静磁场电磁制动技术装备

下面以钢厂应用最广泛的全幅二段电磁制动技术来进行相关设备的介绍说明。全幅二段电磁制动技术较好地解决了全幅一段电磁制动技术作用效果受磁场位置限制的问题。因此，在全幅二段电磁制动技术出现后，该技术逐渐被更多的工厂采用。但是随着拉速提升到 7 m/min 的超高速连铸成为业界新兴的发展方向，相关设备装置也必须改进。为了更好地传热及加快凝固过程，高速连铸的结晶器结构更为紧凑、器壁更薄，承重性能也因此低于传统结晶器。全幅二段电磁制动器重达 6 t，很难配合高速连铸的结晶器安装使用，而全幅一段电磁制动装置结构相对简单、重量轻，再次进入工厂的视野，成为高速连铸的合理选择。因此，全幅一段及全幅二段电磁制动技术是目前应用最多的两种制动技术，并且两种技术的原理、组成和工作效果基本相同，只是电磁制动设备本体不同。下面以流动控制结晶器 Ⅱ（全幅二段电磁制动技术）说明其设备组成及具体参数。

全幅二段电磁制动技术主要由电磁制动本体、控制系统及冷却系统组成。电磁制动本体产生静磁场，是电磁制动器的核心部件；控制系统通过调节电流、电压等参数控制磁场强度，并实现紧急关停等功能；冷却系统为电磁制动本体提供冷却，电磁制动器工作时产生大量的热，冷却系统通过循环水路的换热过程保证本体的正常运行，防止烧毁。本小节以鞍山钢铁集团有限公司（鞍钢）鲅鱼圈钢铁分公司[9]、首钢京唐钢铁联合有限责任公司[8]和上海梅山钢铁股份有限公司（梅钢）[10]公开发表的电磁制动资料说明其设备的基本组成。

9.3.2.1　全幅二段电磁制动技术电磁制动器本体

电磁制动本体由两对安装在结晶器背板的电磁制动器组成，通常称为全幅二段电磁制动技术，制动器的布置方式如图9-3所示。由图可知，全幅二段电磁制动技术有4个线圈组成结晶器的宽面，并且每侧布置2个包括磁极和铁芯构成的磁回路。上下线圈电流单独控制，有利于根据铸机特定的条件优化电流参数，达到控制钢液流动最佳状态的目的。该装置有上下两对磁场发生装置，其中上段装置产生的磁场位于弯月面附近，用于制动向上的反转流，并抑制弯月面的波动；下段装置产生的磁场位于水口下方，用于制动从水口出流的高速流股，并在其下游获得"活塞"流动改善铸坯的表面质量并减少内部夹杂。电磁制动装置主要技术参数见表9-1。

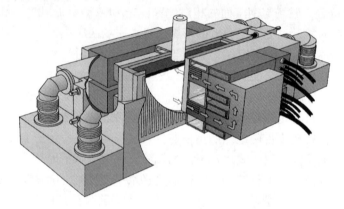

图 9-3　电磁制动装置 3D 示意图

表 9-1　鞍山钢铁集团有限公司板坯电磁制动装置主要技术参数

厂商	铸坯断面/mm×mm	电流/A	功率/kW	额定电压/V
ABB	(170~230)×(750~1450)	2×850	2×150	185

线圈是电磁制动器产生制动力的主要部件，线圈的设计所考虑的主要因素是起制动作用的电磁力。为了低能、高效地达到制动效果，使结晶器内的钢水受到足够的制动力，需要考虑线圈的材质、形状、位置、线圈绕组方法及结晶器结构和材质等。（1）磁场强度随空间距离的增加呈指数形式衰减，为了获得足够的制动力，应尽量减少线圈与钢水的距离，同时线圈的安装应尽量靠近结晶器，以提高制动力并减少来自中间包钢水的干扰。（2）线圈绕组方法可以采用有深槽环行的绕线方式，其线圈端头所占空间小，加上使用较小直径导辊使线圈能够安装在靠近铸坯的地方，其本质也是减少线圈和钢水间的距离。（3）线圈要求材质具有良好的导电性及较高的安匝负载，由于电磁场的热效应，将线圈制成铜管，管内直接通水吸收线圈产生的焦耳热，提高冷却效果，保证线圈的刚度和工作安全性，采用方形截面的水管，减少沟槽内的多余空隙可高密度填充线圈以实现高的安匝负载。通电部位的铜管直接通水，但流向线圈的部分管子为绝缘材料，确保与地面绝对绝缘。

电磁制动器要起到良好的制动效果，不仅要产生磁场，还要有铁磁物质来加强磁场和形成磁场回路，减少漏磁。电磁制动器的铁芯通常采用薄硅钢片堆叠起来，具有良好的磁导性和耐热性，以提高电磁制动效果减少涡流损失和降低发热效果。硅钢片的长度尺寸由板坯尺寸、线圈的直径及制动器的铜壁厚度之和决定，同时考虑它们之间的间隙；硅钢片的宽度尺寸由两线圈的直径及它们之间的间隙决定；硅钢片的高度由制动时间和板坯材料等因素决定。磁感应强度在铁芯处较大，磁场在铸坯中间区域的分布比较均匀，而在与连铸坯接触的边缘处存在漏磁；在铁芯的厚度方向上，磁感应强度表现为中间均匀，两边逐渐发散。在设计磁场时，为了保证铸坯断面上磁场的均匀性，应使磁铁的宽度略宽于板坯的宽面。

另外一个需要考虑的是结晶器设计，虽然结晶器不是电磁制动器组成部分，但是结晶器结构对电磁制动的使用效果影响非常明显，合理的结晶器设计才能保证电磁制动的工作效率。结晶器主要根据电磁制动的效果和温度选择材料，结晶器的尺寸根据板坯的尺寸及它们之间的间隙要求设计。线圈置于结晶器长边的冷却箱中并保证对铸坯的就近设置。在冷却箱上部设置线圈收纳室，下方设置结晶器冷却水排水室。与一般的结晶器相同，线圈由法兰、螺栓连接于冷却箱的背面。结晶器铜板的设计原则为：（1）降低铜板对电磁力的衰减作用；（2）保持结晶器冷却钢水功能；（3）保证结晶器寿命。为了降低铜板的表面温度和磁场屏蔽，可减薄其厚度，但须防止因过薄引起的刚性下降，变形增大使电磁制动效果减弱而降低铸坯质量；也可以采用电导率（IACS）小于40%~60%的铜板材料减少其对磁场的屏蔽作用。针对结晶器设计，可以采用有形要素法复合解析铜板二元温度和形变设计铜板，已知铜板厚度及温度的条件下，从形变解析出能抑制铜板变形的最佳螺栓安装距离。

9.3.2.2　全幅二段电磁制动技术电磁制动器控制系统

电磁制动器控制系统（以上海梅山钢铁股份有限公司为例）共采用两套瑞典阿西布朗勃法瑞公司的DCS600直流调速装置分别控制上、下两组线圈。每组两个线圈串联接入DCS600系统，并确保本组内两个线圈的极性相反。根据工艺需要，电流的给定分别控制现场的上下两个磁场的强弱，且要保证两个磁场的方向相反。为了防止结晶器被磁化，每次重启，自动改变上下线圈的磁场方向。控制器件的实物图如图9-4所示。

图9-4　控制器件

DCS600 是一个全数字控制的六脉冲、四象限运行的整流器，它包括驱动部分和控制部分。驱动部分整流桥由 12 个晶闸管组成，每一个晶闸管都带有一个保护用的缓冲电路，通过程序来控制整流桥和输出电流值。可编程逻辑控制器（PLC）采用了瑞典阿西布朗勃法瑞公司的 AC80 控制系统。AC80 是阿西布朗勃法瑞公司的控制器家族中一款小型高性能的可编程控制器，专门为传动控制设计，主要有以下基本功能：快速执行传动控制程序、与传动通信、与其他控制系统通信、与特殊输入/输出（I/O）模块通信、具有通信协议接口。AC80 系统由中央处理器（CPU）（PM820-2）、印刷电路板（NCB）（PM825-1）、电源模块（PM820-1）和端子板（TC820-1）组成。AC80 的主要功能是电磁线圈的逻辑控制；与通信和冷却系统控制；与上位机流可编程逻辑控制器通信；与机旁操作 E600 通信。AC80 与 DCS600 调速装置之间采用 Modbus 通信，而其与上位机流可编程逻辑控制器通过 Profibus-DP 主从通信方式，可编程逻辑控制器为主，AC80 为从。

变压器将 6 kV 高压交流电（AC）转换成 170 V 低压交流电给两个 DCS600 变频供电，变频器将交流电整流成直流电，电压变化不大于 200 V，分别给两组线圈供电，每组线圈由两个线圈串联组成。线圈安装和磁场方向如图 9-5 所示。

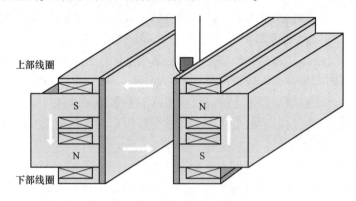

上部线圈

下部线圈

图 9-5　线圈安装和磁场方向示意图

由图 9-5 可知，通过上下两组线圈的电流产生的磁场必须方向相反，因此在连接线圈电缆时，要注意：（1）每组线圈由两个线圈串联而成，同组线圈产生的磁场方向必须一致；（2）可编程逻辑控制器已保证两个变频器输出的电压方向始终相反，所以在现场连接电缆时上下两组线圈接线应保持一致。

9.3.2.3　全幅二段电磁制动技术电磁制动器冷却系统

冷却系统主要由泵站、水箱、热交换器、冷却回路、离子交换器、控制系统及纯净水箱等部分组成。每个线圈有一个冷却回路，每个回路的出口都有流量开关和温度传感器，实时监测每个线圈的冷却情况。由于冷却水直接与线圈的绕组接触，因此进入线圈的冷却水要求电导率 $\sigma_L \leqslant 2\ \mu S/cm$，并且必须达到一定流量（如 35~39 L/min）。冷却水流过发热的线圈后，水温上升，当线圈的出水水温即将超过进水水温，就需要通过在冷却水回水回路中安装的热交换器带走热量。在热交换器内，工业冷却水将蒸馏水的热量带走，再回到水泵中，用来冷却线圈的蒸馏水恢复常温。通过冷却系统中各系统紧密的配合，电磁制动器的温度控制在一个范围内，绕组进出口温差一般为 5~15 ℃，确保线圈的稳定运行。当水温过高或流量过低时线圈停止运行，所以在连铸过程中，即使电磁制动装置停止运行，冷却系统也要继续运行，确保线圈的冷却。

　　冷却失效时，线圈内有大电流流过，线圈的铁芯和磁极处会产生大量的铁损和铜损，铁损和铜损将转变成热能消耗掉，因此线圈的温度在电流通过后迅速上升，当温度 $T>$ 75 ℃后将导致：（1）水管与铜管的连接部分（塑料胶管）受热膨胀后漏水，导致线圈接地，损坏线圈；（2）在一定温度下，线圈上的绝缘漆被烧损，最终导致线圈接地。钢厂现场的电磁制动装置实物照片如图 9-6 所示。

图 9-6　钢厂现场电磁制动装置

9.3.2.4　全幅二段电磁制动技术电磁制动设备操作及技术特点

　　电磁制动装置的操作有两种模式（以首都钢铁集团公司为例）[11]：手动模式和自动模式。其中，前者的操作在操作站中完成，而在正常情况下采用自动模式操作。在自动模式下，直接将基础自动控制输入主控室中的相关设备中，也可以进入二级系统中选择。如果采用的是前者，操作者通过手动的方法将电流值输入；如果采用的是后者，则需按照储存的数据选择电流值。在线圈和可控硅变频器之间安装安全开关。正常操作情况下，安全开关是打开的，进行机器维修时，需要将安全开关关闭。在操作电磁制动装置时，需要满足如下条件：（1）冷却系统正常；（2）在浇铸开始的一段时间内，引锭头需要在结晶器下方 1 m 以上位置，浇铸速度在 0.8 m/min 以上；（3）当选择"出尾坯"或出现紧急降速时，电磁制动装置将自动关闭；（4）铁芯必须位于工作位上。

　　全幅二段电磁制动技术在流动控制结晶器 I 技术基础上发展而来，基本解决了传统静磁场电磁制动技术存在的问题。流动控制结晶器 I 的特点是上下线圈由同一直流电源控制，不能分开调节磁场强度。全幅二段电磁制动技术的上下线圈由不同电源控制，可独立调节。一方面，要优化结晶器下部流动，需要磁场强度足够强；另一方面，为保证弯月面附近钢液的适当流动，要求上部磁场强度不能太强。流动控制结晶器 I 不能达到上述冶金目的，由此开发出可单独调整上下两部分电磁场的全幅二段电磁制动技术技术。

　　全幅二段电磁制动技术的结构特征可以满足电磁制动器在结晶器上部形成的磁场有一个合理取值、下部磁场尽量大的需求，具有更好的适用性和灵活性，可以避免流动控制结晶器 I 存在的问题。在抑制表面缺陷方面全幅二段电磁制动技术比流动控制结晶器 I 效果好，可根据钢种的要求选择磁场条件，同时提高表面质量和内部质量。

　　静磁场电磁制动设备在组成上都包含上述三个部分，其区别是电磁制动本体的磁场发生装置不同，结构的变化也造成应用和效果上的差别。

9.3.3　静磁场电磁制动技术的应用

9.3.3.1　应用效果

应用效果如下：

（1）提高钢液洁净度。防止非金属夹杂物和气泡被带入钢液内部，从而随钢液的凝固残留下来形成缺陷。这是通过静磁场产生与流股相反的洛伦兹力的作用，抑制水口的出流流速，减小流股的向下速度，减少其穿透深度，从而降低气泡和夹杂物被铸坯凝固组织捕获的概率。

（2）控制了液面流速。减少结晶器内保护渣的卷入，并能使保护渣铺展均匀从而减少铸坯的表面裂纹；增加了弯月面温度，使保护渣熔融充分，增加保护渣的流动性。这是由于电磁制动降低了钢液弯月面下的水平流速和弯月面的波动高度，即电磁制动减少了上下返流的流速，最终实现了流速、温度及溶质的均匀分布。

（3）减少出流流股对初生凝固坯壳的冲刷。促进坯壳均匀生长，减少漏钢危险，即使提高拉坯速度也不会增加连铸生产中漏钢的危险。这是由于电磁制动减轻出流流股对初生凝固坯壳的冲刷，减少结晶器窄面凝固坯壳的重熔。

（4）改善铸坯组织形貌。提高铸坯的等轴晶率，减少中心偏析、中心疏松和缩孔，改善及细化铸坯内部的凝固组织。这是由于电磁制动加强了液相穴内钢水的对流运动，糊状区枝晶间的流速也随之提高，温度和溶质分布更加均匀。

9.3.3.2　应用实例

A　应用实例一

1992 年，在法国北方钢铁联合公司的 CC22 连铸机上使用单条形电磁制动后，射流冲击深度从 4 m 降至 1 m，弯月面温度提高 10 ℃，液面波动从 5 mm 降至 3 mm，表面流速从 0.30 m/s 降至 0.15 m/s 以下，凝固坯壳厚度增加 3 mm，允许拉速提高 0.20 m/min。

B　应用实例二

均一型电磁制动技术，也是全幅一段技术，如图 9-7 所示。该技术由新日本钢铁公司提出，其效果和工作原理与单条形电磁制动相似。它与传统电磁制动技术的区别在于磁场的安装位置，该技术对结晶器内浸入式水口出口下方的宽度方向施加水平静磁场，磁场位置比传统电磁制动技术低。在 8 t 连铸机上试验时，其最大磁感应强度可达 0.8 T，形成宽度方向均一的静磁场。试验探讨异钢种浇铸时采用电磁制动替代传统工艺（不插铁板、不降速）的可能性。该装置抑制钢液流股对坯壳的冲击，减小下回流冲击深度，在下部形成活塞流。该活塞流动有利于非金属夹杂物和气泡上浮，可有效改善板坯表面质量。尽管传统电磁制动技术和均一型电磁制动技术取得了较好的效果，但其制动效果受设备安装位置和浇铸参数影响较大，较少应用于常规板坯的高速连铸。均一型电磁制动技术虽然解决了尺条型电磁制动技术在异钢种浇铸时可以不插铁板、不降速的问题，但流动分布也不稳定，随时都在变化，其他方面性能也没有突出的表现。不过成分混合区域在一定情况下会变长，因此该技术还具有良好的抑制混合功能，在不同钢种的连铸生产中，电磁制动缩短了铸坯混合段的长度，提高了钢水收得率。

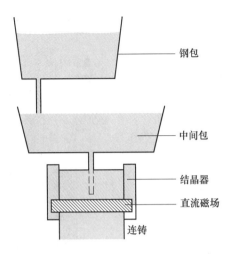

图 9-7 均一型电磁制动技术示意图

C　应用实例三

利用均一型电磁制动技术对不同成分液态金属接触区域的混合的控制，新日本钢铁公司还开发出一种复层钢坯连铸的新工艺。利用在铸型宽度方向上的水平磁场，通过磁场产生的洛伦兹力对金属液流动施加作用，阻止两种金属液的混合，从而在连铸过程中形成界面清楚的复合钢坯，即电磁制动制备双金属复层材料如图 9-8 (a) 所示。水平磁场安装在铸型的下半部分，两种不同化学成分的液态金属同步地通过长型和短型浸入式水口进入铸型，使铸型内形成上下两个区域。在拉坯过程中，上层区域中的金属液形成外层金属，下层区域的金属液进入芯部成为内层金属。通过控制磁场强度、拉坯速度及两种金属液浇铸速度，保证得到稳定的外层金属的厚度和均匀的组织性能。20 世纪 90 年代中期，日本学者用三维磁流体力学模型证实了电磁场对上下层液体金属流动的制约作用，即电磁场作用将铸型分为上下两个熔池，解决了两种金属液的混合问题，并成功地生产出内外层界面清晰的不锈钢和碳钢复层材料。利用电磁制动技术生产双金属复层材料是一种先进的制造复合材料的新方法。但它对设备制造、工艺水平、操作技能及自动化控制均有较高要求，特别是控制浇铸速度，使两种金属界面结合良好且界面稳定是比较严格的。电磁制动制备双金属复层材料是一种新的电磁加工技术和复合材料的制备方法，实现了直接"液-液"结合，根本上解决了界面结合的问题。

大连理工大学在复层铸坯电磁连铸方面也开展了大量研究工作。提出了一种利用电磁制动原理制备两侧面具有不同性能的复层材料的新型技术，并对复层铝合金铸坯进行了相关研究，成功使用电磁制动技术抑制了复层铝合金铸坯（4004 和 3003）连续铸造过程中两种合金的混流，如图 9-8 (b) 所示。在电流密度为 120 A、磁感应强度为 250 mT、拉坯速度为 130 mm/min、结晶器冷却水流量为 2.5 m³/h 条件下，成功制备了左右分层和内外分层的铝合金铸坯。试验获得的复层铸坯界面清晰、平直，没有氧化、夹杂和孔洞等缺陷，两种合金之间实现了牢固的冶金结合。合金以合金的半固态支撑层表面为形核基底进行非均匀形核生长，其树枝晶具有明显的方向性，大都垂直于界面生长。实验成功的关键是各工艺参数的合理选择，使挡板下沿处于铸坯液穴的半固态区内，两种铝合金在界面处不能相互渗透但可以通过原子扩散实现冶金结合，两种合金之间的界面平直，没有发生混流和重熔。

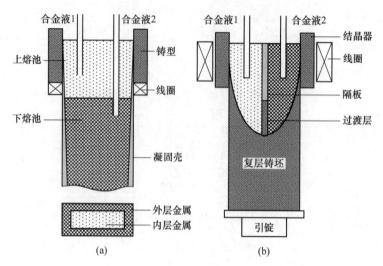

图 9-8   电磁制动制备双金属复层材料工艺原理

（a）电磁制动制备双金属复层材料示意图；（b）电磁制动制备双金属复层材料的应用示意图

D   应用实例四

流动控制结晶器的具体应用以鞍山钢铁集团有限公司鲅鱼圈钢铁分公司为例说明。

抑制水口的出流流速，减小流股的向下速度，减少其穿透深度，防止非金属夹杂物和气泡被带入液体内部[9]，从而随金属液的凝固残留下来形成缺陷（见图 9-9 和表 9-2）。不同尺寸范围夹杂物数量，全氧含量等指标都有明显改善。

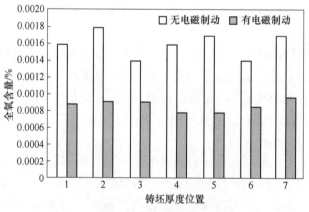

图 9-9   电磁制动对低碳钢全氧值的影响[9]

表 9-2   夹杂物的尺寸分布情况[9]

编号	处理方式	不同尺寸范围夹杂物数量/%		
		<10 μm	10~50 μm	>50 μm
1	无制动	83.2	12.5	4.3
	有制动	91.2	8.8	0

续表 9-2

编号	处理方式	不同尺寸范围夹杂物数量/%		
		<10 μm	10~50 μm	>50 μm
2	无制动	96.3	3.7	0
	有制动	99.0	1.0	0
3	无制动	96.9	3.1	0
	有制动	98.7	1.3	0
4	无制动	97.5	2.5	0
	有制动	96.6	3.4	0
5	无制动	91.0	9.0	0
	有制动	92.4	7.6	0

　　降低钢液弯月面下的水平流速和弯月面波动高度从而稳定液面，即电磁制动有效控制了上下返流的流速，提高了钢坯质量等级（见图9-10）；减少结晶器内保护渣的卷入，并且能使保护渣铺展均匀从而减少铸坯的表面裂纹；施加合理的电磁制动后，结晶器内钢液的流场分布均匀，导致液面火焰分布均匀，燃烧更充分，也增加了弯月面的温度均匀性，使保护渣熔化更好（见图9-11）；并从图中可见保护渣表面火焰燃烧均匀（见图9-12）。

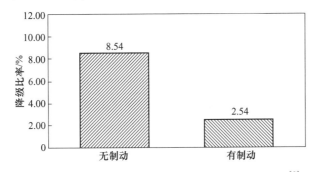

图 9-10　电磁制动降低液位波动对汽车钢评级的影响[9]

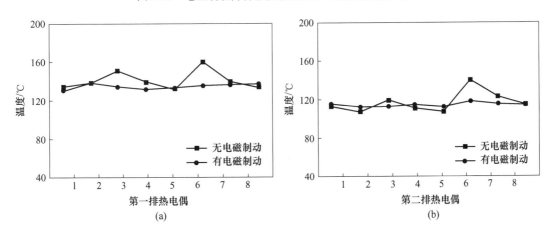

图 9-11　电磁制动对中碳钢温度场的影响[9]

（a）第一排热电偶温度分布；（b）第二排热电偶温度分布

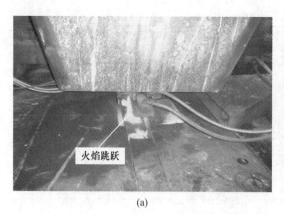 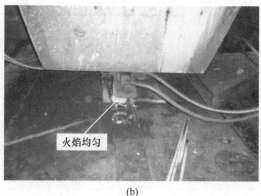

图 9-12   电磁制动对液面火焰的影响[9]

(a) 无电磁制动；(b) 有电磁制动

加强液相穴内钢水的对流运动，糊状区枝晶间的流速也随之提高，温度和溶质分布更加均匀，从而提高铸坯的等轴晶率，减少中心偏析、中心疏松和缩孔，改善及细化铸坯内部的凝固组织[9]。

以上是全幅二段电磁制动技术在鞍山钢铁集团有限公司鲅鱼圈钢铁分公司的应用，在其他钢厂也有类似的效果，如日本川崎公司千叶 3 号 CCM 使用 FC-mold 高速连铸生产超低碳钢。其报道使用流动控制结晶器后结晶器弯月面温度从 1540 ℃提高至 1545 ℃，液面波动大幅降低，表面缺陷指数从 4.5%下降至 0.3%。首钢京唐钢铁联合有限责任公司在高速浇铸（2.5 m/min）时，使用 3 号 CCM 能将结晶器液面波动控制在±3 mm，为提高拉速、保证轧板表面质量奠定了基础。此外，据首钢京唐钢铁联合有限责任公司 3 号 CCM 报道，全幅二段电磁制动技术不仅适用于高速连铸（拉速不小于 1.8 m/min），在常规拉速范围（1.5~1.7 m/min）仍可使用。在拉速 1.7 m/min 条件下使用全幅二段电磁制动技术可将弯月面铜板温度从 144 ℃提高至 175 ℃，钩状坯壳平均深度从 2.3 mm 降至 1.7 mm。马钢控股有限公司四钢轧 1 号 CCM 使用全幅二段电磁制动技术浇铸无间隙原子钢（interstitial free steel，IF），上下线圈电流分别为+240 A 和-274 A 时，无间隙原子钢板夹杂物发生率从初期的 1.1%降至 0.35%。

9.3.4   静磁场电磁制动技术的优点和不足

静磁场电磁制动技术的优点如下[4]：

（1）磁场强度大，抑制效果强。

（2）磁场恒定，电磁力输出稳定。

（3）没有热效应，能量利用率高。

静磁场电磁制动技术的不足如下[4]：

（1）设备开发的目的是解决拉速过高引起结晶器内流速过快的问题，因此，对拉速低的工况不能起到很好的效果，甚至造成流速过低，弯月面呆滞的问题。

（2）电磁力受到流股出流的速度方向和大小的影响，也受到磁场发生设备位置、磁场强度和作用区域的影响。

9.4 交流磁场电磁制动

交流磁场电磁制动技术是一种控制连铸过程结晶器内液态金属流动行为的技术，根据电磁感应定律，利用交变磁场抑制流经其内的钢液流速和波动的工艺，其原理本质上与电磁搅拌一致。

9.4.1 交流磁场电磁制动技术工艺

在连铸过程中，通过在结晶器位置安装激发交变磁场的设备抑制结晶器液面波动，即交流磁场电磁制动器。其安装位置与静磁场电磁制动器相近，交流磁场电磁制动技术是基于结晶器液面电磁加速及稳流技术发展的多模式电磁搅拌。它的开发基于对钢液流场形态控制理念的发展。其安装区域更接近均一型电磁制动技术或流动控制结晶器下部磁场区域，但范围略大。在其线圈上通低频电流产生行波磁场，钢液通过水口进入结晶器流经被电磁制动器磁场覆盖的区域与钢水相互作用产生制动力或加速力。由于钢坯质量的恶化通常发生在非正常浇铸期，而非正常浇铸时，往往对应低速生产，如开浇、终浇、更换中间包、异常事故处理等。传统静磁场电磁制动技术在低速时作用效果急剧下降并且无法解决流速过低，弯月面呆滞的问题。当浇铸速率较低时（较低拉速或窄断面连铸），钢水上回流弱，向弯月面供热不足，容易造成"钩状"坯壳发达，保护渣卷入或气孔等缺陷增多，此时可以采用结晶器液面电磁加速技术加速钢水流。反之，在浇铸速率高时（高速或宽断面连铸），钢水流到达窄边附近后形成的上回流过强，容易引起保护渣卷入等问题，此时可采用结晶器液面电磁稳流技术对钢水流制动减速，形成稳定的液面和内部流动。多模式电磁搅拌除了增速和减速的模式，还增加了结晶器的弯月面旋转模式（EMRS），在9.4.2~9.4.4小节详细阐述。

9.4.2 交流磁场电磁制动技术装备

交流磁场电磁制动装备也由三个部分组成，包括电磁制动本体、控制系统和冷却系统。其中，控制系统和冷却系统与静磁场电磁制动器及电磁搅拌器大同小异，本章不再赘述。

9.4.2.1 交流磁场电磁制动器本体

交流磁场电磁制动技术，也就是多模式电磁制动设备本体在结晶器高度中部设置了4个电磁发生器，安装在结晶器中部的背板后面，浸入式水口每侧两个，并覆盖结晶器的整个宽度，采用了低频交流磁场生成4个变化的电磁场。

9.4.2.2 交流磁场电磁制动设备操作及技术特点

直接对浸入式水口流出孔的流股进行3种模式的控制：（1）减速；（2）加速；（3）结晶器的弯月面钢液旋转。其中模式（1）减速方式主要解决高速连铸机（拉速大于1.8 m/min）的铸坯缺陷，实现类似静磁场电磁制动技术的作用；模式（2）加速方式主要解决较慢铸速/较宽板坯连铸状况下的缺陷，将不稳定和单循环钢流转变为稳定的、优化的双循环钢流，解决静磁场电磁制动技术在低拉速上的制约；模式（3）弯月面钢液旋转的操作方式用于提高钢液在凝固前沿的流速，应用于特定的钢种。通过制动（高拉速时）或加速（低拉速时）结晶器液面附近的流速，将液面下流速控制在15~25 cm/s之间。该技术可以使弯月面附近的钢液流速控制在一个最佳操作窗口，其作用原理及方式如图 9-13 所示。研究表明，结晶器内强度适中的双股流为最优流态。简单地说，当结晶器流场为单股流或较弱双股流时，使用加速方式将流场加速成强度适中的双股流；当流场为强度较高双股流时，使用减速方式将流股减速成合理强度的流场。第三种功能搅拌结晶器上部的钢液，使其旋转并冲刷凝固前沿的夹杂物或气泡。

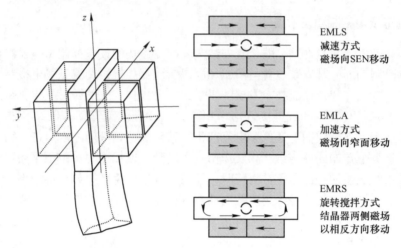

EMLS
减速方式
磁场向SEN移动

EMLA
加速方式
磁场向窄面移动

EMRS
旋转搅拌方式
结晶器两侧磁场
以相反方向移动

图 9-13　多模式电磁搅拌技术

多模式电磁搅拌具有三种工作模式，相比于结晶器液面电磁加速及稳流技术多一个工作模式。该技术完全颠覆了传统静磁场电磁制动的原理，采用电磁搅拌的技术实现制动的效果。

9.4.3　交流磁场电磁制动技术的应用

9.4.3.1　应用效果

应用效果如下：

（1）抑制水口出流。直接对浸入式水口流出孔的流股进行减速，解决高速连铸机（拉速大于 1.8 m/min）的铸坯缺陷，实现类似静磁场电磁制动技术的作用；利用交流磁场形成的洛伦兹力作为反向于出流的阻力，实现减速。

（2）加速水口出流。直接对浸入式水口流出孔的流股进行加速，主要解决较慢铸速或较宽板坯连铸状况下的缺陷，将不稳定和单循环钢流转变为稳定的、优化的双循环钢流，解决静磁场电磁制动技术在低拉速上的制约，同样是利用交流磁场形成的洛伦兹力。

（3）冲刷凝固前沿（初生凝固坯壳）。直接对浸入式水口流出孔的流股在结晶器的弯月面促使钢液旋转，用于提高钢液在凝固前沿的流速应用于特定的钢种。搅拌结晶器上部的钢液，使其旋转并冲刷凝固前沿的夹杂物和气泡。这个模式下洛伦兹力主要作用在凝固前沿和糊状区。

（4）多模式电磁搅拌本质还是结晶器处的电磁搅拌，因此，其具备所有结晶器电磁搅拌的冶金效果，具体见第 3 章。

9.4.3.2　应用实例

韩国浦项制铁公司（POSCO）从 2001 年起对板坯铸机进行改造，在其 4 台板坯铸机上均配备了多模式电磁搅拌器。此外，据浦项制铁公司报道，安装在结晶器中部的多模式电磁搅拌器在使用其搅拌功能时会与主流股产生干扰。因此，该公司创新开发了可移动的多模式电磁搅拌器，在使用搅拌功能时将电磁设备移动至弯月面，在使用加速或减速功能时恢复至结晶器中部位置[12]。由于采用了多模式电磁搅拌技术，该厂光阳 2~3 号铸机浇铸 250 mm 厚度低碳铝镇静钢（LCAK）拉速提高至 2.7 m/min。

结晶器液面电磁加速及稳流技术在日本川崎公司福山 5 号 CCM 高速连铸生产的拉速和断面变化时的操作情况如图 9-14 所示。该厂根据液面波动的指标（F 数）大小来确定工作模式采用加速或减速方式。

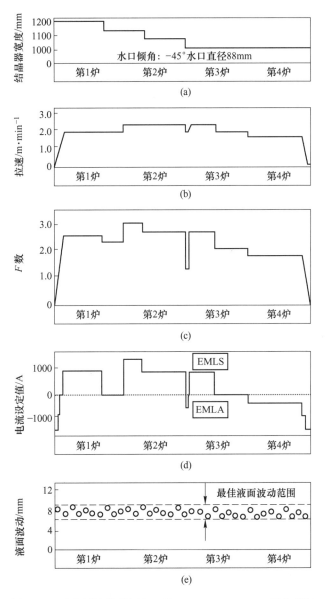

图 9-14　日本川崎公司福山 5 号 CCM EMLA-EMLS 操作情况

（a）结晶器宽度；（b）拉速；（c）F 数；（d）电流设定值；（e）结晶器窄面液面波动

将电磁制动技术在钢厂的使用情况简单总结于表 9-3。可以看出虽然电磁制动技术最早由日本企业研发，但交流磁场的电磁制动技术更受韩国企业青睐，我国则在流动控制结晶器技术上持续发力。

表 9-3　高速连铸机配备的电磁制动设备

公司	连铸机	FC Mold	EMBR	MM-EMS
JFE	千叶 3 号	√		
	福山 5 号、7 号			√（EMLA-EMLS）
	仓敷 4 号	√		
新日铁住金	鹿岛 3 号		√	
POSCO	浦项 2-1 号			√
	浦项 3-3 号			√
	光阳 2-3 号			√
	光阳 2-4 号			√
鞍钢	鲅鱼圈	√		
宝钢	宝山 4 号	√		
首钢	京唐 3 号	√		
马钢	四钢轧 1 号	√		
邯钢	邯宝 1 号	√		

9.4.4　交流磁场电磁制动技术的优点和不足

交流磁场电磁制动技术的优点如下：

（1）在高拉速时可以实现类似静磁场电磁制动的效果。

（2）具有加速、减速及弯月面钢液旋转三种工作模式，可根据现场工况灵活调节。对于拉速低的工况，特别是非稳态连铸过程拉速降低的情况，可以加速液面的流速，保证流速和温度处于合理的范围。

（3）多模式电磁搅拌本质还是结晶器处的电磁搅拌，具备所有结晶器电磁搅拌的优点。

交流磁场电磁制动技术的不足如下：

（1）交流磁场电磁制动设备按照结构及原理可将电磁力分为两部分：回转力和非回转力。交流磁场电磁制动设备工作采用低频磁场，主要是回转力起作用，作用力小于静磁场电磁制动技术。因此，多模式电磁搅拌磁场覆盖的区域虽然可以抑制水口下方的流动，但即便开发了可移动的多模式电磁搅拌器，其对水口下方流动的作用也达不到静磁场电磁制动技术的水平。

（2）交流磁场电磁制动技术解决了流速过低、弯月面呆滞的问题，但抑制流速的作用不如静磁场电磁制动技术。

9.5 组合磁场电磁制动技术

组合磁场电磁制动技术是一种充分考虑了静磁场和交变磁场电磁制动技术优势，将两种磁场同时施加在结晶器内的钢液上，控制连铸过程结晶器内钢液流动的技术。

9.5.1 组合磁场电磁制动技术工艺

连铸过程中，通过在结晶器位置安装能激发静磁场和交变磁场的设备精准控制结晶器液面波动和内部流速。最典型的组合磁场电磁制动技术就是流动控制结晶器Ⅲ型，其安装位置与静磁场电磁制动器流动控制结晶器Ⅰ和Ⅱ型相近，在磁场覆盖区域上与流动控制结晶器Ⅰ和Ⅱ型区别不大，但是上部磁场可以根据情况调整为静磁场或交变磁场，在 9.5.2~9.5.3 小节详细阐述。

9.5.2 组合磁场电磁制动技术装备

组合磁场电磁制动装备也由三个部分组成，包括电磁制动本体、控制系统和冷却系统。其中，控制系统和冷却系统与静磁场电磁制动器以及电磁搅拌器大同小异，本章不再赘述。

9.5.2.1 流动控制结晶器Ⅲ型电磁制动器本体

流动控制结晶器Ⅲ是典型的组合磁场电磁制动技术。流动控制结晶器Ⅲ是由日本川崎钢铁公司开发的组合磁场电磁制动装置，如图 9-15 所示。与流动控制结晶器Ⅱ技术相比，流动控制结晶器Ⅲ由两个上部线圈和两个下部线圈组成，上部线圈可以施加直流电，也可以施加交变电流，下部线圈则通以直流电。

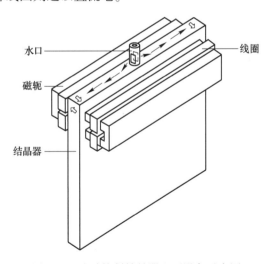

图 9-15　流动控制结晶器Ⅲ型设备示意图

9.5.2.2 流动控制结晶器Ⅲ型电磁制动设备操作及技术特点

流动控制结晶器Ⅲ型可提供直流、交流和组合模式三种模式。直流模式上下线圈都通入直流电，与流动控制结晶器Ⅰ和Ⅱ型类似；交流模式仅上线圈通交流电，在低拉速使用，在弯月面形成旋转流场冲刷凝固前沿夹杂物，改善表面质量；组合模式上部线圈通入交流电，下部线圈通入直流电，可降低流股冲击深度，提高弯月面温度等。

实际的连铸生产条件非常复杂，诸如拉坯速度、板坯尺寸、吹氩量、水口尺寸和浸入深度等都会影响结晶器内钢液的流动方式。通过流动控制结晶器Ⅲ型直流磁场和交变磁场共同作用，不仅可以灵活适应工艺参数变化，而且可以根据后续生产进行动态调整。流动控制结晶器Ⅲ型应用静磁场确保了高拉速条件下的制动和稳定效果，而交变磁场的应用可以很好地适应低拉速生产。静磁场和交变磁场同时使用，可以在更广的范围内控制结晶器内钢液流动，提高铸坯洁净度和表面质量。

9.5.3 组合磁场电磁制动技术的优点和不足

组合磁场电磁制动技术的优点如下：组合磁场结合了两种磁场的优势，可以克服两种设备的不足，可以灵活切换不同组合模式，实现更好的冶金效果。

组合磁场电磁制动技术的不足如下：该技术装置更为复杂，由于结晶器处空间有限，在安装、调试和控制等方面都更为困难。

9.5.4 技术小结

本小节以典型的6种电磁制动技术包括流动控制结晶器Ⅰ和Ⅱ型、区域型电磁制动技术、单条型电磁制动和均一型电磁制动（以上4种技术是传统静磁场主流电磁制动技术）、多模式电磁搅拌（交流磁场）、流动控制结晶器Ⅲ型（组合磁场）为例，总结说明不同技术磁场覆盖区域的异同。将以上技术的磁场在结晶器的宽面布置位置和水口出流流股示意在图9-16中可以更好地看出不同技术磁场所处位置的区别。结合图9-16可以很好地理解区域型电磁制动技术区域不足、形成旁路的现象，单条型和均一型电磁制动技术位置变化影响其作用效果的问题。相比于单条型和均一型电磁制动技术，流动控制结晶器Ⅰ型在覆盖区域上包括了上述两种技术，只是不能独立控制两条磁场，全幅二段电磁制动技术可以分别控制两个电磁发生设备，可以看作是单条型和均一型同时加载在结晶器宽面。结晶器液面电磁加速及稳流技术或多模式电磁搅拌技术的磁场覆盖区域则更接近均一型或者流动控制结晶器下部磁场区域，但要略大。以流动控制结晶器Ⅲ型为代表的组合磁场电磁制动技术，在磁场覆盖区域上与流动控制结晶器Ⅰ和Ⅱ型区别不大，但是上部磁场可以是静磁场也可以是交变磁场。从本书归纳的电磁制动技术发展看，最新的技术将在组合磁场技术的磁场分布上做更细化精准的设计，并根据现场数据反馈实时调控上下磁场作用区域，分别改变不同区域磁场状态与大小。

9.6 其他新型电磁制动技术

除了上述技术，还有一些基于静磁场、交流磁场和组合磁场的原理开发的技术。

（1）多模式电磁搅拌与静磁场电磁制动组合技术。这也是一种组合磁场的技术，由宝山钢铁股份有限公司联合东北大学开发了一种与流动控制结晶器Ⅲ型相似的板坯连铸结晶器流场控制方法。采用电磁搅拌装置和电磁制动装置控制板坯连铸结晶器流场，在结晶器宽面两侧上部区域配置电磁搅拌装置，在结晶器宽面两侧的下部区域配置电磁制动装置，电磁搅拌装置和电磁制动装置相互独立。其中电磁搅拌装置安装于水口出口上沿至弯月面之间，电磁制动装置为区域性制动，分别位于水口出口下方位置，并作用于水口与结晶器

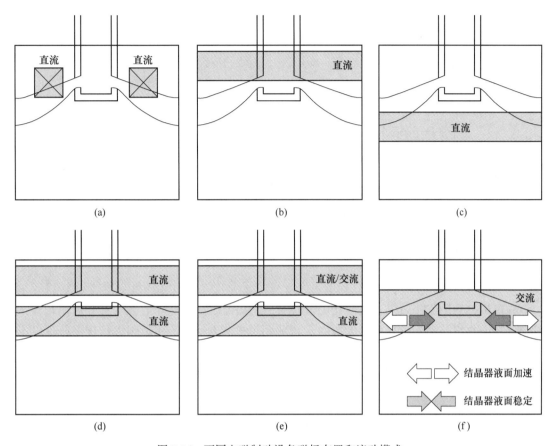

图 9-16 不同电磁制动设备磁场布置和流动模式
（a）区域型电磁制动技术；（b）单条型电磁制动技术；（c）均一型电磁制动技术；
（d）流动控制结晶器Ⅱ型；（e）流动控制结晶器Ⅲ型；（f）结晶器液面电磁加速及稳流技术

窄面之间的水口出流流股流经的区域。电磁搅拌装置和电磁制动装置分别通过两套电源供电，且独立控制电流强度。电磁搅拌装置采用行波磁场形式，在结晶器宽面两侧的磁场分别带动钢水做水平运动。

实施效果：在板坯连铸过程中，结晶器内流场复杂，并且流场的状态并不稳定，在连铸过程中始终发生变化。例如，连铸过程中经常容易出现偏流现象，即水口两侧的钢液流速差异较大，造成一侧的流速较快，而另一侧较慢的现象。同样，在弯月面附近也容易出现局部流速过快或涡流等现象。因此，针对这种流场，采用单一的电磁技术并不能有效改善结晶器流场状态，需要有更为先进的流场控制装置和方法。也就是结晶器下部采用静磁场制动向下的流动，而上返流区域根据左右的流动情况实时调控水口左右的流速，流速小的一侧可以加速，流速大的一侧可以抑制，达到最佳的效果[6]。

（2）多磁极电磁制动原型设备。由法国达涅利·罗特莱克公司设计和制造，应用于薄板坯连铸，并在意大利的丹尼尔研究与开发中心以低熔点合金（Bi-Sn）为介质进行了 1∶1 比例物理模拟研究。多磁极电磁制动技术的控流原理是将结晶器宽面划分为多个磁极作用区域，如图 9-17 所示[12]。每个磁极均可以单独配电，根据实际问题选择不同磁极作用区域进行流动控制。不同磁场布置方式下的控流作用包括减小水口侧孔出流流速的制动作用、抑制偏流产生的稳定作用和稳定弯月面垂直方向波动的阻尼作用。这是一种灵活改变磁场区域的方法。

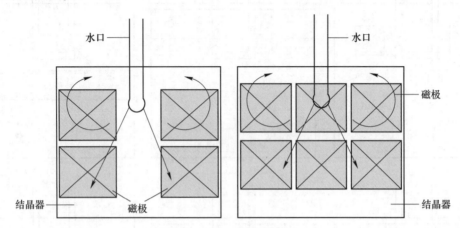

图 9-17　多磁极电磁制动

物理模拟表明实施效果：开启制动模式时，结晶器表面流速降低 70%；开启阻尼模式时，弯月面垂直波动标准方差降低 80%，说明阻尼模式开启时，可以很大程度上降低结晶器弯月面垂直方向上的速度，稳定弯月面波动。其技术特点再次表明，新型电磁制动技术的发展趋势越来越趋于控制的灵活性和适用的广泛性。

（3）新型电磁制动 I。为了减少铸坯中夹杂物的含量，Cho 等人[13] 开发了新型的电磁制动装置，磁场布置方式如图 9-18 所示。将两对磁极布置于浸入式水口侧孔出流的上方，同时平行于侧孔出流钢液流股流动的方向。

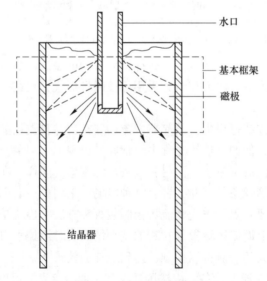

图 9-18　新型电磁制动 I

实施效果表明：此种磁场布置方式可更有效地促进夹杂物的上浮，在减小钢液流速的同时，还可以稳定由吹氩引起的液面波动。其本质相当于改变磁场与水口的相对位置和水口出流角度，也就是针对电磁制动的影响因素进行反向调整。

（4）射流型电磁制动装置。射流型电磁制动装置的磁场布置方式，如图 9-19 所示[14]。与新型电磁制动Ⅰ磁场布置方式相同，均采用两对磁极沿与水口侧孔出流平行的方向布置。不同的是其磁场作用区域，新型电磁制动Ⅰ磁场作用区域位于水口侧孔出流的上部，而射流型电磁制动装置的磁场作用区域完全覆盖浸入式水口侧孔出流区域，使得钢液流股可以最大限度地穿过电磁制动的磁场作用区域。

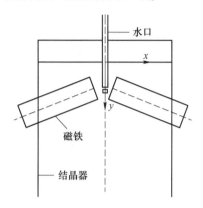

图 9-19　射流型电磁制动

实施效果：射流型磁场布置方式能有效降低水口出流流速，抑制结晶器内下回流区的流动，减弱钢液流股的冲击深度和对结晶器窄面的冲击强度。其本质仍然是改变了磁场与水口的相对位置和水口出流角度。也就是针对电磁制动的影响因素进行反向调整。

（5）新型电磁制动Ⅱ。新型电磁制动Ⅱ的磁场布置方式，如图 9-20 所示[15]。施加在结晶器宽面上的静磁场在结晶器窄面附近存在一个磁场强度略小的区域，激发的电磁力强度不能有效降低钢液在窄面附近向下的流速，使夹杂物被带到了结晶器更深的区域，不利于夹杂物上浮。于是 Morishita 和 Kogita 等人提出了在结晶器窄面施加方向与板坯宽度平行的静磁场的技术，用以解决上述问题。

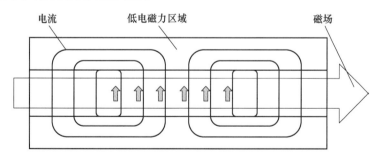

图 9-20　新型电磁制动Ⅱ

实施效果：新型电磁制动Ⅱ的制动效果要好于传统的电磁制动，能够有效制动窄面附近的向下流动，促进夹杂物的上浮。

（6）一种新型立式电磁制动装置（见图 9-21）[7]。设计开发建立了以低熔点合金（Sn-Pb-Bi）为模拟介质的电磁流体流动平台，开展了新型立式电磁制动条件下结晶器内流体流动行为的数值模拟和实验研究。采用两对立式磁极同时覆盖结晶器窄面附近的宽面区域，使之所形成的静磁场同时覆盖射流冲击点、上回流和弯月面三个关键区域，通过对励磁线圈施加电流，在两对磁极之间形成垂直于钢液射流的静磁场，达到同时控制水口射流流速，上回流和弯月面处流速的目的。通过数值模拟和实验相结合的方法对立式电磁制动作用下结晶器内的流动行为和金属液面波动行为进行研究。讨论了工艺参数和电磁参数对不同电磁制动效果（立式电磁制动和全幅一段电磁制动）的影响。

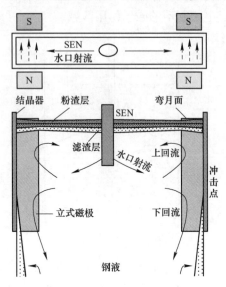

图 9-21   立式电磁制动原理

实施效果：有效地解决了现有静磁场电磁制动的不足，为新型立式电磁制动技术的进一步应用及传统电磁制动技术的优化提供可靠依据。

（7）电磁阀[16]。电磁阀的磁场布置方式如图 9-22 所示，将横向直流区域型磁场布置于浸入式水口下出口，通过静磁场调整浸入式水口内部的流场。

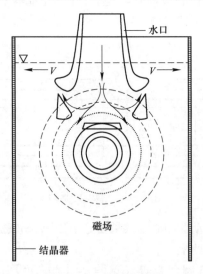

图 9-22   电磁阀示意图

实施效果：电磁阀改变水口出流流速，保持结晶器上液面波动处于较佳值，最终获得满足质量要求的铸坯。

（8）复合电磁制动方式[17]。静磁场复合电磁制动磁场布置方式是指在结晶器宽面施加多对静磁场，同时对水口射流、上回流和下回流流动进行制动，如图 9-23（a）所示。将射流型磁场布置方式和立式磁场布置方式组合设计了一种在水口射流区域、上回流和下回流区域同时施加四对磁极，所形成的静磁场可以同时降低水口射流、上回流和下回流流速。此后，通过对复合型电磁制动进行改进，设计了 H 型电磁制动，其磁场布置方式，如图 9-23（b）所示。

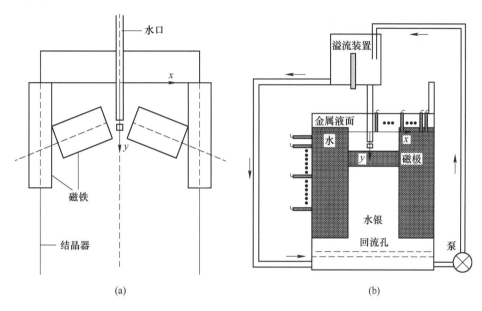

图 9-23　电磁制动图
（a）多磁极静磁场电磁制动；（b）H 型电磁制动

（9）浅型中间包电磁制动[18]。随着薄板坯和薄带等近终形连铸技术的快速发展，出现了一些与之相匹配的新型中间包，其结构特征是包形浅、容量小，故称浅型中间包，这是电磁制动在结晶器以外的位置应用的情况。在近终形连铸中，由于铸坯凝固时间短，熔池深度浅，对注入结晶器的钢水流动的均匀性和温度的均匀性要求更为苛刻。另外，中间包容量小，熔池深度浅，不能起到很好的缓冲作用。尽管采用一些常规流动控制方法如设置一些堰、坝等，其中仍出现非常强烈的流动短路和旁路，在中间包的大部分体积内流动不活跃或形成"死区"，这种流动行为对铸坯质量十分不利。为此，在中间包加入电磁制动解决相关问题。电磁制动极大地改变了中间包内钢水的流动、温度和夹杂物的行为。

浅型中间包运行的两个关键问题是流动不均匀和旋涡的出现。电磁制动可以形成活塞流给浅型中间包提供非常均匀的流场。另一关键问题是旋涡的出现。对于浅的熔池深度，通常会出现旋涡，它可能导致流动的不稳定性、表面缺陷和气体的卷吸。电磁制动磁场越强，旋涡的抑制效果越明显。此外，电磁制动有利于中间包内特别是出口处的温度均匀性，并有效抑制湍流，提高夹杂物的滞留时间，有利于夹杂物的有效上浮。

参 考 文 献

[1] ILEGBUSI O J, SZEKELY J. Mathematical modeling of the electromagnetic stirring of molten metal-solid suspensions [J]. ISIJ Int., 2006, 28 (2): 97-102.

[2] 张永杰, 温宏权. 板坯连铸电磁制动技术发展 20 年 [J]. 世界钢铁, 2001, 1 (4): 6-10.

[3] KLLBERG S, 杜峰. 改进板坯质量的电磁制动 [J]. 世界钢铁, 1996, 3: 21-24.

[4] 陈芝会, 王恩刚, 赫冀成. 板坯连铸结晶器电磁制动技术及应用 [J]. 炼钢, 2004, 20 (3): 48-52.

[5] 吴存有, 周月明, 高齐, 等. 板坯连铸结晶器流场控制方法: 中国, CN2649221 [P]. 2004: 10-20.

[6] 贾关霖, 庞维成. 电磁冶金原理与工艺 [M]. 沈阳: 东北大学出版社, 2003.

[7] 李菲, 王恩刚, 许琳, 等. 板坯连铸过程应用立式电磁制动技术的模拟研究 [J]. 特种铸造及有色合金, 2016, 36 (3): 295-297.

[8] 邓小旋, 潘宏伟, 季晨曦, 等. 常规低碳钢板坯的高速连铸工艺技术 [J]. 钢铁, 2019, 54 (8): 70-81.

[9] 金百刚, 王军, 李立勋, 等. 电磁制动技术在板坯连铸过程中的应用 [J]. 中国冶金, 2014, 24 (1): 29-33.

[10] 陈少慧, 陈朝阳. 电磁制动技术在梅山高效板坯连铸机上的应用 [C] //中国计量协会冶金分会. 2014 年会暨能源计量与绿色冶金论坛. 中国: 中国计量协会冶金分会, 2014: 30-32.

[11] 汪宇. 电磁制动技术在连铸机中的应用 [J]. 科技与企业, 2013, 15: 301-302.

[12] KUNSTREICH S, GAUTREAU T, REN J Y, et al. Development and validation of multi-mode$^®$ EMBr—a new electromagnetic brake for thin slab casters [C] //Proceedings of the 8th European Casting Conference. Graz: Austria, 2014.

[13] CHO M J, KIM S J. Development of new EMBr for reducing the inclusions in the fully curved type continuous casting machine [C] //The 3rd International Symposium on Electromagnetic Processing of Materials. Nagoya: ISIJ International, 2000: 176-181.

[14] 王寅, 张振强, 于湛, 等. 射流型磁场排布方式控制结晶器内液流的实验研究 [J]. 金属学报, 2011, 47 (10): 1285-1291.

[15] MORISHITA M, KOGITA M, NAKAOKA T, et al. Basic study on flow behavior of molten steel in a continuous casting machine in the presence of static magnetic field parallel to the slab width direction [J]. Tetsu-to-Hagané, 2001, 87 (4): 167-174.

[16] PAVLICEVIC M, CODUTTI A, KAPAJ N. Experimental verification of liquid metal flow redirection in mould for slab continuous casting process by a new innovative concept of electromagnetic brake [C] // Proceedings of the Electromagnetic Processing of Materials International Conference. Shanghai, China, 2003.

[17] 贾皓, 张振强, 吴吉文, 等. 板坯连铸电磁制动下结晶器内金属流场的研究 [J]. 过程工程学报, 2012, 12 (5): 721-727.

[18] 毛斌. 连铸电磁冶金技术 第四讲: 板坯连铸结晶器电磁制动技术 [J]. 连铸, 1999, 6: 37-42.

10　电渣重熔技术

10.1　概述

电渣重熔（electroslag remelting，ER）是利用电流通过熔融渣池时产生的渣阻热进行加热、熔化自耗电极，并使液态金属在水冷结晶器中顺序凝固成型的一种二次精炼冶金技术。由于电渣钢具有金属纯净、成分均匀、组织致密、夹杂物细小且弥散分布、力学性能优异等诸多特点，现已成为制备多种高端特殊钢和特种合金的终端冶炼手段，其产品广泛用于航空航天、能源电力、国防军工、海洋工程、冶金石化等多个领域[1]。

美国的 Hopkins 于 1935 年进行电渣冶金原型实验[2]，并于 1940 年获得电渣专利，1959年，Firth-Sterling 公司建成 3.6 t 工业级电渣炉，用于生产高速钢及高温合金。美国当时长期垄断这一技术，直到 1965 年这一技术才逐渐公之于众。苏联是另一条发展道路，巴顿电焊研究所焊接工偶然发现：当过多的渣液用于埋弧焊时会导致电弧熄灭，但操作平稳，这就是电焊渣的原型。电焊渣即在两个连接件之间的缝隙处用两个水冷挡块围住，并用另外两个水冷挡块取代金属连接件，这样就构成了电渣重熔的基本方法。苏联于 20 世纪 50 年代后期就在第聂伯特种钢厂建成了 P909 型工业电渣炉，标志着电渣重熔技术工业化的开始。

从 20 世纪 60 年代开始，世界各国对电渣冶金技术的研究促使电渣技术不断发展。当时，除苏联、美国和中国外，还有英国、奥地利、联邦德国和日本均对电渣冶金技术投入了相当大的研究力量。1967 年在美国匹兹堡的卡内基梅隆大学召开了第一届电渣冶金国际会议。之后，几乎每两年召开一次电渣冶金相关的国际学术会议，体现了国际上对电渣冶金技术的高度重视。

从 20 世纪 70 年代初到 80 年代中期，世界各国电渣冶金迅速发展，其主要表现为电渣炉的数量和生产能力显著增加，电渣钢品种不断扩大，电渣冶金技术出现了许多新的分支，应用范围明显扩大，电渣炉的装备水平大幅度提高，并相继建成许多大型的电渣炉。到 1985 年电渣钢产量已达到 120 万吨，西方国家工业电渣炉达 204 台。当时比较重要的电渣炉有：德国 Rohling-Burbach 公司 160 t 电渣炉[3]，美国国家锻造（National Forge）公司 92 t 电渣炉、日本神户制钢公司高砂场 70 t 电渣炉、韩国现代（Hyundai）集团 92 t 电渣炉、英国不列颠钢铁公司 50 t 三相板坯电渣炉等。

我国在电渣重熔技术方面基本与美国、乌克兰等西方国家同时发展。1958 年 12 月，我国冶金工作者将铁合金粉末涂在碳钢棒上作自耗电极，用高炉风管作水冷结晶器，冶炼出合金工具钢。1959 年 4 月在衡阳冶金机械厂熔炼出 100 kg 高速钢锭，11 月研制成功航空轴承钢。

1960 年初北京钢铁学院设计了 150 kg 电渣炉，6 月冶金工业部建筑研究院为重庆特殊钢厂设计了 0.5 t 双电极支臂连续抽锭电渣炉，同年 8 月重熔出 0.5 t 优质合金钢锭，此后大冶钢厂、大连钢厂、上钢五厂都建立了电渣车间。

1980 年德国葛利兹公司（Schmiedewerke，现为 VSG 公司）建成了世界第一台加压电渣炉，工作压力 4.2 MPa，可生产直径 1000 mm、重达 14.5 t 的高氮钢钢锭。之后又建成了 20 t 的加压电渣炉，主要用于生产大型发电机护环钢[4]。奥地利百禄公司也建有 4 台 16 t 压力为 1.6 MPa 的加压电渣炉，主要用于生产高氮马氏体模具钢。1998 年德国 ALD 真空工业股份公司为美国福瑞盛航空机件（Firth Rixson）公司设计制造了首台全密闭的保护气氛电渣炉，容量 10 t，最大直径 760 mm，高度 2500 mm，配有真空泵用于抽气，用于生产超级合金、不锈钢和轴承钢。之后又设计了最大直径 1700 mm，钢锭 5000 mm 的抽锭式保护气氛电渣炉，用于生产电站转子和冷轧辊等产品[5]。从此，保护气氛电渣炉在世界上得到了广泛推广和应用。另外，德国还研究真空电渣炉，在 30 kg 实验室级别和 300 kg 中试级别的研究基础上，设计制造了 2 台 20 t 的真空电渣炉，并分别在德国和日本得到工业应用。

进入 21 世纪后电渣重熔技术推广应用进一步扩大，主要应用是现代装备制造业，如核电、火电、水电、油气开采、海洋工程等领域[6]。目前，保护气氛电渣重熔已经成为制备高端特殊钢的重要手段，新建设备也都是优选保护气氛电渣装备。除了传统型的电渣装备外，国内外多位研究机构相继开展基于导电结晶器的电渣新技术研究，使电渣生产过程更加灵活，满足不同产品制备需求。

本章主要介绍电渣重熔的基本原理，并且详细介绍了特殊钢电渣重熔技术、特种合金电渣重熔技术、有色金属电渣重熔技术和电渣熔铸技术的工艺、装备、应用及优点和不足。

10.2　电渣重熔的原理及特点

电渣重熔是靠电流通过渣池时产生的渣阻热熔化和精炼金属自耗电极，得到的液态金属汇聚成熔池后在水冷结晶器中凝固成型的过程。电渣重熔过程所使用的电流一般为交流电，也可以使用直流电，直流电又分为直流正接（即自耗电极为负极）和直流反接（即底水箱为负极）两种形式。此外，根据当地供电部门要求或者当地电网容量需要，还可以采用低频供电（一般为 1~5 Hz）。

电渣重熔基本的工艺过程是在铜质水冷结晶器中加入固态或液态炉渣。当电极、炉渣和底水箱通过连接电缆/铜排（短网）与变压器形成供电回路时，便有电流从变压器输出通过液态渣池。由于在上述供电回路中熔渣的电阻相对较大，占据了变压器二次电压的大部分压降，从而在渣池中产生大量的焦耳热，使其处于高温熔融状态。渣池的温度远大于电极金属的熔点，导致电极的端部逐渐熔化，熔化的金属汇聚成液滴，在重力、电磁力及界面张力等的综合作用下，金属熔滴从电极端头脱落，在渣池下方形成金属熔池，在水冷结晶器的强制冷却作用下，液态金属逐渐凝固成钢锭。

渣系在电渣重熔过程中发挥着至关重要的作用，包括发热、精炼、成型、绝缘、导热等，电渣重熔过程中与渣系有关的现象如图 10-1 所示[1]。

由于电渣重熔对渣系的要求与普通炼钢对渣系的要求不同，电渣重熔广泛使用含有一定氟化物含量的含氟渣系，其氟化物组元一般为 CaF_2，有时也采用 MgF_2、NaF、BaF_2 等。渣系的其他组成包括 CaO、Al_2O_3、MgO、SiO_2、TiO_2 等，其主要来源为石灰、工业氧化铝粉、镁砂、石英砂、钛白粉等。

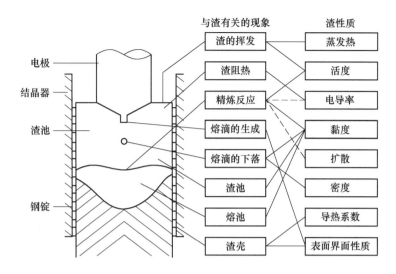

图 10-1 电渣重熔过程中与渣有关的现象和渣性质的关系

电渣重熔基本结构及等效电路如图 10-2 所示，其中熔融渣池是整个电路中电阻最大的部位，因此当回路有电流通过时，渣池将产生巨大的焦耳热效应，从而发挥发热体的作用，因此，熔渣的电导率是电渣重熔用渣最重要的性质之一。

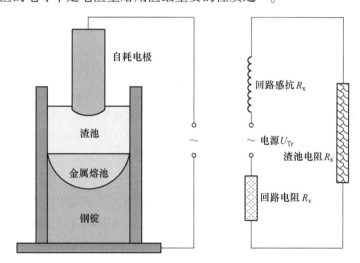

图 10-2 电渣重熔原理及其等效电路

电导率直接决定了电流通过熔渣时熔渣的导电及发热能力，渣系的成分设计至关重要，CaF_2 渣系中添加的化合物除 CaO 和 MgF_2 以外，其余都会导致熔渣电导率的下降[7-8]。通常添加碱性氧化物（如 MgO、BaO）电导率下降幅度较小，对两性或酸性氧化物（Al_2O_3、ZrO_2、SiO_2）则下降幅度较大。其他组元加入 CaF_2 中以后对渣系电导率的影响能力如图 10-3 所示。

一般地，渣池区域的温度远高于自耗电极的金属材料，往往高达 1800~2000 ℃，在如此高的温度下，自耗电极插入渣池的部分将逐渐熔化，形成金属液滴，金属液滴汇聚于渣池下形成金属熔池。在自耗电极熔化、金属液滴形成、滴落的整个过程中，渣金始终处于

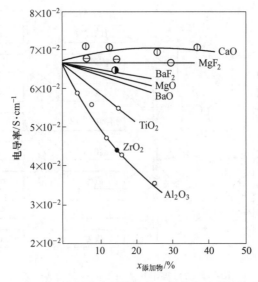

图 10-3 向 CaF_2 中添加各种氧化物、氟化物时电导率的变化

接触状态，金属中的非金属夹杂物在界面张力的作用下，从金属熔滴中游离出来而被液态熔渣捕获，熔融渣池起到精炼和净化作用。此外，熔融渣池浮于金属熔池表面，防止液态金属被二次氧化，同时金属熔池中的少量非金属夹杂物也可以通过浮升方法进入渣池，从而提高液态金属的洁净度。

电流通过渣池时所产生的电磁场直接影响整个电渣重熔体系的温度场及熔融渣池的流动状态，对电渣钢洁净度、表面质量、内部凝固质量等均有重要影响。电磁场对电渣过程的影响，主要是电磁力推动或者改变了渣池的流动状态，使其温度分布更加均匀，从而为获得浅平的金属熔池提供重要条件。电渣重熔过程的电磁场分布可以通过麦克斯韦方程组进行求解，并获得重熔体系内部的局部电流分布状态，从而得到熔融渣池内部的电磁作用力大小，在进行数值模拟计算时，这些电磁力将以源项形式加载到流动控制方程中而最终影响渣池的流动和内部的温度场分布状态。

电渣重熔是一个复合的熔炼体系，包括电、磁、热、流多场的相互耦合作用，并影响液态金属的凝固前沿结晶状态，影响最终产品的质量。电渣重熔过程中的电磁分布可以描述如下：

$$\frac{\partial H}{\partial t} = \mu \, \nabla^2 H \tag{10-1}$$

在柱坐标系时，式（10-1）可以表示为：

$$\sigma\mu_0 \frac{\partial H_\theta}{\partial t} = \frac{\partial}{\partial r}\left[\frac{1}{r}\frac{\partial}{\partial r}(rH_\theta)\right] + \frac{\partial^2 H_\theta}{\partial z^2} \tag{10-2}$$

而流体流动的涡流输运通量方程一般可以描述如下：

$$r^2\left[\frac{\partial}{\partial z}\left(\frac{\xi}{r}\cdot\frac{\partial\psi}{\partial r}\right) - \frac{\partial}{\partial r}\left(\frac{\xi}{r}\cdot\frac{\partial\psi}{\partial z}\right)\right] - \frac{\partial}{\partial z}\left[r^3\cdot\frac{\partial}{\partial z}\left(\mu_{\text{eff}}\cdot\frac{\xi}{r}\right)\right] -$$

$$\frac{\partial}{\partial r}\left[r^3\frac{\partial}{\partial r}\left(\mu_{\text{eff}}\cdot\frac{\xi}{r}\right)\right] - r\left[\mu_0 R_{\text{e}}(\hat{H}_\theta\bar{\hat{J}}_r) + r\rho\beta g\left(\frac{\partial T}{\partial r}\right)\right] = 0 \tag{10-3}$$

式中，R_{e} 为实部；$\bar{\hat{J}}_r$ 为 $\hat{J}$ 的复数形式；μ 为黏度，Pa·s；ξ 为涡量，s^{-1}；ψ 为流函数；μ_{eff} 为熔体的有效黏度，Pa·s；β 为体积膨胀系数。

图 10-2 所示的电渣重熔炉为最经典的电渣重熔布置，但这种布置仍存在磁扰动现象，如图 10-4 所示，最终得到的钢锭表面质量往往存在很大的差别，即远离变压器一侧的电渣钢表面质量要远远优于靠近变压器一侧。熔融渣池在电磁场的作用下流动状态发生改变，整体被推向远离变压器一侧，造成自耗电极的熔化端头发生偏吹现象，最终影响金属熔池和钢锭表面质量[9]。

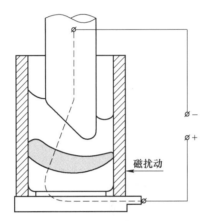

图 10-4 采用直流电重熔时磁扰动效应的表现

一般认为磁扰动现象在直流电渣炉上才会出现，而实际情况是，这种效应在传统形式的交流电渣炉上仍然存在，传统交流电渣炉冶炼出的电渣锭经常出现钢锭周向表面质量不一的情况。

研究者建立了多种数学模型用于描述电渣重熔过程电磁场、流场及温度场等，但所建的模型都是理想状态下的模型，不能真实反映出电渣过程。而传统电渣重熔系统的短网布置对重熔系统影响很大，实际电渣重熔过程体系内各物理场并不均匀对称，一般所建立的物理模型包括传统理想模型、实际模型和同轴模型，如图 10-5 所示。理想模型建模时并不考虑短网（导电电缆）对重熔系统的影响，而实际情况短网影响巨大，其主要原因是短网作为大电流载体，在短网通电时会产生磁场，这些磁场会作用于熔融渣池和金属熔池中，造成熔体内受力不均，从而引起如图 10-4 所示的磁扰动效应。

为了解决这一问题，普遍采用同轴导电的方式，以消除电磁场对重熔系统的不良影响。所谓同轴导电，即电渣重熔体系的电流回路沿着结晶器布置，让电流的进出回路尽量靠近，使短网中的磁场基本做到互相抵消。目前，国际上熔炼高端材料用的保护气氛/真空电渣重熔炉普遍采用同轴导电设计，这已经成为控制元素偏析、提供铸锭凝固组织的必备条件。

三种模型计算的具体结果如图 10-6 所示，从计算结果可以明显看出，传统理想模型系统内各物理场都是均匀对称的。但实际情况下，各物理场存在明显的不对称性，而同轴情况下不对称得到显著改善，几乎接近理想状态。

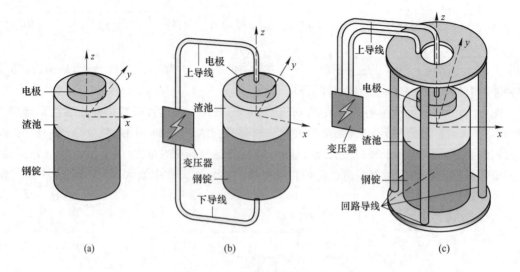

图 10-5 电渣重熔过程的物理模型

（a）传统理想模型；（b）传统实际模型；（c）同轴导电模型

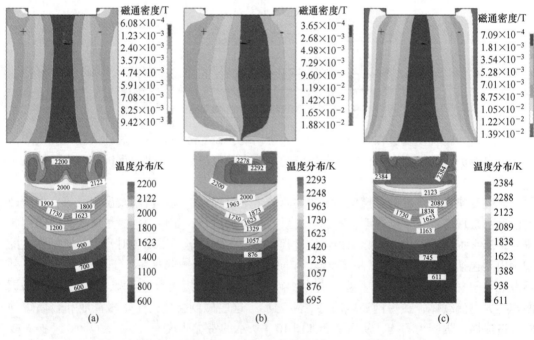

图 10-6 电渣重熔三种模型的计算结果（$y=0$ 纵剖面）

（a）传统理想模型；（b）传统实际模型；（c）同轴导电模型

　　同轴导电布置可以采用一根电极，适合于全密闭炉型。普通炉型也有采用双极串联和三相三电极布置的结构，其电流的进出回路几乎也都是平行的，有利于消除磁场的不利影响，其炉型结构如图 10-7 所示[9]。

　　但这种多电极布置的炉型结构，在实际电渣重熔过程中容易出现电极熔化长度不均匀现象而导致某一支电极可能会插入熔体过深，甚至直接插入金属熔池而与凝固的钢锭焊接

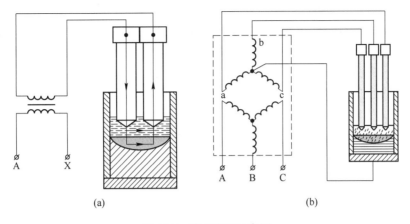

图 10-7 普通炉型示意图

（a）双级串联；（b）三相三电极电渣炉

在一起的现象，如图 10-8 所示。所以这种布置结构必须在底水箱设置一根中线接到电源的中点，起到调节各支电极熔化均匀性的作用[9]。

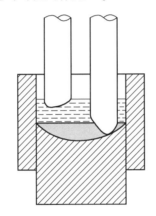

图 10-8 电渣重熔过程电极熔化长度不对称现象

电渣重熔的特点是操作简便、工艺灵活，可以根据最终需要的产品，调整结晶器和自耗电极的尺寸和形状。另外，电渣重熔过程中的渣系成分和渣量也可以根据所熔炼的产品和尺寸等单炉次作出调整。熔炼的铸锭可以是圆形、正方形、长方形、中空管，以及宽窄面长度比很大的截面形状等。

高端特殊钢和特种合金广泛采用电渣重熔技术进行生产，主要是由电渣重熔的基本特点决定的，其主要特征可以概括如下：

（1）金属的熔化、浇注和凝固均在一个较纯净的环境中实现。整个重熔过程始终在液态渣层下进行，与大气绝热，因而最大限度地减轻了大气对钢液的污染，减少了钢水中氢、氮的增加量和钢的二次氧化。另外，由于熔化和凝固均在水冷铜质结晶器中完成，因而避免了普通冶炼方法中由于耐火材料造成的钢水玷污。

（2）具有良好的冶金反应热力学和动力学条件。电渣重熔过程中渣池温度通常在 1750 ℃以上，而电极下端至金属熔池中心区域的熔渣温度可达 1900 ℃左右。因此，重熔过程中渣的过热度可达 600 ℃左右，钢液过热度可达 450 ℃左右，高温的熔池促进了一系列物理化学反应的进行。良好的动力学条件还表现在电渣重熔过程中钢渣能充分接触。在电极熔化末端、熔滴滴落过程及金属熔池的三个阶段中钢渣接触面积可达 3200 mm²/g 以上，有利于反应充分进行。同时在电磁力的作用下渣池被强烈搅拌，不断更新钢-渣接触面，强化了冶金反应，促进了有害杂质元素和非金属夹杂物的去除。

（3）自下而上的凝固条件保证了重熔金属锭结晶组织均匀致密。在电渣重熔过程中电极的熔化和熔融金属的结晶是同时进行的。钢锭上始终有液态金属熔池和发热的渣池，既保温又有足够的液态金属填充凝固铸锭中因收缩产生的缩孔，可以有效消除一般铸锭常见的疏松和缩孔。同时金属液中的气体和夹杂也易上浮，所以钢锭的组织致密、均匀。由于结晶器中的金属受到底部和侧面强制水冷，冷却速度很大，金属的凝固只在很小体积内进行，使得固相和液相中的充分扩散受到抑制，减少了成分偏析有利于夹杂物的重新分配。同时这种凝固方式可有效控制结晶方向，可以获得趋于轴向的结晶组织。

（4）在水冷结晶器与钢锭之间形成薄而均匀的渣壳保证了重熔钢锭的表面光洁。在电渣重熔过程中，由于结晶器壁的强制冷却，渣池侧面形成凝固渣壳。在合理的电渣工艺制度下，金属熔池具有圆柱部分。熔池在上升过程中会接触到凝固的渣皮，使部分渣皮重新熔化，从而变得薄而均匀，金属在这层渣皮的包裹中凝固，金属表面十分光洁。另外，渣皮的存在能减少径向传热，有利于形成轴向结晶条件。

10.3 特殊钢电渣重熔技术

我国特殊钢，尤其是处于金字塔尖的高端特殊钢和特种合金依赖进口，严重影响了国家经济和国防安全。我国特钢行业承担着国防军工、航空航天、交通运输、石油化工、能源开发，以及建筑、家电、汽车、机械等关键产业所需特殊钢材的生产任务，其中军工配套用特殊钢材、高温合金等高附加值、高技术含量产品主要由特种冶金方法生产，如图10-9 所示。电渣重熔作为特种冶金方法之一，其产量占特种冶金技术总产量的 90% 左右，该技术可用于生产合金结构钢、轴承钢、耐热钢、高温合金、精密合金、耐蚀合金，以及镍、铜等有色金属及其合金等 400 多个品种。

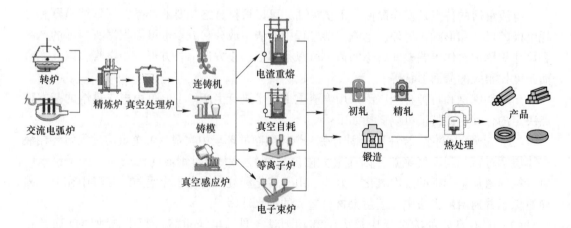

图 10-9 特种冶金生产工艺流程

10.3.1 特殊钢电渣重熔技术工艺

电渣重熔的基本生产工艺过程如下：（1）自耗电极的制备；（2）自耗电极表面处理；（3）熔炼过程准备；（4）电渣重熔冶炼过程；（5）熔炼后处理。

电渣重熔用自耗电极的制备一般有多种方法。一是采用常规流程生产钢水，然后模铸或连铸成圆棒或钢坯，进而作为电渣重熔过程的自耗电极；二是采用感应熔炼方法冶炼控制钢水成分，然后直接铸造成为钢锭，钢锭直接或者锻造后作为电渣重熔用自耗电极；还可以使用废旧金属料，在成分、形状和尺寸都满足自耗电极要求的情况下，直接作为电渣重熔用自耗电极；另外，还可以采用不同规格的金属料组合焊接（见图 10-10（a））或者排列焊接（见图 10-10（b））成为电渣重熔用自耗电极，排焊的自耗电极适合于熔炼截面为矩形的电渣钢锭。

（a）   （b）

图 10-10　自耗电极焊接形式

（a）组合焊接自耗电极；（b）排列焊接自耗电极

自耗电极制备后，表面往往存在一定的氧化层，需要采用喷丸或者砂轮机打磨等方式进行表面处理，以露出金属光泽为佳，图 10-11 所示为采用砂轮机对连铸出来的自耗电极进行表面清理。

图 10-11　自耗电极表面清理过程

电渣重熔的熔炼过程准备主要包括自耗电极焊接及引弧底板、引弧剂、渣料等的准备。自耗电极的焊接主要是将要熔炼的金属电极与一段不熔化的金属电极（俗称为"假电极"）焊接在一起，假电极的主要作用是起到延长自耗电极长度及导电作用。引弧底板是为了防止自耗电极引弧时，电弧打伤底水箱上表面的铜板，一般引弧底板采用碳钢即可，如果钢种成分要求严格，需要采用与自耗电极同成分的钢板作为引弧底板。

CaF_2-TiO_2 渣系通常作为电渣重熔引弧时的固态导电渣使用，典型的成分是 50%CaF_2-50%TiO_2。另外，34%CaF_2-16%CaO-8%SiO_2-42%TiO_2 是俄罗斯常用的引弧剂。引弧剂在固态下是导电的，并具有一定的电阻，在电渣重熔过程中连接自耗电极和底水箱使之形成通路，一旦引弧剂中有电流通过，引弧剂本身就会发热熔化，从而形成一个微小的渣池，并迅速熔化与其相邻的渣料，从而达到引弧造渣的目的。

电渣重熔冶炼过程分为引弧造渣期、正常重熔期和补缩期三个主要部分。如前所述，引弧造渣期主要目的是使系统形成电流通路，然后将固态渣料熔化并达到一定的温度。正常重熔期，即自耗电极在高温熔渣的作用下不断熔化、精炼的过程，液态金属在渣层底部形成金属熔池，金属熔池在结晶器和底水箱的强制水冷作用下凝固成为钢锭。补缩期主要是在重熔后期，不断让液态金属填补金属熔池凝固产生的收缩体积，防止出现大的缩孔而影响电渣钢的成材率，另外，补缩工艺过程也有保证铸锭内部凝固质量的作用，生产时主要是通过控制电流、电压达到控制自耗电极熔化速度的目的，熔炼过程供电参数与设定参数的实时情况如图 10-12 所示。

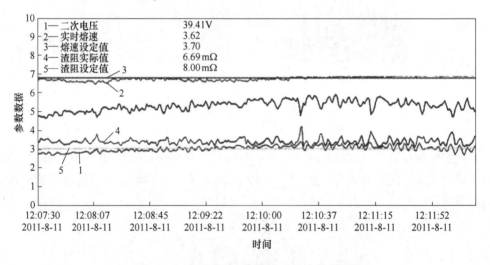

图 10-12　电渣重熔过程供电参数变化曲线

熔炼完成后，钢锭需要结晶器中保持一段时间，让金属熔池充分凝固冷却，之后进行自耗电极余头的拆除，并将电渣锭从结晶器中脱出，进行后续的操作，图 10-13 所示为从结晶器脱出的电渣锭。这样就完成了一支电渣钢的熔炼过程，可以做相应的准备进行下一支钢锭的熔炼。

10.3.2　特殊钢电渣重熔技术装备

电渣重熔生产设备的主结构包括变压器、立柱、横臂、底水箱、结晶器、水冷系统、控

图 10-13 结晶器中脱出的电渣锭

制系统和驱动系统等，单相电渣炉的典型结构如图 10-14 所示。变压器是整套装备电力来源，立柱主要是支撑作用，横臂用于悬挂自耗电极。结晶器和底水箱在电渣重熔过程中发挥着重要作用，结晶器和底水箱由于其强制水冷作用构成了电渣铸锭的成型系统，是电渣重熔技术的核心部件[9]。驱动系统为多台电机、变速器等组件构成的机械结构，其主要作用是按照控制系统的输出指令带动自耗电极进行上升或者下降，通常包括快速和慢速两种模式。

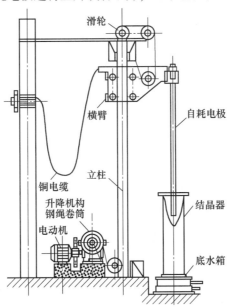

图 10-14 单相电渣炉结构图

10.3.3 特殊钢电渣重熔技术的应用

电渣重熔制备的特殊钢品种较多，涉及航空航天、能源、石化、冶金、船舶、轨道交通、海洋等多个领域，包括轴承钢、模具钢、工具钢、不锈钢、超高强度钢等多个钢种。

10.3.3.1 应用效果

应用效果如下：

（1）降低特殊钢的元素偏析，提高成分均匀性。电渣重熔过程高效水冷作用，缩小了液态金属凝固时的局部凝固时间，降低了元素偏析倾向，提高了成分的均匀性。

（2）提高了铸锭的致密度。电渣重熔过程自下而上的顺序凝固过程，使液态金属凝固收缩产生的缩孔不断有液态金属补充，从而提高了铸锭的致密度。

（3）去除大颗粒非金属夹杂物。电渣重熔的精炼作用，使自耗电极中的大颗粒夹杂物得到充分去除，所得铸锭中夹杂物细小且弥散分布。

（4）提高产品的各向同性。电渣重熔过程的独特冷却效应，使电渣铸锭的柱状晶方向与轴向成一定角度，因此无论轴向还是径向其力学性能几乎相同。

10.3.3.2 应用实例

轴承钢是电渣重熔领域的典型代表之一，是机械结构中一种常见部件。随着工业化的进步和发展，现代工业对于轴承的要求不断提高，轴承钢的性价比在所有钢材中位列前位，在近百年的时间内化学成分变化较小，但其检验最严格，要求极高[10-12]。在苛刻服役条件下使用的轴承钢，基本使用电渣重熔技术进行生产，例如高速铁路、重载货运铁路、风电、轨道车辆等所使用的轴承均采用电渣轴承钢。

工模具钢也是电渣重熔生产的典型钢种，在电渣钢产量中占有较大比重，包括制备各种高端刀具用的高速工具钢、制作无缝钢管用的限动芯棒、金属和塑料等模锻成型用的模具钢等。经过电渣重熔的工模具钢成分均匀、元素偏析小、使用性能优异。采用电渣重熔的塑料模具钢，如 P20 模具钢的寿命在 30 万模次左右，1.2738 模具钢能达到 50 万模次，H13 模具钢和 1.2344 模具钢通常为 80 万~100 万模次。

传统的模铸和连铸等特殊钢制备技术，对铸锭中元素偏析、成分均匀性等方面的控制能力有限，致使产品使用性能和服役寿命不佳。事实上，洁净度、元素偏析及凝固组织是影响特殊钢服役性能的重要因素。电渣重熔的显著特点就是能够去除钢中的非金属夹杂物，强制水冷降低元素偏析，从而为最终产品获得高性能提供良好条件。图 10-15 所示为电渣轴承钢的低倍组织及枝晶显示结果，从图中可以看出，电渣重熔后，轴承钢中组织致密，枝晶间距小，这有利于元素偏析程度的控制。因此，应用电渣重熔技术制备高端特殊钢对提高其服役性能和服役寿命具有重要意义。

事实上，目前普通的连铸轴承钢氧含量最低可以控制到 $4 \times 10^{-6} \sim 5 \times 10^{-6}$ 之间，而电渣重熔轴承钢的通常水平都在 $12 \times 10^{-6} \sim 20 \times 10^{-6}$。即使如此，许多高端轴承钢仍然采用电渣重熔方法生产，主要原因就是电渣钢生产的轴承疲劳寿命很高，如图 10-16 所示[13]。

表 10-1 所列为单独统计的连铸轴承钢和电渣轴承钢的接触疲劳试验结果[14]，从结果可以看出，电渣轴承钢的疲劳寿命远远高于连铸轴承钢的疲劳寿命，这也是高端轴承钢必须采用电渣重熔技术进行生产的重要原因。

10.3.4 特殊钢电渣重熔技术的优点和不足

特殊钢电渣重熔技术的优点如下：

（1）钢的元素偏析程度显著降低，电渣钢组织致密，夹杂物变得细小且弥散分布。

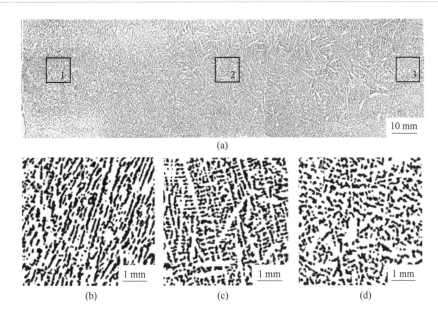

图 10-15 低倍组织及枝晶显示

（a）轴承钢组织；（b）1 点，近铸锭边缘处；（c）2 点，铸锭 1/2 半径处；（d）3 点，铸锭中心处

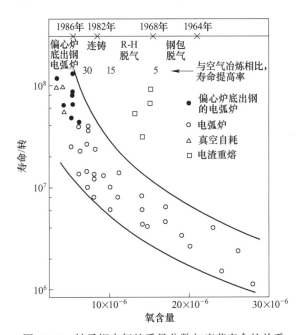

图 10-16 轴承钢中氧的质量分数与疲劳寿命的关系

表 10-1 连铸与电渣轴承钢接触疲劳结果对比

工　艺	疲　劳　寿　命		
	L10/r	L50/r	Weibull 斜率 α
连铸材	3.21×10^5	14.55×10^5	1.25
电渣材	171.6×10^5	803.8×10^5	1.22

（2）金属材料的稳定性增强，疲劳寿命得到显著提升，使电渣钢可以应用于对其稳定可靠性要求极高的部位。

特殊钢电渣重熔技术的不足如下：

（1）电渣重熔过程能耗高，无法像连铸技术一样连续生产，一炉次只能生产一支钢锭。

（2）自耗电极熔化速度慢，生产效率低，生产成本高。

10.4　特种合金电渣重熔技术

特种合金是指具有特殊物理、化学性能及特殊功能和用途的合金，在航空航天、油气开发、石油化工、核电、海洋工程、船舶制造、冶金工业等极端应用领域起到了至关重要的作用。特种合金一般包括高温合金、耐蚀合金、软磁合金、膨胀合金、电热合金等。

10.4.1　特种合金电渣重熔技术工艺

特种合金的生产工艺包括铸造工艺、重熔工艺、定向凝固和粉末冶金工艺。铸造工艺适合于生产不需要后期加工变形的铸件，一般合金含量较高。定向凝固工艺可以减少或消除铸造合金中产品的疏松及垂直于应力轴的晶界，另外，这种工艺促使合金在凝固过程中使晶粒沿一个结晶方向生长，得到无横向晶界的平行柱状晶。粉末冶金工艺主要通过沉淀强化和弥散强化改善特种合金的性能，可以有效提高可塑性，甚至使特种合金获得超塑性。

特种合金的制备工艺，包括真空感应熔炼、电渣重熔、真空电弧重熔、等离子重熔和电子束重熔等，其中又以电渣重熔和真空电弧重熔为主。组成比较简单的特种合金，一般直接采用真空感应熔炼，直接浇注制备出铸锭。而对于合金体系复杂、内部组织控制难度较高的特种合金的生产工艺主要有二步法和三步法。

二步法，即真空感应+电渣重熔/真空自耗（VIM+ESR/VAR）法。电渣重熔与真空自耗重熔都具有各自的优缺点，电渣重熔设备简单，而且合金铸锭的可锻性和可塑性较高。而真空自耗重熔由于是在真空下熔炼，因此合金的易氧化元素不容易烧损，有助于去除合金中所富积的氧和氮，可以消除缩管，但钢锭表面质量不如电渣重熔。另外，真空感应+真空自耗的方法重熔高温合金主要有两个缺点：（1）氧化物夹杂的去除能力有限，大颗粒的夹杂物限制了旋转部件的低循环疲劳寿命；（2）易于形成白点缺陷，这些缺点降低了合金的强度和低循环疲劳寿命。

三步法，即真空感应+电渣重熔+真空自耗（VIM+ESR+VAR）方法。三步法用于进行更高要求的特种合金的生产，比二步法所生产的钢锭中夹杂物的含量更低。熔炼时的具体操作步骤和工艺与钢的生产流程并无差异，只是在熔速控制上要根据合金特点有所调整。

10.4.2　特种合金电渣重熔技术装备

保护气氛电渣重熔装备一般用于特种合金的生产，该装备包括气氛保护系统、称重系统、水冷系统、供电系统、驱动系统、除尘系统和熔炼控制系统等。气氛保护系统用于进行炉内熔炼气氛中有害气体含量的调控；称重系统用于称量熔炼时自耗电极的重量；水冷系统用于熔炼过程高温区和铸锭的冷却；供电系统是熔炼所需的能量来源；驱动系统用于熔炼过程中调节自耗电极的位置及整体设备动结构的运动等；除尘系统用于排出熔炼过程产生的烟尘；熔炼控制系统依据这个实际情况与工艺在系统内的设定熔速进行对比，随时调节供电功率，实现全程熔速控制和熔炼自动控制。

保护气氛电渣重熔炉的基本原理是在传统电渣重熔基础上将自耗电极的高温部分用一个密封罩封闭在熔炼室中，并在熔炼室内充入惰性气氛，降低炉内氧分压，达到降低炉内自耗电极和炉渣氧化的作用，图 10-17 所示为实验室及工业生产的保护气氛电渣重熔炉。

(a)　　　　　　　　　(b)

图 10-17　实验室及工业生产用的可控气氛电渣重熔炉
(a) 实验室电渣重熔炉；(b) 工业电渣重熔炉

10.4.3　特种合金电渣重熔技术的应用

由于特种合金的成分比较复杂，对洁净度和凝固组织的控制要求较高，目前大部分成分体系复杂的特种合金均采用保护气氛电渣重熔技术生产。

10.4.3.1　应用效果

应用效果如下：

(1) 降低特种合金的烧损率和元素偏析程度，提高成分均匀性。保护气氛电渣重熔过程隔绝了外界的大气环境，能使特种合金中易氧化元素得到充分的保护，减少烧损率。同时，电渣重熔的强制冷却能力，降低了合金的元素偏析，提高了成分均匀性。

(2) 去除大颗粒非金属夹杂物。电渣重熔过程熔渣的精炼作用，使自耗电极中的大颗粒夹杂物得到充分去除，所得铸锭中夹杂物细小且弥散分布。

(3) 提高产品的加工性能。电渣重熔后的铸锭致密度提高，结晶方向与轴向成一定角度，无论在轴向还是径向其加工性能趋于一致，从而提高了合金的可加工性能。

10.4.3.2　应用实例

保护气氛电渣重熔高温合金的应用表明，保护气氛可以显著降低合金中易烧损元素的氧化。例如，非保护气氛条件下重熔时，合金中 Ti 元素的烧损量高达 40%~50%，而采用保护气氛后，Ti 元素烧损量可以控制在 10% 以下。另外，采用保护气氛后，合金铸锭中氧含量进一步降低，洁净度可以得到明显提升。因此，采用保护气氛电渣重熔技术生产高端特种合金对于降低其中易氧化元素的损耗，提高铸锭质量及其性能等方面都具有重要的意义。

经过电渣重熔的 IN718 合金铸锭横向和纵向没有白斑、黑斑等缺陷，其低倍组织如图 10-18 所示。从检验结果来看，铸锭中柱状晶非常发达，无疏松、缩孔等缺陷，结晶方向较好，结晶方向与径向夹角达到 60°~70°，说明在重熔过程中金属熔池浅平，有利于轴向结晶的形成。

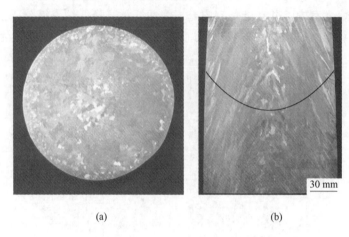

(a)   (b)

图 10-18   电渣重熔 IN718 合金铸锭的低倍组织
（a）横截面；（b）纵向剖面

虽然电渣重熔在强制水冷结晶器中进行，但对于易偏析元素仍然会存在一定的偏析现象。Laves 相是 NiFe 基合金中出现的一种有害相，常见的有 Fe_2Ti 和 Fe_2Nb 等，由于铌和钛是正偏析元素，当合金中铌和钛在形成碳化物后，其含量还超过形成 Laves 相溶解度时，就有可能形成 Laves 相，图 10-19 所示为电渣重熔 IN718 合金铸锭中的 Laves 相形貌，绝大部分分布在晶界上，很少一部分分布在枝晶间。枝晶偏析的情况见表 10-2，电渣重熔对元素的偏析程度控制要好于普通的铸造工艺，尤其是对于极易发生偏析的铌元素有很好的控制能力。

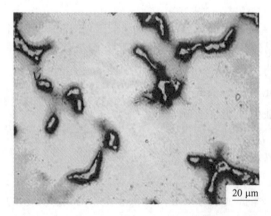 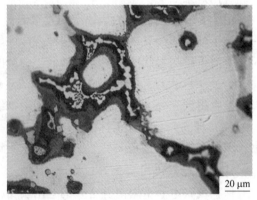

(a)   (b)

图 10-19   铸态组织中的 Laves 相
（a）分散的 Laves 相；（b）聚集的 Laves 相

表 10-2　电渣重熔和铸造制备的 IN718 合金枝晶偏析对比

制备工艺		Fe	Cr	Nb	Mo	Ti	Si
电渣重熔	枝晶臂	28.66	20.94	2.38	2.34	0.65	0.22
	枝晶间	23.11	17.32	8.12	2.82	1.17	0.47
	偏析比	0.806	0.827	3.412	1.205	1.80	2.136
铸造[15]		0.775~0.941	0.831~0.919	2.042~3.91	1.194~2.2	1.55~3.571	—

另外，电渣重熔后铸锭头尾部位元素化学成分均匀，采用保护气氛后，极易发生烧损的钛和硼元素几乎无损失，而且电渣重熔可以使 IN718 合金中氧、硫含量显著降低（见表 10-3）[16]，这有利于提升最终产品的纯净度，从而提高产品性能。为了达到特种合金的质量控制，重熔时除了要选择合适的渣系外，还需要采用较低的熔速控制（一般熔速控制在结晶器直径的 0.55~0.65 倍之间，例如直径 1000 mm 结晶器，熔速控制在 550~650 kg/h 左右），降低金属熔池深度，缩短液态金属凝固时的局部凝固时间，从而达到降低元素偏析的目的。鉴于电渣重熔特种合金的质量优势，未来采用电渣重熔技术生产的特种合金种类和数量将不断增多。

表 10-3　双联工艺 IN718 合金各工序合金元素含量统计平均值（质量分数）　　（%）

熔炼工序		C	Al	Ti	Si	Mn	Nb	Mo	B	S	O
VIM		0.027	0.61	1.01	0.08	0.12	5.04	3.01	0.0040	40	20
ESR	头部	0.029	0.50	0.99	0.13	0.12	5.03	3.00	0.0039	14	6
	尾部	0.029	0.48	0.99	0.12	0.12	5.04	2.99	0.0038		

10.4.4　特种合金电渣重熔技术的优点和不足

特种合金电渣重熔技术的优点为：与真空电弧重熔相比，在保证几乎同等凝固质量的条件下，可以大幅度降低合金铸锭的生产成本，并且几乎不会出现真空电弧重熔易出现的白斑、年轮状偏析等质量问题。

特种合金电渣重熔技术的不足为：非真空操作，对合金材料中气体的去除能力稍差，即使采用真空熔炼，其真空度也没有真空电弧重熔技术高。

10.5　有色金属电渣重熔技术

由于电渣重熔提高洁净度和凝固质量方面的独特优势，因此电渣重熔在有色金属领域的应用逐渐引起重视。目前，电渣重熔有色金属包括铝合金（Al-Mg、Al-Mn、Al-Cu）、铜及铜合金（Cu-Mo、Cu-Be、Cu-Mn）、钛及钛合金（Ti-6Al-4V）[17]和铀等。

10.5.1　有色金属电渣重熔技术工艺

有色金属与钢的熔点往往存在一定的区别，因此电渣重熔有色金属的制备工艺与钢的制备技术不同，主要体现在渣系等方面。B30 又称白铜，是典型的铜合金之一。B30 法兰的传统生产工艺一般是将连铸坯直接锻造而成，但常常会在锻造时开裂，导致浪费和不必要的损失。为了提高铸坯质量锻造成材率，目前 B30 法兰普遍采用电渣重熔对连铸坯重熔精炼后再锻造的工艺，极大提高产品的成材率。但由于铜及其合金的熔点比钢低得多，因此电渣重熔有色金属的渣系与电渣重熔钢的渣系不同，B30 的熔点只有 1250 ℃，低于电渣重熔常规渣系，一般采用 CaF_2-MgF_2 为主的低熔点渣系，MgF_2 加入量一般为 20% ~ 30%，重熔时可采用铝和稀土元素脱氧。

铝可以使用电解铝直接浇注而成的坯料，铝合金则可以使用专门的中频熔铝炉进行熔炼和铸造。因为铝和铝合金的熔点更低，需要采用特殊的渣系才能满足电渣重熔铝及其合金的要求。在这种情况下，传统的含氟化物渣系已经无法满足电渣重熔的需求，KCl-NaCl-Na_3AlF_6+$Na_2B_4O_7$ 渣系由于各方面物性参数比较合适，可以用于电渣重熔铝或者铝合金[18]。

传统生产金属钛的方法是将海绵钛压块焊接成自耗电极，之后进行真空电弧重熔（常用方法）、等离子重熔或者电子束重熔，在一次重熔无法达到质量要求时，还需要进行二次，甚至三次以上的多次重熔，如图 10-20 所示。但这种方法对金属中的氧化物和氮化物夹杂去除能力有限，影响金属材料的纯净度，而且生产成本较高。

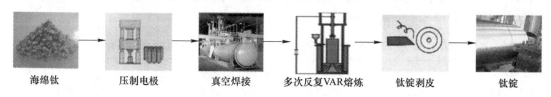

海绵钛　　　压制电极　　　真空焊接　　多次反复VAR熔炼　　钛锭剥皮　　　钛锭

图 10-20　传统钛锭的生产工艺流程

电渣重熔在去除非金属夹杂物的显著优势使其成为生产金属钛及钛合金的一种新方法，其冶炼生产工艺流程如图 10-21 所示[19]。金属钛及钛合金的熔化温度相对较高，因此电渣重熔时使用的渣系与普通炼钢用的渣系类似，其主要考虑的因素是渣系对氮化物要有比较好的吸收和溶解能力，并保证渣系具有尽量低的氧化性。

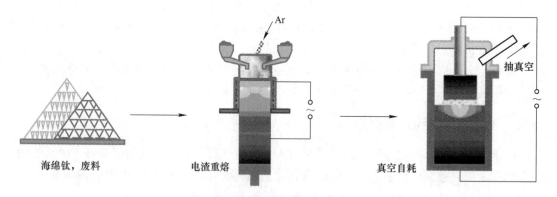

海绵钛，废料　　　　电渣重熔　　　　　真空自耗

图 10-21　电渣重熔生产金属钛的冶炼工艺流程

电渣重熔生产金属钛的自耗电极有两种，一种自耗电极使用海绵钛通过压块焊接而成为普通电渣重熔用电极，另外一种可以直接使用一定尺寸的海绵钛块体，连续不断地加入特殊设计的电渣炉中。电渣重熔制备出的金属钛或者钛合金，其纯度一般较高，尤其是氮化物夹杂较少。

10.5.2　有色金属电渣重熔技术装备

生产铜及铜合金、铝及铝合金时的电渣重熔装备与生产钢的电渣重熔装备一致，都可以在大气压下熔炼，对于气体含量等要求较高时，可以采用保护气氛电渣重熔技术进行生产。

对于电渣重熔钛及钛合金等含有比较活泼元素的材料时，就必须采用真空电渣重熔技术进行生产。真空电渣重熔装备与 10.4.2 小节中介绍的保护气氛电渣重熔装备类似，最大的区别在于真空电渣重熔装备多了一套真空系统，用于保持炉内熔炼室为真空状态。另外，采用海绵钛生产金属钛锭的电渣重熔装备与普通装备也存在一定的区别，如图 10-22 所示[19]。

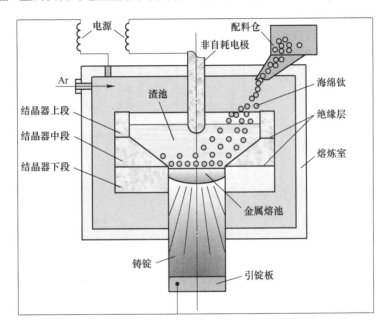

图 10-22　采用海绵钛生产金属钛锭电渣重熔示意图

这种电渣重熔技术使用的结晶器为导电结晶器，即结晶器的上段导电，取代了传统自耗电极导电，大大缩短了回路的面积，提高了电效率。此外，导电结晶器技术为靠近结晶器附近的金属熔池提供了更多的能量，使整个金属熔池的形状更加浅平，两相区宽度更小，为缩短液态金属的局部凝固时间、控制金属凝固过程中的元素偏析、提高产品质量创造了条件。另外，使用导电结晶器以后，将自耗电极的熔化与渣池独立控制，渣温及其旋转可以完全由导电结晶器的输入功率控制而不受自耗电极输入功率的限制。

另外，在电渣重熔金属钛及钛合金时，为了更好地控制液态渣池流动状态，改善铸锭的结晶质量，在结晶器外加磁场调控装置也是一种重要的方法，如图 10-23 所示，这种方法使用可控气氛电渣重熔炉，实际使用时为真空状态，外加磁场的调控不受电渣重熔系统本身电功率输入的影响，从而可以根据实际需要调整磁场的大小。

10.5.3　有色金属电渣重熔技术的应用

电渣重熔在制备有色金属领域的应用也比较普遍，尤其在铜合金制备中占有重要地位。

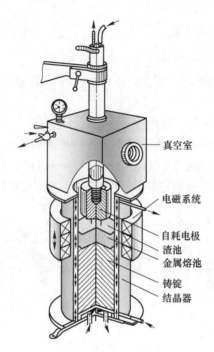

真空室

电磁系统

自耗电极
渣池
金属熔池

铸锭
结晶器

图 10-23   磁控电渣重熔装置示意图

10.5.3.1   应用效果

应用效果如下：

（1）合金组织更加致密。电渣重熔有色金属铸锭仍然具有其他铸锭的特点，铸锭组织致密，几乎无疏松和缩孔缺陷。

（2）提高合金洁净度，残存夹杂物细小且均匀分布。经过电渣重熔后，大颗粒非金属夹杂物充分去除，降低了合金中氧含量，小颗粒的夹杂物在合金铸锭中分布均匀。

（3）提高合金的加工和力学性能。由于电渣过程中结晶器强制冷却能力，合金组织均匀致密，偏析程度低，有害析出相较少，从而提高了合金的加工和力学性能。

10.5.3.2   应用实例

电渣重熔后 B30 组织形态得到改善，变得更加致密，晶粒更加细小，重熔前后的组织变化见表 10-4。在重熔过程中也包含脱硫，铸坯硫含量明显降低，夹杂物也有所减少而且还变得细小和分散，合金的锻造性能明显得到改善。

表 10-4   电渣重熔 B30 合金前后组织变化[20]

序号	产品	结 晶 组 织	氧含量	夹杂物	锻造性能
1	连铸	表层为柱状晶，中心有 1/2 为等轴晶	氧含量低	夹杂物有集中现象	锻造性能差，易开裂
2	电渣	全部为柱状晶，枝晶结构细密	较连铸坯高	夹杂物细小分散	易于锻造

采用电渣重熔工艺可以获得均匀致密的合金锭结构，没有缩孔和偏析，同时也避免了有害杂质和氧化物夹杂。铜铬锆合金电渣重熔时，极快的凝固速度和高温熔渣可使铬和锆在铜基体中的固溶度明显增加，晶粒尺寸显著细化，如图 10-24 所示[21]。由于这种合金属于沉淀硬化型合金，溶解在基体中的铬和锆，会带来更高的合金强度（见表 10-5）。

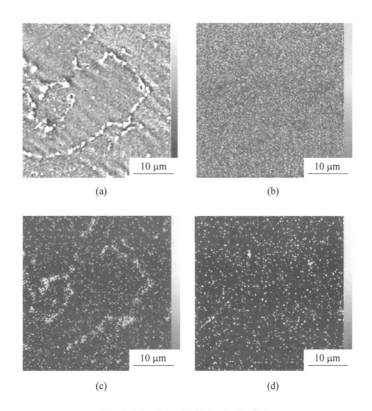

图 10-24　电渣重熔 Cu-Cr-Zr 合金

（a）合金；（b）Cu 分布；（c）Cr 分布；（d）Zr 分布

表 10-5　电渣重熔铜铬锆合金的机械强度

冷加工量/%	时效时间/min	机械强度/MPa	
		σ_{YS}	σ_{UTS}
20	180	360	421
40	60	372	437
	90	354	404
	120	356	420
	150	385	431
	180	355	414
60	60	381	433
	120	358	417
	180	377	437

电渣精炼工业纯铝，可以使铝中的铁明显降低，如图 10-25 所示，最低可以使铝中的铁含量由 0.400% 降低至 0.184%，可以使纯铝的弹性模量、屈服强度和抗拉强度得到改善，伸长率更是提高了 43%[21]。

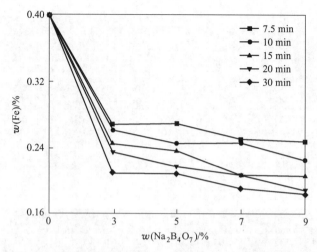

图 10-25   电渣精炼铝中的铁含量随 $Na_2B_4O_7$ 加入量的变化

利用电渣重熔工艺在 $Al-K_2TiF_6-KBF_4$ 和 $Al-K_2TiF_6$ 的反应体中通过控制渣剂、电压、电流能够成功制备出以 TiB_2 和 Al_3Ti 为增强相的铝基复合材料，发现 TiB_2 弥散分布在铝基体上，有部分偏聚在晶界处。Al_3Ti 粒子均匀分布在铝基体上主要呈现出 3 种不同的形貌，如短棒状、长条状和小块状，其形貌与钛浓度、凝固速度等条件有关[22]。所制备的以 TiB_2 和 Al_3Ti 为增强相的铝基复合材料硬度、屈服强度和抗拉强度均有大幅度提升，但原位反应存在非稳定性和非均匀性，并且材料塑性降低明显，说明这种制备技术还需要进一步探索。

使用活性 $CaF_2-Ca(-CaO)$ 渣系可以有效去除钛或者钛铝合金中的杂质[23]，氢经过重熔几乎完全除去（小于 0.0035%），合金会从熔渣中溶解少于 0.002% 的氟，但是却会溶解高达 0.005% 的钙，纯钛的氧含量控制在小于 0.2%，钛合金（γ-TiAl）中氧含量可以控制在小于 0.05%。溶解态氮不能去除，但分布均匀，即使经过多次重熔，也能保证所需含量小于 0.03%。

10.5.4   有色金属电渣重熔技术的优点和不足

有色金属电渣重熔技术的优点为：提高某些有色金属及其合金纯净度和凝固组织，改善合金的性能，为高性能材料制备提供一种新的方法。

有色金属电渣重熔技术的不足为：电渣重熔存在使用熔渣（或者成为熔剂）对金属材料进行精炼的过程，熔渣在高温下有时会和金属材料发生反应，从而引起金属材料中增加一些不必要的组元。引入电渣重熔技术后，有色金属材料的生产周期会延长，制造成本会有所增加。

10.6   电渣熔铸技术

电渣熔铸技术突破了传统工艺无法生产高纯净度、高难度铸件的问题，经过近几十年的快速发展，引起了世界各国的高度关注。电渣熔铸技术生产工序较少，设备简单、易操作，可实现原料利用最大化，能创造很高的经济效益，并且生产出高质量、高性能的产品。目前，电渣熔铸的铸件已经用于航空航天、军工、海洋、电力、石油化工、核工程等重大领域，涉及的零件在大小、类型上千差万别。电渣铸件因其纯净度高、性能优良、抗热、抗腐蚀等优点，综合性能明显优于同类其他工艺制备的铸件，使得电渣熔铸材料具有更大的优越性，典型产品包括船用曲轴、水轮机导叶和耐高压阀体等。

10.6.1 电渣熔铸技术工艺

电渣熔铸与电渣重熔过程类似，自耗电极由传统工艺制备。电渣熔铸过程中，电流通过熔渣产生的热量逐渐将电极熔化，液滴穿过渣池得到精炼，并在渣池下方形成金属熔池，金属熔池的凝固前沿不断有新的金属溶液补充，防止金属凝固过程的体收缩形成凹坑。此外，金属熔液在异型水冷结晶器冷却作用下自下而上形成铸件时，金属熔池和熔渣不断上移，金属铸件与结晶器之间形成的渣壳起到保温隔热作用，同时，大部分热量由水从结晶器的底部带走，促进了金属熔液凝固自下而上进行，大大提高金属铸件的凝固质量。电渣熔铸的铸件一般不需要加工变形，其外表形貌已经接近于服役形状，只需要对表面进行一定的加工和热处理，即可以进入服役状态。

10.6.2 电渣熔铸技术装备

电渣熔铸的主体设备和电渣重熔类似，也包括变压器、立柱、横臂、底水箱、结晶器、水冷系统、控制系统、驱动系统等。结晶器是电渣熔铸技术的重要组成部分，但电渣熔铸用的结晶器又与电渣重熔用结晶器存在明显的区别。电渣重熔用的结晶器一般结构比较简单，截面可以是圆形，也可以是矩形、方形等，其截面形状和尺寸在整个电渣重熔过程中几乎不会发生大的变化。而电渣熔铸用结晶器结构复杂，往往在整个冶炼过程中截面尺寸发生较大变化，甚至出现多次截面尺寸的变化，一般称之为"异型结晶器"。电渣熔铸的基本原理如图 10-26 所示。

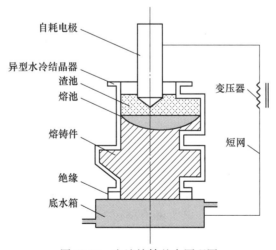

图 10-26　电渣熔铸基本原理图

由于电渣熔铸的铸件形状复杂，不能像普通电渣重熔那样进行脱模，因此异型结晶器往往是组合结构设计，在熔铸结束后，结晶器组合打开，达到脱模的目的。另外，异型结晶器在结构上布满了各种用来控制结晶器可移动的机构，以配合铸件凝固收缩和脱模。

10.6.3 电渣熔铸技术的应用

对于结构不对称的金属制品，很难使用传统工艺技术生产，电渣熔铸则特别适用于这类产品的生产，而且市场认可度高。

10.6.3.1 应用效果

应用效果如下：

（1）电渣熔铸锭具有以铸代锻的特点。电渣熔铸过程结晶器也具有强制水冷能力，所熔铸铸锭组织致密、成分均匀、元素偏析小，力学性能优异，具有普通锻钢的力学性能。

（2）洁净度高。电渣熔铸过程仍然具有熔渣的精炼效果，因而铸锭中氧含量低、残存夹杂物细小且弥散分布，洁净度高。

10.6.3.2 应用实例

图 10-27 所示为天津市三焱电渣钢有限公司采用电渣熔铸法生产的 16V240 型曲轴，锻造方法和电渣熔铸法生产的曲轴性能见表 10-6[24]。电渣熔铸曲轴在抗拉强度、断面收缩率、冲击功、硬度等力学性能指标上已接近或超过锻造曲轴的标准，并且节约了大量资源，降低了生产成本。

图 10-27　16V240 型曲轴

表 10-6　锻造方法与电渣熔铸方法制造的曲轴性能比较

曲轴名称	牌号	热处理类型	试样方向	截面直径/mm	σ_b/MPa	$\sigma_{0.2}$/MPa	δ_5/%	Ψ/%	A_{KU}/J	硬度HBS
大型全纤维曲轴锻件标准号：JB/T 7032—2001	42CrMo	调质	—	160~250	750~900	≥550	≥14	≥55	≥35	269~302
				250~350	690~840	≥460	≥15	—	—	241~286
中速柴油机电渣熔铸曲轴	42CrMoA	调质	纵向	160~250	800~900	≥590	≥14	≥55	≥32	269~302
				250~350	750~900	≥550	≥14	≥55	≥32	241~286

由于电渣熔铸法同样具有电渣重熔去除非金属夹杂物的优势，因此电渣熔铸法生产的曲轴内各类夹杂物均比普通锻造法生产的曲轴级别低。表 10-7 所列为 42CrMoA 电渣熔铸曲轴与锻造曲轴低倍组织对比[25]，由于电渣熔铸异形结晶器的强制水冷作用，电渣熔铸曲轴的低倍组织明显比锻造曲轴的级别更低，是未来高端曲轴制备的发展方向。

表 10-7　42CrMoA 电渣熔铸曲轴与锻造曲轴低倍组织评级对比　　　　　（级）

工艺	位置	一般疏松	中心疏松	锭型偏析	一般点状偏析	其他缺陷
锻造曲轴	远轴心	1	≤1	≤1	<1	无
	近轴心	1	≤1	≤1	≤1	无

工艺	位置	一般疏松	中心疏松	锭型偏析	一般点状偏析	其他缺陷
电渣曲轴	轴区	0.5	0.5	0.5	无	无
	柄区	0.5	0.5	0.5	无	无
	熔合球面	0.5	0.5	0.5	无	无

10.6.4　电渣熔铸技术的优点和不足

　　电渣熔铸技术的优点为：电渣熔铸铸件由于同样具有电渣重熔钢的优点，因此在夹杂物、成分、组织及力学性能方面都具有独特的优势，可以充分发挥电渣冶金以铸代锻的长处，为高质量大型铸件生产的制备提供一种重要方法。

　　电渣熔铸技术的不足为：结晶器复杂，一种尺寸的铸件就需要一种结晶器，异型结晶器受铸件形状和尺寸限制，通用性差。

参 考 文 献

[1] 姜周华，董艳伍，耿鑫，等. 电渣冶金学 [M]. 北京：科学出版社，2015.

[2] HOYLE G. Electroslag Processes Principle and Practice [M]. London & New York：Applied Science Publishers, 1983.

[3] JAUCH R. Electroslag remelting process at rochling-burbach for heave forging ingots of 2300 mm diameters [J]. Ironmak. Steelmak. , 1979, 6 (2)：75.

[4] STEIN G, HUCHLENBROICH I. Manufacturing and application of high nitrogen steels [J]. Mater. Manuf. Process. , 2004, 19 (1)：7-17.

[5] SCHOLZ H, BIEBRICHER U, CHOUDHURY A. Recent development of technology and equipment design of electroslag remelting process [C]//Medovar L B. Medovar Memorial Symposium. Kiev, 2001：27.

[6] MARCELLO C. Remelting big：Plant technology overview and the new perspectives in the open die forging business [C]//INTECO special melting technologies GmbH. Proceedings of INTECO Remelting & Forging Symposium. Shanghai, China, 2010：226.

[7] 德国钢铁工程师协会. 渣图集 [M]. 王俭，彭玉强，毛裕文，译. 北京：冶金工业出版社，1989.

[8] 荻野和巳. ユレクトロスラグ再溶解スラグについて [J]. 日本金属学会会报，1979，18 (10)：684.

[9] 李正邦. 电渣冶金设备及技术 [M]. 北京：冶金工业出版社，2012.

[10] 钟顺思，王昌生. 轴承钢 [M]. 北京：冶金工业出版社，2000.

[11] 赵国防. 高性能渗碳轴承钢超长寿命机制与组织性能控制 [D]. 北京：华北电力大学，2011.

[12] 雷声，黄曼平，薛正堂，等. 表面激光硬化轴承的疲劳失效分析 [J]. 热加工工艺，2013，42 (2)：219-223.

[13] 刘浏. 轴承钢产品质量与生产工艺研究 [J]. 河南冶金，2003，11 (3)：11-16.

[14] 周德光，陈希春，傅杰，等. 电渣重熔与连铸轴承钢中的夹杂物 [J]. 北京科技大学学报，2000，22 (1)：26-30.

[15] 杨爱民. K4169 高温合金组织细化及性能优化原因 [D]. 西安：西北工业大学，2002.

[16] 陈国胜，曹美华，周奠华，等．保护气氛电渣重熔 GH4169 合金的冶金质量 [J]．航空材料学报，2003，23：88-91.

[17] 黄伯云．我国有色金属材料现状及发展战略 [J]．中国有色金属学报，2004，14：122-127.

[18] CHEN C, WANG J, SHU D, et al. Iron reduction in aluminum by electroslag refining [J]. T. Nonferr. Metal. Soc. , 2012, 22 (4)：964-969.

[19] MEDOVAR L B, TSYKULENKO A K, SAENKO V Y, et al. New electroslag technologies [C]//Medovar L B. Medovar Memorial Symposium. Kiev, 2001：49-60.

[20] 胡建成，高宏生，李玉明．B30 铜合金电渣重熔工艺实践 [J]．大型铸锻件，2008，3：27-28，30.

[21] KERMAJANI M, RAYGAN S, HANAYI K, et al. Influence of thermomechanical treatment on microstructure and properties of electroslag remelted Cu-Cr-Zr alloy [J]. Mater. Design, 2013, 51：688-694.

[22] 李盼．电渣重熔法原位制备铝基复合材料的研究 [D]．上海：上海交通大学，2011.

[23] STOEPHASIUS J C, REITZ J, FRIEDRICH B. ESR refining potential for titanium alloys using a CaF_2-based active slag [J]. Adv. Eng. Mater. , 2007, 9 (4)：246-252.

[24] 金维春，李振丰．电渣熔铸大功率柴油机曲轴 [J]．材料与冶金学报，2011，10：103-105.

[25] 张振国．电渣熔铸—熔焊法生产大直径内燃机曲轴的工艺研究 [J]．铸造技术，2005，26 (8)：735-738.

11 电磁感应加热技术

11.1 概述

感应加热（induction heating, IH），又称电磁感应加热，它是利用电磁感应的原理在被加热工件内部产生涡流以达到加热工件的目的。在19世纪，自然科学研究取得了重大进展，并由此诞生了一系列新技术、新发明，第二次工业革命逐步兴起，人类也进入了电气时代。目前，电能已经广泛应用在工业生产与日常生活中的各个方面。通常，电能的有效利用是通过转换成其他形式的能源而实现的，如电能转换为机械能、电能转换为热能等。电能转换成热能的方式主要包括电阻加热、感应加热、介质加热和电弧加热。其中，由于具有诸多独特的性质，感应加热已经成为了电热领域的重要组成部分。

1831年11月，法拉第发现了电磁感应定律，电磁感应加热技术便是在此基础上逐步发展起来的。随后的100多年来，美国及苏联的科学家们研制出了多种感应加热设备，最初用于金属熔炼。其中，铁芯感应熔炼炉的工业应用始于1917年，无芯感应熔炼炉则始于1920年，均经历了近百年的发展历程。感应熔炼不仅能在大气中进行，还能在真空、氩或氦等保护气氛中进行，以满足特殊质量的要求。因此，逐步发展出真空感应熔炼技术及各种保护气氛下的熔炼技术。20世纪下半叶开始，随着电力电子技术的蓬勃发展，电磁感应加热技术也进入到了高速发展的阶段。1957年，美国研制出可控硅（SCR），并在1964年将其应用于逆变器。1966年，瑞士和联邦德国首先研制出了利用SCR的感应加热设备。1967年，第一台频率为540 Hz的全固态电源出现。之后，感应加热电源逐渐由低频向高频发展。在1972年，50 kHz电源建成。与此同时，感应加热的效率也在不断提升，有的感应加热设备的加热效率可达到90%以上。1974年，感应加热设备的冷却系统也进一步升级为压力闭路循环冷却系统。

1980年以后，随着静电感应晶体管（SIT）、金属氧化物半导体场效应管（MOSFET）、绝缘栅双极型晶体管（IGBT）等电力电子器件的相继出现，促进了感应加热技术的再次发展。SCR已有被逐渐取代之势。其中，IGBT多用于大功率的感应加热设备，而MOSFET则多用于高频的感应加热设备之中。瑞士、德国等国家研制出了容量达数兆瓦的超音频感应加热设备。西班牙在1991年研制出200 kW/50 kHz的超音频IGBT感应加热设备，并在1992年研制出600 kW/200 kHz的MOSFET高频感应电源。美国生产的同类电源的性能可达2 MW/400 kHz。

感应加热也逐步应用于现代冶金过程。新日铁钢厂在1981年首次实现了连铸板坯的直接轧制，并通过感应加热的方式进行补热。随后，美国诺福克钢厂也实现了连铸坯的连铸连轧工艺，采用天然气或感应加热对连铸坯进行补热。日本学者在1984年率先提出了利用感应加热对中间包钢水温度进行补偿的中间包感应加热技术，并在1985年开发出了单通道式中间包感应加热装置。之后，中间包感应加热技术发展快速。

我国电磁感应加热技术的研究起步较晚，于20世纪50年代开始。当时的感应加热技术主要来自苏联，少部分来自比利时、捷克等其他国家。最早应用于机床制造、纺织机制造，以及汽车、拖拉机等工业。1958年，中科院长春光机所首先研制出火花式中频发射器。1964年11月，由吉林省机械工程学会筹备的全国第一届感应加热学术交流会在长春市召开，并成立了全国感应加热技术委员会。由于国外技术封锁，上海热处理厂、上海机电产品设计院、天津机床厂等单位设计并生产了多种通用的淬火机床。1970年，浙江大学研制出第一台100 kW/1 kHz的SCR中频电源。改革开放以后，我国又从美国、日本、德国、意大利等工业发达国家引进了一大批感应加热设备，主要有双频齿轮淬火设备、多频电源通用淬火机等[1]。此后，感应加热电源、感应器、淬火机床等生产厂家大量涌现。与此同时，在科研院所、企业科技人员的不断努力下，我国感应加热技术取得了长足的发展与进步。1993年，浙江大学研制出了50 kW/50 kHz的超音频感应加热电源。1996年，北京有色金属研究总院和本溪高频电源设备厂研制出100 kW/20 kHz的IGBT电源。在高频电源方面，1996年，天津大学与天津高频设备厂联合研制出75 kW/200 kHz的SIT高频感应加热电源，上海宝山钢铁公司在1998年从日本引进了3200 kW/71~80 kHz高频感应加热电源。目前，我国已经能自主生产绝大多数IGBT与MOSFET晶体管感应加热电源，并广泛应用于工业生产。

20世纪70年代末，我国开始了连铸连轧技术的研究，当时大多数采用燃气炉加热的方式对连铸坯进行补热。沈阳钢厂在1990年开始了连铸连轧感应补热的试验工作。我国在90年代开始应用中间包感应加热技术。佛山特钢公司在1995年使用感应加热中间包生产不锈钢，功率为1500 kW，容量为2 t，铸坯质量大幅改善。1996年汕头普宁特钢厂投产了一座功率为75 kW、容量为0.25 t的感应加热中间包。于世谦等人在1997年研制了一种工频的沟槽式感应加热中间包，电热效率高，运行安全可靠。2006年，东北大学王强等人[2]将感应加热应用于钢包出钢过程，提出了钢包电磁感应加热出钢技术。2010年，北京科技大学张家泉等人[3]开发了一种结构紧凑的十字形中间包通道式感应加热装置。2015年，日照钢铁引进投产的带钢无头连铸连轧技术生产线应用了连铸连轧感应加热技术，取得了很好的效果[4]。

目前，感应加热已经从最初的金属熔炼，不断扩展至冶金、化工、汽车制造、机械加工、半导体生产及日常生活等各个领域。在钢铁及有色金属冶炼中，常见的有感应熔炼技术、中间包感应加热技术、连铸连轧感应加热技术及钢包电磁感应加热出钢技术等；化工行业中，管道的加热、保温及反应釜的加热、预热、保温灯都会使用感应加热技术；汽车制造与机械加工中，感应加热也常用于汽车零部件及金属制品的热处理、焊接、热装配及表面处理等；区熔技术是半导体生产中的重要方法；日常生活中，电磁炉随处可见。

本章首先介绍电磁感应加热技术的基本原理，然后分别介绍感应熔炼技术、中间包感应加热技术、连铸连轧感应加热技术及钢包电磁感应加热出钢技术的工艺、装备、应用及优点和不足，最后简要介绍感应加热在冶金领域的其他应用技术。

11.2　电磁感应加热技术原理

11.2.1　感应加热的基本原理

感应加热通过感应线圈将电能传递给被加热工件，并转换为热能。感应线圈与被加热工件并不直接接触，能量通过电磁感应的方式传递，其原理如图 11-1 所示。电磁感应加热系统通常由加热电源、感应线圈及被加热工件组成。依据被加热工件形状及加热要求的不同，感应线圈可以被设计成不同的形状与尺寸。

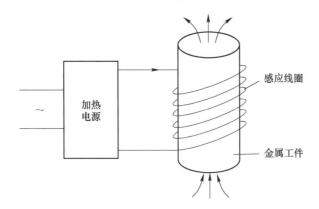

图 11-1　感应加热的基本原理

感应加热的原理是焦耳热效应和磁滞热效应。所谓焦耳热效应，就是被加热工件放在感应线圈中，当交变电流通过感应线圈时，会在其内部产生交变磁场，交变磁场会在被加热工件表面激发感应电动势从而产生感应电流，也称为涡流。一般情况下，被加热工件的电阻较小，因此较小的感应电动势便会产生很大的涡流，从而释放出大量的焦耳热，使被加热工件的温度迅速升高。

感应加热的主要参数通常是由被加热工件的工艺要求和结构尺寸确定的。电流强度与频率是两个重要参数。为了使被加热工件快速地达到指定温度，要求工件内的感应电流尽可能大。增加线圈中的电流强度，可以有效提高感应线圈及被加热工件内单位面积的磁通量，从而增加工件内感应电流的强度。工业应用中，为缩短感应加热的时间，感应线圈上的电流可以达到几千甚至上万安培。增加电流频率也是提高工件内感应电流的重要措施。频率越高，磁通量变化越快，感应电动势就越大。许多时候，为了降低线圈上的功率损耗，提高感应加热设备的电效率，可以适当提高电流频率而降低电流强度。

必须注意的是，对于钢铁等铁磁材料，被加热工件内涡流所产生的热量可以使其温度迅速升高。除此以外，铁磁材料一般具有较大的剩磁，在交变磁场中，被加热工件内磁偶极子的方向会随着感应线圈所产生的磁场方向的改变而改变。在交变磁场的作用下，磁偶极子方向的快速转变会导致摩擦生热，也会对被加热工件起一定的加热作用，称为磁滞热效应。磁滞热效应所产生的热量要比涡流产生的热量小得多，因此在许多情况下可以忽略不计。

当被加热工件的温度低于居里温度时，铁磁材料的磁滞热效应才会存在。居里温度也称磁性转变温度，是指材料在铁磁体与顺磁体之间的转变温度。当温度高于居里温度时，材料将会由铁磁体变为顺磁体。因此，对此类材料而言，温度在居里温度以下时，感应加热的加热速度比温度高于居里温度时的加热速度更快。

在感应加热设备的制造与感应加热方案的设计过程中，必须考虑 3 个效应。它们分别是：

（1）集肤效应。导体中通直流电时，导体截面上任何区域的电流密度都是相同的。但是，当导体中通入交流电时，其导电截面上电流密度分布不均，且表层的电流密度最大，中心处最小，这种现象称为集肤效应。电流的频率越高，集肤效应越明显。因此，在高频电路中，为节约材料，可以使用空心导线代替实心导线。有时，为了弱化集肤效应的影响，高频电路中也使用多股相互绝缘的细导线编织成束代替同样截面积的粗导线。

（2）邻近效应。两根相邻的导体内通入交流电时，由于受到彼此的影响，导体中的电流会进行重新分布。当两导体中的电流方向相同时，最大电流密度出现在导体的外侧；当两导体中的电流方向相反时，最大电流密度出现在导体的内侧。通常将这种现象称为邻近效应。

（3）圆环效应。交变电流通入圆环形导体或螺旋形线圈时，最大电流密度往往出现在导体或线圈的内侧，这种现象被称为圆环效应。当导体直径方向的厚度和圆环的直径比值较大时，这种效应就更加明显。

11.2.2　透入式加热与传导式加热

感应加热中，存在两种不同的加热形式，即透入式加热与传导式加热。金属工件被加热的过程中，这两种加热形式是同时存在的。

11.2.2.1　透入式加热

透入式加热在磁性材料中表现更为显著。铁磁性工件的温度低于居里温度时，导致其温度升高的原因主要有两个：一是磁滞热效应，铁磁物质会按照 *B-H* 曲线反复地磁化，磁畴不断转向并摩擦，磁感应强度 *B* 的变化总是滞后于磁场强度 *H* 的变化，产生磁滞现象，由这种磁滞现象所消耗的能量称为磁滞损耗。二是焦耳热效应，因电磁感应而在被加热金属工件内产生涡流所造成的能量消耗称为涡流损耗。

磁滞损耗 P_h 与涡流损耗 P_e 可以分别由式（11-1）和式（11-2）确定。

$$P_h = K_h f B_m^n V' \tag{11-1}$$

式中，K_h 为与材料相关的系数，可由实验测得或查阅相关资料；B_m 为磁滞回线上的最大磁感应强度，T；n 由 B_m 决定，当 $B_m = 0.1 \sim 1$ T 时，$n = 1.9$，当 $B_m = 1 \sim 1.9$ T 时，$n = 2$；V' 为材料的体积，m^3。

$$P_e = K_e f^2 B_m^2 V' \tag{11-2}$$

式中，K_e 为与材料性质与尺寸相关的系数，由实验测得。

感应加热初期，由于存在集肤效应，加热工件表面形成的涡流强度要远大于工件内部的涡流强度，导致其表面升温更快。但随着加热过程的进行，当工件表面温度超过居里温度时，工件表层就由铁磁性转变为顺磁性。这时加热层也会变为两部分：一部分是最外侧的失磁层，另一部分就是与其相邻的还没有失去磁性的次表层。与此同时，最大涡流产生的位置也会发生变化，由最初的工件外表层变成了失磁层与未失去磁性的次表层的交界处。所以，两者的交界处也成为了此时升温速度最快的区域。随着感应加热的持续进行，失磁层的厚度不断加大，工件被由外至内地逐层持续加热。直至失磁层的厚度大于被加热工件在一定电流频率下的集肤层厚度时，透入式加热逐渐转变为传导式加热。

11.2.2.2　传导式加热

传导式加热存在于整个感应加热过程。当金属工件的加热层厚度小于集肤层厚度时，透入式加热占据主导地位，此时透入式加热以外的区域则通过热传导的方式升温。当金属工件的加热层厚度远远超过该电流频率下工件的集肤层厚度时，整个加热过程主要依靠热传导的方式来获得热能。由于它的加热的过程与其他传统的利用外热源进行加热的方式基本相同，因此被称为传导式加热。

11.2.3　感应加热技术分类

通常，在工业中，根据电源设备输出的交变电流的频率不同，可将感应加热技术分为5类，见表11-1。

表 11-1　电磁感应加热技术的分类

感应加热种类	频率范围/kHz	加热深度/mm	主　要　用　途
低频（含工频）感应加热	0.05~1	10~20	大工件的整体加热、表面热处理、金属的感应熔炼及保温等
中频感应加热	1~20	3~10	连铸连轧感应加热、金属的感应熔炼及保温、钢包电磁感应加热出钢技术、金属材料热处理等
超音频感应加热	20~40	2~3	中等直径工件的热处理、较大直径的薄壁管材加热、焊接、热装配、电磁炉等
高频感应加热	40~200	1~2	小型工件的加热、红冲、锻压等
超高频感应加热	>200	0.1~1	局部或小部件的加热、焊接等

11.3　感应熔炼技术

感应熔炼（induction melting，IM）技术是指利用炉料的电磁感应和电热转换所产生的热量为热源来熔炼金属的冶金技术。与其他熔炼技术相比，它不仅具有熔炼速度快、热效率高、起熔方便的优点，还能够随时更换熔炼品种，并且操作灵活，易于控制熔炼的质量。感应熔炼通常是通过感应熔炼炉实现的。

依据电流工作频率的不同，感应熔炼炉可以分为中频感应熔炼炉及工频感应熔炼炉。其中，工频感应熔炼炉主要用于铸铁及有色金属的熔炼。中频感应熔炼炉则适用于钢铁及有色金属的熔炼，与工频感应熔炼炉相比，它的优点是起熔方便、升温快速、无需三相平衡装置、便于更换熔炼品种等，并且在生产率相同的条件下，炉体的尺寸更小。依据结构的不同，又可分为无芯感应熔炼炉（坩埚式）和铁芯感应熔炼炉（沟槽式）。其中，无芯感应熔炼炉的结构简单，且易于检查与修补。铁芯感应熔炼炉主要用于铜、铝、锌等有色金属的熔炼，与无芯感应熔炼炉相比，它的电效率与功率因数较高，但是部分耐火材料不便于更换，适合于单一品种的熔炼。

11.3.1　感应熔炼技术工艺

在感应熔炼炉中，感应线圈由铜管绕制而成。感应熔炼时，线圈的温度升高，且铜的电阻率随温度升高而增加，因此会导致其发热更加严重，耗电增加。因此，为降低线圈的工作温度，通常在线圈内部通水进行冷却。线圈中通入交变电流时就可以在炉膛中的被加热炉料中产生涡流，使炉料被加热、熔化，并将液态的金属加热至设定的温度。感应加热时，加热功率直接决定了能否在规定时间内将炉料加热至指定温度，而炉料的集肤层厚度与频率相关，加热功率与电源频率是非常重要的工作参数。

11.3.1.1 加热功率

加热功率可根据炉料加热需要的热量进行计算。将金属炉料加热至指定温度所需的热量 Q 为

$$Q = cm\Delta T \tag{11-3}$$

式中，ΔT 为炉料升高的温度，即设定温度与初始温度的差值，℃。

转换为功率 P_0 是

$$P_0 = \frac{Q}{t} = \frac{cm\Delta T}{t} \tag{11-4}$$

无论电源的频率大小，电源提供的电能并不能完全供入感应熔炼炉，供入感应熔炼炉的电能也不能全部转换为热能。因此，在电能传递过程中存在一个表征电能利用率的电效率，即炉料吸收的功率与电源提供功率的比值。电能转变为热能后，大部分能够用于炉料的升温，小部分会通过炉壁或大气散失。热效率 η_T 用来表征实际利用的热量与产生总热量的比值。综上，电源的总效率 η 可以用电效率与热效率的乘积表示，即 $\eta = \eta_e \cdot \eta_T$。因此，电源需要提供的功率可以通过式（11-5）计算

$$P = \frac{P_0}{\eta} = \frac{P_0}{\eta_e \cdot \eta_T} \tag{11-5}$$

被加热金属炉料的相对磁导率越大，电效率 η_e 越高。例如，钢铁的电效率高于铜、铝的电效率。为了提高电效率，尽量减小炉料与感应线圈之间的距离，减小感应线圈的匝间距。集肤层厚度也会影响电效率，通常直径较小或加热层较薄的炉料应选择高的频率。同样地，感应线圈和炉料间的距离越小，热损失越少，热效率 η_T 也越高。同时，η_T 也与炉料直径 d 与集肤层厚度 δ 的比值 d/δ 相关。电能与热能的转换主要是在集肤层厚度之内完成的，所产生的热量小部分通过散热损失，其余的通过热传导传递给炉料内部。因此，d/δ 越大，热效率 η_T 越低。电效率与热效率之间也存在矛盾。增加绝热层厚度，有利于提高设备的热效率，但是电效率会有所降低。因此，在进行设计时，应该两者兼顾，以获得最高的电源总效率 η。η 的取值一般为：钢铁 0.5~0.6、铜 0.3~0.4、铝 0.35~0.45。

11.3.1.2 电源频率

对于感应熔炼炉来说，金属熔体是流动的，对电流的集肤层厚度无具体要求。因此，为保证电效率，频率只需大于某一最低值即可，最低频率在式（11-6）中给出。但在进行感应线圈的设计时，工频感应熔炼炉中线圈的壁厚应大于中频感应熔炼炉中线圈的壁厚。不同频率时线圈壁厚的选择可以参考表 11-2。

$$f_{\min} = \frac{25 \times 10^8 \rho}{\mu_r d^2} \tag{11-6}$$

式中，μ_r 为相对磁导率。

表 11-2　不同频率时线圈壁厚的选择

电源频率/Hz	50	400	1000	2500	8000
最佳厚度/mm	16	5.8	3.6	2.3	1.3
选用厚度/mm	10~20	4.5~9.2	2.9~6.5	1.8~4.0	1.0~2.3

对无芯感应炉，感应熔炼过程中，炉膛内的金属熔体并不是静止的，而是呈现内部循环、液面凸起的现象，这是由金属熔体内部电磁力作用而产生的电磁搅拌导致的，这种现象称为电动效应[5]。如图 11-2 所示，由电磁感应原理，感应线圈上的电流与金属液体中的感应电流方向相反，两者之间存在相互排斥的作用力。感应线圈中的电流较大，因此产生的排斥力也很大。金属熔体受到朝向炉膛中心的作用力，且这种作用力由中心向上下两侧逐渐减弱，因此呈现如图 11-2 所示的循环流动。同时，金属熔体受到炉底和炉壁的约束，最终表现出来的运动总是向上的，在顶部形成一个驼峰。电源频率不同会导致电动效应不同。相对于中频感应熔炼炉而言，工频感应熔炼炉中的电动效应更强。

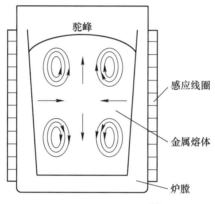

图 11-2　电动效应[5]

电动效应有利有弊。在大容量的感应熔炼炉中，电磁搅拌可以使金属熔体的成分及温度更加均匀。在大型感应电路中甚至会有一个低频率电源专供搅拌使用。另外，电磁搅拌也可以促进扩散、熔解、脱氧、去除夹杂物等过程从而缩短生产周期，提高生产效率。除以上优点之外，若电动效应太强而不被控制，不仅会加剧金属熔体对炉膛的冲刷，降低耐火材料的寿命，而且会在表面出现过高的驼峰，使炉渣向四周移动，金属液面暴露而被氧化。

控制电动效应的方法一般有两种：一是适当调整线圈位置或装料量，使液体金属的液面超出线圈上沿；二是把线圈分为上下两段，绕线方向相反，可以产生不同的电动效应。但是以上方法都会降低感应熔炼炉的效率。为了控制电动效应，频率一定时，需要限制单位容量的输入功率。

铁芯感应熔炼炉不仅存在电动效应，还存在压缩效应[5]。随着熔沟电流密度的增大，由于自感的作用，熔沟截面就会产生由周边指向中心的压缩力。当电流密度超过一定数值时，压缩力会大于熔体的静压力从而使熔体的截面缩小，这种现象称为压缩效应。压缩效应很强时，熔体的截面趋近于零，甚至会引起熔沟中电流中断造成事故。因此，在生产中需随时注意这种情况的发生，必要时限制其工作电流。

感应熔炼过程主要包括装料、熔化、精炼及浇铸等。对于不同的金属或合金，其过程会有差别。熔炼之前应当首先进行炉料的配比计算，确定使用原料的种类与重量。在装料时，应先检查炉衬是否合格。若存在裂缝或厚度不满足要求时应及时修补。装料时应当遵循的基本原则如下：

（1）炉料应尽可能低磷低硫。

（2）使用最多的金属应首先入炉熔化，可以减少金属熔损。

（3）易挥发和氧化的金属应最后加入炉中。如黄铜的熔炼中，应首先加入铜，熔化后再加入锌。因为铜的熔点是 1083 ℃，而锌的熔点是 417 ℃，沸点是 907 ℃。若先加入锌，会造成大量的挥发。当铜熔化后再加入锌，锌在铜的液体中可以迅速熔解。

（4）两种金属的熔点相差较大时，应先加入易熔金属，待其熔化后再加入难熔金属。如熔化白铜时，应先加入铜，等到全部熔化并将温度升高至 1300 ℃时，再加入镍。

装料完成后，便开始送电熔化。送电操作时必须遵守功率先小后大的原则。熔化过程中，必然会有一些金属发生挥发或氧化，主要取决于金属的性质，只能通过适当的工艺调整尽可能避免。同时，在此过程中也会产生非金属夹杂物，一部分来自于炉料杂质与炉衬材料，另一部分是金属氧化而成的氧化物。由于电动效应的发生，大多数非金属夹杂物会上浮至金属熔体表面形成熔渣，少数会黏附于坩埚壁或残留在金属液中。在冶炼中也会产生许多不利于保证铸件质量的气体，如 H_2、O_2、CO_2、CO 及 SO_2 等。因此，在金属及合金熔炼过程中，精炼的主要任务是调整金属熔体的成分以达到工艺要求、降低非金属夹杂物和气体含量，以及调控金属熔体的温度等。

当金属熔体的成分、温度等满足生产要求时，便可进行浇注。浇注时，首先要进行停电与扒渣操作。并且，最好一次性浇注完成。若必须分多次完成时，应尽可能减少液体的氧化烧损、吸气等现象发生。

11.3.2 感应熔炼技术装备

通常，感应熔炼炉主要由电源及电气系统、炉体结构、液压机构与机械装置、水冷系统、操作与控制系统组成。电源及电气系统主要包括低压开关、中频电源、补偿电容器及炉前配电操作装置等，其基本电路如图 11-3 所示。中频电源一般分为两类：并联谐振中频电源和串联谐振中频电源。电源与炉体的配置方式依据生产条件与要求有所不同，主要有 3 种：（1）一套电源配一台炉体，投资少、效率高，由于没有备用的炉体，不利于连续生产；（2）一套电源配两台炉体，这也是应用最为广泛的配置方式；（3）N 套电源配 $N+1$ 台炉体，多台炉体共用一台备用炉体，适用于大量生产的车间。

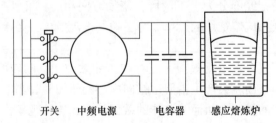

开关   中频电源   电容器   感应熔炼炉

图 11-3 感应熔炼电炉的基本电路

　　无芯感应炉的炉体结构如图 11-4 所示。主要由炉架、炉体、炉盖、感应线圈、坩埚等组成。其中，感应线圈是中频无芯感应熔炼炉的核心部件，由矩形铜管绕制成螺旋状。线圈表面需要经过绝缘处理，匝间填充耐火材料。炉盖在实际生产中有重要作用，它不仅能够降低熔炼炉的散热损失、提高加热效率、减少熔炼所需时间，还能有效防止火星飞溅，改善炉旁的工作环境。坩埚水平放置在炉底耐火砖上，使其位于炉子中心，以保证最佳的加热状态。之后，使用炉衬材料对感应熔炼炉的侧壁进行捣筑。铁芯感应炉的炉体结构由熔池、熔沟炉衬、感应器及炉壳等组成，如图 11-5 所示。铁芯通常用性能优良的导磁体制备，如硅钢片等，它的磁导率比空气的磁导率大数十倍，所以，铁芯感应熔炼炉的漏磁会明显减小。因此，铁芯感应炉的电效率很高，一般可达 95% ~ 98%。熔池的炉衬一般由两层组成，内层用耐火砖砌筑，外层由硅藻土、玻璃纤维等隔热材料组成。熔沟炉衬中布有环沟，与熔池相连，其中充满熔体，也称熔沟。熔沟是铁芯熔炼炉的关键部分，其温度往往高于熔池的温度，并且须承受熔体的静压力及流动的冲刷等。

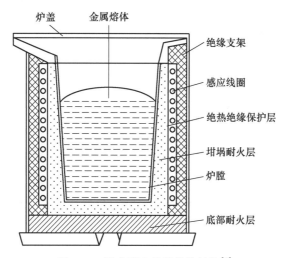

图 11-4　无芯感应炉的炉体结构[5]

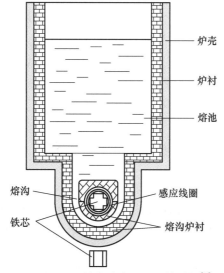

图 11-5　铁芯感应炉的炉体结构[5]

液压机构用于控制炉盖的旋转、启闭，控制炉体的倾转。尤其是在炉体倾转时要倒出高温金属熔体，所以要求液压系统十分可靠。在设计液压系统时，通常留有备用。机械装置主要是指加料装置。在加料操作时，切忌大块料直接投放。

感应熔炼炉工作时，感应线圈、中频电源的部分元件（如 IGBT、SCR 等）、电容器等的温度较高。为保证设备的正常运行，必须通过水冷系统对其进行冷却。水冷系统主要包括需要水冷的设备或元件、水冷电缆、水泵及水箱等。对于 IGBT、电容器等对水质要求较高的元件或设备，可以去离子水进行冷却；对于感应线圈等其他要求稍低的元件或设备，可将一般水过滤后使用。另外，在要求较高的场合，一般采用闭环冷却。当循环水温度过高时，可以通过喷淋或其他方式进行降温以维持水冷系统的正常运行。

通过操作与控制系统可以对整个中频感应熔炼设备进行操作与控制，并可实时监控熔炼的状态，如金属熔体的温度、成分等。依据实际情况，可随时调整冶炼工艺。

11.3.3 感应熔炼技术的应用

由于起源时间早、发展时间长，目前感应熔炼技术的应用是十分广泛的。并且由于感应熔炼技术具有电效率和热效率高、熔炼时间短、节能、占地较少、投资较低、生产灵活和易于自动化控制等特点，不仅可以应用于钢和铸铁的冶炼，还能应用于铜及铜合金、铝及铝合金的冶炼。

11.3.3.1 应用效果

应用效果如下：

（1）冶炼工艺稳定。感应熔炼炉中，由于氧化损耗少，又能方便地调节金属熔体的成分和温度，所以获得的金属熔体质量较为稳定。一般情况下，使用感应熔炼炉代替冲天炉熔炼铸铁，可使铸件的废品率降低 1/2～2/3，带来极大的经济收益。同时，获得的铸铁含气量（氮、氢或氧）比冲天炉熔炼的铸件少 1/4～1/3，非金属夹杂物少，铸件强度高，性能可靠。

（2）可利用廉价的原材料。铸铁的感应熔炼过程中，细小废料加入铁液表面后，很快被卷入铁液之中熔化，氧化烧损少，而这些细小的废料在其他形式的熔炼炉中是很难直接利用的。由于感应熔炼炉能大量使用各种廉价废料，可大幅降低炉料成本。

（3）减少熔化烧损或实现无氧化熔炼。熔炼铝或铝合金时，由于无火焰炉炉膛内强烈的氧化性火焰的作用，熔化速度快，因此熔化时的氧化烧损低于火焰炉。采用气氛熔炼炉熔化铜时，由于炉膛密闭，可以通入还原性保护气体防止铜液氧化，已成为生产无氧铜的理想选择。

11.3.3.2 应用实例

由于感应熔炼技术的应用已经十分成熟，下面分别对钢、铜及铜合金、铝及铝合金等的熔炼过程进行简述。

A 应用实例一

感应熔炼炉一般不具备脱碳、脱磷和脱硫的功能，因此钢的感应熔炼对原料的要求十分严格。冶炼中必须使用符合元素含量要求的炉料，熔化后再进行脱气、去除夹杂物、合金化、调整成分及温度等工艺。

冶炼中钢水也易溶入过多的氧，若不经过脱氧操作，生产出的钢坯或铸锭的质量就无法得到保证。生产不同的钢种，对脱氧的要求也不同。同时，在脱氧过程中，还必须对钢液的成分与温度进行调整。脱氧的方法主要有沉淀法和扩散法。沉淀法的应用最为广泛，它是在钢液中加入对氧亲和力比铁更大的元素（脱氧剂），与氧发生反应生成不溶于钢液的氧化物而上浮排出。常用的沉淀脱氧剂有纯金属脱氧剂、镍基脱氧剂、铝基脱氧剂等。扩散法是在渣层中加入适量的炭粉、硅铁粉或铝粉等脱氧剂，使渣中氧化铁含量降低从而破坏渣和钢的两相平衡，钢中的氧会向渣中扩散以保持分配系数不变。此方法常用于电炉还原期的脱氧。但由于氧的扩散速度较慢，此方法的脱氧速度慢，还原过程持续时间长。除氧之外，氢和氮也会进入到钢液中去。许多情况下，它们都会对产品质量产生不利影响。对于氢，应当选用干燥的炉料并对其进行烘烤，避免水汽进入钢液之中，冶炼与浇铸的设备也应足够干燥。在冶炼结束前，通过氩气搅拌等方式促进氢的逸出。对于氮，应采用合理的操作工艺，控制钢水温度，并注意使用炉料中的氮含量，最大限度降低钢中氮含量。当对气体含量要求十分严格时，最好采用真空感应熔炼的方式。

冶炼期间，需要多次测量钢液成分与钢液温度。冶炼温度过高，会导致钢液大量吸气从而加剧氧化，温度过低则不利于脱氧等冶金反应正常进行。对出钢温度也有要求，温度过高会加剧耐火材料的侵蚀与冲刷，加剧二次氧化，温度过低则会产生疏松、夹渣等缺陷。当合金成分与温度均满足要求时，便可进行浇铸作业。

B　应用实例二

铜及铜合金感应熔炼的主要环节包括脱氧、脱气及去除氧化性夹杂物等。高温状态下，铜液的表面很容易被空气氧化为 Cu_2O，并随着金属熔体的搅拌进入铜液内部。浇铸凝固时 Cu_2O 对纯铜、青铜等有极大的危害，因此在浇铸前需要进行脱氧工作。脱氧方法主要有沉淀脱氧、扩散脱氧等。脱氧剂的选择应遵循以下几个原则：（1）脱氧剂的氧化物的分解压力比 Cu_2O 小，分解压力相差大更利于脱氧反应彻底；（2）脱氧剂对铜及铜合金无害；（3）脱氧产物熔点低、密度小，利于聚集和上浮；（4）价格经济，来源广泛。

铜及铜合金熔炼中气体有 H_2、O_2、CO_2、CO 及 SO_2 等，其中 H_2 和 O_2 最多。这些气体的存在不仅会氧化金属，也会导致铸锭中形成气孔。脱气主要采用氧化法。由于氢、氧的浓度之间相互制约，可以在金属液体中先加入氧，尽量减小氢的含量，而后再充分脱氧。但随着熔炼金属或合金的不同，这种方法也具有一定的局限性。铜合金冶炼中会有 Al_2O_3、SiO_2 及 SnO_2 等氧化物伴生，一般用碱性熔剂去除。碱性熔剂包括苏打、碳酸钙、萤石等，它们可以与酸性氧化物反应成低熔点、低密度的盐，从而聚集上浮。

C　应用实例三

原铝一般采用电解的方法生产。铸造铝合金或再生铝的生产则需要通过加热熔化并调节成分之后再次浇铸。熔化的方式主要有感应熔炼、电阻加热等，其中感应熔炼占据主要地位。

铝的熔炼中同样需要脱气。高温条件下，铝液与水汽发生反应，生成的氢在铝液中有较高的溶解度，因此铝液中气体的去除主要是氢的去除。为降低氢的含量，在加入炉料之前必须对炉膛进行预热，炉料加入之前也必须进行预热，以控制水汽的进入。铝的氧化物对水汽及氢有吸附作用，因此熔炼原料的存放也必须给予重视，防止其氧化生锈。即便如此，也不能完全避免水汽与铝液发生反应。

熔炼过程中，铝及铝合金的液体表面会有一层致密的氧化膜，阻碍氢的逸出。加入特定的熔剂可以使氧化膜破碎为小颗粒，此时氢气可以通过熔剂层。同时，熔剂层也可以隔离水汽，阻止其与铝液发生反应。除此之外，熔剂也可以吸附或溶解铝液中的氧化夹杂物，起到净化铝液的效果。

11.3.4 感应熔炼技术的优点和不足

感应熔炼技术的优点主要有：

（1）熔炼工艺稳定，可以用于各种成分的铸铁、有色金属等金属或合金的冶炼。另外，由于感应加热直接在炉料内部产生热量，无需热传导作用，热效率高、加热及熔化速度较快。

（2）金属熔体的成分均匀、易于控制。通过控制与操作系统可以实时监测金属熔体的成分与含量，并及时调整。此外，由于存在电动效应，金属熔体的温度、成分会很均匀。

（3）温度容易控制。在正常操作的情况下，通过调节电源参数可以随时调节金属熔体的温度，获得必需的过热度，以满足熔炼工艺要求的出炉温度、处理温度及浇铸温度等，从而保证铸件的质量。

（4）原料灵活、来源广泛。生产原料可以是回收的各种形状的废旧金属，也可以是其他的坯件。通过添加所需配料使金属熔体的化学成分达到工艺要求。由于大量使用废旧金属，这种方法不仅可以保证冶炼质量，也能节约成本。

（5）减小环境污染。感应电炉熔炼无燃烧过程，因此不会产生各种严重污染环境的气体或颗粒物。同时，排出的烟气和粉尘较少。与冲天炉相比，发出的噪声也会大幅降低。这对于改善操作人员的劳动强度及环境条件大有裨益。

（6）便于自动化控制与管理。

感应熔炼技术的不足有：

（1）炉渣的温度低，不能被感应加热。

（2）感应电炉的冶炼能力仍然较小，远不及电弧炉等。

11.4 中间包感应加热技术

中间包感应加热（tundish induction heating，TIH）技术是利用电磁感应加热对中间包钢水温度进行补偿的新技术。连铸生产过程中，中间包中钢水温度对铸坯质量、连铸机的正常生产及耐火材料的寿命等都会有不同程度的影响。实践证明，在中间包浇铸初期、换包及浇铸末期都存在热损失，导致钢水温度下降。采用中间包感应加热技术不仅能补偿中间包钢水的温降从而精确控制中间包内的钢水温度，同时对于去除钢水中的夹杂物以提高铸坯质量具有很重要的作用。

11.4.1 中间包感应加热技术工艺

中间包感应加热技术通过感应加热装置对钢水进行加热，以实现恒温浇铸。如图11-6所示，交变电流产生交变的磁通量，从而在钢水内部产生感应电流，产生焦耳热，提高钢水温度。连铸的恒温浇铸不仅能够提高连铸坯的质量，还可以降低生产成本。若钢水的过热度很低，连铸坯内夹杂物缺陷会大幅增加，甚至会导致钢水在浸入式水口中凝结的现象。反之，若钢水的过热度很高，铸坯内会产生粗大的晶粒组织且偏析严重。不同钢种对过热度的要求不同。对于厚板材，为减小内部裂纹和中心疏松，过热度一般较低，控制在 5~20 ℃ 为好。对冷轧薄板，要求表面质量良好，过热度较高，一般控制在 15~30 ℃。综上所述，为保证后续轧制生产的顺利进行，钢水温度必须被控制在稳定的范围内。

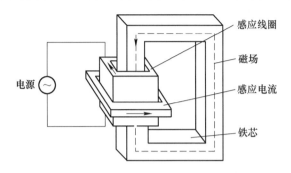

图 11-6　中间包感应加热原理图

11.4.1.1　加热功率

基于钢包钢水的实际温度与浇铸温度要求，通过改变感应线圈的加热功率来实现钢水的恒温浇铸。设计感应加热装置的最大功率之前，需综合分析钢包容量、中间包的浇铸速度及其中耐火材料的导热损失与钢液面的辐射热损失。浇铸初期钢水的温降最大，因此最大功率应能弥补浇铸初期的最大温降。除最大功率之外，还需考虑最佳的加热功率。生产实际中，依据钢水的温度变化需要对感应加热的功率进行调节。在确定最终的加热模型之前，需要在生产中不断总结电源输出功率的大小、时间及输出功率与钢种之间的关系，以及钢包中钢水的温度配合等规律。

确定感应加热装置的功率时，钢水获得的热量与钢水的浇铸量及钢水温升的关系可以通过式（11-7）表示

$$Q = c_p M (T_C - T_L) \tag{11-7}$$

式中，Q 为通过感应加热施加于钢水的热量，J/min；c_p 为钢液的比等压热容，J/(kg·℃)；M 为钢水的浇铸量，kg/min；T_C 为中间包钢液温度控制的目标温度，℃；T_L 为钢包流出钢液的温度，℃。

通过感应加热施加于钢水的热量 Q 也可通过式（11-8）计算

$$Q = \eta P t \tag{11-8}$$

式中，η 为感应加热的电效率 η_e 与热效率 η_T 的乘积；P 为感应加热装置的输出功率，kW。

11.4.1.2　箍缩效应

感应加热装置工作时，中间包通道内钢水中不仅会产生感应电流，还会产生指向钢水中心的电磁力，该电磁力会使钢水截面收缩，这种现象称为箍缩效应。在电磁力的作用下，通道内钢水与中间包钢水可以快速混合，钢水温度更加均匀。箍缩效应对中间包中夹杂物的去除也是有利的。钢水向中心收缩时，密度较小的夹杂物会朝着与电磁力相反的方向运动，附着在钢液通道壁上而被去除。与此同时，通道内钢液在感应加热的作用下温度升高密度减小，其在流出通道后会形成向上运动的流场，这有利于夹杂物的聚集长大，以及提高夹杂物被中间包保护渣吸附去除的效率。但是，箍缩效应也有其弊端。钢水截面的变化会加剧其对通道内耐火材料的冲刷，而影响使用寿命。

11.4.1.3　其他因素

在配置感应加热装置时，也需要考虑电源频率、通道长度等其他因素。通常，电流强度一定时，随着电源频率的升高，电压也会升高。此时，电源的功率会缓慢增大，但功率因数会明显降低。钢液通道长度增加时，电压也会升高，此时电源的功率会明显增加，但是功率因数增加不明显，电源的效率也基本不发生变化。必须注意的是，电源的功率并不会随着通道长度的增加而无限增加，而是存在一个最大值。生产实际中，当功率在最大值附近时，确定通道长度大约为 1 m。

除以上内容，感应加热中间包设计时还需考虑以下几个方面：（1）钢水的最佳流动状态，利于夹杂物的上浮；（2）在感应加热及其产生的磁场不会影响中间包的正常工作；（3）钢液通道内耐火材料的使用寿命必须满足实际要求。

11.4.2　中间包感应加热技术装备

中间包通常由冲击区、浇铸区及其连接通道组成。感应加热设备位于冲击区与浇铸区之间，与中间包的相对位置如图 11-7 所示。中间包感应加热装置一般由感应线圈、铁芯、不锈钢套筒、耐火材料通道、冷却系统及电源等组成。

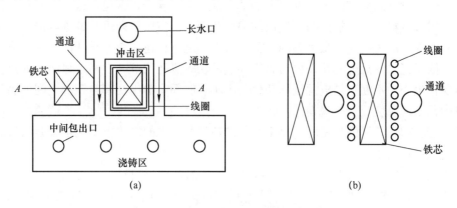

图 11-7　中间包感应加热装置示意图

(a) 俯视图；(b) A—A 截面图

感应线圈是中间包感应加热装置的核心部分，施加交变电流后产生交变磁场，交变磁场在钢水中产生感应电流，从而产生焦耳热。铁芯通常由 U 形与条形的两部分拼接而成，且一般由磁导率很高的冷轧硅钢片叠制而成，硅钢片之间采用不锈钢螺栓贯穿连接，而使铁芯成为整体，安装在不锈钢保护套内。不锈钢螺栓连接时要避免断路，防止铁芯产生较大涡电流而发热。线圈缠绕在铁芯立柱上，外侧用不锈钢外套保护。

考虑到钢水的流动性、黏附性等因素，钢液通道设计成圆管状。钢液通道砌筑之前，须提前固定好铁芯的不锈钢保护套管。以此为依托，一般进行四层耐火材料的浇筑。首先，在线圈保护套管处浇筑两层保护层，并做好漏钢预警。第三层是永久层，第四层才是与钢水直接接触的钢液通道。为保证生产的连续性，必须及时清理钢液通道内的冷钢与附着的夹杂物等。

铁芯及线圈外的不锈钢保护套管同时也是其冷却通道。为保证安全生产，一般采用风冷的方式，带走感应加热过程中线圈及铁芯产生的热量，从而使线圈与铁芯的温度保持在一定范围之内。为提高冷却效果，有时也采用气雾冷却的方式。铁芯工作的最高温度为200 ℃，线圈工作的最高温度为 180 ℃。

感应电源采用单相负载，需要多级三相变压器、三相变单相的转换器使负载在电网侧做到三相平衡，将平衡电抗和电容安装在供电变压器低压侧，变压器内部安装平衡电抗集成，冷却液一般采用变压器油。采用 PLC 控制系统对感应加热装置的冷却系统、温度检测、中包质量、异常检测及操作控制等信号进行实时监控和操作。

11.4.3　中间包感应加热技术的应用

目前，中间包感应加热技术在国内钢铁企业尤其是特钢生产过程中已经有了很多应用。实践证明，采用通道式感应加热，对钢液通道中的钢水进行加热，钢水过热度可以稳定控制在 15~20 ℃[6]。另外，由于电磁力的作用，中间包感应加热对去除钢中夹杂物，提高钢水洁净度也有明显的效果。除此之外，中间包感应加热还可以增大精炼结束后钢水温度的可控范围，便于生产的组织与顺利进行。

11.4.3.1　应用效果

应用效果如下：

（1）有效控制浇铸温度。采用中间包感应加热技术，在正常的生产状况下可将钢水温度波动控制在±5 ℃以内，整个加热过程温度变化平稳，实现了连铸过程的恒温浇铸。

（2）降低中间包钢水的夹杂物指数。在电磁场作用下，钢水中电磁力引起的箍缩效应和温差造成的上升流动，使悬浮在钢水中的夹杂物颗粒更容易碰撞、长大和上浮去除。

11.4.3.2　应用实例

A　应用实例一

为了控制中间包中钢水温度，宁波钢铁有限公司在连铸中间包上安装感应加热装置[7]。钢包容量是 180 t，最大浇铸量为 2100 kg/min，最小的浇铸量为 1100 kg/min，中间包容量 27 t，根据设计条件和中间包钢水的温度控制目标，确定感应加热装置的最大功率为 1600 kW，感应加热器的升温能力 3.7 ℃/min，能量转换效率设计为 90%。浇铸初期感应加热低挡位加热运行，优先目标温度的控制，此时加热补偿作用为辅；到达浇铸的末期，中间包钢水温度损失较大，此时优先加热补偿作用，感应加热高挡位运行，浇铸过程温度始终控制在 1580 ℃±3 ℃，实现连铸的恒温浇铸，达到提高连铸坯的质量、降低生产过程成本的目的，同时能有效提高中间包内钢水的清洁度，减少非金属夹杂物。

B　应用实例二

北京科技大学谢文新等人[8]在轴承钢、帘线钢、汽车用钢和石油钻具用钢等钢种的370 mm×490 mm 铸坯的生产中安装了中间包感应加热装置。为考察其效果，对比分析了感应加热中间包与普通中间包钢水的最高过热度、最低过热度及平均过热度，如图 11-8（a）所示。结果表明，最高过热度由使用前的 38 ℃ 降到使用后的 25 ℃，最低过热度由17 ℃ 降到了 8 ℃。平均过热度由 26 ℃ 下降到 15 ℃ 以下。同时，也对比分析了感应加热中间包与普通中间包中钢水的夹杂物指数，如图 11-8（b）所示。目前，高端高碳铬轴承钢氧含量控制在 $2.3×10^{-6}$ ~ $5.3×10^{-6}$，碳偏析指数不大于 0.05，夹杂物 A 类、B 类在 0.5 级及以下，C 类为 0 级，Ds≤0.5 级。可知，H 型感应加热中间包对夹杂物的改善效果比较明显。

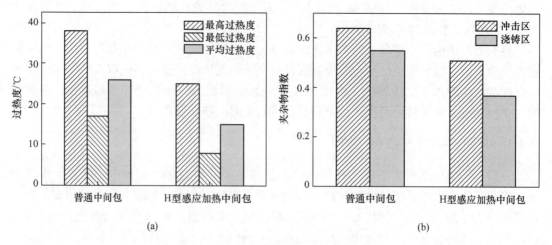

图 11-8   感应加热中间包的应用效果[8]
（a）过热度变化；（b）夹杂物指数对比

11.4.4   中间包感应加热技术的优点和不足

中间包感应加热技术具有如下优点：

（1）加热速度快、效率高。由于通道式感应加热是基于电磁感应原理，直接将电源输出的电能转换为钢水中的热能，这种加热方式不仅快速，而且损失的能量非常小，加热效率一般可高达 90% 以上。

（2）加热的响应性和控制性好。一旦电源开启，钢水即被加热。而且输入的功率越大，加热的速度也就越快。同时，可以通过 PLC 控制系统实时监测钢水温度、安全状况及设备运行参数。可以根据钢包的钢水量、浇铸条件等因素及时调整加热功率，防止中间包内钢水温度的波动。

（3）不会对钢水造成污染。通过在钢液通道内的钢水中产生涡电流来加热钢水，无需气氛控制，也不会引入其他可以导致钢水氧化的杂质。

（4）钢水温度均匀、夹杂物能够有效去除。感应加热的同时，钢液通道内的钢水也受到电磁力的作用。在箍缩效应的作用下，不仅可以加快被加热钢水与中间包内其他钢水的温度交换，还可以促进夹杂物向通道表面附着并形成利于夹杂物上浮的上升流，从而提高钢水的洁净度。

（5）操作简单、安装维护便捷。感应加热装置完全可以实现远程控制，操作简单。另外，铁芯、感应线圈等设备的安装、拆卸容易，操作便捷。

（6）安全性好。感应加热装置对操作空间不会造成很大影响，风冷也可以避免冷却水与钢水接触的可能性，安全性高。

中间包感应加热技术的不足如下：

（1）安装在中间包上的铁芯、感应线圈、冷却系统及耐火材料通道会占用一定的空间，中间包容量会有所减小。

（2）由于需要配备感应加热电源等，前期一次性投入的成本较高。

11.5　连铸连轧感应加热技术

连铸连轧（continue casting direct rolling，CCDR）是一项具有广阔前景的新技术。传统的轧钢工艺是将连铸坯堆垛冷却后运送至轧钢厂，经加热炉加热后进行轧制。但是在加热炉加热的过程中，铸坯的氧化损失高达 1.5% 左右。并且，从连铸机拉出的钢坯仍然具有很高的温度，这部分余热没有得到充分利用。连铸连轧技术是在充分利用连铸坯余热的基础上，通过感应加热或其他加热手段对连铸坯进行补热与均温处理，使其不需经过加热炉便可直接轧制，如图 11-9 所示。连铸连轧感应加热技术就是在输运辊道上安装若干组感应线圈，当连铸坯通过感应线圈时表面会产生感应电流，进而产生焦耳热实现升温的目的[9]。

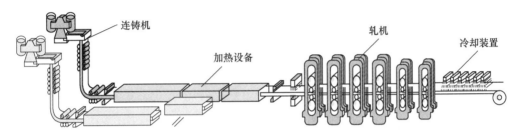

图 11-9　连铸连轧技术示意图

11.5.1　连铸连轧感应加热技术工艺

感应加热一般分为纵向磁通感应加热与横向磁通感应加热。纵向磁通感应加热时，感应线圈围绕被加热工件，所产生的交变磁场与被加热工件的横截面垂直，此时工件中形成的涡流平行于横截面。这种加热方式虽然较为成熟，但在板带材的加热中存在一定的局限性。在横向磁通感应加热中，两组感应线圈分别位于板带状工件的两侧，当施加同相的交变电流时，产生的交变磁场垂直于被加热工件的横截面，涡流平行于板带材的表面。现有的连铸直轧感应加热过程中，一般采用传统的纵向磁通感应加热的方式。而横向磁通感应加热虽然能够避免纵向磁通感应加热对于板带材的局限性，但由于面临复杂的技术问题，尚未得到广泛应用。

连铸连轧感应加热技术如图 11-10 所示。从连铸机拉出的钢坯表面的温度为 800~900 ℃，内部温度可以达到 1000~1100 ℃。而感应加热的原理就是由铸坯表面加热产生热能并逐步向内传导。事实上，钢坯内部约 1/3 是不需要补热的，因此依据不同钢坯截面尺寸，选择不同的功率与频率，即可得到最佳的加热效果。

11.5.1.1　电源频率的选择

连铸坯的相对磁导率在其温度达到居里温度时会发生明显的变化。所以在居里温度前后，铸坯的加热状态也会发生变化。考虑到加热状态的变化，通过感应加热的方式进行补热时，一般采用双频加热。如图 11-11 所示，铸坯直径与铸坯温度是影响电源频率选择的两个重要因素[10]。选择频率时，还需考虑连铸坯加热厚度与集肤层厚度之间的比值。一般认为比值取 1.6 时，电源频率较为适合。

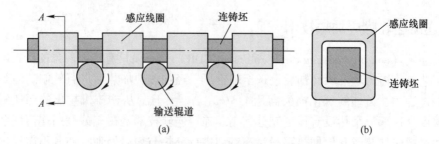

图 11-10　连铸连轧感应加热技术示意图

（a）正视图；（b）A—A 截面图

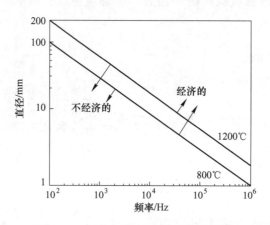

图 11-11　感应加热电源频率的选择[10]

11.5.1.2　加热功率的选择

电源的有功功率 P_a 可以表示为

$$P_a = P_m + P_i + P_h + P_e + P_s \tag{11-9}$$

式中，P_m 为被加热工件吸收的功率，kW；P_i 为感应线圈的电损失，kW；P_h 为被加热工件的散热损失，kW；P_e 为短网的电损失，kW；P_s 为电容器的电损失，kW。

对于容易产生裂纹的磁性连铸坯，在低于居里温度加热时，加热速度很快，为了防止在连铸坯内产生裂纹，只能用低功率档位进行加热。当连铸坯的温度超过居里温度以后，感应线圈的功率就会下降，此时连铸坯的加热速度很慢，所以必须提高感应线圈上的电压，用大功率档位把连铸坯加热到要求的温度。

11.5.2　连铸连轧感应加热技术装备

连铸连轧感应加热设备主要由加热电源、感应线圈、温度检测及其控制系统、冷却系统、故障及报警系统等组成。

加热电源多为中频。多套感应线圈串联后再与一套电容器组串联，最后与中频感应电源相连作为中频感应电源的负载。在生产线中，往往设置备用加热电源。当中频感应电源出现故障时，可以及时进行切换，而不影响生产节奏。电容器组同样是感应加热装置中的重要组成部分，它是中频谐振回路的主要元件。电容器组的容量及线圈的电感决定了中频电源的频率。

连铸连轧感应加热中,通常设置多套感应线圈,分布于多个输送辊道之间。相邻的两个输送辊道之间一般布置一套或两套感应线圈。感应线圈的设计与加工直接关系到整套设备的加热效率。线圈常用异型铜管绕制,单层排列,并且通水进行冷却。线圈周围的防护板由不导磁、不导电、耐高温且隔热的高强度复合材料制成。线圈内侧与连铸坯之间保持一定距离,以免铸坯移动时会对线圈刮擦,从而影响线圈的使用寿命。产生输送辊道由对应的受控变频电机驱动。通过 PLC 控制系统可以调节电机的转速从而调控连铸坯在感应加热装置内的运行速度。

连铸坯的温度可以通过布置在感应加热装置入口、出口或中间某处的红外测温设备进行测量。测量完成后,将所获得的连铸坯温度信号传送至 PLC 控制系统。PLC 根据监测到的钢坯温度,来控制钢坯的运行速度和感应加热电源的输出功率,使钢坯在感应加热装置出口处的温度满足钢坯轧制要求。

为了保证感应线圈在一定温度范围内可以正常工作,一般对线圈进行通水冷却。每套感应加热装置需要配备一套水冷装置,对中频电源、电容器组及感应线圈进行冷却。水压约为 3×10^5 Pa。进水温度通常不超过 35 ℃,但为了避免凝结,进水温度也不应低于周围的环境温度。出水温度不超过 65 ℃。

当感应加热设备出现故障时,报警系统会及时将其反馈至 PLC 控制系统中,操作人员由此作出判断,并提出合理的解决方案。

11.5.3 连铸连轧感应加热技术的应用

连铸连轧技术在工业生产中已有应用,且薄板坯连铸连轧的应用更为广泛[11]。铸坯的补热方式也分为多种。由于具有加热速度快、氧化烧损少、易于控制等优点,连铸连轧感应加热技术越来越受到重视。

11.5.3.1 应用效果

应用效果如下:

(1)铸坯温度均匀。由连铸机出来的钢坯表面温度较低,内部温度高。并且在各种因素的综合作用下,进入感应加热炉的铸坯温度并不固定,而是在一个区间内变化。在同等的加热炉加热制度条件下,出炉的不同铸坯的温度必然会有差异。它们虽然也可以进入轧制环节,但与最佳温度条件存在差别,不利于铸坯质量控制。采用感应加热,可根据铸坯的实时温度调整控制参数,快速地使铸坯温度达到均匀的状态。

(2)氧化烧损少。连铸坯的氧化烧损主要取决于铸坯的表面温度及其升温持续的时间。铸坯的表面温度是由轧制工艺要求确定的,不能随意更改。因此,为减少铸坯的氧化烧损,只能降低铸坯加热所持续的时间。由于感应加热速度快,铸坯表面的氧化厚度很小,这也有利于提高铸坯的收得率,减少金属损失。

11.5.3.2 应用实例

A 应用实例一

1985 年,美国纽柯公司的诺福克钢厂二分厂采用感应加热的方式实现了连铸连轧[12]。中频电源的频率为 1000 Hz,钢坯加热深度 25 mm,连铸坯截面为 120 mm×120 mm,连铸坯的加热时间为 50 s。感应加热装置入口处连铸坯的温度为 915 ℃,出口处连铸坯的温度为 1250 ℃,加热效率达到了 85%。氧化皮厚度 0.56 mm,氧化烧损小。

B 应用实例二

沈阳钢厂分别在 1990 年与 1992 年两次开展了连铸连轧感应加热的试验探索[13]。连铸方坯的截面尺寸为 140 mm×140 mm。第一次试验使用两台功率为 750 kW、频率为 1000 Hz 的感应电源。感应线圈的外形尺寸为 250 mm×250 mm×660 mm，线圈匝数为 11 匝。进入感应加热装置的连铸坯温度偏低，为 850~900 ℃。由于电源功率不足，连铸坯最终温度只能达到 1100~1150 ℃。有时需要延长加热时间，才能达到要求的轧制温度。第二次试验中感应加热设备可靠，工作稳定。连铸坯加热的时间为 52 s，平均入炉温度为 907 ℃，平均出炉温度为 1137 ℃，温升 230 ℃，基本满足生产要求。并且感应加热电耗只有 41 kW·h/t，成品电耗也只有 51 kW·h/t。由于加热速度快，氧化损失很少。

C 应用实例三

日照钢铁公司在最新引进的带钢无头连铸连轧生产线上通过感应加热的方式实现了连铸坯温度的精确、灵活控制[14]。该生产线中感应加热炉的控制功能共有 12 个模块，总温升可达 300 ℃。温度实现了闭环控制，可根据感应加热装置出口温度进行调整，以满足轧制要求。炉子实施感应加热的长度仅有 10 m，铸坯在此区域停留时间 10~30 s，氧化铁皮生成量少，减少了金属损失。空载和维护期时无能量消耗，提高了能源利用效率，降低了生产能耗。

11.5.4 连铸连轧感应加热技术的优点和不足

与传统的燃油或燃气式火焰加热炉相比，连铸连轧感应加热技术有很多的优势，主要包括以下几个方面：

（1）加热速度快、时间短。铸坯表面的温度较低，而内部仍然具有较高的温度，因此在补热时只需要对钢坯的边角部分进行升温。不同于火焰加热，感应加热的热量产生于铸坯本身，透热时间短。所以，在较短的时间内就可以使铸坯的温度分布均匀，加热速度快。

（2）铸坯成材率高、氧化烧损少。传统火焰炉的铸坯烧损量为 1.5%~2.0%。与传统的火焰加热炉相比，连铸连轧感应加热技术能够更快地使铸坯达到轧制要求的温度条件，从而缩短加热持续的时间，减少铸坯的氧化烧损量。

（3）铸坯温度易于控制。通过感应加热的方式可以随时采集铸坯的温度变化，通过电源的控制系统调整相关参数，更改加热条件，从而保证铸坯出炉时具备最佳的轧制温度条件。

（4）无燃烧产物，改善铸坯质量与操作环境。感应加热是在铸坯内部直接产生热量，不仅能够避免燃烧产物的生成，还能够大幅改善现场工人的劳动条件。

连铸连轧感应加热技术的不足：在技术实施前，必须对感应加热电源、相关设备及控制系统进行深入的研究和设计，以保证设备可靠。

11.6 钢包电磁感应加热出钢技术

钢包电磁感应加热出钢技术（electromagnetic induction controlled automated steel teeming，EICAST），又称钢包电磁出钢技术，是近几年兴起的一种继滑动水口出钢技术之后的新型出钢技术。它利用 Fe-C 合金颗粒代替引流砂，采用感应加热的方式使水口内形成的 Fe-C

合金封堵层熔化而在钢水静压力作用下实现自动出钢[15]。实践证明，目前应用广泛的滑动水口技术有一些问题亟待解决，如引流砂会对钢水与环境造成污染，钢包的自动开浇率不能达到 100% 等。钢包电磁出钢技术可以彻底避免以上存在的且难以解决的问题。

11.6.1 钢包电磁感应加热出钢技术工艺

与滑动水口技术相比，钢包电磁出钢技术（见图 11-12）主要有两方面的不同：（1）采用与钢水成分相同或者相近的 Fe-C 合金颗粒代替引流砂，这样就可以彻底避免引流砂的使用，从而避免了引流砂对钢水及环境所造成的污染；（2）在钢包底部的座砖中上水口的周围安装感应线圈，感应线圈与感应加热电源相连，通过感应加热的方式使 Fe-C 合金封堵层全部或部分熔化，滑板打开后便可完成自动出钢过程。

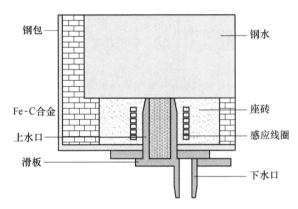

图 11-12　电磁感应加热出钢技术示意图

Fe-C 合金封堵层是钢包电磁出钢技术的一个重要概念。上水口浇铸孔内填充 Fe-C 合金颗粒后，钢包盛装钢水。在高温钢水的作用下，浇铸孔内合金颗粒的温度不断升高，并且由上至下呈梯度分布。依据状态与作用的不同，Fe-C 合金被分为 5 层，由上至下分别是熔化层、过渡层、烧结层、膨胀层及原始层[16]。其中，烧结层与膨胀层对钢液起封堵作用，统称为封堵层。封堵层直接决定了座砖中线圈高度及其安装位置。

实际生产中，钢包电磁出钢技术的工艺流程如图 11-13 所示。主要包括线圈与座砖的安装、钢包烘烤、填充 Fe-C 合金颗粒、转炉（或电炉）出钢、炉外精炼、回转台等待、感应加热出钢等。在钢包的修包阶段，将封装有感应线圈的座砖安装在钢包底部，线圈引线由钢包底部引出并固定在钢包底壳上，在此阶段必须做好线圈引线与钢包之间的绝缘工作。钢包热循环过程中，钢包经烘烤或循环之后且在盛装钢水之前，在座砖浇铸孔内填充与钢水成分相同或相近的 Fe-C 合金颗粒代替引流砂。之后，钢包盛装由转炉或电炉冶炼完成的钢水并进入到二次精炼环节。

依据于生产钢种与工艺要求的不同，二次精炼过程及其持续的时间均有所不同。如某钢厂连铸生产中，对 Q235B，二次精炼主要包括 LF 精炼与 RH 精炼，LF 精炼持续的时间约为 40 min，RH 精炼持续的时间约为 20 min。而某钢厂的模铸生产中，对 Cr12MoV，二次精炼包括 LF 精炼与 VD 精炼，LF 精炼持续的时间约 150 min，VD 精炼持续的时间约30 min。完成二次精炼的钢包被吊运至浇铸位置，准备出钢。

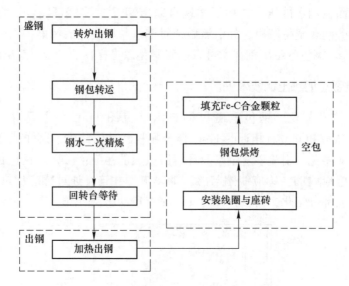

图 11-13　电磁感应加热出钢技术的工艺流程

出钢过程是主要环节。当钢包被放置在连铸回转台或模铸浇钢车后，快速完成线圈引线与感应加热电源及冷却管道之间的连接。滑板打开后，开启感应加热电源，按照所设定的加热程序实现对 Fe-C 合金封堵层的快速加热，待钢包出钢后停止加热，完成自动出钢过程。

11.6.2　钢包电磁感应加热出钢技术装备

钢包电磁出钢技术是在滑动水口技术上发展起来的，基本不改变或者尽量少改变滑动水口出钢技术的主要设备与装置，主要的变化即是在座砖之中安装了感应线圈，如图 11-14 所示。感应线圈用于熔化上水口内的 Fe-C 合金封堵层，是钢包电磁出钢系统的核心装备。安装在座砖之中的感应线圈需要承受很高的温度，通电时也需要承受很高的工作电流与电压，因此在实际生产中需要对线圈进行绝缘、隔热与冷却处理。电源为线圈提供各种频率的交变电流。另外，该技术的实施还需要快速连接装置、耐高温电缆等其他附属设备。

感应线圈采用单匝或多匝的圆形、矩形或其他形状的紫铜管绕制而成，并采用水冷或风冷的方式降低线圈工作时的温度。为保证较高的加热效率，一般要求感应线圈与被加热工件之间的距离足够小。线圈安装在座砖内之前，需要分别进行匝间绝缘处理与线圈的隔热保护。为防止系统工作时线圈出现击穿打火的现象，在进行绝缘和隔热处理时，要注意保持线圈的匝间距不变。

座砖结构由传统座砖结构改进而来。如果将线圈直接安装在传统座砖中，线圈的引线位于座砖外侧，在座砖的安装及运输过程极易造成损坏，钢包砌筑时还需要用捣打料填实。因此，需要调节座砖的尺寸以保证线圈的引线完全置于座砖的内部。座砖制备时，首先将绝缘、隔热处理后的线圈安装在模具中，再把以刚玉为主的搅拌料浇筑在模具中，充分振动以排除气泡，静置成型。

电源是钢包电磁出钢技术的关键设备之一。电源电路结构框图如图 11-15 所示。通过滤波与整流后，三相交流电变为直流电。逆变器（包括逆变桥和谐振回路）可以将直流电

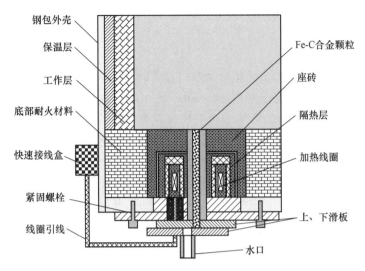

图 11-14　电磁出钢装置示意图

转变为感应线圈（负载）所需要的一定频率的交流电。控制电路可以依据给定的设置对输出电流的频率与强度进行跟踪与调控。按照直流电源供电的类型不同，逆变器电路形式分为电压源逆变器和电流源逆变器；按谐振的组合，又可分为电流源并联谐振式逆变电路和电压源串联谐振式逆变电路。对于高阻抗感应器的场合，通常采用电压源串联谐振逆变电路[17]。加热电源也具备保护及报警功能，当线圈出现短路或断路的情形时，可自主切断电源，以保障设备与人员安全。

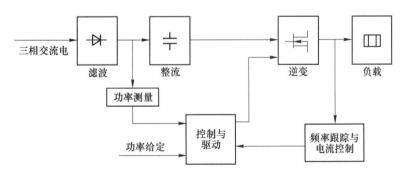

图 11-15　感应加热电源电路结构框图

　　钢包电磁出钢系统还包括冷却系统、快速连接装置及耐高温电缆等。为降低线圈温度，需采取必要的冷却手段。若用水冷却，一旦冷却水发生泄漏，有可能引起钢包爆炸等重大事故。所以，一般采用强制风冷的方法。进行电源与线圈引线之间的电缆连接时，为不影响生产节奏，需要通过液压等装置实现快速连接。连接电源与线圈的电缆位于中间包或铸锭模的上方，具有很高的环境温度，要求电缆必须具备良好的耐高温性能。

11.6.3　钢包电磁感应加热出钢技术的应用

　　钢包电磁出钢技术经过 10 余年的研究与发展，目前已经在多家大中型钢铁企业进行了工业中试，正在进行工业化应用的推广工作。该技术可以从根本上解决引流砂带来的钢水污染、开浇率不足 100% 等问题，具有广泛的应用前景。

11.6.3.1   应用效果

应用效果如下：

（1）消除了引流砂的使用。采用滑动水口技术时，引流砂随高温钢水一起进入中间包或铸锭模内。引流砂的主要成分为 Cr_2O_3、SiO_2 及 Al_2O_3 等，由其引入的夹杂物尺寸较小，并且 Al_2O_3 等夹杂对钢材质量的影响十分有害。这些夹杂在后续的工艺过程中很难去除，它们会降低钢液的洁净度进而影响钢材性能。钢包电磁出钢技术采用与钢水成分相同或相近的 Fe-C 合金颗粒，消除了引流砂的使用，可显著提高钢水质量。

（2）提高钢包自开率至 100%。钢包的自开率是生产过程中的重要参数，它对钢铁企业的生产节奏、工人劳动强度、生产的连续化和自动化有显著影响。钢包不能自开时，往往需要通过烧氧的方式来辅助开浇，此时生产企业可能需要降低生产节奏并改变其他的工艺参数（如降低拉速、减少冷却水冷量），这会对生产的连续化产生很大影响。不仅如此，烧氧也会加剧钢水的氧化，进一步降低钢水洁净度而影响钢材质量。钢包电磁出钢技术通过感应加热的方式使水口内形成的 Fe-C 合金封堵层熔化，十分可靠，可以将钢包的自开率提升至 100%。

（3）提高模铸钢水的成材率。在模铸生产中，为避免引流砂进入到铸锭模中，开浇后通常要预流 $300\sim500$ kg 钢水。同时，预流钢水也能够起到预热滑板的作用，有利于提高钢包的开浇率。对于不使用引流砂的钢包电磁出钢技术，Fe-C 合金颗粒不会对钢水造成污染，并且通过感应加热的方式也可以避免水口中钢水温度过低而产生凝结。因此，采用该技术无需预流钢水，提高了钢水成材率。

11.6.3.2   应用实例

为考察感应线圈的加热效果与钢包结构的安全性，通过线圈对水口内的 Fe-C 合金颗粒加热，如图 11-16（a）所示。先在电源功率为 5 kW 时将 Fe-C 合金预热至 710 ℃，而后加大功率至 25 kW 将 Fe-C 合金颗粒快速熔化，此过程中连续测量法兰温度。法兰温度变化如图 11-16（b）所示。可以看出，开始时法兰温度逐渐升高，前 500 s 内由于功率较低其升温幅度较小。预热 500 s 后，随着电源功率加大，法兰温度大幅升高，在 580 s 时水口内的 Fe-C 合金颗粒完全熔化，此时法兰温度为 620 ℃，不影响其安全性。

工业试验中，改造后的小型钢包结构如图 11-17 所示。通过调节 Fe-C 合金的填充量，使 Fe-C 合金封堵层位于线圈的有效加热区内，短时间内可以实现自动开浇，取得了良好的试验效果。值得注意的是，由于工业试验的钢包容量较小，因此钢包内钢液的静压力也很小，封堵层被感应加热时，即便已经软化也很难被钢液的静压力自然压下而达到出钢的目的。而当钢包的容量较大时，钢水的静压力也很大，封堵层加热软化时，依靠钢水的静压力就能达到自动出钢的目的。

11.6.4   钢包电磁感应加热出钢技术的优点和不足

钢包电磁感应加热出钢技术的优点如下：

（1）提高钢水的洁净度。Fe-C 合金颗粒感应加热熔化后进入到钢水之中，不会对钢水造成污染。

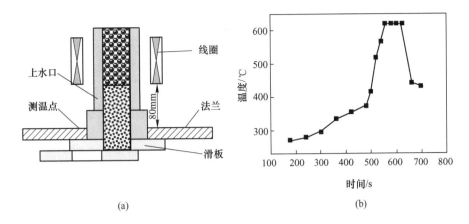

(a) (b)

图 11-16 钢包安全性测试

(a) 实验装置；(b) 法兰的温度变化

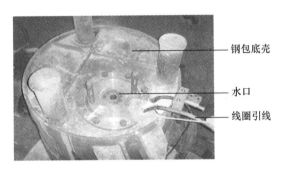

图 11-17 电磁出钢装置

（2）钢包的自动开浇率可达 100%。钢包电磁出钢技术通过感应加热的方式可以大幅提高钢包自开的可靠性，使钢包自开率达到 100%，有利于生产的自动化管理。

（3）提高模铸钢水成材率。对于高品质钢材的生产而言，无需提前排除引流砂，因此也节省了因排除引流砂而浪费的钢水，可以提高钢水的成材率，并缩短其浇铸过程。

（4）环境友好，节能减排。铬质引流砂生产过程中对环境有很大的污染。同时，钢铁企业引流砂使用后形成的残渣也是重要的污染源。避免引流砂的使用对于减小污染、节能减排是十分有利的。

（5）降低企业生产成本。Fe-C 合金颗粒可自行生产，并进入钢水。避免了引流砂的使用，降低了钢铁企业的生产成本。

钢包电磁感应加热出钢技术的不足为：需要在现有座砖内部安装感应线圈并通过钢包底部与电源相连，与滑动水口技术相比，结构复杂。

11.7 其他感应加热技术

感应加热技术在冶金工业中的应用还包括钢包炉感应加热技术、长水口感应加热技术、控制轧制和控制冷却技术等，在此进行简要介绍。

11.7.1 钢包炉感应加热技术

钢包炉感应加热技术是一种应用于二次精炼过程中对钢包中钢水进行升温的技术，它可以使加热与钢水成分调整等精炼过程同时进行。该技术不仅可以降低钢包内耐火材料的热负荷，并且具有升温速度快、热效率高、便于控制等优势[18]。另外，在加热过程中，由于电磁力的存在，钢包内的钢水无需另行吹氩气操作便可进行自动搅拌，这也是钢包炉感应加热技术的一大亮点。

同其他的感应加热技术一样，感应线圈对钢包中钢水的加热也会受到集肤效应的影响，即与电源的频率相关。钢水中感应电流与电磁力的分布如图 11-18 所示。频率越高，感应电流越趋近于钢水的表面，钢水内部的升温则需要通过自发的电磁搅拌完成。频率过高会导致电磁力中的电磁压力很大，但此时驱动钢水搅拌的搅拌力很小。显然，电源频率的合理选择是感应加热钢包炉设计与开发中的一项重要工作。

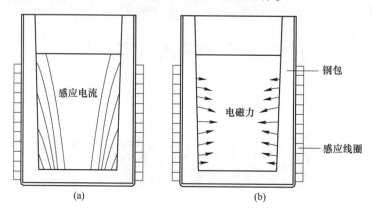

图 11-18   钢水中感应电流与电磁力的分布
（a）感应电流；（b）电磁力

结构上，它与无芯感应炉相似。在无芯感应炉中，感应线圈与坩埚为一体结构。而在钢包炉感应加热技术中，感应线圈及磁轭固定在二次精炼的位置上，钢包则可以在车间里运转。当钢包盛装钢水之后，被吊运至二次精炼的位置，此时线圈位于钢包周围，如图 11-19 所示。当感应线圈通电时，钢水在交变磁场的作用下产生感应电流，从而产生焦耳热使钢水的温度升高。

若直接采用传统碳钢制备的钢包结构，感应加热时感应电流几乎全部集中在钢包壳内，不仅无法加热钢水，还会使钢包壳的温度大幅升高甚至出现熔化的可能，存在很大的安全隐患。因此，钢包材质与结构的设计也至关重要，它直接关系到钢水精炼与加热过程中钢包结构的强度与安全性。感应加热钢包炉中，钢包结构多由复合材料或奥氏体不锈钢制成，以使其满足透磁和绝缘的实际要求。强化陶瓷的复合材料在瑞典有过研究与应用，它可以作为钢包外壳的一部分[19]。加热时，交变磁场可以穿过复合材料，钢包外壳不会有任何能量消耗。当使用奥氏体不锈钢作为钢包材质时，必须做成类似于水冷坩埚的分瓣式结构，并在分瓣的位置安装磁轭，否则会对电磁场有很大的屏蔽作用。线圈中交变电流形成的交变磁场通过钢包炉周边间隔排布的内外磁轭进入到钢包内部。这样，不仅能使交变磁场穿过钢包外壳作用于钢水，还能使作用在钢包外壳的涡流大幅降低，保证安全性。

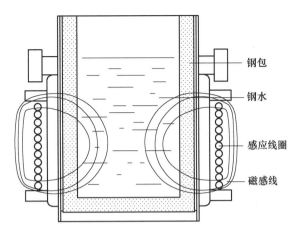

图 11-19　感应加热钢包炉的结构示意图

　　综上，钢包炉感应加热技术有几方面的优势：（1）精炼期间，对钢水的加热与成分调整、脱气、除杂等过程可以同时进行，可以大幅缩短冶炼周期，提高设备利用率和生产效率；（2）感应加热钢包炉中耐火材料的热负荷比电弧炉等其他加热设备要小很多；（3）加热速度快，可以达到 5 ℃/min；（4）加热时会产生电磁搅拌，使温度分布更加均匀，在精炼过程中无需底吹氩气或少吹氩气。如今，随着钢铁生产技术的发展，二次精炼所持续的时间已经大幅缩短，钢水温度的升高不再是限制精炼时间的主要因素。因此，尽管钢包炉感应加热技术有其明显的特点和优势，但是由于设备结构较为复杂，钢铁企业中少有应用。

11.7.2　长水口感应加热技术

　　长水口感应加热技术是在钢包下方长水口周围安装电磁装置，通过感应加热的方式对钢水进行温度补偿的技术。钢水温度是连铸生产过程中一个极其重要的工艺参数。钢水温度过高或过低都会对铸坯质量及最终产品性能产生不利影响。当温度过高时，铸坯内部就会形成粗大的晶粒组织，从而导致疏松、缩孔及严重偏析等缺陷的发生。此外，温度高也会导致铸坯的坯壳较薄，铸坯可能会产生裂纹，甚至出现漏钢的现象。当钢水过热度低时，铸坯中夹杂物增多，并且可能造成水口堵塞甚至断浇事故的发生。

　　前文所述的中间包感应加热技术虽然能够用于钢水的保温与加热，但中间包平台空间对感应加热设备的尺寸有所限制，并且中间包感应加热装置结构也较为复杂。因此，为保持钢水的温度在一定范围内，有学者提出了长水口感应加热技术[20]，其原理如图 11-20 所示。当线圈中通入交变电流时，在其周围就会产生交变磁场，交变磁场会在长水口内流动的钢水产生涡流，达到加热的目的。

　　长水口用于钢包与中间包之间，起保护钢水的作用，防止钢水与空气直接接触而发生二次氧化。长水口感应加热技术就是在长水口周围增加一个无芯的感应线圈，与电源、电容器等设备相连。例如，钢包的容量为 150 t，钢水的流量是 3 t/min，中间包容量为 3 t，中间包的温降为 1 ℃/min。钢水由长水口进入中间包时，开启感应加热设备，当感应加热功率为 1000 kW、效率为 85% 时，从中间包进入结晶器的钢水温度基本保持在 1464 ℃左右。

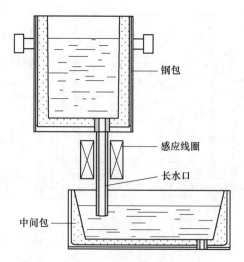

图 11-20   长水口感应加热技术示意图

11.7.3   控制轧制和控制冷却技术

控制轧制和控制冷却技术（thermo-mechanical control process，TMCP）是在控制加热温度、轧制温度和压下量的控制轧制基础上，再实施空冷或控制冷却及加速冷却的技术总称。控制轧制和控制冷却技术是许多高性能钢材的主要生产手段，是提高钢材强度、韧性及其焊接性能的一种控制技术。该技术的目标就是实现晶粒细化和细晶强化。它通过控制轧制温度和轧后冷却速度、冷却的开始温度和终止温度来控制钢材高温的奥氏体组织形态及控制相变过程，最终控制钢材的组织类型、形态和分布，提高钢材的组织和力学性能。

近些年，宝钢对传统控制轧制和控制冷却技术进行改进，在超快冷之后增加快速感应加热装置，实现了厚板快速冷却之后的在线回火，并取得了重要的研究成果[21]。当感应加热装置的电源参数为电压 $U = 900$ V、功率 $P = 520$ kW、频率 $f = 1000$ Hz，输送辊的速度 $0.015 \sim 0.007$ m/s 时，通过热电偶测量了钢板不同位置的温度，钢板升温过程及升温曲线如图 11-21 所示。其中，2 号、3 号和 4 号为表面测温点；5 号、6 号、7 号为芯部测温点，2 号、4 号、5 号、7 号靠近侧边部。由图 11-21（b）可以看出，从入口到出口，钢板的升温过程是比较稳定的，尤其是芯部区域的升温明显，到了出口处，温度趋于均匀。因此可以得出如下两个结论：（1）在 40 mm 钢板的连续移动感应加热中，升温过程稳定，最终温度分布可控；（2）加热后钢板的侧边部温度高于中间温度，而钢板中间部分表面温度与芯部温差约为 10 ℃。实际处理中，如果切除钢板边部高温部分，则可以达到很好的温度均匀性，可以满足工艺的目标要求。

由于感应加热的加热速度快，在该技术中它可以使产品中的碳化物更加细小弥散，从而改善产品性能。但是在应用的过程中，必须要借助数值仿真计算的手段，才能准确预测升温过程。同时，为保证感应加热温度的均匀性，也需要对感应线圈的结构进行设计并对加热的工艺参数进行优化。

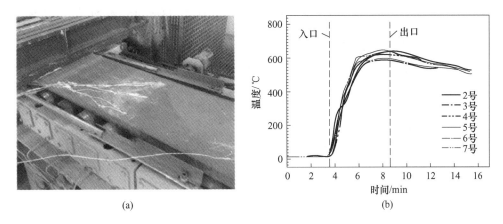

图 11-21　钢板升温过程与升温曲线[21]
（a）钢板升温过程与数据采集；（b）钢板升温曲线

参 考 文 献

[1] 朱会文，沈庆通．感应热处理的历史、现状与发展——感应热处理技术路线图 [J]．金属加工，2014，1：8，10，12-18.

[2] 赫冀成，丸川雄净，王强．一种带有加热出钢装置的钢包及其出钢方法：中国，ZL200610045875.9 [P]．2006-08-02.

[3] 张家泉，孙海波，闫博，等．一种紧凑式十字形中间包通道式感应加热装置：中国，ZL201010613161.X [P]．2010-12-19.

[4] 日照钢铁公司 ESP 线生产出首卷超薄热轧带钢 [J]．轧钢，2015，32（6）：26.

[5] 郭茂先．工业电炉 [M]．北京：冶金工业出版社，2002.

[6] 俞亚鹏．兴澄特殊钢连铸技术概述 [C]//中国金属学会．第四届发展中国家连铸国际会议论文集，北京．2008：320-323.

[7] 徐靖驰，蹇华，聂高升，等．感应加热技术在连铸中间包上的应用 [J]．冶金设备，2018，6：54-57.

[8] 谢文新，包燕平，王敏，等．特殊钢连铸生产中 30 t 中间包感应加热的应用 [J]．特殊钢，2014，35（6）：28-31.

[9] XU Z, CHE X L, HE B S, et al. Model identification of the continuous casting billet induction heating process for hot rolling [C]//3rd International Conference on Intelligent System Design and Engineering Applications, IEEE Computer Society Washington, DC, USA. 2013.

[10] 韩至成．电磁冶金技术及装备 [M]．北京：冶金工业出版社，2008.

[11] 毛新平，高吉祥，柴毅忠．中国薄板坯连铸连轧技术的发展 [J]．钢铁，2014，49（7）：49-60.

[12] MASAJI K, KENJI M. Continuous casting-direct rolling technology at Nippon Steel's SAKAI works [J]. Steel Times, 1985, 213（6）：268-276.

[13] 郭茂先，顾根华．连铸连轧温度补偿感应加热装置的研制 [J]．工业加热，1995，1：3-7.

[14] 喻尧，郑旭涛．日照钢铁 ESP 无头带钢生产技术 [J]．连铸，2016，41（5）：1-4.

[15] 王强，何明，朱晓伟，等．电磁场技术在冶金领域应用的数值模拟研究进展 [J]．金属学报，2018，54（2）：228-246.

[16] HE M, LI X L, LIU X A, et al. Coil ambient temperature and its influence on the formation of blocking

layer in the electromagnetic induction-controlled automated steel-teeming system ［J］. Acta Metall. Sin. Engl. , 2019, 32（3）：391-400.

［17］沈庆通，梁文林. 现代感应热处理技术［M］. 北京：机械工业出版社，2011.

［18］周月明，邓康，朱守军，等. 感应加热钢包炉技术性能的分析［J］. 特殊钢，1995，16（5）：32-35.

［19］刘金谋. 感应加热金属熔体的新方法（英）［J］. 电炉，1988，5：44-46.

［20］徐荣军，李成斌，刘俊江，等. 一种钢包长水口低过热度的温度补偿装置及其方法：中国，201610450120. 0［P］. 2016-06-21.

［21］吴存有，周月明，金小礼. 宝钢感应加热技术的研究进展［C］//中国金属学会. 第十届中国钢铁年会暨第六届宝钢学术年会论文集，上海. 2015.

12 电化学冶金技术

12.1 概述

电化学冶金（electrochemical metallurgy，EM）技术是利用电化学原理提取和冶炼金属的方法和工艺，包括电解、电沉积和电精炼等技术。电解工业主要包括铝电解、镁电解、稀土电解和铜电精炼等。

电化学冶金理论与技术起源于 1807 年，Davy 用熔盐电解法制取金属钾和钠等，这是历史上首次用熔盐电解法制备金属。次年，Davy 电解 $Ca(OH)_2$ 和 HgO 得到钙汞齐，分离后得到金属钙；以汞为阴极电解 $MgSO_4$ 得到镁汞齐，蒸馏后得到金属镁。1810 年，Berzelius 等人电解制备了金属钡。1818 年，Davy 电解 Li_2CO_3，制得金属锂。1854 年，Bunsen 电解氯铝酸钠（NaCl-AlCl$_3$）得到金属铝。1886 年，Hall 和 Heroult 申请了冰晶石-氧化铝熔盐电解法生产铝的专利，铝电解法也称为霍尔-埃鲁法。1875 年，Hillebrand 和 Norton 用氯化物熔盐电解法制得了金属铈、镧和少量镨钕混合金属。1902 年，Muthmann 用稀土氧化物-氟盐电解法得到了稀土金属[1-3]。

随着电化学冶金理论与技术的成熟，电化学冶金工业也得到快速发展。1888—1889 年，Hall 和 Heroult 分别在美国匹兹堡和瑞士瑙豪森组建铝厂，铝电解法由此开始工业化。1886 年德国首次实现工业规模电解无水光卤石生产镁，镁电解工业开始发展。1916 年，美国道屋（Dow）公司采用道屋电解法制备金属镁，镁电解工业进入快速发展阶段。1923 年，德国金属（Metallgesellschaft）公司采用唐斯法实现了碱金属商业化电解生产。1940 年，奥地利特里巴赫（Treibacher）公司又实现了氯化物体系电解稀土金属的工业化生产。熔盐电解法能实现连续的大规模金属电解生产，霍尔-埃鲁铝电解法、道屋镁电解法、唐斯碱金属电解法奠定了熔盐电化学冶金工业的基础。经过 100 多年的发展，以铝电解为代表的电化学冶金工业不断进行技术革新，铝工业在电解槽大型化、能效和环保等方面都取得了巨大进步。随着技术发展，未来电解铝工业将朝智能化和低碳绿色生产方向发展。

本章首先介绍了电化学冶金的基本原理，随后详细介绍了铝电解、铜电解、镁电解、锂电解、稀土电解、难熔金属电解等技术的工艺、电解槽、技术指标，以及它们的优点和不足。

12.2 电化学冶金原理

电化学冶金技术在有色金属冶炼中有两种应用，一是从电解质中通过电解或电沉积提取金属，二是从粗金属或合金阳极中精炼提纯金属。其原理是通入直流电，在电场作用下，电解质/液中的阴离子或离子团向阳极移动，在阳极表面发生电子交换被氧化生成气体；或阳极发生溶解，金属以离子形态进入电解质/液中，而电解质/液中的金属离子或离子团向阴极移动，在阴极表面被电化学还原生成金属单质。

电化学冶金中涉及几个关键概念，如电极反应、电极极化、理论分解电压、过电压、实际分解电压和槽电压等。

12.2.1　电解电极反应

金属冶炼时阴极发生的还原反应为阳离子 Me^{x+} 得到电子析出金属。阳极反应视电极材料而定，如果采用惰性阳极（也叫不溶阳极，即阳极不参与电化学反应），则电解质中较容易放电的阴离子或阴离子团在阳极上发生氧化反应失去电子，水溶液电解时，OH^- 比 SO_4^{2-}、NO_3^-、Cl^- 更容易放电，因此阳极上发生 OH^- 失去电子放出氧气；如果采用活性阳极（也叫可溶阳极，即阳极参与反应），则阳极发生氧化反应失去电子。

水溶液电解的电极反应一般可表示如下：

阴极：
$$Me^{2+} + 2e \longrightarrow Me \tag{12-1}$$

不溶阳极：
$$2OH^- - 2e \longrightarrow H_2O + \frac{1}{2}O_2 \tag{12-2}$$

可溶阳极：
$$Me - 2e \longrightarrow Me^{2+} \tag{12-3}$$

卤化物-氧化物熔盐电解时，氧配合离子比氟（配合）离子、氯（配合）离子更容易放电，因此阳极上发生氧配合离子失去电子放出氧气；如果使用活性阳极炭素，则生成二氧化碳。而在氯化物熔盐电解体系中，阳极上发生氯离子失去电子放出氯气。当熔盐电解精炼时，粗阳极或合金阳极发生金属溶解反应，阴极析出待生产金属。

熔盐电解电极反应如下：

阴极反应：
$$Me^{x+}_{配合} + xe \longrightarrow Me \tag{12-4}$$

氧化物熔盐电解惰性阳极反应：
$$2O^{2-}_{配合} - 4e \longrightarrow O_2 \tag{12-5}$$

氧化物熔盐电解炭素阳极反应：
$$2O^{2-}_{配合} + C - 4e \longrightarrow CO_2 \tag{12-6}$$

氯化物熔盐电解阳极反应：
$$2Cl^- - 2e \longrightarrow Cl_2 \tag{12-7}$$

电解精炼阳极反应：
$$Me - xe \longrightarrow Me^{x+} \tag{12-8}$$

12.2.2　电极极化

在可逆电池或可逆电极电化学体系中，电极表面形成双电层平衡，没有电流通过，此时电位为平衡电位。当给电化学体系施加电位或电流时，电化学体系偏离平衡状态，发生电化学反应。随着电流密度增加，电极电势偏离程度增大，这种现象称为电极极化。其偏离程度大小由电解或放电过电位 ν 决定（ν 为电位 φ 和平衡电位 φ_e 差值的绝对值）。电解时，阳极极化正向偏移，阴极极化负向偏移。电解极化的阴极和阳极电势走向如图 12-1 所示。

12.2.3　分解电压

12.2.3.1　理论分解电压

一般地，化合物在特定温度的电解体系中阳极和阴极的平衡电位差为该化合物的理论分解电压 $E_T^\ominus$。热力学上，分解该化合物所需的理论能量数值上等于它在恒压下的生成自由能变（符号相反），即

$$\Delta G_T^{\ominus} = -nFE_T^{\ominus} \tag{12-9}$$

式中，$\Delta G_T^{\ominus}$ 为恒压下生成某化合物的自由能变，J/mol；n 为电化学反应的电子数；F 为法拉第常数，96485 C/mol；$E_T^{\ominus}$ 为温度 T 时的理论分解电压，V。

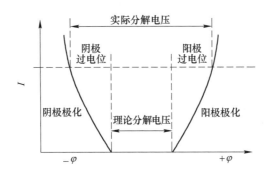

图 12-1 电解过程极化曲线

12.2.3.2 实际分解电压

理论分解电压是可逆条件下的平衡电压，此时电极表面没有电流流过。要推动电解反应发生，需要施加比平衡电压更大的电位，因此电解反应是在不可逆条件下进行的。一般地，把能使电解反应按一定速率进行所需的最小电压，称为实际分解电压 E_T。电解时阳极正向极化，阴极负向极化，因此实际分解电压是理论分解电压、阳极极化电压 ν_+ 和阴极极化电压 ν_- 之和。由于极化电压与电流密度有关，因此不同电流密度对应不同的实际分解电压，实际分解电压也称为反电动势。

$$E_T = E_T^{\ominus} + \nu_+ + \nu_- \tag{12-10}$$

12.2.3.3 槽电压

一般地，电解体系由阴极、阳极和电解质构成，工业电解生产过程中，通过测量得到的阴极和阳极之间的电位差，称为槽电压 $U_槽$，槽电压由实际分解电压和欧姆电压降（IR）构成。工业实践中，常通过减少欧姆电压降来实现节能目标。

$$U_槽 = E_T + \sum IR \tag{12-11}$$

12.3 铝电解制备技术

铝采用熔盐电解法生产，该法以冰晶石（Na_3AlF_6）为熔剂、氧化铝为熔质，炭素为阴极和阳极，在 950 ℃±30 ℃温度下通入直流电进行电解，阳极产生 CO_2 气体，阴极生成金属铝，纯度为 99.70%~99.85%。

12.3.1 NaF-AlF$_3$-Al$_2$O$_3$ 电解质相图

NaF-AlF$_3$ 系二元相图含三种化合物，分别为冰晶石、亚冰晶石（$Na_5Al_3F_{14}$）和热力学上不稳定的单冰晶石（$NaAlF_4$）。相图中，在 690 ℃和 888 ℃有两个共晶反应：L（液）→$Na_5Al_3F_{14}$（晶）+$NaAlF_4$（晶）和 L（液）→NaF（晶）+Na_3AlF_6（晶）；在 710 ℃和737 ℃有两个包晶反应：AlF_3（晶）+L（液）→$NaAlF_4$（晶）和 Na_3AlF_6（晶）+L（液）→$Na_5Al_3F_{14}$（晶）。Na_3AlF_6-Al_2O_3 二元系相图的共晶点温度为 965.9 ℃，Al_2O_3 质量分数是 10.07%[4-6]，如

图 12-2 所示。Na_3AlF_6-Al_2O_3 熔盐体系的初晶温度与氧化铝含量的关系参见文献 [4][7] 和 [8]。工业生产中常添加 AlF_3 调整电解质的性质。Na_3AlF_6-AlF_3-Al_2O_3 相图中，在 684 ℃ 和 723 ℃ 存在一个三元共晶点和三元包晶点[9]：L(液)═$Na_5Al_3F_{14}$(晶)+AlF_3(晶)+ Al_2O_3(晶)和 L(液)+Na_3AlF_6(晶)═$Na_5Al_3F_{14}$(晶)+Al_2O_3(晶)。

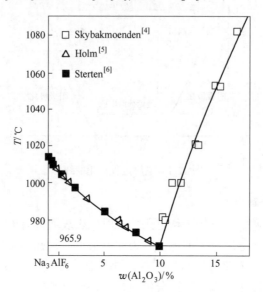

图 12-2 Na_3AlF_6-Al_2O_3 二元系相图

12.3.2 铝电解的工艺流程

铝电解工业一般配套有发电厂和炭素厂，其工艺流程如图 12-3 所示。

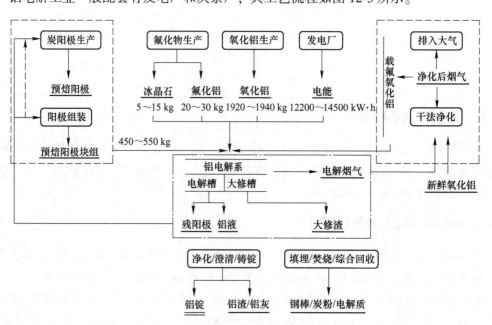

图 12-3 铝电解及辅助流程简图

铝电解用电解质通常含有 80% 冰晶石、6%～12% 氟化铝、3%～4% 氧化铝和 5%～7% 的氟化钙。理论上，每生产 1 t 铝消耗 1.89 t 氧化铝、6320 kW·h 直流电（960 ℃）和 333 kg 炭素。而实际上消耗氧化铝 1.92～1.94 t、直流电耗 12200～14500 kW·h、炭素 450～550 kg、氟盐 20～30 kg。

12.3.3　铝电解的电解槽结构

铝电解的电解槽分为自焙阳极槽和预焙阳极槽两种，当前我国主要使用预焙阳极槽，只有俄罗斯等少数国家仍使用自焙阳极槽，预焙阳极铝电解槽结构如图 12-4 所示。电解槽与电解槽之间进行串联构成一个系列（由每一个整流单元输出的电流流经的所有电解槽集合），每个电解铝厂至少有一个电解系列，每一系列的极限电解槽台数由整流设备最大输出电压、功率和平均槽电压决定。目前最大的整流柜输出电压可以达到 1800 V，直流电输出可以达到 600 kA[10]。

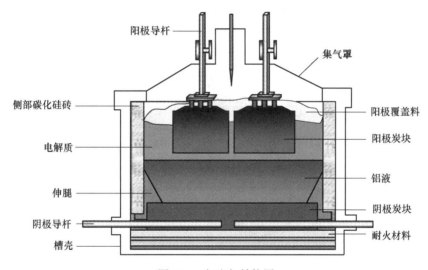

图 12-4　铝电解结构图

12.3.3.1　阳极

铝电解炭素阳极的主要功能是导电和参与电化学反应。工业上用的炭阳极是经过预先焙烧而成的预焙阳极，生产中阳极需要定期更换，更换周期由阳极高度和电解的电流密度决定，通常是 22～30 天。

预焙阳极以石油焦或沥青焦及残阳极为骨料，煤沥青为黏结剂和浸润剂制备而成。制作时，原料石油焦经过高温（1250～1300 ℃）煅烧，排除水分和挥发分，提高其密度、导电性、抗氧化性和机械强度，得到煅后石油焦；煅后焦经过粉碎、筛分、配料后与煤沥青黏结剂混捏成型，得到生阳极；生阳极在焙烧炉中焙烧，得到预焙阳极炭块。预焙阳极炭块顶部有凹穴（炭碗），用于连接阳极钢爪。

工业预焙阳极的总孔隙率为 19%～24%，真密度为 2.04～2.10 g/cm³，比电阻为 50～70 Ω·m，杂质铁和硅含量小于 0.15%，重金属总量小于 0.015%，抗压强度 30～55 MPa，静态弹性模量 3.5～5.5 GPa，100～1000 ℃ 的热导率 3.0～4.5 W/(m·K)，20～300 ℃ 的线性膨胀系数 $3.5 \times 10^{-6} \sim 4.5 \times 10^{-6}$ K^{-1}。

12.3.3.2 阴极

铝电解槽的阴极除了导电功能外，还与槽周围绝缘侧壁及伸腿围成能够盛置铝液和熔融电解质的熔池。阴极炭块通过钢棒连接导电，钢棒与阴极炭块用阴极糊扎固或磷生铁灌注固定。

阴极炭块是由无烟煤和沥青制成，也有用无烟煤-石墨混合物制成。生产阴极炭块的无烟煤含碳量一般在90%以上，其有机质含量少、结构致密、强度较高、发热量较高。阴极炭块的制造工艺与阳极炭块相似，都包含破碎、筛分、备料、混料、成型和焙烧等工序。

12.3.3.3 铝母线

铝电解槽母线由铝锭压延或铸造而成，包括阳极母线、阴极母线和立柱母线。铝电解通入大电流，产生很大的磁场，使得电解过程槽内的铝液受力流动，引起熔体波动，增大铝水的二次反应，降低电流效率。为此铝电解槽的母线配置是铝电解槽设计的核心，良好的母线配置可以对磁场进行补偿抵消，减小磁场对铝液流动的影响。某型铝电解槽周围母线配置如图12-5所示。

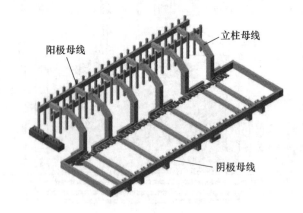

图 12-5　铝电解槽周围母线

12.3.4 氧化铝原料

铝电解用氧化铝原料由铝土矿提取获得。铝土矿经苛性碱溶出得到铝酸钠溶液，铝酸钠溶液进一步分解得到氢氧化铝，将氢氧化铝煅烧得到氧化铝产品。

电解时，Al_2O_3 加到冰晶石熔盐中，一部分溶解，另一部分来不及立即溶解而沉降到电解质-铝液界面上，甚至沉降到铝液-炭块界面上，形成电阻很大的沉降物，影响电解槽的电流分布，对铝电解危害大。为此，工业 Al_2O_3 需具有流动性好、磨损性小、溶解度大、溶解速度快、杂质含量低、氟化氢吸附性能好及保温性能好等特性。流动性能好的 Al_2O_3 一般是砂状 Al_2O_3，或称作是 γ-Al_2O_3，粉状 Al_2O_3 流动性较差，砂状 Al_2O_3 和粉状 Al_2O_3 的混合态称为中间状 Al_2O_3。

12.3.5 熔盐结构与性质

铝电解用的电解质由熔剂和熔质构成，熔剂是冰晶石，其重要功能除了导电外，还具备良好的氧化铝溶解能力。冰晶石-氧化铝熔盐的物理化学性质包括初晶温度、密度、黏度、电导率、热导率、迁移数、蒸气压和表面性质等。

12.3.5.1 熔盐结构

$NaF-AlF_3$ 熔盐结构复杂，一般认为有 AlF_6^{3-}、AlF_5^{2-}、AlF_4^-、F^- 和 Na^+ 等离子/离子团，但与熔盐的组成有关。Al_2O_3 加入 Na_3AlF_6 熔盐中发生溶解，首先是晶体受到 F^- 浸蚀而生成 Al_2O_3 溶质，此过程吸热；然后是 Al_2O_3 溶质在溶剂作用下生成铝-氧-氟配合离子，其通式为：$Al_xO_yF_z^{(2y+z-3x)}$，此过程放热[2]。当 Al_2O_3 含量（质量分数）高于 5% 时，以 $Al_2O_2F_4^{2-}$ 为主；当氧化铝含量小于 2% 时，以 $Al_2OF_8^{4-}$ 为主；当氧化铝含量为 2%~5% 时，含有 $Al_2OF_8^{4-}$、$Al_2OF_6^{2-}$ 和 $Al_2O_2F_4^{2-}$。

12.3.5.2 酸碱度

工业铝电解质酸碱度常用熔盐中 NaF 和 AlF_3 的摩尔比 CR 表示：当 $CR=3$ 时，显中性；当 $CR>3$ 时，NaF 过量，显碱性；当 $CR<3$ 时，AlF_3 过量，显酸性。酸性 $NaF-AlF_3$ 电解质中含有过量的 AlF_3，过量 AlF_3 百分比用 f 表示，f 与 CR 的关系为

$$f = 1 - \frac{500CR}{3CR + 6} \times 100\% \tag{12-12}$$

12.3.5.3 初晶温度

$NaF-AlF_3$ 的初晶温度又叫液相线温度，是指熔体冷却过程从熔盐中开始析出固相的温度。初晶温度大小，一定程度上决定了熔盐电解温度的高低，不同组成的初晶温度可由相图中获得。$Na_3AlF_6-AlF_3-CaF_2-Al_2O_3-LiF-MgF_2-KF$ 各种组成与熔盐初晶温度的关系为[8]：

$$T(℃) = 1011 + 0.50w(AlF_3) - 0.13w^{2.2}(AlF_3) - 3.45w(CaF_2)/[1 + 0.173w(CaF_2)] +$$

$$0.124w(CaF_2)w(AlF_3) - 0.00542w(CaF_2)w(AlF_3) - 7.93w(Al_2O_3)/$$

$$[1 + 0.0936w(Al_2O_3)] - 0.00017w^2(Al_2O_3) - 0.0023w(AlF_3)w(Al_2O_3) -$$

$$8.90w(LiF)/[1 + 0.0047w(LiF) + 0.001w^2(AlF_3)] -$$

$$3.95w(MgF_2) - 3.95w(KF) \tag{12-13}$$

式中，w 为质量分数，%。

适用范围：AlF_3、CaF_2 和 LiF 为 0~20%，CaF_2、MgF_2 和 KF 为 0~5%。

12.3.5.4 密度

工业电解质的密度与铝水密度相差约为 0.2 g/cm^3，电解质与铝水的密度差越大，越有利于金属在电解质中的沉降。在酸性电解质中，密度随摩尔比降低而降低。铝水密度（g/cm^3）与温度 $T(℃)$ 关系为 $\rho = 2.382 - 0.272 \times 10^{-3}(T - 658)$。

12.3.5.5 黏度

黏度影响铝液在电解质中的分离及炭渣的分离。在 $NaF-AlF_3$ 酸性电解质中，摩尔比

降低，黏度降低。黏度太大时，对铝液与电解质分离、炭渣与熔体分离、阳极气体排出、电解质循环、Al_2O_3 溶解、电导率不利；黏度太小会加速铝的溶解与再氧化。铝电解质的黏度为 $1.5 \sim 2.4$ mPa·s。

12.3.5.6 电导率

NaF-AlF_3 二元系的电导率随 AlF_3 浓度增大而减小。添加剂能改变 NaF-AlF_3 系电解质的电导率，电导率 σ（S/cm）与各添加剂含量之间关系为[11-12]：

$$\ln\sigma = 1.9105 + 0.1620CR - 0.01738w(Al_2O_3) - 0.003955w(CaF_2) -$$

$$9.227w(MgF_2) + 0.02155w(LiF) - 0.0017457T'^{-1} \tag{12-14}$$

式中，T' 为绝对温度，K。

此多元回归方程相关系数为 0.97，$\ln\sigma$ 的标准误差为 ±0.0232。

12.3.5.7 热导率

电解质的热传导速率对了解铝电解槽侧部炉帮的形成和稳定性是极为重要的。电解槽边部凝固的电解质能够保护电解槽侧壁材料免受碱的渗透和腐蚀。通过控制电解质的热对流速率、槽侧部的凝固电解质层厚度可以调整改变。热导率随摩尔比和 CaF_2 浓度的增加而增大。

12.3.5.8 迁移数

迁移数是指离子在均匀溶液中传输电流的分数，也称为"传输数"或"电子传输数"。当体系中的其他粒子或中性溶剂是基准体系时，迁移数称为内迁移数；有多孔塞或隔膜时称为外迁移数，体系中各迁移数之和为 1。迁移数只表达了电流在电解质中的传输过程，并没有涉及电极反应。

中性或碱性的冰晶石-氧化铝电解质中，Na^+ 的迁移数接近 1。随着熔盐酸度的增加，Na^+ 的迁移数下降，F^- 参与了电子的传导。摩尔比为 2.5 时，Na^+ 的迁移数为 0.9，即 90% 的电流由 Na^+ 迁移提供，其余 10% 由铝氧氟配合离子迁移提供。

12.3.5.9 蒸气压

在 Na_3AlF_6-Al_2O_3 体系中，随着 Al_2O_3 含量增加，其蒸气压减小。1000 ℃纯 Na_3AlF_6 熔盐的蒸气压为 493.30 Pa，90Na_3AlF_6-10Al_2O_3 熔盐的蒸气压为 333.31 Pa。在冰晶石-氧化铝熔盐中加入 CaF_2、MgF_2、NaCl 和 LiF 均可导致蒸气压降低[2]。

12.3.5.10 表面性质

NaF-AlF_3 熔盐的界面张力随摩尔比增高而增大。在 Al_2O_3 管中测得饱和冰晶石-氧化铝熔盐的界面张力 γ_0 和温度之间的关系如式（12-15）[13]：

$$\gamma_0 = 705.4 - 348.6BR + 61.9BR^2 + 0.14T + 9.8w(MgF_2) \tag{12-15}$$

式中，包含添加剂 MgF_2 项；BR 为 NaF 与 AlF_3 的质量比。

在 1000 ℃时，纯 NaF-AlF_3-Al 体系的界面张力是（508±1）mN/m。在碱性条件下（$CR > 3$），随着温度的增加，界面张力增加，但是在酸性体系中（$CR < 3$），变化趋势正好

相反。中性冰晶石电解质中添加 LiF、CaF_2、MgF_2 可以增大炭素材料与熔盐湿润角，添加 AlF_3 减小湿润角。

12.3.5.11 添加剂作用

为了改善电解质物理化学性质及提高电解生产指标，铝电解槽常使用 CaF_2、MgF_2、LiF 和 NaCl 等盐类物质作为添加剂。

CaF_2 能降低电解质初晶温度、电导率、蒸气压，增大电解质密度、黏度及电解质与铝液的界面张力。工业铝电解质中，CaF_2 含量为 3%~5%，Al_2O_3 原料中的杂质 CaO 在电解质中生成 CaF_2。MgF_2 能降低电解质初晶温度、电导率及铝在电解质中的溶解损失，增大电解质的密度，促进炭渣与电解质分离、打壳。LiF 能降低电解质初晶温度、密度、蒸气压、过电位及 Al_2O_3 在溶液中的溶解度，提高电解质电导率。NaCl 能降低电解质初晶温度、密度及 Al_2O_3 的溶解速度，提高电解质电导率，但腐蚀性较强。

12.3.6 铝电解技术评价指标

12.3.6.1 电流效率

电流效率（η）指阴极析出金属的电流利用率，定义为单位时间内电解出的实际铝质量与由法拉第电解定律计算的理论质量之比，它是衡量工业铝电解槽运行状况的一个重要指标。

$$\eta = \frac{M_{实}}{M_{理}} \times 100\% \tag{12-16}$$

式中，$M_{实}$ 为实际生产得到的金属量，kg；$M_{理}$ 为按照法拉第定律计算应得到的金属量，kg。

$M_{实}$ 可以通过盘存法、稀释法和气体分析法等得到，而 $M_{理}$ 由铝的电化学当量与时间 t 和电流强度 I 乘积得到，即 $M_{理} = 0.3356It$。电化学当量表示在电解槽通过 1 A 电流并经 1 h，理论上阴极应析出铝的克数。

盘存法是在一定周期内盘存铝的生产量，测量开始前要测算槽内总存铝量，每次出铝要精确获得出铝量，测定结束时要测算槽内剩余铝量。盘存法测量电流效率时，由于电解槽的槽膛形状不规则，测量槽内总存铝量不是很准确，因此采用稀释法（也称回归法）来精确测量槽内总存铝量和余铝量。稀释法是通过往槽内铝液中添加少量示踪元素，待它均匀溶解后，取样分析铝中该元素含量，并推算出槽内总存铝量。气体分析法是利用阳极气体中的 CO_2 体积分数与电流效率之间的关系简便计算得到，有皮尔逊-魏丁顿关系式 $\eta = 50\% + 0.5 \times (CO_2\%)$ 和邱竹贤[2]关系式 $\eta = 50\% + 0.5 \times (CO_2\%) + 3.5\%$。

目前工业铝电解的电流效率为 90%~94%，最高可达 96%。造成电流效率降低的原因是铝的溶解和氧化损失、杂质离子放电、电流空耗等。铝的溶解和氧化损失有几种形式：（1）金属铝溶解在电解质中生成金属雾；（2）化学溶解生成低价铝离子 Al（Ⅰ）；（3）铝与 NaF 反应置换出金属钠或 Na_2F；（4）铝与冰晶石中的 H_2O 反应产生氢气。

12.3.6.2 电能效率

工业上，一般用吨铝能耗 ω' 来评估电能利用率，吨铝能耗指的是生产每吨金属铝所消耗的电能，与电解槽的槽电压和电流效率由有关。

$$\omega' = \frac{W_{实}}{Q_{实}} = \frac{ItU_{平}}{0.3356It\eta} = \frac{2980U_{平}}{\eta} \tag{12-17}$$

式中，ω' 为生产 1 t 金属的直流电能耗，$kW \cdot h/t$；$Q_实$ 为实际产铝量，t；$W_实$ 为实际耗电量，$kW \cdot h$；$U_平$ 为平均槽电压，V。

电能效率（ξ'）指生产单位金属铝理论上应该消耗的能量和实际消耗能量之比，计算公式为

$$\xi' = \frac{0.3356\Delta H_T \times \eta}{24 \times 3600 \times U_平} \times 100\% \qquad (12\text{-}18)$$

式中，ΔH_T 为 Al_2O_3 在温度 T 下使用炭阳极或惰性阳极时的分解热，J/mol。

通过铝电解电能效率（见式（12-18））可以看出，铝电解节能只有两个途径：（1）降低铝电解平均槽电压；（2）提高铝电解电流效率。

电解槽的平均电压，主要由电解槽工作电压（简称槽电压）$U_槽$、槽外母线电压 $U_母$ 和阳极效应分摊电压 $U_效$ 三部分组成：$U_平 = U_槽 + U_母 + U_效$。

$U_母$ 是外线路中的导体电压降，属于功率损失，并不向电解槽供热，该值约等于 0.2 V。$U_效$ 是阳极效应分摊电压，视具体电解槽而定。而 $U_槽$ 由阳极电压降 $U_阳极$、阴极电压降 $U_阴极$、电解质压降 $U_质$ 和反电动势 $E_反$ 四部分组成：$U_槽 = U_阳极 + U_阴极 + U_质 + E_反$。一般地，电解槽中 $U_质$ 约 1.4 V，$U_阳极$ 约为 0.3 V，$U_阴极$ 为 0.3~0.4 V。构成槽电压的 $E_反$ 由热力学计算的 Al_2O_3 在惰性阳极上的分解电压 E_1、碳与氧气反应生成 CO_2 的去极化电压 E_2、浓差过电压 E_3 和氧碳反应过电位/气膜电阻型过电位/势垒过电位等总过电位 E_4 四部分组成：$E_反 = E_1 - E_2 + E_3 + E_4$。在正常电解条件下，$E_反 = 2.233 - 1.026 + 0 + 0.5 \approx 1.7$ V。阴极过电压 0.1 V 也包括在 E_4 之内气膜过电压约为 0.13 V。

铝电解是在高温下工作，大量的热散发到周围环境中，使铝电解的电能效率比较低，一般在 44%~49% 之间。

12.3.7　铝电解冶金中的电磁场

铝电解过程中，由于电流的引入，电解槽内有电场、磁场、流场、温度场、浓度场、应力场等。其中磁场对铝电解影响较大，磁场与槽内的铝液相互作用产生电磁力，使槽底铝液发生旋流、铝液与电解质界面波动，影响电解槽的稳定性和铝电解的电流效率。

12.3.7.1　电磁场

铝电解槽磁场有母线磁场、电极磁场、熔体磁场、钢棒-槽壳磁场等。电解槽在设计时，需要对磁场分布进行计算，并优化母线配置，利用磁场补偿技术优化磁场、改变电场，使流场稳定，以降低磁场对铝电解的影响。电解槽的阳极组由多块组成，理论上每块阳极的电流分布是均等的。但实际生产中，由于阳极质量、性质和形状不一，各个阳极组（块）的电流分布并不均匀，导致电场、磁场和流场连锁式变化，引起熔体波动，影响电解槽的电流效率。

电流流经电解质和铝液时，电解质的电阻比较大，电解质中的电流密度基本一致，水平电流较小。而铝液是良好的电导体，受炉膛厚度与形状、槽底沉淀与结壳状态、阴极的结构与状态等影响，常存在水平电流。水平电流与垂直磁场相互作用便产生了垂直电磁力，加剧铝液波动，引起槽电压波动。

母线磁场、电极磁场和熔体磁场为非磁性磁场。母线分为立柱母线和平行母线，一般母线为长度有限的规则矩形导体，铝电解槽采用的阴极和阳极为规则的矩形块，铝电解槽

的金属熔体也可近似看做规则的矩形块，因而可以使用毕奥-萨伐尔定律的线积分和体积分进行计算。

阴极钢棒和槽壳是铁磁性物质，当电流通过时，其产生的总磁场由电流通过产生的磁场和钢棒铁磁性物质产生的磁场两部分构成。电流产生的磁场可以通过毕奥-萨伐尔定律公式计算，铁磁材料是磁场的二次源，铁磁材料产生的磁场常用的计算方法有次衰减系数法、微分法、磁化强度积分方程法、磁标量法、磁偶极子法等。

铝液电磁力分析包括铝电解槽电流场计算、磁场计算和电磁力场计算。不同电解槽磁场大小直接影响电解槽的稳定性，一般铝电解槽进电和出电端面的磁感应强度较大，在 $2 \sim 8$ mT 之间；出铝端和烟道端次之，在 $0.1 \sim 4$ mT 之间；垂直方向上较小，在 $0.1 \sim 3$ mT 之间。

12.3.7.2　电磁场对流场的影响

由电流产生的磁场使铝液受到电磁力作用在电解槽内流动，引起铝液和电解质的波动。其振幅和频率与阳极气体逸出状态和铝液中电磁力大小相关。电磁场对流场的影响主要表现如下：

（1）铝液流动与波动。水平磁场和铝液中的水平电流相互作用产生电磁力，促使铝液流动，其流动路径类似于斜"8"形或双圆环形，平均流速为 $5 \sim 10$ cm/s，介于层流与湍流之间。铝液流动可以均匀温度，但也会增大铝的溶解损失，降低电流效率。其次，铝液流动会对槽底造成冲刷，加速了槽底的破损。另外，铝液流动和阳极气体排放会引起电解质流动，电解质流动的速度不同产生压强差，从而引起铝液波动，其波动周期为 $30 \sim 60$ s。

（2）滚铝。铝电解存在一种滚铝现象，即铝液从槽底向上翻涌，然后沿槽壁沉降，滚铝严重时铝液会喷射到槽沿板上。其产生原因是水平磁场与纵向电流相互作用，产生向上的电磁力，当纵向电流密度很大时，向上的电磁力足以使局部铝液向上翻滚。滚铝时电解槽槽腔已经变形，槽底上结壳分布不均匀，一端特别肥大并有大量沉淀，铝液中纵向电流增多。这种现象将造成电流效率明显下降，严重时会造成两极短路。

（3）铝液表面的凸起。在生产中，电流是垂直流入铝液层，且铝液层中又存在水平磁场，这两个分量和电流作用，使得铝液的表面凸起。这种凸起不利于铝电解过程，容易引起电流的分布不均，使得生产不能稳定进行，甚至导致电流效率下降。

（4）电解质的循环。电解质的循环流动与铝液相似，流速较小，属于层流。电解质流动能使电解质温度、Al_2O_3 浓度更均匀，并促进 Al_2O_3 的溶解。但是，电解质的流动和阳极气体的排出也会增加铝的溶解，加速二次反应，对电流效率产生不利影响。

12.3.8　铝电解精炼技术

金属铝按纯度可分为原铝、精铝、高纯铝和超高纯度铝。精铝比原铝具有更好的导电性、导热性、可塑性、反光性和耐腐蚀性。

霍尔-埃鲁电解得到纯度为 $99.0\% \sim 99.85\%$（2N）的原铝；用偏析法或三层液精炼法提纯得到纯度为 $99.95\% \sim 99.995\%$（3N~4N）的精铝；用精铝作原料，用区域熔炼法提纯，得到纯度为 $99.9995\% \sim 99.9998\%$（5N）的高纯铝；通过用多道区熔，可得到纯度为 $99.9999\% \sim 99.99999\%$（6N~7N）的超高纯度铝。

12.3.8.1 三层液铝电解精炼

三层液铝电解精炼以原铝和铜配成合金作为阳极、卤化盐-钡盐为电解质、高纯石墨为阴极进行电解精炼。电解时，阳极中原铝发生溶解，以离子形态进入电解质，移动到阴极后得到电子生成铝。阳极中比铝更正电性的杂质，如铁、铜和硅等，不发生电化学溶解而留在阳极合金中，在电解质中比铝更负电性的杂质，如 Na^+、Ca^{2+} 和 Mg^{2+} 等不在阴极放电析出，从而达到精炼的目的。

A　三层液电解精炼槽

三层电解槽从上到下分别为精铝层，密度为 2.3 g/cm^3；电解质层，密度为 2.5 ~ 2.7 g/cm^3；阳极层，密度为 3.2 ~ 3.5 g/cm^3。电解槽结构如图 12-6 所示。

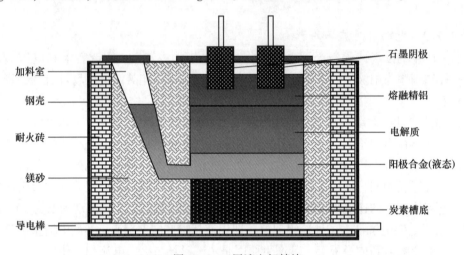

加料室　钢壳　耐火砖　镁砂　导电棒

石墨阴极　熔融精铝　电解质　阳极合金(液态)　炭素槽底

图 12-6　三层液电解精炼

B　三层液电解精炼技术参数

三层液精炼用阳极合金的密度要大于电解质密度，熔点要低于电解质熔点，铝在合金中溶解度要大，且合金元素应是比铝更正电性的元素。阳极合金中铜含量为 33% ~ 45% 时，熔点为 550 ~ 590 ℃，密度为 3.2 ~ 3.5 g/cm^3。精炼时，阳极中铝含量降到 35% ~ 40% 时，合金熔点上升，当高于料室温度时，合金凝固，因此须定期地向料室补充原铝。

电解质要求密度介于精铝密度和阳极合金密度之间、不含有比铝更正电性的元素、导电性好、挥发性小、初晶温度不宜过分高于铝的熔点、不吸水不易水解。电解质有纯氟化物体系 35% ~ 48% AlF_3、18% ~ 27% NaF、16% CaF_2、18% ~ 35% BaF_2 和氟化物-氯化物体系 25% ~ 27% AlF_3、13% ~ 15% NaF、50% ~ 60% $BaCl_2$、5% ~ 8% $NaCl$。常用电解质的有：组成为 48AlF_3-18NaF-18BaF_2-16CaF_2（质量分数，%）的熔盐，其密度约 2.8 g/cm^3，熔点 680 ℃，操作温度 740 ℃；组成为 23AlF_3-13NaF-60$BaCl_2$-4$NaCl$（质量分数，%）的熔盐，其密度约 2.7 g/cm^3，熔点 700 ~ 720 ℃，操作温度 760 ~ 800 ℃。

精炼槽内三层液高度分别为铝水平 12 ~ 15 cm、电解质水平 12 ~ 16 cm、液态阳极合金水平 25 ~ 35 cm。槽电压 5.5 ~ 6.0 V，电流强度 60 ~ 100 kA，电流密度 0.50 ~ 0.70 A/cm^2，精铝能耗（以铝计）为 17 ~ 18 kW·h/ kg，阴极电流效率 93% ~ 96%，最高可达到 98%。高电流效率主要原因为：(1) 温度低，一般在 750 ~ 780 ℃ 之间，铝溶解损失少；(2) 无气体析出，无阳极效应，电解质不沸腾，对流循环弱，铝损失少；（3）极距高 $8 \sim 12$ cm；（4）电解质和铝液之间密度差大，一般为 $0.3 \sim 0.4$ g/cm^3。

12.3.8.2 有机溶剂铝电解精炼

有机溶剂电解精炼用 99.99% 精铝作阳极可得到 99.9999% 以上的高纯铝。此法具有电解温度低、电能消耗小等优点，而且能除去凝固提纯法不能分离的杂质。在 100 ℃ 的 50% NaF·2Al(C$_2$H$_5$)$_3$ 和甲苯电解质中进行电解精炼，电流效率接近 100%。在 NaF 与三乙基铝的配合物 NaF·2Al(C$_2$H$_5$)$_3$ 中进行电解精炼可制得高纯铝（99.999%），电极反应如下：

阳极 $\qquad 12C_2H_5^-: + 3Pb == 12e + 3Pb(C_2H_5)_4 \qquad$ (12-19)

阴极 $\qquad 4Al(C_2H_5)_3 + 12e == 4Al + 12C_2H_5^-: \qquad$ (12-20)

12.3.9 铝电解技术的优点和不足

铝电解技术的优点如下：

（1）熔盐电解法是目前生产原铝的唯一方法。

（2）可从原铝中高效提纯生产精铝。从原铝中提纯生产精铝的方法有偏析法和三层液电解精炼法，偏析法能耗低，成本低，可以得到 99.98%~99.99% 的精铝；三层液电解精炼法电流效率高，铝的纯度达到 99.95%~99.98%。

铝电解技术的不足为：制备铝的熔盐电解法电解温度高、能耗大、能量利用率较低（小于 50%）。

12.4 铜电解精炼技术

铜电解精炼/电沉积是铜冶炼的关键工序，该工序是将火法炼铜工艺中得到的阳极铜进行提纯，或从湿法浸出工艺中得到的含铜溶液中电沉积提取金属铜的电化学冶金过程。

电解精炼以纯铜始极片为阴极，阳极铜为阳极，在 CuSO$_4$-H$_2$SO$_4$ 溶液中进行电解，阳极上铜溶解进入溶液并在阴极析出。阳极中的铜和比其电位更负的活性金属（锌、铁、镍、钴、铅、砷和锑等）溶解进入溶液；比铜电位更正的金和银等惰性金属不反应，随着活性金属的溶解而掉落到阳极底部，即为"阳极泥"。铜电解精炼不仅可以提高金属的纯度，还能从阳极铜中回收贵金属和稀散金属。

12.4.1 铜电解的电解液

铜电解精炼采用的电解液为 CuSO$_4$-H$_2$SO$_4$ 水溶液，其导电性好、挥发性小且较稳定，可以在较高温度和酸度下进行电解。其次，CuSO$_4$ 分解电压较低，阳极铜中的砷、锑、铋和铅等在硫酸溶液中形成难溶化合物，这些杂质对阴极质量的影响相对较小。另外，金、银等贵金属能在硫酸溶液中较好分离。一般地，电解液中 H$_2$SO$_4$ 为 $100 \sim 220$ g/L，呈 CuSO$_4$ 形态的铜为 $35 \sim 55$ g/L。电解液成分会影响阴极铜的质量，CuSO$_4$ 含量过高时，电解液电阻增大、易结晶堵塞管道、发生阳极钝化；CuSO$_4$ 含量过低时，杂质易放电析出，影响阴极铜质量，较常用的 CuSO$_4$ 浓度为 $40 \sim 45$ g/L。H$_2$SO$_4$ 浓度过高时，易形成酸雾，增加酸耗且造成工作环境差；H$_2$SO$_4$ 浓度过低时，电解液导电性降低，通常采用 $180 \sim 200$ g/L。

为了得到表面光滑、致密的阴极铜，可以在电解中加入各种胶、硫脲、干酪素和氯离子等添加剂。骨胶和明胶能在阴极表面形成胶膜；硫脲可促进胶膜的形成，增加阴极极化，使铜在阴极上均匀析出；干酪素能在阴极活性点或凸起点形成膜，抑制表面粒子长大，使阴极结晶平整致密；氯离子可以沉降电解液中的 Ag^+ 和 Cu^{2+}，并与砷、锑和铋等杂质共沉淀，减少其对电解过程和阴极质量的影响。

12.4.2　电解液净化

铜电解精炼过程中，电解液中的 Cu^{2+} 浓度和酸度不断变化，杂质不断积累。故需要对电解液进行净化。净化的目的是回收铜、钴、镍，除去有害杂质砷、锑等，使硫酸循环使用。净化分为中和结晶，脱除铜、砷、锑、铋和生产硫酸镍三个步骤。

（1）中和结晶。采用加铜中和结晶法或直接浓缩法，使电解液中 $CuSO_4$ 饱和，并通过冷却结晶方式生产胆矾。

$$Cu + H_2SO_4 + \frac{1}{2}O_2 \longrightarrow CuSO_4 + H_2O \tag{12-21}$$

（2）脱除铜、砷、锑、铋。采用不溶阳极电解中和结晶后母液，将含铜量降至 8 g/L 以下时，砷、锑、铋和铜一起在阴极放电析出，起到同时脱除铜、砷、锑和铋的目的。也可以采用萃取法、共沉淀法或氧化法脱除砷、锑和铋。

$$CuSO_4 + H_2O \longrightarrow Cu + H_2SO_4 + \frac{1}{2}O_2 \tag{12-22}$$

（3）生产硫酸镍。脱除铜、砷、锑、铋后母液中含有约 45 g/L 的镍和 300 g/L 的硫酸。通过蒸发浓缩使硫酸镍溶液饱和，然后降温结晶得到粗硫酸镍，结晶后液中仍有 7 g/L 的硫酸镍，若杂质含量达标可返回电解车间使用。

12.4.3　铜电解的电解槽结构

铜电解精炼槽由长方形的钢筋混凝土槽体加内衬构成，内衬为铅皮或聚氯乙烯塑料，起到防腐蚀作用，设有供液管、出液管、放阳极泥孔和放液孔等。电解厂房由多台电解槽构成，如图 12-7 所示。

图 12-7　铜电解精炼厂房

铜电解精炼阳极为大耳阳极铜，阴极为纯铜始极片。阴极始极片质量对于电解的稳定、电解铜质量非常重要。始极片通常比阳极铜板略大，不同厂家规格尺寸不一样，一般长 1010~1060 mm，宽 980~1030 mm，厚度 0.7~1.0 mm。

12.4.4　铜电解精炼技术参数

提高电解液温度，黏度降低，有利于阳极泥沉降，减少电阻与电能消耗。此外，有利于消除阴极附近铜离子的严重贫化，使铜可以在阴极上均匀析出，防止杂质在阴极上放电。但是电解液温度过高，会加速添加剂的消耗，加剧铜在电解液中的化学溶解，增大电解液的蒸发损失，使电解液浓度上升。目前工业电解一般控制在 58~65 ℃。

电流密度与生产效率和能耗关系密切，提高电流密度可以提高生产率，但会使两极极化增大，槽电压增高。电流密度一般控制在 220~270 A/m^2。

铜电解精炼的极距指两同名电极间的距离，其大小直接关系生产率和能耗。极板少，极距大，会造成产量低、能耗高；极距小则易发生短路，增大阳极泥与阴极附着概率。小型电解槽阳极板的极距为 75~90 mm，大型槽极板极距为 95~115 mm。

槽电压由电解液电阻、导体电阻和浓差极化引起的电压降组成，一般为 0.3~0.43 V。

电解液的循环速度大小取决于电流密度和循环方式等。电流密度较大时需要加大循环速度以减少浓差极化，但循环速度过快会使阳极泥扬起，污染阴极且贵金属损失增加。

12.4.5　铜电解精炼指标

目前工业电解槽的直流电耗（以铜计）为 230~260 kW·h/t，电流效率 97%~98%，残极率 14%~24%，直接回收率 76%~82.55%，电解总回收率 99.6%~99.9%，硫酸消耗（以铜计）2~9.9 kg/t，蒸汽消耗（以铜计）0.6~1.2 t/t。

12.5　镁电解制备技术

镁电解以无水氯化镁或无水光卤石（KCl·MgCl$_2$）为原料、MgCl$_2$-NaCl-KCl（-CaCl$_2$-LiCl-BaCl$_2$）为电解质、炭素为阳极、钢为阴极，在 680~720 ℃通入直流电进行电解，阳极产物为氯气，阴极为液态金属镁。以光卤石为原料时，电解质组成为 5%~15%MgCl$_2$、5%~15%NaCl、70%~85%KCl（质量分数），电解温度为 680~720 ℃；以氯化镁为原料时，电解质组成为 12%~15%MgCl$_2$、5%~8%KCl、40%~45%NaCl、38%~42%CaCl$_2$，电解温度为 690~720 ℃。添加 LiCl 可提高电解质电导率，添加 BaCl$_2$ 能增加电解质的密度。

12.5.1　电解槽结构

由于镁电解时金属漂浮于电解质上方，需要防止阳极产生的 Cl$_2$ 向上逸出遇到金属发生反应，为此，镁电解槽两极间需加有隔板或采取特殊结构，防止金属氯化损失。镁电解槽型分为有隔板槽、无隔板槽、道屋槽和双极性槽等，其结构与电解质流动、电极配置和产物收集系统等有关。

有隔板镁电解槽也称为埃奇槽，如图 12-8 所示。为了防止阳极气体氧化阴极金属，在阴极和阳极之间设有隔板，且隔板极距大，在 5~12 cm 之间，电解氯化镁能耗（以镁计）为 14.8~15.8 kW·h/kg，电解光卤石能耗（以镁计）为 17.0~17.5 kW·h/kg。

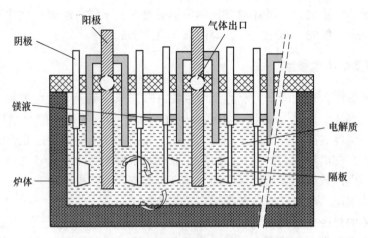

图 12-8　上插阳极隔板槽结构简图（埃奇槽）

无隔板电解槽也叫阿尔肯槽，该槽设计有电解室和集镁室，阿尔肯槽的电流效率可以达到 90%~93.2%，直流电耗（以镁计）13000 kW·h/t[14]。

道屋槽电流强度可达 200 kA，该槽将钢制阴极呈倒锥式焊接在槽壳内壁上，阳极呈楔形插在两阴极之间，两极间无隔板，电解时用燃气加热。道屋槽采用带 1.5~2 个结晶水的 $MgCl_2$ 为原料，具有阳极消耗量大（100 kg/t）、渣量大（180~320 kg/t）、能耗高（17600~19400 kW·h/t）和电流效率低（75%~85%）的缺点，但 $MgCl_2$ 不需要完全脱水，道屋槽曾生产过全球 35%的镁。

双极性电解槽，阳极为石墨，阴极为钢板，双极性电极为石墨，这种电解槽极距 4~25 mm，电解温度 655~670 ℃，电流密度 0.3~1.5 A/cm²，能耗（以镁计）为 10000~12000 kW·h/t[10]。

12.5.2　氯化镁原料

制备无水氯化镁的原料有菱镁矿、氧化镁、氯化镁水溶液和光卤石等。以菱镁矿为原料制备无水氯化镁采用加碳氯化工艺，生产过程涉及菱镁矿煅烧和氧化镁氯化，煅烧反应温度一般低于 800 ℃，氯化温度为 800~1000 ℃，主要反应为：

煅烧：$$MgCO_3 \longrightarrow MgO + CO_2 \tag{12-23}$$

氯化：$$3MgO + 2C + 3Cl_2 \longrightarrow 3MgCl_2 + CO_2 + CO \tag{12-24}$$

从氯化镁水溶液中制取无水氯化镁包含溶液净化、浓缩和脱水三步。氯化镁脱水有氯化氢气氛脱水和高温氯气气氛脱水两种。

光卤石（$KCl \cdot MgCl_2 \cdot 6H_2O$）脱水分两步，首先在 120~140 ℃脱去部分结晶水，得到 $KCl \cdot MgCl_2 \cdot 2H_2O$，再在 750~820 ℃脱水，得到熔融光卤石 KCl-$MgCl_2$ 熔盐，可直接用于电解。

12.5.3　熔盐结构与性质

$MgCl_2$ 电解的电解质体系有 $MgCl_2$-NaCl-KCl 和 $MgCl_2$-NaCl-KCl-$CaCl_2$ 体系，前者电解光

卤石，KCl 含量很高，后者电解无水 $MgCl_2$、NaCl 和 $CaCl_2$ 含量较高，两者电解温度均为 680~720 ℃。不同温度下不同组成电解质的物理化学性质不同。

12.5.3.1 熔盐结构

电解质中碱金属氯化物 NaCl 和 KCl 是离子晶体，熔盐中能够完全电离。而 $MgCl_2$ 具有部分离子键和共价键，熔融 $MgCl_2$ 不能完全电离，存在 Cl^-、$MgCl^+$ 和/或 $MgCl_3^-$。$CaCl_2$ 和 $BaCl_2$ 熔化时分两步电解，生成 $CaCl^+$、Ca^{2+}、$BaCl^+$、Ba^{2+} 和 Cl^-。

单一 $MgCl_2$ 熔盐中没有 Mg^{2+}，而熔融光卤石 $KCl\text{-}MgCl_2$ 中存在 K^+、Mg^{2+}、$MgCl_3^-$ 和 Cl^-。$MgCl_2$ 含量较低的熔融 $KCl\text{-}MgCl_2$ 中，除了 K^+、Mg^{2+}、$MgCl_3^-$ 和 Cl^- 外，还有 $MgCl_4^{2-}$ 离子团。$KCl\text{-}CaCl_2$ 熔盐中还存在 $CaCl_3^-$ 离子团。因此，$MgCl_2\text{-}NaCl\text{-}KCl\text{-}CaCl_2$ 熔盐电解质中存在的离子有[15]：简单离子 Na^+、K^+、Ca^{2+}、Mg^{2+} 和离子团 $MgCl^+$、$MgCl_3^-$、$CaCl^+$、$CaCl_3^-$、$MgCl_4^{2-}$。

12.5.3.2 初晶温度

初晶温度和电解质组成有关。$MgCl_2\text{-}NaCl\text{-}KCl$ 体系有三个共晶点，共晶温度分别为 400 ℃、385 ℃ 和 400 ℃，其所对应的 $MgCl_2$ 含量很高，不适宜采用。

采用较低 $MgCl_2$ 含量的电解质（$5\%\sim15\%MgCl_2$、$5\%\sim15\%NaCl$、$70\%\sim85\%KCl$），其初晶温度范围是 600~650 ℃。而含较高 $MgCl_2$ 含量的电解质（$12\%\sim15\%MgCl_2$、$5\%\sim8\%KCl$、$40\%\sim45\%NaCl$、$38\%\sim42\%CaCl_2$）的初晶温度范围是 570~640 ℃。一般地，镁电解温度高于电解质初晶温度 30~100 ℃，且高于金属镁的熔点。

12.5.3.3 密度

不同的电解质组成和温度，其密度变化较大。在 700 ℃ 时，$KCl\text{-}MgCl_2$、$NaCl\text{-}MgCl_2$ 熔盐的密度在 $1.551\sim1.702\ g/cm^3$ 之间，大于该温度下液态金属镁的密度（$1.48\ g/cm^3$）。由于金属镁密度较低，镁漂浮于电解质上方，两者密度差越大越有利于电解质和镁的分离。电解质和镁的密度差在 $0.03\sim0.12\ g/cm^3$ 比较适宜。电解质中 $CaCl_2$ 和 $BaCl_2$ 含量增加可增大电解质密度，而添加 LiCl 可降低电解质密度。

12.5.3.4 黏度

电解质黏度直接影响液态金属和电解质的分离，电解质黏度越小越有利金属的分离。$NaCl\text{-}KCl$ 为离子熔体，能完全电离为简单离子，故黏度与组成呈较好线性关系。而含有 $MgCl_2$ 的 $MgCl_2\text{-}NaCl$ 和 $MgCl_2\text{-}KCl$ 在某一组成时，生成配合离子团，配合离子团半径大小直接影响电解质的黏度。$MgCl_2\text{-}NaCl\text{-}KCl$ 熔盐中添加 $CaCl_2$ 时，黏度将增大。

在 NaCl、$MgCl_2$、KCl 和 $CaCl_2$ 中，$MgCl_2$ 黏度最大。电解温度下，$NaCl\text{-}MgCl_2\text{-}KCl\text{-}CaCl_2$ 电解质体系的黏度在 $0.85\sim5.4\ mPa\cdot s$ 之间，体系的黏度随 $MgCl_2$ 含量增大而增大。

12.5.3.5 电导率

不同组成不同温度下，$NaCl\text{-}MgCl_2\text{-}KCl\text{-}CaCl_2$ 电解质体系的电导率为 $1.41\sim2.94\ S/cm$。电导率随 NaCl 含量增加而增大，随 KCl 含量增加而降低，$CaCl_2$ 含量变化对电导率影响较小。

12.5.3.6 蒸气压

蒸气压高低影响电解质的挥发程度，蒸气压大的组分易于挥发。具有离子键构型的盐沸点高而蒸气压低；具有共价键构型的盐蒸气压高。电解质组成中，$MgCl_2$具有部分离子键和共价键，其蒸气压较高；$NaCl$ 和 KCl 全为离子键，蒸气压较低；$CaCl_2$ 和 $BaCl_2$ 更低。

12.5.3.7　表面性质

镁电解时，液态金属镁漂浮在电解质上方，电解质与电极材料、液态金属镁和空气之间存在气、固、液三相。当镁-空气界面张力大于电解质-空气界面张力时，镁表面有电解质覆盖保护，起到防止空气氧化作用。单一熔盐在其熔化温度下表面张力最大的是 $CaCl_2$，其次是 $NaCl$ 和 KCl，最小的是 $MgCl_2$。$MgCl_2$ 和 KCl 含量增加，电解质表面张力下降，有利于保护液态金属，防止其与空气接触而被氧化；$NaCl$ 含量增加，电解质表面张力增大，电流效率降低；$CaCl_2$ 含量较低时对表面张力影响较小，大于 30% 时，电解质表面张力随其含量增加而增大。常用的 $NaCl$-$MgCl_2$-KCl-$CaCl_2$ 电解质在电解温度下的表面张力在 $0.0684 \sim 0.1212$ N/m 之间。

12.5.4　镁电解技术参数

12.5.4.1　分解电压

$NaCl$-$MgCl_2$-KCl-$CaCl_2$($-LiCl$-$BaCl_2$) 体系中，各组分的理论分解电压均高于 $MgCl_2$ 理论分解电压，可以控制电解过程只发生 $MgCl_2$ 电解。马尔科夫（Markov）给出不同温度下的 $MgCl_2$ 理论分解电压与温度关系[10]：

$$E_{MgCl_2}^{\ominus} = 2.554 - 0.66 \times 10^{-3}(T - 718) \tag{12-25}$$

电解过程采用的电解质为多组分熔盐，$MgCl_2$ 在熔盐体系中的实际分解电压（E_{MgCl_2}）与其在电解质中的活度 a 有关

$$E_{MgCl_2} = E_{MgCl_2}^{\ominus} - \frac{RT}{2F}\ln a_{MgCl_2} \tag{12-26}$$

$MgCl_2$ 熔盐中加入 $NaCl$ 和 KCl，生成 $MgCl_3^-$，特别是添加 KCl 可以生成稳定的 $KMgCl_3$，$MgCl_2$ 活度降低，分解电压升高。若 $MgCl_2$ 的含量较低（<5%）时，其分解电压接近碱金属氯化物的分解电压，不利于电解进行，故电解时 $MgCl_2$ 含量一般在 10% 以上。

12.5.4.2　槽电压

槽电压是指电解槽阴极和阳极之间的电压，包括理论分解电压、阴阳极过电位和阴阳极之间的欧姆电压降，由式（12-10）和式（12-11）可得：

$$U_{槽} = E_{MgCl_2} + \sum IR = E_{MgCl_2}^{\ominus} + \nu_+ + \nu_- + \sum IR \tag{12-27}$$

式中，E_{MgCl_2} 为 $MgCl_2$ 的实际分解电压，V；ν_+、ν_- 分别为阳极和阴极的过电压，V；I 为电解电流，A；R 为电解槽阴阳极之间欧姆电阻，Ω。

表 12-1 所列为 100 kA 镁电解槽其各部分电压分配。

表 12-1　100 kA 镁电解槽的电压分布

部位	阳极	阴极	阳极母线	阴极母线	槽间母线	电解质	分解电压	槽电压
电压降/V	0.78	0.20	0.08	0.08	0.05	2.20	2.75	6.14

12.5.5　镁电解技术评价指标

12.5.5.1　电流效率

镁电解的电流效率是实际产量占理论产量的百分数，表达式如下：

$$\eta = \frac{M_{实}}{Q_{实}} \times 100\% = \frac{M_{实}}{0.4534It} \times 100\% \tag{12-28}$$

现代镁电解工业的电流效率为85%左右，影响电流效率的因素主要有：

（1）金属镁的氧化损失。电解过程中，漂浮在上方的金属镁被空气氧化，造成损失；阳极气体无序上涌，造成电解质"沸腾"，金属氧化（或氯化）损失加大，电流效率降低。

（2）杂质离子放电。电解质中析出电位较正的铁、硼、锰、钛、硅等杂质离子在阴极放电，降低电流效率。当 $MgCl_2$ 含量较低时，$MgCl_2$ 分解电位增大，电解质中的钠、钾在阴极放电析出，降低电流效率。电解原料潮湿带入水分，一是水解生成 MgO 恶化阴极表面，二是在阴极析出氢气，两种情形均降低电流效率。

镁电解质中硼的质量分数为 0.001%~0.002%，会使镁珠极度分散，并且硼会沉积在钢阴极上，使其表面生成坚固的钝化膜，从而使电流效率降低到 50%~60%。

（3）金属镁溶解损失。金属镁和氯气在 $MgCl_2$-NaCl-KCl-$CaCl_2$ 电解质熔盐中均能溶解。800 ℃时，镁的溶解度（质量分数）为 0.011%~0.089%；不同组成和温度的电解质中，Cl_2 的溶解度为 2.5×10^{-7}~26×10^{-7} mol/cm^3[15]。随着温度升高，溶解到电解质中的金属增多，其被阳极气体氧化增大，电流效率降低。一般地，在 680~800 ℃、阳极高度80 cm、极距8 cm、电流密度 0.5 A/cm^{2}下电解，温度每升高 10 ℃，电流效率降低 0.8 个百分点。

12.5.5.2　电能效率

生产 1 t 金属镁的直流能耗与电解槽的平均槽电压和电流效率关系是：

$$\omega' = \frac{M_{实}}{Q_{实}} = \frac{U_{平}}{0.4534\eta} = \frac{2210U_{平}}{\eta} \tag{12-29}$$

镁电解电能效率可由理论能耗和实际能耗比计算，计算公式为：

$$\xi' = \frac{0.4534\Delta H_T \times \eta}{24 \times 3600 \times U_{平}} \times 100\% \tag{12-30}$$

式中，ΔH_T 为 $MgCl_2$ 在温度 T 时的分解热，J/mol。

设有隔板镁电解槽在 700 ℃ 电解的电流效率 $\eta = 84\%$，平均槽电压 $U_{平} = 6.45$ V，700 ℃的分解热为 $\Delta H_{700℃} = 596.96$ kJ/mol，计算可知，其电能效率为 $\xi' = 40.8\%$。

12.5.6　镁电解技术的优点和不足

目前，工业生产金属镁的主要方法有皮江法和电解法[10]。皮江法炼镁为间歇性生产，而电解法炼镁可实现连续生产。但是 $MgCl_2$ 电解使用的原料无水 $MgCl_2$ 制备工艺复杂，成本较高。国内主要采用皮江法炼镁。

12.6　锂电解制备技术

熔盐电解法制备锂以 45%~55%LiCl-KCl 为电解质、石墨作为阳极、低碳钢作为阴极，在 400~460 ℃电解，阴极产生金属锂，阳极生成氯气。

12.6.1 锂电解技术参数

LiCl 的理论分解电压为 3.68 V，理论能耗（以锂计）14200 kW·h/t，但电解时的槽电压为 5.5~6.5 V，实际能耗（以锂计）达到 28000~35000 kW·h/t，电流效率为 70%~90%，金属纯度为 96%~98%。

12.6.2 锂电解的电解槽结构

锂电解槽分为有隔板电解槽、无隔板电解槽和无内衬无隔板电解槽三种。

有隔板电解槽采用与 NaCl 电解相同的唐斯电解槽。唐斯槽是唐斯（Downs）发明的用于电解 NaCl-CaCl$_2$ 熔盐制备金属钠的冶金反应器。由于锂电解采用的电解质 LiCl-KCl 与钠电解质相似，因此唐斯法也用于金属锂电解。唐斯槽槽体用铸铁制成，内侧衬有绝缘材料，槽内部有 4 支石墨阴极管，管内为圆柱形石墨阳极，阴极和阳极有钢丝筛网隔板隔开，阳极气体和阴极产品各自进入电解室和集锂室，阴极固定在电解槽侧部的支撑臂上。唐斯槽结构如图 12-9 所示[16]。

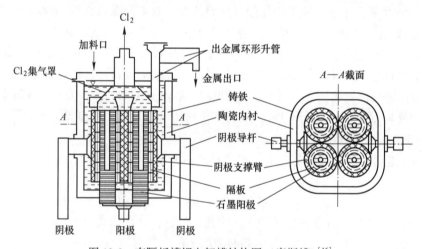

图 12-9 有隔板槽锂电解槽结构图（唐斯槽）[16]

无隔板电解槽，内部为钢制槽壳，阴极固定在槽底与电解槽连成一体，阳极从顶部插入，电解槽上方有气体和产物出口，如图 12-10 所示。此类槽型需要用气体火焰对电解槽的外部进行加热，外部耐火层有燃气/燃料喷口和烟气出口。

有隔板槽产能大，吨锂能耗低，电流效率高，为 80%~85%，但寿命短，仅为半年；而无隔板槽产能较小，吨锂能耗高，电流效率低，为 70%~80%，但槽寿命长达 15~20 年。两种电解槽的锂纯度可达 97%~98%，主要杂质是 K 0.2%~0.3%、Na 0.8%~1.0%、Mg 0.3%~0.5%。

无内衬无隔板锂电解槽的槽壳由钢板制成，石墨阳极在圆筒形钢制阴极中心，电解质上方有集锂室，集锂室通过溜槽与圆桶锂液隔离罩连通，生产出来的锂液流入锂液隔离罩中，最后通过出锂口放出金属。此电解槽其他指标和前两者相似，但电流效率较高，可达 90%。

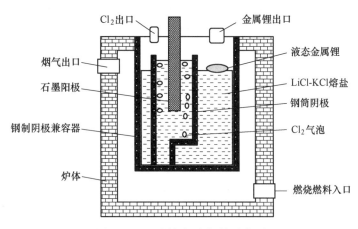

图 12-10　无隔板锂电解槽示意图

金属锂的生产有金属热还原和熔盐电解两种方法，熔盐电解是制备工业纯锂最经济的方法。

12.7　稀土电解制备技术

稀土金属冶炼有熔盐电解法和金属热还原法。轻稀土镧、铈、镨、钕及镨-钕主要采用熔盐电解法，其他中重稀土采用金属热还原法生产。熔盐电解法又分为氯化物（$RECl_3$-KCl）电解和氟化物-氧化物（REF_3-LiF-RE_2O_3）电解两种技术。

12.7.1　氯化物稀土电解

氯化稀土电解一般用于制备熔点低于 1000 ℃ 的稀土金属及中间合金，电解质为 $RECl_3$-KCl、阳极为石墨、阴极为钨棒（或钼棒），电解温度通常高于该金属熔点 50~100 ℃。

电解温度下，由于 KCl 和 $RECl_3$ 分解电压相近、LiCl 成本较高，故而一般用 $RECl_3$-KCl 体系。$RECl_3$-KCl 体系中 $RECl_3$ 含量为 35%~48%，浓度过低时，K^+ 等也在阴极还原共析出；浓度过高时，稀土金属在自身熔盐中的溶解度增大，不但影响电解质性质，还降低了电流效率。

电解温度视生产的对象金属而定，温度过高会加速电解出金属的再溶解和熔盐的挥发；温度过低会使电解质黏度变大，影响金属在电解质中沉降，不利于金属分离。一般地，制取混合稀土金属为 870 ℃、铈为 870~900 ℃、镧为 920 ℃、镨为 930 ℃。

阳极电流密度为 1 A/cm^2，阴极电流密度为 3~6 A/cm^2，极间距为 6~11 cm。

氯化物电解电流效率一般不太高，主要是因为稀土金属在其自身的氯盐体系 $RECl_3$ 中溶解度太高，如镧、铈、镨、钕和钐的溶解度（摩尔分数）分别为 12%（1000 ℃）、9%（900 ℃）、22%（927 ℃）、31%（900 ℃）和 30%（850 ℃）。

氯化物稀土电解产生氯气，需要回收处理，电解质吸潮，渣量大，电流效率低。

12.7.2　氟化物-氧化物稀土电解

镧、铈、镨、钕等金属氟化物-氧化物电解的电解质为 REF_3-LiF-BaF_2-RE_2O_3，其中

REF$_3$-LiF-BaF$_2$是溶剂，RE$_2$O$_3$是溶质，LiF是添加剂起到降低电解质初晶温度和提高电导率的作用，电解温度一般高于生产金属熔点50～100 ℃。REF$_3$-LiF用于电解Pr$_6$O$_{11}$和Nd$_2$O$_3$生产镨和钕；REF$_3$-LiF-BaF$_2$用于电解La$_2$O$_3$和CeO$_2$生产镧和铈。

氧化物稀土电解产生CO$_2$无须处理回收，不吸潮，电流效率高。

12.7.2.1 熔盐结构与性质

A 熔盐结构

富NdF$_3$的NdF$_3$-LiF熔盐中存在八面体结构的NdF$_6^{3-}$离子团和四面体结构的NdF$_4^-$离子团，温度升高、LiF含量增加，NdF$_6^{3-}$离子团稳定性减弱；加入Nd$_2$O$_3$后，生成八面体结构的Nd-F-O配合离子：NdOF$_5^{4-}$和Nd$_2$OF$_{10}^{6-}$[17-19]。NdF$_3$-LiF熔盐中，LiF对氧化稀土的溶解影响不大，主要是NdF$_3$对Nd$_2$O$_3$溶解影响较大，富LiF的NdF$_3$-LiF稀熔盐中含Nd$_2$F$_7^-$，加入Nd$_2$O$_3$后，生成Nd$_2$O$_2$F$_4^{2-}$。

B 初晶温度

组成为83NdF$_3$-17LiF（质量分数，%）熔盐，其初晶温度为763 ℃，而钕电解温度为1050 ℃（钕熔点1024 ℃），电解时过热度很高，电解质挥发严重，由于LiF的蒸气压大，在长期电解过程中须加以补充。

C 密度

在950～1000 ℃下，含25%～50% NdF$_3$的NdF$_3$-LiF熔盐体系的密度在4.45～4.69 g/cm^{3}之间变化。添加Nd$_2$O$_3$后，NdF$_3$-LiF-Nd$_2$O$_3$体系的密度增大。BaF$_2$和NdF$_3$含量增加电解质密度增大，而LiF含量增加电解质密度减小。但由于金属的密度较大，电解质的密度不会影响稀土电解过程。

D 黏度

黏度大，金属液滴同电解质难分离，阳极气体逸出受到的阻力大，难以排出，也不利于电解渣泥的沉降，还会阻碍电解质的循环和离子扩散，也影响电解的传热、传质。BaF$_2$和NdF$_3$含量增大电解质黏度增大，而LiF含量增大电解质黏度减小。

E 氧化物溶解度

La$_2$O$_3$在800～950 ℃的LaF$_3$-LiF-BaF$_2$体系中的溶解度（摩尔分数）为0.61%～1.0%；在447～995 ℃的Li-NaF-KF体系中溶解度（摩尔分数）为1.5%～6.0%。Li-NaF-KF共晶熔盐添加AlF$_3$后，La$_2$O$_3$在755～978 ℃的Li-NaF-KF-AlF$_3$体系中的溶解度（摩尔分数）高达9.5%～13.0%。

Nd$_2$O$_3$在1050～1150 ℃的NdF$_3$-LiF体系中的溶解度（摩尔分数）为1.0%～2.0%，在800～900 ℃的NdF$_3$-LiF-BaF$_2$体系中的溶解度（摩尔分数）为1.7%～2.6%，而在750～900 ℃的NdF$_3$-LiF-MgF$_2$体系中的溶解度（摩尔分数）仅为0.08%～0.38%。

Y$_2$O$_3$在750～1100 ℃的YF$_3$-LiF体系中的溶解度（摩尔分数）为0.11%～2.1%。CeO$_2$在800～950 ℃的CeF$_3$-LiF-BaF$_2$体系中的溶解度（摩尔分数）为0.61%～1.0%，在1005～1030 ℃的NaF-AlF$_3$体系中的溶解度（摩尔分数）为1.2%～1.4%[19-20]。

12.7.2.2 氟化物-氧化物稀土电解槽

稀土电解槽规格为3～20 kA等槽型，目前正向25 kA发展。电解槽按形状分为圆形和方形两种，其中圆形电解槽槽体由圆柱形石墨加工而成，内配置一根钨阴极和圆形石墨阳极，电解槽大小由石墨圆柱直径决定；方形电解槽由石墨砖围砌而成或一体化坩埚制成。

设计不同，电解槽的极距和阴极电流密度也不同，一般极距为 $7\sim15$ cm，阴极电流密度为 $5\sim7$ A/cm^2，阳极电流密度为 $0.5\sim1.5$ A/cm^2。图 12-11 所示为万安培级别的稀土电解槽结构简图。

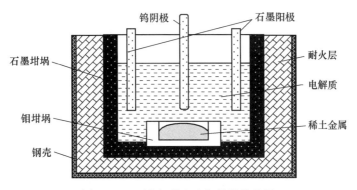

图 12-11　万安级稀土电解槽结构简图

12.7.2.3　氟化物-氧化物稀土电解技术参数

电解温度要根据液态金属熔点和电解质初晶温度而定。电解温度太高则会导致金属溶解度增大、电解质挥发严重、电解质流动加剧、二次反应增加，从而导致电流效率降低；反之会造成熔体黏度增大、金属聚集不良、稀土氧化物溶解度下降。

电解质成分决定了电解质的黏度、导电率，以及氧化物在其中的溶解度。通常氧化物电解工艺的电解质中加入质量分数 11%~22% 的 LiF（见表 12-2），以得到合适的黏度和电导率。电解金属镧、铈和混合轻稀土时，电解质中添加 $BaCl_2$，能适当改进电解质的性能。

表 12-2　某些稀土金属电解工业实验的工艺条件及技术经济指标[21]

项　目		镧	铈	镨	钕	钇	镨-钕	混合
电解质（质量分数）/%	REF$_3$	60	73	53	87	55	87	50
	BaF$_2$	27	15	47	13	45	13	30
	LiF	13	12	—	—	—	—	20
电解温度/℃		950	885±15	1030	1035	1370	1115	950
阴极电流密度/A·cm^{-2}		15.0	32.0	6.0	7.0	31.4	9.6	8.0
平均槽压/V		12.0	11.0	19.0	8.6	27.0	24.0	8.5
电解槽气氛		惰性	敞口	惰性	敞口	—	惰性	—

适宜的阴极电流密度可促进金属在阴极上的凝聚和沉降，减少金属在熔体中的二次反应。阴极电流密度过大时阴极区过热，金属溶解损失和二次反应加剧，电流效率降低，过低则影响生产效率。较适宜的阴极电流密度为 $5\sim7$ A/cm^2。

极距增大可提高电流效率，但会导致熔体欧姆电阻增大，能耗增加，较适宜的极距为 $7\sim15$ cm。

稀土电解过程需要不断加入氧化稀土原料，稀土电解中氧化物的溶解度较低，氧离子浓度低导致氟离子参与放电，在炭阳极上发生频繁的阳极效应，产生大量 CO 和少量 CF_4 及 C_2F_6，下料时应少加勤加。加料应在保证熔盐中氧化稀土含量在溶解度范围内，稀土氧化物过饱和会使其沉积在槽底，造成槽底上涨；稀土氧化物浓度过低会发生阳极效应，电流效率下降，能耗增高。

12.7.2.4　氟化物-氧化物稀土电解电能效率

稀土电解的电能效率为理论上应该消耗的能量和实际消耗能量之比，计算公式为

$$\xi' = \frac{\psi_{RE} \times \Delta H_T \times \eta}{24 \times 3600 \times U_{\Psi}} \times 100\% \tag{12-31}$$

式中，ψ_{RE} 为某稀土金属的电化学当量；ΔH_T 为氧化稀土在温度 T 下使用炭阳极或惰性阳极时的分解热，J/mol。

12.7.3　稀土合金电解制备

电化学共沉积是生产合金常用的方法，该法常用于制备稀土镁合金、稀土铝合金和钕铁合金等。

12.7.3.1　电解制备钇-镁（Y-Mg）合金

生产 Y-Mg 合金有氯化物体系和氟化物体系两种，氯化物电解用电解质由 YCl_3 基础电解质中添加少量的 $MgCl_2$ 构成，即 YCl_3-KCl-$MgCl_2$（含 25%~35% YCl_3、5% $MgCl_2$）。阳极为石墨、阴极为钨（钼），电解温度为 850 ℃±10 ℃，此温度下 YCl_3 和 $MgCl_2$ 的分解电压相差 0.15~0.2 V，可以电解出较适宜的合金成分，Y-Mg 合金中钇含量可达 65% 以上。

氟化物电解以 LiF-YF_3-Y_2O_3 为电解质，低熔点液态金属镁为阴极，石墨为阳极，电解温度为 760~820 ℃，阳极生成 CO_2，阴极得到 Y-Mg 合金或金属间化合物。用该方法可以制备钇、镧、铈、镝和钆等稀土镁合金。

12.7.3.2　电解制备稀土铝（Al-RE）合金

Al-RE 采用铝电解的冰晶石-氧化铝-稀土氧化物熔盐体系，以炭素为阳极、铝为阴极，在铝电解温度下进行，通过稀土元素和铝共沉积或铝热还原生产 Al-RE 合金。

电解质的摩尔比为 2.4~2.8，添加剂为 CaF_2 或/和 MgF_2，稀土氧化物添加量视其在熔盐中的溶解度而定，一般为 1%~4%，电解温度为 960 ℃±30 ℃。由于 Al_2O_3 和稀土氧化物的分解电位相近（差值仅为 0.1~0.3 V），如 970 ℃ 时 Y_2O_3 和 Al_2O_3 的分解电压分别为 2.459 V 和 2.188 V，且采用阴极析出产物铝为液态，对稀土元素的电化学析出具有去极化效果。视不同稀土而异，此法电解可得到稀土含量 0.1%~10% 的 Al-RE 合金。在 20% LiF-80% YF_3 熔盐体系中电解 Y_2O_3 和 Al_2O_3，可制得含 10% Y 的 Y-Al 合金。

12.7.3.3　电解制备钕-铁（Nd-Fe）合金

Nd-Fe 合金采用自耗阴极电解法生产，即以含合金元素 Me（铁、钴、镍、铜等）的固态金属为阴极，在 30% $NdCl_3$-70% KCl 或 83% NdF_3-17% LiF 熔盐体系中电解，在阴极上形成熔点低于电解温度的 Nd-Me。在氯化物和氟化物熔盐中的电解温度分别为 720~780 ℃ 和 960~980 ℃，阴极电流密度为 7~15 A/cm²，合金中钕含量可达 90%。在 1000~1080 ℃ 的 LiF-DyF_3-Dy_2O_3 熔盐中以铁棒为阴极，可得到 Dy-Fe 合金。

12.7.4 稀土电解技术的优点和不足

熔盐电解法生产稀土金属纯度高，可连续生产，效率高；在制备稀土镁合金、稀土铝合金等材料时，可直接从原料到产品，流程短，且易获得成分可控的目标合金产品。

由于稀土电解的温度要高于稀土的熔点，电解温度较高，热损失大，电能利用率低；同时由于稀土氧化物在熔盐中的溶解度较低，容易发生阳极效应，单位金属产量的温室气体排放量较大。

12.8 难熔金属电解制备技术

难熔金属通常是指元素周期表中ⅣB、ⅤB、ⅥB族，包括钛、锆、铪、钒、铌、钽、铬、钼等熔点高于 1650 ℃的金属。目前难熔金属主要采用热还原法进行工业化生产。

12.8.1 钛电解

12.8.1.1 熔盐电解钛研究基础

在 600~720 ℃ 的 NaCl-KCl 或 NaCl-KCl-LiCl 氯化物体系中，$TiCl_4$ 的溶解度（质量分数）仅为 0.4%~0.52%[22]，其电化学还原反应历程为：Ti(Ⅳ)→Ti(Ⅱ)→Ti，氯化物熔盐体系没有三价钛 Ti(Ⅲ)。工业试验中需要采用双室电解槽，防止 $TiCl_2$ 在两极之间循环氧化还原，同时阴极面积要尽量大以便能够与气态 $TiCl_4$ 接触，电流密度要高以保证一定的电流效率，否则很难电解得到金属钛。如电流密度小于 50 mA/cm² 时，在 450~480 ℃ 的 NaCl-KCl-LiCl 熔盐中电解，未得到金属 Ti。

在 NaCl-KCl-K_2TiF_6、NaCl-K_2TiF_6、LiF-BeF_2-ZrF_4 或 FLINAK-ZrF_4/K_2TiF_6（FLINAK 为 LiF、NaF 和 KF 共晶组成（摩尔分数）46.5%LiF-11.5%NaF-42.0%KF）等含有氟化物的体系中电解时，钛电化学还原反应历程为：Ti(Ⅳ)→Ti(Ⅲ)→Ti，氟化物熔盐体系中没有二价钛 Ti(Ⅱ)[23-24]。

在 SiO_2-NaO-CaO-MgO-TiO_2 熔盐中进行电解时，Ti(Ⅴ) 的电化学还原历程和在纯氯化物熔盐中相同。在 NaCl-KCl 或 $CaCl_2$ 熔盐中以 TiO_2 为原料进行电脱氧制备金属钛，四价钛 Ti(Ⅴ) 的阴极还原过程也是分步进行。在有氟钛酸盐的 KI-KF 熔盐中可以电沉积出金属钛，而在纯碘盐 NaI-KI 中无法电解出金属钛。

12.8.1.2 工业试验

20 世纪五六十年代，$TiCl_4$ 氯化物熔盐体系电解制备金属钛的工业试验做过很多研究，近年来鲜有研究和报道。新开发的金属钛熔盐电解方法有 DC-ESR、FFC、OS、USTB 和 EMR/MSE 等各种方法，这些技术取得重要进展，有些完成工业试验或进行小规模生产，有些仍在中试阶段，但仍未大规模应用。

12.8.1.3 海绵钛电解精炼

钛电解精炼是将含有杂质的粗金属钛（如海绵钛等）制成阳极，以钢为阴极、以含 1.5%~5% 的低价氯化钛 $TiCl_2$ 或 $TiCl_3$ 的 NaCl-KCl 或 NaCl 为电解质，在 800~850 ℃ 进行精炼，阳极发生溶解以 Ti(Ⅱ) 或 Ti(Ⅲ) 配合离子形式进入电解质后在阴极还原析出，实现金属钛的提纯。

阳极中比钛电位正的金属不溶解；氧杂质以 TiO_2、Ti_2O_3 的形式进入渣中，游离碳漂浮在电解质上方；氮化物、碳化物、铁、镍、铜和锡等留在残极中；硅以 $SiCl_4$ 气体逸出。阳极中比钛电位负的金属（铝、铬、锰、钒等）以离子形态留在电解质中。用 NaCl-KCl-$TiCl_2$ 电解质体系时，电化学还原一步完成，用 NaCl-KCl-$TiCl_3$ 为电解质时，电化学还原分两步进行。电解精炼阳极和阴极的电流密度分别为 $0.1\sim0.5$ A/cm^2 和 $0.5\sim1.5$ A/cm^2，电流效率大于 90%[25]，电解精炼已用于工业生产高纯钛。

12.8.1.4 钛电解精炼槽

钛电解精炼槽用不锈钢作槽体，块状海绵钛装在带孔的不锈钢篮子里作阳极，阴极为不锈钢棒。电解槽上部有精钛出口过渡仓，仓内有托盘。随着电解的进行，当阴极钢棒上附着足够厚的产品后，阴极棒上升到过渡仓同一水平（仍在电解槽内），金属精钛被刮到托盘中，溢出电解槽外进行进一步熔炼。

12.8.2 锆电解

工业生产金属锆采用镁热还原法。

在氯化物熔盐中，Zr(Ⅲ) 没有 Ti(Ⅲ) 稳定。极谱分析发现，在 450 ℃ 的 LiCl-KCl-$ZrCl_4$ 电解质中只有 Zr(Ⅳ)，而 550 ℃ 出现 Zr(Ⅱ)。在 700 ℃ 的 LiCl-KCl-$ZrCl_4$ 熔盐中可在阴极表面沉积出锆。

和钛熔盐电解相似，当电解质中引入氟化物后，阴离子效应明显。如在 500 ℃ 的 NaCl-ZrF_4 和 FLINAK-ZrF_4 熔盐中，Zr(Ⅳ) 的还原是一步完成的 Zr(Ⅳ)→Zr；在高于 700 ℃、且含有 KF 的氟盐体系，如 FLINAK-K_2ZrF_6 熔盐中，可以电解得到性能良好的锆镀层；但在纯溴化物熔盐中电解无法得到金属锆[26]。

一般认为，电解质中没有 F^- 或 F^- 含量（质量分数）小于阴离子（Cl^-、F^-）总量的 1% 时，Zr(Ⅳ) 电化学还原历程为：Zr(Ⅳ)→Zr(Ⅱ)→Zr；当 F^- 含量（质量分数）大于阴离子总量的 1% 时，Zr(Ⅳ) 还原历程为：Zr(Ⅳ)→Zr(Ⅲ)→Zr；在纯氟化物体系或氟离子与锆离子摩尔比大于 6 时，Zr(Ⅳ) 电化学还原一步完成，其历程为：Zr(Ⅳ)→Zr。Zr(Ⅳ) 在碱金属卤化物熔盐中的稳定性随碱金属原子半径增大而增大[27]。

以 K_2ZrF_6 或 $ZrCl_4$ 为原料，20K_2ZrF_6-80NaCl 熔盐或 30K_2ZrF_6-70KCl（质量分数，%）熔盐为电解质，在石墨坩埚中以石墨为阳极，钢（钼）棒为阴极进行电沉积，可得到纯度 99.5%~99.8% 的金属锆，其中碳、氧和氮的含量分别是 0.03%~0.05%、0.06%~0.09% 和 0.01%~0.02%。电解温度 750~860 ℃，槽电压 3.5~4 V（坩埚外加热），阴极电流密度 2.5~4 A/cm^2。此工艺电解使用石墨坩埚，电解质中的碳含量处于饱和状态，导致金属中碳含量增加。因此，后来改用不锈钢坩埚[25]。该电解过程中阳极产氯气。

12.8.3 铪电解

工业生产金属铪采用镁热还原法，生产得到海绵铪后，再用范阿克耳-德布尔法（碘化物热离解法）将纯度由 99.5% 提高到 99.95%。

450 ℃ 的 KCl-LiCl 熔盐只有 Hf(Ⅳ)，在 700~900 ℃ 的 KCl-NaCl 是否存在 Hf(Ⅱ) 仍有争议。氟化物体系中 Hf-F 配合离子比氯化物熔盐中的 Hf-Cl 配合离子更稳定。在氯化物或氟化物熔盐中均能电沉积得到铪。据称 700 ℃下 FLINAK-HfCl$_4$熔盐电解的电流效率达到 90%[28]。

12.8.4 钒电解

工业生产金属钒采用钙热还原和铝热还原两种，主要用铝热还原法，该方法得到的金属铝含量较高（13%～15%），后期需要提纯，采用多道电子束熔炼可提纯到 99.93%，采用熔盐电解精炼可提纯到 99.93%，采用范阿克耳-德布尔法可提纯到 99.95%。

在 FLINAK-钒酸盐（VO$_3^-$、VO$_4^{3-}$）中电解未能得到金属钒；在 770 ℃的 FLINAK-K$_3$VF$_6$ 中电解得到致密的钒涂层；在 LiCl-NaCl-VCl$_2$ 中以 V$_2$C 为阳极，随着电解的进行 V$_2$C 变为 VC，最后变为碳，这种方法可以用来电精炼提纯钒。

12.8.5 铌电解

工业上，金属铌通过金属还原 Nb$_2$O$_5$ 或 NbCl$_5$生产，还原剂有碳、钠、铝和硅，最早的工业生产方法是钠热还原，现在主要是铝热还原，粗金属铌提纯通过电解精炼或电子束熔炼实现。

铌电解采用电解质为 LiCl-KCl-NbCl$_5$，熔盐中 Nb(Ⅴ)、Nb(Ⅳ) 和 Nb(Ⅲ) 可以稳定存在，电化学氧化还原电对 Nb(Ⅴ)/Nb(Ⅳ)、Nb(Ⅳ)/Nb(Ⅲ) 是可逆的，反应分三步，其历程为：Nb(Ⅴ)→Nb(Ⅳ)→Nb(Ⅲ)→Nb[26, 28]。

在氯化物熔盐中添加氟盐 K$_2$NbF$_7$后，Nb-Cl 配合离子转变为 Nb-F 配合离子。当电解质中氟离子浓度超过铌离子浓度 6 倍时（c_{F^-}/c_{Nb}≥6），Nb(Ⅴ) 的电化学还原为一步五电子过程，Nb(Ⅴ)→Nb。

在氟化物电解质中添加 Nb$_2$O$_5$电解，电极表面生成 NbO$_2$ 和 NbO。Nb$_2$O$_5$在氟化物熔盐中溶解生成 Nb-O-F 配合离子团（NbO$_2$F$_4^{3-}$ 和 NbOF$_6^{3-}$）。阴极反应分三步进行，其历程为：Nb(Ⅴ)→NbO$_2$→NbO→Nb。

在 FLINAK-K$_2$NbF$_7$氟化物熔盐中电沉积可以得到致密的金属铌，其还原历程有三种观点：第一种观点认为是三步过程，Nb(Ⅴ)→Nb(Ⅳ)→Nb(Ⅰ)→Nb；第二种观点认为是两步完成，Nb(Ⅴ)→Nb(Ⅲ)→Nb；第三种观点认为也是两步反应历程，Nb(Ⅴ)→Nb(Ⅳ)→Nb。由于电解质中的氟离子含量和铌离子含量不同，因此在氟化物熔盐中得到的反应机理各不相同，而这方面的研究较少，还没有定论。

但在等摩尔比 KCl-NaCl 的 KCl-NaCl-NaF-NbCl$_5$熔盐中以铌为阳极、镍为阴极电解精炼，且电解质中 Nb(Ⅴ) 浓度足够高时，即使电解质中存在三价 Nb(Ⅲ)，电流效率也接近 100%，得到 99.9%的精铌。以镍为阴极，在氟化物熔盐电解，由于电解温度较高，可得到 NbNi$_3$合金。

12.8.6 钽电解

工业生产金属钽的方法是金属钠热还原氟钽酸钾。

在氯化物 LiCl-KCl-TaCl$_5$熔盐中，低于 550 ℃电解的反应历程是：Ta(Ⅴ)→Ta(Ⅲ)→Ta；而高于 550 ℃，Ta(Ⅲ) 极不稳定。在 720 ℃时电解 KCl-NaCl-K$_2$TaF$_7$，Ta(Ⅴ) 发生

一步五电子转移反应, 即 Ta(V)→Ta, 但沉积电位很窄。氯盐-氟盐有如下平衡反应[26, 28]:

$$TaCl_n^{(n-5)-} + nF^- \Longrightarrow TaF_n^{(n-5)-} + nCl^- \qquad (12-32)$$

式中, $n = 6.6 \sim 6.8$ 时达到平衡。

氟化物熔盐 LiF-KF-NaF-K_2TaF_7 中电化学还原得到了金属钽, 其反应机理为 Ta(V)→Ta(Ⅳ)→Ta。以金属钽为阳极、石墨为阴极, 在 KCl-KF-K_2TaF_7 熔盐加入 Ta_2O_5, 电沉积得到金属钽粉。Ta_2O_5 的溶解反应为[29]:

$$3TaF_8^{3-} + Ta_2O_5 + 6F^- \Longrightarrow 5TaOF_6^{3-} \qquad (12-33)$$

在 200 ℃ 低温氯铝酸盐 $AlCl_3$-NaCl 和 $NaAlCl_4$-NaF 中电解, 阴极还原分三步, 其历程是: Ta(V)→Ta(Ⅳ)→Ta(Ⅲ)→Ta(Ⅱ)。金属钽的生成是由 Ta(Ⅱ) 发生歧化反应得到的。

苏联完成了 1000 A 的熔盐电解钽研究工作[28], 以 55%KCl-27.5%KF-17.5%K_2TaF_7 为溶剂, Ta_2O_5 为溶质 (添加量 2.5%~3%), 以石墨为阳极, 以容积为 10 L 的 Ni-Cr 合金为坩埚兼阴极, 在 680~720 ℃ 进行电解, 阴极电流密度 0.5 A/cm², 阳极电流密度 1.2~1.6 A/cm², 槽电压 6.5~7 V, 该电解电流效率达到 80%, 吨钽能耗不高, 仅为 2300 kW·h。1000 A 电解槽如图 12-12 所示, 电解过程采用外加热方式。

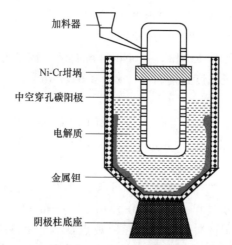

加料器

Ni-Cr 坩埚

中空穿孔碳阳极

电解质

金属钽

阴极柱底座

图 12-12 外加热式 Ta_2O_5 熔盐电解槽 (1000 A)

12.8.7 铬电解

工业上生产金属铬采用铝热还原, 铬也是唯一能在水溶液中电沉积的难熔金属。

铬酸盐 CrO_4^{2-} 可以在多种熔盐中溶解, 但很难被电化学还原为铬, 在 450 ℃ 的 LiCl-KCl 熔盐中 CrO_4^{2-} 被还原为 CrO_4^{5-}, 然后进一步分解为 CrO_3^{3-} 和 O^{2-}。CrO_4^{2-} 能在 750 ℃ 的 FLINAK 熔盐中稳定存在, 电沉积铬只能用低价态铬盐 Cr(Ⅱ) 或 Cr(Ⅲ)。在 500 ℃ 下的 LiCl-KCl-$CrCl_3$ 体系, 电化学还原分两步进行: Cr(Ⅲ)→Cr(Ⅱ)→Cr。在 LiCl-KCl-$CrCl_2$ 体系中电沉积得到的铬镀层成枝晶状, 黏附性不好。在 619~983 ℃ 的 FLINAK 中, Cr(Ⅲ) 还原为 Cr(Ⅱ) 的过程很慢, 显然采用 CrF_2 比 CrF_3 或 K_3CrF_6 更容易电沉积镀层铬。

12.8.8　钼电解

工业生产金属钼采用氢气还原高纯钼化合物实现。还原 MoO_3 得到灰青钼粉、还原 $(NH_4)_2Mo_6O_{19}$ 得到黄钼粉、还原 $(NH_4)_2Mo_2O_7$ 得到白钼粉。

在 900 ℃ 的 $NaCl$-KCl-K_3MoCl_6 体系、800 ℃ 的 KCl-K_2MoCl_6 体系均能电沉积得到钼；在 600 ℃ 的 $LiCl$-KCl-K_3MoCl_6 熔盐中，K_3MoCl_6 不稳定，会生成 $Mo_2Cl_9^{3-}$ 并进一步分解

$$Mo_2Cl_9^{3-} + 3Cl^- \Longrightarrow 2MoCl_6^{3-} \tag{12-34}$$

$$5MoCl_6^{2-} \Longrightarrow 4MoCl_5(g) + Mo(s) + 10Cl^- \tag{12-35}$$

在 750~900 ℃ 的 KF-B_2O_3、KF-$Na_2B_4O_7$ 和 $Li_2B_4O_7$ 熔盐中添加 K_2MoO_4 进行电解，可以得到性能良好的钼镀层。在 Na_2WO_4-K_2WO_4-WO_3-MoO_3 熔盐中电解可以得到单晶钼。

12.8.9　展望

由于难熔金属熔点较高，不像轻金属铝、镁、锂一样，通过电解直接得到液态金属产品，因此难熔金属的电解只能在其熔点温度以下进行，电解产物除在阴极上沉积还会弥散在电解质中，影响整个电解过程，不利于产物回收。

难熔金属无一例外具有多个价态，在电解过程中金属阳离子在阴极上会出现分步还原现象，生成的中间价态金属离子可以迁移到阳极被氧化，导致金属离子反复被氧化还原，最终造成电流效率非常低。一般地，化合价大于 3 的金属，如硅、锗等 ⅣA 族半导体金属、难熔金属和一些过渡金属等，在电化学还原过程都存在中间价态，不适宜采用电解法生产大宗金属。目前的电解冶金工业生产大宗金属，其还原过程都是一步完成得到单质金属。即使是锰电解和钛电解精炼，也需要对电解的环境进行气氛保护，保证还原过程一步进行。金属锰电解采用的电解液是 $MnSO_4$ 而不是高价态锰盐，电解液分阳极液和阴极液并用隔膜分开，且添加了抗氧化剂 SeO_2 并对其 pH 值进行控制，其目的是防止阳极液被氧化为 Mn_2O_3 和 MnO_2。钛的电解精炼也一样，使用的电解质为 $TiCl_3$ 或 $TiCl_2$，并严格控制电解气氛和条件，防止出现高价 $Ti(V)$，以简化电化学还原中间步骤。

变价金属大规模电解冶炼，其电流效率不会很高，从冶金行业的工程实践角度分析，无法和热还原竞争。难熔金属电解应该关注在微纳器件、非常规尺寸器件、元件或零部件表面电沉积镀层的应用上，用于增强材料或器件的强度、硬度、抗氧化、耐蚀耐磨等性能。如采用光刻-电铸-塑铸（LIGA）技术，可以实现难熔金属高附加值电沉积应用。

参 考 文 献

[1] 邱竹贤. 有色金属冶金学 [M]. 北京：冶金工业出版社，1988.

[2] 邱竹贤. 铝电解原理与应用 [M]. 徐州：中国矿业大学出版社，1998.

[3] 邱竹贤. 泥土中的铝 [M]. 北京：清华大学出版社，2000.

[4] SKYBAKMOEN E, SOLHEIM A, STERTERM A. Alumina solubility in molten salt systems of interest for

aluminum electrolysis and related phase diagram data [J]. Metall. Mater. Trans. B，1997，28：81-86.

[5] HOLM J L. Undersokelser av en del systemer med tilknytning til aluminium elektrolysen [J]. Tidsskr. Kjemi. Bergvesen. Metall.，1966，10：165-171.

[6] STEREN A，MAELAND I. Thermodynamics of molten mixtures of Na_3AlF_6-Al_2O_3 and NaF-AlF_3 [J]. Acta Chem. Scand.，1985，39：241-257.

[7] FERNANDEZ R，GROJTHEIM K，OSTVOLD T. Physicochemical properties of cryolite and cryolite alumina melts with KF additions [C]//Bohney H O. Light Metals. The Minerals，Metals and Materials Society. USA：1985，501-506.

[8] SOLHEIM A，ROLSETH S，SKYBAKMOEN E，et al. Liquidus temperatures for primary crystallization of cryolite in molten salt systems of interest for aluminum electrolysis [J]. Metall. Mater. Trans. B，1996，27 (5)：739-744.

[9] PERRY A，FOSTER J R. Phase Diagram of a portion of the system Na_3AlF_6-AlF_3-Al_2O [J]. J. Am. Ceram. Soc.，1975，58：288-291.

[10] 王兆文，谢锋. 现代冶金工艺学——有色金属冶金卷 [M]. 北京：冶金工业出版社，2020.

[11] WANG X W，PETERSON R D，TABEREAUX A T. Electrical conductivity of cryolitic melts [C]// Cutshall E R. Light Metals. The Minerals，Metals and Materials Society. USA，1992：481-488.

[12] GRJOTHEIM K，KROH G，KROHN C，et al. Aluminium Electrolysis：Fundamentals of the Hall-heroult Process [M]. Dusseldorf，Germany：Aluminium-Verlag，1982.

[13] FERNANDEZ R，STVOLD T，PETTERSSON L，et al. Surface tension and density of molten fluorides and fluoride mixtures containing cryolite [J]. Acta Chem. Scand.，1989，43 (2)：151-159.

[14] 张永健. 镁电解生产工艺学 [M]. 长沙：中南大学出版社，2006.

[15] 徐日瑶. 金属镁生产工艺学 [M]. 长沙：中南大学出版社，2003.

[16] HABASHI F，Handbook of Extractive Metallurgy [M]. New York：Wiley-VCH，Weinheim，1997.

[17] HU X W，WANG Z W，GAO B L，et al. Density and ionic structure of NdF_3-LiF melts [J]. J. Rare Earths，2010，28 (4)：587-590.

[18] HU X W，WANG Z W，GAO B L，et al. Identification of structural entities in NdF_3-LiF melts with cryoscopic method [J]. T. Nonferr. Metal. Soc.，2010，20：2387-2391.

[19] STEFANIDAKI E，PHOTIADIS G M，KONTOYANNIS C G，et al. Oxide solubility and Raman spectra of NdF_3-LiF-KF-MgF_2-Nd_2O_3 melts [J]. J. Chem. Soc.，Dalton Trans.，2002：2302-2307.

[20] GUO X，SIETSMA J，YANG Y. A critical evaluation of solubility of rare earth oxides in molten fluorides [J]. Rare Earths Industry，Technological，Economic，and Environmental Implications，2016：223-234.

[21] 吴文远，边雪. 稀土冶金技术 [M]. 北京：科学出版社，2018.

[22] 孙康. 钛提取冶金物理化学 [M]. 北京：冶金工业出版社，2001：238.

[23] DE LEPINAY J，PAILLERE P. Premiere etape de reduction du fluoro titanate de potassium dissous dans les fluorures alcalins fondus [J]. Electrochim. Acta，1984，29：1243-1250.

[24] ROBIN A，LEPINAY J D，BARBIER M J. Electrolytic coating of titanium onto iron and nickel electrodes in the molten LiF + NaF + KF eutectic [J]. J. Electroanal. Chem. Interfacial Electrochem.，1987，230：125-141.

[25] ZELIKMAN A N，KREIN O E，SAMSONOV G V. Metallurgy of Rare Metals [M]. ALADJEM A，译. 美国航空航天局，1964.

[26] STERN K H. Metallurgical and Ceramic Protective Coatings [M]. Washingtom D C：Chemistry Division Naval Research Laboratory，1996：9-37.

[27] WINAND R. Etude des mecanismes d'electrodes lors de l'electrolyse de melanges fondus NaCl-ZrF_4 [J].

Electrochim. Acta, 1962, 7: 475-508.

[28] GIRGINOV A, TZVETKOFF, T Z, BOJINOV M. Electrodeposition of refractory metals (Ti, Zr, Nb, Ta) from molten salt electrolytes [J]. J. Appl. Electrochem., 1995, 25: 993-1003.

[29] CHEN G S, OKIDO M, OKI T. Electrochemical studies of zirconium and hafnium in alkali chloride and alkali fluoride-chloride molten salts [J]. J. Appl. Electrochem., 1990, 20: 77-84.

13 电磁悬浮熔炼技术

13.1 概述

电磁悬浮熔炼（electromagnetic levitation melting，EMLM）技术是指被熔材料在熔炼过程中保持全悬浮或者半悬浮（准悬浮）状态的熔炼技术。电磁悬浮熔炼技术是目前最先进的材料制备技术之一，能够有效减少坩埚体对熔炼材料的污染，广泛应用于活性材料、难熔材料、放射性材料等特殊材料的制备处理中，以及辅助完成各类高精度分析检测及相关科学研究。

材料在电磁悬浮熔炼过程中，熔融材料可能与坩埚呈软接触的半悬浮状态，也可能与坩埚线圈完全不接触，呈全悬浮状态，据此可将电磁悬浮熔炼技术分为电磁半悬浮熔炼技术和电磁全悬浮熔炼技术。其中，对于电磁半悬浮熔炼技术，熔炼过程中多使用水冷坩埚（又称冷坩埚）承装物料，因此半悬浮熔炼技术通常又称为电磁冷坩埚熔炼技术。而电磁冷坩埚熔炼技术又根据是否可实现物料的连续制备或处理，划分为间歇式电磁冷坩埚熔炼技术和连续式电磁冷坩埚熔炼技术。

电磁冷坩埚熔炼技术的起源可以追溯到 1961 年，研究人员发现，电磁场能够透过铜坩埚的接缝将坩埚内的材料加热。在此之后，苏联、美国、德国、法国等国家便开始了电磁冷坩埚感应熔炼的相关研究，以 1990 年的国际钢铁会议为里程碑式起点，特别是近些年来，冷坩埚感应熔炼技术的发展非常迅速，主要体现在以下两个方面：（1）设备规模和尺寸明显增大，可以进行工业生产。例如，法国研制出了内径达半米的水冷坩埚，并且大规模利用电磁冷坩埚技术进行核废料处理，大幅提升了核废料的处理效率。（2）该技术与其他一些现代材料制备技术、检测技术及科学研究相结合，发展出多种融合衍生技术。例如，利用电磁冷坩埚作为辅助装置的极冷技术和喷雾沉积技术、电磁冷坩埚定向凝固技术、电磁连铸技术等[1]。可利用这些技术制备活泼金属和合金，以及特殊材料，例如，金属间化合物材料、多晶硅材料、难熔金属及合金、高纯溅射靶材料、放射性材料、氧化物材料等。

全悬浮熔炼技术的起源比电磁冷坩埚技术的起源更早一些，可以追溯到 1923 年。当时科研人员首次公开了一份关于电磁悬浮的专利文件，专利中提出利用高频电磁场悬浮熔炼金属。1939 年科研人员提出了电磁悬浮熔炼设备的物理模型。1952 年科研人员简化了物理模型中的系统设计，完善了样品悬浮过程中的受力分析，验证了理论计算结果与实验测得结果的一致性。进一步设计了一种锥形开口线圈，成功实现铝、钛、锡、钼、铜等金属的电磁悬浮熔炼，并对相关机理进行了研究[2]。随后，科研人员相继设计出多种悬浮装置，以便能够对更多种类的金属进行悬浮熔炼。20 世纪 50 年代，研究人员利用高频电源成功悬浮起几十种金属球，但质量仅为 10 g 左右。早期研究工作中使用的是高频电源，电源功率较小，悬浮样品的半径要稍大些，半径大的样品所受悬浮力更大，但半径大也意味着材料体积大、质量大，所以通过增大材料半径来提高悬浮力必然会存在一个临界阈值[3]。20 世纪 60 年代，科研人员对电磁全悬浮熔炼进行了大量数学建模和数值模拟工作，为悬浮熔炼系统的优化设计和实际应用提供了重要指导。1975 年，科研人员完成一项著名实验，他们利用电磁悬浮力将浸入硅油中的钠进行悬浮，并发现金属表面出现了褶皱现象。进入 20 世纪 80 年代，苏联、美国、日本等国开始采用电磁全悬浮熔炼技术制备活泼金属和超纯材料。90 年代，科研人员采用全悬浮熔炼技术制备出超纯半导体材料，一度引发人们关注该技术的热潮。然而，电磁全悬浮熔炼技术也面临着一大难题，那就是被熔材料需要依靠洛伦兹力完全悬浮在感应线圈中，所熔炼物料质量通常较小，一般不超过100 g。因此，当时关于全悬浮熔炼技术的研究更多集中于小质量、高精度、高纯度材料制备，以及利用该技术进行相关科学研究和分析检测。近年来，研究人员主要通过优化设计加热线圈，大幅提高了可悬浮熔炼材料的质量，已达千克级。全悬浮熔炼技术的研究也实现了熔炼过程的超高真空环境，此外，在电磁悬浮熔炼材料相变规律、电磁场中大体积液态金属材料悬浮机制及特性、高纯金属材料制备等方面取得了更加长足的进展[4]。

本章主要介绍电磁悬浮熔炼技术，分别针对间歇式电磁冷坩埚熔炼技术、连续式电磁冷坩埚熔炼技术和电磁全悬浮熔炼技术的原理、工艺、装备、应用及优缺点进行介绍。

13.2 电磁悬浮熔炼技术原理

13.2.1 间歇式和连续式电磁冷坩埚熔炼技术原理

无论是间歇式电磁冷坩埚熔炼技术，还是连续式电磁冷坩埚熔炼技术，两者均是在带有分瓣结构的水冷坩埚外部加装感应线圈，感应线圈内通有交变电流，产生的磁场透过坩埚分瓣结构作用在物料上，在物料中形成的涡流将物料熔化，同时对物料产生力的作用。

在加热作用方面，物料受到交变电流的作用在表面感应出方向相反的电流，外部交变磁场通过坩埚开缝后具有增强放大效果，所以物料表面感应出的电流强度会远高于外部电流强度，物料在电流作用下被感应加热熔化。

在受力作用方面，材料在电磁冷坩埚熔炼过程中除受到自身重力作用外，主要还受到通电线圈诱发的电磁力 $\boldsymbol{F}_{\mathrm{m}}$ 的作用，而该电磁力 $\boldsymbol{F}_{\mathrm{m}}$ 又可分解为轴向分量和径向分量。如图 13-1 所示[5]，根据电磁场理论，电磁力 $\boldsymbol{F}_{\mathrm{m}}$ 可以分解出轴向分量 $\boldsymbol{F}_{\theta}$（它是造成熔体悬浮的无旋分量）和径向分量 $\boldsymbol{F}_{\gamma}$（它可使熔体产生电磁搅拌驱动力）。$\boldsymbol{F}_{\theta}$ 和 $\boldsymbol{F}_{\gamma}$ 可表示如下：

$$\boldsymbol{F}_{\theta} = Re \times \frac{-\nabla \boldsymbol{B}^2}{4\mu_{\mathrm{m}}} \tag{13-1}$$

$$\boldsymbol{F}_{\gamma} = Re \times \frac{(\boldsymbol{B} \times \nabla)\boldsymbol{B}}{2\mu_{\mathrm{m}}} \tag{13-2}$$

在材料熔体表面处感应线圈所形成的磁场 $\boldsymbol{B}$ 沿熔体的母线方向，而熔体感应电流的方向为熔体水平截面的环周方向。电磁力 $\boldsymbol{F}_{\mathrm{m}}$ 的无旋分量 $\boldsymbol{F}_{\theta}$ 可以抵消或者部分抵消材料熔体的重力和静压力，从而实现材料熔体的悬浮和软接触。$\boldsymbol{F}_{\theta}$ 的电磁搅拌驱动作用可以对金属熔体产生强烈的搅拌作用，使金属熔体的温度和成分均匀，同时也使熔体区域的过热度趋于一致。$\boldsymbol{F}_{\theta}$ 和 $\boldsymbol{F}_{\gamma}$ 比例与电源频率存在对应关系，电源频率越低，$\boldsymbol{F}_{\gamma}$ 越大，$\boldsymbol{F}_{\theta}$ 越小；而电源频率越高，$\boldsymbol{F}_{\gamma}$ 越小，$\boldsymbol{F}_{\theta}$ 越大。

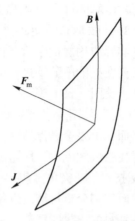

图 13-1　电磁力方向示意图[5]

间歇式电磁冷坩埚熔炼技术和连续式电磁冷坩埚熔炼技术的区别主要在于前者无法实现熔融物料从坩埚体的连续卸出，熔融物料需要在坩埚内冷却或者从坩埚浇铸出来进行冷却，而后者能够实现熔融物料从坩埚体一端连续卸出，且通常卸出端设有强制冷却系统。间歇式电磁冷坩埚熔炼技术所熔炼物料进行冷却时，通常需要考虑浇铸熔体的过热度及熔体的冷却速度等因素；而对于连续式电磁冷坩埚熔炼技术，强制冷却端和坩埚内熔体会形成温度梯度，温度梯度会使物料的凝固过程呈单向凝固（定向凝固）的特点，因此有时需要考虑温度梯度和卸料速度对所制备物料元素偏析和凝固组织等的影响。

13.2.2　电磁全悬浮熔炼技术原理

电磁全悬浮熔炼技术是指利用交变电场对物料产生悬浮力的作用，使得物料不与坩埚、线圈等其他物体接触的情况下进行熔炼的方法。电磁全悬浮熔炼技术与间歇式和连续式电磁冷坩埚熔炼技术的原理大部分相同，但该技术在线圈与加热物料之间没有坩埚，而且线圈呈倒锥形。熔炼过程中，高频交变电流使导电待熔物料产生感生电流，该感生电流与线圈中电流相反，二者之间产生相互作用力，这个作用力沿重力加速度相反方向具有分量，因此可以实现待熔物料的完全悬浮。通常，通过线圈的交变电流频率为几万到几十万赫兹，在这样的高频作用下，被悬浮的金属具有很强的集肤效应，物料被感应加热熔化。可见，整个电磁全悬浮熔炼技术与上面两种技术最大的不同主要在于物料受到了更大的悬浮力。图 13-2 所示为电磁全悬浮熔炼技术中线圈与物料的示意图[6]，其中底部线圈为主线圈，提供主悬浮力，上部线圈为稳定控制线圈，其中的电流方向与主线圈内电流方向相反，用于抑制悬浮物体水平及上下方向的移动，对悬浮物体具有稳定作用。

一块物料的重力为 G，处于如图 13-2 所示的线圈中，由于线圈呈锥形，因此在轴向上会形成梯度磁场，梯度磁场对物料造成的洛伦兹力便是物料受到的悬浮力为 F_x，悬浮力与重力之比可表示为：

$$\frac{F_x}{G} = -\frac{\frac{3}{2}G(x)}{\rho\,\mu_0(\boldsymbol{B} \times \nabla)\boldsymbol{B}} \tag{13-3}$$

式中，$G(x)$ 为与线圈结构相关的函数，根据线圈的具体构造回归得到。

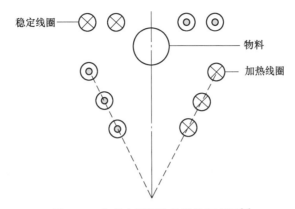

图 13-2 电磁全悬浮熔炼结构原理图[6]

当 $F_x/G=1$ 时，物料便能够悬浮。理论上讲，任何一个能提供梯度磁场的线圈，只要通有足够高频率的交变电流就能产生出所需的悬浮力。线圈轴线周围存在一个很小的稳定区，然而由于受到电磁力的干扰，物料很难稳定悬浮于线圈中，这种不稳定性通常有三种表现形式：（1）物料的横向漂移，这种横向漂移表现为水平方向的机械振动，振动严重时物料会接近或触碰线圈而引发放电危险；（2）垂直振动，这种振动有时会越发显著，直至物料从线圈落下；（3）样品表面波动，这种波动的加剧会导致熔炼物料的破裂飞溅。为解决上述问题，将锥形线圈的上部再进行反向缠绕，形成可实现熔体稳定性控制的稳定线圈。稳定线圈的加入，使待熔物料能够稳定悬浮于线圈中。

以上介绍了间歇式和连续式电磁冷坩埚熔炼技术的原理，以及电磁全悬浮熔炼技术的原理，下面将分别针对这些技术的工艺、装备、应用及优缺点展开介绍。

13.3 间歇式电磁冷坩埚熔炼技术

间歇式电磁冷坩埚悬浮熔炼（intermittent electromagnetic cold crucible levitation melting, IEMCCLM）技术是指将切有狭缝的金属制成水冷坩埚，置于高频交变磁场中，利用电磁力使熔融金属与坩埚壁保持软接触状态进行熔炼的制备方法，熔炼结束后物料不是连续卸出坩埚，而是通常在坩埚中直接冷却或者浇铸后冷却。间歇式电磁冷坩埚熔炼技术在科学研究和工业生产中应用十分广泛。也正是由于该技术的提出，使得特殊复杂环境下材料熔炼制备、较大尺寸难熔材料熔炼制备、活泼材料熔炼制备，以及高熔点材料熔炼制备等更加容易实现，且制备品质更佳。

13.3.1 间歇式电磁冷坩埚熔炼技术工艺

间歇式电磁冷坩埚熔炼技术涉及真空系统、运动系统、电源系统、冷却系统、成型结晶系统及控制系统的配合运行。在每次熔炼物料后，物料在坩埚内冷却凝固或者将熔融物料浇铸出，所以间歇式电磁冷坩埚底部通常封闭。熔炼开始，首先开启循环水冷系统。对于有真空炉膛的电磁冷坩埚熔炼设备，避免炉膛内有水气泄漏及其他可挥发物残留，确保冷却用液态金属干燥。然后，开启控制系统，装配有真空系统的电磁冷坩埚熔炼设备开启真空泵，确保表压和炉膛内情况正常，根据需要进行洗气和通入保护气体。负压条件下的电磁冷坩埚熔炼,气压通常控制在 100~500 Pa,熔炼过程中关停真空泵,这样可以避免出现拉弧放电。开启加热,逐渐提高电源功率至额定值,监测物料温度变化,物料熔化后适当降低电源功率,防止驼峰搅动强烈发生贴壁或飞溅。物料熔化后按设定工艺进行保温。熔炼过程中经常检测设备工作状态,记录电压、电流、水温等关键数据,遇气压陡升、拉弧放电、熔池熄灭等异常情况,及时处置。

间歇式电磁冷坩埚熔炼技术关键的工艺环节在于冷坩埚内物料的熔化过程。如图 13-3 所示[7],水冷坩埚呈分瓣状态,分瓣与分瓣之间有绝缘材料阻塞不构成回路,分瓣结构减少坩埚对电磁场的屏蔽。坩埚外绕有螺旋感应线圈,感应线圈内通交变电流,线圈和坩埚内均通有循环冷却水。当线圈通有交变电流时,在坩埚体彼此绝缘的金属管之内会产生感应电流。当线圈内瞬间电流为顺时针方向时,坩埚体每根金属管在横截面上会同时产生逆时针方向的感应电流。相邻两管横截面上的电流方向相反,而坩埚体开缝处的每个管上形成的磁场方向相同,向外表现为磁场增强效应。在冷坩埚的每一缝隙位置都会形成一个强磁场,众多开缝将强磁场汇聚起来,冷坩埚如同一个强流器将磁力线汇聚在坩埚内的物料上,坩埚内的物料在交变磁场的作用下产生感应电流,也称涡流。物料的电阻通常很小,所以涡流能够达到很高的数值,涡流回路将会产生大量的热,使坩埚内材料熔化。

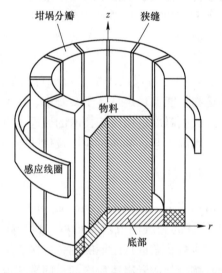

图 13-3　电磁冷坩埚坩埚体基本结构示意图[7]

对于间歇式电磁冷坩埚熔炼技术,熔炼过程中物料自身重力通常大于电磁力的轴向分量,因此熔融物料落于坩埚中。坩埚中的熔体依靠电磁力与坩埚壁保持软接触状态,同时由于坩埚内壁的激冷作用,熔体与坩埚内壁之间还会形成凝壳。凝壳能在熔体和坩埚内壁之间形成间隔,既保护了坩埚不受侵蚀,又避免了坩埚对熔炼物料造成污染。

保温阶段结束后,做好卸料准备或使物料在坩埚内冷却。需要采用浇铸完成卸料动作的,先关闭加热电源,然后立刻将熔融物料倾倒入预先准备好的坩埚或模具中。需要在坩埚内进行冷却的,根据需要直接关闭加热电源使物料激冷于坩埚内或以一定冷却速率将物料冷却凝固。该过程中坩埚内需要继续通循环冷却水,保护坩埚体,带走物料和设备多余热量。物料冷却后,对有真空室的熔炼装备,可抽气去除炉膛内有害物质。取出熔炼物料,关闭冷却系统。最后关闭总电源。

除以上普遍性的工艺流程外，根据不同制备要求，工艺过程和设备也会作出一定的相应调整。例如，当待熔炼原材料为大尺寸块体时，通常在熔炼前需要预先切取合适尺寸的送料棒或者是将原料粉碎成小颗粒状或分体，便于送料和熔炼。例如，当物料以固体形式卸出坩埚时，坩埚的中空内腔需具有拔模斜度，即内腔的卸出端开口应更大，以保证物料顺利卸出。例如，较低温度下待熔炼物料不导电，需要在熔炼初期进行启熔，物料达到一定温度后，自身就能够被感应加热。总之，针对具体的加工需求，间歇式电磁冷坩埚熔炼技术的工艺流程可能会存在一些差别。

13.3.2 间歇式电磁冷坩埚熔炼技术装备

图 13-4 所示为典型的间歇式（或连续式）电磁冷坩埚熔炼装备组成[5]，包括真空系统、运动系统、电源系统、冷却系统、成型结晶系统及控制系统。图 13-5（a）中左侧控制柜为电源系统的配电柜，配电柜接入动力电，经处理后降低电压、增大电流、提升电源频率。电磁冷坩埚熔炼设备使用高频电源，高频电源能提高熔体受到的悬浮力，促进熔体与坩埚内壁软接触。当熔炼过程中需要较强烈电磁搅拌时，可适当降低电源频率。对于工业生产及一些特殊用途的电磁冷坩埚熔炼设备，需要装配备用电源，保证设备运行安全。电源系统也包括电线路、电源保护装置及电源智控装置等。

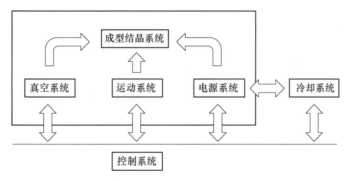

图 13-4 电磁冷坩埚熔炼技术装备组成

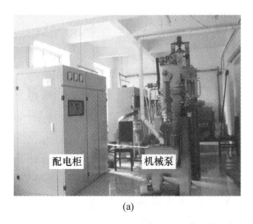
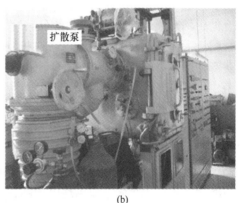

(a)　　　　　　　　　　　　　　　(b)

图 13-5 典型间歇式电磁冷坩埚熔炼装备[5]

（a）配电柜及机械泵；（b）扩散泵

当材料的制备过程需要负压环境或保护气氛时，需配备真空系统。利用机械泵、分子泵或扩散泵等抽去炉腔内气氛。真空度要求不高时，机械泵即可满足要求，真空度要求较高时，需进一步使用分子泵或扩散泵。熔炼过程中，可根据需要，在抽取一定真空度后反充入保护气体，常用的保护气体如氩气、氮气或氦气等。图 13-5（a）中右下方为机械泵，图 13-5（b）中左侧柱体为扩散泵。一般分子泵和扩散泵所能达到的真空度相近，均是机械泵的下一级泵，是进一步提高真空度的主要装备。分子泵体积小，耗能少，对真空室污染小，但工作效率比扩散泵低很多，也更加精密，日常维护成本更高。扩散泵可以设计很大的抽气速度，效率高，但是体积较大，耗能高，可能对真空室造成污染，还需要配合液氮（氦）冷阱使用，运行成本高且不环保。两种泵的选用视具体需求而定。当然，也有些材料的电磁冷坩埚熔炼不需要真空系统。比如，利用电磁冷坩埚技术熔炼玻璃料时，待熔炼材料以氧化物形式存在，不需要配备真空系统。再比如，利用电磁冷坩埚熔炼技术处理高放射性核废料时，相关装备均处于封闭环境，严禁泵体将内部气体抽出，而且该过程使用熔融玻璃料包覆核废料，也不需要提供真空环境或保护气体。真空室的大小也对应着泵体的大小和功率。

间歇式电磁冷坩埚熔炼技术装备中，运动系统主要实现坩埚体的移动、送料和浇铸等动作。例如，当熔炼过程需要采用坩埚下降法进行物料冷却，运动系统需要实现坩埚体、熔炼物料和冷却水管等上升和下降动作。当熔炼过程需要将熔融物料浇铸到模具中，运动系统需要实现浇铸动作；当熔炼过程需要在特殊环境下进行时，运动系统需要实现设备运行、检修及应急处置等动作的无人操控。

冷却系统主要作用是带走熔炼过程中坩埚体、线圈和电源等部分热量，保护设备正常运行。冷却方式有水冷或气冷。水冷冷却系统主要由水箱、水泵、水冷管路和温控装置组成。水冷冷却时，保证水量充足，严控水温，防止管路内冷却水汽化造成危险。气冷冷却系统通常由气泵、气罐、压缩机、管路和温控装置组成。气冷冷却时，由于气体的比热容较小，除采用开放式空气作为冷却介质外，一般需要加装气体冷却装置。对于冷却系统，应定期检查水路、气路是否畅通，水量、气量是否充足，保障设备静置及熔炼使用过程中的安全。

对于间歇式电磁冷坩埚熔炼技术，成型结晶系统为核心工作段，主要由坩埚体及与之相配合的坩埚支架、线圈和结晶器组成，图 13-6 所示为成型结晶系统中坩埚体的典型装备示意图。为适应不同的制备需求，这些组成部分的设计也会有所不同，不同的设计决定了制备产物的最终状态。例如，近年来兴起一种新型的间歇式电磁冷坩埚熔炼技术。该技术装备中坩埚体底部封闭，坩埚腔体的上端开口大，下端开口小，相应地，线圈也呈现一定的上宽下窄的趋势，这种设计有利于提升熔炼过程中对物料熔体的悬浮力，促进熔体与坩埚内壁的软接触。熔炼结束后，熔融物料落入坩埚，激冷作用加之坩埚体上宽下窄的拔模设计有助于将凝固物料取出。利用该方法可一次性熔炼数千克的物料，且熔炼的物料具有较高纯净度。当熔炼不需要较高温度梯度时，可采用坩埚下降法进行制备。即物料熔融一定时间后将坩埚体缓慢下拉出通电线圈，物料脱离感应线圈加热后便会冷却凝固，在已凝固区域和加热区域之间形成较小的温度梯度，这样的冷却效果显然比坩埚底部有强制冷却的效果弱很多。坩埚下降法常用于制备大尺寸氧化物晶体。此时，物料在坩埚内缓慢凝固，无需额外装备结晶系统。当熔炼需要较低的冷却速率时，例如，生产一些大尺寸玻璃晶体，玻璃材料低于能够被感应加热的温度后，物料温度会迅速下降，玻璃晶体在较大冷速下，体积收缩强烈，易开裂。此时，坩埚体设计还需要便于拆卸，利于玻璃料在降温过程中快速取出，并转移至配套的热处理炉中进行缓慢降温退火[8]。

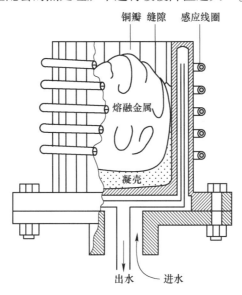

图 13-6 电磁冷坩埚装备示意图

电磁冷坩埚熔炼技术装备中，控制系统将其他系统统筹结合，通过控制面板实现冷却系统、真空系统、电源系统及成型结晶系统的模块化控制。

13.3.3 间歇式电磁冷坩埚熔炼技术的应用

间歇式电磁冷坩埚熔炼技术在科学研究和实际生产中的应用十分广泛，常用于制备多种常规方法下难以制备的材料。

13.3.3.1 应用效果

应用效果如下：

（1）可用于制备高熔点材料。理论上，只要物料能够被电磁感应，则物料就可以被感应加热到很高温度，因此该技术可以被应用于制备高熔点难熔材料。例如，常用于制备高熔点金属、高熔点氧化物等材料。

（2）可用于制备活泼材料。由于熔炼过程中物料和坩埚之间可以形成凝壳及实现软接触，整个熔炼过程又可以在真空或保护气氛下进行，因此该技术常被用于活泼材料的加工制备。

（3）制备过程灵活多变。熔炼结束后的物料冷却凝固方式根据制备需求有所区别，常用的物料冷却方式有坩埚内直接冷却、转移至保温炉内冷却、坩埚下降法冷却与浇铸法冷却等方式。可根据制备需要调整工艺，可用于一次性熔炼制备较大质量物料，最终满足尺寸、性能及纯度等要求。

13.3.3.2 应用实例

A 应用实例一

玻璃材料在科学技术领域的应用越来越广泛。目前，一部分科研和工业领域常用的玻璃材料合成温度较高（可高达 1600 ℃ 及以上），且通常成分复杂、纯度要求高、光学均匀度和化学纯净度要求也很高，传统的玻璃制造工艺很难满足制备要求。这类高熔点难熔玻璃材料以 RE_2O_3-Al_2O_3-SiO_2（RE 代表钇、镧等稀土元素）为代表。而间歇式电磁冷坩埚熔炼技术由于自身特点，能够满足该类材料的加工制备要求。

图 13-7 所示为制备 RE_2O_3-Al_2O_3-SiO_2 高温玻璃时的坩埚示意图[9]。由于玻璃低温时不导电，因此熔炼开始时首先需要进行启熔，即将玻璃料"引燃"至可被感应加热的程度。此类玻璃材料熔炼过程中理论上可加入铝粉启熔，然而实际生产中玻璃熔体黏性很大，可能会牢牢包裹住铝粉，导致铝粉不被熔化，而未被氧化的铝由于无法形成玻璃成分 Al_2O_3 而对物料产生污染。生产中可采用铂坩埚熔化部分原料倒入坩埚内进行"引燃"，也可用石墨或低电阻硅进行启熔。由于玻璃材料温度较低时电阻率高，为避免启熔过程中坩埚开缝处被击穿，应做好开缝处绝缘。熔炼过程中坩埚腔体内常需要放置绝缘石英筒，这样能够最大程度上防止熔体受到坩埚内壁污染。而当坩埚体为铝制时可不必放置石英筒隔离，因为铝制坩埚氧化成 Al_2O_3 后不属于引入杂质，也不会使玻璃着色。熔体均匀化是制取高光学性能玻璃的关键，熔炼过程中的电磁搅拌作用本身就可以促进熔体均匀。但是由于玻璃料温度不足时，黏度很大，搅拌作用可能不够明显，因此通常可以通过向熔体中通入氧气、氮气或采用水冷搅拌器机械搅拌的方式促进熔体均匀。对于高熔点的 RE_2O_3-Al_2O_3-SiO_2 系玻璃熔体，通常采用水冷搅拌器进行均匀化处理。搅拌过程应设置在熔化初始阶段，避免通有水冷的搅拌器其本身的水冷作用影响到物料的均匀度。玻璃熔体冷却时导电性下降，物料在一定温度下将骤然停止吸收高频磁场能量，导致温度骤降，进而可能诱发玻璃料破裂。所以当温度开始骤降前，通常需要迅速将玻璃料转移到退火炉中。坩埚应便于打开，坩埚打开后由于玻璃铸锭外缘存在玻璃原材料疏松层，因而玻璃与坩埚易于分开。

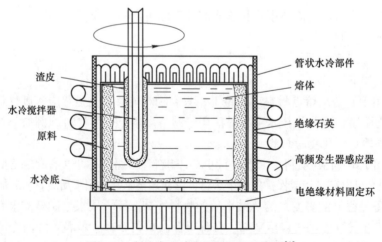

渣皮
水冷搅拌器
原料
水冷底

管状水冷部件
熔体
绝缘石英
高频发生器感应器
电绝缘材料固定环

图 13-7　制取高温玻璃用的坩埚示意图[9]

采用间歇式电磁冷坩埚熔炼技术制备高纯高熔点 RE_2O_3-Al_2O_3-SiO_2 系难熔玻璃，玻璃的合成制备温度可达 2000 ℃，熔炼过程能够稳定持续数小时，制备的玻璃料质量可达 1.5 kg。制备的玻璃中不存在杂质和未反应完全的原料。最终炼取成分与三元相图（稳态）中的截面成分趋于一致。熔炼过程中发现，RE_2O_3-Al_2O_3-SiO_2 系难熔玻璃在 1050 ~ 1150 ℃时呈现透明状，说明在此温度以下该玻璃已经开始结晶。高熔点 RE_2O_3-Al_2O_3-SiO_2 系玻璃在光学材料方面具有非常广阔的应用前景，而且在高温、高化学活性介质中工作性能良好，在诸如高端激光用材中也占据一席之地。

B 应用实例二

氧化物材料化学性质十分稳定，熔点极高，利用普通热源将其熔化已经非常困难，有时还需满足其纯度、晶体生长等要求，因此材料制备要求很高。利用间歇式电磁冷坩埚熔炼技术可以解决这些问题。理论上，只要电源功率、频率、电压及电流等能够满足需要，任何块体材料达到可被感应加热的温度后就可以被感应加热熔化。冷坩埚熔炼技术的电磁搅拌效果及外加搅拌作用可以实现制备材料的均匀化。冷坩埚熔炼技术的凝壳、软接触及物理阻隔等方式能够保证熔炼物料的纯净化。当需要生长单晶或其他特定类型晶体时，可采用坩埚下降法为氧化物晶体创造稳定的生长条件。下面以氧化锆（ZrO_2）晶体的间歇式电磁冷坩埚熔炼制备为例进行介绍。

ZrO_2 是锆的主要氧化物，化学性质稳定、电阻率高、折射率高、热膨胀系数低，是重要的耐高温材料、陶瓷绝缘材料、陶瓷遮光剂，也是人工钻的主要原料。ZrO_2 熔点将近 2800 ℃，能带间隙为 5 ~ 7 eV，高温下析出相为立方晶体结构，在逐渐冷却到室温的过程中要经过多次结构变化。ZrO_2 中通常需要加入氧化钇（Y_2O_3），掺入 Y_2O_3 不仅容易获得完整的晶体外形，而且在工艺上更容易剥离出大块单晶[10]。目前，ZrO_2 晶体的电磁冷坩埚熔炼制备多采用坩埚下降法进行。与其他常温下绝缘难熔物质的电磁冷坩埚熔炼过程一样，ZrO_2 晶体的启熔是整个工艺过程的关键。ZrO_2 晶体熔点高，温度高于 1200 ℃时才具有良好的导电性。为此，通常可将金属锆片预先放置在坩埚内，利用高频感应将金属片加热"引燃"。随着加热的进行，熔区逐渐扩大，直到大部分原料熔化，形成稳定熔区。金属锆片在空气中氧化后变为 ZrO_2，不会对熔体造成污染。其他材料也可用于启熔，比如石墨的启熔效果也很好，反应过程中生成 CO_2，同样不会造成污染，而且石墨"引燃"技术比较成熟，成本较低，实际生产中使用比较广泛。高频感应加热线圈环绕在冷却系统周围，加热温度可达 3000 ℃以上。坩埚体内的高压循环水把坩埚内壁的热量带走，在玻璃熔体与冷坩埚中间形成一层未熔的 ZrO_2 层。晶体生长过程中感应线圈位置保持不变，而冷坩埚和水冷底座以一定速率向下移动，从而实现由下向上的凝固结晶。目前，利用电磁冷坩埚熔炼技术制备工业级 ZrO_2，一般装料接近 1000 kg。冷坩埚作为熔炼载体解决了高温腐蚀的问题，也可以保证晶体不受坩埚污染。根据产品尺寸和生产规模要求，可以灵活调整坩埚直径。所制备的 ZrO_2 晶体折射率高、硬度大、易掺杂，可替代钻石、红宝石或祖母绿等名贵宝石，是一种"万能宝石"。

C 应用实例三

活泼金属通常是指室温或高温条件下化学性质活泼，极易被氧化或受到其他污染的金属材料。这类材料对熔炼环境和制备过程的要求十分苛刻，既需要真空保护或气氛保护，又要保证坩埚体不会对熔融物料造成污染，还需要保证足够高的熔化温度和所制备材料的成分均匀分布。下面以钛合金为例，介绍间歇式电磁冷坩埚熔炼技术制备活泼金属材料的应用效果。

钛合金在高温及熔化后，化学性质变得非常活泼，极易被氧化或受到熔炼用坩埚等的污染。钛合金的后续成型加工也比较困难。这一系列问题导致钛合金加工成本高昂，严重制约着其广泛应用。TiAl 基合金是钛合金的一种，合金中加入了近 50%摩尔分数的铝，是一种轻质高强的金属间化合物，具有优异的高温力学性能，但密度仅为 Ni 基高温合金的一半，是一种极具潜力的可部分替代 Ni 基高温合金的理想高温结构材料。TiAl 基合金的制备同样面临着熔点高、高温熔体活泼易受污染等问题。同时作为金属间化合物，熔炼后浇铸容易发生开裂。间歇式电磁冷坩埚熔炼技术能够解决钛合金熔炼过程中的这一系列问题。首先，利用间歇熔炼的方式，熔炼后将合金熔体浇铸出来，能够实现较大尺寸的合金母锭的制备，便于后续的进一步加工制备。然后，配备有真空系统的熔炼设备能够有效防止钛合金熔炼过程中被氧化。最后，熔炼过程中电磁力造成熔体与坩埚内壁软接触，并且由于坩埚内壁的激冷作用可以形成凝壳，它们可以避免坩埚体对熔炼物料的污染，以及熔融的高活性钛合金对坩埚内壁的侵蚀。此外，强烈的电磁搅拌作用保证了熔炼合金铸锭的成分均匀。上述均可以有效避免合金熔体在浇铸过程中的脆性开裂。图 13-8 所示为利用间歇式电磁冷坩埚熔炼技术制备的 TiAl 基合金铸锭[11]。该方法制备的合金铸锭可达 50 kg 以上，含氧量能够控制在 0.06%以下。熔体与坩埚内壁之间仍有凝壳，凝壳中主要含有钛及其他熔点较高的合金化元素。熔炼结束后将合金熔体倾倒入水冷模中冷却定型，冷却取出后便是完整的 TiAl 基合金母锭。

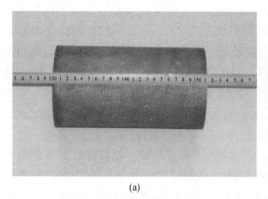
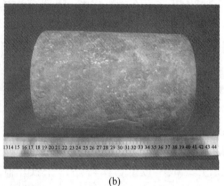

(a)　　　　　　　　　　　　(b)

图 13-8　间歇式电磁冷坩埚熔炼技术制备的两种 TiAl 基合金[11]

(a) Ti-43Al-9V-0.3Y；(b) Ti-45Al-2Nb-1.5V-1Mo-0.3Y

13.3.4　间歇式电磁冷坩埚熔炼技术的优点和不足

间歇式电磁冷坩埚熔炼技术的优点如下：

（1）能够实现对材料复杂环境下多尺度熔炼制备，尤其适用于较大尺寸材料的高纯度熔炼制备。

（2）可保证熔炼材料的纯净度。熔炼过程可对熔融物料提供真空环境或保护气氛环境，电磁力能够实现熔体与坩埚内壁的软接触，熔炼过程中在物料熔体与坩埚内壁之间会形成凝壳，这些能够很大程度上保证熔炼材料的纯净度。与此同时，理论上只要物料可被感应加热，该技术就能够实现高的加热温度，从而实现多种材料的熔炼制备，如难熔材料、活泼材料、氧化物材料等。

（3）冷坩埚及配套设备的可重复使用能力强，寿命长，适合工业化规模应用。

间歇式电磁冷坩埚熔炼技术的不足为：能量利用效率较低。其中至少 10% 的能量消耗在感应线圈上，至少 20% 能量消耗在冷坩埚上，这是今后应当重点优化改进的问题。

13.4 连续式电磁冷坩埚熔炼技术

连续式电磁冷坩埚熔炼（continuous electromagnetic cold crucible levitation melting，CEMCCLM）技术是指将切有狭缝的金属制成水冷坩埚，置于高频交变磁场中，利用电磁力使熔融金属与坩埚壁保持软接触状态进行熔炼的制备方法。同时，该技术可以实现物料的连续制备和单向顺序凝固。连续式电磁冷坩埚熔炼技术与间歇式电磁冷坩埚熔炼技术的大部分工艺流程几乎完全一致。两者最大的区别在于连续式电磁冷坩埚熔炼技术能够实现熔炼物料的连续卸出，实现物料的连续制备，而且可在一端加装强制冷却装置，在熔体与强制冷却装置之间会形成较大的单向温度梯度。因此连续式电磁冷坩埚熔炼技术可以用于材料的顺序凝固提纯，以及连续制备具有定向凝固组织的合金铸锭。

连续式电磁冷坩埚熔炼技术在科学研究和工业生产中同样应用十分广泛。它是在电磁冷坩埚熔炼技术的基础上，应材料单向化、连续化制备的需求，应运而生的一种材料制备技术。同样能够适应复杂的熔炼环境，可实现难熔、活泼，以及高熔点等材料的连续化制备。

13.4.1 连续式电磁冷坩埚熔炼技术工艺

连续式电磁冷坩埚熔炼技术和间歇式电磁冷坩埚熔炼技术的工艺流程基本相同，主要区别在于连续式电磁冷坩埚熔炼技术的冷坩埚底部不封闭，熔融物料可以从坩埚一端连续卸出。同样按照开启冷却系统、开启真空系统（如需要）、开启加热系统的顺序启动物料熔炼。连续式电磁冷坩埚熔炼技术能够实现物料的连续制备。物料经熔化保温后，需要配合一定的送料和卸料速度，以实现物料的连续填料和卸出。整个熔炼过程同样需要监测物料温度、电流、电压、功率及驼峰等是否平稳，有无物料飞溅、拉弧放电、熔池熄灭和冷却水水温过高等情况。

具体的熔炼工艺参数设计与实际熔炼需求有关。当采用连续式电磁冷坩埚熔炼技术进行材料提纯时，基于不同元素的分凝系数不同，分凝系数差别越大，分凝效果越好，提纯效果越佳。理论上，物料卸出的速率（也就是平衡时的凝固速率）越小，提纯效果越好，但是由此也会引发材料挥发及提纯加工效率过低。因此，利用连续式电磁冷坩埚熔炼技术提纯材料的关键在于综合考虑制备需求，确定出合适的工艺参数。当采用连续式电磁冷坩埚熔炼技术进行材料的定向凝固制备时，主要是利用强制冷却端与坩埚熔池之间的温度梯度来促进组织的单向生长及最终的单向排列。理论上讲，高的熔池温度配合距离熔池较近的强制冷却能够获得较高的温度梯度，高的温度梯度能够保证在较高的凝固速率下依然获得材料的定向凝固组织。熔池位置（也就是线圈中心位置）与强制冷却装置的距离可以设计得较近，但高的熔池温度需要通过提高加热功率来实现，这会导致设备能耗升高、坩埚等部件折损增大、物料挥发加剧等问题。较低的凝固速率有利于获得合适的成分过冷度，进而制备出定向凝固组织，但较低的凝固速率显然影响了材料的制备效率。高的凝固速率可以保证材料制备效率，但其意味着制备过程将具有较高的成分过冷度，易导致材料出现柱状晶向等轴晶的转变。可见，利用连续式电磁冷坩埚熔炼技术进行材料的定向凝固制备时，选取合理的温度梯度和凝固速率配合的工艺窗口是成功获得材料定向凝固组织的关键。图 13-9 所示为利用连续式电磁冷坩埚熔炼技术进行材料定向凝固制备的示意图[12]，该示意图描述了利用圆形内腔的电磁冷坩埚进行材料连续熔炼制备，电磁作用透过坩埚体的狭缝后将得到显著增强，在待熔炼物料表面形成很大的感应电流，感应电流在物料表面产生集肤效应将物料加热熔化，熔化物料在电磁力作用下形成驼峰并与坩埚内壁形成软接触，凝固过程中采用负压并充入氩气保护，物料从坩埚一端连续填充，从另一端连续卸出，物料卸出端有液态金属强制冷却，使得轴向上产生高的温度梯度，组织在凝固过程中得以实现定向生长。

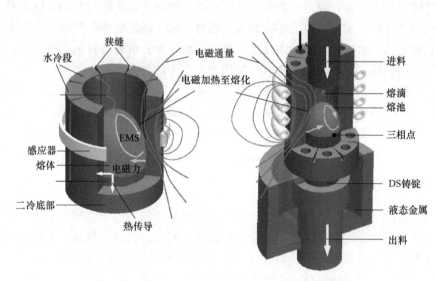

图 13-9　连续式电磁冷坩埚熔炼技术制备定向凝固材料示意[12]

制备结束后，对于连续式电磁冷坩埚熔炼制备，应先停止连续卸料动作后再关闭加热电源，这样可以避免激冷凝固的物料在坩埚中连续运动对坩埚体及抽拉机构造成损坏。加热电源和抽拉机构关闭后，循环冷却水还应继续工作，避免降温物料损坏坩埚体，还能够继续对工作电源进行冷却。与间歇式电磁冷坩埚熔炼技术一样，待物料冷却后，对于有真空室的熔炼装备，可抽气去除炉膛内有害气体。最后拆卸冷坩埚（如有必要），取出熔炼物料，关闭冷却系统，关闭总电源。

13.4.2　连续式电磁冷坩埚熔炼技术装备

连续式电磁冷坩埚熔炼技术装备也由真空系统、运动系统、电源系统、冷却系统、成型结晶系统和控制系统组成。连续式电磁冷坩埚熔炼技术的电源系统也需要接入动力电，经处理后，电压降低、电流增高。电源通常为高频电源，高频电能够提高熔体受到的悬浮力，促进熔体与坩埚内壁软接触。同样需要装配备用电源，以保证突然断电条件下的设备安全运行。

连续式电磁冷坩埚熔炼技术的真空系统、运动系统、冷却结晶系统与上述间歇式电磁冷坩埚熔炼技术的基本相同，可参见上述。但连续式电磁冷坩埚熔炼技术的成型结晶系统有所不同，它的设计需要实现熔融物料的连续填入和卸出。连续式电磁冷坩埚熔炼技术的成型结晶系统会根据材料制备需求而相应有所变化。图 13-10 列举了成型结晶系统中几种常见的电磁冷坩埚，根据所要制备的材料种类和形状尺寸的不同，坩埚内腔的设计也有所不同，例如，图 13-10（a）所示为 ϕ30 mm 直径内腔的电磁冷坩埚，主要用于棒状金属材料的连续制备；图 13-10（b）~（d）所示分别为不同尺寸的扁状电磁冷坩埚，主要用于扁状金属材料的连续制备，扁状坩埚制备出的高温合金坯料更接近叶片形状，相对更容易加工成叶片形状；图 13-10（e）和（f）所示分别为不同尺寸的方腔电磁冷坩埚，其中小腔体坩埚多用于金属材料的制备，而大腔体坩埚多用于半导体材料的制备，如多晶硅材料的连续提纯制备。当熔炼难熔物料时，需要较高的电源功率和频率。当需要进行物料提纯时，物料卸出端也需要配备强制冷却。当待熔物料在常温和相对较低温度下不能被感应加热时，需要预先对物料进行启熔至自身可被感应加热的温度。当熔炼活泼材料时，除气氛环境提供保护外，可适当增加电源频率以促进熔体与坩埚内壁的软接触，也应避免坩埚体与制备材料发生反应。当利用该技术进行材料定向凝固时，应选取合适的冷却介质（常选用水和镓铟液态金属），尽量减小熔体与冷却介质的距离以提高温度梯度，这有利于获得定向组织。当利用该技术熔炼玻璃料包覆核废料时，需要考虑设备长期在高放射性环境下工作，选材等方面应满足耐辐照和高稳定性的要求。

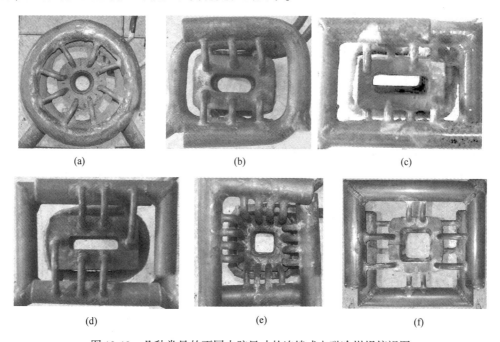

(a)　　　　　　　　　(b)　　　　　　　　　(c)

(d)　　　　　　　　　(e)　　　　　　　　　(f)

图 13-10　几种常见的不同内腔尺寸的连续式电磁冷坩埚俯视图

（a）圆柱 ϕ30 mm 内腔；（b）扁平状 42 mm×16.8 mm 内腔；（c）扁平状 48 mm×16.5 mm 内腔；
（d）扁平状 48 mm×12 mm 内腔；（e）方形 26 mm×26 mm 内腔；（f）方形 36 mm×36 mm 内腔

13.4.3　连续式电磁冷坩埚熔炼技术的应用

连续式电磁冷坩埚熔炼技术在科学研究和实际生产中应用广泛。可用于制备高熔点难熔材料、活泼金属，也可以用于提纯材料，制备定向凝固材料，处理特殊材料（如高放射性核废料等），能够实现特定材料的高效连续制备。

13.4.3.1 应用效果

应用效果如下：

（1）连续式电磁冷坩埚熔炼技术适用于多种材料的制备，如常见的普通金属材料、高熔点难熔材料、活泼金属、氧化物材料等。

（2）连续式电磁冷坩埚熔炼技术可用于材料的定向凝固制备，材料经定向凝固后组织定向排列或取向择优，通常其单向力学性能或功能特性会得到改善。

（3）连续式电磁冷坩埚熔炼技术可用于材料的冶金提纯，由于其单向顺序凝固的特点，理论上溶质分配系数越远离 1，提纯效果越好。

（4）连续式电磁冷坩埚经升级改造后可用于核废料等特殊材料的连续处理。

13.4.3.2 应用实例

A 应用实例一

目前，新一代航空发动机叶片工作温度要求达到 1200~1400 ℃，传统镍基高温合金已经逐渐无法满足要求，在众多合金中 Nb-Si 基合金脱颖而出，但是两个突出的问题制约着该合金的工程应用。一是该合金是一种难熔材料，熔炼加工困难。二是该合金室温下硬脆、力学性能差，限制了该合金的装配和在较低温度下的服役性能[13]。连续式电磁冷坩埚熔炼技术由于其自身技术特点能够高效、无污染制备出性能优异的 Nb-Si 基合金铸锭。

图 13-11 所示为连续式电磁冷坩埚熔炼技术制备的典型 Nb-Si 基合金铸锭的宏观形貌及组织[13-14]。整个铸锭从左到右分别是固相区、初始凝固区、定向凝固区、液相区。此外，铸锭侧表面在熔炼过程中受坩埚壁激冷作用形成凝壳区，凝壳区由细小的等轴晶组成。铸锭中的稳定生长区全部为定向排列的柱状晶组织，制备出的合金铸锭最终主要用到稳定生长区。熔炼后 Nb-Si 基合金的微观组织中主要存在 Nbss 相（铌为基的固溶体）、β-Nb_5Si_3 相和 γ-Nb_5Si_3 相（以 Nb_5Si_3 相为基的固溶体）。电磁冷坩埚熔炼可以有效避免污染，其中一个主要原因是凝壳的存在阻碍了熔体与坩埚内壁的软接触。凝壳对制备材料的利用率和定向凝固过程中的径向散热也有很大影响。凝壳较薄时，定向组织占比较高，材料利用率高，但侧向散热相对更严重，影响组织定向生长；凝壳较厚时，侧向散热明显减弱，对组织定向生长有利，但材料利用率下降。通过合理调控电源功率和凝固速率之间的配合，可以获得定向凝固组织，材料室温下的硬脆、力学性能差等情况也可以得到明显改善。以电磁冷坩埚熔炼技术制备的 Nb-22Ti-16Si-3Cr-3Al-2Hf 合金为例，其室温断裂韧性可达到 10~13 MPa·$m^{1/2}$[13-14]，1250 ℃下沿着柱状晶方向的高温抗拉强度可以达到 210 MPa，该性能指标满足室温条件下装配及发动机启动阶段的性能要求。

B 应用实例二

在航空领域，镍基高温合金依然是目前普遍使用的航空发动机叶片材料，但该合金密度高、重量大，制约着航空发动机性能的提升[15]。Ti-Al 基合金具有密度低、强度高、抗氧化能力强和高温力学性能优异等特点，有望在 600~1000 ℃ 范围内部分取代镍基高温合金，进一步提高航空发动机性能[16]。然而，Ti-Al 基合金作为金属间化合物，脆性大、室温塑性低，且高温熔融状态下非常活泼易受污染，限制了该合金的应用。利用连续式电磁

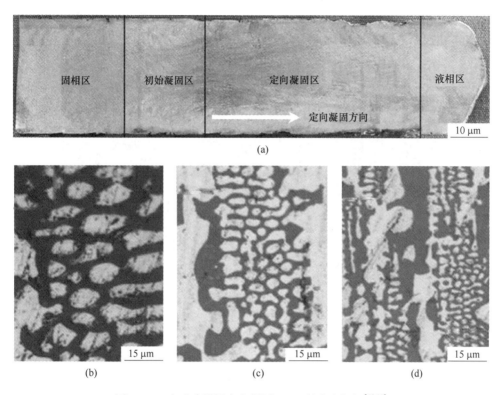

图 13-11　电磁冷坩埚定向凝固 Nb-Si 基合金组织[13-14]

（a）铸锭宏观组织；（b）凝固速率 0.4 mm/min；（c）凝固速率 0.8 mm/min；（d）凝固速率 1.4 mm/min

冷坩埚定向凝固技术制备该合金，加工过程中合金熔体与坩埚侧壁保持软接触及凝壳阻隔，且处于真空或保护气氛下，避免了 Ti-Al 基合金熔炼过程中受到污染。为满足合金部件的尺寸形状要求，可设计不同坩埚内腔形状对合金熔体进行成型约束。

在该合金的定向凝固制备前，常利用数值模拟，并根据制备经验选取合适的工艺窗口。在一定工艺窗口范围内选取不同电源功率和不同抽拉速度对该合金进行制备。图 13-12 所示为典型的 Ti-44Al-6Nb 合金在抽拉速度不变时，随电源功率增加合金铸锭的宏观组织[17]。电源功率相对较低时，由于温度梯度较小，柱状晶的连续性较差；当电源功率提升至合适值时，固-液界面平直，晶粒定向效果好；当电源功率过高时，固-液界面上凹明显，柱状晶将呈 "八" 字形。而当合金在电源功率不变时，随抽拉速度增加，定向凝固的固-液界面位置将逐渐下移并出现下凹。可见，采用较小的凝固速率配合适宜大小的电源功率可以促进平直的固-液界面形成，并有利于柱状晶的形成和沿平行于定向凝固方向的生长。Ti-46Al-6Nb 合金经电磁冷坩埚定向凝固后，合金晶粒定向，且晶粒内片层团的片层方向与定向凝固方向呈小角度，室温抗拉强度可提高至 473 MPa，比原始铸态合金抗拉强度提高了 56%。800 ℃下高温抗拉强度达到 600 MPa 以上，几乎是具有等轴晶组织的铸态合金的 2 倍。此外，合金的伸长率也得到了大幅提升。

C　应用实例三

根据凝固理论，由于溶质分配系数的不同（大于或小于 1），高熔点元素会更多富集于顺序凝固的凝固初始段，而熔点低的元素会更多富集于顺序凝固的凝固末端。利用连续

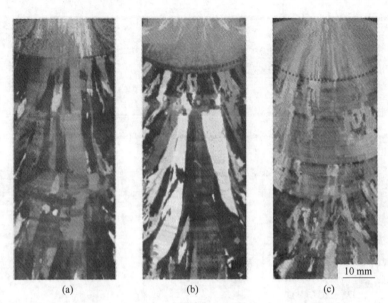

(a)　　　　　　　　　　(b)　　　　　　　　　　(c)

图 13-12　电磁冷坩埚定向凝固 Ti-46Al-6Nb 合金在一定

抽拉速度时不同电源功率下的定向凝固宏观组织[17]

（a）35 kW；（b）40 kW；（c）45 kW

式电磁冷坩埚熔炼技术可以实现原材料中元素向凝固一端偏聚，从而实现材料提纯。此外，杂质元素的饱和蒸气压不同，熔融状态下挥发也可以去除一些杂质。由于有一些元素的溶质分凝系数接近 1（例如硼元素），且饱和蒸气压也较低，无法通过定向凝固法和高温真空挥发法去除，此时可以通过在材料熔融过程中通入一定流速的氧气，与杂质生成高熔点氧化物或挥发性气体而去除。也可以在材料熔体中加入一定量的造渣剂，造渣剂与杂质发生反应生成渣相，渣相由于密度差异浮于熔体表面或下方而便于去除。下面以连续式电磁冷坩埚熔炼技术在多晶硅冶金提纯中的应用效果为例进行介绍。

　　多晶硅在较低温度下不能被感应，需进行启熔。石墨具有良好的导热性和易感应加热特性，适合作为启熔材料。利用电磁冷坩埚熔炼技术提纯多晶硅时，在驼峰处经常会出现热爆现象，热爆会导致熔体飞溅，破坏熔池稳定性，影响铸锭表面质量，降低材料利用率。适当降低电源功率，可减小驼峰体积、降低驼峰高度，有效避免热爆。铸锭表面不可避免地存在一定量的表面波纹、边角处的缺陷、未熔颗粒缺陷等。其中，边角处的缺陷对表面质量影响较大，表面波纹与未熔颗粒缺陷在一定程度上起到了隔开熔融物料与坩埚内壁的作用，可减轻侧向散热，从而有助于获得比较优良的定向凝固组织。图 13-13 所示为不同制备工艺下得到的两个铸锭的表面形貌[18]。图 13-13（b）中铸锭的表面质量明显优于图 13-13（a）中的，因此图 13-13（b）中铸锭的利用率更高。

　　硅中金属杂质分凝系数小于 1，因此金属杂质富集于熔池中，最终富集于铸锭末端位置。当杂质浓度超过固溶度时，会形成析出相，以夹杂物的形式存在于晶界处。夹杂物中通常含有钙、钛、铁、镍、铝等。电磁冷坩埚熔炼过程中，由于凝壳的存在和软接触作用，坩埚体本身不会对熔体造成污染，底托也仅是在熔融初期与物料短时间接触，也不会对熔体造成污染。氧、氮、过渡族金属元素也是铸锭中常见的有害杂质，硼、磷属于掺杂

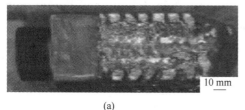

(a)　　　　　　　　　　　　　　　　　　　(b)

图 13-13　电磁冷坩埚熔炼技术制备多晶硅铸锭的表面形貌[18]

(a) 表面质量较差的铸锭；(b) 表面质量较好的铸锭

剂，决定着硅锭的电导率和导电类型。杂质的传递主要有以下途径：(1) 连续熔铸过程中杂质从原料向熔池传递；(2) 连续熔铸过程中杂质因分凝系数不同而进入熔体；(3) 杂质在熔池表面的挥发。熔炼提纯在真空下进行，在电磁力作用下熔池出现驼峰，增大了挥发面积，电磁力诱发的熔体搅动又加速杂质元素向表面传递。当杂质元素饱和蒸气压大于硅的饱和蒸气压时，这些杂质将会以气体形式从硅熔体中挥发出去。铸锭中非金属元素碳、氧、硼、磷等也有向顶部富集的现象。其中，碳的溶质分凝系数最小，因此在顶部糊状区富集最明显。氧元素在定向凝固过程中可与硅生成 SiO 气体排出。氧元素没有硼元素在熔池位置富集的程度大，但是与原料相比，已得到很大程度去除，去除率近 80%。磷元素分凝系数小于 1，因此通过定向凝固区熔提纯可得到有效消除，同时其饱和蒸气压低，熔融过程中也会大量挥发。碳元素溶质分凝系数远小于 1，因此大量富集于铸锭末端。

利用电磁冷坩埚熔炼技术所提纯的多晶硅，其内部电阻率沿横向分布基本均匀，在 1.23~1.52 $\Omega \cdot cm$ 小范围波动。硅材料少子寿命是指在小注入条件下激发产生的非平衡少数载流子浓度因复合减小到原来 $1/e$ 所需时间，少子寿命影响着最终制备太阳能电池的光电转换效率。对电磁冷坩埚定向凝固后铸锭的纵截面少子寿命分布情况进行考察可知，纵截面上少子寿命分布不均，靠顶部区域的少子寿命很低，主要是因为该区域内杂质含量高、位错等缺陷密度大。但整个定向凝固的稳定生长区组织成分非常均匀，缺陷也较少，少子寿命分布均匀。多晶硅太阳能电池在使用过程中，晶界通常是少数载流子复合的中心，会大幅降低太阳能电磁的光电转换效率，而具有定向凝固组织的多晶硅铸锭，沿着定向凝固方向晶界的影响会明显降低。因此，这样的多晶硅材料制备成电池时，其光电转换效率会得到明显提升。

D　应用实例四

目前，利用连续式电磁冷坩埚熔炼技术熔炼低熔点玻璃，以此来包覆核废料一同固化，再将固化后的核废料填装和掩埋，是一种先进的核废料处理方法。下面以连续式电磁冷坩埚熔炼设备在核废料处理中的应用效果为例进行介绍。

电磁冷坩埚熔炼设备是基于数值仿真结果和设计经验建造的，可模拟实际设备的熔炼过程。它可以用于磁感应强度测量、玻璃料启熔试验、温度场测量、凝壳厚度测量、连续卸料速率测量及熔融玻璃体机械搅拌试验等。它的原理、工艺、工作过程和应用效果与最终设备相同，能为最终设备的设计、建造及使用提供参考。采用连续式电磁冷坩埚熔炼技术熔化玻璃料固化核废料时，启熔不导电的玻璃料也是整个过程中最重要的环节。非高放射性环境下熔炼玻璃料时，可通过加入熔融玻璃达到启熔效果。而高放射性环境下仍采用该方法会增加设备复杂性，并带来安全隐患。该熔炼过程无需考虑玻璃料是否被污染。因此，通常通过添加导体材料进行启熔。钛合金作为导体时，可使温度提升至 1600 ℃，远高于硼硅酸盐玻璃的软化温度，可作为启熔料。由于具有优异的导电性和导热性，石墨、铝合金和钢材等也可作为启熔材料。熔炼过程中，应维持比较高的电源功率，维持较高的熔体过热度，这样可以避免熔体上端出现冷凝壳而影响物料的连续添加[19]。

13.4.4　连续式电磁冷坩埚熔炼技术的优点和不足

连续式电磁冷坩埚熔炼技术的优点如下：

（1）连续式电磁冷坩埚熔炼技术能够适应高熔点、活泼材料、氧化物材料等多种材料的熔炼制备需求。

（2）技术适应性强，设备使用寿命长，既适合于科学研究，又适用于工业化规模应用。

（3）该技术能够在连续制备基础上实现一端强制冷却，可用于材料冶金提纯，可明显降低材料铸造缺陷、可实现组织定向排列和择优取向调控等，可实现对材料力学性能和功能特性的调控。

（4）连续式电磁冷坩埚熔炼技术可用于核废料回收处理等特殊材料的处理和适应特殊环境下的工作。

连续式电磁冷坩埚熔炼技术的不足为：连续式电磁冷坩埚熔炼技术同样面临着能量利用效率低的问题，在人类能源愈发紧张的今天，这严重限制了该技术的规模化应用，是亟待改进的问题。

13.5　电磁全悬浮熔炼技术

电磁全悬浮熔炼技术（electromagnetic complete levitation melting，EMCLM）是将倒锥形线圈中通入交变电流，进而利用其产生轴向的梯度磁场所诱发的洛伦兹力将待熔物料悬浮于线圈中，同时通过感应加热将悬浮物料熔化，熔融物料与线圈完全不接触。同时，根据需要可配备真空系统及保护气氛，能够最大限度地保证所熔物料的纯净度。基于上述特点，该技术在材料科学、物理学等研究，以及工业领域均有广泛的应用。

13.5.1　电磁全悬浮熔炼技术工艺

电磁全悬浮熔炼技术的工艺流程与上面介绍的连续式或间歇式电磁冷坩埚熔炼技术的工艺流程相似。最大的区别在于电磁全悬浮熔炼技术在线圈与熔炼物料之间完全没有坩埚体阻隔，线圈开口也呈上大下小的形状，依靠电场产生的悬浮力将物料完全悬浮于线圈中并熔化。其熔炼过程中线圈和物料状态及熔炼原理示意图如图 13-14 所示。

熔炼前需要先制备出待熔炼物料的母合金，然后从母合金中切取尺寸和质量合适的待熔样品。如需保证熔炼样品的高纯净度，需预先对带熔炼样品进行打磨清洗。电磁全悬浮熔炼过程不需要利用坩埚约束熔体，但熔炼后熔体掉落需有坩埚盛装，坩埚常为铜质且通有水冷。电磁全悬浮熔炼技术所制备材料的体积和质量相对较小，熔炼线圈尺寸及配套设备体积也较小，制备前后的拆卸安装更加灵活。其熔炼工艺流程与小尺寸电磁冷坩埚熔炼工艺基本相似。首先开启高压循环水冷系统，如有需要，开启真空保护或者气体保护。然

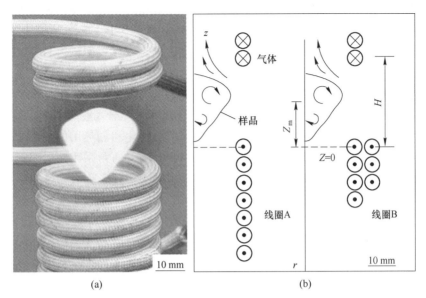

图 13-14　电磁全悬浮熔炼技术熔炼过程实物图及熔炼原理示意图[32]
（a）电磁全悬浮熔炼过程实物图；（b）电磁全悬浮熔炼过程原理图

后开启加热电源，逐渐提升加热功率，同时利用机械臂将待熔化物料送至线圈中央，使待熔物料稳定悬浮并感应熔化。对于较低温度下自身不能被感应的材料，应预先将其加热至自身可被感应的温度再置于线圈内感应加热熔化。物料熔化后，适当调整加热功率，使物料一直处于熔化状态且稳定悬浮于线圈中。根据制备需要，维持物料悬浮熔融一定时间能使熔融更加充分。熔炼过程中记录电压、电流及冷却水水温，特别注意熔炼材料飘浮不稳掉落和拉弧放电现象，如遇异常及时调整或终止熔炼。熔炼结束后，关闭加热电源，熔融液态材料从线圈中落入通有水冷的坩埚内，熔融材料瞬间激冷凝固。高压循环水冷系统仍需继续工作一段时间，带走线圈、电源、坩埚与机械泵等的余热。完成熔炼过程，关闭总电源，取出凝固物料。

13.5.2　电磁全悬浮熔炼技术装备

　　电磁全悬浮熔炼技术装备也由真空系统、运动系统、电源系统、冷却系统、成型结晶系统和控制系统组成。其中的真空系统、电源系统、控制系统和冷却系统的装备情况与电磁冷坩埚熔炼技术几乎相同。最大的区别就是电磁全悬浮熔炼技术没有坩埚体，熔炼时完全靠电磁力将物料悬浮。

　　熔炼过程中，电源频率越大，则所产生的电磁悬浮力也越大，因此电磁全悬浮熔炼技术多采用高频电源。为提高悬浮力，还可采用倒锥形多匝串联的线圈结构。但需要注意的是，增加悬浮线圈匝数确实可以提高悬浮力，但受结构尺寸所限，悬浮线圈匝数也不能随意增加。为保持悬浮的稳定性，线圈上部反向绕制稳定线圈，增加稳定线圈的匝数可以促进物料的稳定悬浮，但会对悬浮力造成削弱，所以稳定线圈匝数的增加也受到限制。悬浮线圈半径越小，漏磁则越小，越有利于悬浮，但该尺寸也受到结构设计的制约，不可无限缩小，因为其尺寸过小会严重削弱悬浮稳定性。上下两部分线圈的距离越大，也就是悬浮线圈和稳定线圈之间的距离越大，则稳定线圈对悬浮磁场的影响越弱，相应地悬浮力就会越高。线圈匝间距增大会降低悬浮力，但匝间距不能随意减小，应通过校核计算来确定。物料的底部中心处于漏磁位置，该位置的物料熔化后只能依靠表面张力悬浮，所以电磁全悬浮熔炼技术的悬浮能力是有限的。总之，对于上述结构的电磁全悬浮熔炼系统，线圈各尺寸参数所发挥的作用存在着相互约束和配合的关系，熔炼物料质量通常在千克级以下（多为 100 g 以内），针对线圈的设计需要进行充分合理的综合考量和计算。实际工况下，为提高全悬浮熔炼可悬浮物料的质量，大多是增加下部熔化和加热用的线圈层数。层数增加越多，可悬浮物料质量就越大。但受线圈结构因素制约，通常采用两层线圈结构，这样的制备效率最佳，能量利用率也相对最高，目前最大能够实现千克级物料的悬浮熔炼。

成型结晶系统方面，电磁全悬浮熔炼技术不需要坩埚体承装液态金属，通常只在线圈下方布置水冷坩埚，待熔炼结束后，熔融材料掉落在该水冷坩埚中激冷结晶，该坩埚仅用于熔融物料掉落后的激冷，无需制成复杂的分瓣结构。由于熔炼过程中，物料不受坩埚阻挡，可布置红外测温装置和观察记录装置对熔体温度和熔炼过程进行监测，这对于定性化和定量化的科学研究提供了便利。用于承装熔融物料的水冷坩埚，根据需要其底部可设计带有吸铸功能，以增加材料的冷却速度，用于制备非晶、准晶、高熵合金等。由于该技术在熔炼物料的质量上较小，因此电磁全悬浮熔炼技术的装备整体上更趋于小型化、简单化。

13.5.3 电磁全悬浮熔炼技术的应用

电磁全悬浮熔炼技术在工艺和装备方面有不小的变化，因此其技术的应用也出现了不少变化，具有不同的应用效果。

13.5.3.1 应用效果

应用效果如下：

（1）纯净度更高。电磁全悬浮熔炼技术利用倒锥形的通电线圈将物料悬浮并熔化，线圈与物料之间没有坩埚阻隔，完全避免了坩埚污染，因此该技术相比于电磁冷坩埚熔炼技术的凝壳阻隔和软接触而言，其熔炼物料具有更高的纯净度。

（2）能够对物料的熔融过程进行可视化监测及定量化分析，在分析检测、材料科学、物理化学等领域应用广泛。

（3）目前，利用电磁全悬浮熔炼技术可实现千克级物料的悬浮熔炼，这为更大尺寸材料的研究和生产创造了可能性。

13.5.3.2 应用实例

A 应用实例一

稀土-铁基巨磁致伸缩材料是一种新型磁-机械能能量转换材料。合金低磁驱动下即具有高的磁致伸缩能力，在主动减震器、高精度线性马达、精密流向计、大功率声呐转换器等高新技术领域具有应用前景。利用电磁全悬浮熔炼技术制备该合金，可以有效避免由于大量稀土元素存在而导致的合金极易被氧化，提高合金的纯净度，能够真实反映出合金对应的磁致伸缩性能。而且熔炼过程相对简单，有利于对合金开发设计、凝固行为及组织演化等方面进行研究。

有研究人员利用电磁全悬浮熔炼技术研究（Tb,Dy）Fe$_2$合金的凝固特性[20]。选择工业上实际应用的合金成分 Tb$_{0.27}$Dy$_{0.73}$Fe$_{1.90}$，但铽和镝稀土元素饱和蒸气压高，相对于铁元素更容易挥发，所以制备中添加的稀土元素含量较高。熔炼过程中采用红外测温仪辅助测温，并采用摄像机进行实时监测。电磁全悬浮熔炼后得到的合金进行标准金相处理，典型组织如图 13-15 所示[20]。灰色相为基体（Tb,Dy）Fe$_2$相，黑色相是富稀土相，浅灰色条状相是（Tb,Dy）Fe$_3$相。根据所得组织，并结合 TbFe$_2$ 和 DyFe$_2$ 二元合金平衡相图，即可判断出合金的凝固路径。即首先析出 ReFe$_3$ 相，待达到包晶反应温度时，发生包晶反应 ReFe$_3$+L →ReFe$_2$。合金中还出现了大量富稀土相和棒状的 ReFe$_3$相，这是由于出现了初生相和包晶相的耦合生长而形成的。总之，电磁全悬浮熔炼技术为该合金的开发设计和组织演化等方面的研究创造了十分便利且科学的实验条件。

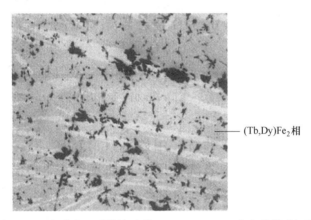

图 13-15　电磁全悬浮熔炼后的 Tb$_{0.27}$Dy$_{0.73}$Fe$_{1.90}$合金的微观组织[20]

B　应用实例二

利用电磁全悬浮熔炼技术制备合金时能够产生较大的过冷度，大的过冷度会使合金凝固组织发生强烈变化，这些变化会区别于常规凝固所形成的组织，可能对性能造成较大影响，具有重要的研究意义。图 13-16 所示为研究人员采用电磁全悬浮熔炼技术制备过共晶 Ni-13%Zr 合金时，利用高速摄像机记录的熔体形貌，选择了过冷度 $\Delta T = 270$ ℃的情况进行拍照记录，其中图 13-16（a）为熔体凝固过程中的初生枝晶形成阶段的形貌，图 13-16（b）所示为凝固过程中初生枝晶形成后的共晶反应阶段的形貌，图中亮度较高区域是凝固过程中该区域出现再辉现象所导致的，以此可以判断熔体不同区域的凝固进程。如图 13-17 所示为利用上述方法在不同过冷度下制备出的 Ni-13%Zr 合金的组织[21]，此时能够达到的过冷度最高为 270 ℃。低过冷度条件下组织中初生 Ni$_5$Zr 相为分散的小平面相，初生 Ni$_5$Zr 相周围分布着 Ni+Ni$_5$Zr 共晶组织。过冷度对该合金组织的影响存在临界值 $\Delta T = 180$ ℃，在临界过冷度下初生 Ni$_5$Zr 相转变为枝晶状。进一步增加过冷度至 $\Delta T = 270$ ℃，初生 Ni$_5$Zr 相就会呈现短柱状，形态上非小平面相。可以看出，利用电磁全悬浮熔炼技术，通过调控过冷度可以实现合金组织非常显著的变化。以 Ni-13%Zr 合金为例，随着过冷度的增大，Ni$_5$Zr 相会依次呈现：分散的大尺寸 Ni$_5$Zr 相→粗大的柱状晶相+碎化的等轴晶相→细小的等轴晶相。以上研究对于利用电磁全悬浮熔炼技术，通过调控熔融金属过冷度，进而改变凝固行为，实现材料组织和性能改善具有重要的指导意义。

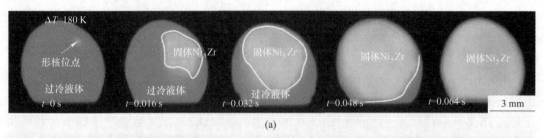

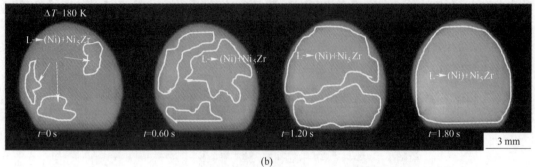

图 13-16　电磁全悬浮熔炼过共晶 Ni-13%Zr 合金在 $\Delta T = 270$ ℃条件下凝固过程中熔体形貌[21]

（a）第一次再辉：Ni_5Zr 金属间化合物的初次生长；（b）第二次再辉：共晶转变

图 13-17　电磁全悬浮熔炼过共晶 Ni-13%Zr 合金不同过冷度下凝固组织[21]

（a）（b）$\Delta T = 36$ ℃；（c）$\Delta T = 180$ ℃；（d）$\Delta T = 270$ ℃

C 应用实例三

利用电磁全悬浮熔炼技术获得硅材料的深过冷熔融状态，并将电磁全悬浮熔炼技术与 X 射线衍射技术相结合，对深过冷液态金属结构和形核过程进行原位在线考察，研究过冷的熔融态硅转变为多晶硅过程中的结构变化。实验装置中需要配备真空系统消除大气气氛对硅熔体的污染。由于硅在较低温度下不导电，电磁全悬浮熔炼开始时需要进行启熔，即需要将硅预先加热至其本身可被感应加热的温度。利用电磁全悬浮熔炼方法可以使硅熔体获得高达 140 ℃ 的超高过冷程度。图 13-18 所示为结合同步 X 射线衍射分析得到的不同过冷程度下液相的 X 射线衍射环[22]。可见，高的过冷程度下硅熔体仍具有类似液态时的短程有序的原子结构。利用同步 X 射线衍射方法对熔体初始凝固阶段进行考察，发现熔体中存在一种短程有序的 β 型变体。随着凝固的进行，后续的中程有序和长程有序的结构是以这种 β 型变体为基而形成的，且这些中程有序和长程有序的结构随着过冷度的不同而发生变化。借助电磁全悬浮熔炼方法获得硅材料的不同过冷条件，进一步通过 X 射线衍射技术对不同过冷条件下的硅熔体的凝固过程进行原位观测，发现熔体中的原子均是借助 β 型变体以一种扭转排列的方式进行生长，最终成为金刚石结构的多晶硅材料。

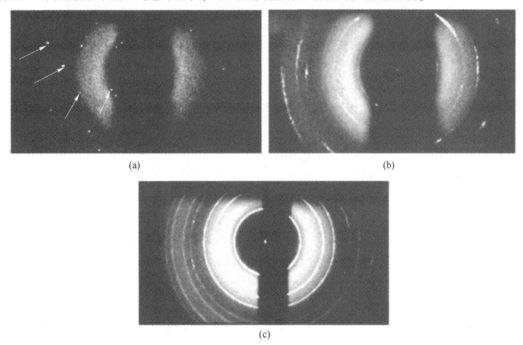

(a) (b)

(c)

图 13-18　悬浮熔炼过程中熔融硅不同过冷程度下 X 射线衍射图[22]
(a) $\Delta T = 41$ ℃；(b) $\Delta T = 128$ ℃；(c) $\Delta T = 241$ ℃

D 应用实例四

为研究磁场对金属熔体的影响，在纯铜悬浮熔炼过程中施加不同磁感应强度的磁场，利用高速摄像机记录熔体的形态和变化过程，如图 13-19 所示[23]。施加磁场可以抑制垂直于磁感线方向的熔体振动，但熔体围绕磁感线方向的旋转不受抑制。熔体内部的流动在低磁感应强度下较为剧烈，在高的磁感应强度下受磁场抑制变得很弱。垂直于磁感线方向的振动和熔体内部的流动都在磁感应强度达到 1 T 左右时开始受到明显抑制。

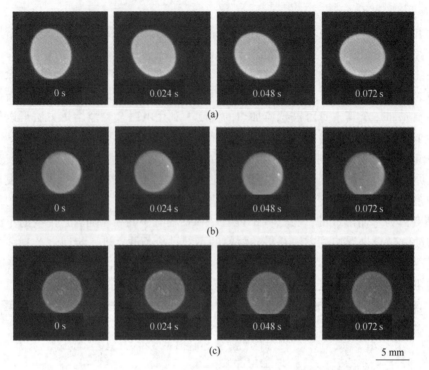

图 13-19   不同磁感应强度下纯铜悬浮熔炼过程中图像[23]

(a) 0 T；(b) 0. 32 T；(c) 10 T

E   应用实例五

电磁全悬浮熔炼技术加热快、温度高且均匀，熔炼过程中熔体流动性好、电磁搅拌强烈、熔体脱气表面积大，可利用该技术对金属中的气体成分和含量进行测定。下面以钢中氢元素的测定为例说明电磁全悬浮熔炼技术的应用效果。

传统的测试方法中，待检测材料需要与坩埚接触，会受到坩埚污染而影响检测结果。因此，传统检测方法无法适用于氢含量小于 0. 5 $\mu g/g$ 样品的检测，很难实现一般样品的高精度检测。而利用电磁全悬浮熔炼技术，无需坩埚，避免了坩埚带来的污染，可以大大提高检测精度。图 13-20 所示为借助电磁全悬浮熔炼技术制造的钢中氢元素含量测试分析仪[24]。设备配备有氢萃取系统、气体输运管线、去除杂气系统、氢探测系统。其中氢萃取系统由气体萃取室、感应线圈、供电装置组成。线圈中一部分起到悬浮和熔炼作用，另一部分反向缠绕的线圈起到稳定样品的作用。

线圈内通有冷却水，整个加热线圈、样品气体萃取室都处于绝缘密封状态，防止漏电和漏气。样品的熔炼状态可以通过观察窗口进行监测。气体输运管线通常选用的材质为不锈钢，利用聚四氟乙烯进行连接。气体管线连接气柱，以高纯氮气推动悬浮熔炼提取出的气体进入过滤装置和氢探测仪。钢样品经过全悬浮感应熔炼后，搜集到的气体以 CO、CO_2、H_2 形式存在，欲探测氢含量，需要将 CO 和 CO_2 去除。由于感应加热效率极高，该测试方法可以在 1 min 内完成材料熔化和气体收集工作，测量误差可达 ±1 $\mu g/g$。除氢含量以外，该设备还可用于检测钢中的氮、碳、氧含量，此时，萃取系统应做相应调整以保证除检测气体以外的其他气体能被有效去除。该方法也适用于其他金属材料中一些杂质的含量测定。

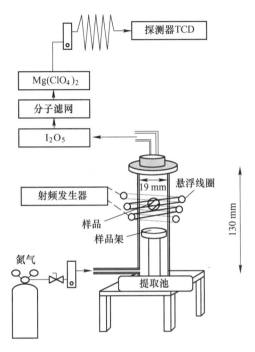

图 13-20 悬浮熔炼熔融气相色谱氢元素含量测试分析仪结构框图[24]

F 应用实例六

目前电磁全悬浮熔炼技术的研究大多围绕着小尺寸样品开展，多涉及材料高纯净化制备、微观结构分析、深过冷凝固理论、外场对材料冶金过程影响、材料辅助分析检测等方面的研究。图 13-21 所示为利用高速摄像机记录的电磁全悬浮熔炼技术制备金属铝时的熔体表面特征，图中分别展示有单匝线圈、双匝线圈、不同线圈直径、不同熔炼时间下的熔体表面特征，研究人员借此可以对金属铝熔炼过程中电磁场对熔化和凝固过程、熔体形态、熔体振荡等进行记录和研究。电磁全悬浮熔炼技术作为一种高纯净化冶金制备方法，通常可熔炼的样品尺寸和质量均较小，若能利用其制备较大质量的样品，将是该技术非常重要的延伸发展。目前，科研人员已经可以利用该技术突破千克级质量金属材料的熔炼制备，例如，可以实现 1000 g 左右纯铜和纯铝的全悬浮熔炼制备[25-27]。

13.5.4 电磁全悬浮熔炼技术的优点和不足

电磁全悬浮熔炼技术将电磁熔炼技术和电磁悬浮技术相结合。应用领域涉及材料、物理、冶金、化学等，尤其在真空冶金领域，受到广泛关注。它是获得纯净材料、辅助分析检测与物理化学研究的重要手段。电磁全悬浮熔炼技术的优点如下：

（1）纯净度高，无污染。样品在加热、熔化、保温和凝固阶段完全不接触坩埚壁，杜绝了坩埚对熔体的污染，在此基础上还可以确保熔炼过程中在真空或一定保护气氛下进行，从而保证了熔炼物料的高纯净程度，这对于如液态材料深过冷、亚稳相材料的研究和制备等方面的研究具有重要意义。

（2）应用广泛。可利用该技术高纯净化的特点，对材料进行充分除气和去除杂质，获

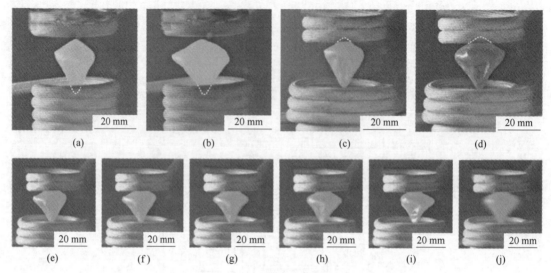

图 13-21　电磁全悬浮熔炼金属铝在惰性气体保护下的自由表面形貌[25-26]

（a）单匝线圈，$r=7.5$ mm；（b）单匝线圈，$r=10$ mm；（c）双匝线圈 B，$r=7.5$ mm；（d）双匝线圈 B，$r=10$ mm；
（e）$t=0$ s；（f）~（i）双匝线圈，$r=10$ mm，不同时间时熔体表面形貌；
（j）双匝线圈，$r=10$ mm，0~60 s 范围内熔体形貌整合

得高纯净材料，以及对材料进行内含气体的定量分析。

（3）可用于特殊材料的制备。由于该技术熔炼物料高纯净度高精度的特点，可用于制备一些小尺寸高纯度的特殊材料。

（4）可配合 X 射线衍射技术实现原位观测。没有坩埚的阻挡，可以对熔炼过程中熔体的运动和材料的凝固行为实施全程观测监控，例如可利用 X 射线衍射等技术对熔体的理化性质实施原位观测。

电磁全悬浮熔炼技术的不足为：制备材料的质量较小。目前通过改进线圈结构和调整电源参数等方式最大也仅可以熔炼 1 kg 左右的物料，这对于工程领域的大规模、批量化生产制备仍无法满足[28]。

参 考 文 献

［1］SCHIPPEREIT G H，LEATHERMAN A F，EVERS D. Cold-crucible induction melting of reactive metals ［J］. JOM，1961，13：140-143.

［2］OKRESS E C，WROUGHTON D M，COMENETZ G，et al. Electromagnetic levitation of solid and molten metals ［J］. J. Appl. Phys.，1952，23：1413.

［3］BEGLEY R T，COMENETZ G，FLINN P A，et al. Vacuum levitation melting ［J］. Rev. Sci. Instrum.，1959，30：38.

［4］CAI X，WANG H P，WEI B. Migration dynamics for liquid/solid interface during levitation melting of metallic materials ［J］. Int. J. Heat Mass Transf.，2020，151：119386.

［5］陈瑞润，郭景杰，丁宏升，等. 冷坩埚熔铸技术的研究及开发现状 ［J］. 铸造，2007，56：443-450.

[6] 王晓东, 商凯东, 巴德纯, 等. 电磁悬浮熔炼系统的结构及其悬浮力的研究 [J]. 真空, 2006: 26-29.

[7] NEGRINI F, FABBRI M, ZUCCARINI M, et al. Electromagnetic control of the meniscus shape during casting in a high frequency magnetic field [J]. Energy Conv. Manag., 2000, 41: 1687-1701.

[8] 徐诚, 刘小峰, 邱建荣. 利用悬浮熔炼法制备含氮铝酸盐玻璃 [J]. 硅酸盐学报, 2018, 46: 1535-1542.

[9] 库兹明诺夫, 洛曼诺娃, 奥西科. 冷坩埚法制取难熔材料 [M]. 北京: 冶金工业出版社, 2006: 94-118.

[10] SCOTT H G. Phase relationship in the zironia-yttria system [J]. J. Mater. Sci., 1975, 10: 1527-1535.

[11] YANG J R, CHEN R R, SU Y Q, et al. Optimization of electromagnetc energy in cold crucible used for directional solidification of TiAl alloy [J]. Energy, 2018, 161: 143-155.

[12] DONG S L, DING X, CHEN R R, et al. Enhanced high-temperature deformation resistance capability of a TiAl-based alloy fabricated by cold crucible directional solidification [J]. China Foundry, 2020, 17: 378-383.

[13] YAN Y C, DING H S, KANG Y W, et al. Microstructure evolution and mechanical properties of Nb-Si based alloy processed by electromagnetic cold crucible directional solidification [J]. Mater. Des., 2014, 55: 450-455.

[14] KANG Y W, YAN Y C, SONG J X. Microstructures and mechanical properties of Nbss/Nb$_5$Si$_3$ in-situ composite prepared by electromagnetic cold crucible [J]. Mater. Sci. Eng. A, 2014, 599: 87-91.

[15] SONG L, APPEL F, WANG L, et al. New insights into high-temperature deformation and phase transformation mechanisms of lamellar structures in high Nb-containing TiAl alloys [J]. Acta Mater., 2020, 186: 575-586.

[16] KIM B G, KIM G M, KIM C J. Oxidation behavior of TiAl-X (X=Cr, V, Si, Mo or Nb) intermetallics at elevated temperature [J]. Scripta Metal. Mater, 1995, 33: 1117-1125.

[17] YANG J R, CHEN R R, SU Y Q, et al. Optimization of electromagnetc energy in cold crucible used for directional solidification of TiAl alloy [J]. Energy, 2018, 161: 143-155.

[18] HUANG F, CHEN R R, GUO J J, et al. Experimental study on surface quality of silicon ingots prepared by electromagnetic continuous casting [J]. Mater. Sci. Semicond. Process., 2012, 15: 340-346.

[19] 明玉周, 李铮, 曹德伟, 等. 玻璃固化用电磁冷坩埚温度场研究 [J]. 特种铸造及有色合金, 2017, 37: 1196-1200.

[20] 马伟增, 季成昌, 李建国. 电磁悬浮熔炼 (TbDy)Fe$_2$ 合金的耦合生长 [J]. 稀有金属材料与工程, 2004, 33: 201-203.

[21] WANG H P, LV X, CAI X, et al. Rapid solidification kinetics and mechanical property characteristics of Ni-Zr eutectic alloys processed under electromagnetic levitation state [J]. Mater. Sci. Eng. A, 2020, 772: 138660.

[22] WATANABE M, HIGUCHI K, MIZUNO A, et al. Structural change in silicon from undercooled liquid state to crystalline state during crystallization [J]. Journal of Crystal Growth, 2006, 294: 16-21.

[23] YASUDA H, OHNAKA I, NINOMIYA Y, et al. Levitation of metallic melt by using the simultaneous imposition of the alternating and the static magnetic fields [J]. J. Cryst. Growth, 2004, 260: 475-485.

[24] NISHIFUJI M, ONE A, CHIBA K. Determination of hydrogen in steel by using a levitation melting method [J]. Anal. Chem., 1996, 68: 3300-3303.

[25] CAI X, WANG H P, LV P, et al. Optimized electromagnetic fields levitate bulk metallic materials [J]. Metall. Mater. Trans. B, 2018, 49: 2252-2260.

［26］ CAI X, WANG H P, WEI B. Migration dynamics for liquid/solid interface during levitation melting of metallic materials ［J］. Int. J. Heat Mass Transf., 2020, 151（6）：119386.

［27］ CAI X, WANG H P, LI M X, et al. A CFD study assisted with experimental confirmation for liquid shape control of electromagnetically levitated bulk materials ［J］. Metall. Mater. Trans. B, 2019.

［28］ MANJILI M H, HALALI M. Removal of Non-metallic inclusions from nickel base superalloys by electromagnetic levitation melting in a slag ［J］. Metall. Mater. Trans. B, 2018, 49：61-68.

14 电磁分选技术

14.1 概述

电磁分选技术（electromagnetic separation technology，EMS）是在电磁场的作用下，依据不同物质的物理性质不同而实现分离的技术，主要包括磁选技术、磁偏析布料技术和涡流分选技术。磁选技术和磁偏析布料技术利用不同种类物料所受到的磁化力不同而实现选别和偏析布料。涡流分选技术利用导电颗粒受到的涡流力（洛伦兹力）不同实现非磁性金属之间，以及非磁性金属与非金属之间的分离。

在公元前2000多年，我国就发现了磁现象，利用磁石的极性创造了指南针。在17—18世纪，人们就尝试使用手提式永久磁铁从锡石和其他稀有金属精矿中进行除铁。1855年人们采用电磁铁产生磁场。19世纪末美国和瑞典制造出第一批用于干选磁性矿石的电磁筒式磁选机。19世纪90年代，尖削磁极和平面磁极组成闭合磁系产生强磁场的技术被提出后，磁选在弱磁性矿石的选矿方面开始得到广泛应用。半个多世纪后，带式、盘式、辊式和鼓式磁选机等多种类型的湿选和干选强磁选机被提出，其中感应辊式磁选机应用较广。1955年之后，永磁材料的发展促进了磁选机的进一步应用，弱磁场磁选机（用于分选强磁性矿物）磁系永磁化方面趋势尤其明显。20世纪60年代，英国设计和制造了琼斯（Jones）磁选机，这是一种较好的弱磁性贫铁矿的分选设备。70年代，通过改进磁系结构，为低品位、细粒度、弱磁性的氧化铁矿石的选别开辟了新途径。磁选的应用领域也进一步扩大，可应用于选别矿石、环保工程和医学等方面。1970年超导体强磁场磁选机被提出并投入工业应用，用于选别矿石，特别是稀有金属矿石，以及从非金属矿物原料中除去含铁杂质等，是当代最先进的磁选设备。以上磁选法均以矿物原有磁性为分选的基点。近年来，出现了一些磁选新工艺、新方法，其特点是借助一些其他介质和技术手段，改变矿物的表面磁性，或利用矿物的其他物理性质差异实现分离。目前，磁选技术已经被广泛应用于除去含铁杂质、回收废钢、除去污水污染物，以及黑色金属矿石、有色金属矿石的分选和富集等领域。

1992年，学者们通过研究获得了关于烧结混合料偏析布料技术的系统而全面的烧结参数，这为偏析布料烧结新技术的开发应用提供了可靠的依据。自2000年起，磁偏析布料技术开始受到人们的重视。相关学者探讨了电磁力对烧结混合料分布的作用规律，奠定了磁偏析布料技术的理论基础，并在此基础上制造出了磁偏析布料装置，完成了基础实验研究，确定了工业试验的工艺参数。随后在宝山钢铁股份有限公司烧结机上进行了工业试验，由此改进了磁偏析布料装置及技术，获得了最佳操作工艺，进而成功推广到宝山钢铁股份有限公司的所有烧结机上。2002年，对电磁振动反射板偏析布料进行实验研究，获得了明显的偏析效果。2006年，宝山钢铁股份有限公司和东北大学共同承担的"烧结磁偏析布料装置开发及应用"项目打破了国外的技术垄断，技术指标接近国际先进水平。同年，研究发现，磁辊布料技术使混合料颗粒呈翻滚状态和有序的串状排列，混合料的碳与粒度偏析优于辊式布料，烧结质量得到明显提升。2007 年，对烧结混合料流经溜槽后的粒度偏析进行了研究，发现偏析可以使烧结机得到理想的铺料料层，从而可提高烧结机生产率，并降低烧结过程中的燃料消耗。2012 年，对烧结生产中磁性泥辊布料、宽皮带+九辊、泥辊+反射板+九辊三种偏析布料方法的技术控制要点进行了探究，积累了相关工业实验数据，丰富了技术操作经验。2017 年，中冶华天南京工程技术有限公司针对无法对烧结混合料中的磁性混合料进行有效筛分的问题，提出了一种内外动静分离式结构的磁辊偏析布料装置，目前已投入使用且效果良好。

涡流分选的概念最早由美国的 Edison 和 Maxim 于 1889 年提出。最初的结构是基于直流电的旋转电磁体设计，同年，法国的 Moffat 提出基于交流电的静态电磁体设计。由于受制于当时电工元器件技术的限制，电磁型涡流分选机并未得到广泛的工业应用。直至 20 世纪 70 年代初，永磁体材料领域取得了快速发展，法国的 Schlomann 等学者提出了基于永磁体的涡流分选机。早期永磁体型涡流分选机主要包括斜板式和转鼓式两种类型，在斜板式涡流分选机中，交替变化的磁极安装在一块倾斜布置的铝制板或不锈钢板上；而转鼓式涡流分选机主要由一个转鼓和安装在辊圆周面上的永磁体构成，转鼓由电机驱动，因此可以通过调整磁辊转速便捷地改变分选区域的交变磁场频率。带式转鼓型涡流分选机具有处理量大、运行成本低、操作简单及无二次污染等优点，逐渐在工业中得到广泛应用。主要用于处理垃圾焚烧底灰、汽车破碎料、电子垃圾及型砂等固废物料，也可以用于去除混合物料中的非磁性金属杂质。在涡流分选技术的拓展应用中，小粒径物料（小于 5 mm）难分选问题逐渐成为该技术的瓶颈。为此在 20 世纪末和 21 世纪初，有学者提出了很多种针对小粒径物料的涡流分选机新结构，主要包括高频电磁式、超导式、斜盘式和马格努斯式等。近年来，随着仿真技术的发展，越来越多的研究者开始着手搭建涡流分选的仿真模型，如东北大学结合有限元法和物理实验对涡流分选中的电动力学机制展开了研究。目前，涡流分选技术在基础理论和工业应用中仍存在较多问题有待解决，例如分选过程中非磁性金属颗粒的动力学响应规律不明确、不同非磁性金属间难分选的问题等。这些问题的解决将进一步改善涡流分选技术、开拓新的应用领域。

本章电磁分选技术包含磁选技术、磁偏析布料技术和涡流分选技术三部分，分别应用于选矿、铁矿石烧结布料和非磁性金属分离回收过程中。本章介绍了每项技术的工艺、装备、应用、优点和不足。

14.2　基本原理

14.2.1　磁选技术

磁选技术（magnetic separation technology，MS）是根据待分选原材料中各种物质的磁性差异，在磁选机磁场中进行分选的一种技术。磁选技术的原理是利用磁性矿粒与非磁性矿粒的比磁化系数（质量磁化率）差异，在相同的磁场强度下，不同比磁化系数的颗粒所受到的磁化力不同，达到分选磁性矿粒的目的。图 14-1 所示为一种分选磁铁矿用的永磁型圆筒磁选机，主要由分选圆筒、磁系、分选箱、给矿箱等部件组成。磁选机的工作方式是分选圆筒按一定速度逆时针旋转，磁系保持不动。原矿被研磨后，含有磁性矿粒的矿浆由给矿箱进入存在不均匀磁场的分选通道后被磁化,在磁化力的作用下吸在分选圆筒上,被带至排矿端。由于磁力减弱和水的冲洗作用,矿粒脱离分选圆筒,进入收集箱,成为精矿(磁性产品)。非磁性矿粒由于所受的磁化力很小,仍残留在矿浆中,随矿浆排出,成为尾矿(非磁性产品)。

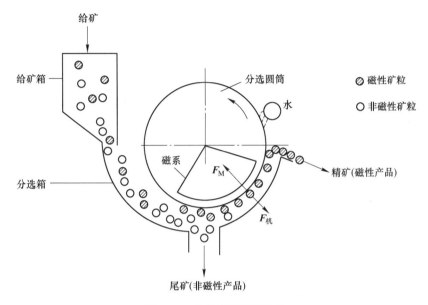

图 14-1　永磁型圆筒磁选机

在磁选过程中,矿浆进入磁选设备产生的磁场后,矿粒会同时受到两种力作用,一种是矿粒磁化产生的磁化力;另一种是机械力,包括重力、离心力、摩擦力、惯性力、矿粒间作用力、流体阻力等,它们阻碍矿粒被吸引到磁筒表面。磁选是磁化力和机械力相互竞争、争夺矿粒的过程。磁性颗粒所受的各种力中,磁化力为主导,其运动路径由其受到的磁力和机械力的合力决定;非磁性或磁性很弱的矿粒,受到的磁化力很小,小于其所受到的机械力,则机械力占优势,运动路径由机械力合力决定。磁性不同、粒度不同的颗粒所受力情况不同,运动路径也就不同,从而实现颗粒间的分离。不同磁性颗粒分开须满足的条件不同。

(1)磁性颗粒和非磁性颗粒分离条件:

$$F_M > \sum F_{机}$$ (14-1)

式中,F_M 为磁化力,N;$F_{机}$ 为机械力,N。

如果磁性矿粒受到的机械力合力 $\sum F_{机}$ 小于磁化力 F_M,那么矿粒会被吸附到磁筒表面,成为精矿,否则留在矿浆中,成为尾矿。

磁选是在非均匀磁场中进行,作用在单位质量颗粒上的磁化力(比磁化力)见下式:

$$f_m = F_M/m = \mu_0 \chi_0 H \mathrm{grad} H$$ (14-2)

式中,χ_0 为比磁化系数(质量磁化率),m^3/g。

由式(14-2)可知,磁化力大小正比于矿粒的磁化率、磁场强度和磁场梯度,其方向指向磁场强度增加的方向,即磁场梯度方向。需要注意的是磁场方向和磁场梯度方向,以及它们之间的关系：磁场梯度总是与磁场等值线相垂直，因此某点处的磁场梯度方向可能与该点处的磁场方向平行，也可能与其垂直或成某一角度。当细长的磁性颗粒处于不均匀磁场时，其长轴方向与磁场方向平行，而其所受磁化力方向是时刻与磁场等值线垂直，即梯度方向。

计算磁化力时，一般选取颗粒中心位置的磁场强度，而磁场梯度值通常不是常数，所以计算得到的磁力为近似值，且误差与颗粒大小成正比。因此，在对粗颗粒或尺寸较大的矿石块进行磁化力计算时，须根据其成分情况和磁场分布等将其分割成许多体积很小的部分，分别计算每一小部分所受的磁化力，再求出总磁化力。由于磁力计算的复杂性，在实际工作中，根据磁选机的类型，首先对作用在颗粒上的机械力合力进行粗略计算，然后再深入计算颗粒分离所需的磁化力。

（2）强磁性颗粒和弱磁性颗粒分离条件：

$$F_{M1} > \sum F_{机} > F_{M2} \tag{14-3}$$

式中，F_{M1}、F_{M2}分别为作用在强、弱磁性颗粒上的磁化力。

当矿粒进入一定强度的不均匀磁场中，其受到的磁化力会随矿粒磁性的增加而增加，无磁性矿粒不受磁化力的作用，如图 14-2 所示。对于强磁性颗粒，由于 $F_{M1} > \sum F_{机}$，必被磁极所吸引；对于弱磁性颗粒，由于 $\sum F_{机} > F_{M2}$，不一定能被磁极吸引，但若增大磁场强度，也会被磁极吸引。两种矿粒磁性相差越大，则越易分离。结合磁力公式（式(14-2)），要使两种不同的磁性矿粒分离，被分离矿粒比磁化系数比值应满足：$S = \chi_1 / \chi_2 \gg 1$。

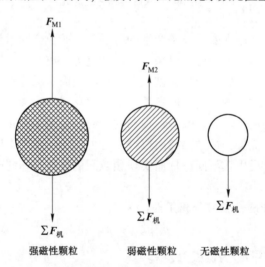

图 14-2　不同磁性矿粒在磁场中受力示意图

14.2.2　磁偏析布料技术

磁偏析布料技术（magnetic segregation material layout technology，MSML）是利用磁场下不同粒径和磁性的物料颗粒所受磁化力和重力不同，造成不同粒径物料下落的时间差，由此实现不同粒径物料的偏析分布。磁偏析布料技术在圆辊内或反射板背面安装永磁体磁系，物料在脱离布料器的过程中受到重力和磁化力的作用，利用磁场下不同粒径和磁性的物料颗粒所受磁化力不同，粒径大的物料所受重力远大于磁化力，所以先脱离辊面，而粒径小的物料会在脱离磁场区域后下落，造成不同粒径物料下落的时间差，实现不同粒径物料的偏析分布。值得注意的是，混合料中细粒料型磁铁精矿含量高，碳含量也高。因此，在实现了粒度偏析分布的同时，也实现了燃料沿料层的上高下低偏析分布。两种磁偏析布料结构如图 14-3（a）和（b）所示。

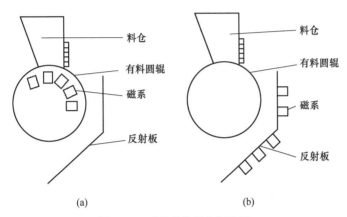

图 14-3　两种磁偏析布料装置

（a）圆辊内布置磁系；（b）反射板背面布置磁系

14.2.3　涡流分选技术

涡流分选技术（eddy current separation technology, ECS）是根据电导率不同的非磁性金属和非金属所受到的涡流力不同，从而产生不同运动轨迹，实现分离的一种机械物理技术。在涡流分选过程中，非磁性金属颗粒在交变磁场中会受到额外的涡流力作用，进而偏离原有轨迹，并实现与其他物料的分离。涡流分选机的核心部件是磁辊，磁辊上安装的磁极以 N—S—N—S 的模式交替排列，当磁辊高速旋转时，在磁辊表面会形成一个交变磁场。目前涡流斥力的产生机制有以下两种描述：（1）非磁性金属颗粒在交变磁场中穿行时，内部会感应产生涡电流，涡电流与交变磁场作用产生涡流力；（2）在交变磁场作用下，非磁性金属颗粒内部产生的感应涡电流构成磁偶极子，根据楞次定律，磁偶极子产生的磁场与原磁场的方向相反，两种磁场相互作用就会产生涡流力，如图 14-4 所示。

荷兰学者 Rem 基于磁偶极子的机制，提出了非磁性金属颗粒在交变磁场中的磁矩 L 计算模型，进而推导出涡流力 F_{eddy} 和涡流力矩 T_{eddy} 的力学模型，从而奠定了涡流分选的理论基础[1]。

$$L = \frac{1}{2} \int_V \boldsymbol{\xi} \times \delta d\boldsymbol{\xi} \tag{14-4}$$

$$\boldsymbol{F}_{eddy} = \boldsymbol{L} \cdot \nabla \boldsymbol{B} \tag{14-5}$$

$$\boldsymbol{T}_{eddy} = \boldsymbol{L} \cdot \boldsymbol{B} \tag{14-6}$$

式中，$\boldsymbol{\xi}$ 为相对颗粒质心的坐标向量；δ 为涡电流密度，A/m^2；L 为磁矩，$A \cdot m^2$；F_{eddy} 为涡流力，N；T_{eddy} 为涡流力矩，$N \cdot m$。

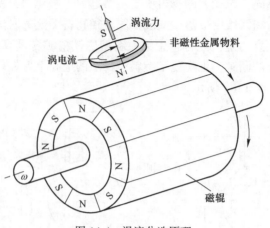

图 14-4   涡流分选原理

除了上述的涡流力、涡流力矩，颗粒在交变磁场中还会受到重力、空气阻力、马格努斯力的作用。整个过程涉及复杂的电磁响应和动力响应过程，因而涡流分选的分选效率也易受各种因素的影响。

14.3   磁选技术

磁选作为一项重要的分选技术，近 30 年得到迅速发展，主要体现在应用范围不断扩大，逐渐由矿物加工领域向环保领域、煤炭领域扩展，处理对象也由粗颗粒强磁性矿物向微细颗粒顺磁性矿物扩展。

14.3.1   磁选技术工艺

原矿中不同种有用矿物之间，以及有用矿物和无用脉石之间通常是结合共生的，所以品位较低，导致直接冶炼技术困难且经济成本高。因此，在冶炼前，必须对低品位的贫矿石进行选矿，将含有多种有用成分的精矿分离出来。磁选技术既能对弱磁性矿物进行选矿，如赤铁矿、褐铁矿、菱铁矿、钛铁矿、铬铁矿、黑钨矿及钽铌矿等，又能对非金属矿物进行除铁、提纯，如石英、长石、霞石、萤石、硅线石、锂辉石及高岭土等[2]。

在对混合物料进行磁选之前，需要根据矿石的磁性选择相应的磁选设备，而不同的磁选设备具有不同的磁系结构。因此磁系结构的发展是磁选机发展过程中的主要部分，磁系结构的发展主要集中表现在磁系形状、磁极材料、磁回路的发展情况。通常的磁回路又包括闭路回路和开路回路，根据磁选机磁系结构的发展得出磁系设计的几点原则：（1）磁路尽可能短，以便减少磁阻，提高磁能的利用率；（2）作用气隙要小；（3）尽量减少漏磁。

磁选过程是由分选前的待选物料准备、分选和分选后的物料处理组成的连续生产过程。电子废弃物和焚烧垃圾等固体废弃物中磁性金属的磁选过程与矿石的磁选过程类似，不同的是固体废弃物的分选前处理和后处理工艺较为简单，技术要求更低。以磁性金属矿石选矿过程为例，磁选过程如下：

（1）分选前原料的准备。包括原矿的破碎、筛分、磨矿、分级等工序，使用设备主要有破碎机、筛分机、磨矿机与分级机，其中磨矿机与分级机组成闭路循环，而破碎机和筛分机多为联合作业。分选前准备的目的是使有用矿物与脉石矿物，以及各种有用矿物相互间彼此分离，并为后续的磁选工艺创造条件，如满足物料粒度要求、提高磁性，以及改善表面干燥度等。

（2）分选。根据矿物磁化率的不同，其经过磁场时所受到的磁化力也不同。利用磁选技术能够实现不同磁性矿物之间、磁性矿物和非磁性矿物间的分离，并且可以使目标矿物精炼和富集。根据分选的目标矿物的不同，所用到的磁选设备也有所区别，具体分类将在14.3.2 小节中描述。

（3）分选后产品的处理。矿石经过分选得到粗产品后，绝大多数的选后产品中含有大量水分，不利于存放、运输和冶炼加工，要想达到理想的产品，需要进行复杂的后处理工艺。不仅要经过精矿和尾矿产品的脱水，还要对细粒物料进行沉淀、浓缩、过滤、干燥和水洗澄清（循环复用）等工艺流程。以上流程使用的设备有浓缩机、过滤机及干燥机等。

14.3.2　磁选技术装备

14.3.2.1　技术装备的分类

目前，磁选设备的种类繁多，可以根据磁选机磁场类型、磁源、磁场强度、分选介质、分离方式等来划分。

（1）根据磁场类型可将磁选机分为恒定磁场磁选机、交变磁场磁选机、脉动磁场磁选机和旋转磁场磁选机。具体参见表 14-1。

表 14-1　根据磁场类型划分磁选机

名　称	磁场特点	磁　源
恒定磁场磁选机	强度和大小保持恒定	永磁体和通直流电的电磁铁
交变磁场磁选机	强度、方向周期性变化	通交流电的电磁铁
脉动磁场磁选机	强度周期性变化，方向不变	同时通直流电和交流电的电磁铁
旋转磁场磁选机	强度、大小周期性变化	旋转永磁体

（2）根据磁场强度可分为弱磁场、中磁场、强磁场和超导磁选机四种。其中弱磁场磁选机的磁极表面磁场强度为 90~170 mT，用于分选强磁性矿石；中磁场磁选机的磁极表面磁场强度为 200~800 mT，用于局部氧化磁性矿石的分选或者再分选过程；强磁场磁选机的磁极表面磁场强度为 600~2000 mT，用于贫、弱磁性矿石；超导磁选机的磁极表面磁场强度为 2000 mT，用于金属提纯。

（3）根据分选介质的不同，磁选设备可以划分为干式磁选机和湿式磁选机两种。干式磁选机的分选环境介质一般为空气，在分选大块、粗粒的强磁性矿石和细粒弱磁性矿石的工程中应用广泛，适用于我国西北部严重缺水但矿产资源丰富的地区；而湿式磁选机则是在水或磁性液体中作业，主要用于细粒磁性矿石的分离和富集。

（4）根据给料的运动方向和从选分区排出产品的方法不同，可将磁选设备分为顺流型磁选机、逆流型磁选机及半逆流型磁选机三种。被选物料和非磁性矿粒的运动方向相同，磁性矿粒偏离此运动方向，称为顺流型磁选机。逆流型磁选机则是被选物料和非磁性矿粒的运动方向相同,而磁性产品的运动方向与此方向相反。这两种磁选机由于磁性产品的运动方向不同其回收率也有较大的差异,一般来说后者具有较高的回收率。第三种则是半逆流型磁选机,这种分选机在作业时,被选物料从下方给入,磁性矿粒和非磁性矿粒的运动方向相反,这样既保证了磁选机具有较高的回收率,又可以使精矿质量具有较高的水平。因此这种半逆流型磁选机是目前应用最为广泛的。

(5) 根据磁性颗粒在磁场中分离的基本形式可将磁选机分为吸引式、吸住式、吸出式三类,分别如图 14-5 所示。从图中可以看出,矿粒在不同情况下按磁性分离的路径也不同。吸引式磁选机(见图 14-5 (a) 和 (b)):待处理物料被输送至磁体表面附近,磁性矿粒在磁力作用下聚集在磁极表面区域,随后受重力影响进入磁性物料槽中。对于磁性差别较大的矿粒分离效果很好;对于磁性相近的矿粒,由于磁性与非磁性矿物的运动路径相近,分选效果较差。吸住式磁选机(见图 14-5 (c) 和 (d)):待选物料被输送至磁极部件表面区域,磁性矿粒受磁场作用被吸附在磁极部件表面上。该类磁选机的回收率通常较高。吸出式磁选机(见图 14-5 (e) 和 (f)):待处理物料被输送至距磁极部件一定距离的区域,磁性矿粒在磁力作用下被吸出,并吸附在磁极部件表面上。该类磁选机的产物品位较高。

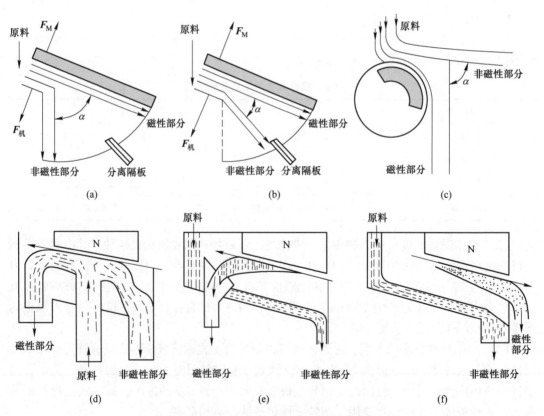

图 14-5 矿粒在不同情况下按磁性分离过程

(α 为磁性物料和非磁性物料轨迹分离角)

(a) (b) 磁性矿粒偏离;(c) (d) 磁性矿粒吸住;(e) (f) 磁性矿粒吸出

14.3.2.2 弱磁场磁选技术的装备

弱磁场磁选机主要应用于强磁性矿物的分选，种类繁多，见表14-2。本小节以干式CT型永磁磁力滚筒（磁滑轮）为例进行介绍。

表 14-2 不同种类的弱磁场磁选机

种 类	磁 选 机
湿式弱磁场磁选机	永磁筒式磁选机、永磁旋转磁场磁选机、磁力脱泥槽、浓缩磁选机、盘式磁选机
干式弱磁场磁选机	CT 型永磁磁力滚筒（磁滑轮）、CTG 型永磁磁力滚筒
其他	脱磁器、预磁器、除铁器

磁滚筒又叫磁滑轮，有永磁和电磁两种类型。电磁滚筒使用直流电，其磁场强度可以通过调节激磁电流大小来调节，工作时间过长时容易发热，应采取相应的散热措施。永磁滚筒节能，但磁场强度不可调。目前两者都有应用。

A 结构组成

永磁滚筒组成结构如图 14-6 所示，主要包括两部分：多极磁系和不锈钢、铜、铝等非导磁材料制造的圆筒。磁系包角为 360°，磁系与圆筒同轴。永磁滚筒与传送带配合使用，可以组装成永磁带式磁选机，也可以作为传动滚筒安装在传送带运输机头部。

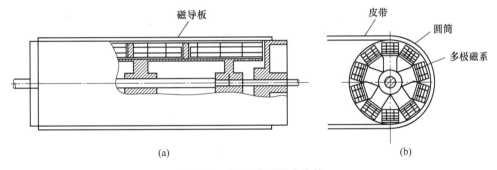

图 14-6 CT 型永磁磁力滚筒

（a）正视图；（b）侧视图

B 磁系与磁场特性

永磁滚筒的磁系结构有两种设计：一种是磁极沿轴向交替排列，沿矿物运动方向同极性排列，用于处理粗中粒度矿石；另一种是磁极极性沿矿物运动方向交替排列，用于处理粒径小于 10 mm 的细粒物料。由于极性沿圆筒方向交替变化，减少了磁系两端的漏磁，从而提高了圆筒表面的场强，因此应用较多。表 14-3 给出了磁力滚筒的技术性能。表中磁选机的磁场强度为 120~124 kA/m，分选弱磁性矿物时，尾矿品位高。如果将磁极材料由锶铁氧体换成 Ce-Co-Cu 永磁合金，磁极间隙用 Ce-Co-Cu 永磁合金填充，筒表面的磁场强度平均可达到 172 kA/m 以上；如果将磁极材料换成高性能 Nd-Fe-B，则筒表面磁场强度可达 280 kA/m 以上。

表 14-3   CT 型永磁磁力滚筒的技术性能

型号	筒体尺寸 D×L /mm×mm	相应的皮带宽 b /mm	筒表磁场强度 /kA·m⁻¹	入选粒度 /mm	处理能力 /t·h⁻¹	质量 /kg
CT-66	630×600	500	120	10~75	110	724
CT-67	630×750	650	120	10~75	140	851
CT-89	800×950	800	120	10~100	220	1600
CT-811	800×1150	1000	124	10~100	280	1850
CT-814	800×1400	1200	124	10~100	340	2150
CT-816	800×1600	1400	124	10~100	400	2500

C   分选过程和应用

通过给料装置将矿物均匀地给到传送带上，传送带将矿物送至永磁滚筒，当矿物在永磁滚筒上开始向下运动时，磁性较弱或非磁性的矿物在离心力和重力作用下脱离传送带，而磁性较强的矿物受磁力的作用被吸附在传送带上，并随传送带运动到永磁滚筒下部，此时磁场强度减弱、磁力减小，磁性矿物落于磁性产品槽中。永磁滚筒下面装有分离隔板，调节隔板位置可以控制产品的产率和质量。传送带的速度可以根据物料的种类进行调整，从强磁性矿石中选富矿时，传送带速度可调大些，这样便于剔除脉石和中矿。分选磁性较弱的矿石时，传送带速度应设置小些，从而保证中矿不被抛掉。对于粒度小于 10 mm 的矿石，要薄层给料，降低传送带速度。

该设备多用在磁铁矿选矿厂粗碎或中碎后的粗选作业中，选出可直接丢弃的非磁性产物废石，减轻下段作业的负荷，降低选矿的成本。对于直接入炉的富矿，在入炉前应用磁滚筒选出混入的废石，提高入炉矿石品位、降低冶炼成本。在赤铁矿石磁化焙烧作业中，磁滚筒可用于控制焙烧矿的质量。使用磁滚筒选出焙烧质量较好的矿石送入下一工序过程（如破碎、磨碎和磁选），将没焙烧好的矿块返回还原焙烧炉再次焙烧。

14.3.2.3   强磁场磁选技术的装备

为解决弱磁性矿物选别的问题，世界各国研制了多种强磁选机（见表 14-4）。处理粗中粒径矿石（40~0 mm）时，通常使用湿选辊式或干选感应辊式强磁场磁选机。处理小粒径矿石（2~0 mm）时，使用湿选辊式或干选盘式强磁场磁选机。处理细粒度矿石（0.4~0 mm）时，使用湿选环式强磁场磁选机。强磁场磁选机的研发使磁选得到很大的发展，除弱磁性矿物选别外，在环境和资源等其他众多领域中也占有重要地位。下面对强磁场磁选机中较有代表性的琼斯型强磁场磁选机进行介绍。

表 14-4   不同种类的强磁场磁选机

种类	磁选机
干式强磁场磁选机	强磁场盘式磁选机、强磁场辊式磁选机、Rollap 永磁筒式磁选机、DPMS 系列永磁筒式磁选机
湿式强磁场磁选机	琼斯型强磁选机、仿琼斯型强磁选机、SQC 型强磁选机、CS 型电磁感应辊式强磁选机

种　类	磁　选　机
高梯度磁选机	双立环磁选机、周期式高梯度磁选机、连续式高梯度磁选机、Slon 型立环脉动高梯度磁选机

湿式强磁场磁选机的类型很多。常用的有琼斯型、仿琼斯型和 SQC 型等强磁选机。其中琼斯型强磁场磁选机是湿式强磁场磁选机中的经典机型，国内外所生产的环式强磁场磁选机均以琼斯型强磁场磁选机为基础改进而来。该机型最早在英国进行研发，由德国的洪堡公司制造，目前已发展出十多种不同类型、规格的琼斯型强磁选机。

A　结构组成

琼斯型强磁选机虽然种类繁多，但结构基本相似。如图 14-7 所示，琼斯型强磁场磁选机有一个钢制门形框架，框架上安装了两个"U"形磁轭，磁轭上装有四组励磁线圈。线圈由扁平铜线绕制，配有密封的保护壳，并通过风冷或油冷降温。中心轴上装了两个分选转盘，多个分选室布置在转盘周边，分选室内设置了导磁材料制成的齿形聚磁极板。在机架顶部的电机作用下，转盘和分选室通过蜗杆在"U"形磁轭间转动。

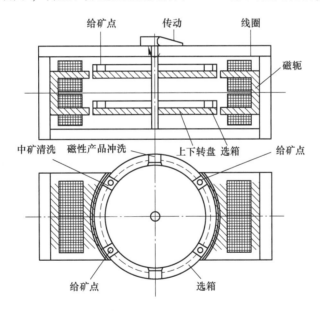

图 14-7　琼斯型磁选机工作原理

B　磁场特性

琼斯型强磁场磁选机的磁系由"U"形磁轭、转盘、励磁线圈及齿形聚磁极板组成。分选转盘由工业纯铁制成，因此两个圆转盘和两个"U"形磁轭一起构成闭合磁路。与具有内外磁极头的磁选机相比，该磁系少了一道空气隙，因此磁路磁阻较小，这有利于增加磁场强度。分选室中的齿板聚磁介质可以获得较高的磁场强度和梯度，同时大幅提高设备的处理量。分选间隙的磁场强度为 640~1600 kA/m。

C　分选过程与应用

在分选过程中，矿浆从磁场边界处的给矿点进入分选室，并流过齿板的缝隙。非磁性矿物不受齿板的磁力作用，通过分选箱底部流入下转盘中再次分选，最后掉入尾矿槽。弱磁性矿物则被吸附在齿板尖周围，并随转盘旋转约 60°，此时矿物受到的磁力较小，且受到高压水的冲洗作用，弱磁性夹杂物或连生体进入中矿槽。当转盘旋转至 120°时，分选室位于两磁极间的中点位置，此处磁场强度的理论值为零，齿板上的磁性矿物会被高压水冲洗到精矿槽中。在实际生产中，可以在精矿槽和尾矿槽分选出磁性不同的中矿物产品。该设备的多个给料点可以单独作业，因此同一台设备上可以同时进行不同样品、流程的试验。

琼斯型强磁场磁选机除了用于处理赤铁矿、褐铁矿、钛铁矿、菱铁矿和铌铁矿外，还可用于分选稀有金属矿石和提纯非金属矿石。这种磁选机采用了齿板"多层聚磁介质"，这不仅可以提高磁场强度和梯度，而且扩大了分选面积，进而大幅提高设备的处理量。另外，转盘和磁轭之间构成了闭合的磁路，形成的分选区域较长，选矿的富矿比较高，配合高压水清洗可以在保证较高回收率的前提下获得高品位的铁精矿。设备磁系是具有多个分选点的矩形磁路，每个分选点有一道很小的空气隙，磁路中的磁阻因而较小。但是对粒度小于 0.037 mm 的弱磁性矿物，该设备的回收率较差。设备的机身较为笨重，噪声较大（高达 100 dB），且不能完全避免阻塞现象。为了尽量消除设备的运行噪声，并增强线圈的冷却效果，一些制造商和科研单位将风冷系统改为油冷系统。SHP-2000 型磁选设备测试结果显示噪声降低了 13%~15%，油冷系统的总装机容量减少了 16.5 kW，节约电能 14×10^4 kW·h/台，这一措施同时改善了设备的经济效益和工作环境。

琼斯型强磁场磁选机的主要影响因素是给矿粒径、强磁性矿物含量、磁场强度、冲洗水压、给矿浓度和转盘转速等。为了确保设备的正常运行并减少堵塞，应严格控制强磁性矿物的含量和给矿粒度的上限。最大的给矿粒度应为齿板间隙的 1/3~1/2。因此矿物进入琼斯型磁选机之前必须先经过筛分，筛出大粒径的矿石；如果给矿中强磁性矿物的含量高于 3%~5%，则应使用弱磁场磁选机进行预分选。磁场强度可以根据矿物物性和粒径进行调节，在生产过程中，中矿和精矿的冲洗水压是可以调控的。精矿的冲洗水压应调大一些，确保有足够的水压冲洗，从而避免堵塞；中矿的冲洗水压直接影响中矿、精矿的质量。冲洗水压过大时，中矿量增加，磁性产品的回收率下降、品位提高，反之则冲洗效果较差。在实际生产中，必须通过试验来确定中矿和精矿的冲洗水压。

14.3.2.4　超导磁选技术的装备

超导磁选是将超导技术应用到磁选领域而发展起来的一种新的磁分离方法。常规磁体所产生的磁场强度受到铁芯磁饱和及线圈发热而需强制冷却的限制，其最大磁场强度通常不超过 1600 kA/m。而强磁选机大都是采用电磁铁或螺线管作为磁体，其激磁功率与磁场强度的平方成正比，因此强磁选机运转时耗电量及费用很大，同时为保证达到最大场强，需采用较小的磁力间隙，因而限制了选别空间和处理量。

超导磁选机主要包括班尼斯特超导磁选机、螺线管堆超导磁选机和科恩-古德超导磁选机。超导磁选机有两个突出的特点：（1）易于在很大的分选空间获得很高的磁场强度；（2）能量消耗低，只需很小的功率就可以获得很强的磁场。唯一的能耗是系统中保持超导温度所需的能量。此外，还具有重量轻、稳定性好、选矿费用低等优点。适用于细粒弱磁性贫矿的选矿（如赤铁矿、褐铁矿和菱铁矿的选矿），还可以用于处理高岭土、碳酸钙、滑石、煤与废水的除杂净化。

14.3.3 磁选技术应用

14.3.3.1 应用效果

应用效果如下：

（1）可以实现磁性金属和非金属的分离。当待分选混合物料（矿石、电子垃圾和焚烧产物等）经过磁场时，磁性金属或夹杂有磁性金属的物料会被吸引到磁体表面，而非金属则不会被吸引。

（2）可以实现磁性金属和非磁性金属的分离。矿山或城市固体废弃物中的金属可以分为磁性金属和非磁性金属，在分选过程中磁性金属会被磁体吸引实现分离，而非磁性金属一般通过后续的涡流分选技术进行分选。

（3）可以实现不同磁性金属间的分离。在实际分选过程中，可以根据目标产物的磁性强弱而选择不同的磁选设备，通过不同磁选设备与目标产物的一一对应，可以实现不同磁性金属间的分选。目标产物的磁性越弱，所选择的磁选设备产生的磁场强度应越大。

14.3.3.2 应用实例

考察选矿应用效果的指标有很多种类，其中重要的指标有品位、产率、选矿比、富矿比和回收率。

（1）品位。品位是指产品中金属或有价成分的质量与该产品质量之比，常用百分数表示。例如，铜精矿品位为 15%，即 100 t 干精矿中含有 15 t 金属铜。品位是评价产品质量的指标之一。

（2）产率。产品质量与原矿质量之比，称为该产品的产率，以 γ' 表示。产品的产率包括精矿产率和尾矿产率。例如，选矿厂每昼夜处理原矿石质量 $Q_{原矿}$ 为 500 t，获得精矿质量 $Q_{精矿}$ 为 30 t，则精矿产率 $\gamma'_{精矿}$ 为：

$$\gamma'_{精矿} = \frac{Q_{精矿}}{Q_{原矿}} \times 100\% = \frac{30}{500} \times 100\% = 6\% \tag{14-7}$$

尾矿产率 $\gamma'_{尾矿}$ 为：

$$\gamma'_{尾矿} = \frac{Q_{原矿} - Q_{精矿}}{Q_{原矿}} \times 100\% = \frac{500 - 30}{500} \times 100\% = 94\% \tag{14-8}$$

或

$$\gamma'_{尾矿} = 100\% - \gamma'_{精矿} = 100\% - 6\% = 94\% \tag{14-9}$$

（3）选矿比。选矿比即原矿质量与精矿质量之比值。它表示获得 1 t 精矿需要处理的原矿的吨位，通常以倍数表示。以上例数值为例，其选矿比可以表示为：

$$选矿比 = \frac{Q_{原矿}}{Q_{精矿}} = \frac{500}{30} = 16.7 \tag{14-10}$$

（4）富矿比。富矿比（或称富集比）为精矿中有用成分含量 k_1 的百分数和原矿中该有用成分含量 k_2 的百分数的比值，常以 i 表示，它表示精矿中有用成分的含量比原矿中该有用成分含量增加的倍数。另一种定义是矿石经选矿之后，其有用成分在精矿中得到富集，这时的精矿品位与入选原矿品位之比，称为富集比，用以表示有用成分在精矿中的集中程度，即

$$富集比 = \frac{精矿品位}{原矿品位} \qquad (14\text{-}11)$$

如上例中，原矿中铜的品位为 1%，精矿中铜的品位为 15%，则其富矿比为：

$$i = \frac{k_1}{k_2} = \frac{15\%}{1\%} = 15 \qquad (14\text{-}12)$$

富矿比或富集比越高，说明选矿效率就越好。

（5）回收率。精矿中金属的质量与原矿中该金属的质量之比，称为回收率，通常以百分数的形式表示。回收率可用下式计算：

$$回收率 = \frac{\gamma' k_1}{100 k_2} \times 100\% \qquad (14\text{-}13)$$

金属回收率是评价分选效率的一个重要指标。回收率越高，表示选矿过程回收的金属越多。所以选别过程不仅要保证精矿质量，还需尽可能提高金属回收率，从而提高经济效益。大弧山选矿厂、齐大山选矿厂和调军台选矿厂通过技术改造，原矿品位、精矿品位、尾矿品位和回收率分别达到了 29%、67%、10% 和 75%。

14.3.4　磁选技术的优点和不足

磁选作为一种物理选矿方法，在很多领域都得到了广泛的应用。磁选技术具有如下的优点：

（1）磁选设备体积小、重量轻，结构简单，维修方便；

（2）单位机重处理量大，分选效果好；

（3）分选范围广，分选粒度小；

（4）选矿成本低，能耗低；

（5）物理分选，不产生额外污染；

（6）工艺流程比较单一，适应性强。

磁选技术的不足如下：

（1）微细粒矿物选矿设备效率不高；

（2）分级设备综合效率有待加强；

（3）弱磁性物质之间、弱磁性和非磁性物质之间的分离效果差。

14.4　磁偏析布料技术

为使混合料在烧结台车上合理分布，提高烧结效率，相关研究人员提出了偏析布料技术。国内外学者研究出多种烧结过程中的偏析布料技术，如筛子型布料、双层布料，以及对于磁性物料有较好效果的磁偏析布料。

14.4.1　磁偏析布料技术工艺

偏析布料是指在台车高度方向上将碳含量较低的粗颗粒混合料分布在台车中下部，而碳含量较高的细颗粒混合料分布在台车中上部。一般大颗粒混合料固定碳含量低，小颗粒混合料固定碳含量较高。因此偏析布料是在台车高度方向上使混合料碳含量分布自上而下减少，混合料粒度自上而下增加。在该粒度分布条件下，顶层小粒径物料填充至底层大粒径物料中的数量大大减少，进而提高了颗粒之间的孔隙率，增加了料层之间的透气性。虽然小粒径均分布于料层上部可能会对料层的透气性造成不利影响，但是烧结工艺进行之初，首先点燃的是上部的小粒径物料，而且对于烧结后的物料层，其透气性会有显著提升，所以料层整体的透气性会随着偏析布料效果的提升而提升。此外，理想的偏析布料还要保证固体燃料在料层中沿台车宽度方向上、台车运行方向均匀一致，这样可使台车两端物料同时完成烧结，不会出现过熔和欠烧现象，提高烧结矿质量的同时避免设备损害。

　　传统的混合料向烧结机台车上的布料多采用反射板的方法，即溜槽式布料方法，如图14-8 所示。精矿、粉矿和适量的熔剂在料槽中混合后经给料机，以及反射板后铺在台车上，混合料在反射板上的运动过程中，由于物料粒径不同，大粒级颗粒趋向于料层的上层，并且其具有较大的动量最终分布在台车料层底部。小粒级物料易穿过大粒径物料之间的孔隙运动至料层底部，由于反射板与小粒径物料之间的摩擦作用，小粒径物料会较晚离开反射板，最后落至台车上料层的上部。

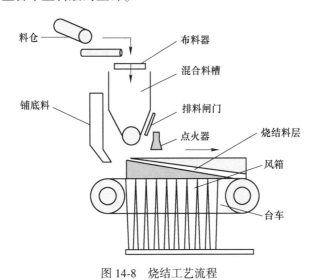

图 14-8　烧结工艺流程

　　磁偏析布料的工艺流程与偏析布料工艺流程相同，不同的是布料过程中磁性物料的运动发生了变化。在圆辊布料器中布置扇形磁系的磁偏析布料，磁系中磁极交替分布，磁极固定在靠近反射板一侧区域，但是磁极不随圆辊转动，混合物料从料仓中下落后会通过不同磁性磁块所形成的磁场区域，非磁性物料只受到重力作用，所以会直接落在台车上，而磁性物料在磁场的作用下吸附在圆辊表面，随着圆辊转动物料离开磁场作用区域后，磁性物料会在重力的作用下落到非磁性物料的上部。并且，中等磁化率和质量的粒级落在粗细粒级之间，物料的磁化率及分布由上至下在减小，粒径由上至下在增大，从而实现偏析布料。在反射板背面安装磁体，可大幅降低混合料中磁性颗粒的下落速度。料流受到的摩擦阻力的增加等于磁力和摩擦系数的乘积，这相当于给下落中的混合料施加电磁制动力，因此该方法也被称为磁力制动式布料。

　　总之，混合物料在不同的重力与磁化力作用下有序沉降，随着下落物料的粒径不断减小及料层高度的增加，下落的物料对料层的冲击力不断减小，所以可以在台车上形成完整、疏松和透气性均匀的料层。另外，由于磁系对磁性物料的制动作用，混合料缓慢地落在移动的台车上，这使料层容积密度降低，提高了透气性。增加不同尺寸落料速度差，可以使料床厚度方向尺寸偏析增加，而且"磁性溜料槽"有助于将磁性物料（如氧化皮和烧结返矿）分布在料层顶部，可有效改善料层上部热量不足问题，提高上部烧结矿的强度和烧结质量。

14.4.2 磁偏析布料技术装备

磁偏析布料设备由混合料槽、圆辊给料机、反射板与台车组成。圆辊给料机的安装位置在磁偏析布料装置的头部骨架上，给料机的作用是将混合料连续、均匀地铺到台车上。圆辊给料机的直径及安装高度要按照一定要求严格设计，否则会产生烧结料布料不匀，造成布到台车上的混合料成堆等现象。另外，料层的厚度可通过调节圆辊转速控制。其他条件一定时，随着给料机的转速增加，下落物料越多，料层厚度越大。磁偏析布料设备的一种是在圆辊给料机的圆辊筒内安装了一个长度与圆辊相同的扇形（如135°）永久磁系，由若干交变极性的永磁体组成，磁系固定不动，滚筒带动混合料旋转。另一种是在反射板背面或正面安装由小磁块组合起来的永磁体。图14-9所示为安装在反射板正面的偏析布料装置示意图，为避免永磁体直接与混合料接触，先将小磁块固定在无磁不锈钢衬板上，并与反射板有一定空隙。有研究者尝试沿反射板向下方向交替排布多对磁极，使其具有类似振动的效果而实现偏析布料，结果显示N—S型依次排布的偏析效果最好。

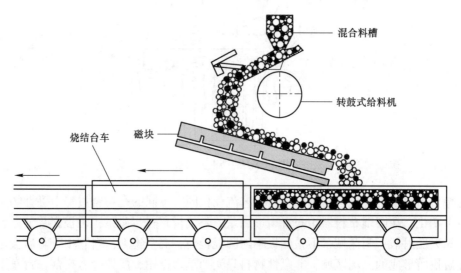

图14-9 反射板磁偏析布料装置图

现有的烧结混合料布料装置主要由圆辊给料器和多辊布料器组成，可以对烧结混合料进行粒度偏析布料，可将小颗粒混合料筛分到料层表面，但无法对烧结混合料当中具有磁性的混合料进行有效筛分。中冶华天南京工程技术有限公司制造了一台可以将磁性混合料进行有效筛分的磁辊偏析布料装置，可实现对烧结混合料粒度与成分的偏析布料，加速烧结混合料的物理、化学反应，达到降低能耗、提高烧结成品矿产量与质量的目的。

新型磁辊偏析布料装置包括扇形磁系、设置在扇形磁系外的辊筒、用于支撑扇形磁系和辊筒的两个支架，以及驱动滚筒转动的驱动装置，如图14-10所示。为实现对磁性混合料进行有效筛分，磁辊偏析布料装置为内外动静分离式结构，内部固定扇形磁系区可以将磁性混合料稳固吸附在辊筒表面；外部旋转辊筒先将非磁性混合料布料至烧结机台车。而磁性混合料受辊筒内部固定扇形磁系区的磁力吸引，跟随辊筒旋转。当辊筒旋转至非磁系区后，磁力消失，磁性混合料受重力作用落至烧结机台车，由此完成偏析布料。

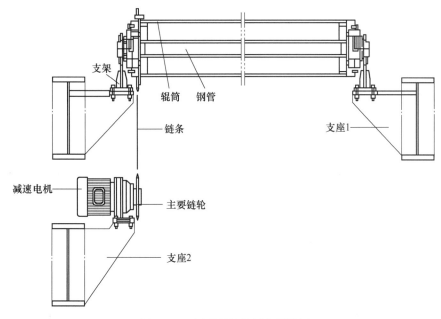

图 14-10　新型磁辊偏析布料装置

　　新型磁辊偏析布料装置的扇形磁系和辊筒都是可拆卸连接，在狭小的空间内安装时将各个零件进行组装即可，需要的安装空间小。当需要对装置进行维护和维修时，只需要拆卸其中的零件就可以完成，不需要拆卸整个扇形磁系或辊筒。

14.4.3　磁偏析布料技术的应用

　　随着现代科技的发展和电磁场、电磁流体力学理论的不断完善，非接触的电磁场控制手段在冶金领域将会得到广泛应用。磁偏析布料技术是钢铁生产领域应用于烧结工序的新型偏析布料技术，可以实现烧结装置及大型工业磁场装置工作工程中物料的均匀布置，工作稳定可靠，在实际工业生产中发挥着重要作用。

　　14.4.3.1　应用效果

　　磁偏析布料技术为固定碳在料层高度上的合理分布创造了条件，提高了偏析效果，使烧结各项指标得到改善，尤其是对富磁性的混合布料有着重要的作用。

　　(1) 降低烧结粉化率和燃耗。磁偏析布料技术可使料层由上至下粒度逐渐变粗、含碳量逐渐减小，最终降低了低温还原粉化率，提高了产品质量。

　　(2) 提高烧结率，减少返矿。磁偏析布料技术可以使料层中的燃料碳和易烧结成分的分布更加合理，不仅减少了燃料碳的消耗，且提高了上层烧结率，减少了返矿。

　　(3) 改善透气性，提高成品率。磁偏析布料技术所造成的料层结构可使料层内的透气性得到改善，使燃烧过程、热的传导和矿物熔融过程得以均匀进行，提高了烧结矿的成品率。

（4）提高生产率，增加了经济效益。磁偏析布料技术已推广到宝钢所有烧结机上，使机组生产率提高 2%，燃料比降低 1.7%，返矿减少 2% 以上，已累计为宝钢公司创造经济效益 3000 余万元。

14.4.3.2　应用实例

图 14-11 所示为有无磁场偏析布料的效果。磁制动力显著降低了炉料的下落速度，改善了孔隙率，即烧结床的渗透性。图 14-11 中宏观落料形态对比显示，有磁场布料时，整个落料料流靠近溜槽（反射板），落料颗粒出现明显粗细分散状态；未施加磁场时，料层表面明显存在较粗颗粒料。宝钢在工业试验中对比了未施加磁场和施加磁场时反射板式偏析布料技术的布料效果，如图 14-12 所示。

(a)　　　　　　　　　　(b)

(c)　　　　　　　　　　(d)

图 14-11　有无磁场作用烧结布料粒度对比[3]

（a）无磁场下落物料；（b）有磁场下落物料；（c）无磁场空隙分布；（d）有磁场空隙分布

14.4.4　磁偏析布料技术的优点和不足

磁偏析布料技术主要应用于钢铁生产领域，具有如下优点：

（1）解决了传统溜槽式布料器易粘料和崩料的问题；

（2）克服了辊式布料器沿料层高度方向混合料粒度及固定碳偏析效果差的缺点；

（3）料层中的燃料碳和易烧结成分的分布更加合理，不仅减少了燃料碳的消耗，且提高了上层烧结率，减少了返矿；

（4）偏析布料所造成的料层结构可使料层内的透气性得到改善，使燃烧过程、热的传导和矿物熔融过程得以均匀进行，提高了烧结矿的成品率；

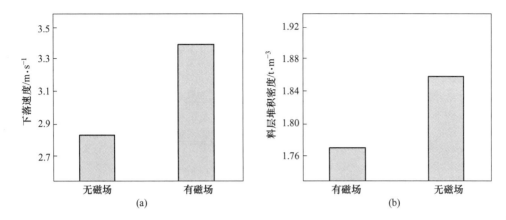

图 14-12　有无磁场下偏析布料混合料下落速度和料层堆积密度变化
(a) 下落速度；(b) 料层堆积密度

(5) 细粒级磁性物料可被带入料层上部，增加上部的燃料含量，为固定碳在料层高度上的合理分布创造了条件；

(6) 在改造时不必提高圆辊布料器的高度，不需要对布料系统做大的改动。

磁偏析布料技术的不足为：

(1) 磁辊偏析布料装置在狭窄的空间内安装不便；

(2) 若磁场强度较大时，聚集的料层与辊面会产生相对移动，靠近辊面的料层内的料粒产生破碎，使料层内细粒级增多，影响料层透气性，反而造成烧结机产量下降；

(3) 只适用于以磁性铁矿石为主要成分的混合料，对其他矿石效果不明显。

14.5　涡流分选技术

固体废弃物的回收是实现各种物质分离的过程，通常需要经历拆解、分类和分离等过程，其间耗费的能量远小于开采原矿所需的能耗[4]。金属是固体废弃物中最有回收价值的，且更易于回收。要实现金属的回收，最关键的是实现金属和非金属的分离。涡流分选技术能够根据金属和非金属间电导率的较大差异，实现两者之间的分离，该技术适用物料的粒径范围较广（5~100 mm）[5]，且一些细粒型的涡流分选机已实现亚毫米级物料的分选。此外，涡流分选技术还具有处理量大、运行成本低、操作简单和无二次污染等优点，因而被称为最适合大规模回收非磁性金属的分选技术[6]。

14.5.1　涡流分选技术工艺

在涡流分选的应用过程中，混合物料在分选前通常需先进行适度的破碎，使混合物料中的各类单质、化合物实现较为充分的解离，从而便于后续各类物料的分选。随后，混合物料还应经过分级筛选工序，以确保混合物料的均一性在合理范围内。在分选富集阶段，涡流分选技术还可以与磁选、重力分选、高压静电分选、光学分选等分选技术交替、搭配使用，从而确保高回收率和高品位。图 14-13 所示为电子废弃物中非磁性金属的典型回收工艺流程[7]。电子废弃物经过多级破碎、重力分选、磁选、涡流分选、高压静电分选和化学精炼等工序实现各类物料的高效回收。

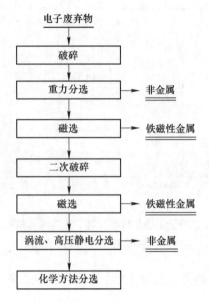

图 14-13   电子废弃物分选回收过程[7]

涡流分选通常被设置在磁选之后，先由磁选除去物料中的铁磁性金属，剩余的非磁性金属、非金属混合物料经入料口均匀地布置在涡流分选机的传送带上，并由传送带向磁辊所在方向输送，当混合物料进入高速旋转磁辊产生的交变磁场有效作用区域时，非磁性金属颗粒会受到额外的涡流力，与非金属颗粒的运动轨迹产生差异，最终落入金属接料槽，而非金属颗粒则落入非金属接料槽，如图 14-14 所示。在涡流分选之前布置磁选的工艺流程可以避免铁磁性金属颗粒黏附在涡流分选机的磁辊上，从而避免铁磁性金属颗粒对磁辊

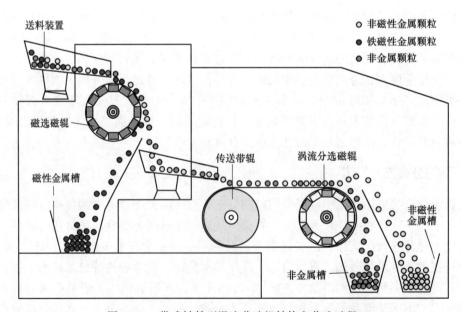

图 14-14   带式转鼓型涡流分选机结构和分选过程

磁场产生的负面影响。此外，在交变磁场作用下，黏附在磁辊表面的铁磁性金属颗粒会产生焦耳热，造成传送带和磁辊外壳的磨损。

要提高涡流分选的分选效率，可从以下几方面进行考虑。

（1）在结构参数方面，由于涡流力的大小与交变磁场的梯度、强弱、频率密切相关，因此可以通过优化磁辊结构、磁系配置增加磁辊表面的磁场强度、矢量梯度和频率。针对不同特性的物料应采用不同的磁辊设计，分选粒径较大的颗粒时应当确保磁辊表面附近磁场有足够的作用深度，分选粒径较小的物料时则应优先提高交变磁场的矢量梯度和频率（大幅提高转速并增加磁极对数）。

（2）在物料参数方面，不同物质（如塑料与铝）间的解离度越大、粒径越大、形状越扁平、电导率与密度比率（铝≈镁>铜≈银>锌≈金>黄铜>铅）越大、均一性越好（粒径上下限之比一般不大于3）的物料越容易实现分选。

（3）在操作参数方面，可以通过提高磁辊转速与传送带速间速度差的方式来提高交变磁场的频率，进而提高涡流力。其次可以通过减小喂料速度的方式减少物料间的相互干扰，或通过调节磁辊、分隔板的位置来控制回收物料的品位和回收率，从而提高分选效率。

14.5.2 涡流分选技术装备

带式转鼓型涡流分选机是目前最为常见的涡流分选设备，它具有传送带主动送料的优点，可大批量（0.5~20 t/h）处理各种固废物料，同时也易于与磁选等工序实现衔接，因此应用最为广泛。它包括给料装置、分选装置和接料装置三部分，其中分选装置是涡流分选机的核心。分选装置由皮带筒、传送带及磁辊三部分组成，皮带筒和磁辊各自配有一套变频调速传动装置，传送带通过皮带筒驱动（1~2 m/s）。图 14-15 所示为带式转鼓型涡流分选机的实物图，当磁辊旋转时可以在传送带表面附近区域产生交变磁场，从而使非磁性金属颗粒受涡流力作用形成更远的偏斥距离。

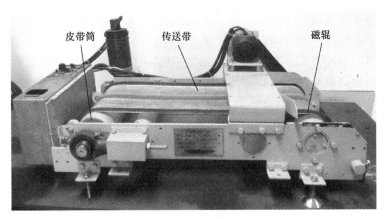

图 14-15　带式转鼓型涡流分选机

带式转鼓型涡流分选机的带式进料方式使物料平铺在传送带上，非磁性金属颗粒趋于将横截面积最大的截面与磁辊轴平行，即正对变化的磁场，这样可以保证金属物料能产生较大的涡电流,从而实现较好的分选效果。但是早期的同心带式转鼓型涡流分选机(见图14-16(a))有很多缺陷,如物料过早受磁场影响提前起跳,导致偏斥距离变短;铁磁性物料容易黏附在磁辊和皮带之间,造成传送带和磁辊外壳的磨损。德国施泰纳特公司设计的偏心带式转鼓型涡流分选机(见图14-16(b))很好地克服了这些缺陷,但是偏心式的设计也带来了新问题。如磁场作用区域较狭窄,可能使物料受到磁场的作用不充足。此外,偏心式的设计没有充分利用皮带滚筒内的空间,只能安置更小的永磁体和更少的磁极对数,减小了磁辊表面磁场的强度和频率。

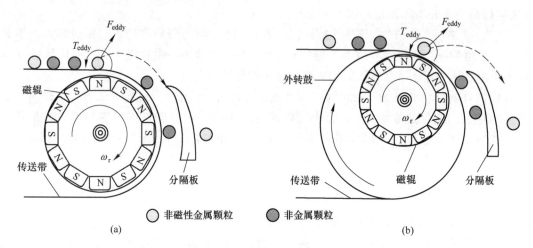

图 14-16 带式转鼓型涡流分选机

(a) 同心带式转鼓型涡流分选机;(b) 偏心带式转鼓型涡流分选机

电磁型涡流分选机利用线圈制成的电磁铁来产生涡流分选所需的交变磁场。设备由电磁线圈和一个高频交流电源组成。交流电源可以快速地改变线圈中的电流方向,随之产生高频的交变磁场。当金属颗粒经过线圈端部时,金属颗粒内部产生的涡流力使其向磁场强度减弱的方向运动,从而实现非磁性金属颗粒与其他物料的分离。电磁型涡流分选机的弊端主要是在有效作用区域产生的磁场较小,如果通过增强电流的方式来提高磁场强度,则会造成过热或运行能耗过高,因此未能实现工业化应用。美国学者 Dholu 等人对电磁型涡流分选机做了进一步改进[8]。如图 14-17 所示,线圈绕在带缺口的环状软磁性材料上,施加高频交流电后缺口处会产生高频磁场,频率高达 50 kHz,且运行所需的能耗较低,对粒径小于 6 mm 的物料分选效果较好,且实现了不同种类铝合金的分离。但是该设备受缺口空间狭窄的限制,处理量极小(约 10 kg/h)。为了解决这个问题,美国学者 Nagel 等人将电磁体的外形由环型改为立方型,实现了传送带与该装置的结合,使该型涡流分选机的处理量达到 225 kg/h[9]。

在涡流分选的生产实践中,小粒径物料的分选效率低(见图14-18),导致大量小粒径金属物料无法得到回收。金属颗粒在分选过程中的运动轨迹主要由涡流力、涡流力矩、重力、磁化力及空气阻力决定。当金属颗粒大于 4 mm 时,空气阻力影响较小,可以忽略不计。但是当颗粒粒径小于 2 mm 时,空气阻力逐渐占据主导地位,这会大幅降低小粒径物料的分选效率。与此同时,落入非金属集料槽的小粒径金属颗粒还会对非金属混合物料的后续处理或利用造成负面影响。因此,近 30 年来研究人员设计了大量的细粒型涡流分选

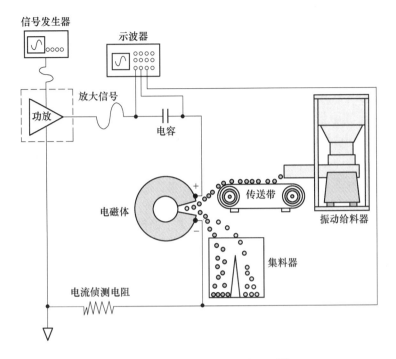

图 14-17　高频电磁型涡流分选机[8]

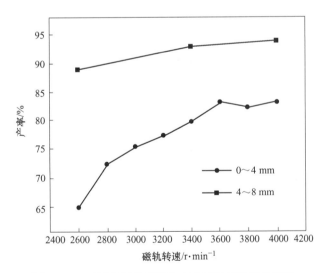

图 14-18　不同粒径物料回收产率随磁辊转速的变化

装置。主要分为以下几类：（1）提高磁场强度和频率增强涡流力，如中科院高能物理研究所设计的超导式涡流分选机和高频电磁型涡流分选机[10]；（2）利用涡流力矩产生的旋转运动，如采用特殊的结构布置使非磁性金属颗粒的旋转运动转化为向前翻滚、跳跃的运动[11]，或利用颗粒旋转运动附加的马格努斯效应来增加颗粒的偏斥距离[12]；（3）通过巧妙的结构设计来降低非磁性金属颗粒与非金属颗粒之间分离的门槛，如荷兰的 Lungu 等人设计的单盘式涡流分选机只需金属颗粒发生小幅跳跃就能实现其与非金属颗粒的分离[13-14]。

14.5.3　涡流分选技术的应用

自 20 世纪 70 年代以来，涡流分选作为分离非磁性金属和非金属的高效技术，逐渐引起了人们的关注。其中带式转鼓型涡流分选机具有效率高和处理量大等优点，已在多个领域获得了应用：（1）城市固体废弃物处理（如生活垃圾及其焚烧炉渣和工地废渣料中的非磁性金属的回收）；（2）工业固体废弃物处理（如碎废金属、退役汽车破碎料、煤灰渣、金属熔炼炉渣中非磁性金属的回收）；（3）电子垃圾中非磁性金属的回收（如废弃电器破碎料中非磁性金属的回收）；（4）为某类物料除杂（如去除木料、玻璃、陶瓷等物料中的非磁性金属物质）；（5）破碎铝废料的富集、提纯；（6）在刑侦过程中收集金属熔落物。

14.5.3.1　应用效果

应用效果如下：

（1）可以实现非磁性金属和非金属之间及各种非磁性金属之间的分选。在分选过程中，不同电导率的物料受到的涡流力不同，导致颗粒的运动轨迹不同。非金属物料不受涡流力的作用其运动轨迹不变。而非磁性金属物料在涡流力的作用下偏斥距离增大，其导电性越好，偏斥距离越大。

（2）提高了整个分选流程的分选效率。在城市固废和金属熔落物等领域，涡流分选替代了原先低效的人工拣选方法，大幅提高了非磁性金属的回收效率。

（3）减少了金属冶炼过程中的污染。涡流分选技术作为一项机械物理回收技术，本身不产生污染。此外，其可以对混合物料中的金属进行提纯和富集，可以避免金属冶炼时由于塑料等燃烧产生的污染。

（4）提升了分选范围。一些研究尝试将涡流分选应用于沙金和导体硅的分选、非磁性金属混合物的分类等。随着涡流分选技术的发展，其可分选的粒径范围正在不断地扩大[15]，因此在越来越多的领域内实现了工业应用。

14.5.3.2　应用实例

A　应用实例一

上海交通大学许振明等人将传统的带式转鼓型涡流分选机应用于废旧手机破碎料中电路板的回收过程[16]。破碎料中的普通塑料密度约为 1200 kg/m^3，电路板的密度约为 1500 kg/m^3。针对电路板这种特殊物料，他们先建立了颗粒物料的轨迹模型，然后通过响应面法对设备的操作参数进行了优化，最后通过分选实验验证其优化结果。当磁极数为 16、磁辊转速为 3000 r/min、传送带速为 1.2 m/s、物料半径为 5~10 mm、电路板质量比为 25%时，分选效率可以达到 95.54%，实验与仿真结果较为一致。

B　应用实例二

土耳其加齐奥斯曼帕萨大学的 Fenercioglu 提出了一种涡流分选新结构，如图 14-19 所示[17]。该结构将磁辊设置在皮带滚筒外部，分选时物料与磁辊表面直接接触，此时非磁性金属颗粒可以受到更大的磁场，进而受到更大的涡流力作用。在设计过程中，这种新结构不需要通过压缩传送带的厚度来增加物料受到的磁场强度，可以避免传送带易破损的问题。但是分选过程中非磁性金属颗粒受到的切向涡流力与涡流力矩间是相互抵消的状态，这会给小粒径物料的分选带来消极影响。在实际分选实验中，分选物料为直径 1.5~2 mm、长 4~5 mm 的铜、铝颗粒及塑料颗粒的混合物料，在磁极数为 36、永磁体（50 mm×10 mm×10 mm）材料为 N50、传送带速度为 0.2 m/s、磁辊转速为 3000 r/min 的条件下，该设备实现了 99.5% 的铝废料、94.7% 的铜废料、97.8% 的塑料颗粒的回收。

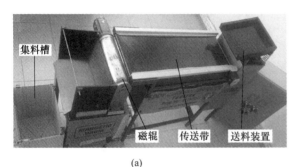
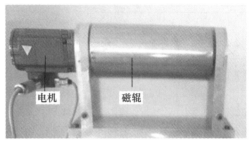

集料槽　磁辊　传送带　送料装置

（a）

电机　磁辊

（b）

图 14-19　新型涡流分选机实物图[17]
（a）带式涡流分选机；（b）磁辊

C　应用实例三

美国犹他大学提出了一种电磁型涡流分选机[8]。与常规的转鼓型涡流分选机相比，该设备的显著特点是磁场频率可以轻易地达到 50 kHz，甚至更高。在该设备的主体结构中，导电线圈（300 匝）环绕在一个带缺口的环状铁氧体磁芯上。交变电流源主要由信号发生器和放大器协作产生，分选时缺口处可以产生高频磁场，从而实现分选。通过分选实验发现，磁场频率为 6.5 kHz、峰值电流为 4.5 A 条件下，物料粒径为 6 mm 的铝/铜、铝/黄铜、铜/黄铜和物料粒径为 125 mm 的 Al-1100/Al-2024 几种混合物料的品位和回收率均可以达到 100%。物料粒径为 12.5 mm 的 Al-1100/Al-6061、Al-2024/Al-6061 混合物料的品位和回收率均在 86% 以上。

14.5.4　涡流分选技术的优点和不足

在固体废弃物中金属的回收过程中，涡流分选是除了磁选以外的另一项关键技术。目前，市场上最为常见的带式转鼓型涡流分选机具有以下优点：

（1）采用传送带主动送料，因而处理量较大，且易于其他工序衔接；

（2）采用永磁体产生磁场，运行成本可以维持在较低的水平，有较好的经济效益；

（3）分选在干燥的环境下进行，无衍生产物，不产生二次环境污染；

（4）设备结构简单、紧凑，易于操作、安置及维护；

（5）可以分选粒径范围 5~100 mm 的物料，可分选物料种类多样。

涡流分选技术具有如下不足：

（1）传统的带式转鼓型涡流分选机对于小粒径物料的分选效率较低[18-19]，目前仅少数几家企业的细粒型涡流分选设备能够较好地分选亚毫米级的物料；

（2）当处理细长的金属物料（如电线）时，金属颗粒内部的涡电流较弱或不能完全形成，因此涡流力较小，无法实现分选，往往还需要配备一名工人手动拣选掉入尾渣料中的金属导线；

（3）非磁性金属颗粒在交变磁场中受到涡流力矩作用发生高速旋转，颗粒旋转运动的转向与磁辊转向相反，由于颗粒旋转运动在传送带上（后进）和空气中（马格努斯效应）对颗粒偏斥距离的影响相反，因此颗粒旋转运动带来的负面影响始终难以消除。

参 考 文 献

[1] REM P C, LEEST P A, DEN AKKER A J V. A model for eddy current separation [J]. Int. J. Miner. Process., 1997, 49：193-200.

[2] 段旭琴，胡永平. 选矿概论 [M]. 北京：化学工业出版社，2011.

[3] 张永杰，赫冀成. 材料电磁过程研究在宝钢 [C]//中国金属学会. 2007 中国钢铁年会论文集，北京，2007：432-436.

[4] CUI J, FORSSBERG E. Mechanical recycling of waste electric and electronic equipment：A review [J]. J. Hazard. Mater., 2003, 99（3）：243-263.

[5] XING W H, HENDRIKS C. Decontamination of granular wastes by mining separation techniques [J]. J. Clean. Prod., 2006, 14（8）：748-753.

[6] RUAN J J, QIAN Y M, XU Z M. Environment-friendly technology for recovering nonferrous metals from e-waste：Eddy current separation [J]. Resour. Conserv. Recycl., 2014, 87：109-116.

[7] KAYA M. Recovery of metals and nonmetals from electronic waste by physical and chemical recycling processes [J]. Waste Manag. Res., 2016, 57：64-90.

[8] DHOLU N, NAGEL J R, COHRS D, et al. Eddy current separation of nonferrous metals using a variable-frequency electromagnet [J]. Kona. Powder. Part J., 2017, 34：241-247.

[9] NAGEL J R, COHRS D, SALGADO J, et al. Electrodynamic sorting of industrial scrap metal [J]. Kona. Powder. Part J., 2020, 37（10）：258-264.

[10] YAO W C, ZHU Z A, CHANG Z, et al. Development of an eddy current separation equipment with high gradient superconducting magnet [J]. IEEE Trans. Appl. Supercond., 2015, 25（3）：3700304.

[11] LUNGU M. Separation of small nonferrous particles using a two successive steps eddy current separator with permanent magnets [J]. Int. J. Miner. Process., 2009, 93（2）：172-178.

[12] LUNGU M, NECULAE A. Eddy current separation of small nonferrous particles using a complementary air-water method [J]. Sep. Sci. Technol., 2017, 53（1）：126-135.

[13] SCHLETT Z, LUNGU M. Eddy-current separator with inclined magnetic disc [J]. Miner. Eng., 2002, 15：365-367.

[14] LUNGU M, REM P. Eddy current separation of small nonferrous particles by a single disk separator with permanent magnets [J]. IEEE Trans. Magn., 2003, 39（4）：2062-2067.

[15] CAO B, YUAN Y, SHAN Z, et al. Effects of particle size on the separation efficiency in a rotary-drum eddy current separator [J]. Powder Technol., 2022, 410：117870.

[16] LI J, JIANG Y, XU Z. Eddy current separation technology for recycling printed circuit boards from crushed cell phones [J]. J. Clean. Prod., 2017, 141：1316-1323.

[17] FENERCIOGLU A, BARUTCU H. Performance determination of novel design eddy current separator for

recycling of non-ferrous metal particles ［J］. J. Magn., 2016, 21 (4): 635-643.

［18］ ZHANG S, REM P C, FORSSBERG E, et al. The investigation of separability of particles smaller than 5 mm by eddy current separation technology. Part Ⅰ: Rotating type eddy current separators ［J］. Magn. Electr. Sep., 1999, 9 (4): 233-251.

［19］ REM P C, ZHANG S, FORSSBERG E, et al. The investigation of separability of particles smaller than 5 mm by eddy current separation technology. Part Ⅱ: Novel design concepts ［J］. Magn. Electr. Sep., 2000, 10 (2): 85-105.

15 强磁场冶金技术

15.1 概述

强磁场冶金技术（metallurgy in high magnetic fields, MHMF）是利用强磁场的多种力效应单独和协同控制冶金过程，改善材料微观组织、提高材料性能的技术。传统电磁冶金技术大多使用交变磁场，磁场强度较低，仅利用电磁场产生的洛伦兹力（电磁力）效果。随着磁感应强度的增加，磁场对非磁性物质也可以产生明显的磁化效果，因此除了洛伦兹力，磁场也会对物质表现出磁化力、磁力矩等效果。同时磁场的作用尺度也将显著降低，并由此预测将强磁场应用到冶金和材料制备过程会产生一个全新、有效的冶金和材料制备过程的调控方法。但是，受磁场发生技术的限制，一直无法在较高磁场条件下进行相关的实验研究，该预测始终停留在理论阶段。1961 年，使用 Nb_3Sn 作为励磁线圈、液氦作为冷却介质的 II 型超导磁体的研制成功标志着超导磁场发生技术趋于成熟。随后世界各国的研究机构又针对制冷机直接冷却式超导磁体技术开展研究。该技术采用低温制冷机代替液氦作为冷源，简化了超导磁体系统的复杂性，降低了运行成本。1993 年，日本采用 2 台两级 GM 制冷机实现了 4 K 最低制冷温度，标志着制冷机直接冷却式超导磁体实现了商品化。为了大力发展强磁场技术，世界各国纷纷启动国家级计划，开展相关技术开发和基础研究工作。1960 年，美国在麻省理工学院建成了世界上第一个国家高场磁体实验室。此后的几十年里，法国、德国、荷兰、日本和俄罗斯等发达国家也相继建立国家级强磁场实验室[1]。我国于 2007 年经国家发改委批准立项了"强磁场实验装置国家重大科技基础设施项目"，其中稳态强磁场实验装置由合肥物质科学研究院承建，中国科学技术大学共建，脉冲强磁场实验装置由华中科技大学承建。目前该项目已基本完成，自主研发的强磁体装置和实验系统已经陆续投入使用，并开放共享[2]。近几年，国内也相继成立了几家强磁体设计和制造公司，实现了超导强磁体的商品国产化。

随着强磁体制造技术的进步，有关强磁场在冶金和材料过程应用的研究也逐渐开展[3-4]。1966 年，美国的 Utech 和 Flemings 将稳恒磁场施加到 In-Sb 熔体的凝固过程，利用洛伦兹力抑制熔体中的对流，成功消除了温度波动引起的 Te 杂质富集带。1989 年，苏联的 Gel' fgat 和 Gorbunov 又发现在 In-Sb 晶体的定向生长过程中，轴向稳恒磁场可以诱发另外一种形式的洛伦兹力——热电磁力，该力可以诱发对流，引起熔体变形。上述研究证实了利用强磁场诱发的洛伦兹力可以在更小的尺度内有效控制冶金和材料制备过程中的流动行为。1990 年，法国的 Rango 等人发现强磁场能够使 $RBa_2Cu_3O_7$ 单晶在 1020 ℃ 的液态银中取向，证明了利用强磁场在高温固-液转变过程中诱发晶体取向的可能，为制备各向异性材料提供了新途径。1991 年，法国的 Beaugnon 和 Tournier 利用梯度强磁场实现了金属 Bi 和 Sb、水、木材、塑料等抗磁性物质在重力场下的稳定悬浮，证明梯度强磁场对非磁性物质也可以产生同重力相比拟的磁化力效果，为磁化力在高温冶金和材料过程的应用提供了直接证据。随着研究的深入，强磁场对冶金和材料过程的作用效果不断被发现，进而形成了一门新兴学科——强磁场材料科学。日本科学技术协会制定了"强磁场下新型材料研制"的专项研究计划，美国国家强磁场实验室开展了强磁场下高温超导材料、合金材料、复合材料等研究工作，法国、英国、德国等国也积极开展了强磁场下新材料的研制工作。2000 年以来，我国的东北大学、上海大学、西北工业大学、大连理工大学、清华大学、中国科学院物理研究所和电工研究所等高校和科研院所相继成立了独立的研究团队，自主研发强磁场环境下的冶金技术实验装备，大力开展以金属凝固行为为主的强磁场冶金技术研究，取得了一大批具有原创性的重要实验发现和理论成果。当前强磁场下冶金和材料过程研究的重点已经由发现新现象和认识新规律的自由探索阶段转向揭示强磁场作用机制、模拟和预测强磁场作用效果的深入研究阶段，一些强磁场冶金技术的原理和工艺也得到了小规模实验室验证。与此同时，超导强磁体制造技术正朝着大孔径、高场强、低成本的方向发展，为强磁场冶金技术的工业应用提供了可能。

本章首先介绍利用强磁场调控冶金和材料制备过程的原理，其次介绍强磁场冶金技术的装备，另外分别介绍了强磁场梯度功能材料制备技术、强磁场各向异性材料制备技术和强磁场晶粒细化技术的工艺、应用及优缺点。

15.2 强磁场冶金技术的原理

相对于传统电磁冶金技术中的普通电磁场，2 T 以上的强磁场对物质表现出增强的洛伦兹力、热电磁力、磁化力、磁力矩、磁偶极子相互作用力等多种力效应。随着磁感应强度的增加，一方面，上述强磁场的力效应对物质的作用效果可以从宏观尺度（如金属熔体）延伸至微观尺度（如金属凝固过程的糊状区）再至纳观尺度（如金属熔体内的原子团簇）；另一方面，强磁场的力效应也可以对非磁性物质（如高温金属熔体，在高于居里温度时铁磁性物质将转变为顺磁性）产生显著作用效果。因此可以利用强磁场多种力效应的单独和耦合作用控制诸如铸造、半固态处理、液相烧结等存在液-固相变的冶金和材料制备过程。结合第 2 章中关于强磁场各种力效应的作用效果和机制介绍，强磁场冶金技术的原理如图 15-1 所示。

（1）根据式（2-103），洛伦兹力因为在宏观尺度的金属熔体内部及微观尺度的糊状区内抑制对流可以改变溶质元素的扩散及分布，进而调控材料内部的溶质偏析、组织均匀性和形核数量（见图 15-1（a））。

（2）根据式（2-104），热电磁力因为在液-固界面前沿诱发横向对流（也称热电磁对流）同样可以改变溶质元素的扩散和分布，但是作用效果通常同洛伦兹力相反。该力也可以直接作用于枝晶尖端及侧部，引起枝晶及枝晶臂断裂，枝晶碎片被热电磁对流带至固-液界面前沿液相后形核，达到细化晶粒的效果（见图 15-1（b））。

（3）根据式（2-105），磁力矩通过驱动正在长大的具有磁晶各向异性的晶粒在液相中旋转而改变晶粒的取向行为，取向后的晶粒继续长大直至形成多晶取向材料（见图 15-1（c））。

（4）根据式（2-106），磁化力因溶质或第二项颗粒同熔体间磁化率不同而对溶质（团簇）或第二项颗粒产生磁阿基米德浮力效应，可以驱动二者在熔体范围内进行长程迁移和在固-液界面前沿进行短程迁移。利用磁化力诱发的溶质或第二项颗粒迁移行为可以调控材料的偏析行为及形成特殊组织（如梯度变化组织，见图 15-1（d））。

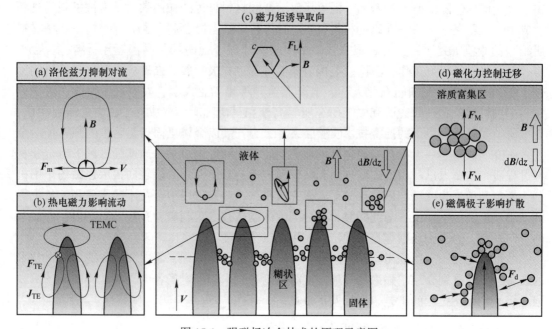

图 15-1 强磁场冶金技术的原理示意图

(a) 洛伦兹力抑制对流; (b) 热电磁力影响流动; (c) 磁力矩诱导取向;
(d) 磁化力控制迁移; (e) 磁偶极子影响扩散

(5) 根据式 (2-107), 磁偶极子相互作用力可以使平行于磁场方向的颗粒相互吸引, 使垂直于磁场方向的颗粒相互排斥。该种作用力通过改变颗粒或溶质 (团簇) 迁移行为调控晶粒定向排列生长 (见图 15-1 (e))。

强磁场的洛伦兹力、热电磁力、磁化力、磁力矩、磁偶极子相互作用力等力效应对液-固相变过程的作用效果同磁场参数 (如磁感应强度、磁场方向、磁场梯度、磁场作用时间等)、凝固参数 (如温度、温度梯度、凝固速率等) 和材料物理性质 (如磁性、密度、电导率等) 有关。因此, 针对不同冶金过程及材料体系, 可以通过调整磁场参数和凝固参数来突出强磁场的某个或多个力效应, 控制冶金过程中的流动、溶质传输、固相迁移、晶体生长等行为, 进而调控材料的凝固组织和性能。

依据强磁场在冶金和材料制备过程中对材料凝固组织的作用效果不同, 可以把强磁场冶金技术分为强磁场梯度功能材料制备技术、强磁场各向异性材料制备技术和强磁场晶粒细化技术。

15.3 强磁场冶金技术的装备

强磁场冶金工艺的主要特点是在传统冶金方法的基础上施加强磁场, 因此现有强磁场冶金设备也主要是将传统冶金设备同强磁体相结合, 进而在强磁场条件下完成材料的制备过程。目前, 研究者已经研发出了强磁场电阻加热炉、强磁场感应加热炉、强磁场定向凝固炉等实验室阶段的强磁场冶金技术装备。下面分别对强磁体及上述强磁场冶金设备进行介绍。

15.3.1 强磁体

产生强磁场的磁体装置可分为 3 种类型：水冷磁体（又称电阻性磁体，resistive magnet）、超导磁体（superconducting magnet）和混合磁体（hybrid magnet）。

产生强磁场的水冷磁体主要指 Bitter 型水冷磁体，类似于改良后的水冷通电螺线管。水冷磁体利用高速流动的去离子水冷却由常规导体载流的磁体，水冷磁体产生的磁场强度与其消耗的电功率平方成正比，因此电源功率的大小直接影响磁场大小。1936 年，麻省理工学院 Bitter 教授最早提出制作水冷磁体所需的线圈——Bitter 线圈，如图 15-2（a）所示。该线圈将铜片穿孔后叠加起来形成磁体，利用高压驱动去离子水快速流经冷却孔，将载流磁体产生的热量带走。因为兼具高冷却效果和强力学性能的特点，可以利用 10 MW 的电源功率产生 20 T 的磁感应强度。为进一步减小冷却过程对磁体线圈产生的应力，美国国家强磁场实验室设计了一种新型 Bitter 磁体片，通过优化磁体片冷却孔的形状和位置，强化了冷却效果，极大地减小了应力。这种改进的 Bitter 片被称作"Florida-Bitter"（见图 15-2（b）），成功地将水冷磁体的磁感应强度提高到 40 T 以上[5]。

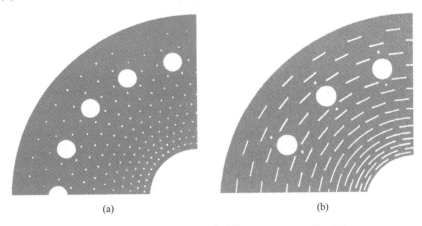

图 15-2　Bitter 片（a）和改进的 Florida-Bitter 片（b）

超导磁体是用超导材料绕制的磁体，一般由多种超导材料的线圈嵌套组成。超导磁体相比较水冷磁体，具有高稳定度、高均匀度、低运行成本等优势，在科学工程、科学仪器和生物医学中已经得到实际应用。但是，超导磁体由于受超导材料临界电流和临界磁场的限制，在发展更高场强过程中受到限制，很难做到高磁场强度，磁场强度很长一段时间仅停留在 20 T 左右。目前，大规模应用的超导材料有 NbTi 和 Nb_3Sn 两种，工作在 10 T 以下磁场区域的磁体一般采用低温超导材料 NbTi 制造，10~20 T 的磁体一般采用低温超导材料 NbTi 和 Nb_3Sn 制造。20 T 以上的磁体多采用高温超导材料或高温和低温超导材料的组合。例如，美国强磁场实验室采用低温超导材料 NbTi、Nb_3Sn 和高温超导材料 YBCO（REBCO）产生了 32 T（孔径 34 mm）的磁场。随着超导材料研究和磁体技术的发展，超导磁体磁场强度未来有望继续提高。目前，超导磁体的冷却方式主要有两种：一种是利用液态冷却介质（通常采用液氦）循环冷却超导材料，另一种是采用机械式制冷机进行直接冷却。前一种冷却方式需要消耗大量的冷却介质，成本相对较高；后一种冷却方式无需使用液态冷却介质，且系统简单。图 15-3 所示为我国西安聚能超导磁体科技有限公司设计建造的 6 T（孔径 400 mm）直冷式超导磁体。

图 15-3   西安聚能超导磁体科技有限公司设计建造的 6 T（孔径 400 mm）直冷式超导磁体

水冷磁体虽然能产生很高的磁场，但是其设计精密，易受电源功率和热应力的限制。超导磁体相比较水冷磁体能够稳定运行，商业化程度高，但易受超导材料临界电流和临界磁场的限制。为了产生更高的磁场，又研发出了混合磁体技术，即在水冷磁体的外围增加超导线圈来减少电能损耗，同时保证磁体能够产生更高的磁场。图 15-4 所示为磁感应强度可达 45 T 的混合磁体。该混合磁体由水冷磁体和超导磁体组成，其中水冷磁体由 4 个水冷线圈组成，可以在 24 MW 的电流下产生 31 T 磁场。超导磁体由三组线圈（其中线圈 A 和 B 为 Nb_3Sn 材质，线圈 C 为 NbTi 材质）组成，由液氦冷却至 1.8 K 的工作温度，产生 14 T 强磁场。混合磁体产生的强磁场通过水冷磁体和超导磁体产生磁场的叠加，达到 45 T[5]。

无论是水冷磁体的 Cu 线圈还是超导磁体的超导线圈在励磁过程中由于电流和磁场的相互作用，都会使线圈承受巨大的电磁力作用。受到材料力学性能的限制，磁场强度越大强磁体的室温腔体内径应该越小，以增加磁体的结构强度避免电磁力的破坏。近年来随着磁体设计水平和制造技术的不断提升，商用强磁体的孔径正在逐渐增加，强磁体的制造成本和后期维护费用也在逐渐降低，这为强磁场冶金技术的实际应用提供了保证。

15.3.2   强磁场冶金设备

处在强磁场环境下的设备部件和元器件由于具有磁性或负载电流会受到强大的磁化力和洛伦兹力作用，引起设备受力移动和变形、干扰设备的机械动作和加热过程，如果强磁场的不利效果没有得到有效控制，就会引起设备损坏。同时，强磁场的磁化作用也会对设备运行过程中电、热、力和磁学等信号的采集和传输产生不同程度的干扰，进而干扰设备运行及控制。因此强磁场下冶金设备开发的关键是：（1）选取磁性相对较弱的非铁磁性材

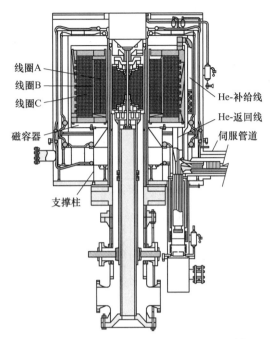

图 15-4　NHMFL 45 T 混合磁体横截面图[5]

料作为结构件、加热件和其他配套零部件；（2）采用特殊设计的加热、机械动作、检测控制方法和适合磁场下工作的元器件；（3）通过上述措施消除磁场对设备的负面影响，顺利实现强磁场下冶金设备的功能。目前，强磁场冶金技术还没有得到实际应用，现有的强磁场冶金设备均为小型实验装置，用于进行强磁场冶金技术和工艺开发的实验研究和效果验证。现有报道的强磁场下冶金设备主要包括强磁场电阻加热炉、强磁场感应加热炉和强磁场定向凝固炉等。

15.3.2.1　强磁场电阻加热炉

如图 15-5 所示，强磁场电阻加热炉由强磁体、加热体、带循环水冷却的炉体、测温和控温系统、抽真空和气氛控制系统、电源、循环冷却水系统等组成[6]。其中强磁体为设备提供强磁场环境，可以采用水冷强磁体、超导强磁体和混合强磁体，为了保证强磁体按照设计的工艺和参数提供强磁场，通常还配套电源、控制系统、制冷系统及不间断电源系统。加热炉体固定在强磁体的环形腔体内部。加热体通直流电，利用焦耳热效应加热物料，材质可以采用石墨、金属 Pt、金属 Ta、氮化硼等磁性相对较弱的材料，加热体的形状可以采用圆筒状、片状、丝状、笼状等形状。设备的炉体和其他结构材料可以选用磁性较弱的不锈钢、Cu 及 Cu 合金、Al 合金、塑料、橡胶等材料。测温和控温系统实时测量和控制炉内温度。热处理炉在加热过程中需要采用循环冷却水系统降低加热过程中炉体体表温度，保护不耐高温的部件，保护整台设备安全运行。另外，水冷强磁体和超导强磁体的正常运行均需要励磁线圈工作在规定的温度范围内，采用循环水冷却炉体，也可以防止磁体的腔体内壁温度过高，保护强磁体的安全稳定运行。测温和控温系统可以实时控制加热炉的温度，按照预先设定的程序加热、保温和冷却物料。由于电阻加热通常采用纯物质作为加热原件，为防止加热元件的氧化失效，炉体通常配备真空和气氛控制系统。抽真空和气氛控制系统包括真空泵组（由机械泵、分子泵或扩散泵及管路、阀门等组成）、气体流量控制仪表及管路等。真空和气氛控制系统可以为材料的冶金过程提供真空或者保护气氛，防止氧化、保护加热体、提高材料的纯净度。强磁场电阻加热热处理设备可以在强磁场条件下进行熔炼、铸造、半固态处理、液相烧结等冶金过程。

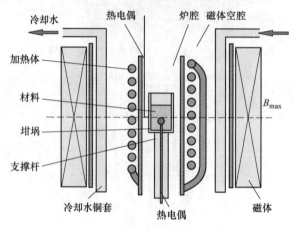

图 15-5　强磁场电阻加热炉[6]

15.3.2.2　强磁场感应加热炉

如图 15-6 所示，强磁场感应加热炉由强磁体、加热体、带循环水冷却的炉体、测温和控温系统、循环冷却水系统、淬火系统等组成[7]。同强磁场电阻加热热处理设备的结构和功能类似：强磁体提供强磁场环境，加热体提供热环境，循环冷却水降低加热体外壁温度，测温和控温系统实时控制加热温度。同强磁场电阻加热热处理设备不同的是，强磁场感应加热热处理设备的加热体通常采用水冷铜线圈，利用交变磁场的感应热加热物料。由于水冷 Cu 线圈利用冷却水强制冷却，在接近室温下工作，无需采用真空或者惰性气体进

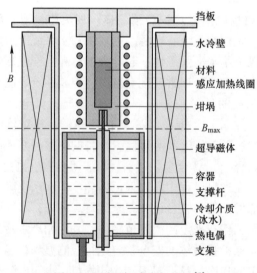

图 15-6　强磁场感应加热炉[7]

行保护，因此强磁场感应加热热处理设备可不配备真空和气氛控制系统。另外，设备也可以配置盛装冷却液（如冰水混合物等）和升降装置的容器，对物料进行淬火处理。强磁场感应加热热处理设备可以在强磁场条件下进行熔炼、铸造、半固态处理、液相烧结及相应的淬火等冶金过程。

15.3.2.3　强磁场定向凝固炉

如图 15-7 所示，强磁场定向凝固炉主要是布里奇曼式，由强磁体、带水冷的炉体、加热体、测温和控温系统、抽拉系统、循环冷却水系统、液态金属冷却系统等组成[8]。强磁体提供强磁场环境，其环形腔轴向沿竖直方向布置。加热炉、液态金属冷却系统和抽拉系统沿轴向竖直布置在强磁体的环形腔体内部。加热方式可以采用电阻加热也可以采用感应加热，电阻加热可以采用石墨或金属材料作为加热体，感应加热主要采用水冷 Cu 线圈。液态金属冷却系统由金属腔体内部充满冷却效果好的液态介质构成，通常为 Ga-In-Sn 低熔点合金。抽拉系统控制材料沿竖直方向做直线运动，由伺服电机、传动机构和支撑机构组成。此外，设备还需要配备真空系统和保护气供气系统为材料制备过程提供真空或者保护气氛；配备热电偶和控温仪表控制加热温度和液态金属冷却系统的温度，以及获得温度梯度数据；配备循环水冷却系统来冷却炉体外壁及液态金属冷却液。在设备运行过程中，加热体加热材料至液态形成热区，液态金属冷却系统冷却材料至固态形成冷区，在热区和冷区之间形成温度梯度，随着抽拉系统的动作将材料不断下拉浸入液态金属内部，在温度梯度形成的单向热流作用下材料沿特定方向凝固生长。强磁场布里奇曼定向凝固设备可以在强磁场条件下进行材料的定向凝固制备。

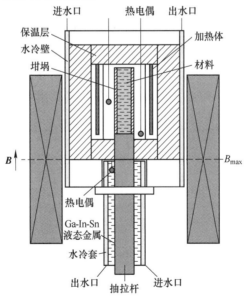

图 15-7　强磁场布里奇曼定向凝固炉[8]

15.4　强磁场梯度功能材料制备技术

强磁场梯度功能材料制备技术（fabrication of functionally gradient materials by high magnetic fields，FFGM-HMF）是利用强磁场的磁化力控制金属凝固过程中溶质或相的分

布，得到连续变化组织的技术。通常情况下使用的材料多为均质材料，如金属、合金、陶瓷、聚合物等，它们的性能在宏观上均匀分布，不随空间变化。但是仍有许多工况环境要求材料不同部位具有不同性能，传统均质材料很难满足其需要。梯度功能材料的组成成分或微观组织在其内部呈现平缓的连续变化，可使材料不同部位具有变化的性能，被广泛应用到核能、机械、石油化工、航空航天等领域。利用铸造的方法可以低成本、高效率地制备金属梯度功能材料。其中，离心铸造法利用铸型旋转产生的离心力，使密度不同的增强相在基体材料中呈梯度分布，但只限于制造环形、管状零件。双流浇铸法通过控制内、外浇包中流体的流量比进行铸造来制备成分连续变化的梯度功能材料，但存在熔体互溶不易控制、难于加入颗粒增强相等不足。将梯度强磁场施加到金属材料的凝固过程，利用磁化力控制材料内的溶质或相分布，也可以制备金属梯度功能材料。另外，利用该技术也可以实现金属混合物的液-液分离和金属除杂。

15.4.1 强磁场梯度功能材料制备技术工艺

对于一个由固相颗粒和液相基体组成的二元体系来说，当施加梯度磁场后，固相颗粒将受到由密度差引起的浮力、磁化率差引起的磁浮力作用。另外，液态基体可以看作是黏性介质，当固体颗粒在液态基体里移动时还要克服一个由于介质的黏性引起的动力学阻力。假设二元体系由顺磁性颗粒和液相基体组成，且颗粒的磁化率大于液相的磁化率。如图 15-8（a）所示，当无磁场作用或者在均恒磁场下，在黏滞阻力的作用下或者黏滞阻力同均恒强磁场产生的洛伦兹力共同作用下，颗粒不发生明显的迁移并均匀分布在液态基体中。施加正梯度磁场后，颗粒在竖直向上的磁浮力作用下克服黏滞阻力向上迁移。由于磁场梯度的分布沿着竖直方向连续变化，颗粒在不同位置受到的磁浮力也连续变化，最终引起颗粒分布在竖直方向的连续变化（见图 15-8（b））。如果磁场施加时间足够长，颗粒也会完全聚集到上部。施加负梯度磁场后，固相颗粒在竖直向下的磁浮力作用下克服黏滞阻力向下迁移，也引起颗粒分布的连续变化或完全聚集（见图 15-8（c））。

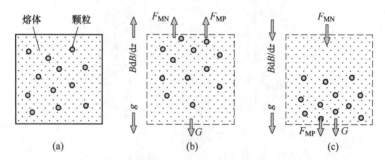

图 15-8 磁阿基米德浮力驱动正磁化率粒子迁移的示意图
（a）无磁场；（b）正梯度磁场；（c）负梯度磁场

在合金熔体内部由于溶质元素的浓度起伏，会形成大量短程有序、长程无序的溶质原子团簇，或称为溶质富集微区。当该种溶质元素的磁性足够大或者溶质富集微区的体积足够大时，梯度强磁场的磁化力也将对其迁移行为产生显著影响。因此，合金熔体中的溶质富集微区也可以看作是固相颗粒，其在梯度磁场下的迁移行为会引起溶质元素在合金熔体内呈梯度分布。以具有亚共晶成分（C_0）的熔融态二元共晶 A-B 体系为例，组元 A 为顺磁性，组元 B 为抗磁性。如图 15-9（a）和（d）所示，无磁场时溶质 A 均匀分布在合金中，合金成分对应于二元平衡相图中的 C_0 点。施加负梯度磁场时，组元 A 受到向下的磁浮力驱动后呈上少下多的方式梯度分布，合金成分对应于二元平衡相图中从 C_1 到 C_2 的一个区域（见图 15-9（b）和（e））。施加正梯度磁场时，组元 A 受到向上的磁浮力驱动后形成同施加负梯度磁场时类似的分布状态，只是其分布呈上多下少特点（见图 15-9（c）和（f））。如果磁场施加时间足够长，溶质元素也会显著聚集到合金熔体的一侧。

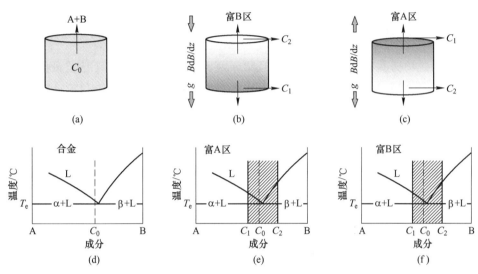

图 15-9　不同梯度磁场条件下凝固前的共晶 A-B 体系熔体中溶质的分布示意图
（a）（d）稳恒磁场；（b）（e）负梯度磁场；（c）（f）正梯度磁场

上述颗粒或溶质富集微区在磁浮力驱动下迁移、改变分布的同时，洛伦兹力起到抑制流动的作用，避免了熔体内的对流对磁浮力驱动效果的干扰。通过梯度强磁场处理后的液-固金属混合物或熔体在随后的凝固过程中转变成颗粒相或溶质元素呈连续分布的梯度组织。因此，将梯度强磁场施加到半固态处理、液相烧结、铸造等冶金过程中，通过合理设计功能相和基体的种类和成分等参数可以制备出具有不同性能的梯度功能材料。对于金属的液-液分离和金属除杂而言，只需将聚集的颗粒或者富溶质区域同其他金属熔体分离即可。强磁场梯度功能材料制备技术的工艺核心包括：（1）磁场梯度方向通常沿竖直方向布置，同重力方向相同或同重力方向相反。（2）在材料制备过程中液相和颗粒相或溶质元素之间存在磁化率和密度差异。其中颗粒相包括添加的功能相、母合金内的初生相、凝固过程中产生的析出相等。（3）颗粒相或溶质在液相中能够克服黏滞阻力在液相中迁移，迁移可以是单向，也可以是双向（例如由材料两端向中心运动或由中心向两端运动）。

强磁场梯度功能材料制备技术的工艺流程包括：（1）熔配金属。按照预定成分熔炼原料金属或者含有添加相颗粒的金属混合物。（2）加热至半固态或重熔。加热原料金属至半固态或全熔态，得到液相-固相混合物或者含有大量溶质富集微区的熔体。（3）强磁场下等温处理。在强磁场下对液相-固相混合物或金属熔体进行等温处理，同液态基体的密度和磁化率不同的颗粒相或溶质富集微区在浮力和磁阿基米德浮力的共同作用下沿磁场梯度相同或相反的方向在液相内克服黏滞阻力迁移并形成梯度分布。(4) 强磁场下凝固。形成颗粒或溶质梯度分布的混合物或熔体以不同速率凝固成固相，形成沿磁场梯度平行方向连续变化的梯度组织。

技术的控制参数：(1) 磁感应强度、磁场梯度、材料磁化率、材料密度、颗粒相体积。上述参数可改变磁化力的大小，进而影响颗粒相的迁移速率。(2) 磁场梯度方向和材料磁化率正负。上述参数可改变颗粒相所受合力的方向，进而影响迁移方向。(3) 处理时间和冷却速率。上述参数可改变颗粒相的迁移时间，进而影响迁移距离。(4) 材料尺寸。该参数可影响颗粒相在材料内的相对位置。

15.4.2 强磁场梯度功能材料制备技术的应用

目前，强磁场梯度功能材料制备技术还处于实验室小规模原理和工艺验证阶段，工业应用验证还有待于超导强磁体设计和制造技术的进步，以及强磁场下冶金装备的研发。

15.4.2.1 应用效果

应用效果如下：

(1) 可以制备出物理、化学和力学性能呈连续分布的梯度功能材料。在有液-固相变的冶金过程中，借助梯度强磁场的磁化力驱动材料内的颗粒或溶质迁移，材料凝固后得到成分或相含量呈连续分布的特殊组织。材料的物理、化学和力学性能同材料的成分和相含量直接相关，因此也呈连续分布。

(2) 可以实现金属混合物在液态下的分离。液态金属混合物的分离，尤其是在高温状态下的分离难度较大。磁化力同磁感应强度的平方成正比，因此当磁场足够强时磁化力可以驱动液态金属内微小尺寸的溶质富集微区定向迁移和聚集，进而实现金属混合物在液态下的分离。

(3) 可以去除金属材料内部的夹杂物。一些材料内部的夹杂物尺寸较小，利用常规方法很难去除。依据夹杂物与材料在液态时的磁化率差异，借助梯度强磁场对夹杂物产生的磁浮力效果在材料熔体同夹杂物之间诱发相对运动，可以去除夹杂物，提高材料的纯净度。

15.4.2.2 应用实例

A 应用实例一

在不同梯度值和梯度方向的强磁场下对棒状亚共晶成分的 Mn-89.7%Sb 合金（质量分数）进行半固态等温处理，加热温度高于合金的共晶温度但是低于液相线温度。合金中的共晶组织 MnSb/Sb 熔化形成成分接近共晶的液相基体，初生 MnSb 枝晶在奥斯瓦尔德熟化机制作用下碎断后球化成颗粒。在半固态处理温度下，MnSb 颗粒呈顺磁性且磁性大于同样呈顺磁性的 Mn/Sb 液相（其中液态 Mn 为顺磁性，Sb 为抗磁性），当 $|BdB/dz|$ 值足够大时，MnSb 颗粒在 Mn/Sb 液态基体内沿着磁场梯度方向迁移形成梯度分布，合金凝固后 Mn/Sb 液相转变成共晶 MnSb/Sb 组织，初生 MnSb 颗粒分布在共晶基体内形成梯度 MnSb-MnSb/Sb 复合组织。如图 15-10 所示，无磁场作用时经过半固态等温处理后凝固的合金中初生 MnSb 颗粒近似均匀地分布在 MnSb/Sb 共晶基体内；当施加负梯度磁场后，初生 MnSb 相颗粒聚集在试样的下半部；当施加正梯度磁场后，初生 MnSb 相颗粒聚集在试样的上半部。对合金中初生 MnSb 颗粒的体积分数进行统计，可以看出无磁场时颗粒的分布均

匀，但是在梯度磁场下颗粒的分布呈连续变化（见图 15-11）。另外，随着 $|BdB/dz|$ 值和保温时间的增加，初生 MnSb 相颗粒在合金中分布的梯度变得更加陡峭[9]。

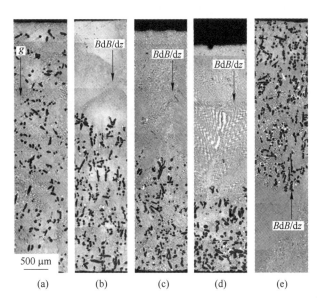

(a)   (b)   (c)   (d)   (e)

图 15-10 不同磁场条件下保温不同时间时 Mn-89.7%Sb 合金（质量分数）的微观组织[9]

(a) 0 T，30 min；(b) $BdB/dz = -114$ T^2/m，30 min；(c) $BdB/dz = -282$ T^2/m，30 min；

(d) $BdB/dz = -282$ T^2/m，90 min；(e) $BdB/dz = 282$ T^2/m，30 min

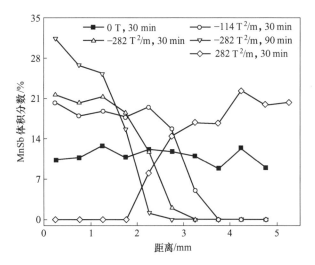

图 15-11 不同梯度磁场下（$B = 11.5$ T）经半固态等温处理不同时间后

Mn-89.7%Sb 合金（质量分数）中 MnSb 颗粒自上而下的体积分数分布曲线[9]

B 应用实例二

在合金的半固态等温处理过程中施加单向分布的梯度强磁场，利用单向磁化力驱动颗粒相迁移可以得到单向梯度分布的凝固组织。若在合金的半固态处理过程中施加其磁感应强度双向梯度分布的强磁场，则可以得到更为复杂的梯度变化组织。例如，在对称式分布的梯度强磁场下对棒状亚共晶成分的 Mn-89.7%Sb 合金（质量分数）进行半固态等温处理，其中磁场梯度值从磁场中心位置向两侧逐渐增加（见图 15-12（a））[10]。在 Mn/Sb 熔体中初生 MnSb 枝晶碎断后球化形成 MnSb 颗粒，顺磁性的 MnSb 颗粒受到的磁化力同磁场梯度分布情况相同也从磁场中心开始向两侧逐渐增加，在对称式梯度分布的磁化力驱动下，MnSb 颗粒从合金两端向中心位置迁移，最终形成对称式梯度分布的 MnSb-MnSb/Sb 复合组织（见图 15-12（b）~（d））。图 15-13 所示为对初生 MnSb 颗粒的体积分数沿合金纵向的分布进行统计的结果。可以看出无磁场时颗粒的分布相对均匀，但是在对称式梯度磁场下颗粒的分布呈中间高、两侧低的对称式梯度分布。在室温附近时 MnSb 相为铁磁性，因此 MnSb 相含量的大小会影响合金的磁性能[10]。图 15-14 所示为合金在不同位置饱和磁化强度的分布曲线，可以看出合金的饱和磁化强度在纵轴上呈中心对称式梯度分布[10]。

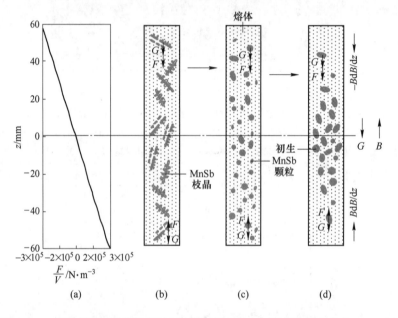

图 15-12 对称式梯度强磁场条件下金属熔体中 MnSb 颗粒的受力分布（a）和
Mn-89.7%Sb 合金（质量分数）半固态等温处理的组织演变示意图((b)~(d))[10]

C 应用实例三

在合金的自由凝固过程中施加梯度强磁场，通过控制合金熔体中溶质的迁移引起溶质的梯度分布，合金凝固后可以得到梯度凝固组织。当在合金的定向凝固过程中施加梯度强磁场时，同样可以得到梯度凝固组织。图 15-15 所示为过共晶 Al-8%Fe 合金（质量分数）在竖直向下的负梯度强磁场下定向凝固的微观组织图和相含量分布。在梯度强磁场作用下，磁化力驱动顺磁性的富 Fe 微区向合金熔体下部迁移，合金凝固后就形成了初生 Al_3Fe 相梯度分布的凝固组织[8]。另外，强磁场对合金定向凝固过程中在固-液前沿诱发热电磁对流，也引起了合金横向溶质分布不均，导致初生 Al_3Fe 相分布不均。无磁场作用时合金中初生 Al_3Fe 相沿着凝固方向定向排列，且分布均匀；施加了强磁场后，在磁场梯度作用

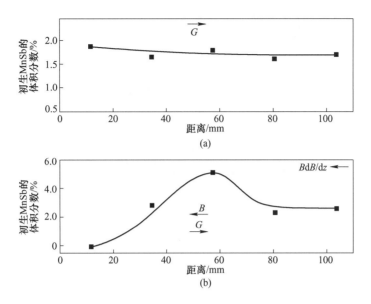

图 15-13　在无磁场（a）和对称式梯度磁场（b）下半固态处理的 Mn-89.7%Sb 合金
（质量分数）中初生 MnSb 相的体积分数变化[10]

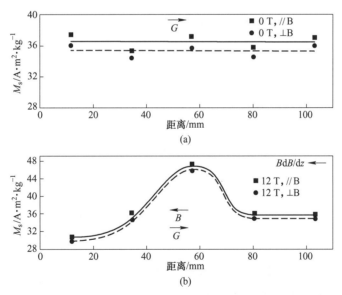

图 15-14　在无磁场（a）和对称式梯度磁场（b）下半固态处理的
Mn-89.7%Sb 合金（质量分数）沿轴向的饱和磁化强度分布[10]

下合金中上部出现 Al_3Fe/Al 共晶区域，初生 Al_3Fe 相在合金下部聚集。对初生 Al_3Fe 相体积分数进行统计发现，其分布呈连续变化。当增加磁感应强度后（即提高磁场的梯度），合金上部共晶区域面积增大，且初生 Al_3Fe 相的梯度分布更加明显。

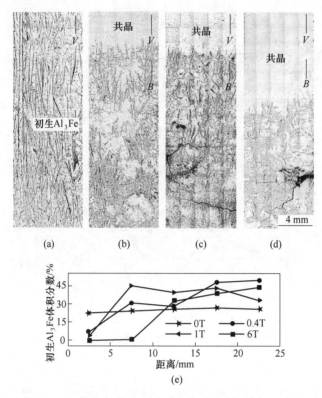

图 15-15　生长速率为 30 μm/s 时不同磁感应强度下凝固的
Al-8%Fe 合金（质量分数）微观组织和相含量分布
（a）0 T；（b）0.4 T；（c）1 T；（d）6 T；（e）初生 Al₃Fe 相沿凝固方向体积分数分布[8]

15.5　强磁场各向异性材料制备技术

强磁场各向异性材料制备技术（fabrication of anisotropic materials by high magnetic fields，FAM-HMF）是在材料凝固过程中，利用强磁场的磁力矩或磁偶极子相互作用力诱发晶粒取向生长，制备各向异性材料的技术。材料全部或部分物理、化学、力学等性能随方向不同而表现出一定差异的特性，即称这种材料为各向异性材料。例如，磁性材料通常在沿其易磁化轴方向磁性能最佳，航空发动机用单晶叶片由于在沿叶身方向消除晶界而具有更加优良的力学性能。各向异性材料在国防、航空、航天、汽车、船舶等领域具有重要应用。强磁场各向异性材料制备技术将强磁场同由包含液-固相变的冶金过程相结合，借助强磁场的磁力矩或磁偶极子相互作用力等效应调控晶体生长过程，为制备各向异性材料提供了一种有效途径。

15.5.1　强磁场各向异性材料制备技术工艺

晶体内原子在不同晶向上排列的差异导致磁性不同而具有磁晶各向异性。从能量的角度看，处于磁场中的晶体在不同晶向间会由于磁化而产生自由能的差异，即磁各向异性能；从受力的角度看，处于磁场中的晶体在不同晶相上将会由于磁化的差异而受到磁力矩作用。对于处在磁场环境内的液-固混合体系来说，当磁场强度足够大且固相晶体的磁晶各向异性足够强时，磁力矩可以使颗粒（晶粒）在液相基体中发生旋转，从而使系统处于能量最低状态。这就为利用强磁场调控冶金过程来制备有取向（各向异性）的功能材料提供了可能。对于铁磁性和顺磁性材料，由于在凝固等高温冶金过程中都处于顺磁性而磁化率大于零，在磁各向异性能的作用下，磁化率最大的方向将平行于磁场方向；而对于抗磁性材料，磁化率最小的方向将平行于磁场方向。具有磁各向异性的物质置于匀强磁场中时，沿不同方向磁化所需要的磁化能大小不同，该磁化能差可由式（15-1）表示：

$$\Delta E = -\frac{1}{2}\Delta \chi V B^2 \tag{15-1}$$

式中，$\Delta \chi$ 为物质在不同方向上磁化率的差值。

当 ΔE 增大到足够克服系统热扰动能 kT（其中，k 为玻耳兹曼常数）的影响时，物质才可能在磁场的作用下沿易磁化轴方向旋转取向。

图 15-16 所示为磁力矩诱发颗粒（晶粒）旋转取向原理图。以正交晶系的晶体为例，晶体沿 a、b 和 c 轴方向的磁化率 $\chi_c > \chi_a > \chi_b$。当对处于液态基体中的晶体施加强磁场后，c 轴同 b 轴或 a 轴之间的磁化能差如果大于液相基体对其产生的热扰动能，晶粒在磁力矩作用下在液相中旋转使其 c 轴平行于磁场方向取向。利用磁场诱导晶体在凝固等高温冶金过程中沿特定方向发生旋转取向必须满足以下 4 个条件：（1）晶体具有磁晶各向异性；（2）磁各向异性能大于热扰动能；（3）有可以供晶体自由转动的介质，如金属熔体；（4）有可以供晶体充分转动的时间。根据式（15-1），若使磁各向异性能大于热扰动能，可以增加晶体在不同方向上的磁化率差值、增大处在液相基体内的晶体体积，以及增加磁感应强度。晶粒在磁力矩作用下发生旋转取向的同时，洛伦兹力起到抑制流动的作用，避免了熔体内的对流对晶粒发生晶体取向行为的干扰。

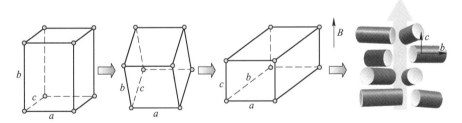

图 15-16　磁力矩诱发晶体旋转取向原理图

另外，如果在磁力矩驱动下旋转取向的颗粒磁化率较大，在强磁场作用颗粒间产生的磁偶极子相互作用力驱动颗粒相互接触、合并，凝固后也会形成沿磁场方向排列的链状或定向生长组织。该组织在形貌上的定向排列组织会引起性能上的各向异性。

由于各向异性功能材料制备技术和梯度功能材料制备技术的原理类似，都是基于强磁场的力效应控制颗粒相在液相中的运动行为来实现材料凝组织的调控，因此两种功能材料的强磁场制备工艺基本相同。工艺核心包括：（1）将强磁场环境施加于有液相存在的材料制备过程。其中，材料制备过程包括半固态处理、液相烧结、铸造、定向凝固等。（2）颗粒（晶粒）具有磁晶各向异性。其中颗粒（晶粒）包括添加的功能相、母合金内的初生相、凝固过程中产生的析出相等。(3) 颗粒 (晶粒) 在液相中能够克服黏滞阻力在液相中自由旋转。

技术的工艺流程包括: (1) 加热材料得到液-固混合物。加热材料至半固态得到液-固混合物, 或加热材料至全熔态后添加固相颗粒形成液-固混合物, 或加热材料至全熔态后以较慢速度凝固, 晶粒析出后形成液-固混合物。(2) 液-固混合物在强磁场下的处理。颗粒 (晶粒) 在熔体内受磁力矩作用后旋转取向。(3) 凝固获得晶体取向组织。取向后的颗粒相随熔体凝固形成取向颗粒增强复合组织, 或者取向的析出相长大后形成取向多晶组织, 又或者具有较大磁性的取向后的析出相在磁偶极子相互作用力的作用下相互接触、链接形成排列组织。

技术的控制参数: (1) 磁感应强度、材料不同晶向上的磁化率差异、颗粒 (晶粒) 体积。这些参数可改变磁力矩和磁偶极子相互作用力的大小, 进而影响颗粒 (晶粒) 的取向快慢、取向和定向排列程度。(2) 磁场方向和材料形状。这两种参数相互耦合可控制晶粒取向或排列方向同材料形状之间的关系。(3) 处理时间和冷却速率。这两种参数可改变颗粒 (晶粒) 的旋转取向和接触合并时间, 影响取向和排列程度。(4) 颗粒 (晶粒) 的形状和含量。类似棒条的形状及过高的体积分数会使颗粒相互干扰旋转进而降低取向程度。

15.5.2　强磁场各向异性材料制备技术的应用

15.5.2.1　应用效果

应用效果如下:

(1) 可以制备出颗粒 (晶粒) 沿特定方向取向的各向异性材料。在有液-固相变的冶金过程中施加强磁场, 磁力矩驱动具有磁晶各向异性的颗粒 (晶粒) 在液相内发生旋转后凝固, 生成颗粒 (晶粒) 某一晶体学方向同磁场平行或垂直的凝固组织, 使材料呈现各向异性。

(2) 可以制备出晶粒沿特定方向生长的各向异性材料。将强磁场同定向凝固技术相结合, 利用强磁场驱动合金中析出的晶体旋转取向, 再利用定向凝固技术的单向热流控制取向晶粒定向生长, 可以得到晶粒沿特定晶体学方向排列生长的各向异性材料。

(3) 有效提高材料的磁学、电学、力学等性能。利用强磁场的磁力矩结合其他力效应调控凝固过程中的晶体取向和定向生长, 得到各向异性材料, 可以使材料在特定方向上显著提高磁学、电学、力学等性能。

15.5.2.2　应用实例

A　应用实例一

MnCoSi 过渡金属基合金是一类具有较高理论磁致伸缩系数的功能材料。但是传统方法制备的合金通常具有较低的磁致伸缩性能和较差的力学性能。利用强磁场条件下的半固态等温处理可以大幅提高材料的磁致伸缩和力学性能。在无磁场和 6 T 磁场条件下将 MnCoSi 合金加热至 1500 K 后保温 30 min, 再将合金以 2 K/min 降至 1123 K 后冷却至室温。最后, 合金在无磁场、1123 K 下退火 60 h 后在 72 h 内缓慢冷却至室温。在半固态等温处理过程中, 晶粒在液相基体中旋转后取向。图 15-17 所示为合金在垂直于磁场方向截面的 XRD 图谱[11]。不施加磁场时合金在多个晶面上都呈现出明显的衍射峰，表明合金呈随机取向。施加了磁场后，合金仅在（111）面上具有明显的衍射峰，表明合金发生了<111>方向同磁场方向平行的晶体学取向。强磁场取向后的合金在 270 K 条件下沿平行和垂直于测试磁场方向上磁致伸缩性能分别达到 0.3% 和 -0.47%，在 300 K 条件下分别达到 0.2% 和 -0.35%，远远高于没有取向 MnCoSi 合金的磁致伸缩性能（见图 15-18）[11]。另外，由于采用较慢的冷却速率，合金在凝固过程中得以释放相变时体积膨胀诱发的应力，合金的力学性能得到显著提高。

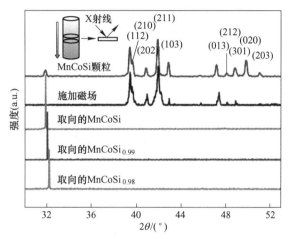

图 15-17　无磁场和施加 6 T 磁场后半固态等温处理后的 MnCoSi 合金垂直于磁场方向截面的 XRD 图谱[11]

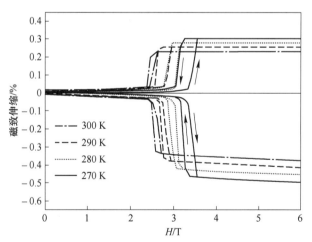

图 15-18　不同温度下强磁场取向后 MnCoSi 合金分别沿平行
（$\lambda_{/\!/}$）和垂直（$\lambda_{\perp}$）于测试磁场方向的磁致伸缩曲线[11]

B　应用实例二

Zn 合金由于具有优良的力学性能、生物相容性和生物降解性，是最具应用潜力的医用可降解金属材料之一。控制 Zn 合金的晶体学取向，可以有效调控合金在人体内的降解速率，提高治疗效果。在无磁场和 12 T 磁场条件下将 Zn-1.8%Mg 合金（质量分数）加热至 430 ℃（高于液相线 33 ℃）后保温 20 min，再以约 5 ℃/min 的冷却速率冷却至室温。图 15-19 所示为无磁场时合金的 EBSD 取向图及对应初生富 Zn 相的<0001>散点极图[12]。以发现，被共晶 Zn/Mg$_2$Zn$_{11}$ 相所包围的初生富 Zn 相呈典型的树枝状形貌。同时，<0001>极点散乱分布于极图中，表明初生富 Zn 相随机取向。当施加 12 T 强磁场后，为降低磁化能，冷却过程中结晶的抗磁性初生富 Zn 相会受到诱发的磁力矩作用而在液相中发生旋转，从而使其<0001>方向（即 c 轴）沿垂直于磁场的方向择优取向。如图 15-20 所示，对应 EBSD 取向图中初生富 Zn 相的<0001>极点在极图中沿垂直于磁场的方向呈线性分布，证实了上述择优取向的形成[12]。此外，由于共晶 Zn 相依附于初生富 Zn 相生长，故其遵循了初生富 Zn 相的取向。因此，在 12 T 强磁场作用下，共晶 Zn 相同样形成了<0001>方向沿垂直于磁场方向择优取向的规律。

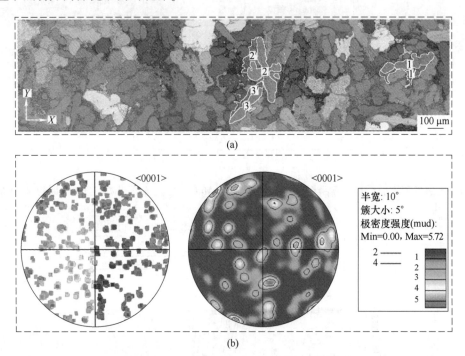

图 15-19 无磁场时 Zn-1.8%Mg 合金显微图[12]

（a）EBSD 取向图；（b）对应初生富 Zn 相的<0001>散点极图和极密度图

C 应用实例三

Tb-Dy-Fe 合金是另一类重要的磁致伸缩功能材料，其中（Tb,Dy）Fe$_2$ 相是磁致伸缩功能相，易磁化轴为<111>方向。若合金中（Tb,Dy）Fe$_2$ 相沿易磁化方向<111>取向并定向生长，则能够显著减小磁化过程中的内应力和磁畴旋转过程中的阻力，从而使合金的磁致伸缩性能大幅提高。传统制备 Tb-Dy-Fe 磁致伸缩材料的方法主要采用定向凝固技术，通常可以制备出沿<112>和<110>方向取向的材料，不利于发挥材料的磁致伸缩性能。在 Tb-Dy-Fe 合金的定向凝固过程中施加强磁场，通过磁力矩效果诱导（Tb,Dy）Fe$_2$ 相沿<111>方向取向；通过定向凝固的单项热流效果控制（Tb,Dy）Fe$_2$ 相沿<111>定向生长；通过洛伦兹力抑制固-液界面前沿液相的流动，进而稳定晶体生长、提高（Tb,Dy）Fe$_2$ 相的定向

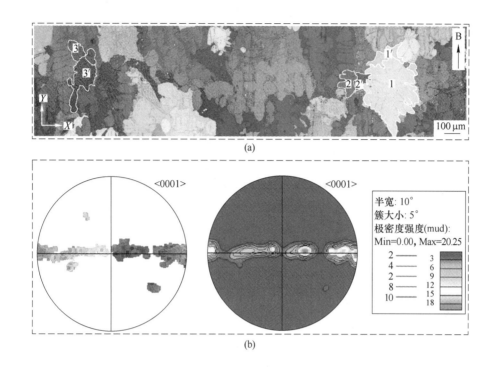

图 15-20　12 T 强磁场下 Zn-1.8%Mg 合金（质量分数）显微图[12]

（a）EBSD 取向图；（b）对应初生富 Zn 相的<0001>散点极图和极密度图

排列程度。图 15-21 所示为有无磁场条件下定向凝固的合金中（Tb,Dy)Fe$_2$ 相均沿磁场方向（定向凝固）定向排列[13]。图 15-22 所示为合金横截面的 XRD 图谱，无磁场时（Tb,Dy)Fe$_2$ 相的<110>方向平行于生长方向取向，施加磁场时（Tb,Dy)Fe$_2$ 相的<111>方向平行于磁场方向取向[13]。（Tb,Dy)Fe$_2$ 相沿<111>方向同时取向和定向生长使合金的最大磁致伸缩系数从 0.12%提高至 0.145%，且合金在低外加磁场条件下的磁致伸缩性能得到了显著提高（见图 15-23）[13]。

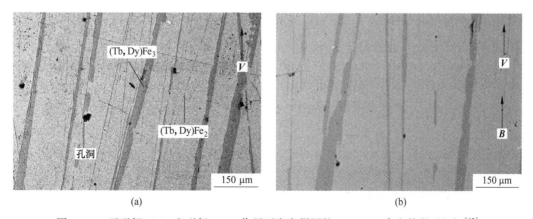

图 15-21　无磁场（a）和磁场（b）作用下定向凝固的 Tb-Dy-Fe 合金的微观组织[13]

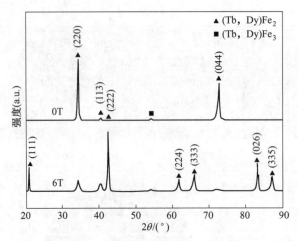

图 15-22   有、无磁场作用下定向凝固的 Tb-Dy-Fe 合金横截面的 XRD 图谱[13]

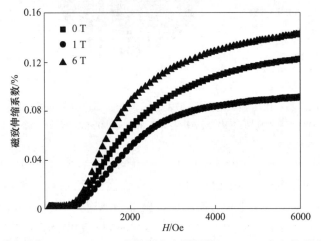

图 15-23   磁感应强度 0 T、1 T、6 T 条件下定向凝固的 Tb-Dy-Fe 合金的磁致伸缩性能[13]

D   应用实例四

Co-B 作为一种软磁合金，具有高磁导率、低铁芯损耗，以及良好的力学性能和化学性能，在磁记录介质、高频通信元件、传感器等领域具有重要的应用前景。若在合金中获得功能相沿某一方向定向排列的组织，材料的磁性能、力学性能和化学性能将在某一方向上得到显著增强，体现出明显的各向异性，进而大幅提高材料的性能。将 Co-81.5%B 合金（摩尔分数）在 B_2O_3 玻璃熔体的包裹下熔化，一方面利用玻璃熔体隔绝空气防止合金熔体氧化，另一方面净化合金熔体内的杂质以获得不同大小的过冷度。当过冷度超过一定数值时，共晶成分的 Co-81.5%B 合金（摩尔分数）便形成初生 Co 相同 Co/Co_3B 混合的凝固组织。当在上述合金重熔和凝固过程中施加强磁场时，磁场诱发的磁力矩驱动初生 Co 相在在液相中旋转取向，取向后的 Co 相颗粒在磁场作用下在颗粒间形成磁偶极子相互作用力并驱动颗粒沿磁场方向相互接触和合并，进而形成链状排列组织。与此同时，磁偶极子相互作用力在沿垂直磁场方向使颗粒间相互排斥，阻止了颗粒沿该方向接触、合并。如

图 15-24 所示，无磁场作用下过冷 110 K 的 Co-81.5%B 合金（摩尔分数）中初生 Co 相呈长短不一的棒状随机分布在共晶基体中，初生 Co 相没有明显的排列特征[14]。而当合金在 4 T 磁场作用下过冷 108 K 时，初生 Co 颗粒相互链接，沿磁场方向呈现明显的链状排列特征；同时沿磁场垂直方向初生 Co 的链状排列呈周期分布的特征[14]。

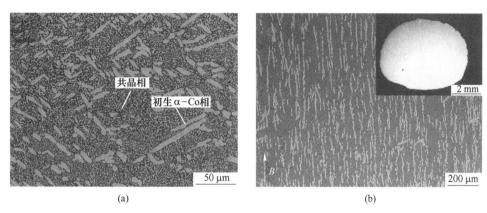

(a)　　　　　　　　　　　　　　　　(b)

图 15-24　有无磁场作用下的 Co-81.5%B 合金（摩尔分数）的凝固组织照片[14]

(a) 无磁场，过冷 110 K；(b) 4 T 磁场，过冷 108 K

15.6　强磁场晶粒细化技术

强磁场晶粒细化技术（grain refinement by high magnetic fields，GR-HMF）是利用强磁场的洛伦兹力和热电磁力作用控制金属凝固过程中溶质分布及液相流动行为，通过提高形核率、促进枝晶熔断或破碎，细化晶粒尺寸的技术。

当金属材料的晶粒得到细化后其内部的晶粒数量和晶界面积显著增加，可以通过强化材料抵抗位错滑移的能力进而提高屈服强度、疲劳强度、塑韧性，降低脆性转变温度等。例如，晶粒尺寸的降低可以提高镁、铝等合金铸件或铸锭的强韧性，减小宏观偏析和热裂倾向，可以改善高强度厚钢板的焊接性能，以及提升功能材料的磁性能。因此，晶粒细化技术在航空、汽车、船舶、轨道交通等领域具有重要应用。强磁场晶粒细化技术在材料制备过程中引入强磁场辅助手段细化金属凝固组织，为高性能、高洁净、高均质、低污染的高端细晶材料制备提供了一种有效途径。

15.6.1　强磁场晶粒细化技术工艺

如图 15-25 所示，当沿合金定向凝固方向施加纵向强磁场后，由于塞贝克系数不同的液相同固相之间存在温度差，在塞贝克效应作用下固相尖端处会产生热电流，热电流同外加磁场相互耦合产生热电磁力。一方面，当热电磁力作用于液相时会在固-液界面前沿液相内引起垂直于磁场方向的流动，即热电磁对流（见图 15-25 (a)）；另一方面，当热电磁力作用于固相时会使固相尖端受到力矩作用（见图 15-25 (b)）。如果固相以枝晶方式生长，由于存在糊状区内温度梯度，枝晶侧臂也将受到热电磁力作用。根据式 (2-104)，热电磁力随磁感应强度增加而增加，在合适的磁感应强度下，热电磁力对液相产生强烈的搅拌效果并"折断"固相尖端（对于枝晶生长也包括侧臂）。碎断后的固相碎片随液相迁移至固液界面前沿的液相内形成晶核后长大成为等轴晶。对于以柱状晶方式生长的合金来说，等轴晶数量增加到一定程度后合金将发生从柱状晶向等轴晶生长方式的转变。最终，在强磁场的热电磁力作用下，合金的晶粒得到显著细化。

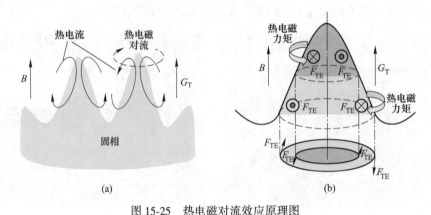

图 15-25　热电磁对流效应原理图

（a）液相中的热电磁对流；（b）固相中的热电磁力

　　强磁场晶粒细化技术的工艺流程包括：（1）熔配母合金。依据目标材料选择合适成分和尺寸配制、熔炼母合金。（2）强磁场作用下的合金定向凝固。定向凝固过程中糊状区内的晶粒在热电磁力作用下碎断，形成大量晶核后长大形成细小等轴晶组织。

　　技术的控制参数：（1）磁感应强度。磁感应强度大小决定了热电磁力的大小，进而影响了热电磁力搅拌和碎断晶粒的效果，即晶粒细化效果。（2）合金定向凝固时的温度梯度和生长速率。温度梯度和生长速率决定了等轴晶向柱状晶生长方式的转变，只有在特定温度梯度和生长速率区间，强磁场才会诱发等轴晶向柱状晶生长方式的转变。

15.6.2　强磁场晶粒细化技术的应用

15.6.2.1　应用效果

应用效果如下：

　　（1）细化晶粒、获得等轴晶组织。在合金定向凝固过程中施加强磁场，通过磁-电耦合在固-液界面前沿和糊状区内产生热电磁力，以非接触的方式实现了搅拌和碎断效果，可以诱发柱状晶向等轴晶生长方式转变，进而得到细小的等轴晶组织。

　　（2）可以拓宽获得等轴晶的工艺窗口。合金在凝固过程中发生从柱状晶向等轴晶生长方式的转变需要在特定的温度梯度和生长速率范围内实现，利用强磁场热电磁力的搅拌和碎断效果可以在更宽的温度梯度和生长速率范围内实现上述转变，进一步拓宽了获得等轴晶的工艺窗口。

15.6.2.2　应用实例

Zn 的力学性能相对较差，无法满足植入性医疗器械的高力学性能要求。利用 Cu 进行合金化是提高 Zn 力学性能的有效方法。Zn-Cu 合金是新型可降解 Zn 合金医用材料的研发方向之一。采用 Zn-Cu 包晶型合金作为模型材料，验证了强磁场借助热电磁力细化材料凝固组织的效果。在有无强磁场条件下分别将 Zn-2.0%Cu 和 Zn-5.0%Cu 合金（质量分数）

以不同生长速率进行定向凝固[15]。根据成分不同，Zn-2.0%Cu 和 Zn-5.0%Cu 合金分别生长出包晶 Zn 相和初生 Zn₅Cu 相。无论是包晶 Zn 相还是初生 Zn_5Cu 相，强磁场在生长中的两种相的枝晶尖端处诱发热电磁力并对枝晶尖端产生力矩作用，随着磁感应强度的增加，热电磁力增大并导致枝晶尖端断裂。断裂的枝晶碎片在热电磁力及热电磁力诱发的对流作用下进入固-液界面前沿液相内成为形核基底并生长成为等轴晶，当等轴晶的体积分数超过 0.49 时，便发生了柱状晶向等轴晶生长方式的转变。如图 15-26 所示，无磁场作用下 Zn-2.0%Cu 合金中包晶 Zn 相呈现典型的柱状晶形貌（见图 15-26（a）），而施加了 12 T 强磁场后柱状晶则转变成细小的等轴晶，晶粒尺寸显著降低（见图 15-26（b））；无磁场作用下 Zn-5.0%Cu 合金中初生 Zn_5Cu 相呈现发达的枝晶形貌（见图 15-26（c）），而施加了 12 T 强磁场后枝晶转变成细小的等轴晶相对均匀地分布在合金中（见图 15-26（d））。

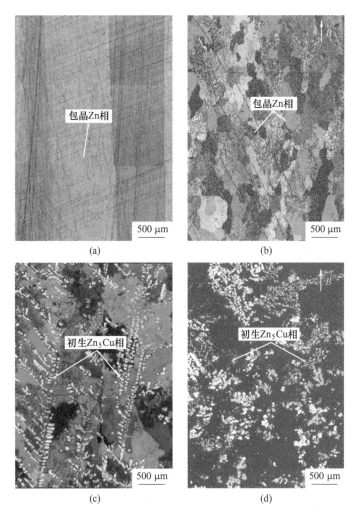

图 15-26　有无磁场作用下 Zn-Cu 合金（质量分数）以 10 μm/s 的生长速率定向凝固后的 EBSD 取向图[15]
（a）Zn-2.0%Cu，0 T；（b）Zn-2.0%Cu，12 T；（c）Zn-5.0%Cu，0 T；（d）Zn-5.0%Cu，12 T

15.7 强磁场冶金技术的优点和不足

强磁场冶金技术的优点如下：
（1）非接触性调控方式避免对材料的污染。
（2）强磁场效果可作用至微观尺度，调控冶金过程的能力更强。
（3）多效应协同调控冶金过程的方式独特，有利于新型材料的结构设计。
（4）强磁场不受"集肤效应"影响，作用效果可覆盖全部磁场区域。

强磁场冶金技术的不足如下：
（1）强磁体成本高、运行和维护费用大，更适合高附加值材料的制备。
（2）强磁体内部空间有限，不利于配套安装大型冶金设备。

参 考 文 献

[1] MOTOKAWA M. Physics in high magnetic fields [J]. Reports on Progress in Physics, 2004, 67 (11)：1995-2052.

[2] WANG Q, DAI Y, ZHAO B, et al. Development of high magnetic field superconducting magnet technology and applications in China [J]. Cryogenics, 2007, 47 (7/8)：364-379.

[3] 王强，赫冀成. 强磁场材料科学 [M]. 北京：科学出版社，2014.

[4] WANG Q, LIU T, WANG K, et al. Progress on high magnetic field-controlled transport phenomena and their effects on solidification microstructure [J]. ISIJ International, 2014, 54 (3)：516-525.

[5] YUKIKAZU IWASA. Case Studies in Superconducting Magnets, Design and Operational Issues, Second Edition [M]. Netherlands：Springer, 2009.

[6] WANG Q, LIU T, GAO A, et al. A novel method for in situ formation of bulk layered composites with compositional gradients by magnetic field gradient [J]. Scripta Materialia, 2007, 56 (12)：1087-1090.

[7] LIU T, WANG Q, HIROTA N, et al. In situ control of the distributions of alloying elements in alloys in liquid state using high magnetic field gradients [J]. Journal of Crystal Growth, 2011, 335 (1)：121-126.

[8] WU M, LIU T, DONG M, et al. Directional solidification of Al-8 wt. % Fe alloy under high magnetic field gradient [J]. Journal of Applied Physics, 2017, 121 (6)：064901.

[9] LIU T, WANG Q, GAO A, et al. Fabrication of functionally graded materials by a semi-solid forming process under magnetic field gradients [J]. Scripta Materialia, 2007, 57 (11)：992-995.

[10] DONG M, LIU T, LIAO J, et al. In situ preparation of symmetrically graded microstructures by solidification in high-gradient magnetic field after melt and partial-melt processes [J]. Journal of Alloys and Compounds, 2016, 689：1020-1027.

[11] GONG Y, WANG D, CAO Q, et al. Textured, dense and giant magnetostrictive alloy from fissile polycrystal [J]. Acta Materialia, 2015, 98：113-118.

[12] LI L, ZHANG R, BAN C, et al. Growth behavior of Zn-rich phase in Zn-Mg alloy under a high magnetic field [J]. Materials Characterization, 2019, 151：191-202.

[13] DONG S, LIU T, DONG M, et al. Enhanced magnetostriction of Tb-Dy-Fe via simultaneous ⟨111⟩-crystallographic orientation and-morphological alignment induced by directional solidification in high magnetic fields [J]. Applied Physics Letters, 2020, 116 (5)：053903.

[14] HE Y, LI J, LI L, et al. Magnetic-field-induced chain-like assemblies of the primary phase during non-equilibrium solidification of a Co-B eutectic alloy: Experiments and modeling [J]. Journal of Alloys and Compounds, 2020, 815: 152446.

[15] LI X, GAGNOUD A, WANG J, et al. Effect of a high magnetic field on the microstructures in directionally solidified Zn-Cu peritectic alloys [J]. Acta Materialia, 2014, 73: 83-96.

16 电磁技术在其他领域的应用

除了基于电磁场的力、热和磁化多效应协同开发的电磁冶金技术，电场（电流）也被单独作用于冶金过程，形成了多种冶金过程调控技术。另外，随着电磁流体力学理论的不断完善和应用技术的不断成熟，冶金流程中的更多环节引起了研究者的关注，纷纷开展电磁技术应用的探索性研究，以期开发出新型电磁冶金技术。本章主要介绍一些电磁技术在冶金领域的其他应用，包括电弧熔炼技术、电场冶金技术、电磁测量与检测技术、电磁侧封技术和电磁泵技术。

16.1 电弧熔炼技术

16.1.1 引言

电弧熔炼（arc melting，AM）是指利用电能在电极与电极或电极与被熔炼物料之间产生电弧来熔炼金属的电热冶金方法。电弧熔炼采用电能加热，可精确控制冶炼温度、气氛和压力。因此，电弧熔炼被广泛应用于多种优质钢和合金钢的冶炼[1]。电弧熔炼冶金技术发展至今已有百余年的历史，1879 年，西门子发明了世界上第一台电弧熔炼炉，其结构十分简单，由坩埚、炉底电极和水冷悬挂式电极组成。尽管采用两水冷金属电极成功熔炼出钢，但由于耗电量大且当时电费昂贵等原因无法实现应用推广[2]。此后 20 年电弧熔炼技术发展缓慢，其鲜明特点是采用直流供电，炉容量小。1899 年，Paul 发明三相交流电弧炉技术，利用三根碳电极将三相交流电引入电弧熔炼炉内进行铁合金冶炼，此后 100 多年里，该技术得到了发展与推广，一直沿用至今[2]。近 50 年，电弧熔炼技术发展迅猛，尤其是确定电弧熔炼—连铸—连轧的短流程工艺以后，其生产成本逐年降低，技术性能逐年增高，部分发达国家的电炉钢比例已达到 50% 以上，电炉炼钢未来有望成为世界各国最重要的炼钢方法[3-5]。本节主要介绍电弧熔炼技术的原理、工艺、装备及优点和不足。

16.1.2 电弧熔炼技术原理

电弧熔炼是利用电能转化为热能来熔炼金属的电热冶金方法。电弧熔炼不同阶段的电能输入决定了电弧炉的电热转化效率。电弧炉输入电弧功率的分配为：

$$P_{电弧} = P_{有用功} + P_{损失} + P_{储热} \tag{16-1}$$

式中，$P_{电弧}$ 为输入电弧功率，kW；$P_{有用功}$ 为加热炉料功率，kW；$P_{损失}$ 为通过炉衬、炉盖或其他途径损失的功率，kW；$P_{储热}$ 为炉衬和炉盖升温储存的功率，kW。

在电弧熔炼初期，炉料直接与电弧接触并包裹电弧，吸收电弧能量，可实现大部分熔化。因此，$P_{有用功}$ 是输入电弧功率转化的主要部分，电弧炉可在熔炼初期配置最大的输入电弧功率。随着炉料的熔化，炉料高度下降，电弧不再被炉料完全包裹，逐渐暴露出来，此时，电弧不仅直接加热炉料，还会通过热辐射的方式加热炉衬和炉盖，炉衬与炉盖再通过辐射换热方式将热量传递给炉料，$P_{损失}$和$P_{储热}$的占比逐渐增大。为了减少能量损失并延长炉衬和炉盖的使用寿命，输入电弧功率随着熔池温度的升高逐渐降低。当电弧熔炼进入氧化期，脱碳反应导致熔池内部沸腾，强化了对流传热过程，并且氧化反应放热加速了熔池温度升高，输入电弧功率随着熔池温度的升高持续降低。进入还原期时，熔池平静，熔池内部传热过程，以热传导为主。此时，不能大功率送电，防止损坏炉底。

16.1.3　电弧熔炼技术工艺

传统电弧熔炼炉存在多种冶炼方法，氧化法是传统电弧炉最常用的冶炼方式，首先为冶炼前的预先准备工作，包括对冶炼原料的配置，冶炼原料装填至炉中，以及对炉体和出钢槽等位置进行烘烤等。在准备工作结束后，进入正式的熔炼环节，即本节将主要介绍的三期操作。氧化法电弧熔炼的核心就是对三期操作的控制，三期操作控制的精度和准确性会显著影响电弧熔炼的效果，以及氮、氧、磷、硫含量等关键技术指标的控制。传统电弧熔炼的三期操作分别为熔化期、氧化期和还原期。尽管目前三期操作已不全在电弧熔炼环节进行，但本质未变，以下将分别详细介绍三期的工艺流程。

16.1.3.1　熔化期

与转炉相比，电弧炉的重要优势之一就是可以在冶炼原料里使用更高比例的废钢，以降低冶炼原料成本。电弧炉的第一期操作就是利用电极与固态原料间的电弧作用将固态原料熔化为液态，称为熔化期。熔化期的目的是通过多方面协同操作最快速地将固态原料熔化为液态，以降低电弧炉冶炼过程中的电能消耗。熔化期作为三期操作中比较重要的部分，可以分为起弧和穿井过程、熔池扩展过程，以及熔化完成过程。整个熔化期的过程如图16-1所示。

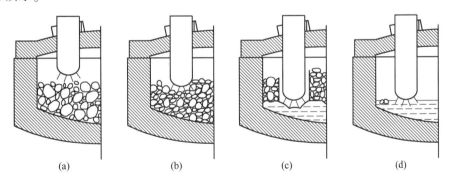

图 16-1　炉料熔化过程示意图

（a）起弧过程；（b）穿井过程；（c）熔池扩展过程；（d）熔化完成过程

A　起弧和穿井过程

起弧过程是指电极下降至与炉料接触起弧，从而开始对炉料进行熔化的过程。当电极发生起弧现象之后，电极顶端周边的炉料会发生迅速熔化，电极不断下降并在炉料堆中打出一个孔洞，此为穿井过程。起弧和穿井过程属于熔化期的初期阶段，其技术难度相对较低，目前其操作控制技术相对稳定成熟，风险较低。

B　熔池扩展过程

熔池扩展过程是衔接在穿井过程之后的延续操作。当电极随着穿井过程的进行逐渐移动向炉底时，炉底会随之形成熔化的液态区域。电极贯穿固态炉料接触到液态熔化区域，并通过电极释放的能量使熔池不断扩大的过程即为熔池扩展过程。相比于起弧及穿井过程，熔池扩展过程中的操作难度和技术风险都是比较大的。因为随着固态炉料不断熔化，很容易形成炉料堆上端部分的塌落，而塌落的炉料可能引起下端熔池的扰动。在极端情况下，炉料的大幅度塌落会造成电极的故障，包括电极被堆埋、电极断裂等重大问题。因此，熔池扩展过程中的操作控制需要极为精细和谨慎。

C 熔化完成过程

在熔化完成阶段，固态炉料逐渐消失，形成完整的熔池。在熔化期的最后阶段，主要的任务是进一步完成造渣过程，并为后续的氧化期过程做预先的准备工作。熔化期作为三期操作中最为重要的过程，其所消耗的时间占整个电弧冶炼过程的50%以上。同时，其对电能和电极的消耗均占整个熔炼过程的60%以上。因此，对熔化期的精准控制是决定冶炼效果及成本至关重要的因素。为了进一步提升电弧炉的熔化效率，降低熔化期的能耗及电极损耗，现今电弧熔炼操作中也经常使用其他技术手段来辅助熔化期的顺利进行，例如合理布料、吹氧助熔、炉料预热等。

16.1.3.2 氧化期

氧化期的主要操作就是通过碳氧反应去除钢液中的氮、氢等气体，以及氧化物夹杂，调控钢液中的碳含量，同时起到一定的脱磷作用。在电弧熔炼炉中的氧化反应主要通过两种方式进行，分别为矿石氧化和吹氧氧化。

A 矿石氧化

铁矿石含有大量的氧元素，高价态氧化铁占铁矿石总质量的80%~90%。因此，铁矿石本身就可以提供大量的氧元素进行氧化反应，其反应见式（16-2），其中，小括号（ ）表示熔渣内物质，中括号 [ ] 表示金属熔体内物质，大括号 { } 表示炉内气体。

$$\left.\begin{array}{l}(Fe_2O_3) + [Fe] = 3(FeO) \\ (Fe_3O_4) + [Fe] = 4(FeO) \\ (FeO) = [Fe] + [O]\end{array}\right\} \tag{16-2}$$

因此，通过合理调控炉料中铁矿石与废钢铁料的配比，可以大幅度减少吹氧过程的氧气消耗，从而降低冶炼成本。

B 吹氧氧化

与转炉相似，电弧炉除了利用铁矿石直接提供氧化反应之外，也可以通过直接吹氧的方式实现氧化反应。具体的反应见式（16-3）：

$$\left.\begin{array}{l}[Fe] + \frac{1}{2}\{O_2\} = [FeO] \\ [FeO] + [C] = [Fe] + \{CO\}\uparrow \\ [C] + \frac{1}{2}\{O_2\} = \{CO\}\uparrow\end{array}\right\} \tag{16-3}$$

氧化期吹氧的速度、吹氧量、温度、吹氧时机等不只会显著影响钢液中碳含量的控制，同时会显著影响有害气体、杂质元素、氧化物夹杂相的去除效果。因此，对吹氧过程的控制同样是传统电弧炉熔炼操作中的重要环节。

16.1.3.3　还原期

还原期是通过钢渣及脱氧剂对钢液进行脱氧处理的过程。脱氧过程的顺利与否会显著影响脱硫的效果，同时也会直接影响钢种合金成分的精确控制。还原期的脱氧主要分为两种方式：钢渣脱氧和脱氧剂直接脱氧。

A　钢渣脱氧

钢渣脱氧主要是通过将细小颗粒状的脱氧剂均匀加入钢渣中，实现脱氧过程。该方式的优势在于脱氧后的产物仍然保留在钢渣中，不易对钢液纯净度造成影响，而其劣势在于脱氧剂无法与整体钢液充分接触，从而导致还原效率低。钢渣脱氧过程的具体反应见式(16-4)：

$$\left.\begin{array}{l} (FeO) + (C) \Longrightarrow [Fe] + \{CO\}\uparrow \\ 2(FeO) + (Si) \Longrightarrow (SiO_2) + 2[Fe] \\ 3(FeO) + 2(Al) \Longrightarrow (Al_2O_3) + 3[Fe] \end{array}\right\} \quad (16\text{-}4)$$

B　脱氧剂直接脱氧

与钢渣脱氧不同，脱氧剂脱氧是直接将块状的强氧化物作为脱氧剂直接加入到钢液中。因此，脱氧剂脱氧的效率较高，但脱氧产生的氧化物夹杂容易对钢液造成二次污染。目前，大多数电弧熔炼炉的还原期是采用钢渣脱氧和脱氧剂直接脱氧协同作用的还原方式。脱氧剂直接脱氧过程的具体反应见式(16-5)：

$$\left.\begin{array}{l} 2[O] + [Si] \Longrightarrow (SiO_2) \\ [O] + [Mn] \Longrightarrow (MnO) \\ 3[O] + 2[Al] \Longrightarrow (Al_2O_3) \\ [O] + [Ca] \Longrightarrow (CaO) \\ 2[O] + [Ti] \Longrightarrow (TiO_2) \end{array}\right\} \quad (16\text{-}5)$$

16.1.4　电弧熔炼技术装备

电弧熔炼炉主要由机械设备和电气设备构成。机械设备包括炉体、炉盖、倾炉机构、炉盖升降旋转机构、电极升降机构、液压系统、水冷系统和除尘系统等。电气设备包括高压供电系统、变压器、短网系统等。

16.1.4.1　机械设备

目前，应用较广泛的偏心底出钢式高架全液压三相交流电弧炉的机械设备构成如图16-2所示。某钢厂正在使用的电弧熔炼炉如图16-3所示。以下对电弧熔炼炉机械设备主要部件进行分述。

A　炉体

炉体是电弧熔炼炉的主体，主要包括炉壳、炉衬、冷却和出钢装置。炉体需要承受熔炼物料重力、炉衬热应力和装料冲击力，因此，炉体应具有足够的强度和刚度。炉壳主要用来承受外力作用，其由炉身壳、炉壳底和加固圈组成。炉壳钢板的厚度大约为炉壳直径的1/200，炉身通常为圆筒形以减少热损失。炉壳底部形状包括平底形、截头圆锥形和球形三种，如图16-4所示。其中，球形底部最坚固，耐火材料用料最少，但是制作困难。平底形底部耐火材料用料多，制作容易。目前，通常采用折中的截头圆锥形底部，坚固性

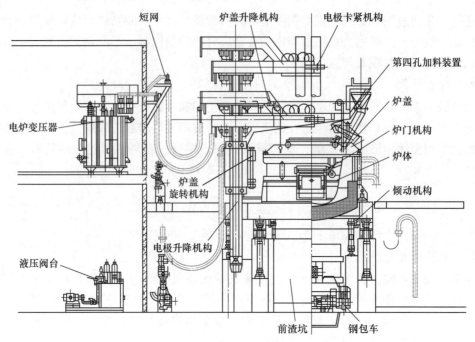

图 16-2   电弧熔炼炉的机械设备构成[1]

图 16-3   某钢厂电弧熔炼炉实物图

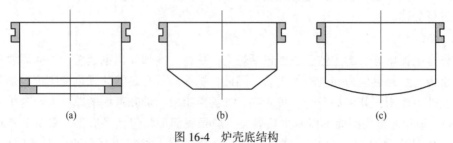

图 16-4   炉壳底结构

（a）平底形；（b）截头圆锥形；（c）球形

略差于球形底部，所需耐火材料稍多，但制作较容易。炉衬分为炉墙和炉底，炉墙一般由镁碳砖砌筑，炉底可用不定型捣打料或砖砌筑。冷却装置可分为管式水冷和箱体式水冷，出钢装置可分为槽式出钢和偏心底式出钢。

B 炉盖

根据电弧熔炼炉功率不同，可将炉盖分为适用于普通功率电炉的砌砖式炉盖、适用于高功率电炉的箱式水冷炉盖、适用于超高功率电炉的管式水冷炉盖和适用于所有功率电炉的雾化炉盖。

C 倾动机构

倾动机构在承载炉体重量的同时，肩负着转动炉体实现出钢和除渣的重任。另外，对于整体基础式电炉，炉盖升降旋转机构和电极升降机构均安装在倾动平台上，这要求电弧炉倾动机构具有高强度且安全可靠。倾动机构的驱动方式包括液压驱动和机械驱动。目前，钢铁冶炼短流程工艺要求出钢后高速回倾，机械驱动已不适用，普遍采用液压驱动倾动机构。电弧炉倾动机构主要包括摇架、摇架底座、倾动机构、平衡和锁定装置。摇架是电弧炉倾动机构的主体结构，其与摇架底座之间主要有四种定位方式（见图 16-5），包括扇形齿轮与齿条定位结构、弧形板与平板形倾动底座销孔定位结构、定心滚动结构和铰接式结构。四种定位方式优缺点共存，可根据实际情况选取最适合的方案。但不论何种支撑方式，都需满足倾动到最大角时，炉子整体重心低于弧形半径中心，且重心不能移到弧形板和支撑接触点之外，以防炉子倾动时翻倒。

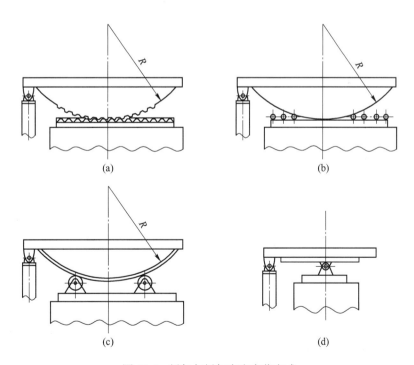

图 16-5 摇架与摇架底座定位方式
（a）扇形齿轮与齿条定位结构；（b）弧形板与平板形倾动底座销孔定位结构；
（c）定心滚动结构；（d）铰接式结构

D   炉盖升降旋转机构

炉顶装料时，需要将炉盖升起并旋出，裸露炉膛，装入原材料。此时为了节约加料时间，炉盖升起或降落，旋出或旋回的时间一般控制在 15~20 s。炉盖升起高度因电炉容量而异。通常 5~15 t 电炉升起高度 200~300 mm，20~80 t 电炉升起约 400 mm，100 t 以上电炉升起约 450 mm。炉盖提升结构方式包括链条提升、连杆提升和液压缸顶升三种方式。炉盖升降与旋转机构的驱动方式主要包括液压驱动和机械驱动。

E   电极

通常情况下，电弧熔炼炉的底部为阳极，顶部的石墨为阴极。石墨电极如图 16-6 所示。交流电弧熔炼炉配有三根石墨顶电极排列成正三角形，从炉盖的电极孔插入炉内，通过三个电极圆心的圆称为极心圆。极心圆确定了电极和电弧的位置。需根据生产实际情况设置合适的极心圆的大小，极心圆过小会导致电弧熔炼冷区面积过大，影响冶炼效果，极心圆过大会加剧炉衬的热负荷，降低其寿命。

图 16-6   某钢厂石墨电极实物图

F   电极升降机构

电极升降机构是影响电弧炉技术经济指标的重要组成部分，其由电极夹持器、电极夹紧松放装置、导电横臂、液压缸立柱导向轮组和限位装置等组成。导电横臂用于控制电极在炉体内的高度，通过实时调整高度使其功率利用达到最大。交流电弧炉需要三套电极升降机构，而直流电弧炉仅需要一套电极升降机构。因此，直流电弧炉的结构更加简单，便于炉体布局。

G   液压系统

由于液压驱动速度可调、运行平稳、技术先进，电弧炉全部动作均由液压系统完成是现代电弧炉系统的首选。液压系统由动力元件、控制元件、执行元件及附属元件组成。通过液压系统调控实现电弧炉的炉盖升降与旋转、炉体倾动与回位、电极升降、电极卡紧与松放等运行动作，可显著提升电弧炉运转速度与冶炼效率。

H   水冷系统

由于电弧炉工作长期处于高温环境，水冷系统是其必不可少的组成部分。水冷系统通常由三部分组成, 为电弧炉冷却部件、冷却水调控部件和冷却水处理站。电弧炉冷却部件包括水冷炉盖、水冷炉壁、炉门水箱、水冷卡头、水冷母线、水冷氧枪和防护水圈等。其中, 冷却水调控部件和冷却水处理站是水冷系统正常运行的基础。

I 除尘系统

传统的电弧炉除尘系统由于投资大、成本高且无直接经济效益, 被认为是电弧炉中可有可无的组成部分。而随着全球能源短缺、环境污染问题日益严重, 节能减排成为钢铁冶炼各个环节不懈追求的目标。利用电弧炉排放的高温烟尘和烟尘中可燃气体进行二次燃烧来实现废钢预热, 是典型的余热利用技术。电弧炉除尘系统的不断发展与完善是现代电弧炉技术进步的标志之一。

16.1.4.2 电气设备

电弧熔炼炉是将电能转换为热能进行钢铁冶炼的装置, 其电气设备的优劣直接决定能量转换效率的高低。电弧熔炼炉的主电路系统如图 16-7 所示, 上一级变电站的三相高压电源由高压电缆输入, 经过隔离开关、高压断路器、电抗器进入电炉变压器, 将一次侧高压电转变为电弧炉所需的二次侧电压。通常称二次侧供电系统为短网系统。

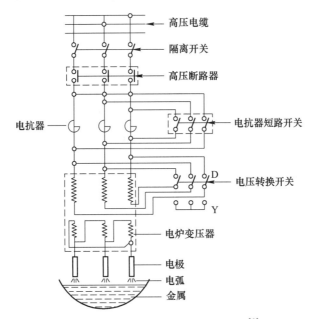

图 16-7 三相交流电弧炉主电路简图[3]

A 高压供电系统

高压供电系统是指由高压电缆输入到电弧炉变压器一次侧输入端的供电系统, 其中隔离开关用于接通和切断高压电的输入, 高压断路器在电弧电流过大时自动跳闸以保护电源, 电抗器用于增加电路感抗以实现电弧稳定并限制短路电流。经过高压供电系统, 高压电传输至电弧炉变压器。

B 变压器

变压器是电弧熔炼炉电气设备的核心, 其将 10~110 kV 的高压电转变为 100~1200 V 的大电流低压电后输出到短网系统。可见, 电弧炉变压器具有变压比大、二次电流大、过载能力大、机械强度高和二次电压可调谐的特点。电弧炉变压器线圈进行 Y—△ 连接时，电流相等，电弧炉变压器线圈进行△—△形连接时，电压相等。

C 短网系统

短网系统是指从变压器二次侧出线端到石墨电极末端的供电系统，由补偿器、导电铜排、水冷母线、导电横臂和石墨电极组成。其中，补偿器和导电铜排导电性能良好，工作状态稳定。水冷母线标准化程度高，其可跟随导电横臂灵活运动。导电横臂操纵石墨电极升降运动可以随时调整短网系统的输出功率，需具有足够的强度和稳定性承受频繁的机械振动并在高温环境下工作。石墨电极是短网系统中电阻最大、电压降最大、能量损耗最大的导体，且制备成本高、消耗大。因此，吨钢石墨电极消耗指标是电弧炉冶炼的重要技术经济指标。高强度、高密度、低阻抗的石墨电极是超高功率电弧炉的首选。

16.1.5 电弧熔炼技术的应用

目前，转炉炼钢和电炉炼钢是世界各国普遍采用的两大炼钢方法。其中，电炉炼钢主要包括电弧炉炼钢和感应炉炼钢，感应炉主要应用于铸造及合金熔化过程。可见，电弧炉炼钢是电炉炼钢的主力军。2020 年，我国粗钢产能为 10.53 亿吨，其中，电炉钢产量约 0.96 亿吨，电炉炼钢占比为 9.12%，全球电炉炼钢平均占比约 26.3%。2021 年，我国粗钢产能为 10.33 亿吨，电炉钢产量约 1.18 亿吨，电炉炼钢占比为 11.42%，全球电炉炼钢平均占比约 28.9%。2022 年，我国粗钢产量为 10.18 亿吨，其中，电炉钢产量约 0.99 亿吨，电炉炼钢占比为 9.7%，全球电炉炼钢平均占比 28.2%。首先，我国是钢铁生产大国，2022 年粗钢产量占世界粗钢产量的 53.9%，我国废钢积蓄量会逐年剧增。其次，我国提出 2030 年前实现"碳达峰"、2060 年前实现"碳中和"的双碳愿景，而钢铁行业碳排放量占全国碳排放总量的 15%左右，以电炉—连铸—连轧为特点的短流程炼钢工艺碳排放量更低，更符合政策要求。以上基本国情决定了未来我国电炉炼钢会得到更加广泛的应用。2020 年 12 月 31 日，工业和信息化部公开征求《关于促进钢铁工业高质量发展的指导意见（征求意见稿）》的意见提出，到 2025 年，电炉钢产量占粗钢总产量的比重将提高到 15%以上，力争达到 20%。

电弧熔炼以废钢为主要原料、以还原铁和铁水为补充原料，其原料更加清洁决定了电弧熔炼可冶炼例如航空用钢、特殊工具钢等对力学性能和化学成分要求严格的钢种。电弧炉冶炼的常见钢种包括：碳素钢、合金钢、碳素结构钢、合金结构钢、工具钢、滚珠轴承钢、弹簧钢、不锈耐酸钢等。目前，电弧炉向着大型化、高功率化、低冶炼周期的趋势发展，近年新建的电弧炉多数容量在 70~150 t、变压器功率近 1000 kV·A/t、冶炼周期通常降为 1 h 以内，已经取得了明显的节能降耗功能。

16.1.6 电弧熔炼技术的优点和不足

电弧熔炼技术的优点如下：

（1）电弧熔炼加热温度高且精确可控。采用电弧直接加热，温度可高达 2000 ℃以上，并且电加热可以精确控制加热温度。

（2）电弧熔炼无需可燃性气体，加热气氛可调，可根据工艺要求进行多种气氛下的电弧熔炼。

（3）电弧熔炼的冶炼压强可调，可在任意压强下进行加热。由于电弧熔炼具有加热温度高且温度精确可控、气氛可调、压强可调的优点，可用于冶炼含有易氧化元素铝、铁等合金钢和低磷、低硫、低氧优质钢。

（4）设备简单、操作便捷、污染可控、占地面积小、基建投资少。

电弧熔炼技术的不足为：耗电量大，需根据实际情况调整工艺参数，使电弧熔炼的电热转换效率达到最优值。

16.2　电场冶金技术

16.2.1　引言

电场冶金技术（electric field metallurgy，EFM）指的是在材料制备或处理过程中通入一定形式的电流，利用电流产生的电场或磁场对冶金生产过程产生的物理、化学作用，优化传热、传质、流动过程，提高生产效率、提高材料纯度、改善材料组织结构及性能的技术方法。

20世纪60年代，科研工作者们便将直流电场作用于Bi-Sn等低熔点合金的凝固过程，细化了凝固组织。之后，交流电场、脉冲电场等多种形式电场及组合被研究人员应用于凝固组织细化。电场的应用范围逐渐由低熔点合金向钢铁甚至是高温合金等熔点更高的材料发展。如今，随着装备制造技术的不断进步，电场在冶金领域的应用范围被进一步扩大，除了对凝固组织控制外，电场还被应用于金属液除杂、提纯及粉末冶金等过程，取得了较为理想的效果。本节首先介绍了电场冶金技术的基本原理，然后针对电场凝固、电场除杂、电场分离及电场烧结等具体技术的工艺、装备、应用及优点和不足进行了介绍。

16.2.2　电场冶金技术原理

电场冶金技术通过电流流经材料产生的电场或磁场作用来实现对材料纯度、组织及性能等的调控。其具体作用包括焦耳效应、洛伦兹力效应、珀尔贴效应和电迁移效应等[6]。焦耳效应和洛伦兹力效应在前述章节有相应描述。珀尔贴（Peltier）效应是指当有电流通过不同导体组成的回路时，除产生不可逆的焦耳热外，在不同导体的接头处随着电流方向的不同会分别出现吸热、放热现象。电迁移效应是指在熔体中加载电场，其中的离子将在电场作用下发生定向移动。该过程中离子的迁移速度 V_1 与金属离子的带电量及电场控制参数相关，可描述为

$$V_1 = aJ^2 \tag{16-6}$$

式中，a 为与材料物理性质相关的系数；J 为电流密度，A/m^2。

a 可描述为

$$a = \frac{\rho_L \beta g (2r)^4}{144 \mu \lambda_L k_0} \tag{16-7}$$

式中，ρ_L 为熔体的密度，kg/m^3；β 为线膨胀系数，K^{-1}；r 为半径，m；μ 为黏度，$Pa \cdot s$；λ_L 为传热系数，$W/(m^2 \cdot K)$；k_0 为溶质分配系数。

学者还根据电场改变熔体流动状态的效果将其作用分为起伏效应、冲击波效应、剪切力效应等[7]，但其本质仍为电场作用于熔体的物理或化学作用。目前，根据电场在冶金过

程中的具体作用效果，电场冶金技术可分为电场凝固技术、电场除杂技术和电场分离技术。另外，随着粉末冶金技术的不断发展，电场还被应用于材料的烧结过程，即电场烧结技术。

16.2.3　电场凝固技术

电场凝固技术（electric field freezing，EFF）是指利用电场控制金属凝固过程并改善其组织的技术方法。传统凝固技术主要通过向金属液中添加晶粒细化剂或变质剂等助剂来控制材料组织及性能。但助剂的适用范围有限，某种确定成分助剂往往仅适用于某一类合金的组织细化，其加入量需要精确控制，否则会导致晶粒细化不足或引入新的杂质，对材料性能造成不利影响。因此，一些普适性的外场控制手段被开发出来，电场凝固技术就是其中之一。根据电场加载阶段及凝固过程的差异，电场凝固可分为直流电场普通凝固、交流电场普通凝固、电场定向凝固及电场孕育处理等。

16.2.3.1　电场凝固技术工艺

电场凝固技术的基本工艺包括配料、熔化、通电和凝固。不同凝固过程通电持续的时间及电极所处状态均有所差别。电场普通凝固过程中，电流持续通入金属液直至其完全凝固，电极处于静止状态。直流电场普通凝固过程中，焦耳效应、电迁移效应影响热量分布、溶质传输行为等进而影响凝固组织。焦耳热过多，将导致凝固组织粗化。电迁移作用较强时将促进溶质定向迁移使其在凝固组织中均匀分布或偏聚。交流电场普通凝固过程中，由于电流的周期性变化而产生磁场作用，磁场的搅拌效果会促进凝固组织细化。电场定向凝固过程中，电流也持续通入金属液，但该过程中电极随金属液一同向液态金属冷却液中移动。该过程中，电场除了作用于熔体的焦耳效应、电迁移效应、洛伦兹力外，还包括在固液界面产生多余热量的珀尔帖效应。基于各种效应的综合影响，初生相变细，均匀分布在基体中，柱状晶尺寸变小，材料力学性能也得到一定程度的提高。脉冲电场兼有直流电场和交流电场的作用效果，并能够产生周期性的强瞬时作用。因此，脉冲电场作用下凝固组织的偏析被有效抑制，枝晶被打碎，初生相和晶粒更细。电场孕育处理是在金属液中通入一段时间电流后移除电极的普通凝固。该过程中，电场作用将通过影响金属液态结构进而影响其后续形核过程实现对凝固组织的细化。

16.2.3.2　电场凝固技术装备

电场普通凝固和电场孕育处理本质上均为普通凝固，因此两种技术装备的结构基本相同。该技术装备主要包括合金熔化设备、电源、测温系统和电极四部分，如图 16-8 所示。其中合金熔化设备根据其加热原理不同分为感应熔炼设备（见图 16-9（a））和电阻熔炼设备（见图 16-9（b））。电流由正极经金属液流向负极，其电极布设方式包括坩埚内外布设、两端布设、上下布设等多种形式（见图 16-10）。不同的电极布设形式细化凝固组织的程度有所差异，其中两端布设的细化效果较其他布设方式更为显著[8]。但根据其结构特点，两端布设的电极从铸锭中取出的难度更大。

电场定向凝固技术装备主要包括定向凝固炉、电源和电极。电源、电极与金属液组成闭合回路。目前，电场定向凝固主要采用布里奇曼法，其装备（见图 16-11）主要包括加热系统、测温系统、坩埚、电极、下拉装置及液态金属冷却系统等。电场凝固过程中，由于电极与金属液直接接触，电极材料选用是一个主要难点。适合的电极材料需同时具备以

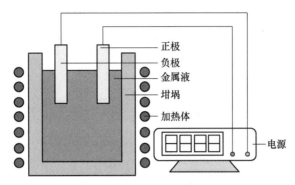

图 16-8　电场凝固技术装备示意图

 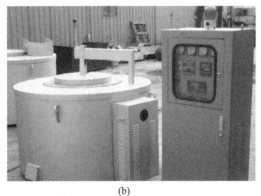

(a)　　　　　　　　　　　　　　(b)

图 16-9　合金熔化设备

（a）感应熔炼设备；（b）电阻熔炼设备

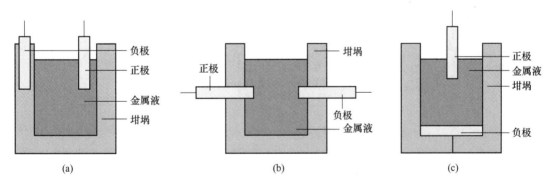

(a)　　　　　　　　　　　　(b)　　　　　　　　　　　(c)

图 16-10　电场作用下普通凝固技术的电极布设

（a）坩埚内外布设；（b）两端布设；（c）上下布设

下特征：优良的导热性、能够耐高温和抗热冲击、良好的抗渣蚀性、优良的导电性、尽量不污染金属液、方便获得、成本低。

16.2.3.3　电场凝固技术应用

A　应用效果

应用效果如下：

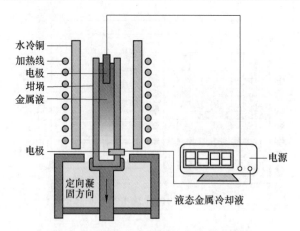

图 16-11　电场定向凝固技术装备示意图

（1）凝固组织调控。通过对凝固过程中电场参数的调控可实现对凝固组织的细化或粗化。

（2）成分分布调控。可以实现对凝固组织中偏析的抑制或促进。

B　应用实例

a　电场普通凝固

Sn-50%Pb 合金的电场普通凝固过程中，随着电流密度的增加，凝固组织被细化。而随着电流密度的进一步增大，凝固组织又被粗化，如图 16-12 所示[9]。Al-15%Cu 合金凝固过程中持续加载 200 A 交流电场，其凝固组织被显著细化，如图 16-13 所示[10]。纯铝凝固过程中通入脉冲电场，其凝固组织呈明显细化，如图 16-14 所示[11]。

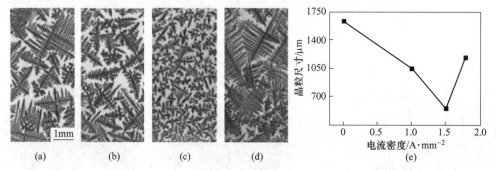

图 16-12　不同电流密度直流电场作用下 Sn-50%Pb 合金的凝固组织及晶粒尺寸变化[9]

（a）0 A/mm²；（b）1 A/mm²；（c）1.5 A/mm²；（d）1.8 A/mm²；（e）晶粒尺寸随电流密度的变化

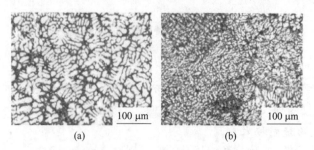

图 16-13　有无交流电场下凝固的 Al-15%Cu 合金金相组织[10]

（a）无电场；（b）200 A 交流电场

图 16-14　有无脉冲电场下凝固的纯铝金相组织[11]

(a) 无脉冲电场；(b) 有脉冲电场

b　电场定向凝固

如图 16-15 所示，Al-4.5%Cu 合金定向凝固过程中加载脉冲电场，定向凝固组织明显细化。随着凝固过程中电流密度的增大，定向凝固组织被进一步细化[12]。

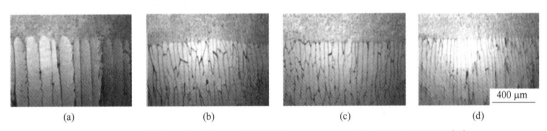

图 16-15　不同电流密度脉冲电场作用下 Al-4.5%Cu 合金的定向凝固组织[12]

(a) 0 A/mm²；(b) 23.9 A/mm²；(c) 39.8 A/mm²；(d) 55.7 A/mm²

c　电场孕育处理

电场孕育处理伍德合金时，合金的凝固组织呈显著细化，同时凝固组织的细化程度随通电时间增加而增大，如图 16-16 所示[13]。

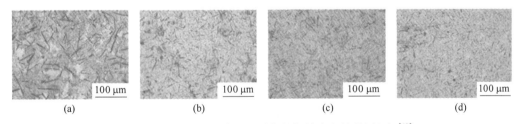

图 16-16　不同电场孕育处理时间的伍德合金的凝固组织[13]

(a) 0 s；(b) 20 s；(c) 40 s；(d) 60 s

16.2.3.4　电场凝固技术的优点和不足

电场凝固技术的优点如下：

(1) 适用范围广。对所有材料的凝固组织均呈现显著的调控效果。

(2) 电场凝固技术能有效细化组织、抑制偏析并提升材料性能。

电场凝固技术的不足为：电极与金属液直接接触，不易取出，也不易清理。

16.2.4 电场除杂技术

电场除杂技术（electric field impurity removal，EFIR）是利用电场诱导氧在钢液-熔渣界面扩散、还原，实现钢液中杂质有效去除的技术。在钢铁冶炼过程中，钢液中气泡、夹杂物及氧、硫等有害元素存留在钢液中形成缺陷，严重影响钢材力学性能。传统的气体搅拌、渣洗、过滤等方法通过沉降、过滤和分离上浮等方式将气泡、夹杂物等去除。但这些方法均存在一定的局限性，难以同时实现高效、经济的夹杂物去除。因此，电场除杂技术应运而生。

16.2.4.1 电场除杂技术工艺

电场除杂技术的基本工艺流程为：（1）将钢液装入钢包，加入渣料，使其熔化后保持一定厚度；（2）根据熔渣厚度控制电极下降深度；（3）通入电流。电场除杂过程中，钢液中的部分有害元素、气泡及大尺寸夹杂物将在电流作用下向钢液/熔渣界面迁移，通过化学反应或偏聚的形式从钢液中脱除。

以钢液中脱氧过程为例，将 Al_2O_3-CaO_2-MgO_2 三元体系作为钢中的氧元素由金属液向外传输的通道，氧元素的分离过程如下[14]：

（1）钢液中的氧原子向钢液-熔渣界面扩散：

$$[O]_{钢液} \longrightarrow [O]_{钢液/熔渣} \tag{16-8}$$

（2）氧原子在钢液-熔渣界面发生还原反应形成氧离子：

$$[O]_{钢液/熔渣} + 2e \longrightarrow (O^{2-})_{钢液/渣液} \tag{16-9}$$

（3）电场作用下，氧离子在熔渣中向熔渣-石墨电极（阳极）界面迁移：

$$(O^{2-})_{钢液/渣液} \longrightarrow (O^{2-})_{熔渣/电极} \tag{16-10}$$

（4）氧离子在熔渣-石墨电极界面发生氧化反应形成氧气：

$$(O^{2-})_{熔渣/电极} \longrightarrow \frac{1}{2}O_2 + 2e \tag{16-11}$$

（5）氧气与石墨电极发生反应还原反应生成 CO 气体同时向外界扩散：

$$\frac{1}{2}O_2 + C \longrightarrow CO \tag{16-12}$$

16.2.4.2 电场除杂技术装备

电场除杂技术装备与电场凝固技术基本一致，如图 16-17 所示。正极布设于渣中而负

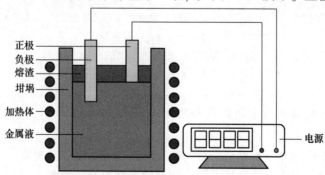

图 16-17 电场除杂技术装备的示意图

极布设于熔体中，在电源、电极、熔渣、金属液组成的闭合回路中通入直流或脉冲直流电流，通过调节电压实现夹杂物的分解和有害元素的去除。

为解决电极材料引入的问题，研究人员提出了多种解决办法。例如，向熔渣与电极的接触区通入保护气体降低氧在该区域的分压，促进钢液中氧元素的进一步脱除；将传统的棒状电极改为带有螺旋叶片的旋转电极，通过旋转去除附着在电极表面的气泡，促进熔渣与电极表面润湿；采用与钢液成分相近的自耗式电极；通过外加磁场的方式加强钢液扰动促进杂质排除等。

16.2.4.3 电场除杂技术应用

A 应用效果

电场除杂技术可以有效去除有害元素、气泡及夹杂物。电场除杂技术在有效去除氧元素的同时，也可有效去除硫元素、气泡和大尺寸夹杂物，避免了夹杂物对钢液的污染，以及固态电解质脱氧的高成本和二次氧化。

B 应用实例

经脉冲电场处理后的镁合金熔体中夹杂物数量大幅降低。当电流密度为 4.1×10^5 A/m^2、频率为 50 Hz 时，合金基体中大于 5 μm 的夹杂物的去除效率超过 67%[15]。对 100 t 钢液加载电压为 3~5 V、电流为 50~80 A 的直流电场，20 min 内可将其中溶解的氧元素的质量分数由 0.0868% 脱除至 0.0642%[16]。

16.2.4.4 电场除杂技术的优点和不足

电场除杂技术的优点如下：

(1) 应用范围广。电场除杂技术可实现多种有害物质的高效去除，提高钢液洁净度。

(2) 工作效率高。电场除杂技术能高效去除金属液中的氧元素，理论去除率可以达到95%以上。

电场除杂技术的不足如下：

(1) 电场除杂技术对电极材料的要求高。电场除杂过程中由于电极与钢液直接接触，对制作电极材料的要求也较高。

(2) 石墨电极在服役过程中不断烧损，需要经常更换，对环境造成严重污染。以金属陶瓷为基础的惰性正极表面易析出氧气严重影响电极与钢液之间的润湿，限制了脱氧效率。

16.2.5 电场分离技术

电场分离（electric field separation，EFS）技术是指利用元素间的电极电位差异来实现有效去除钢液中的有害元素的方法。钢铁冶炼过程中，往往将废钢、废铁作为原料以一定比例加入钢液，导致有害元素在凝固组织中不断富集恶化钢材性能。钢液中有害元素的活泼性与铁元素活泼性之间的关系如图 16-18 所示。

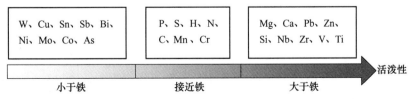

图 16-18 元素活泼性与铁之间的关系

活泼性大于铁的元素在冶炼过程中因氧化而被大部分去除；活泼性接近铁的元素一部分因氧化进入炉渣，另一部分则保留在钢液中；活泼性小于铁的元素则保留在钢液中，有害元素将影响钢材的力学性能。向钢液中加入某种特定成分的脱除剂能实现对特定有害元素的去除，如向钢液中加钙硅合金除砷。该方法需要脱除剂与钢液充分接触消耗大量时间，而脱除剂的过量加入还将引入新的杂质。电场分离技术作为一种无污染的熔体净化手段被开发出来，并广泛应用于材料提纯。

16.2.5.1 电场分离技术工艺

电场分离技术的基本工艺流程为：将钢液装入钢包中、插入电极、通入电流。正电压作用下标准电极电位更低的阳离子将最先在电极表面富集，负电压作用下标准电极电位高的阳离子将最先在电极表面富集。在采用该技术对金属液中有害金属元素分离时，应根据元素标准电极电位的差异来选择加载电压的正负。

16.2.5.2 电场分离技术装备

电场分离技术的装备如图 16-19 所示，与电场凝固技术相似，也包括合金熔化设备、电源、测温系统和电极等。为保证分离过程中不引入其他杂质，电场分离装备通常还配有真空系统和保护气氛。分离过程中，两电极同时与金属液接触，加载电场类型主要为直流电场和脉冲电场。

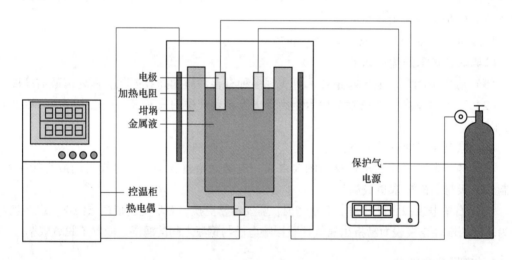

图 16-19 电场分离装备示意图

16.2.5.3 电场分离技术应用

A 应用效果

电场分离技术可以有效分离钢液中的有害元素。通过对钢包内电极电位的调控，能够实现对钢液中部分有害元素的有效去除。

B 应用实例

铜是钢中增加最快的残余元素之一。尽管铜在钢中的溶解度很低，但当钢的热加工温度在铜的熔点以上时，会导致严重的加工热脆性。在炼钢过程中，通过对电场参数的合理调控，可将钢液中铜元素含量由 0.1% 降低至 0.003%，去除效率高达 97%[17]。

16.2.5.4 电场分离技术的优点和不足

电场分离技术的优点如下：

（1）效率高、效果好。电场分离技术分离效率高且材料凝固组织缺陷少。

（2）生产投入小。分离装备具有结构简单、成本低、占地面积小等特点。

电场分离技术的不足为：电场分离技术具有一定的局限性。根据元素间电极电位的差异，电场分离技术在特定工艺参数下仅能实现对特定元素的分离。

16.2.6 电场烧结技术

电场烧结（electric field sintering，EFS）技术是指金属粉末（或金属粉末和非金属粉末的混合物）在电场作用下进行烧结的方法。粉末冶金是一种以粉末为原料，依次通过成型和烧结制取材料的工艺手段。粉末冶金几乎可以将所有成分粉末在低于熔点温度下烧结成相对致密的块体。但该过程往往经历长时间的烧结过程，严重影响生产效率。长时间的烧结还将导致晶粒长大使材料性能变差，粉末颗粒间的孔隙并无法完全消除，导致致密度有限。如何提高烧结效率并获得高致密度、晶粒细小的高性能材料是粉末冶金领域的研究重点之一。为解决上述问题，电场被引入粉末冶金过程中，形成了目前包含放电等离子烧结和闪烧烧结等技术手段在内的电场烧结技术[18-21]。

16.2.6.1 放电等离子烧结

A 放电等离子烧结技术工艺

放电等离子烧结又被称为等离子活化烧结或等离子辅助烧结，其技术工艺如图16-20所示。粉末在通电电极的加压作用下实现烧结，粉末间的空气介电层被高压脉冲电场击穿而发生机械断裂或热分解，形成致密块体。

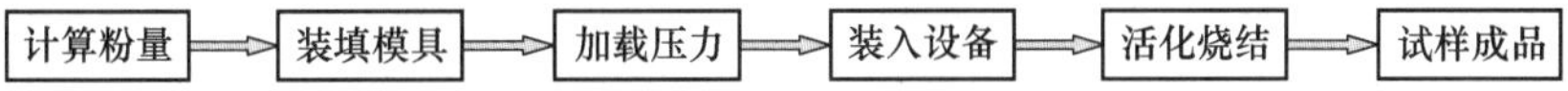

计算粉量 ⟹ 装填模具 ⟹ 加载压力 ⟹ 装入设备 ⟹ 活化烧结 ⟹ 试样成品

图 16-20 等离子放电烧结的技术工艺

B 放电等离子烧结技术装备

放电等离子烧结的装备实物图及示意图分别如图16-21所示。设备包括真空系统、脉冲电源、加热系统、测温系统、动力加载系统及测压系统。放电等离子烧结过程中加载的电场类型为脉冲电场。

C 放电等离子烧结技术应用

a 应用效果

放电等离子烧结将等离子活化、热压、电阻加热融为一体，仅在几分钟内烧结产品的相对理论密度就接近100%，同时有效抑制晶粒长大，提高材料性能。

b 应用实例

经放电等离子烧结制备的碳氮化钛的致密度可达到98%，微观硬度（HV）超过2160[18]；通过对放电等离子烧结工艺参数（如烧结温度、保温时间、加热速率等）的合理优化，Al_2O_3和$MgAl_2O_4$样品的孔隙率均可下降至0.1%以下，同时，晶粒尺寸可控制在400 nm以下，硬度显著提高[19]。

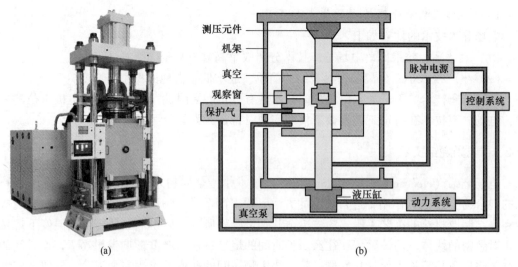

(a)   (b)

图 16-21   放电等离子烧结装备

(a) 实物图；(b) 示意图

D   放电等离子烧结技术的优点和不足

放电等离子烧结技术的优点为：制备效率高。放电等离子烧结具有升温速度快、烧结温度低、烧结时间短、晶粒尺寸小且均匀等优点，是一种能快速烧结致密且抑制晶粒生长的方法。

放电等离子烧结技术的不足如下：

(1) 放电等离子烧结技术难以生产大尺寸、形状复杂或成分呈梯度分布的材料。生产大尺寸产品需增加设备腔体尺寸并提高脉冲电流容量，设备成本将大幅提高。

(2) 模具选材要求高。烧结过程中模具与工件之间存在较大的温差而导致工艺不易控制。选择合适的模具材料并对其结构合理设计，使其实际温度与工件更接近，是放电等离子子烧结需要解决的关键问题之一。

16.2.6.2   闪烧烧结

A   闪烧烧结技术工艺

闪烧烧结是一种在临界电场下实现压坯的低温急速致密化的技术手段。闪烧过程中，首先将成型后的压坯与电极、导线和电源组成闭合回路，之后在烧结过程中向压坯加载电场，最后形成致密的材料，其工艺流程如图 16-22 所示。

图 16-22   闪烧烧结的工艺流程图

B   闪烧烧结技术装备

闪烧烧结的技术装备相对简单，普通的烧结炉配以电源即可实现闪烧烧结，其装备如图 16-23 所示。根据电场加载阶段不同，闪烧技术可分为等温闪烧和升温闪烧。等温闪烧是在炉温达到某一设定值时对压坯加载电场。升温闪烧则是在升温前对压坯加载电场，之后再将样品以一定速率升温至发生闪烧。

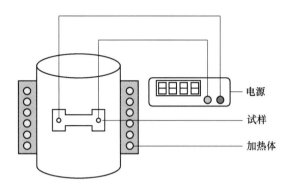

图 16-23　闪烧技术装备示意图

C　闪烧烧结技术应用

a　应用效果

应用效果如下：

（1）烧结速度快。闪烧烧结技术是针对以电解质粉末为原料的压坯烧结，该过程中压坯致密化在数秒内即可完成。

（2）有效提升材料致密度。使用闪烧烧结制备的材料的相对密度可以达到 95% 以上。

b　应用实例

3% 钇-稳定氧化锆（YSZ）陶瓷经闪烧烧结后，粉末颗粒间的冶金结合明显增强，材料的致密度也显著提高，如图 16-24 所示[20]。通过对闪烧烧结过程中加载电压的合理调控，Zr、Ta 共掺杂 TiO_2（一种巨介电常数陶瓷材料）的相对密度可提高约 3%，同时材料的介电常数大于 10^5[21]。

图 16-24　3% YSZ 陶瓷经闪烧烧结前后的微观组织形貌[20]

（a）闪烧前；（b）闪烧后

D　闪烧烧结技术的优点和不足

闪烧烧结技术的优点主要有：

（1）致密度高。相较于传统高温烧结，闪烧烧结的材料致密度显著提高。同时，闪烧烧结技术还具有烧结温度低、烧结速率快、恒温烧结时间短、不需要添加烧结助剂等特点。

（2）装备结构简单。闪烧烧结装备仅为普通烧结炉与电源的组合，该装备结构简单。

但由于该技术手段目前仅停留在实验室阶段，技术装备为基于闪烧原理的自制设备，市面上暂时没有相应的闪烧装备销售。

闪烧烧结技术的不足主要有：

（1）对电极材料要求高。闪烧技术烧结温度低是相对于其他烧结手段而言的，该温度对电极材料还有着较高的要求。

（2）自动化程度低。闪烧技术是通过电极与预制成形的压坯相接触实现电场加载的，因此在自动化生产方面的技术难度较大。

16.3 电磁测量与检测技术

16.3.1 引言

电磁测量（electromagnetic mneasurement，EMM）是直接检测电流、电压、电阻、频率、相位及磁场强度等电学量和磁学量，或将非电学量转化为电学量进行间接测量，通过将被测量与已知的标准量相比较以达到定量认识的技术[22]。电磁现象是自然界中最普遍的物理现象之一。电磁场与物质内原子或电子相互作用产生磁效应，如磁力效应、磁声效应、磁光效应、磁热效应和磁电效应等。这不仅为电学量和磁学量本身的测量，而且为非电学量的测量提供了方法。电磁场与自然界物质的普遍联系为各类工程需要提供了一系列新技术，如感应电动机技术、磁悬浮技术、电磁测量与检测技术等。其中，电磁测量与检测技术是运用最广泛的技术之一，目前已经在机械装备、航空航天、船舶、核能、地质勘探、石油化工、冶金及材料科学等领域广泛应用。如在冶金领域，利用电磁感应原理制造的电磁流量计对高炉风口保护冷却水、炼钢电炉冷却水、连铸铸流冷却水、轧制过程钢材冷却水、冶金污水及液态金属等进行电磁测量。

利用材料与电磁场/波的相互作用进行检测和评估的技术统称为电磁无损检测技术[23]。电磁无损检测技术是一种灵敏度高、检测速度快、易于实施的电磁应用技术。该技术的应用领域广阔，例如在导电材料尤其是金属材料的缺陷、显微组织结构、晶粒度、化学成分，甚至应力检测上发挥重要作用。近年来，随着电子技术和电子器件性能的快速发展，现代电磁无损检测技术进入自动化、数字化、智能化阶段，相继出现了多频涡流技术、阵列涡流检测技术、电磁超声检测技术、电磁感应及红外热成像相结合的涡流热成像检测技术等高新技术。

利用电磁感应定律进行流量测量始于1832年，法拉第尝试用地磁场测量泰晤士河的流速[24]。Shercliff 最早提出了测量管道内导电流体流量的理论[25]。电磁流量测量主要适用于三类液体：液态金属、水基工业液体和血液[26]。20世纪50年代末期，由于电磁流量计性能优越，已在工业生产的许多领域得到广泛应用。

钢包电磁下渣检测（electromagnetic ladle slag-carry-over detection technology，EMLSCDT)是基于钢液和炉渣的电导率显著差异，利用传感器测量磁场强度来判断和控制钢包下渣量的技术，目前该技术已经在连续铸钢生产中得到广泛应用。

本章首先介绍了电磁测量与检测技术的原理，其次详细介绍了液态金属流量电磁检测技术、洛伦兹力流速检测技术和钢包电磁下渣检测技术的工艺、装备、应用及优点和不足。

16.3.2 电磁测量与检测技术原理

电磁测量与检测是以电磁感应为基础，通过测定被检测物体内感生电势的变化来定量地认识被测物质的物理属性，以及无损地评定导电材料及其工件的某些性能，或发现其缺陷的无损检测方法。本章主要介绍液态金属的流量（流速）测量和钢包下渣检测，其中流量测量和下渣检测是基于电势的变化，而流速测量是基于洛伦兹力的变化。

根据法拉第电磁感应定律，当一段长度为 l 的导体在磁场 $\boldsymbol{B}$ 中以速度 $\boldsymbol{V}$ 做切割磁力线运动时，在导体回路中将产生感应电动势 ε_{emf}，其大小与穿过导体回路的磁通量的变化率 $d\Phi_B/dt$ 成正比，瞬时电动势 ε_{emf} 见式（2-45）。将磁通量 Φ_B 的计算公式（式（2-34））代入式（2-45），可求得导体两端的感应电动势表达式为：

$$\varepsilon_{emf} = BlV \tag{16-13}$$

16.3.3 液态金属流量电磁测量技术

冶金工业中，涡街流量计、超声波流量计、电磁流量计等流量测量仪表已成功应用于各类气体、蒸汽、液体的流量测量。而对于一些特殊流体，如高温液态金属的流量测量，仍面临巨大的挑战。电磁流量计是 20 世纪 50 年代发展起来的基于法拉第电磁感应定律工作的流量测量仪表[27]，主要用于测量导电液体或液固相介质的体积流量。洛伦兹力测速仪是一种用于导电流体中速度测量的非接触技术[28-29]，适用于高温液态金属，如冶金工业中钢水、铝液等的流量测量，又可用于表面局部流速测量[30]。

16.3.3.1 液态金属流量电磁测量技术工艺

A 流量测量

电磁流量计（electromagnetic flowmeter，EMF）由传感器、转换器和显示仪表三部分组成，其中传感器由励磁系统、测量管道及电极等构成，如图 16-25 所示。励磁系统如永磁体产生一个均匀磁场，磁感应强度为 $\boldsymbol{B}$，垂直于磁场方向放置一根内径为 d_L 的测量管道。测量管道一般由不导磁的金属材料制成，其内壁衬以绝缘衬里。当导电流体在测量导管内流动时，导电流体切割磁力线，则在金属导管上产生感应电动势，方向垂直于磁场及导电流体的流动方向。如果在金属导管上安装一对电极，则在两电极之间产生感应电动势 ε_{emf} 为：

$$\varepsilon_{emf} = Bd_L V \tag{16-14}$$

式中，d_L 为管道内径，m。

电磁流量计测得的体积流量为：

$$Q_L = \pi \left(\frac{d_L}{2}\right)^2 V = \frac{\pi d_L \varepsilon_{emf}}{4B} \tag{16-15}$$

式中，Q_L 为体积流量，m³/s。

实际应用中，磁场发生装置不能沿管道做得无限长。因此，在电极附近磁场大致是均匀的，而在两端磁场逐渐衰减为零，产生了所谓的边缘效应。为消除边缘效应的影响，引入修正系数 k_L，它与测量管道的直径和磁场发生装置的长度有关。为了计算方便，又引入校准系数 K_L，该系数通常采用湿式校准来得到。

$$Q_{\mathrm{L}} = k_{\mathrm{L}} \frac{\pi d_{\mathrm{L}} \varepsilon_{\mathrm{emf}}}{4\boldsymbol{B}} = K_{\mathrm{L}} \frac{\varepsilon_{\mathrm{emf}}}{\boldsymbol{B}} \qquad (16\text{-}16)$$

式中，k_{L} 为修正系数；K_{L} 为校准系数。

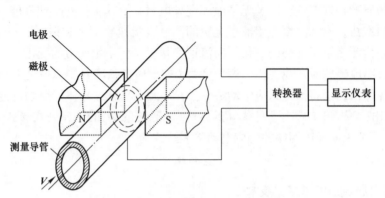

图 16-25　电磁流量计工作原理[31]

由式（16-16）可见，当磁感应强度 $\boldsymbol{B}$ 与管道内径 d_{L} 一定时，由电磁流量计测得的体积流量 Q_{L} 与感应电动势 $\varepsilon_{\mathrm{emf}}$ 成线性正比，而与流体的密度、黏度、温度、压力和电导率等参数变化无关。

感应式流量计工作时需要将电极插入流体中，因此不适用于高温液态金属流量的测量。为此，研究人员开发了多种非接触测量技术，如非接触感应流动层析成像[32]、洛伦兹力测速仪[28-30,33]等技术。

B　流速测量

洛伦兹力测速仪（lorentz force velocimetry，LFV）的基本原理如图 16-26 所示。当液体金属流经永磁体产生的磁场时，将在液体金属中产生感应电流。感应电流与外加磁场相互作用进而产生洛伦兹力，作用于液体金属上阻碍其流动。根据牛顿第三定律，必然有大小相等方向相反的力作用在永磁体上，因此通过测量作用在永磁铁上的力可确定流体的速度。洛伦兹力 $\boldsymbol{F}_{\mathrm{m}}$ 表示如下：

$$\boldsymbol{F}_{\mathrm{m}} \propto \sigma Q_{\mathrm{L}} \boldsymbol{B}^2 l \qquad (16\text{-}17)$$

$$\boldsymbol{F}_{\mathrm{m}} \propto \sigma \boldsymbol{V} \boldsymbol{B}^2 l^3 \qquad (16\text{-}18)$$

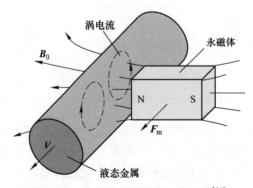

图 16-26　洛伦兹力测速仪工作原理[26]

由式（16-17）和式（16-18）可知，洛伦兹力 F_m 与体积流量 Q_L 和流速 V 成线性正比关系。此外，洛伦兹力还与液体金属电导率、磁场强度、永磁体与被测液体金属的距离有关。

16.3.3.2　液态金属流量电磁测量技术装备

在结构上，电磁流量计由电磁流量传感器和转换器两部分组成。传感器安装在工业过程管道上，它的作用是将流进管道内的液体体积流量值线性地转换成感生电势信号，并通过传输线将此信号送到转换器。传感器将感应电动势信号通过传输线送到转换器进行放大，并转换成流量信号成正比的标准电信号输出，以进行显示、累积和调节控制，如图16-27所示。

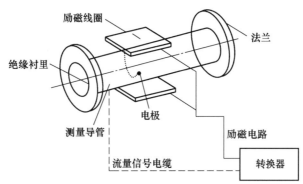

图 16-27　电磁流量计的工作流程图[34]

电磁流量计在使用期间，可能存在运行故障，常见的运行故障有以下几种：

（1）没有流量输出。故障原因可能是电源故障，被测流体的流动方向与传感器的箭头方向不一致，或者由于雷击等原因在仪表线路中感应出高电压和浪涌电流，使仪表损坏。

（2）信号异常波动。故障原因可能是电极短路或绝缘衬里发生破损，或者是由于环境条件变化出现新的干扰源。

（3）零点不稳定。故障原因可能是测量导管中没有充满介质，或在介质充满的情况下存在气泡。因此，需要采取有效的措施，如及时清除电磁流量计测量管内的附着结垢层，对电磁流量计进行必要的日常维护，就能避免或减少故障的发生，充分发挥电磁流量计应有的作用。

根据 JB/T 9248—2015，按传感器和转换器的构成方式，电磁流量计可分为分体型和一体型两种。分体型电磁流量计是将传感器和转换器分别安装，两者用信号线连接。而一体型是将传感器和转换器整合到一体的装置。图16-28所示为国产某型号一体型电磁流量计，可用于液态金属流量的检测、计算、调节和控制。

电磁流量传感器主要由励磁线圈（绕组）、测量导管、绝缘衬里、电极、外壳等构成，如图16-29所示。为了便于安装，传感器的口径应尽量与连接的工艺管道口径相同。特殊情况下，可以在传感器的前后加接异径管。

A　励磁方式

电磁流量计在工作过程中，传感器的工作磁场是由励磁系统产生的。励磁系统不仅决定了电磁流量传感器工作磁场的特征，也决定了电磁流量计流量信号的处理方法，对电磁流量计的抗干扰能力和稳定性能有很大的影响。常见的励磁方式见表16-1。

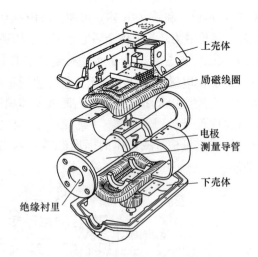

上壳体

励磁线圈

电极

测量导管

下壳体

绝缘衬里

图 16-28   国产某型号一体型电磁流量计   图 16-29   电磁流量传感器结构图[34]

表 16-1   不同的励磁方式[31]

励磁方式	说　明	应用特点
直流励磁	利用永磁铁或直流电源给励磁绕组供电，以形成恒定均匀的直流磁场	受交流磁场干扰较小、流体中的自感现象可以忽略不计，适用于非电解质液体
交流励磁	利用正弦波工频（50 Hz）电源给励磁绕组供电	能够基本消除电极表面的极化现象，但会带来一系列的电磁干扰问题，适用于电解性液体
低频矩形波励磁	采用幅度恒定的低频矩形波作为励磁信号	零点稳定性好，测量精度高，不适用于浆液性流体
高频矩形波励磁	采用高频（100 Hz 或更高）矩形波励磁	响应速度快，适用于某些浆液性流体
双频矩形波励磁	励磁电流的波形是在低频矩形波上叠加高频矩形波	既有稳定零点和高精度测量的优点，又有很强的抗"浆液噪声"能力，反应速度快

　　液态金属如常温下的汞和高温下的液态钠、锂、钾等流量测量，通常采用直流励磁电磁流量计。直流励磁方式是利用永磁体或者直流电源给电磁流量传感器励磁绕组供电，以形成恒定均匀的直流磁场。下面介绍两种直流励磁电磁流量计：

　　（1）永磁式电磁流量计。利用永磁体励磁时，不但可以简化传感器结构，而且励磁部分不产生功耗，极大地降低了电磁流量计的总功耗。永磁体产生的磁场强度非常大，从而使流量信号所产生的感应电动势增加，提高了对信号测量的灵敏度[35]。在原子能工业中，永磁式电磁流量计已用于诸如 Rapsodie、Phenix、Super-Phenix、KNK、SNR-300、MONJU、FFTF、BN-350、BN-800 等核反应堆中液态钠流量的测量[36]。例如，在快中子增殖试验堆和原型快堆上，使用永磁流量计测量金属钠的流量。磁体材料为 AlNiCo5 合金，测量管道为无磁不锈钢，管道最大公称直径为 200 mm。对于公称直径大于 100 mm 的测量管道，基于 AlNiCo5 的电磁流量计显得笨重，不易安装，而且存在输出电压低导致流量测量的分辨率降低等问题。因此，采用了以 Sm_2Co_{17} 合金为磁性材料的新型电磁流量计。两种材料的磁性能见表 16-2。上述两种电磁流量计相比，后者比前者重量减轻 55%，而灵敏度提高了 102%。

表 16-2　AlNiCo5 和 Sm_2Co_{17} 的磁性能[37]

性　　能	AlNiCo5	Sm_2Co_{17}
最大磁能积/MGOe	6.5	28
剩磁/T	1.33	1.10
矫顽力/Oe	670	10500
可逆温度系数/% · ℃$^{-1}$	-0.02	-0.03
居里温度/℃	860	825
磁铁的最高工作温度/℃	525	300

（2）鞍形线圈电磁流量计。在快中子反应堆钠冷却系统的二次回路中，当磁雷诺数 Re_m（见式（16-19））大于 5 时，由感应电压产生的电流在钠溶液中流动，产生一个感应磁场，以一种称为磁场扫描的方式扭曲了外加磁场。当电导率变化时，会引起校准的变化。其中一个解决方案是在电磁流量传感器中使用鞍形励磁线圈[38]。如图 16-30 所示，鞍形线圈布置在测量管道上，线圈直径是流体管道直径的 2.5 倍[39]。通电鞍形线圈产生覆盖范围较宽的磁场，使得外加磁场的畸变被限制在远离感测电极的区域[40]。由于鞍状励磁线圈电磁流量计具有易安装、可靠性高等优点，适用于管道直径大于 150 mm 的流量测量。如在英国原型快堆和日本的常阳试验快堆上，为了测量二次回路中液态钠的流量，使用了鞍形线圈电磁流量计[41]。

$$Re_m = \mu_0 \sigma V l \tag{16-19}$$

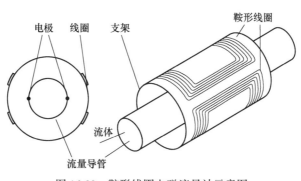

图 16-30　鞍形线圈电磁流量计示意图

B　测量管道

为了让磁力线顺利穿过测量导管进入被测介质，测量导管必须采用非导磁材料，如塑料、陶瓷、铝、黄铜或不导磁的不锈钢（1Cr18Ni9Ti）等。

C　绝缘衬里

为了防止被测介质腐蚀测量导管，并避免金属导管中电极信号短路，通常在测量导管内衬有绝缘材料，称为绝缘衬里。绝缘衬里材料的选择，应根据被测介质和测量导管的性质，选择具有耐腐蚀、耐磨损、耐高温等性能的材料。根据 GB/T 18660—2002，可选用橡胶、塑料、陶瓷、搪瓷等作为绝缘衬里材料。典型的材料有：聚氨酯橡胶，有较好的耐磨性和抗冲击性能，适合在-50~50 ℃温度范围内使用；氯丁橡胶，有良好的耐磨性，耐一般的弱酸和碱腐蚀，适合在 0~100 ℃温度范围内使用；聚四氟乙烯，具有化学惰性，几乎能耐除热磷酸以外的强酸和碱腐蚀，适合在-50~200 ℃温度范围内使用，缺点是在介质温度超过 120 ℃时，该材料不能承受高压；玻璃纤维增强塑料，也称为玻璃钢，可用作衬里材料或直接用作测量导管，一般在-20~55 ℃温度范围内使用；陶瓷，直接用作测量导管，不需要衬里材料，陶瓷具有较强的化学稳定性及形态稳定性，在耐高真空下工作温度范围为-60~250 ℃。缺点是断裂韧性较低、耐冲击性差。

D 电极

电极直接与被测介质接触，应根据被测介质的化学性质，选择耐腐蚀、耐磨的材料。大多数电极采用耐酸不锈钢制成，如 1Cr18Ni9Ti、0Cr18Ni12Mo2 或 1Cr18Ni12Mo2Ti；也有的采用镍基合金制成，如哈氏合金；对腐蚀性较强的介质，电极表面材料可选用钛、钽或铂等。电极通常加工成矩形或圆形，其结构如图 16-31 所示[31]。在一些特殊场合，如对渣液、泥浆及强腐蚀性液体等进行测量时，可采用电容式电磁流量计，将电极埋入绝缘衬里内，使被测介质与电极不接触，从根本上解决电极腐蚀、污染及液体泄漏等问题。

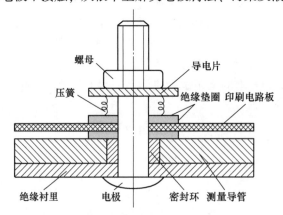

图 16-31 电磁流量计电极结构[31]

电磁流量转换器有两个主要功能：（1）向电磁流量传感器励磁线圈提供稳定的励磁电流；（2）将来自传感器的低电平毫伏信号放大，转换成与被测介质体积流量成正比的标准电流信号或频率信号输出，与显示仪表及调节器配合，实现流量的显示、控制和调节。

16.3.3.3 液态金属流量电磁测量技术应用

目前电磁流量计已被广泛地应用于化工、采矿、冶金等工业过程中。测量管中的绝缘内衬和电极如选用适当的材料，除了可用于测量酸、碱、盐、污水等腐蚀性介质的流量[31,42]，还可以测量液态金属流量，如常温下汞和中温下液态锂、钠、钾等。

A 应用效果

应用效果如下：

（1）在钢铁领域，电磁流量计得到了广泛的应用。作为流量测量仪表，电磁流量计可用于测量各个生产环节中冷却水的流量[43]，如高炉风口漏水检测、连铸二冷水水量监测和控制、热轧钢材冷却水流量测量。特别是近年来从国外引进的智能化电磁流量计，内置微处理器和程序控制，且带通信接口，功能更强，因而具有更强的生命力[44]。

（2）在有色冶炼行业，电磁流量计的使用环境比较复杂。在氧化铝行业中大量用到电磁流量计，用于测量赤泥浆液、粗液、碱性溶液、热水的流量；在湿法炼铜中采用电磁流量计测量浸出液（酸性溶液）流量；在贵金属如黄金冶炼企业，电磁流量计也有着广泛的应用，主要用于污水、矿浆、强酸等恶劣的测量场合。

B 应用实例

a 应用实例一

基于洛伦兹力测速仪的基本原理，目前已开发出洛伦兹力流量计[45]，并进行了实验室实验和工业试验。图 16-32 给出了工业测试中的流量测量示意图。图中 V 形磁铁系统中 N、S 两个磁极的夹角为 60°，每个磁极由 16 块尺寸为 30 mm×30 mm×100 mm 的 NdFeB 磁铁构成。磁极通过铁轭相连。磁铁系统安装在铝槽两侧，同时与基于摆原理的机械系统相连。磁铁系统受到的力由商用电子秤（精度为 10^{-4} N）来测量，来自电子秤的数字信号被馈送到计算机，以计算铝液的体积流量、质量流量及产量。误差分析表明，铝液在流动过程中存在大概 7 ℃ 的温度变化，由于未考虑温度变化对磁感应强度、电导率、铝液密度等参数的影响，因此工业测试中对铝液流量测量的相对误差约为 2.34%，如果考虑温度的影响，并修正磁感应强度、电导率等参数，测量的相对误差可降至 0.57%。

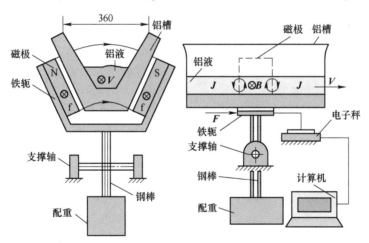

图 16-32 工业测试中的流量测量示意图[45]

b 应用实例二

洛伦兹力测速仪的缺点是测得的力取决于其他物理量，例如电导率、几何参数和磁场参数。因此，有必要对洛伦兹力流量计进行严格校准，以找到适合各种流量条件、磁性能和几何参数的设备常数。为了克服这种不足，德国伊尔梅瑙工业大学的研究人员开发了飞行时间洛伦兹力测速仪。图 16-33 给出了飞行时间测量技术原理示意图。在测量管路并排设置两台完全相同的洛伦兹力测速仪，间距为 D_x；在某时刻使用 Vives 探头触发旋涡，旋涡以速度 V_{Vortex} 依次通过两台洛伦兹力测速仪。通过测量旋涡通过的时间间隔 t 来计算管道内液态金属的流量和速度，关系式如下[30]：

$$V_{Vortex} = \frac{D_x}{t}$$

（16-20）

$$Q_L = k_1 A_{Vortex} V_{Vortex} \qquad (16-21)$$
$$V = k_2 V_{Vortex} \qquad (16-22)$$

式中，V_{Vortex} 为旋涡速度，m/s；D_x 为两台洛伦兹力测量仪的间距，m；k_1、k_2 为校准常数；A_{Vortex} 为测量管道截面积，m^2。

由上述测量原理可知，采用飞行时间测量技术不需要针对个别应用对测量仪器设备进行校准。因此，飞行时间洛伦兹力测速仪具有易操作、实用可靠等优点。

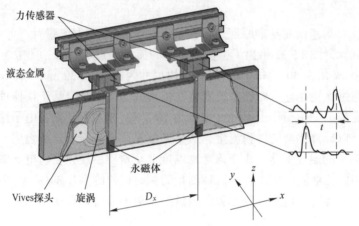

图 16-33　飞行时间测量技术原理示意图[31]

16.3.3.4　液态金属流量电磁测量技术的优点和不足

电磁流量计的优点如下：

（1）压力损失小。电磁流量传感器的结构简单，测量导管是一段光滑直管，其内部也没有任何阻碍流体流动的部件，沿程阻力损失极小，所以当被测导电液体通过电磁流量计时不产生压力损失。

（2）应用范围广。根据被测流体的性质，选择合适的耐腐蚀、耐磨材料制成绝缘衬里和电极，可用于测量脏污介质、腐蚀性介质及悬浊性液固相流等流体的流量。

（3）标定简单。电磁流量计不受被测介质的性质，如温度、黏度、密度及电导率的影响。因此，只需经水标定后，就可以用于测量其他导电液体的流量。

（4）测量准确度高。测量不受被测流体的黏度、密度及温度等因素变化的影响，准确度等级可达 0.2 级，且输出信号与被测流体的体积流量呈线性关系。

电磁流量计的不足如下：

（1）不能测量电导率小于 5×10^{-4} S/m 液体的流量，如石油制品、有机溶剂等。不能用来测量气体、蒸汽和含有大量气体的液体等介质的流量。

（2）由于受测量导管内衬材料和电气绝缘材料等因素限制，一般工作温度不超过 200 ℃，不能用于测量钢水等高温介质的流量。

（3）电磁流量计易受外界电磁干扰的影响。

（4）不能用于测量流速过低的流体，流速下限为 0.5 m/s。

（5）只能测量管道内某截面的平均流速，或某段管道近壁面的平均流速；不能测量管道内任意一点的瞬时流速。

16.3.4 钢包电磁下渣检测技术

在钢铁连铸生产过程中，钢水通过长水口从钢包浇铸入中间包，钢水的流动随液面降低越来越不稳定，最终失稳产生汇流旋涡，漂浮在钢水表面的钢渣被旋涡吸入中间包。钢包中含 Fe_2O_3、MnO 和 SiO_2 的钢渣流入中间包以后，会造成钢水中铝、钛等易氧化元素的烧损，并产生 Al_2O_3 夹杂物，旋涡的出现会造成钢水的纯净度降低及水口堵塞。在生产轴承钢、汽车板、高级管线钢等高纯净钢时，需要在钢包浇注后期控制钢水下渣量，有些钢厂采取钢包留钢操作。该措施虽然满足了钢水质量要求，但钢水收得率较低。为了有效地控制连铸过程的钢包下渣，国内外一些公司开发了一系列钢包下渣自动检测方法，包括称重检测法、超声波检测法、红外检测法、振动检测法、电磁检测法等。电磁检测法：电磁检测法是根据钢渣与钢水电导率的差异，利用安装在钢包底部上水口外围的传感器来检测钢渣的。传感器的灵敏度是获得稳定的下渣信号的关键参数。

16.3.4.1 钢包电磁下渣检测技术工艺

如图 16-34 所示，电磁下渣检测技术采用互感式传感器来检测钢渣，初级线圈为激励线圈，次级线圈为检测线圈。初级线圈通交流电后在水口内产生交变磁场，当钢液通过水口时由于电磁感应作用就会在其内部产生涡流，这些涡流产生的涡流磁场与原始磁场叠加在空间形成新的磁场分布，使检测线圈的复阻抗发生改变。由于钢渣的电导率远小于钢液的电导率，因此钢包下渣时产生的涡流磁场小于在全钢水产生的涡流磁场。由检测线圈输出的阻抗或电压信号经处理后显示为混渣量的多少。在混渣量达到限定值时，示渣系统报警并自动关闭钢包的滑动水口，以减少流入中间包中的钢渣，提高钢包中钢液的收得率和洁净度。

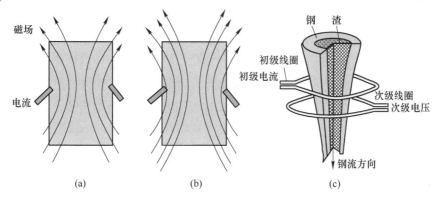

图 16-34　电磁下渣检测原理示意图
（a）全钢水时的磁场；（b）混有钢渣时的磁场；（c）电磁法下渣检测

在进行钢渣检测时，将经历以下几个阶段：

（1）交流电源给传感器激励线圈供电。交流电流源产生一定幅值和频率的交流电，通过耐高温电缆传输到传感器激励线圈上，激励线圈产生的磁场在钢流中感应出涡电流。

（2）检测线圈产生并输出电压信号。给激励线圈通交变电流，由于互感作用，会在检测线圈中产生互感电压。此外，由于涡流的作用，检测线圈中感应产生出带有被测钢流信息的感应电压。当水口中的钢水含有钢渣时，钢流的电导率发生变化，导致涡电流发生变化，检测线圈会产生含下渣量信息的感应电压信号。

（3）信号处理与报警。由于传感器输出的信号比较微弱，而且包含复杂的噪声信号，因此需要通过放大滤波电路来处理感应电压信号，信号放大后返回中央控制单元进行数据处理。信号处理完毕后发送给钢包滑动水口的控制 PLC 与记录、显示控制器。计算机不间断地将渣信号与设定的报警限位进行比较，若渣信号超过限位即触发渣报警或自动关闭钢包滑动水口。

16.3.4.2 钢包电磁下渣检测技术装备

电磁下渣检测系统主要由五个部分组成：传感器、前置放大器、接口单元、中央处理单元和显示控制单元，如图 16-35 所示。

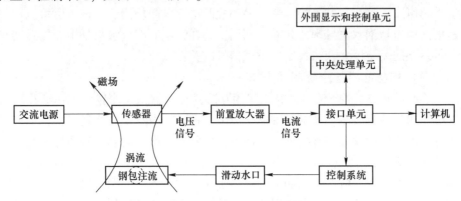

图 16-35 电磁下渣检测系统框图

传感器由一对同心的激励线圈和检测线圈组成。传感器外壳采用耐热不锈钢保护，最高耐热温度可达 800 ℃，平均工作寿命为 1000 炉。传感器的灵敏度及安装精度是获得稳定下渣信号的关键。前置放大器将传感器提供的测量信号放大，并将电压信号转换为电流信号，经过电缆传输到中央处理单元。中央处理单元的核心是微控制单元，它的任务是处理模拟信号，通过将模拟信号进行滤波和数字化，可获得随时间变化的测量信号，然后通过接口将测量信号传送到记录仪上。接口单元为连接中央处理单元和电子设备之间用于信息交换的连接，同时也是开关单元，负责所有重要的开关步骤，并通过继电器触点来传送和接受系统信号。显示控制单元自动记录检测信号和重要的系统数据，现场浇铸操作人员可根据这些信息进行钢包停浇等相应操作。

16.3.4.3 钢包电磁下渣检测技术应用

钢包下渣检测技术已成为现代连铸生产控制钢水质量的重要技术之一，目前国内外各钢厂应用的下渣检测装置中 90% 以上采用的是德国 AMEPA 公司开发的电磁感应下渣检测系统。

A 应用效果

应用效果如下：

（1）铸坯质量大幅提升。连铸生产过程中，钢包浇铸后期钢渣不可避免地流入中间包，直接影响钢水的纯净度。当引入下渣检测系统后，避免了钢包内钢渣进入中间包而导致钢水纯度降低，大幅提高了铸坯质量。

（2）连铸生产的自动化水平得到提高。在生产对钢质纯净度要求非常严格的钢种如汽车板时，有些钢厂采用钢包留钢操作。使用钢包电磁下渣检测技术可以判定下渣量并自动关闭滑动水口，因此在钢包浇注末期不用进行留钢操作，提高了连铸生产的自动化水平。

    B 应用实例

下渣信号的强度与下渣量及钢渣在钢流中的分布有关，钢渣在钢流中的分布状态有三种类型，如图 16-36 所示。其中，状态 3 是最难检测的，下渣比例为 20% 时才能产生约 5% 的下渣信号。钢渣在钢流中的分布非常复杂，因此几乎不可能精确定量测量出钢流中钢渣的比例。鞍山钢铁集团有限公司通过设定合适的灵敏度来控制剩钢量，当灵敏度设定值为 8 时，LF 钢平均剩钢量最低为 3.15 t，同比下降 30.3%[46]。

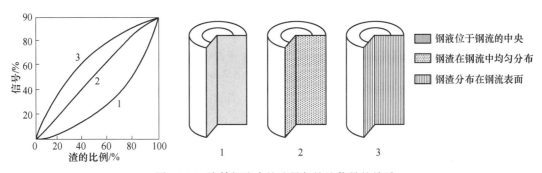

图 16-36 浇铸钢流内炉渣量与炉渣信号的关系

16.3.4.4 电磁下渣检测技术的优点和不足

钢包电磁下渣检测技术的优点如下：

（1）实时检测。能实时检测钢水中钢渣含量的多少，且与水口开度无关。

（2）准确度高。检测系统不受环境影响，准确度高，抗干扰能力强。

（3）自动化水平高。检测系统判定下渣量并自动关闭滑动水口，在钢包浇铸末期不用进行留钢操作，提高了连铸生产的自动化水平。

钢包电磁下渣检测技术的不足如下：

（1）其传感器线圈必须埋在钢包座砖出口附近，要对钢包结构进行改造。

（2）长时间置于高温区域，明显降低传感器的使用寿命。

（3）一旦出现突发情况，不能对传感器立即进行更换。

（4）电磁检测下渣系统的改造和维护费用很高。

16.4 电磁侧封技术

16.4.1 引言

电磁侧封（electromagnetic dams，EMD）是一种利用电磁力封堵熔融金属的技术，与电磁制动、电磁软接触等技术同属电磁约束方法，用于钢、铜、铝等金属薄带双辊连铸工艺中辊端金属液的封堵。在双辊薄带铸轧工作中，轧辊两端需要防止熔液泄露的约束力以形成完整的熔池，约束力的方向沿轧辊轴线指向熔池内部。

电磁侧封技术最早于 20 世纪 90 年代由美国 Inland 公司独立开发。该公司研究发明了多种电磁侧封设备，与日本日立造船厂合作于 1993 年在工业双辊铸轧机上试验了三种形式的电磁侧封设备：变压器式、邻近感应式和铁磁式。在工业上验证了电磁侧封的可行性。日本学者在同一时期设计了一种稳恒磁场与直流电相结合的电磁侧封装置[47]。在稳恒磁场电磁侧封装置的基础上利用永磁体代替了原有磁场发生装置。日本名古屋大学也从 20 世纪 90 年代初开始在复合式电磁侧封方面做了大量的研究工作。欧洲的一些学者提出了直流电式侧封结构和交变电磁线圈与铁芯的互感式侧封结构。也有学者提出利用导流板来代替原有的线圈结构，电流在导流板上激发磁场，来提供侧封所需的磁场。国内东北大学、重庆大学、燕山大学、上海大学及上海宝钢研究院等通过低熔点合金实验、数值模拟分析了不同类型电磁侧封的电流、线圈、铁芯、辊环、气隙等因素对侧封高度的影响，设计了一些结构改进的电磁侧封技术。

　　侧封技术作为薄带连铸工艺的主要瓶颈，直接影响薄带质量和工艺流程，最终决定薄带连铸技术大规模工业应用的前景。金属薄带双辊连铸机如图 16-37 所示。电磁侧封作为无接触式侧封，能有效避免直接接触式机械侧封中侧封板的消耗与磨损等固有缺陷，是侧封技术中除机械侧封以外相对成熟的一种技术[48]。而侧封技术除了电磁侧封和机械侧封，还有气体侧封，以及上述方法组合使用也是侧封技术的重要形式。目前工业应用的是固体侧封技术，是最成熟的一种侧封方式，在进行双辊薄带铸轧试验时大多采用这种方式。这种侧封方式所需的作用力主要由位于轧辊两侧的固体侧封板提供，侧封板紧贴于轧辊和熔池（工作方式类似于水坝或堰），且相互之间不能存在缝隙，否则会造成钢液从缝隙中泄露。气体侧封技术还处于理论研究阶段，基本思想是把油、气混合后压入结晶器内，在结晶器和熔融金属之间形成一层气膜，实现对液态金属的封堵。目前有采用多孔材质的侧封板进行复合式气体侧封，通过侧封板上的孔道将惰性气体注入侧封板与侧封端的缝隙中，从而在两者之间的缝隙中形成一层侧封气膜，完成对液态金属的侧封。电磁侧封不仅可以单独使用，还可以与机械侧封结合使用。目前的研究主要是设备结构的设计，通过优化线圈、磁场分布提高磁场的侧封效率。电磁侧封按原理和侧封装置结构的不同，可以分为交变互感式电磁侧封和稳恒磁场+直流电式电磁侧封两种[49]。由于电磁侧封技术目前还没有成熟的工业应用，很多资料也都采取了保密措施，下面仅以代表性公开资料对电磁侧封技术原理，设备结构及应用效果进行说明。

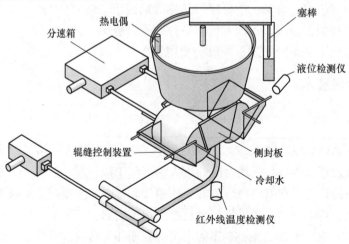

图 16-37　双辊水平式薄带铸轧机典型结构

16.4.2 交变互感式电磁侧封

16.4.2.1 交变互感式电磁侧封技术原理

交变互感式电磁侧封[50]是通过交变电磁场发生装置在熔池端面形成交变磁场，交变磁场与熔池内流动的液态金属相互作用在熔池内形成与磁场方向垂直的感应电流，感应电流与交变磁场相互作用产生指向熔池内部的电磁力，与金属铸造中的电磁悬浮冷坩埚等原理相同。但是，由于集肤效应，磁场在熔池内的穿透深度有限、衰减迅速。因此，电磁力主要集中于集肤效应层内，受力平衡后形成稳定的侧封面，完成侧封。因为这种电磁侧封的电流来源于交变磁场，所以这种方式称作交变互感式电磁侧封。图 16-38 所示为交流互感式电磁侧封原理图，双辊薄带铸轧电磁侧封的本质是熔池侧封端金属液面的受力平衡，磁场与电流的相互作用在熔池端面产生一个指向熔池内部的电磁力（洛伦兹力），从而在侧封端面形成一个相对稳定的力平面，此力平面代替侧封板形成平直边界面。如果钢液表面所受的电磁压力 P_m 满足式（16-23），则熔池两端就能形成稳定的自由面。

$$P_m = P_h + P_r \tag{16-23}$$

式中，P_h 为熔池内钢液静压力，N；P_r 为熔池出口处铸带轧制时由宽展力产生的压力，N。

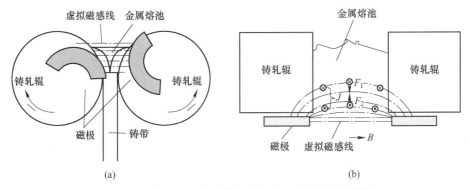

图 16-38 薄板坯双辊连铸交流交变互感式电磁侧封图
（a）铸辊端面图；（b）铸辊端面俯视图

由于轧制宽展力只作用于凝固坯壳上，因此一般认为其对熔池内的压力场影响较小，在计算中多忽略不计。

从图 16-38 中可以看到，磁感线从磁场发生装置中穿出，在铁芯的引导下，经过铸轧辊作用到熔池中，熔池内流动的金属为载流导体，电流与磁场相互作用进而产生侧封所需的电磁力。当通入高频交变电流时，熔池内会产生竖直或水平的交变磁场，交变磁场在熔池端面附近产生沿熔池高度方向的感应电流。熔池端面（集肤深度层内）的金属液在交变磁场和感应电流的共同作用下，产生了指向熔池内部的电磁力。电磁力的作用范围受集肤效应的影响，在集肤深度以外，电磁力几乎为零，可忽略不计，在集肤深度以内，随着金属液与磁极的距离的增加，电磁力的大小呈指数衰减分布。集肤深度的大小和磁极的频率、金属液的电导率、磁导率有关。由于不同温度金属液的磁导率不同，因此，集肤深度还会受金属液温度的影响。当熔池端面的金属液受到的电磁力大于或等于熔池端面液态金属的静压力时，就能够完全抵消液态金属的静水压力，实现金属液的封堵。图 16-38 中的一对磁极，用来产生图示方向的磁场，虚拟磁感线表示磁场方向，频率一般为几十到几千赫兹。

16.4.2.2 交变互感式电磁侧封技术应用

A 应用实例一

美国 Inland 钢铁公司自 1989 年开始独立发明了多种电磁侧封设备，于 1993 年与日本日立造船厂合作，在工业双辊铸轧机上试验了三种形式的电磁侧封设备（变压器式、邻近感应式和附加电流增强式），如图 16-39 所示。它们的最大侧封高度分别是 28 cm、23 cm 和 35 cm，在加大电源功率的情况下侧封高度可以达到 45 cm，从工业角度上验证了电磁侧封的可行性[51]。但至今的模拟研究和工业试验结果均显示，应用高频交流电磁场感应方式进行侧封，必然会引起金属液面的剧烈波动和局部过热[52]，导致侧封失败，影响铸带质量。交变互感式电磁侧封结构简单，可以提供较大的电磁力。

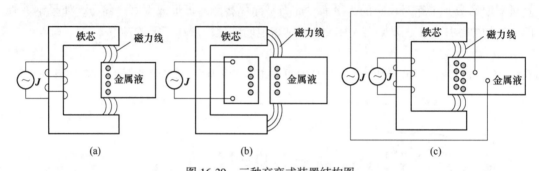

图 16-39 三种交变式装置结构图
（a）变压器式；（b）邻近感应式；（c）附加电流增强式

图 16-39（a）所示为变压器式装置，整体结构类似于变压器，线圈缠绕在磁导率很高的材料上，当线圈流过交流电时，就会在铁磁材料磁头两端形成交变磁场，交变磁场在熔池内形成感应电流，感应电流与磁场相互作用产生侧封力。变压器式电磁侧封电能利用率较低，大部分电能转化成了热能，主要是消耗在铁芯和轧辊上的产热，所以限制了其侧封能力。针对这一问题，邻近感应式和附加电流增强式提出了解决方案。在邻近感应式中，铁芯不再用来传递磁场，而是诱导磁感线传播于目标区域，这样可使穿过熔池的磁感线数目增多，以增强装置的侧封能力，如图 16-39（b）所示。附加电流增强式是在变压器式的基础上在熔池内附加一个交流电流，当电源功率不变的情况下，通过增大熔液内的电流来提高侧封能力，如图 16-39（c）所示。邻近感应式和附加电流增强式在一定程度上都可以提升侧封能力。

B 应用实例二

图 16-40 所示为带铁芯的交流磁场电磁侧封装置示意图，分为水平磁场型和垂直磁场型，两者电磁力随金属液深度发生变化的原理不同。图 16-40（a）所示为水平磁场型，磁极为弧形，轮廓与双辊边缘轮廓大致相同，这样磁极之间的距离便随着钢液深度的增加而减小，两极之间的磁阻也随之减小[53]。因而，当通入交流电时，产生水平磁场，电磁侧封力随金属液深度变大而增加。该方法通过改变磁阻实现电磁力随金属液深度发生变化。图 16-40（b）所示为垂直磁场型，该装置的两个磁极大小不同，上边磁极的横截面面积

大，下边磁极的横截面面积小，而通过磁极的磁通量相同，由公式 $\varPhi_B = BS$ 可知，截面面积小的磁极处磁流密度大，因而产生的电磁力大[54]。这样垂直方向的电磁场便能实现侧封力随金属液深度变大而增加。该方法是通过改变磁流密度来改变电磁力的大小。上述装置结构简单，易于理解和制造，但都带有铁芯，存在着磁饱和特性（电流较大时，铁芯进入饱和状态，磁通增加一点，电流就必须增加很多）、磁滞现象（磁通波形的过零时刻滞后于电流波形的过零时刻）和涡流现象，磁场损耗随频率的上升而增加。上述特性会使电磁场发生装置效率降低，侧封高度只能有限提高。其中，涡流使铁芯能量损失最大，可通过使用高电阻率导磁材料或将铁芯沿磁场方向分割成许多相互绝缘的薄片来减弱涡流损耗。影响磁场的因素按程度从大到小排列依次为：辊环磁导率、线圈匝数、磁头间距（气隙宽度）、电流密度、磁头宽度。除磁头间距外，各因素对磁场的影响基本呈线性。因此，辊环的设计、线圈匝数与电流密度是增大侧封磁场的主要途径。

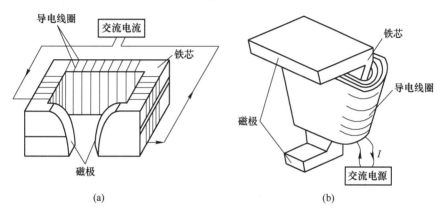

(a)   (b)

图 16-40　带铁芯的交流磁场电磁侧封装置

（a）水平磁场[53]；（b）垂直磁场[54]

C　应用实例三

图 16-41 所示为单匝线圈交变磁场发生装置图，利用线圈直接产生电磁场，一定程度上避免了上述缺点。其结构紧凑，可以有效提高磁场效率，研究前景广阔[55-56]。图 16-41（a）所示为左右线圈放置型，上部为矩形，下部成圆弧形，与双辊的轮廓大致相同。上部线圈截面积大，下部线圈截面积小，当通入交流电时，下部电流密度大于上部，因而下边的磁感应强度比上部大，产生的电磁力大。图 16-41（b）所示为前后放置线圈型，后部线圈呈矩形方框把前部线圈包围其中，前部线圈结构复杂，上部呈矩形，下部呈圆弧形，其内侧和下部的左右两侧都有特殊的鳍状结构，有利于磁场分布。当通入交流电时，也产生由上到下逐渐增强的电磁力。但直接用该线圈产生磁场，线圈必须离液态金属很近，这样就会使线圈所处的工作环境恶劣，须用适当耐火材料保护，如图 16-41（a）所示，并进行水冷却。单匝线圈交变磁场发生装置由于没有铁芯，磁感线方向难以控制，必须用一些非磁性材料作为附加屏蔽物。并且其内部结构复杂，电磁力难以用理论公式计算，需通过大量的实验和数值模拟才可确定。

D　应用实例四

针对整体式电磁侧封设备，燕山大学设计了一种新型分体式磁极电磁侧封结构[57]，

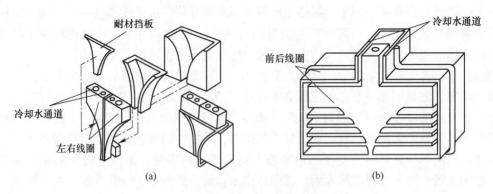

图 16-41 单匝线圈交变磁场发生装置

（a）左右线圈式；（b）前后线圈式

这种结构主要改善了熔池底部磁感应强度集中、磁极过饱和等问题。利用有限元技术对分体式磁极电磁侧封装置进行模拟，磁场在熔池内的分布、熔池内的感应电流密度、侧封面电磁力的强弱分布等模拟结果证实了分体式磁极侧封结构的侧封效果。

16.4.2.3 交变互感式电磁侧封技术的优点和不足

交变互感式电磁侧封技术的优点为：

（1）实现了非接触式侧封。

（2）可以显著改善带材质量，扩大浇注量，缩短侧封设备的维修时间和降低成本等。

交变互感式电磁侧封技术的不足为：

（1）需要大功率电源。因为钢的密度较大，要实现完全侧封，势必需要设计大功率的电源，这必然导致设备的复杂化，投资成本也相应增加。

（2）难以形成稳定的侧封端面。由于电磁力具有压缩性，很难形成与理论计算一致的侧封端面形状。且熔池内金属液存在波动现象。

（3）能量利用率较低。由于电磁侧封需要的磁场频率较高，因此电磁热损耗十分严重，热损耗主要发生在铁芯和铸轧辊上的产热。并且磁感线需要穿透轧辊，也会对能量有损耗。

（4）电磁侧封高度不足。由于漏磁率高，带材易重熔，侧封高度受到限制，侧封的高度还不能完全满足大工业生产。

（5）设备复杂，设计难度高。设计合理的磁场，以使熔池在整个高度方向上均匀稳定，实现连续侧封，是一个十分困难的问题。

（6）带钢边部厚度比其他位置厚，妨碍卷取机的正常卷取。

（7）有效功率中一半作用到铸辊的边缘加热，这部分功率没能有效用来侧封液态金属。

（8）带钢边缘有折皱现象。

16.4.3 稳恒磁场+直流电式电磁侧封

16.4.3.1 稳恒磁场+直流电式电磁侧封技术原理

稳恒磁场+直流电式电磁侧封是通过电磁发生装置在熔池端面施加稳恒磁场，磁感应强度在空间分布不随时间变化，同时在熔池内液态金属中通入直流电，在磁场和电流的相互作用下形成指向熔池内部的电磁力，以完成液态金属的封堵，装置如图 16-42 所示。使用耐高温电极或安装一对导电环向金属液内通入直流电。当熔池内金属融化后，在直流电源和导电环的作用下，金属液产生图示方向的电流 J，加上熔池内部施加的稳恒磁场 B，熔池内的钢液在稳恒磁场和直流电流的共同作用下，在熔池端面产生了指向熔池内部的电磁力 F。该装置需要在铸轧辊和侧封板、铸轧辊与导电环之间加入绝缘材料避免铸轧辊发生短路而烧坏，在侧封板和钢液之间加入隔热材料避免直接接触。此装置需要两个大功率直流电源来产生稳恒磁场和直流电，同时铸轧辊上的导电环和电极也需要经过特殊处理。因此，稳恒磁场+直流电式电磁侧封设备的发展优势较小。

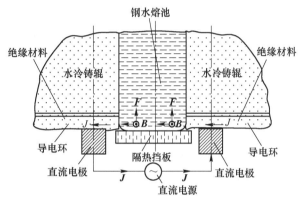

图 16-42　稳恒磁场+直流电式电磁侧封装置图

　　稳恒磁场+直流电式电磁侧封按照磁场传播方向不同，分为垂直磁场型和水平磁场型，具体结构如图 16-43 所示。从图中可以看出，外加电流只有在铸轧工作过程中形成稳定熔池或板坯时才会进行工作，否则电路处于断开状态。虽然水平式和垂直式电磁侧封的电流和磁场传播方向不同，但最终都可以形成侧封方向的电磁力。在可控性能的要求上，水平式相对垂直式要更具有优势。

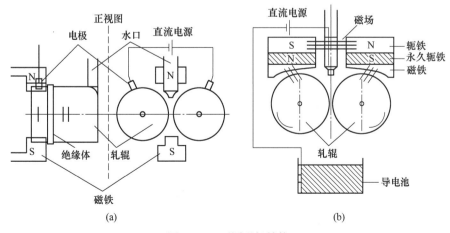

(a)　　　　　　　　　　　　　(b)

图 16-43　不同磁场结构

（a）垂直磁场型；（b）平行磁场型

16.4.3.2 稳恒磁场+直流电式电磁侧封技术应用

日本熊本大学设计了一种稳恒磁场+直流电式电磁侧封装置[47]。在静态磁场电磁侧封装置基础上，利用永磁体代替了原有磁场发生装置来产生稳恒磁场，磁感线穿过磁极、铸轧辊、熔池和空气形成磁路。通过控制永磁体与铸轧辊之间的磁路长度来调整侧封端面磁场强度，电流由外设电源通过耐高温电极通入熔池熔融金属液。由直流电和稳恒磁场相互作用而产生的电磁力完成对金属熔池的侧封。该装置可通过改变永磁体和铸轧辊之间的间隙来调整磁场在熔池内的穿透深度和磁场强度。同时还对铸轧辊的结构进行了分段式改进，即铸轧辊采用不锈钢和碳素钢两种材质组合而成，两种材质不同的磁导率可以改善磁场在熔池内的分布情况，以达到更好的侧封效果，这与电磁软接触分段式结晶器的开发类似。

16.4.3.3 稳恒磁场+直流电式电磁侧封技术的优点和不足

采用稳恒磁场+直流电式电磁侧封的优点为：磁场方向不变，大小稳定。产生的电磁力稳定，方向较易控制。

采用稳恒磁场+直流电式电磁侧封的不足为：

(1) 电磁侧封装置复杂，电磁力不足以平衡钢水静压力。

(2) 对电磁材料的性能要求很高。钢液中电流分布复杂，外加电流的电极需要与熔融金属直接接触，工作环境极其恶劣。且熔池内液态金属温度较高，普通电极难以使用，电极的寿命较短，需要使用耐高温材质的电极。

16.4.4 组合式电磁侧封技术

16.4.4.1 组合式电磁侧封技术原理

组合式电磁侧封技术结构如图 16-44 所示，即在电磁侧封的基础上加了一块侧封板来阻挡金属液外流，侧封板不承受金属液的静水压力，仅用来防止因断电或其他突发情况而使金属液流出发生的危险，电磁侧封装置用来对金属液产生电磁力。因此，组合式电磁侧封装置既拥有固体侧封的优点，也具有电磁侧封的优点。

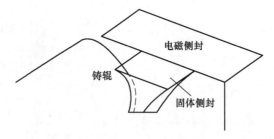

图 16-44 组合式电磁侧封装置结构示意图

16.4.4.2 组合式电磁侧封技术应用实例

A 应用实例一

日本名古屋大学的 Asai 教授领导的小组自 20 世纪 90 代初开始在复合式电磁侧封方面做了大量的研究工作，开发出电磁场耦合固体挡板侧封装置，如图 16-45 所示[58]。该装置实现了对镓金属液的侧封，并从理论上推导了金属液中电流的分布状态。从图可知，他们设计的电极较复杂，这在实际应用中会产生诸多不便。同时，两个磁极呈平行排列，漏磁较多，有必要进行优化设计。

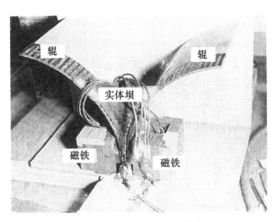

图 16-45　实验装置图[58]

B　应用实例二

上海宝山钢铁有限公司申请了双辊薄带连铸熔池侧封装置实用新型专利[59]。采用电磁装置与侧封板组合式侧封，重点是对熔池、铸轧辊和侧封板三者的交接区域，即"三角点"角部区域进行侧封。该发明的特点在于大大缩减了电磁侧封的面积，从而降低电源功率。该电磁装置对电磁铁的形状提出了优化方案，电磁轭铁呈"E"形；电磁线圈由带绝缘层导电铜管绕制而成，铜管内可通水冷却；同时在铸轧辊两端加设带有缝隙的辊环结构，用非磁性材料对缝隙进行填充，减少铸辊在磁场中生热。该专利技术的关键是一种组合式侧封的设计且降低了能耗。

此外，在双辊薄带铸轧电磁侧封装置专利[60]中，增加了电磁屏蔽罩，并设计了新型的弹簧式和盘式电磁线圈结构。该装置中电磁线圈中心无铁芯，使电磁线圈与熔池端面的距离减小（0~1 mm），从而降低了铁芯式电磁装置磁力线传输距离大、磁损耗大等问题；同时，电磁屏蔽罩也可降低磁损耗，增加熔池端部磁感应强度，并对屏蔽罩外部的钢结构起到一定的保护作用。但是该装置还存在不足，通过改变线圈结构并不能合理改善磁场分布，且不能在同一电流强度下，对熔池内不同高度的磁场强度进行控制。

16.4.4.3　组合式电磁侧封技术的优点和不足

组合式电磁侧封技术的优点为：兼具电磁侧封和机械侧封两种技术的特色，解决了效率低、侧封高度不足，突然断电时金属液外流带来的危险等问题。

组合式电磁侧封技术的不足为：

（1）侧封板制备要求高。侧封板需要采用在高温下仍有磁导率的铁磁材料做成，否则会影响电磁力的大小。且侧封板厚度不能太厚也不能太薄，比普通的固体侧封板材料要求更高。

（2）侧封板制备成本高。侧封板在高温下存在腐蚀和消耗，需要定期更换，必然会增加投入成本。

16.4.5 电磁侧封技术发展展望

综合上述结果，结合国内外电磁侧封方面的研究现状，可以得到如下结论：

（1）侧封技术是薄带双辊连铸的关键技术之一，有效的侧封技术会使铸带成本大大降低，有利于推动薄带连铸技术的产业化。

（2）电磁侧封是一项全新的侧封技术，因为电磁力的超距作用，理论上可利用电磁力实现高温金属液的非接触式侧封，具有独特的优越性。

（3）根据所施加电磁场的差异，可以将电磁侧封装置分为交变磁场式、交变磁场组合式、恒定磁场+直流电式等几类，其各有优缺点，有待进一步研究。

（4）电磁侧封装置已初具规模，各种形式的磁场发生装置和电磁侧封装置都已相继出现，其改进的目的是围绕着有效和节能来进行的。

（5）现在研究的重点是怎样控制电磁力：一方面有效地利用电磁场，另一方面使电磁力满足铸带边界的要求。包括以下几个方面：1）电流和感应圈匝数与金属液侧封高度的关系；2）电源频率对侧封高度和金属液侧封表面的影响；3）电流、匝数、频率与辊端区域金属液的搅拌、波动，以及带边形状的关系，并确保电磁力沿辊边金属液的深度呈线性增加。

16.5 电磁泵技术

16.5.1 引言

电磁泵是根据磁流体动力学理论，利用液态金属中形成的电流（可以是感应产生的电流，也可以是传导的电流）与外部磁场的相互作用，驱动液态金属运动的泵送设备。电磁泵也被称为液态金属电磁泵[61]，以电磁驱动的方式输送液态金属，不仅取代了传统的动力供应，而且实现了对液态金属的非接触式运输，避免液态金属的污染与变质。

经过冶炼、凝固、压力加工、热处理等工序，液态金属转变为具有一定强度、韧性、导电性和导热性的固态金属。液态金属的加工与处理过程，直接关系固态金属的使用和加工品质。相比固态金属，液态金属的化学活性、流动性及腐蚀性等明显改变，容易产生表面氧化、夹杂物掺杂等问题。在冶炼、铸造、航空航天及原子能工业等领域，液态金属的高质量输送成为行业关注的主要问题。具有传动机构的机械传动方式，由于设备部件容易受到液态金属的腐蚀而造成损坏，生产成本提高，同时影响生产工序。液态金属与传动部件的直接接触，容易引起液态金属本身的污染。由于液态金属具有导电性，处于磁场中流动的液态金属，其流动方向与外加磁场方向若存在位向差，液态金属便会受到磁场的作用力而产生定向运动。因此，电磁泵成为输送液态金属的主要选择。

原子能工业的发展，特别是快中子增殖反应堆的研制，促进了电磁泵的发展。由于具有简单、可靠、无机械传动部件及完全密封等特点，它成为泵送活泼液态金属（如钠、钾等）和有毒液态金属（如铅、汞等）的理想手段。在冶金和铸造行业中，电磁泵可以输送铁水及铝、铅、锡和锌等熔融金属。在化学工业和医疗器械行业中，电磁泵可以用来提升水银、钠等金属。电磁泵的可靠性和扩展应用为相关领域建立自动化生产过程奠定了基础，促进了行业的总图运输及工艺优化。电磁泵具有不同的设计构造和供应电源等类型，其效率和效果不尽相同，不同应用领域对电磁泵要求也各有侧重，所以，电磁泵的选取应根据实际条件和需求而定。

本节首先介绍了电磁泵的原理，其次详细介绍了传导型电磁泵和感应型电磁泵的工艺、装备、应用及优点和不足。

16.5.2 电磁泵技术原理

电磁泵的泵沟是电磁泵最主要的部分，泵沟内部的液态金属可以看成由大量微小液态金属质点单元集合形成。处于电磁耦合场作用下的液态金属质点单元，受到电场力与洛伦兹力共同作用，泵沟内各个液态金属质点单元受力的矢量和，在宏观角度上表现为电磁泵对液态金属的电磁驱动力，使电磁泵具有一定的流量与压头，能够驱动液态金属以一定速度 V 产生定向运动。在同一水平面内，泵沟外部施加与磁场方向垂直的电场，液态金属成为载流导体，受到电磁驱动力作用，这种情况下液态金属内部形成的电流为外加电场引起传导电流。电磁泵工作原理如图 16-46 所示，图中正方体代表从泵沟中选取的液态金属质点单元，图中标注的磁感应强度 B 和电流 J 方向与直角坐标系各坐标轴正向相同为正方向。由法拉第电磁感应定律可知，$+B$（或$-B$）型磁场穿过泵沟，液态金属切割磁感线运动，在液态金属内部产生感应电流$+J$（或$-J$），即产生感应电场。

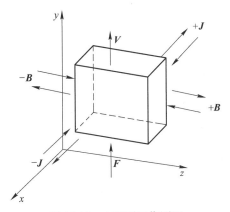

图 16-46 电磁泵工作原理

电磁泵的效率（定义为输出的流体能量，即流量与压头的乘积，与输入的电能之比）与其输送的液态金属的物理化学性能有关。一般情况下，在输送电阻率低、动力黏滞系数小、密度小、压头低、腐蚀性不大的液态金属时，效率比较高。因此，同一电磁泵在输送不同液态金属时，会有不同的流量与压头。为了提高电磁泵的效率，满足不同领域的使用需求，电磁泵的研究与开发主要集中在结构设计与供电方式两方面。其中，以结构区分，电磁泵主要的应用类型包括平面型、圆柱型及螺旋型。根据液态金属中电流产生的方式划分，电磁泵大致可以传导型与感应型电磁泵。两者不同点在于，传导型电磁泵液态金属中的电流由电极直接导入，而感应型电磁泵液态金属中的电流是由磁场和液体的相对运动感应产生。综合分析，电磁泵主要分类如图 16-47 所示。

一般的传导型电磁泵都由磁场、电极和泵沟三个部分构成，而感应型电磁泵则由感应器和泵沟两个主要部分构成。磁场要穿过泵沟才能在液态金属中与电流相互作用产生电磁

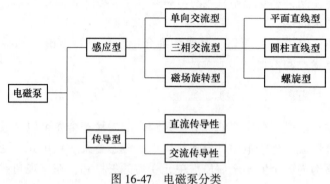

图 16-47 电磁泵分类

力，所以泵沟应选取非磁性的材料。泵沟材料往往要求具有高的电阻率、良好的机械强度及优越的热震性并便于加工。接下来将详细阐述传导型与感应型电磁泵。

16.5.3 传导型电磁泵

传导型电磁泵是在泵沟的左右两侧安装磁铁磁极，两磁极之间形成一个具有一定磁感应强度的磁隙，泵沟的前后两侧安装电极，电极通电时，电流流过泵沟壁和内部的液态金属，液态金属在磁场与电场的相互作用下运动。根据电磁泵泵沟内液态金属产生电流的方式，传导型电磁泵具有不同的设计形式，下面对直流传导型电磁泵、交流传导型电磁泵、具有单独变压器的电磁泵，以及泵-变压器组合型电磁泵进行简单的介绍。

16.5.3.1 传导型电磁泵工艺

传导型电磁泵工艺原理如图 16-48 所示。图 16-48 中扁平管道是电磁泵泵沟，内部充满导电的液态金属。电磁泵工作时，作用于泵沟内液态金属的电流 I 方向与磁隙间磁感应强度 B 的方向互相垂直，根据左手安培定则，在磁场中的电流元将受到磁场的作用力，即洛伦兹力，其方向向上。磁铁、电极和泵沟是构成传导型电磁泵的基本结构单元。

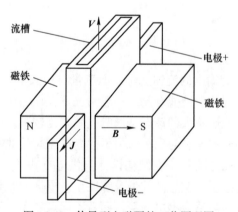

图 16-48 传导型电磁泵的工艺原理图

传导型电磁泵的主要参数是磁极磁场间隙的磁感应强度 B 和流过液态金属的电流密度 J，它们与电磁泵的主要技术性能指标压头 Δp 之间的关系为：

$$\Delta p = \int_0^l -\boldsymbol{JB}\mathrm{d}x = -\boldsymbol{JB}l \tag{16-24}$$

式中，Δp 为压头，MPa。

液态金属在该压强的作用下，产生定向移动，从而实现液态金属的输送和提升。假设在磁隙中间，磁感应强度 $\boldsymbol{B}$ 不随位置变化，即为均匀磁场，而且电流密度恒定，则理想压头可用式（16-25）来计算

$$\Delta p_{\text{理想}} = \frac{\boldsymbol{B}l}{b_{\text{H}}} \tag{16-25}$$

式中，$\Delta p_{\text{理想}}$ 为理想压头，MPa；b_{H} 为泵沟厚度，mm。

但实际上，只有磁铁截面积无穷大时，磁隙间才能达到匀强，所以实际泵高将小于式（16-25）计算的理想值，磁铁面积越大越接近。

16.5.3.2 传导型电磁泵装备

A 直流传导型电磁泵

直流传导型电磁泵由直流电磁铁、电极与泵沟三个主要部分构成，泵沟内的液态金属在直流电磁铁产生的磁场和由电极导入的电流的作用下运动，如图 16-49 所示。直流传导型电磁泵磁场的激磁电流可以为他激（与传导电流无关），也称他激直流泵；也可以为串激（与传导电流相连），也称串激直流泵。泵沟一般采用厚度尽可能薄（0.5~3 mm）的非磁性不锈钢制成，而且要求比电阻高。为了尽可能减少非磁性气隙，泵沟一般都制成矩形截面，宽度（在电流方向）与厚度（在磁场方向）之比为 1~10。

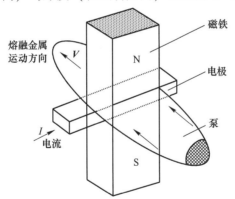

图 16-49　直流传导型电磁泵示意图

在输送温度不高或者容量较小的液态金属情况下，电极和泵沟的连接用铜锌焊料或银焊料作硬性焊接。在大型泵中，为了避免温差应力，电极与泵沟的连接最好采用挠性连接。当液态金属温度接近或高于铁的居里点时，泵沟与极靴间应敷有热绝缘材料。直流泵极靴中部的磁通密度可达到 0.4~1.4 T。在大型泵中，为了在较大的非磁性气隙中得到高的磁通密度，其激磁磁势可达 3×10^5 A·N 左右。直流泵有效区中液态金属的电流密度为 2~3 A/mm²。极靴长度（沿液态金属流向）应该大于电极宽度，但一般都将极靴两边削去，则极靴中部的长度应不小于电极宽度，而极靴的最大长度可以等于电极宽度加上两倍于泵沟宽度。为了减少环流，最好使泵沟宽度小于电极宽度的一半。磁极的几何形状直接关系泵的效率。

泵沟壁上的环流和液态金属中的电流效应（即相当于直流电机中的电枢反应），将使泵的效率下降，为了消除电流效应，可以采用下列方法：

（1）在极靴和泵沟之间装有补偿绕组（铜排），它与电路串联，其电流方向与液态金属中的电流方向相反，应用此法将使气隙加大。

（2）改变磁极的形状和泵沟的截面（液态金属入口端气隙大于出口端的气隙，而液流入口端的泵沟截面小于出口端的截面），使其能保证在整个有效区中反电势等于常量。这种方法结构复杂，而且只能在某一固定的工作状态下得到适当的补偿。

（3）采用链形（U形）泵沟，如图 16-50 所示。这种泵两个泵沟液态金属中的电流效应互相补偿，采用这种方法，设备结构复杂，泵沟中水力损失较大，而且有一部分电流流过非有效区域而使附加损耗加大。

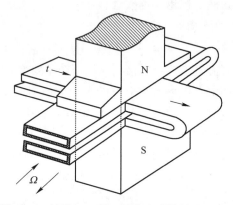

图 16-50　链形（U形）泵沟直流传导型电磁泵

直流传导电磁泵的结构简单，工艺简便，电气绝缘问题易于解决，冷却方便，没有焦尔损失，泵的效率相对较高（有时可达 60%），但是需要低电压大电流（几万甚至几十万安）的直流电源，使它的应用受到了很大的限制。直流泵适用于抽送高温、低压力(200~300 MPa)和大流量（每小时几十至几百立方米）的液态金属。

B　交流传导型电磁泵

交流传导型电磁泵（也称漏抗泵）的作用原理及结构和串激直流泵很相似，其液态金属中的电流是传导电流，磁场为交变磁场，磁路是迭装方式，主要组成包括激磁绕组，铁芯，电极与泵沟，如图 16-51 所示。为了减少铁耗，铁芯由硅钢片迭成。这种泵由于在副回路中有漏磁电流存在，只有在气隙磁通和通过泵沟液态金属的传导电流相位一致或近似一致的前提下才能够正常工作。

交流传导型电磁泵在运行中，电源是交变电流，但电流方向变化时，磁场方向会随之变化，所以液态金属的运动方向不变。这种泵，电源问题易于解决，由于泵沟中的电流分布很不均匀，又存在集肤效应，输出的流量与压头都很小，因此交流传导型电磁泵的效率很低，仅适合应用于小流量、低压头的场合。

C　具有单独变压器的电磁泵

具有单独变压器的电磁泵其电源由特殊的降压变压器的副绕组供电，它和交流传导型电磁泵的主要区别在于泵气隙中的磁通密度与泵沟中电流的相位相同，而与回路的阻抗无

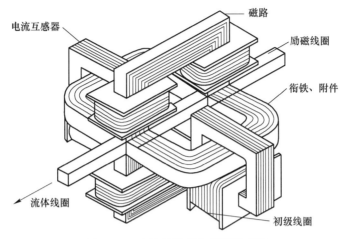

图 16-51　交流传导型电磁泵示意图

关，因而大大提高了泵的效率，如图 16-52 所示。此外，泵气隙中磁通密度分布的不均匀代替了电流分布的不均匀。

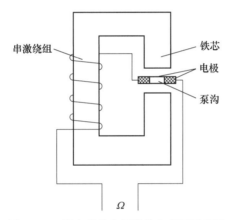

图 16-52　具有单独变压器的电磁泵示意图

D　泵-变压器组合型电磁泵

泵-变压器组合型电磁泵的工作原理与单独变压器的泵相似，主要区别在于气隙中的磁通是原磁通与副磁通之和，如图 16-53 所示。由于副回路中的阻抗主要为电抗，其电抗

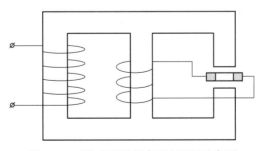

图 16-53　泵-变压器组合型电磁泵示意图

与电阻相比，电阻可以忽略不计时，可以认为其气隙中磁通和电流的相位近似相同（准确来说是相差 180°）。

泵-变压器组合型电磁泵中铜和硅钢片的用量少，结构简单，供电方便。但此种电磁泵的效率很低，一般为百分之几，较好的才达到 10%~15%。泵的功率因数低，仅为 0.3~0.5。由于磁场为脉动磁场，泵沟壁较薄，因而容易发生机械振动。该种电磁泵多用于小生产率、低压强的情况，试验性方面的应用居多。

16.5.3.3 传导型电磁泵技术应用

A 应用效果

应用效果如下：

（1）控制灵活方便，能达到较高的定量精度。

（2）传导泵的工作电流由独立于磁场源的外部电源提供，运行电流大，液态金属中电流密度大，产生的压力梯度大，泵的效率高。

B 应用实例

采用传统的低压铸造工艺方法生产的铸件充型不平稳，尤其是生产大型复杂铸件经常出现金属氧化夹杂、微裂纹、缩孔和缩松等铸造缺陷，使加工后的部件在装机考核或运行过程中出现裂纹、漏油等故障。随着对铸件质量要求的不断提高，利用传统的低压铸造设备和工艺浇铸的铸件质量已不能满足实际需求。以电磁泵充型技术为核心的铸造工艺，克服了传统低压铸造工艺的缺陷，使铸件的质量得到明显提高。中北大学自主研制开发了电磁泵低压铸造系统[62]，如图 16-54 所示，通过对工艺参数静压头、流量与电极电流关系的测定及工艺研究，发现在磁感应强度一定的情况下，静压头与电极电流呈线性关系，流量与电极电流呈二次函数关系。结合车用发动机增压器叶轮复杂铸件结构特点，确定电磁泵充型低压铸造生产工艺，通过对铸件性能检测，结果表明该技术生产的复杂铸件综合力学性能良好，增压器叶轮抗拉强度大于 350 MPa，伸长率大于 6%，疲劳性能的测定结果平均值为 10.5 kg/mm² 铸件内部结构轮廓清晰，没有发现气孔、夹渣和裂纹缺陷。

图 16-54 电磁泵低压铸造系统[62]

16.5.3.4 传导型电磁泵的优点和不足

传导型电磁泵的优点如下：

（1）传导型电磁泵的结构简单，适用于输送不同流量的液态金属，应用范围广。

（2）所需电压较低，高温下绝缘问题容易解决。

（3）本身没有活动部件，没有任何机件和金属液直接接触，避免了液态金属对机件的侵蚀作用。

（4）提高铸坯质量。从熔化（或保温）炉内能够静止地抽取液态金属，防止了液态金属的飞溅、氧化的产生，有效地提高了金属或合金质量及铸件质量。

（5）自动化程度高。不仅用于输送液态金属，而且可以进行浇注，代替了铸造生产中原有的手提浇包和手动浇注机，减轻了劳动强度，改善了劳动条件，便于组织机械化、自动化的生产流水线。

传导型电磁泵的不足如下：

（1）需要大电流、低电压的直流电源。

（2）电极材料以及泵沟的连接比较复杂。

16.5.4　感应型电磁泵

感应型电磁泵感应器绕组的下线方法与异步电机相同，感应器绕组通电后形成一个行波磁场，泵沟中的液态金属在行波磁场的作用下产生感应电流，成为载流导体，与行波磁场相互作用产生的电磁力驱动泵沟中的液态金属流动。

感应型电磁泵可分为单相及三相感应型电磁泵两大类。从理论角度分析，单相感应型电磁泵具有可行性。但是，单相感应型电磁泵泵沟结构复杂，不易清理，难以启动。因此，在实际使用中单相感应型电磁泵受到限制，三相感应型电磁泵更具有实用价值。下面对三相感应型电磁泵进行简单的介绍。

16.5.4.1　感应型电磁泵工艺

感应型电磁泵的工作原理与直线电机相似[63]。将旋转电机内部定子从一轴截面剖开拉长即为线性电机，其中电机转子类比直线电机次级定子，而电机定子类比于直线电机初级定子，如图 16-55 所示。直线电机的次级定子做直线运动可类比于电磁泵内运动的液态金属，因此可将电磁泵各部件看作电路零件，采用等效电路法进行初步设计。位于平面或圆柱形铁芯中的三相绕组[64]，将三相交流电加载进线圈，产生行波磁场或旋转磁场，定子激励的感应磁场可在通道内部金属液体中产生相同频率的感应电场，引起感应电流，由于感应磁场的径向分布和感应电流的周向分布，两者作用产生的洛伦兹力驱动液体沿轴向方向运动，实现对液态金属的驱动，如图 16-56 所示。

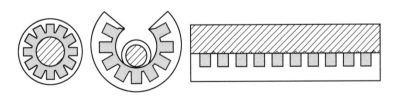

图 16-55　直线电机的类比过程

16.5.4.2　感应型电磁泵装备

根据泵沟的结构，感应型电磁泵主要有螺线型感应泵、平面线性电磁泵、圆柱型线性感应泵三种类型，下面对其进行简单的介绍。

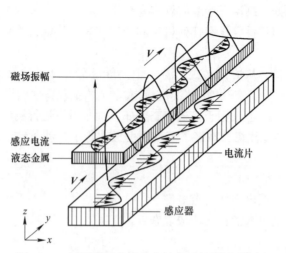

图 16-56　平面线性电机产生的电场与磁场示意图

A　螺线型感应泵

从其工作原理、结构和工作特性来说，和其他电磁泵相比，螺线型感应泵与异步电动机最相似。螺线型感应泵由与异步电动机的定子相同的感应器，迭制的铁芯和位于感应器及铁芯间空隙中的薄壁圆柱体组成。圆柱体一般用非磁性钢制成，在圆柱体间绕有窄带以组成单牙或多牙的螺线形泵沟，液态金属即在此空间中流动，一根螺旋线置于圆柱形泵沟的夹层内，使圆周运动的液态金属沿螺旋线上升而输送出去，如图 16-57 所示。

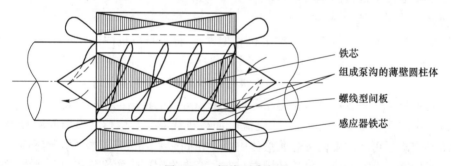

图 16-57　螺线型感应泵

螺线型感应泵的泵沟结构和制造很复杂，工作时泵沟的预热、保温和清理困难。同时液态金属在磁场中的轴向运动产生附加损耗。泵沟里的螺旋线圈数越多则压头越大，所以此种电磁泵的压头范围可以宽些，但加工时此种泵沟比较困难。它适用于输送流量小或适中的液态金属，但需要比较高压强的场合。

B　平面线性电磁泵

平面线性电磁泵的感应器为平板型，具有两个等值的、与三相交流电机绕组同样形式的绕组。它们互相串联或并联，使两个感应器之间的气隙中形成一个行波磁场（相当于取一个普通异步电动机的定子，将其沿圆柱体的母线剖开，然后展开为平面而得的平面感应器）。当平面直线型电磁泵的感应器通电后会产生一个行波磁场，这个行波磁场与它在液态金属中感生的电流相互作用，产生使液态金属运动的电磁力。如图 16-58 所示，感应器铁芯由硅钢片叠制而成；感应器绕组材料的选择按功率的大小和泵的工作条件而定，一般选用有圆扁截面绝缘导线或紫铜管；为减少泵沟本身的热功率损耗，采用非磁性、高电阻率的材料，一般选用不锈钢或非金属材料等。

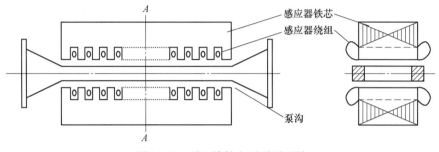

图 16-58　平面线性电磁泵原理图

　　平面线性电磁泵不需特殊电源，结构简单，维修容易，应用较广泛。泵沟与直流泵泵沟相同，但可以用导电材料制成，泵沟截面宽度与厚度之比在 20~30 之间。这种泵最适用流量大和压力适中的情况，虽然由于有边缘效应而引起磁通密度下降、附加损耗加大等缺点，但由于结构与工艺简单，这类泵仍得到广泛应用。在铸铁、铝等金属的浇铸作业中使用的电磁流槽就是这种电磁泵敞开的泵沟形式。国外的铁水电磁流槽、输铝电磁流槽，已进入了实用阶段，使浇铸作业实现了自动化连续浇铸。

　　平面线性泵还有另外的形式，如图 16-59 所示。图 16-59 所示为平面螺线感应泵，感应器的两面均开有槽，放有产生行波磁场的特殊绕组，这种绕组在上下槽中的部分端部共用。由于上下气隙中同时产生行波磁场，因而可以得到较大的压强。这种泵绕组端部较短，损耗较小，但泵沟的拐弯处水力损耗较大，冷却条件较差。

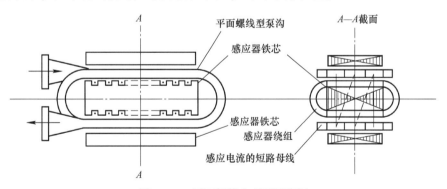

图 16-59　平面螺线电磁泵原理图

　　C　圆柱型线性感应泵

　　如果平面线性泵的泵沟沿其轴向长度方向卷圆，液态金属在环形通道内流动，同时定子沿着泵的周围均匀布置，就可以得到圆柱型线性感应泵。图 16-60 所示为一种常见的圆柱型线性感应电磁泵[65]，采用了几个分开的叠层组件。这种泵由感应器、泵沟和内铁芯构成。从原理上讲，它是由平面直线型感应泵延伸而来，即把几个相同参数的平面直线型感应泵的感应器的直线槽改成圆弧形，泵沟变成一个环形通道，在感应器环形槽中的三相绕组，在气隙中产生沿圆柱体轴线方向运动的行波磁场，这个磁场在泵沟中的液态金属里引起感应电流（这一电流形成圆周），电流和磁场的共同作用使液态金属从环形泵沟中直线通过。

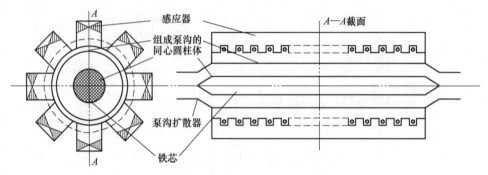

图 16-60　圆柱直线型感应泵[65]

圆柱型线性感应泵除了具有一般电磁泵的特点之外，由于它的泵沟为圆筒形，因此具有强度好、可靠性高、体积小、重量轻及安装占地小等优点。圆柱型线性感应泵的感应器的绕组没有端部，铜耗较小，没有横向边橼效应。泵进出口处的水力较高，但制造和固定内铁芯比较复杂，修理感应器时须拆卸管道。采用冷拉或焊接的管道来制作圆柱型线性感应泵的泵沟比较好，它在压力或真空状态下，只有很小的变形。由于内芯必须在一定温度的液体内工作，这限制了泵的能力，因此液体温度必须在内芯材料的居里点以下。圆柱型线性感应泵适用于中等压力、流量大的场合。

圆柱型线性泵的绕组，只有一边有气隙，它的槽比平面线性系要深。深槽具有较高的阻抗，但降低了功率因数，必须有一个单独的热涂层，不需要突出的阻抗补偿。必须尽量避免磁场脉动，这是因为管道内的液体围绕芯子转动的路程很短。由于盖状线圈的规格容易改变，对端部线圈的参数应详细规定，这样可以减少磁场脉动。

16.5.4.3　感应型电磁泵技术应用

A　应用效果

感应型电磁泵系统具有传输平稳、加压规范、连续精确可调、炉体不密封、生产过程稳定等特点，具有以下应用效果：

（1）具有稳定的磁场结构，液态金属传输平稳，不引起湍流而造成氧化、吸气，可靠性高，同时液态金属经过磁场作用，可以细化晶粒，对改善铸件的组织、性能有积极的作用。

（2）液面波动对加压控制不产生影响，加压规范控制非常精确，而且响应快。

（3）炉体不需密封，金属液的气体压力保持稳定，减少气体的溶入，形成气泡的倾向性明显减小。

（4）生产过程和生产状态稳定，铸件质量的一致性好。

（5）炉内液态金属可以方便地进行温度检测与控制、除气处理、更换过滤片、添加合金元素或排渣等，而且不需要中止生产过程。

（6）低温易熔金属及高温液态金属均适用。

B 应用实例

随着新型、高效铸造机械（如压铸机）和高速自动造型线在铸造生产中的广泛应用，熔融金属的输送、计量、浇铸的自动化、高速化成为急需解决的问题，浇铸作业又是铸造工业中一道操作繁重的工序，不仅劳动强度大而且作业环境（如高温、废气等）对工人健康产生较大影响。在铸造车间，以电磁泵升液系统为工艺技术核心的铸造技术可以克服传统气压式铸造工艺的缺点，应用电磁泵系统可以代替人工浇铸，实现浇铸的机械化、自动化及定量化，大大降低了工人的劳动强度。电磁泵工作时无噪声污染，可改善工人的工作环境，促进了铸造生产车间的现代化生产进程。

a 应用实例一

英国首先将电磁泵输液系统应用于铸造生产，并将该项技术成功地应用于生产一级方程式赛车和汽车发动机缸盖和缸体，使铸件成品率从原来的 40%提高到 85%以上，铸件的性能也有大幅度的提高，质量非常稳定。在铝合金铸造用电磁泵中，目前国外研制的大多是交流电磁泵。如美国诺瓦卡斯特公司（Novacast）生产的 PG-450 型内置式电磁泵，压头达 2.5 m 铝柱，流量达 10 kg/s；乌克兰国家科学研究院金属及合金物理工艺研究所研制的 99874M 型炉底外置式电磁泵，压头达 2 m 铝柱，流量达 6 kg/s。

b 应用实例二

内蒙古科技大学自主研发了平面交流感应电磁泵系统[66]，用于金属熔炼过程对液态金属的输送，设备示意图如图 16-61 所示。通过系统研究发现，电磁泵对液态金属产生的电磁驱动力与磁场发生装置的结构设计、泵沟与磁极间的距离、泵沟材料以及液态金属的电阻率有关。电磁泵泵沟内的 Sn 液重 31.6 N。电磁泵加载电压调节范围为 75~85 V 时，液态金属 Sn 可被电磁泵驱动，由泵沟流出进入保温炉。在加载电压值为 80 V 情况下，对应的泵沟内感应磁场强度均值为 0.137 T，电磁泵对液态金属 Sn 的泵送效果最佳。

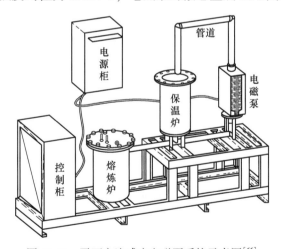

图 16-61 平面交流感应电磁泵系统示意图[66]

16.5.4.4 感应型电磁泵的优点和不足

感应型电磁泵的优点如下：

(1) 由于电磁力产生于液态金属内部，不是外来的机械力，因此，液态金属能完全密封,适于输送化学性质活泼及有毒害的金属。

(2) 由于泵体没有机械运动部分,结构简单,不需专用直流电源,可以避免传导泵的电极材料和结构问题。运行时噪声小,工作可靠、维修方便。

(3) 由于电磁泵的运行完全电气化,因此控制调节方便,易于实现自动化,在生产工序中占有重要地位。

感应型电磁泵的不足如下:

(1) 在输送液态金属的过程中,由于涡流损耗的存在,在流体内部将产生焦耳热损失,这部分热量的产生降低了电磁泵的工作效率。一般来说,圆柱泵的压头低、流量大;螺旋泵的压头高、流量小;平面泵的压头和流量中等。

(2) 电磁泵在运行时,会有电气的损失和流体的损失,主要包括感应器绕组的铜损、感应器铁芯铁损、泵沟部分因感应电流产生的焦耳损失、流体中的焦尔损失,以及流体流动时与泵沟之间摩损产生的流体损失。

(3) 交流感应泵绝缘和冷却比较困难。

参 考 文 献

[1] 徐立军. 电弧炼钢炉实用工程技术 [M]. 北京:冶金工业出版社,2013.

[2] 朱应波,宋东亮,曾昭生,等. 直流电弧炉炼钢技术 [M]. 北京:冶金工业出版社,1997.

[3] 朱荣,刘会林. 电弧炉炼钢技术及装备 [M]. 北京:冶金工业出版社,2018.

[4] 王振民. 高效电弧等离子体技术及其应用 [M]. 广州:华南理工大学出版社,2018.

[5] 沈才芳,孙社成,陈建斌. 电弧炉炼钢工艺与设备 [M]. 北京:冶金工业出版社,2008.

[6] 顾根大,安阁英,李庆春. 电场作用下的材料凝固 [J]. 材料科学与工程学报,1989,7 (4):20-24.

[7] RABIGER D, ZHANG Y, GALINDO V, et al. The relevance of melt convection to grain refinement in Al-Si alloys solidified under the impact of electric currents [J]. Acta Mater., 2014, 79 (15):327-338.

[8] 陈克全,王海川,钱章秀,等. 电极施加方式对纯铜凝固组织的影响 [J]. 安徽工业大学学报,2013,30 (1):11-15.

[9] 杨芬芬,曹飞,康慧君,等. 直流电场下 Sn-Pb 合金凝固组织细化研究 [C] //第三届全国电磁冶金与强磁场材料科学会议,焦作. 2016:140.

[10] 潘文,苍大强,郭发军,等. 交流电场对 Al-15%Cu 合金凝固组织的影响 [C] //第三届冶金工程科学论坛,北京. 2004:247-338.

[11] LIAO X L, ZHAI Q J, LUO J, et al. Refining mechanism of the electric current pulse on the solidification structure of pure aluminum [J]. Acta Mater., 2007, 55:3103-3109.

[12] LIAO X L, ZHAI Q J, SONG G J, et al. Effects of electric current pulse on stability of solid/liquid interface of Al-4.5wt.%Cu alloy during directional solidification [J]. Mater. Sci. Eng. A, 2007, 466:56-60.

[13] 李航,李杰,夏云进,等. 脉冲电场孕育处理对伍德合金凝固组织的影响 [J]. 安徽工业大学学报,2016,33 (1):10-13.

[14] 张国华,周国治,李丽芬,等. 钢液中电化学脱氧新方法 [J]. 钢铁,2010,45 (5):30-32.

[15] ZHANG G Z, YAN L G, ZHANG X F. Inclusion removal in molten magnesium by pulsed electric current

[J]. ISIJ Int., 2020, 60 (5)：815-822.

［16］贾吉祥，郭庆涛，廖相巍，等. 外加电场作用下钢液无污染脱氧工艺 ［J］. 钢铁，2016，51（9）：46-50.

［17］王建军，周俐. 电场作用下钢水中铜元素的分离 ［J］. 安徽工业大学学报，2003，20（4）：89-94.

［18］LOZYNSKYY Z O, HERRMANN M, RAGULYA A. Spark plasma sintering of TiCN nanopowders in non-linear heating and loading regimes ［J］. J. Eur. Ceram. Soc., 2011, 31 (5)：809-813.

［19］LIU L, MORITA K. Effect of sintering conditions on optical and mechanical properties of $MgAl_2O_4/Al_2O_3$ laminated transparent composite fabricated by spark-plasma-sintering (SPS) processing ［J］. J. Eur. Ceram. Soc., 2022, 42 (5)：2487-2495.

［20］REN K, LIU J L, WANG Y G. Flash sintering of yttria-stabilized zirconia：Fundamental understanding and applications ［J］. Scr. Mater., 2019, 187：371-378.

［21］PENG P, CHEN C, CUI B, et al. Influence of the electric field on flash-sintered (Zr + Ta) co-doped TiO_2 colossal permittivity ceramics ［J］. Ceram. Int. 2022, 48 (5)：6016-6023.

［22］张有东. 电磁测量 ［M］. 北京：煤炭工业出版社，2014.

［23］田贵云，何赟泽，高斌，等. 电磁无损检测传感与成像 ［M］. 北京：机械工业出版社，2020.

［24］FARADAY M. Experimental researches in electricity ［J］. Philosophical Transactions of the Royal Society, 1832, 122：175.

［25］SHERCLIFF J A. The Theory of Electromagnetic Flow-measurement ［M］. Cambridge：Cambridge University Press, 1962.

［26］BEVIR M K. The theory of induced voltage electromagnetic flowmeters ［J］. Journal of Fluid Mechanics, 1970, 43 (3)：577-590.

［27］BAKER R C. Flow Measurement Handbook：Industrial Designs, Operating Principles, Performance and Applications ［M］. Second edition. Cambridge：Cambridge University Press, 2016.

［28］THESS A, VOTYAKOV E V, KOLESNIKOV Y. Lorentz force velocimetry ［J］. Physical Review Letters, 2006, 96 (16)：164501/1-4.

［29］THESS A, VOTYAKOV E V, KNAEPEN B. Theory of the Lorentz force flowmeter ［J］. New Journal of Physics, 2007, 9 (8)：299/1-27.

［30］JIAN D, KARCHER C. Electromagnetic flow measurements in liquid metals using time-of-flight Lorentz force velocimetry ［J］. Measurement Science and Technology, 2012, 23 (7)：074021/1-14.

［31］张华，赵文柱. 热工测量仪表 ［M］. 2 版. 北京：冶金工业出版社，2013.

［32］STEFANI F, GUNDRUM T, GERBETH G. Contactless inductive flow tomography ［J］. Physical Review E, 2004, 70 (5)：056306/1-7.

［33］DUBOVIKOVA N. Non-contact flow rate measurements in turbulent liquid metal duct flow using time-of-flight Lorentz force velocimetry ［D］. Ilmenau：Technische Universität Ilmenau, 2016.

［34］上海光华仪表厂. GB/T 18660—2002 封闭管道中导电液体流量的测量，电磁流量计的使用方法 ［S］. 北京：中国标准出版社，2002.

［35］刘可昌，李霞，李斌. 永磁式电磁流量传感器及其信号处理 ［J］. 微纳电子技术. 2007（7）：213-215，221.

［36］SHARMA P, KUMAR S S, NASHINE B K, et al. Development, computer simulation and performance testing in sodium of an eddy current flowmeter ［J］. Annals of Nuclear Energy, 2010, (37)：332-338.

［37］RAJAN K K, SHARMA V, VIJAYAKUMAR T, et al. Design and development of samarium cobalt based permanent magnet flow meter for 100 NB pipe in sodium circuits ［J］. Annals of Nuclear Energy, 2015 (76)：357-366.

［38］ THATCHER C, BENTLEY P G, MCGONIGAL G. Sodium flow measurement in PFR ［J］. Nuclear Engineering International, 1970 (15): 822-825.

［39］ BAKER R C. Electromagnetic flowmeters for fast reactors ［J］. Progress in Nuclear Energy, 1977, 1: 41-61.

［40］ TARABAD M, BAKER R C. Integrating electromagnetic flowmeter for high magnetic Reynolds numbers ［J］. Journal of Physics D: Applied Physics, 1982 (15): 739-745.

［41］ SURESHKUMAR S, SABIH M, NARMADHA S, et al. Utilization of eddy current flow meter for sodium flow measurement in FBRs ［J］. Nuclear Engineering and Design, 2013 (265): 1223-1231.

［42］ 程广振. 热工测量与自动控制 ［M］. 2 版. 北京: 中国建筑工业出版社, 2013.

［43］ BASU S. Plant Flow Measurement and Control Handbook: Fluid, Solid, Slurry and Multiphase Flow ［M］. London: Academic Press, 2019.

［44］ 卢海燕, 韩星. 电磁流量计在钢铁行业中的应用 ［J］. 工业加热. 2010, 39 (6): 70-72.

［45］ KOLESNIKOV Y, KARCHER C, THESS A. Lorentz force flowmeter for liquid aluminum: Laboratory experiments and plant tests ［J］. Metallurgical and Materials Transactions B, 2011, 42B (3): 441-450.

［46］ 郭庆涛, 宋宇, 彭春霖, 等. 电磁感应下渣检测技术模拟研究 ［J］. 鞍钢技术. 2019 (2): 21-23, 28.

［47］ KOZUKA T, YUHARA T, MUCHI I, et al. Shape control of molten metal by electromagnetic force in a twin roll casting process ［J］. ISIJ Int., 1989, 29 (12): 1022-1030.

［48］ WHITTINGTON P K, DAVIDSON P A, HUNT J, et al. Electromagnetic edge dams for twin-roll casting ［C］ //Light Metals, San Antonio, TX. 1998: 1147-1550.

［49］ CUILLO, PHILIPPE, HOGGARD, et al. Composite material: US, 6667263 ［P］. 2003-12-23.

［50］ NOSE T, TAKEUCHI T. Ceramic plates for side dams of twin-drum continuous strip casters: US, 7208433 ［P］. 2007-04-24.

［51］ BLAZEK K E. Commercial scale verification of the feasibility of electromagnetic edge containment for the twin roll strip casting of steel ［J］. Iron Steelmaker, 1992, 17 (2): 16-22.

［52］ CONRATH M, KARCHER C. Shaping of sessile liquid metal drops using high-frequency magnetic fields ［J］. Eur. J. Mech. B-Fluids, 2005, 24: 149-165.

［53］ PAREG W F. Sidewall Containment of liquid metal with horizontal alternating magnetic fields: US, 4936374 ［P］. 1990-06-26.

［54］ DAVID A, TOMES J R. Method and apparatus for the electromagnetic confinement of molten metal in horizontal casting systems: US 0095499A1 ［P］. 2007-05-03.

［55］ BATTLES J E, HULL J R, LARI R J, et al. Sidewall containment of liquid metal with vertical alternating magnetic fields: US 4974661 ［P］. 1990-12-04.

［56］ 杜凤山, 孙慕华. 双辊薄带铸轧电磁侧封分体式磁极结构设计 ［C］ //第十届中国钢铁年会暨第六届宝钢学术年会论文集. 上海, 2015: 1-6.

［57］ PAREG W F. Sidewall containment of liquid metal with horizontal alternating magnetic fields: US, 4936374 ［P］. 1990-06-26.

［58］ MASAYUKI, KAWACHI, ASAI S. Confinement of molten metal puddle in a twin roll caster by use of an electromagnetic dam combining a solid dam ［J］. ISIJ Int., 1992, 32 (6): 1531-1537.

［59］ 温宏权, 张永杰, 周月明, 等. 双辊薄带连铸熔池的侧封装置: 中国, CN2649221 ［P］. 2004-10-20.

［60］ 温宏权, 张永杰, 王隆寿, 等. 一种用于双辊薄带钢铸轧的电磁侧封方法及装置: 中国, CN1440846 ［P］. 2003-09-10.

［61］ ESPERSEN M，Kloster M. An electromagnetic pump：US，2009106074［P］. 2009-09-03.

［62］ 刘云，杨晶，党惊知，等 . 直流电磁泵在复杂铝铸件中的应用研究［J］. 应用基础与工程科学学报，2006，14（3）：390-395.

［63］ LAITHWAITE E R，NASAR S A. Linear-motion electrical machines［J］. Proc. IEEE Inst. Electron. Eng.，1970，58（4）：531-542.

［64］ WERKOFF F. Finite-length effects and stability of electromagnetic pumps［J］. Exp. Therm. Fluid. Sci.，1991，4（2）：166-170.

［65］ KIM H R，KWAK J S. MHD design analysis of an annular linear induction electromagnetic pump for SFR thermal hydraulic experimental loop［J］. Ann. Nucl. Energy，2016，92：127-135.

［66］ 肖玉宝 . 平面交流感应电磁泵数值模拟及实验研究［D］. 包头：内蒙古科技大学，2014.

索　引